MARKUS PÖSSEL

DAS EINSTEIN-FENSTER

EINE REISE IN DIE RAUMZEIT

| Hoffmann und Campe |

1. Auflage 2005
Copyright © 2005 by Hoffmann und Campe Verlag, Hamburg
www.hoffmann-und-campe.de
Schutzumschlaggestaltung: glcons.de
Typographie, Satz und Layout: Prill Partners | producing, Berlin
Repro: LVD GmbH, Berlin
Druck und Bindung: Mohn Media GmbH, Gütersloh
Printed in Germany
ISBN 3-455-09494-5

HOFFMANN
UNDCAMPE

Ein Unternehmen der
GANSKE VERLAGSGRUPPE

INHALT

EINLEITUNG:

FENSTER ZUM KOSMOS

Den atemberaubenden Weltallbildern von Astronauten und Sonden zum Trotz: Gemessen an den Distanzen, die das Weltall zu bieten hat, haben wir Menschen bislang gerade einmal unseren kosmischen Vorgarten betreten. Verglichen mit den Abständen zu den uns nächsten Sternen nehmen sich unsere ersten Hüpfer ins All – die Vorstöße, die den Spaceshuttle kaum aus der oberen Atmosphäre der Erde herausführen, die Besuche auf unserem natürlichen Satelliten, dem Mond, ja selbst die jahrelangen Reisen unserer mechanischen Abgesandten, der Raumsonden – sehr bescheiden aus. Auf einem handelsüblichen Tischglobus mit dreißig Zentimetern Durchmesser fliegt die Internationale Raumstation weniger als einen Zentimeter über der Plastikoberfläche. Stelle ich den Globus hier im Herzen Berlins auf meinen Schreibtisch, hätte es unsere kosmische Vorhut, die Raumsonde Voyager 1, die einschließlich ihrer Erkundung des äußeren Planetensystems nun bereits seit 25 Jahren auf der Reise ist, in diesem Maßstab gerade einmal bis kurz hinter Hamburg geschafft – ein Dreitausendstel der Strecke von der Erde bis zum nächsten Fixstern. Das entspricht Joachim Ringelnatz' Hamburger Ameisen, die nach Australien reisen wollten und die, als ihnen in Altona auf der Chaussee die Beine wehtaten und sie auf den letzten Rest der Reise verzichteten, in etwa denselben Bruchteil der ursprünglich geplanten Strecke zurückgelegt hatten. Man kann es drehen und wenden, wie man will: Was den Großteil des uns umgebenden Universums angeht, sind wir rein passive Beobachter, darauf angewiesen, die Signale aufzufangen, die uns aus der Ferne erreichen.

Immerhin haben wir es im kosmischen Voyeurismus zu einiger Professionalität gebracht seit der Zeit, als einer unserer frühen Vorfahren erstmals bewusst die Tausende von Lichtpunkten betrachtete, die das Dunkel des Firmaments durchbrechen. Am Anfang der Entwicklung standen Vorrichtungen, die helfen, die Position von Himmelskörpern zu bestimmen und so die täglichen wie jährlichen Veränderungen am Himmel zu erfassen – von Peilsteinen, mit deren Hilfe astronomisch gebildete Steinzeitmenschen die Zeitpunkte von Sommer- oder Wintersonnenwende bestimmen konnten, bis hin zu der jahrelangen geduldigen, systematischen Beobachtungsarbeit des dänischen Astronomen Tycho Brahe mit seinen präzisen Visiereinrichtungen.

Einen großen Schritt vorwärts bedeuteten technische Instrumente, die das aufgefangene Licht in so geschickter Weise bündeln, spiegeln und streuen, dass dabei am Ende ein vergrößertes Bild des Geschehens herauskommt: Teleskope. Sie ermöglichen es uns, Detailstrukturen wahrzunehmen, die dem bloßen Auge verborgen bleiben. Dieser erste große Durchbruch der Beobachtungstechnik hat unser Bild vom Kosmos grundlegend verändert. Dass sich die Lichtpunkte am Nachthimmel grob in zwei Klassen teilen lassen – die vielen Fixsterne, die sich im Laufe der Zeit in perfektem Gleichschritt über den Himmel bewegen, und eine Hand voll Irrläufer, die Planeten, »Wandelsterne«, die relativ zum Hintergrund der Fixsterne ihren eigenen Bahnen folgen –, war schon alten Hochkulturen wie den Babyloniern bekannt. Doch als Galileo Galilei im Jahre 1609 ein von ihm gebautes Linsenfernrohr in den Himmel richtete, konnte er noch weitere Eigenschaften der Wandelsterne wahrnehmen. Im Gegensatz zu den Fixsternen, die auch im Teleskop als Lichtpunkte erscheinen, zeigten die Planeten schon bei der ihm zugänglichen Vergrößerung Struktur: Der Morgen- und Abendstern, der Planet Venus, offenbarte Phasen, genau wie der Mond, von »Vollvenus« über »Halbvenus« bis hin zur dünnen Venussichel. Die Beobachtung des Planeten Jupiter zeigt, dass er eigene Begleiter hat: Um seine Scheibe herum kann man vier kleinere Lichtpunkte sehen, deren Positionen sich mit der Zeit verändern. Der Planet Saturn erschien Galileo nicht als rundes Scheibchen, sondern leicht verformt, eine Scheibe mit Henkeln oder jedenfalls mit seitlichen Auswüchsen. Größere Fernrohre haben gezeigt, wie dieses Erscheinungsbild zustande kommt – dass nämlich der Saturn von einem System gigantischer Ringe umgeben ist.

Die Summe dieser Beobachtungen verhalf im 17. Jahrhundert einem neuen Weltbild zum Durchbruch, das für uns heute so selbstverständlich ist, dass wir nur schwer nachvollziehen können, wie revolutionär es den damaligen Zeitgenossen erschienen sein muss. Die Erde, so stellte sich heraus, ist nicht der Mittelpunkt der Welt, von Sphären umgeben, auf denen die anderen, weniger bedeutsamen Himmelskörper ihre Kreise ziehen. Stattdessen ist sie ein Planet unter anderen Planeten, die alle das Zentralgestirn unseres Planetensystems umkreisen, die Sonne. Die Wandelsterne, bloße Lichtscheibchen am Himmel, sind Planeten wie unsere Erde; Jupiters Begleiter sind seine Monde, genauso, wie die Erde einen Mond besitzt. Die Erde ist, im Zusammenhang des Sonnensystems betrachtet, gar nicht einmal besonders groß. Wie der Spiegel von Schneewittchens böser Stiefmutter verweist das neue Bild des Sonnensystems unseren Planeten in die Schranken: Die Erde mag uns weit ausgedehnt erscheinen, verglichen mit den Distanzen, die wir täglich zurücklegen – aber die Sonne, weit entfernt, im Mittelpunkt der Planetenbahnen, ist deutlich mehr als tausendmal größer als sie!

In den vergangenen Jahrhunderten haben wir uns so weit an unsere Stellung im All gewöhnt, dass wir sie längst nicht mehr als Demütigung empfinden. Wir haben Mühe nachzuvollziehen, welche Kontroversen um Kopernikus, Kepler und Kollegen entbrannten. Diskutierten die Menschen damals so erregt wie heute die Kontrahenten in der Debatte um menschliches Klonen?

Mit den optischen Teleskopen hatten die Astronomen bereits eine Fülle von Erkenntnissen über Planeten und Sterne gewonnen. Zu den Linsenteleskopen wie jenem Galileis waren Spiegelteleskope getreten, wie sie Isaac Newton konstruiert hatte, und auch sonst hatten technische Fortschritte die Bilder der Himmelsbeobachter kontinuierlich geschärft. Mindestens ebensolche Fortschritte hatte das theoretische Verständnis der Dynamik unseres Sonnensystems aufzuweisen: Dank der von Isaac Newton formulierten und von Männern wie Leonard Euler, Joseph-Louis Lagrange und Pierre-Simon Laplace weiterentwickelten Kombination aus Mechanik und Gravitationstheorie wurde es möglich, Himmelsdynamik im gleichen begrifflichen Rahmen zu verstehen wie die Mechanik irdischer Körper: Hier wie dort findet ein Wechselspiel von Kräften, Massen und Beschleunigungen statt, das die Bewegungen der Körper mit mathematisch-strenger Hand regiert und damit sehr präzise Vorhersagen ermöglicht, etwa, wann sich ein bestimmter Planet, Mond oder Komet in welcher Position am Himmel befinden wird.

Seit diesen Anfängen haben die Astronomen noch eine Reihe weiterer Fenster zum Kosmos aufgestoßen – und jeder neue Blickwinkel, jede neue Art und Weise, ins All hinauszuschauen, brachte neue Entdeckungen mit sich. Eine Art Fenster im Fenster stellt die Entwicklung der Spektroskopie dar. Dass weißes Licht ein Gemisch aus verschiedenen Arten farbigen Lichts ist, hatte bereits Newton herausgefunden. Auf freier Wildbahn begegnet uns solch eine Spektralzerlegung in jedem Regenbogen. Dort sind es Regentröpfchen, die das Sonnenlicht so in seine Komponenten aufteilen, dass uns farbige Bögen erscheinen. Dieselbe Zerlegung kann man gezielt herbeiführen, indem man Licht durch ein Prisma fallen lässt, einen Glasblock mit dreieckigem Querschnitt. Der englische Forscher William Hyde Wollaston hatte Anfang des 19. Jahrhunderts entdeckt, dass das farbige Kontinuum des Sonnenspektrums durch einige dunkle Linien unterbrochen wird. Allerdings sollte es noch etwa ein halbes Jahrhundert dauern, bis klar wurde, was diese Linien bedeuteten: Jedem chemischen Element, so fanden Gustav Robert Kirchhoff und Robert Bunsen heraus, entsprechen bestimmte Spektralliniengruppen, und umgekehrt lässt sich aus dem Spektrum eines heißen Gasgemisches schließen, welche chemischen Elemente in ihm vorhanden sind. Damit eröffnete sich die Möglichkeit, dem Sonnen- und Sternenlicht ungeahnte weitere Informationen abzugewinnen, die direkte Auskunft über die chemische Zusammensetzung der Außenschichten der betreffenden Himmelskörper lieferten. Dies war Ausgangspunkt jener Forschungen, die letztendlich zu unserem heutigen Bild von Aufbau, Entstehung und Entwicklung der Sterne führten: Sterne als riesige, immens heiße Gasbälle wie unsere Sonne; die Geburt von Sternen aus dem Zusammensturz gigantischer Gaswolken, der zum Beginn von Kernverschmelzungsreaktionen führt – jener Prozesse, die das helle Leuchten der Sterne verursachen und in denen der Wasserstoff, aus dem der junge Stern überwiegend besteht, in immer schwerere chemische Elemente umgesetzt wird.

Die Analyse der Sternspektren erwies sich noch aus einem weiteren Grund als aufschlussreich. Genauso, wie sich das Tatü-Tata eines Einsatzfahrzeugs höher anhört, wenn sich uns das Fahrzeug nähert, und tiefer, wenn es sich von uns entfernt, verschiebt sich auch das Spektrum eines Sterns, je nachdem, ob er sich auf uns zu oder von uns fort bewegt: Die Spektrallinien eines Sterns, der auf uns zu kommt, erscheinen zum blauen Ende des Spektrums hin verschoben, die eines Sterns, der von uns weg fliegt, in Richtung auf das rote Ende. Bei der Untersuchung der Sternspektren stellte sich zum Beispiel heraus, dass einige der Objekte, die selbst in starken Fernrohren als ein einziger Lichtpunkt erscheinen, in Wirklichkeit aus zwei Sternen bestehen, die sich umkreisen. Sehen wir die Umlaufbahn dieser Sterne von der Seite, so bewegt sich einmal einer der Sterne auf uns zu, der andere von uns weg; etwas später haben sie ihre Rollen vertauscht. Betrachten wir das Spektrum solcher Doppelsternsysteme, so lässt sich diese Bewegung anhand periodischer Verschiebungen der Spektrallinien des von jedem der Sterne ausgesandten Lichts nachweisen.

Derselbe Zusammenhang zwischen Spektralverschiebung und Bewegung führte später, Anfang des 20. Jahrhunderts, zu einem weiteren Umsturz im Weltbild der Physik. Zu diesem Zeitpunkt kristallisierte sich heraus, dass einige der Lichtflecken am Himmel Galaxien sind, riesige, aber weit entfernte Systeme von Millionen und Abermillionen von Sternen. Auch der uns nächste Stern, die Sonne, ist Teil einer solchen Galaxie, deren Sterne wir am Nachthimmel als schwaches Lichtband wahrnehmen können. Wir haben unsere Galaxie denn auch nach diesem Lichtband benannt: die »Milchstraße«. Systematische Untersuchungen der Spektren ferner Galaxien ergaben, dass diese keineswegs, wie man vielleicht hätte erwarten können, planlos hin und her fliegen – einige auf uns zu, einige von uns weg, ablesbar an der Blau- beziehungsweise Rotverschiebung ihrer Spektren. Stattdessen bewegen sich so gut wie alle Galaxien von uns fort, und zwar umso schneller, je weiter sie entfernt sind. Diese Beobachtung des amerikanischen Astronomen Edwin Hubble gab den Anstoß für die moderne Kosmologie und ihr Bild eines sich ausdehnenden Universums, das vor einigen Milliarden Jahren als ein Gemisch heißer, dichter Materie begonnen hat.

Sichtbares Licht ist nur eine Spielart der elektromagnetischen Strahlung, deren Vielfalt weit mehr umfasst, als wir mit bloßem Auge wahrnehmen können. Infrarotstrahlung, Wärmestrahlung zum Beispiel, die wir auf der Haut spüren können, wenn wir unsere Hand an einen Heizkörper halten. Die Mikrowellen, mit denen wir Essen garen. Die Radiowellen, über die uns Funk und Fernsehen erreichen oder die, von Radargeräten ausgesendet und wieder aufgefangen, zur reibungslosen Abwicklung von Schiffs- und Luftverkehr beitragen. Auf der anderen Seite des Spektrums: Die energiereichere Ultraviolettstrahlung, ausgesandt von der Sonne (oder die Sonne imitierenden Solarien), die Bräunung suchenden Mitmenschen zu dunklerem Teint verhilft. Die Röntgenstrahlung, die Einblicke ins Innere des menschlichen Körpers erlaubt. Die Gammastrahlung, Nebenprodukt von Kernreaktionen, die zur Gefährlichkeit von Kernkraftwerken und Atombomben beiträgt. Das Spektrum des Regenbogens, das wir am Himmel sehen, ist nur ein Ausschnitt aus einem ungleich breiteren Spektrum elektromagnetischer Strahlung, das von der verhältnismäßig energiearmen Radiostrahlung bis hin zur extrem energiereichen Gammastrahlung reicht.

Kosmisch betrachtet, spielt sichtbares Licht keine Sonderrolle. Sendet ein Objekt sichtbares Licht aus, so können wir von ihm in aller Regel auch andere Arten elektromagnetischer Strahlung empfangen. Die Entwicklung der beobachtenden Astronomie vom zweiten Drittel des 20. Jahrhunderts an ist daher zumindest zum Teil eine Entdeckungsreise durch das elektromagnetische Spektrum.

Da wäre die Radioastronomie – ein uneheliches Kind der Telekommunikation in den dreißiger Jahren und der Radarentwicklung im Zweiten Weltkrieg. Im Bereich von elektromagnetischen Wellen mit Wellenlängen zwischen Millimetern und Kilometern betrachtet, zeigte der Kosmos den Astronomen ein ganz neues Gesicht, von gigantischen Radiogalaxien bis hin zu den regelmäßigen Strahlungsblitzen, die uns von den winzigen Pulsaren erreichen und Informationen über diese unvorstellbar dichten Sternleichen liefern. Durch das Mikrowellenfenster betrachtet, offenbart sich dem Beobachter sogar der optische Nachhall der ältesten überhaupt mit Hilfe von elektromagnetischer Strahlung erkennbaren Ära des Universums: die kosmische Hintergrundstrahlung, ein Relikt aus einer Zeit, als das frühe, heiße Universum aus einem dichten, optisch undurchdringlichen Gemisch aus Strahlung und Plasma bestand.

Die Mikrowellen bringen uns in den Bereich jener Strahlungsarten, die den Astronomen erst mit Entwicklung der Weltraumfahrt ungehindert zugänglich geworden sind. Ein Beobachter auf dem Erdboden betrachtet die fernen Gestirne nämlich zwangsläufig durch den Schleier der Atmosphäre, die die Erde umgibt. Sichtbares Licht kann diesen Schleier durchdringen, aber für einen großen Teil der Strahlung, die uns aus dem All erreicht, ist die Atmosphäre so gut wie undurchdringlich. Das hat seine Vorteile, denn für Menschen auf der Erdoberfläche wäre es ungesund, wenn wir beispielsweise all der Röntgenstrahlung ausgesetzt wären, die ferne

Himmelskörper in Richtung Erde senden. Für einen Astronomen, der sich aus eben jener Röntgenstrahlung Informationen über das Weltall erhofft, bedeutet es allerdings, dass er einigen Aufwand treiben muss, um seinen Wissensdrang zu befriedigen. Das ist die Motivation für Raketen-, Ballon- und Satellitenteleskope, die es Astronomen ermöglichen, einen Großteil des störenden Gasmantels unserer Erde hinter sich zu lassen und dann vergleichsweise unbehindert ins All zu schauen. Wir verdanken ihnen Infrarotlichtbilder, die Informationen beispielsweise über bestimmte Wasserstoffwolken tragen, in denen neue Sterne entstehen, und auch die Röntgenlichtaufnahmen, die uns Aufschluss über einige der energiereichsten Ereignisse im Kosmos verschaffen, etwa über heiße Gase, die von Schwarzen Löchern verschluckt werden.

Weitere Fenster öffnen sich, wenn man statt elektromagnetischer Strahlung die Materieteilchen auffängt, die uns aus dem Weltraum erreichen. Bestes Beispiel sind die Neutrinos – leichte, elektrisch neutrale Verwandte der Elektronen –, die nur sehr schwach mit anderer Materie wechselwirken und deswegen auch nur schwer nachzuweisen sind. Bislang ist die Zahl der astronomischen Objekte, die man auf diese Weise beobachtet hat, sehr gering: Da ist zum einen unsere Sonne; zum anderen erreichte zeitgleich mit dem Licht der Supernova 1987 A, einer gewaltigen, nicht allzu weit entfernten Sternexplosion, auch ein Schwarm von Neutrinos die Erde, die im Rahmen der Explosion freigesetzt worden sein dürften. Wichtig ist, dass uns die Neutrinos Einblick in Regionen geben, die uns im elektromagnetischen Bereich verborgen bleiben. Das Licht, das im Sonneninneren bei Kernfusionsprozessen entsteht, wird auf seinem Weg zur Sonnenoberfläche so oft gestreut, absorbiert und in eine andere Richtung wieder ausgesandt, dass es uns kein Bild von dem bieten kann, was im Zentrum der Sonne vorgeht; bis es die Oberfläche erreicht, können ob der andauernden Richtungswechsel Hunderttausende von Jahren vergehen. Die Neutrinos dagegen, die bei denselben Kernprozessen entstehen, durchqueren den Sonnenmantel unbehelligt in Sekundenschnelle und tragen die Informationen über das Sonneninnere hinaus ins Weltall.

Dass Beobachtungen durch diverse Fenster, vom sichtbaren Licht bis zu Radiowellen oder Neutrinos, nur die eine Seite der Medaille sind, ist in den obigen Ausführungen bereits angeklungen: Wer die astronomischen Beobachtungen deuten will, muss exakte Modelle bauen, mit deren Vorhersagen er seine Beobachtungen vergleichen kann. Für tiefere Einsicht ist es dabei notwendig, dass diese Modelle auf solidem Grund gebaut sind, auf den Naturgesetzen der Physik, denselben Gesetzen, die auch bei uns auf der Erdoberfläche gelten und sich dort systematisch überprüfen lassen. Denn wer ein astronomisches Fenster nutzt und die Bewegung der Planeten sorgsam beschreibt wie Tycho Brahe, hat schon viel gewonnen, und wer die Systematik dieser Bewegung durch ein Modell mit wenigen Grundannahmen erklären kann, wie Kepler es tat, hat damit einen gewaltigen Fortschritt erzielt. Aber der größte Triumph besteht darin, diese Systematik auf ein allgemeines Naturgesetz zurückzuführen, wie es Newton mit seinem Gravitationsgesetz gelang, denn das entspricht zumindest in gewisser Weise der Überwindung des bloß passiven Voyeurismus, den ich zu Beginn beklagt hatte: Sicher, Newton konnte keine Experimente durchführen, in denen er Planeten im All herumbugsierte und gezielt umeinander laufen ließ. Aber das allgemein gültige Gravitationsgesetz, das die Geschehnisse im All mit denen auf der Erde verklammert, bedeutet, dass auch hier auf der Erde Experimente zur Bewegung der Planeten im All durchführbar sind. Zusammen mit den Gesetzen der Mechanik regiert es die Bewegung der Planeten und die Bewegungen von fallenden Körpern hier auf der Erde in genau derselben Weise, und wer Letztere experimentell überprüft, gewinnt damit automatisch Informationen über Erstere. Das Bild des Universums ist damit mehr als nur eine beeindruckende Lightshow: Durch die astronomischen Fenster sehen wir ein riesiges Laboratorium, in dem parallel zueinander Unmengen von Experimenten ablaufen. Sicher, wir können nicht beeinflussen, was dort draußen geschieht, geschweige denn bestimmte Experimente

in Auftrag geben. Aber das verdammt uns nicht zur Passivität, denn immerhin besteht eine Querverbindung zu den Experimenten, die uns hier auf der Erde möglich sind. Wir können zwar nicht zu einem Gasnebel hinausfahren und ihn nach unseren Vorstellungen umarrangieren, aber wir können irdische Experimente mit Gas anstellen – und die daraus abgeleiteten Gesetze daran prüfen, ob sie die beobachtbaren Eigenschaften von Gasnebeln erklären. Überall dort, wo wir mit einigem Recht behaupten können, Phänomene im fernen All zu verstehen, geht das Verständnis auf solche Querverbindungen zurück, die auf dem Umweg über allgemeine Naturgesetze ferne Geschehnisse mit irdischen Experimenten oder Simulationen verklammern.

Besonders zuverlässig ist die Verklammerung, wenn sich die Rahmenbedingungen der kosmischen Phänomene und irdischen Experimente sehr nahe kommen. Besonders spannend ist sie dagegen dort, wo die kosmischen Situationen weit über das hinausgehen, was irdische Experimentalphysiker nachstellen können. Wir hier auf der Erde können zwar Experimente mit Atomkernen machen, nicht aber eine kilometergroße Massenkugel aus reiner Kernmaterie herstellen – im All kommen solche Kugeln in Gestalt von Neutronensternen in natürlicher Weise vor. Die Energien, die wir für irdische Experimente aufbringen können, sind im astronomischen Maßstab verschwindend gering: Bereits gegenüber dem, was die Sonne in Gestalt von elektromagnetischer Strahlung abgibt, nimmt sich die Summe weltweiten menschlichen Energieverbrauchs sehr klein aus, und das Universum bietet uns Sternexplosionen, deren Leuchtkraft die der Sonne um Milliarden und Abermilliarden übertrifft! In solchen Situationen hilft uns das kosmische Laboratorium, unsere irdische Experimentalerfahrung entlang der Mathematik der Naturgesetze zu extrapolieren – von den irdischen Energien zu den Energien der Sternexplosionen, von den Experimenten der Kernphysik zu den Neutronensternen –, dabei in ganz neue Bereiche vorzustoßen und oft genug zu er-kennen, dass die Natur doch etwas anders funktioniert, als wir dachten.

Thema dieses Buches ist die Theorie, in der die astronomischen Fäden, die ich in meinen Ausführungen gesponnen habe, zusammenlaufen: Albert Einsteins allgemeine Relativitätstheorie. Sie beschreibt die Naturgesetze für jene Kraft, die auf den Größenskalen der Planeten, Sterne, Galaxien und Galaxienhaufen das Szepter schwingt: die Gravitation. Die allgemeine Relativitätstheorie ist eine wahre Meisterin der Extremsituationen, die das kosmische Laboratorium zu bieten hat, der höchsten Energien, der kompaktesten Objekte, und quasi nebenbei revolutioniert sie noch Begriffe wie Zeit und Raum, die wir aufgrund unserer irdischen Erfahrungen längst verstanden zu haben glaubten – bevor Einstein uns zeigte, dass alles ganz anders ist, als wir dachten. Sie ist die Basis, von der aus sich die Forscher zum wohl ehrgeizigsten aller Projekte aufgemacht haben – zur Kosmologie, dem Versuch, das Universum als Ganzes zu verstehen. Sie setzt den dunklen Schlusspunkt unter die Entwicklung der schwersten Sterne, verrät uns, was Galaxien im Kern zusammenhält, und liefert dabei Erklärungsansätze für einige der überraschendsten Beobachtungen, die das Öffnen immer neuer Fenster den Astronomen beschert hat.

Aber sie erklärt nicht nur, was wir durch die herkömmlichen astronomischen Fenster wahrnehmen, sondern sie leistet noch mehr – und das soll der rote Faden sein, der sich durch dieses Buch zieht: Sie sagt ein ganz eigenes weiteres Fenster zum Kosmos voraus, das man das Einstein-Fenster nennen könnte: Laut allgemeiner Relativitätstheorie sollten uns aus den Tiefen des Alls nicht nur Licht und Teilchen erreichen, sondern auch so genannte Gravitationswellen, Störungen der Raumgeometrie, die sich wellenartig durch das All fortpflanzen, Zeugen der gewaltigsten Ereignisse im Kosmos. Dem, der sie nachweisen kann, versprechen diese Wellen Einblicke in Regionen, die elektromagnetischen Teleskopen auf immer verborgen bleiben: in das Innere der Neutronensterne, die Raumzeitturbulenzen verschmelzender Schwarzer Löcher, das Herz hochenergetischer Supernova-

Explosionen. Mehr noch: Wer das leise Wellenflüstern belauschen kann, das aus der heißen Kinderzeit unseres Universums übrig geblieben sein sollte, kann damit weiter in die Vergangenheit des Kosmos vordringen als je zuvor.

Zurzeit ist das Zukunftsmusik. Nachgewiesen ist die Existenz von Gravitationswellen bislang nur indirekt, und die Raumzeitverzerrungen, durch die sich eine Gravitationswelle verrät, sind so extrem klein, dass ein direkter Nachweis eine enorme technische Herausforderung darstellt. Eine Reihe von Forschergruppen ist seit Jahrzehnten bemüht, eben diesen direkten Nachweis zu erbringen. Die ausgefeilten Gravitationswellendetektoren, mit denen dies gelingen soll, befinden sich im Testbetrieb, haben zum Teil bereits erste Messphasen absolviert, und die Chancen stehen gut, dass es in den nächsten Jahren gelingen könnte, das Weltall auf völlig neue Art und Weise zu betrachten – durch das Einstein-Fenster.

Es zahlt sich aus, die Reise in die Raumzeit, die der Untertitel des Buches verspricht, gemächlich anzugehen. Touristen, die sich per vollklimatisiertem Luxusvehikel direkt von einem Highlight zum nächsten karren lassen (»Schwarze Löcher – Ohhh! Urknall – Ahhh!«), verpassen das Wichtigste. Einsteins Welt ist keine bloße Aneinanderreihung spektakulärer Sensationen, sondern eine Welt der Ideen, in der scheinbar ganz harmlose Fragen – Wie messen wir Längen? Wie bestimmen wir Zeitpunkte? – gewaltige Konsequenzen nach sich ziehen. Sicher, wer dieser Struktur auf den Grund gehen will, kommt nicht umhin, die mathematische Landessprache zu lernen. Aber eine Ahnung von den Zusammenhängen, von dem Weg, der von den Grundbegriffen zur Astrophysik führt, vielleicht ja sogar Verständnis dafür, warum Physiker ins Schwärmen geraten und Begriffe wie Schönheit und Eleganz verwenden, wenn sie Einsteins Theorie beschreiben, sind auch ohne solche Sprachkenntnisse möglich. Man muss sich allerdings auf die neue Welt einlassen, die oft genug ganz anders ist, als wir es aus dem Alltag gewohnt sind.

TEIL I

RAUMZEIT

KAPITEL 1

DAS MASS VON RAUM UND ZEIT: MASSSTÄBE UND UHREN

UP, UP AND AWAY!

Sie wundern sich vielleicht, als der freundliche Herr von der russischen Raumfahrtagentur mit Ihren Flugtickets vor der Tür steht. Aber Sie sehen: Dieses Buch scheut keine Kosten, ihnen die Grundlagen der Physik nahe zu bringen. Einige Stunden später stehen Sie auf dem Rollfeld in Moskau und warten auf die Propellermaschine, die Sie nach Baikonur fliegen wird. Schon beim Anflug auf den Weltraumbahnhof sehen Sie im Hintergrund die alte, aber zuverlässige Rakete vom Typ »Sojus«, die auf ihrer Startrampe darauf wartet, Sie in den Weltraum zu bringen. Doch vorher geht es noch ins »Juri-Gagarin-Trainingszentrum«, wo einige wenige Stunden genügen müssen, um Sie mit den wichtigsten Raumfahrer-Überlebensregeln vertraut zu machen. Nach diesen Stunden, die Ihnen in all der Hektik viel kürzer erscheinen, folgen umgekehrt Minuten, die Ihnen wie Stunden vorkommen: das Warten auf den Start, während Sie angeschnallt auf dem Rücken in Ihrem Sitz in der beklemmend eng Raumkapsel liegen. Allen Sicherheitsbeteuerungen zum Trotz – etwas mulmig ist Ihnen schon bei dem Gedanken, dass man Sie da in einem bei Licht betrachtet doch recht kleinen Blechvehikel auf die geballte Explosionskraft von rund 160 Tonnen Kerosin und Sauerstoff geschnallt hat. Schließlich ist der Countdown in den zweistelligen Zahlen angelangt, und dann ist es auf einmal zu spät, es sich anders zu überlegen – »desjat, devjat, vosem, sem, schest, pjat, tschetirje, tri, dwa, odin, nul«.

Schon einige Sekunden vor null haben Sie ein Rumpeln gespürt, das Ihnen ankündigt: Dort unten hat gerade eine Zündung stattgefunden, dann eine Vibration, die Ihnen durch den ganzen Körper geht, und pünktlich bei null geht es los. Zunächst drückt Sie die Beschleunigung nicht stärker in den Sitz als beim Start eines normalen Verkehrsflugzeugs. Doch bald erreichen die Triebwerke volle Leistung, sie werden rücklings in den Sessel gepresst und kommen sich unsagbar schwer vor. Bitte behalten Sie diesen Umstand im Hinterkopf, wir kommen später noch einmal darauf zurück. Das dürfte Ihnen nicht schwer fallen – bei all der Schwere haben Sie das Gefühl, als befände sich momentan Ihr gesamtes Gehirn in Ihrem Hinterkopf.

Langsam bekommen Sie Atemschwierigkeiten, und so verpassen Sie den entscheidenden Moment, in dem die Rakete die magische Höhenmarke von 80 Kilometern überschreitet. Ab jetzt sind Sie nach der offiziellen NASA-Definition ein Astronaut. Erst nach knapp zehn Minuten, die Ihnen einmal mehr viel länger vorkommen, die Erlösung: Binnen Sekunden werden die Triebwerke abgeschaltet, und von einem Moment auf den anderen kommen Sie sich überhaupt nicht mehr schwer vor, sondern – schwerelos. Noch einige weitere Minuten des Ausharrens, unterbrochen von gelegentlichen Kurskorrekturen, und die Raumkapsel nähert sich Ihrem ersten Ziel: der internationalen Raumstation ISS. Sie erinnern sich dunkel an den Anfang dieses Buches, wo ich in wenig ehrfurchtsvollem Ton über die unbedeutenden Hüpfer schrieb, die alles sind, was die Menschheit in punkto Raumfahrt bislang zustandegebracht hat. Mit dieser Haltung können Sie in Ihrer jetzigen Situation nur wenig anfangen. Ein kleiner Hüpfer im kosmischen Maßstab, gewiss, aber ein gigantischer Sprung für einen einzelnen Menschen, der sich jetzt gut 350 Kilometer über dem Rund der Erdkugel wiederfindet.

Dann ist auch das Andockmanöver beendet, Sie lösen Ihre Gurte und sammeln erste Erfahrungen mit der Schwerelosigkeit. Ihre Vorbereitungszeit war zu kurz, als dass Zeit gewesen wäre für jene Trainingsübungen, die den angehenden Astronauten wenigstens einen ungefähren Eindruck von der Schwerelosigkeit verschaffen sollen, etwa dem Training unter Wasser, bei dem der Auftrieb der Schwerkraft entgegenwirkt. Daher kommen Sie sich am Anfang recht hilflos vor, als Sie sich an den Handgriffen durch den Tunnel in die Raumstation ziehen.

Auch längeres Training hätte Sie freilich nicht vor den unmittelbaren körperlichen Folgen Ihres Aufenthaltes in der Schwerelosigkeit bewahrt, die sich jetzt bemerkbar zu machen beginnen. Die Gleichgewichtsorgane, die Ihnen im Alltag ein Gefühl für oben und unten vermitteln, benötigen die Schwerkraft, um ihre Aufgabe erfüllen zu können. In der Schwerelosigkeit ergreift Sie ein ähnliches Gefühl, als hätten Sie Ihre Gleichgewichtsorgane auf andere Art und Weise durcheinandergebracht, etwa durch eine Achterbahnfahrt: Bei jeder schnellen Kopfbewegung oder Drehung ihres Körpers wird Ihnen mulmig, bis hin zu regelrechter Übelkeit. Aber keine Panik: Das passiert vielen Astronauten beim Übergang in die Schwerelosigkeit und geht nach anderthalb Tagen, die Sie in Ihrer Raumkoje verbringen, vorbei.

Anschließend lernen Sie, die Schwerelosigkeit regelrecht zu genießen, und auch die weiteren Standortvorteile der Raumstation ziehen Sie in ihren Bann: Sie verbringen Stunden vor dem großen Aussichtsfenster. Sie haben das, was sich da vor Ihnen ausbreitet – die Erde mit blauem Ozean, braun-grünen Kontinenten und weißem Wolkenschleier – zwar schon im Fernsehen gesehen, vielleicht sogar auf der Riesenleinwand eines IMAX-

Kinos. Es aber mit eigenen Augen zu betrachten ist unbeschreiblich beeindruckend. Allerdings müssen Sie sich bereits am nächsten Tag von diesem Anblick losreißen. Sie sind schließlich nicht als Tourist hier, sondern um Physik zu lernen, und dort drüben hat schon Ihr Weltraumtaxi angedockt. Aus Gründen von Geheimhaltung und Patentrecht darf ich keine Details nennen; kurz gefasst: Ein extrem leistungsfähiger Raumantrieb bringt Sie binnen der nächsten Woche weiter und weiter in die Tiefen des Alls. Da es sich bei Ihrer Reise nur um ein Gedankenexperiment handelt, sind wir nicht an die Beschränkungen der wirklichen Raumfahrt gebunden, und letztendlich – die Sonne ist längst zum Stern unter Sternen geschrumpft – docken Sie an einer in der Dunkelheit nur schwer erkennbaren, riesenhaften Struktur an: der Raumstation, die Ihnen die Grundlagen von Raum und Zeit nahe bringen soll, fernab von Sternen und Planetensystemen. Hier sind alle Raumrichtungen gleichberechtigt, oben, unten, links und rechts, um uns herum nur leerer Raum, unveränderlich und in alle Richtungen weit ausgedehnt, Raum in Reinform, wenn man so will. Einziger Hinweis darauf, dass es noch einen Rest des Universums gibt, sind, wegen der großen Entfernung mit bloßem Auge kaum noch zu erkennen, die schwach leuchtenden Lichtpunkte der Fixsterne, die unbeweglich am Himmel stehen.

Warum wir hier sind? Einsteins Gravitationstheorie war insbesondere deswegen so revolutionär, weil sie im wahrsten Sinne des Wortes den Rahmen sprengte, in dem sich die Physik bis dahin abgespielt hatte. Raum und Zeit waren, als Einstein begann, die Physik umzukrempeln, eine unveränderliche Bühne, auf der das Schauspiel der Körper und Kräfte stattfand. So selbstverständlich schien dies, dass sich die meisten Forscher keine großen Gedanken über das eine oder das andere machten, sondern Raum wie Zeit als gegeben hinnahmen. In Einsteins Theorie sollte sich das ändern. Dort, und entsprechend in den folgenden Kapiteln dieses Buches, werden Raum und Zeit eine wichtige, wenn nicht die Hauptrolle spielen. In diesem Kapitel geht es vorbereitend um einige Grundlagen – darum, was Raum und Zeit eigentlich sind beziehungsweise, aus praxisorientierter Physikersicht, wie man Positionen im Raum und Zeitpunkte eigentlich bestimmen kann – am besten ohne alle irdischen Vorurteile und Ablenkungen, eben in der fernen Raumstation. Die scheinbar simplen Fragen, die bei diesem Unterfangen ganz natürlich auftreten, etwa jene, was »Gleichzeitigkeit« sei, werden uns später direkt zu Albert Einsteins bahnbrechenden Vorstellungen von Raum und Zeit führen, zur speziellen Relativitätstheorie.

LÄNGEN

Die erste Frage: Wie misst man Abstände im Raum? Die handgreiflich-mechanische Antwort: Mit einem Maßstab, einem geraden Stab, mit dessen (konstanter) Länge alle anderen Längen verglichen werden. Sind die Raumpunkte A und B so weit voneinander entfernt, dass man den Stab gerade zweimal aneinander legen muss, um vom einen zum anderen Raumpunkt zu gelangen, so beträgt ihr Abstand per Definition zwei Stablängen. In der Praxis wird der Abstand von Raumpunkten nur selten einem ganzzahligen Vielfachen der Stablänge entsprechen, es sei denn, wir wählen unseren Stab mikroskopisch klein. Daher wird man Bruchteile der Stablänge markieren, wie die Unterteilungen auf einem Lineal. Zwei Punkte sind beispielsweise »2,6 Stablängen« voneinander entfernt, zwei andere »zwei Zehntel Stablängen«. Solche Bruchteile lassen sich über geometrische Hilfskonstruktionen bestimmen, auf die wir hier nicht detailliert eingehen.

Zum Längenmessen ist entscheidend, dass wir den Maßstab mehrmals hintereinander *in gerader Linie* anlegen. Wenn wir den Maßstab wie folgt hintereinander legen, so sind wir, beginnend beim Punkt A, genau nach viermal Legen am Punkt B angelangt:

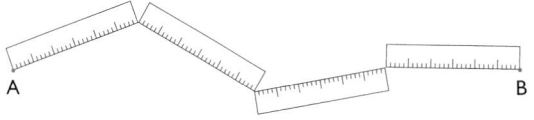

Trotzdem ist offensichtlich, dass A von B nicht vier Stablängen entfernt ist. Wir haben den Maßstab (oder: identische Kopien ein und desselben Maßstabs) nicht geradlinig, sondern schief und krumm aneinander gelegt.

So weit, so gut. Nur, was heißt eigentlich »Geradheit«? Wenn wir im Alltag feststellen wollen, ob zum Beispiel die Kante eines Blattes Papier gerade ist, behelfen wir uns in der Regel mit dem Vergleich mit einem Lineal oder einem anderen Objekt. Dessen Geradheit setzen wir dabei allerdings wiederum voraus. Ein Zirkelschluss, denn woher wissen wir, ob das Vergleichsobjekt seinerseits gerade ist? Glücklicherweise gibt es auch weniger zirkuläre Verfahren, um Geradheit zu bestimmen.

Eine Möglichkeit: Wir ziehen eine Schnur möglichst straff – der Verlauf der Schnur entspricht dann näherungsweise einer geraden Linie. (Dass wir uns, weitab aller Gravitationseinflüsse, auf unserer Raumstation befinden, ist dabei sehr von Vorteil. Lange, gespannte Schnüre hängen auf der Erde immer ein wenig durch, man denke an Hochspannungsleitungen.) Dieses Vorgehen bildet sehr schön eine elegante mathematische Geradheitsdefinition ab, die da lautet: Eine Gerade ist die kürzestmögliche Verbindung zwischen zwei Raumpunkten. Dieser Definition folgen wir implizit, wenn wir uns bemühen, durch Straffziehen dafür zu sorgen, dass zwischen zwei Orten, deren Abstand wir messen wollen, möglichst wenig Schnur liegt.

Eine andere Möglichkeit benutzt die Eigenschaften solider Objekte. Ich will auch hier nicht allzu sehr ins Detail gehen, aber es ist möglich, beispielsweise die gerade Kante einer dünnen, starren Platte von einer krummen Kante anhand einfacher Kriterien zu unterscheiden. Wenn ich zwei gerade Kanten direkt aneinander lege, sollte beispielsweise an keiner Stelle ein Zwischenraum bleiben, egal, ob ich die Platten mit den Kanten aneinander stoßen lasse oder zum Vergleich eine Platte auf die andere lege.

Beide Kriterien für Geradheit haben allerdings gewisse praktische Nachteile. Um mit einer gespannten Schnur eine gerade Linie anzunähern, sollte sie möglichst dünn sein; eine ideale gerade Linie ist eindimensional, also gewissermaßen »unendlich dünn«. Anderseits sollte die Schnur möglichst straff gespannt sein, und das verlangt einiges an Zugfestigkeit. Aus diesem Grunde darf die Schnur nun wiederum nicht zu dünn sein. Das Gleiche gilt für die Platten mit geraden Kanten – je dünner die Platte, umso mehr ähnelt die Kante einer idealisierten Geraden und um so direkter lassen sich die angedeuteten Kantenvergleiche zwischen zwei Platten durchführen. Anderseits dürfen sich die Platten nicht verformen oder verbiegen, was wiederum eine gewisse Mindestdicke erfordert.

In dieser Situation kommt eine weitere Beobachtung gerade recht: Lichtstrahlen sind gerade! Das ergibt sich im Vergleich von Lichtbahnen mit den handwerklich am saubersten gefertigten Plattenkanten und den dünnsten, straffsten Schnüren, die wir herstellen können. Im Vergleich mit solchen möglichst geraden Linien gilt im Rahmen der Messgenauigkeit, dass sich Licht geradlinig im Raum ausbreitet. Jeder Handwerker, der mit einem Auge entlang einer Werkstückkante peilt, um sicherzugehen, dass sie wirklich gerade ist, nutzt diese Eigenschaft des Lichts.

Es erweist sich als sehr praktisch, diese Erfahrungstatsache zum Prinzip zu erheben und Geradheit gleich über die Eigenschaften von Lichtstrahlen zu definieren. Auch das bringt zwar einige Nachteile mit sich. Wir werden in späteren Kapiteln die Wellennatur des Lichts kennen lernen, die winzige Abweichungen vom Bild des einfachen Lichtstrahls mit sich bringt. Doch im Großen und Ganzen ist diese Definition als technisch sehr gut und hoch präzise umsetzbar.

Damit haben wir unsere Längenmessung auf eine stabile Grundlage gestellt: Um den Abstand zwischen A und B zu bestimmen, schicken wir zunächst Licht vom einen zum anderen Punkt. Das ergibt die gerade Verbindung zwischen den beiden Punkten, auf der wir dann mit unserem Längenmaßstab den Abstand messen können.

VON DER LÄNGE ZUR GEOMETRIE

Bislang haben wir uns noch nicht für einen bestimmten Maßstab entschieden, um unsere Längeneinheit festzulegen. Wir wählen das Meter und entführen dazu in einer Nacht-und-Nebel-Aktion das Urmeter, einen Platin-Iridium-Stab, aus dem Bureau International des Poids et Mesures in Sèvres bei Paris.

Unsere Abstandsdefinition ist nun zwar unter Dach und Fach, ihre Anwendung in der Praxis erweist sich jedoch als problematisch. Im Weltraum rund um unsere Forschungsraumstation sind die Entfernungen einfach zu groß. Es ist extrem aufwändig, den Abstand von einem Referenzpunkt zu einem entfernten Satelliten zu bestimmen – selbst, wenn der Satellit relativ zu uns ruht, dieser Abstand also immer gleich bleibt –, indem wir einen Lichtstrahl vom einen zum anderen Himmelskörper schicken, daran orientiert ein stabiles Gerüst errichten und unseren Maßstab, auf dem Gerüst entlangkriechend, Millionen Mal hintereinander anlegen, ebenso wenig, wie wir auf diese Weise den Abstand zwischen Erde und Mond bestimmen könnten.

Einfacher wird es, wenn man die Mathematik zu Hilfe nimmt, genauer gesagt: die Geometrie. Als ersten Schritt gilt es, die mathematischen Begriffe mit der Physik zu verbinden: Lichtlinien entsprechen Geraden. Drei Lichtlinien, die sich paarweise kreuzen, definieren ein Dreieck:

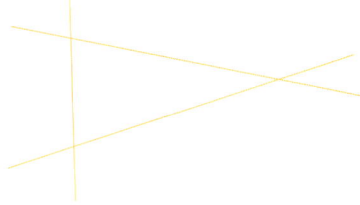

Mathematischen Längen entsprechen diejenigen Längen, die wir im Raum mit Hilfe unserer Maßstäbe messen. Markieren wir um einen Raumpunkt A herum all die Punkte, die einen vorgegebenen Abstand von A haben, so ergibt sich eine Kugel. Und so weiter – die gesamte Schulgeometrie lässt sich in dieser Weise physikalisch im wahrsten Sinne des Wortes realisieren.

All diese Realisierungen geometrischer Begriffe haben Eigenschaften, die für die so genannte euklidische Geometrie charakteristisch sind, die Geometrie, die den meisten Lesern in Schultagen begegnet sein dürfte: Die Winkelsumme in jedem Dreieck beträgt 180 Grad. Bei rechtwinkligen Dreiecken genügen die Seitenlängen dem Satz des Pythagoras. Das Verhältnis vom Kreisumfang zum Radius ist gleich zwei Pi. Dass die Lichtgeraden, deren Länge wir mit Maßstäben messen, dieselben Eigenschaften wie ihre mathematischen Gegenstücke in der euklidischen Geometrie haben, ist dabei allerdings ganz und gar nicht selbstverständlich. Wir müssen diese bemerkenswerte Korrespondenz, ausgehend von unseren Definitionen von Abstand und Geradheit, experimentell überprüfen, also zum Beispiel aus Lichtstrahlen rechtwinklige Dreiecke verschiedener Größe konstruieren und nachmessen, ob tatsächlich gilt, dass $a^2 + b^2 = c^2$. Führen wir die entsprechenden Messungen in unserer entlegenen Raumstation aus, so können wir hochgenaue Experimente durchführen und würden dabei die euklidischen Eigenschaften des Raumes wieder und wieder bestätigt finden.

Nun, wo wir ihre Gültigkeit nachgeprüft haben, können wir die geometrischen Eigenschaften gnadenlos ausnutzen, um Abstände zu bestimmen. Um den Abstand zu einem entfernteren Punkt P zu bestimmen, können wir beispielsweise vorgehen, wie in der nachfolgenden Abbildung gezeigt:

Wir etablieren eine Basislinie B (hier in Blau), deren Länge wir mit Hilfe von Maßstäben so genau wie möglich bestimmen. Vom oberen Endpunkt der Basislinie aus peilen wir mit Hilfe eines Vermessungsinstruments, eines so genannten Theodoliten, den Punkt P an und bestimmen den Winkel α, den die Peillinie mit der Basislinie bildet. Das gleiche Verfahren wiederholen wir am anderen Endpunkt der Basislinie und bestimmen den Winkel β. Die Kenntnis von zwei Winkeln und einer Kantenlänge reicht aus, um mit Hilfe von Sinus- und Kosinussatz die anderen beiden Kantenlängen zu berechnen und insbesondere auch den Abstand von P zu den Endpunkten unserer Basislinie zu bestimmen. Peilt man von derselben Basislinie aus andere Zielpunkte an, so sind anschließend bereits die Seitenlängen mehrerer Dreiecke bekannt; stellt man den Theodoliten dann auf einen der neu vermessenen Zielpunkte, kann man sich systematisch von Punkt zu Punkt vorarbeiten, eine ganze Raumregion mit Dreiecken überziehen (»triangulieren«) und so mit großer Genauigkeit vermessen.

Das Verfahren lässt sich auch jenseits abgelegener Raumstationen mit Erfolg anwenden. Hier auf der Erde ermöglicht es beispielsweise, verzerrenden Effekten wie der Lichtbrechung in der Atmosphärenluft zum Trotz, die präzise Vermessung interessanter Geländeregionen. Ein Beispiel zeigt die folgende Abbildung, entnommen dem Buch *The Pyramids and Temples of Gizeh* (London 1883) des großen Ägyptologen W. M. Flinders Petrie.

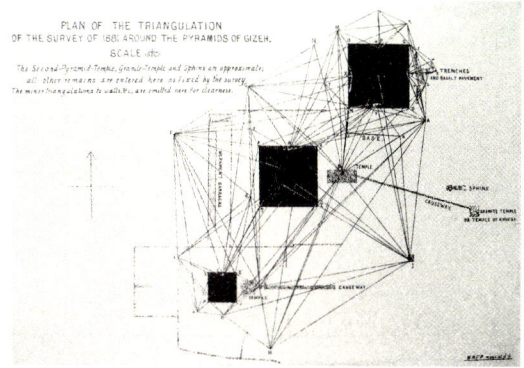

Zu sehen ist das Pyramidenfeld von Gisa. Eingezeichnet sind die Basislinie und die vielfachen Punkte, die Petrie angepeilt und von denen aus er seine Triangulation des Geländes vorgenommen hat. Das Resultat? Eine exakte Vermessung des gesamten Pyramidenplateaus von Gisa, deren Genauigkeit bis heute nicht wesentlich verbessert werden konnte.

Ein entsprechendes Verfahren bildet übrigens auch den ersten Schritt irdischer Astronomen zur Vermessung des Weltraums. Die Astronomen verwenden die größte Basislinie, die man nutzen kann, ohne sich von der Erde zu entfernen – sie bestimmen den Winkel zwischen der Sichtlinie zu einem nahen Stern und der Umlaufbahnebene der Erde um die Sonne, warten ein halbes Jahr, bis sich die Erde in den gegenüberliegenden Abschnitt ihrer Bahnkurve bewegt hat, und nehmen dann eine zweite Winkelmessung vor. Das Grundprinzip lässt sich am besten an einem Objekt illustrieren, das der Sonne weit näher ist als ein Stern, etwa einer hypothetischen Raumstation, die mit dem Raketentriebwerk die Anziehungskraft der Sonne ausgleicht und so einen konstanten Ort im Sonnensystem beibehält.

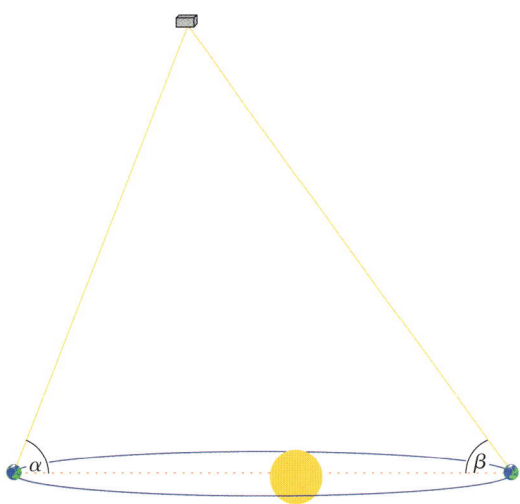

Die obige Skizze zeigt die Position von Sonne und Raumstation (grauer Quader) sowie die Positionen unserer Erde im Sommer (links) und im Winter (rechts). Im Sommer wie im Winter peilen wir die Raumstation an, jeweils entlang einer der eingezeichneten gelben Linien, und messen dabei einmal den Winkel α und einmal den Winkel β. Das sind zwei von drei Winkeln in einem Dreieck, dessen Basislinie (rot gepunktet) gerade der Durchmesser der Erdbahn ist, rund 300 Millionen Kilo-

meter. Aus den zwei Winkeln und der Länge der Basislinie folgen die anderen beiden Seitenlängen, der Abstand der Raumstation von der Erde im Sommer wie im Winter. Für sehr ferne Objekte, wie eben Sterne, sind Sommer- und Winterabstand so gut wie gleich, und wir können bei einer solchen Messung ruhig von dem »Abstand des Sterns« reden, den wir aus den Winkelmessungen bestimmen. Dieses Verfahren heißt *parallaktische Entfernungsbestimmung*.

WIE VIELE DIMENSIONEN HÄTTEN S' DENN GERN?

How do I love thee? Let me count the ways.
I love thee to the depth and breadth and height …

Elizabeth Barrett Browning (1806–1861)

Die Raumgeometrie lässt sich außerdem ausnutzen, um die Positionen von Objekten im Raum in Zahlenangaben umzusetzen. Die meisten Leser dürften diese Praxis von der Schule her kennen; wir wollen sie hier kurz rekapitulieren. Wir fangen mit dem einfachsten Fall an, mit einem perfekt geraden Strich, der sich in beide Richtungen fortsetzt, ohne dass er ein Ende erreicht; im Sprachgebrauch der Mathematiker: einer Geraden, einer in beide Richtungen unendlich langen Strecke:

Die Symbole an den Enden sollen andeuten, dass sich der Strich, von dem hier nur ein Ausschnitt gezeigt ist, in beide Richtungen weiter erstreckt. Wir können jedem Punkt auf dem Strich nach dem folgenden Rezept eine Zahl zuordnen: Zunächst zeichnen wir (willkürlich) einen Punkt auf dem Strich aus, dem wir den schönen Namen »Nullpunkt« geben. In der bildlichen Darstellung gibt ein kleiner senkrechter Markierungsstrich mit der Beischrift »0« die Lage des Nullpunkts an:

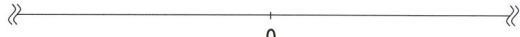

0

Für jeden Punkt auf der Geraden können wir nun seinen Abstand vom Nullpunkt messen.

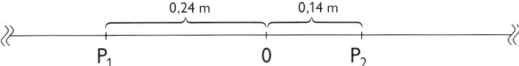

Um Eindeutigkeit zu gewährleisten, müssen wir noch kennzeichnen, auf welcher Seite des Nullpunkts der betreffende Punkt liegt. Wir tun dies, indem wir willkürlich eine der beiden Hälften auszeichnen und der Abstandsangabe der darauf liegenden Punkte (in der Abbildung: links vom Nullpunkt) ein Minuszeichen zur Unterscheidung beigeben. Der Zahlenwert der Abstandsangabe, mit etwaigem Minuszeichen, stellt eine eindeutige Namenskonvention für die Punkte auf der Geraden dar. Der Punkt P_1 in obiger Abbildung, der 0,24 Meter links vom Nullpunkt liegt, ist durch diese Angabe eindeutig definiert; −0,24 ist ein »Name«, anhand dessen sich der Punkt eindeutig identifizieren lässt. Für Punkt P_2 ist der »Name« 0,14 und bedeutet seinen Abstand (in Metern) vom Nullpunkt, nach rechts gemessen. Eine solche eindeutige mathematische Namensgebung für alle Punkte heißt *Koordinate*.

Dass die »Namen« der Punkte Zahlen sind, ist dabei kein Zufall, sondern sehr wichtig. Wenn es nur darum ginge, jedem Punkt auf der Geraden einen Namen zuzuordnen, könnte man sich weit fantasievollere Namensschemata ausdenken. Der Punkt, der in unserer Konvention den Namen −0,24 trägt, könnte man beispielsweise »Walter« nennen, den Punkt 0,14 in »Abraxas« umtaufen und den Nullpunkt in »Egon4711«. Dabei würde aber verschleiert, was das Zahlennamensschema so nützlich macht: Die (reellen) Zahlen, die wir als Koordinaten verwenden, haben eine natürliche Ordnung. Zwei ist größer als eins; 3,51198 ist kleiner als 3,51199. Daraus folgen direkt Aussagen über etwas, das man die nachbarschaftlichen Beziehungen zwischen den Zahlen nennen könnte: 4,2 liegt zwischen 4,1 und 4,6; 5,1187 liegt zwischen 5,1188 und 5,1183, aber *nicht* zwischen 5,1188 und 5,119. Auch Punkte auf einer Geraden haben eine solche Art von nachbarschaftlichen Beziehun-

gen. In der folgenden Abbildung liegt der Punkt A zwischen den Punkten B und F, aber nicht zwischen den Punkten B und C:

So, wie unser Zuordnungsschema Punkte auf der Geraden und Zahlen einander zuordnet, spiegeln die nachbarschaftlichen Beziehungen der Zahlen genau die nachbarschaftlichen Beziehungen der Geradenpunkte wider. Der Zahlenwert 0,41 liegt zwischen den Zahlenwerten 0,5 und 0,1, und genauso liegt auch der Punkt mit der Koordinate 0,41 zwischen den Punkten mit den Koordinaten 0,5 und 0,1. Diese Nachbarschaftstreue bewirkt, dass sich auch »Bewegungen von einer Zahl zur anderen« und »Bewegungen von einem Punkt zum anderen« entsprechen: Wenn ich von der Zahl 0,4 bis zur Zahl 0,5 alle dazwischen liegenden Zahlen »durchlaufe«, dann entspricht das einer kontinuierlichen Bewegung auf der Geraden, die mich vom Punkt mit der Koordinate 0,4 zum Punkt mit der Koordinate 0,5 führt, ohne einen einzigen der unendlich vielen dazwischen liegenden Punkte auszulassen.

Um zu unserer konkreten Zuordnungsvorschrift zurückzukehren: Die Definition der Koordinatenkonventionen – die Wahl des Nullpunktes und die Wahl, welcher Richtung das Minuszeichen zugeordnet sein möge – ist vollkommen willkürlich. Wir hätten den Punkt P_1 oder einen beliebigen anderen Punkt als Nullpunkt oder auch unsere Minus-Konvention anders wählen können und hätten dann ein anderes Koordinatensystem erhalten. Auch eine andere Längeneinheit würde andere Zahlenwerte für den Abstand und damit andere Koordinatenzahlen ergeben. Doch auch in jedem dieser neuen Koordinatensysteme würde gelten, dass eine einzige Zahlenangabe genügt, um jeden Punkt auf der Geraden zu bezeichnen. In der Sprechweise der Mathematiker sagt man, die Gerade sei *eindimensional*, ein eindimensionaler Raum. Und selbst wenn sich die Zahlen, die den Punkten als Koordinaten zugeordnet werden, ändern: Auch für die neuen Koordinaten gilt, dass sie die nachbarschaftlichen Verhältnisse auf der Gerade getreulich wiedergeben.

Ein Beispiel für einen näherungsweise eindimensionalen Raum ist eine Autobahn. Kommt es dort zu einem Unfall und gilt es, den Rettungskräften anzugeben, wo sich der Unfall ereignet hat, dann genügt eine Zahlenangabe wie »bei Kilometer 230«, um den Ort eindeutig zu definieren. Nullpunkt ist in diesem Fall der Anfang der betreffenden Autobahn, und die Kilometerangabe findet sich sowohl auf kleinen Schildern am Autobahnrand als auch auf der Innenseite der Klappen jeder der markant orangenen Notrufsäulen. Die Zahlenwerte der Kilometerangabe sind eindimensionale Koordinaten.

Eine Differenzierung, die im Schulunterricht keine große Rolle spielt, in den späteren Kapiteln allerdings sehr wichtig wird, möchte ich an dieser Stelle noch erwähnen. Die Koordinaten, die ich bislang definiert habe – die Koordinaten auf der Geraden und im Autobahnbeispiel – spiegeln nicht nur, wie erwähnt, die nachbarschaftlichen Verhältnisse auf der Geraden wider, sondern sie leisten noch mehr: Wenn wir die Koordinaten zweier Punkte kennen, folgt daraus direkt der *Abstand* der beiden Punkte. Das kleine Schild am Autobahnrand, das der Welt den Koordinatennamen 206,5 mitteilt, und das kleine Schild mit der Angabe 150 sind, das können wir direkt schließen, $206{,}5 - 150 = 56{,}5$ Kilometer voneinander entfernt. Koordinaten, die in dieser Weise die Abstandsverhältnisse widerspiegeln, heißen *abstandstreue Koordinaten*.

Nicht alle Koordinaten – nicht alle Vorschriften, die jedem Punkt einen Zahlenwert zuordnen – sind abstandstreu. Die Hausnummern an einer Häuserzeile beispielsweise sind so etwas wie grobe Koordinaten und ordnen jedem Haus eine Nummer zu. Aber selbst wenn wir das Problem der verschiedenen Konventionen, die Häuser auf den beiden Straßenseiten zu nummerieren, beiseite lassen und uns auf eine einzige Straßenseite mit durchgehend durchnummerierten Häusern beschränken: Die durchnummerierten Grundstücke können unterschiedlich groß sein, und die Hausnummern sagen uns daher nichts über die Abstände. Sie sagen uns

zwar, dass sich Hausnummer 3 zwischen den Hausnummern 2 und 4 befindet, aber in der Regel nicht, ob das Haus Nummer 2 vom Haus Nummer 3 ebenso weit entfernt ist wie das Haus Nummer 16 vom Haus Nummer 15. Auf das Problem abstands*un*treuer Koordinaten werden wir in Kapitel 5 noch zurückkommen.

Damit zum nächsten Beispiel für eine Koordinatenzuordnung: eine Ebene. Abgebildet ist, wie im Falle der Geraden, nur ein kleiner Ausschnitt eines an sich unendlich ausgedehnten Gebildes: ein Rechteck, das eine grenzenlose Ebene andeuten soll.

Auch hier kann man Koordinaten einführen. Zunächst gilt es wieder, einen Nullpunkt festzulegen. Doch das ist nicht genug, weitere Strukturen sind vonnöten; wir folgen dem nach René Descartes benannten Koordinatenrezept (»kartesische Koordinaten«) und legen ein rechtwinkliges Koordinatenkreuz auf unsere Ebene:

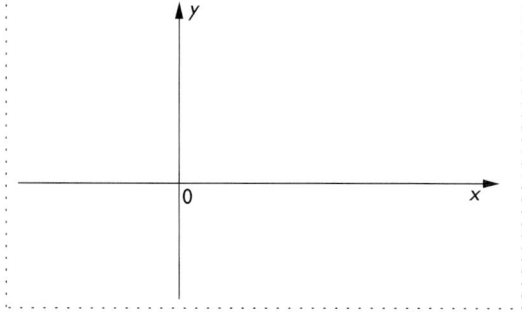

Die beiden Achsen nennen wir x- und y-Achse, ihren Schnittpunkt den Nullpunkt unseres Koordinatensystems. Die Achsen sind wiederum unendlich ausgedehnte Geraden, von denen in unserer Skizze aus Platzgründen nur kurze Abschnitte in der Umgebung des Nullpunkts abgebildet sind. Das Koordinatenrezept ordnet in diesem Falle jedem Punkt der Ebene zwei Zahlen zu und ist etwas komplizierter als im Falle der Geraden. Für jeden Punkt P lautet es: Konstruiere die Gerade, die parallel zur *y*-Achse ist und durch P läuft (in der folgenden Abbildung in Blau eingezeichnet). Messe den Abstand d_x ihres Schnittpunktes S_x mit der *x*-Achse vom Koordinatennullpunkt.

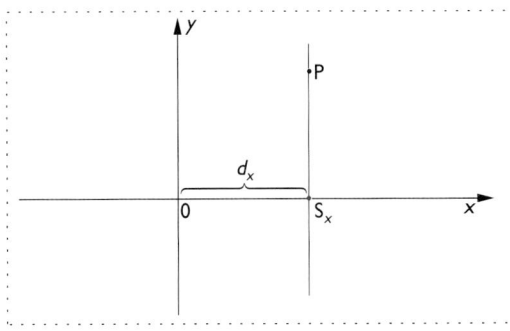

Füge ein Minuszeichen hinzu, falls der Schnittpunkt links vom Koordinatennullpunkt gelegen ist. Das Ergebnis heißt die *x-Koordinate* des Punktes P, und sie gibt so etwas wie den Abstand von P zur *y*-Achse an. Dann wiederhole die Konstruktion bezüglich der zweiten Achse: Konstruiere die Gerade, die parallel zur *x*-Achse durch P läuft (in der folgenden Abbildung in Grün). Miss den Abstand d_y ihres Schnittpunktes S_y mit der *y*-Achse vom Koordinatennullpunkt.

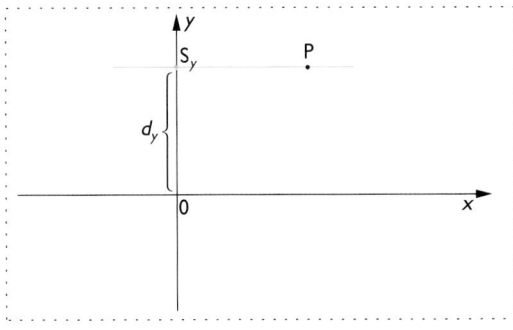

Füge ein Minuszeichen hinzu, wenn der Schnittpunkt unterhalb des Koordinatennullpunkts gelegen ist. Das Ergebnis ist die *y-Koordinate* von P.

Wiederum ist vieles an der Wahl unseres Koordinatensystems willkürlich: die Lage des Nullpunktes, die Richtung der *x*- und der *y*-Achse, die Konvention, wann ein Minuszeichen hinzugefügt wird. Der Umstand, dass wir genau zwei Zahlenangaben benötigen, um die Lage eines Punktes anzugeben, ist dagegen vom Koordinatensystem unabhängig. Er zeigt an, dass die Fläche *zweidimensional* ist.

Auch die kartesischen Koordinaten sind abstandstreu. Für alle Punkte etwa, die auf einer Geraden in *x*-Richtung liegen, ist der Abstand durch den *x*-Koordinatenunterschied gegeben. Die Punkte ($x=4$, $y=4$) und ($x=5$, $y=4$), die sich nur im *x*-Koordinatenwert um den Zahlenwert 1 unterscheiden, sind genau so weit voneinander entfernt wie die Punkte ($x=12$, $y=6$), ($x=12$, $y=7$), bei denen es lediglich eine *y*-Koordinatenwertdifferenz von eins gibt.

Der Alltag bietet eine ganze Reihe von Beispielen für zweidimensionale Koordinaten, ist doch die Erdoberfläche praktisch zweidimensional. Die meisten Leser werden bereits mit Stadt- oder Umgebungsplänen zu tun gehabt haben, in denen Planquadraten grobkörnige Koordinatenangaben wie »S5« oder »M15« zugeordnet sind. Oft erlauben solche Koordinaten allerdings, wie Hausnummern, keinen direkten Rückschluss auf Abstände gegebener Punkte. Großstädtische Amerikaner beispielsweise haben es besonders leicht, sich zweidimensionale Koordinatensysteme vorzustellen, denn für eine Reihe amerikanischer Städte bilden sie das Grundmuster der Straßenführung. Beispiel New York City: Dort verlaufen die nummerierten »Streets« von Osten nach Westen, die ebenfalls durchnummerierten »Avenues« senkrecht dazu von Norden nach Süden. Falls sich Holly Golightly (Audrey Hepburn), die frühstückshungrig und desorientiert vor der Carnegie Hall (C) steht, zu Tiffany's (T) begeben möchte, kann sie aus ihrem Standort und der Zieladresse, Fifth Avenue at 57th Street, direkt erschließen, wo sich das Geschäft befindet und wie sie dorthin gelangt:

Sie steht auf der 7th Avenue, muss demnach zwei Blocks nach Osten laufen. Ebenso befindet sie sich zwischen 56th und 57th Street, ist damit, die Nord-Süd-Richtung betreffend, schon fast am Ziel und muss sich allenfalls etwas nördlicher orientieren. (Natürlich ist auch das New Yorker Koordinatensystem nicht mathematisch-perfekt. Grünflächen wie der oben im Kartenausschnitt sichtbare Central Park stören das Bild, der unregelmäßige Flussuferverlauf zieht kurvige Straßen nach sich, und in einer Reihe von Fällen sind auch die New Yorker der Versuchung erlegen, bestimmten Straßen drollige Eigennamen wie »Broadway« zu geben.)

Allerdings sind diese Koordinaten nicht abstandstreu. Wenn ich entlang der 55th Street nach Osten laufe, dann lege ich zwischen 7th und 6th Avenue (Koordinatendifferenz in Ost-West-Richtung $7 - 6 = 1$) eine deutlich größere Distanz zurück, als wenn ich entlang der 5th Avenue nach Norden von der 56th bis zur 57th Street gehe (Koordinatendifferenz ebenfalls $57 - 56 = 1$, diesmal allerdings in Nord-Süd-Richtung). Auch in zwei Dimensionen sind diese Koordinaten trotz ihrer Abstandsuntreue allerdings mehr als ein willkürliches Namensschema: Sie geben nach wie vor bestimmte nachbarschaftliche Beziehungen wieder, diesmal nicht in Bezug auf die Frage, ob ein gegebener Punkt zwischen zwei anderen Punkten liegt, sondern ob er in einem gegebenen Rechteck liegt oder nicht. Konkret: Liegt die Carnegie Hall in dem Rechteck, das

von 7th Avenue, 5th Avenue, 54th und 58th Street begrenzt wird? Die geometrische Antwort ist »Ja« und entspricht der Koordinatenantwort, nach der die Ost-West-Koordinate der Carnegie Hall (etwas weniger als 7, sprich: etwas östlich der 7th Avenue) zwischen 5 und 7 liegt, während ihre Nord-Süd-Koordinate (56,5 und damit genau zwischen 56th und 57th Street) zwischen 54 und 58 liegt, den das Rechteck in Nord-Süd-Richtung begrenzenden Koordinatenwerten. Wieder gilt: Die Zahlenordnungen der beiden Koordinatenwerte entsprechen der Anordnung der Punkte auf der Ebene und spiegeln wider, ob ein gegebener Punkt in einer bestimmten Rechtecksnachbarschaft liegt oder nicht.

Die Erdoberfläche mag zweidimensional sein; der Raum dagegen lässt sich mit zwei Koordinatenangaben nicht ausreichend beschreiben. New York zeigt dies besonders deutlich: Mag ich mich auch mit einem Freund im Haus Ecke Nordseite 59th Street und Westseite 5th Avenue verabredet haben – nun stehe ich in der Lobby und weiß immer noch nicht: Wartet der Freund hier auf mich oder etwa im zweiunddreißigsten Stockwerk? Raum ist dreidimensional; erst drei Koordinatenangaben definieren einen Punkt im Raum eindeutig, etwa die zwei Koordinaten, die die Lage der entsprechenden Lobby auf der Erdoberfläche, Abschnitt New York, angeben, plus die Höhe über dem Erdboden, wie sie in der Stockwerksbezeichnung kodiert ist.

Auch einen dreidimensionalen Raum kann man in kartesische Koordinaten bannen, und zwar mit Hilfe dreier Koordinatenachsen x, y und z, die senkrecht aufeinander stehen. Haargenau so wie bereits im zweidimensionalen Fall lassen sich durch die Konstruktion von Hilfslinien und durch Abstandsmessungen x-, y- und z-Koordinate eines beliebigen Punktes bestimmen, ohne dass wir dies hier im Einzelnen durchexerzieren wollen. Das Verfahren ist ganz analog zum zweidimensionalen Fall, und im Endeffekt entspricht jedem Raumpunkt ein Tripel von Koordinaten, deren Zahlenwerte wie im ein- und zweidimensionalen Fall Informationen über die nachbarschaftlichen Beziehungen der verschiedenen Raumpunkte enthalten.

Dass sich Geraden, Flächen und Räume durch die entsprechende Anzahl von Koordinaten beschreiben lassen, hat für Mathematiker einen entscheidenden Vorteil. Mathematiker sind von Natur aus daran interessiert, ihre Definitionen und Theorien so weit wie möglich zu verallgemeinern und so umfassend wie möglich zu gestalten. Koordinaten eröffnen die Möglichkeit, zusätzlich zu den Spezialfällen der eindimensionalen Geraden, der zweidimensionalen Ebene und des dreidimensionalen Raums auch Räume mit mehr als drei Dimensionen zu beschreiben, einfach, indem man die Anzahl der Koordinaten entsprechend erhöht. Sich einen vierdimensionalen Raum bildlich vorzustellen ist so gut wie unmöglich (obwohl einige Mathematiker, die sich ausgiebig mit dem Thema beschäftigt haben, ein Gefühl für solche Räume zu besitzen scheinen, das unserer dreidimensionalen Vorstellungskraft nicht allzu weit nachstehen dürfte). Statt drei nunmehr vier Koordinaten pro Raumpunkt hinzuschreiben ist verglichen damit kinderleicht, und auch die mathematischen Beziehungen zwischen den Koordinaten, die die geometrischen Eigenschaften des betreffenden vierdimensionalen Raums spiegeln – wir werden noch näher darauf eingehen –, sind nicht schwerer zu handhaben als ihre Vettern in drei Dimensionen. Auch der Übergang zu mehr als vier Dimensionen macht im Formalismus der Koordinaten keinen großen Unterschied. Das Koordinatenkonzept eröffnet mathematische Räume, die noch nie ein Mensch zuvor beschrieben hat – wie viele Dimensionen hätten S' denn gern?

Mit der Einführung des Koordinatensystems haben wir den Raum rund um unsere hypothetische Raumstation weitestgehend gezähmt: Wir können jedem Raumpunkt einen Koordinatennamen zuordnen. Ein Geflecht von Lichtstrahlen, den Geraden in unserem Raum, macht die Geometrie des Raums sichtbar. Als natürliche Wahl des Raumnullpunktes bietet sich irgendein zentraler Ort auf unserem Raumschiff an, etwa die Mitte der Kommandobrücke. Von dort aus erstreckt sich das Koordinatennetz in alle Richtungen in die Ferne.

Damit zur flüchtigen Schwester des soliden Raumes, der Zeit. Eine kleine Vorbemerkung: In den bisherigen Abschnitten sind wir nicht anders vorgegangen, als es ein Physiker des 19. Jahrhunderts auch getan hätte. In den folgenden Abschnitten macht sich dagegen nach und nach der Einfluss der Einsteinschen Ideen bemerkbar – spätestens dann, wenn wir den Gleichzeitigkeitsbegriff nicht so selbstverständlich hinnehmen, wie es bis zum Anfang des 20. Jahrhunderts üblich war, sondern ihn ganz genau hinterfragen.

DIE ENTDECKUNG DER GLEICHMÄSSIGKEIT

Als Erstes müssen wir uns fragen: Was ist eine Uhr? Wir geben die denkbar simpelste Antwort und sagen: Alle technischen Feinheiten beiseite gelassen, ist eine Uhr die Kombination eines Taktgebers mit einem Zählwerk. Ersterer gibt einen gleichmäßigen Takt vor, stetig und regelmäßig aufeinander folgende Impulse. Das Zählwerk registriert jeden Puls und summiert die gezählten Pulse auf, so dass jederzeit ablesbar ist, wie viele Pulse seit einem festen Referenzzeitpunkt vergangen sind. In meiner digitalen Armbanduhr beispielsweise schwingt als Taktgeber ein elektrischer Regelkreis mit einem Quarzkristall; elektrische Pulse werden ausgelesen und an einen Mikrochip weitergereicht, der als Zählwerk programmiert ist und entsprechend den gezählten Pulsen die Sekunden-, Minuten-, Stunden- und Datumsanzeige der Uhr anpasst.

So weit, so gut. Nur haben wir uns dabei geschickt im Kreis gedreht. Der Taktgeber soll einen *gleichmäßigen* Takt vorgeben, habe ich geschrieben. Aber wie kann man feststellen, ob ein Takt gleichmäßig ist? Im Alltag ist die Antwort einfach: Wir ziehen zum Vergleich einen gleichmäßigen Taktgeber heran! Schlägt unser Herz in konstantem Rhythmus? Ein Vergleich mit einer Uhr sagt es uns. Spielt der Pianist mit vorgegeben gleichmäßigem Anschlag, in konstantem Tempo? Der Vergleich mit einem Metronom schafft Klarheit. Aber all das setzt voraus, dass wir bereits wissen, was ein gleichmäßiger Takt ist. Uns, die wir die Gleichmäßigkeit doch erst definieren wollen, nützt es auf den ersten Blick nur wenig.

In dieser Phase unserer Versuche, die Zeit messbar zu machen, könnten wir hypothetisch in arge Schwierigkeiten geraten. Was, wenn wir in einer Welt lebten, in der Folgendes passierte: Physiker A, nennen wir ihn Adrian, beobachtet einen einfachen Naturprozess, etwa einen sich zyklisch wiederholenden Änderungsprozess eines bestimmten Moleküls, und baut daraus eine Uhr A; Physikerin B, Bettina, legt ihrer Uhr einen anderen einfachen Naturprozess zugrunde, etwa einen einfachen elektrischen Regelkreis, und baut eine Uhr B. Beide sind davon überzeugt, dass der Gang ihrer Uhr jeweils gleichmäßig ist. Doch beim Vergleich stellt sich heraus: Nur einer der beiden kann Recht haben – das »tick, tick« von Adrians Uhr und das »tack, tack« von Bettinas Uhr passen einfach nicht zueinander. Hier ist die Reihenfolge verschiedener Ticks (Adrian) und Tacks (Bettina) protokolliert:

$$\begin{Bmatrix} tick \\ tack \end{Bmatrix} \; tick \; tick \; tack \; tick \begin{Bmatrix} tick \\ tack \end{Bmatrix} \; tick \; tack \; tack \; tack \; tick$$

Wenn wir annehmen, dass Adrians Uhr gleichmäßig geht, weist Bettinas Uhr einen höchst erratischen Gang auf: Im Vergleich zum »tick, tick, tick« von Adrians Gerät verginge mal eine Anzahl von Ticks, ohne dass Bettinas Uhr ein einziges Tack hätte hören lassen, ein andermal würde Bettinas Uhr zwischen zwei von Adrians Ticks gleich eine ganze Reihe eigener Tacks erzeugen. Und vielleicht ist es ja gerade anders herum, und Bettinas Uhr wäre ein guter Standard für Regelmäßigkeit, während dann Adrians Uhr, derselben Argumentation zufolge, ungleichmäßig ginge?

Adrian und Bettina leben in einer hypothetischen Welt, in der verschiedene physikalische Elementarprozesse zu widersprüchlichen Definitionen von »Gleichmäßigkeit« führen. Diese Welt ist glücklicherweise nicht die unsrige. Unsere Welt besitzt die ganz bemerkenswerte Eigenschaft, dass sich die physikalischen Elementarprozesse quasi einig sind, was Gleichmäßigkeit bedeutet. Ob wir bei unseren

Laborversuchen als Taktgeber die Schwingungen von Atomen oder Molekülen wählen oder verschiedenste Arten einfacher mechanischer Pendel, einen elektrischen Schwingkreis wie in herkömmlichen Digitaluhren oder die Berg-und-Tal-Struktur von Lichtwellen, wir landen immer bei demselben Begriff der Gleichmäßigkeit. Diese – ganz und gar nicht selbstverständliche – Universalität der Gleichmäßigkeit erlaubt es uns, wieder einmal eine willkürliche Wahl zu treffen. Wir wählen als Taktgeber einen bestimmten Prozess aus: die Schwingungen der elektromagnetischen Strahlung, die ein Laser unter Ausnutzung eines bestimmten Atomübergangs von Cäsium 133 erzeugt. Jeder andere der vielen in Frage kommenden Elementarprozesse würde zum selben Gleichmäßigkeitsbegriff führen.

Als Bonus kommt hinzu, dass die so definierte Gleichmäßigkeit zumindest ungefähr unserer subjektiven Vorstellung von diesem Begriff entspricht. Sitze ich entspannt in einem Sessel und höre meinem atomuhrgetriebenen Metronom zu, so nehme ich ein gleichmäßiges tack, tack, tack wahr. (Die Grenzen dieser subjektiven Gleichmäßigkeitserfahrung sind allerdings wohl bekannt. In einigen Lebenssituationen scheint die Uhr dem subjektiven Zeitempfinden davonzulaufen, in anderen scheinen sich die Uhren geradezu verschworen zu haben, den Moment etwa der Weihnachtsbescherung unnatürlich lange hinauszuzögern. Ein Beispiel habe ich zu Beginn des Kapitels angesprochen – die Minuten vor dem Raketenstart, die wie Stunden scheinen; die Stunden Raumfahrertraining, die wie im Fluge vergehen.)

Unsere Taktgeberwahl liefert uns auch gleich eine Zeiteinheit mit, nämlich die Schwingungsdauer, die mit dem erwähnten Laserprozess assoziiert ist. Sie ist freilich für Alltagsbegriffe sehr, sehr kurz, und wir folgen daher der Tradition, als Zeiteinheit nicht diese Schwingungsdauer, sondern ein Vielfaches davon zu wählen. Unsere Zeiteinheit sei die Dauer von 9 192 631 770 solcher Schwingungen. Diese Zeiteinheit heißt »eine Sekunde«, und alle Zeitdauern, die wir in Zukunft messen, werden wir in Vielfachen oder Bruchteilen dieser einen Grundeinheit ausdrücken – ein gutes Fünfminuten-Ei muss 300 Sekunden kochen; um ein gutes Pils zu zapfen, braucht es, so die Legende, 420 Sekunden, und so weiter. Wir verwenden die üblichen Kurzworte für bestimmte Vielfache der Sekunde – Minute, Stunde, Jahr, Jahrzehnt, Jahrhundert.

Nun sitzen wir also in unserem Raumschiff und haben eine einfache Uhr vor uns, einen Zeitmesser, dessen Zählwerk es uns ermöglicht, Zeit in Zahlen zu fassen (»Beim nächsten Ton ist es elf Uhr, zweiunddreißig Minuten und zwanzig Sekunden – piep«) und Zeitdauern zu messen. Der erste Schritt in Richtung Raumzeit ist getan.

DIE BEWEGTE UHR

Als Nächstes stellen wir baugleiche Kopien unserer Uhr her. Legen wir Ur-Uhr und Kopie nebeneinander, können wir direkt vergleichen, dass die beiden Uhren gleichzeitig denselben Zeitwert anzeigen.

Dann machen wir unsere Uhren mobil. Wir sind es aus dem Alltag gewohnt, unsere Zeit mit uns herumzutragen. Die meisten Leser dieses Buches dürften eine Armbanduhr tragen, mit einem Reisewecker in den Urlaub fahren oder nach langer Autofahrt auf die Uhr am Armaturenbrett schauen, um herauszufinden, wie lange sie schon unterwegs sind. Im Hintergrund steht dabei ein und dieselbe stillschweigende Annahme: Obwohl wir die betreffenden Uhren durch die Weltgeschichte karren, zeigen sie nach wie vor verlässlich »die Zeit« an. Nicht, dass diese Annahme abwegig wäre: Gegen Stöße und Ähnliches sind die heutigen Uhren verhältnismäßig unempfindlich. Aber in unserer Forschungsraumstation wollen wir es ganz genau wissen. Zunächst einmal bauen wir auch hier unsere Uhren so stabil, dass die Stöße und Beschleunigungen etwa einer Raketenreise ihrem Taktgeber und ihrem Laufwerk nichts anhaben dürfen.

Aber wie können wir feststellen, ob unsere Uhren wirklich nicht durch ihre Reise beeinflusst werden? Ein erster Schritt ist es, sie auf Rundreisen zu schicken. Die Ur-Uhr verbleibt dabei in unserer Raumstation; eine Kopie reist durch den Raum und kehrt am Ende zur Raumstation zurück. Nach der Rückkehr ruhen Ur-Uhr und Kopie wieder einträchtig nebeneinander, und wir können durch direkten Vergleich feststellen, ob sie nach wie vor dieselbe Zeit anzeigen.

Wir beginnen unsere Experimente, indem wir die reisende Uhr einfach einmal auf ein Spazierschweben durch die Raumstation mitnehmen und anschließend wieder neben die Ur-Uhr stellen. Beim anschließenden Vergleich zeigt sich kein messbarer Zeitunterschied. Für die folgende Rundreise bemühen wir jene kleinen Service-Raumschiffe, mit denen die Bewohner unserer Raumkolonie kurze Besorgungen erledigen. Die Höchstgeschwindigkeit dieser Raumschiffe beträgt armselige 400 Stundenkilometer, und auch diese Rundreise ergibt keinen messbaren Zeitunterschied. Bis jetzt entsprechen die Ergebnisse unserer Experimente also durchaus unseren Alltagserfahrungen auf der Erde.

Anschließend aber borgen wir uns eine von den schnellen Raketen, die den Verkehr zwischen der weitab gelegenen Forschungsstation und der guten alten Erde aufrechterhalten. Die reisende Uhr wird an Bord sicher verzurrt, und dann geht es los, mit Geschwindigkeiten, die weit über das hinausgehen, was wir von der Erde gewohnt sind. Schallgeschwindigkeit? Mach 2? Mach 3? Peanuts! Unsere Raketen sind ungleich schneller. Vor allem besitzen sie ein unvorstellbares Beschleunigungsvermögen, entsprechend fünfzigfacher Erdbeschleunigung, mit anderen Worten: von null auf hundert Stundenkilometer in 6/100 Sekunden! Gut, dass die Rakete unbemannt fliegt. Ein Astronaut an Bord würde sich fünfzigmal so schwer vorkommen wie auf der Erde, und so eine hohe Beschleunigung kann der menschliche Körper nicht unbeschadet überstehen.

Als Referenzpunkt verwenden wir kleine Raumbojen, die wir extra für diesen Zweck ins All gesetzt haben und die dort in konstantem Abstand von unserer Raumstation schweben.

Bei einer der Rundreisen beispielsweise fliegt die Rakete um 12:00 Uhr los (gemessen natürlich mit unserer Ur-Uhr), dann folgen eine Beschleunigungsphase und eine Bremsphase, an deren Ende die Rakete bei einer 200 000 Kilometer weit entfernten Raumboje zur Ruhe kommt. Dann macht sich die Rakete auf den Rückweg und erreicht um 12:42 Uhr wieder unsere Raumbasis. Nun folgt der Uhrenvergleich: Die beiden Uhren gehen jetzt, wo sie nebeneinander stehen, wieder gleich schnell. Doch zwischendurch muss die rundgereiste Uhr etwas langsamer gegangen sein, denn sie geht gegenüber der Ur-Uhr eine halbe Tausendstelsekunde nach.

Derselbe Effekt ergibt sich bei den anderen Rundreiseexperimenten. Wir lassen unsere Rakete zu einer 20 Millionen Kilometer weit entfernten Raumboje fliegen und zurück (wozu sie rund sieben Stunden benötigt), und siehe da: Auf der mitgereisten Uhr ist rund eine halbe Sekunde weniger Zeit vergangen als auf der Uhr, die in der Raumbasis gewartet hat. Wir frisieren den Raketenmotor, so dass er nunmehr hundertfache Erdbeschleunigung erreicht, und schicken die Rakete zu Besuch bei einer 200 Millionen Kilometer entfernten Raumboje (Reisedauer: sechzehn Stunden). Auf der rundgereisten Uhr sind nun sogar 21 Sekunden weniger vergangen als auf der Ur-Uhr.

Haben wir es mit dem Problem zu tun, dass die Uhr durch die hohen Beschleunigungen beeinflusst wird? Nein, wenn wir die Rakete nur kurz beschleunigen und dann antriebslos mit konstanter Geschwindigkeit durchs All treiben lassen, stellt sich das Phänomen nach wie vor ein. Mit einer direkten Beeinflussung der Uhr etwa durch die Kräfte, die während der Beschleunigungsphasen wirken, scheint es nichts zu tun zu haben. Entscheidend, so sieht es aus, ist die Bewegung der Uhr. Während sie sich in Bewegung befindet, scheint die Uhr in der Rakete merkwürdigerweise langsamer zu gehen als die Ur-Uhr in der Raumstation.

Das Phänomen, das uns die rundreisenden Uhren offenbart haben, heißt auch »Zwillingseffekt«, nach einem Gedankenexperiment, das anstatt einer Uhr einen von zwei Zwillingen von der Erde aus auf eine Weltraumreise schickt. Nach seiner Rückkehr stellt sich heraus, dass er weniger stark gealtert ist als sein Bruder, der auf der Erde auf ihn gewartet hat. Zum Beispiel können wir den reisenden Zwilling auf eine Expedition zum rund 80 Bil-

lionen Kilometer entfernten Stern Sirius schicken. Seine Rakete beschleunigt beziehungsweise bremst dabei gerade so, dass sich die Astronauten an Bord genauso schwer vorkommen wie wir hier auf der Erde. Von der Erde aus gesehen, hat die Reise knapp 21 Jahre gedauert, und um diese Zeitspanne ist der zu Hause gebliebene Bruder denn auch gealtert. Sein reisender Zwilling ist dagegen nur etwas über neun Jahre gealtert, und auch die Borduhren seiner Rakete zeigen lediglich eine Reisedauer von neun Jahren und zwei Monaten an.

Je länger, schneller, weiter wir den Bruder reisen lassen, desto größer wird der Unterschied: Fliegt der Bruder beispielsweise bis zum rund vier Billiarden Kilometer entfernten Stern Beteigeuze, kann er nach seiner Rückkehr auf die Erde gerade einmal seine Ur-Ur-Ur-Ur-Ur-Ur-Ur-Ur-Ur-Ur-Ur-Ur-Ur-Ur-Ur-Ur-Ur-Ur-Ur-Ur-Ur-Urenkel begrüßen. Auf der Erde sind nämlich seit seinem Abflug etwas über 800 Jahre vergangen. Seine Borduhren und seine innere Uhr liefen wesentlich langsamer. Sie zeigen eine Reisedauer von nur etwas über 23 Jahren an, und um so viel ist der reisende Ex-Zwilling auch gealtert.

Wäre der reisende Zwilling gleich bis zur nächsten Galaxie weitergeflogen, dem rund 20 Trillionen Kilometer entfernten Andromedanebel, dann wäre er bei seiner Rückkehr 56 Jahre älter als bei seinem Abflug. Auf der Erde sind dagegen über vier Millionen Jahre vergangen. Wenn er Glück hat, hat die Menschheit so lange überlebt. Wenn er noch größeres Glück hat, haben die Menschen, die er antrifft, wenigstens noch einige vertraute Eigenschaften mit der Spezies gemein, die er bei seinem Abflug ins Vergessen zurückgelassen hat. Wenn er ganz großes Glück hat, ist aus den zwei Cent, die er bei seinem Abflug noch auf seinem Sparkonto hatte, trotz vielfältiger inflationsbedingter Währungsreformen ein ansehnliches Vermögen geworden.

Mit unseren heutigen technischen Mitteln sind die Weltraumreisen, anhand deren ich das Langsamerlaufen der bewegten Uhren veranschaulicht habe, nicht durchzuführen. Wir haben keine Raketen zur Verfügung, mit denen sich die benötigten Beschleunigungen lange genug durchhalten ließen.

Als Ersatz für die großen, komplizierten und schwer zu handhabenden Raketen können wir allerdings auf winzige Elementarteilchen zurückgreifen, die den Vorteil haben, sich ohne allzu großen Energieaufwand enorm beschleunigen zu lassen. Große Beschleunigeranlagen finden sich in Teilchenphysikzentren wie dem Deutschen Elektronensynchrotron DESY in Hamburg oder dem europäischen Kernforschungszentrum CERN in Genf, kleinere Beschleuniger dürften Ihnen auf Anfrage die meisten physikalischen Institute zur Verfügung stellen können. Ganz kleine Beschleuniger, in denen Elektronen immerhin auf 16 000 Kilometer pro Sekunde beschleunigt werden (und damit auf fünf Prozent der Lichtgeschwindigkeit), werden viele Leser in Form herkömmlicher Fernsehröhren sogar selbst besitzen.

Nicht die Elektronen, aber einige andere Teilchen tragen so etwas wie eine innere Uhr mit sich herum: Sie sind instabil und zerfallen nach einiger Zeit in andere Arten von Teilchen. Wann genau ein Zerfall stattfindet, hängt vom Zufall ab. Manche Teilchen ein und derselben Spezies leben etwas länger, andere zerfallen recht bald, und wann genau ein gegebenes Teilchen zerfallen wird, lässt sich nicht mit Sicherheit vorhersagen. Die *durchschnittliche* Zeit, nach der diese Teilchen zerfallen, ihre so genannte *mittlere Lebensdauer*, ist dagegen konstant und für jede Teilchenart charakteristisch. An ihr lässt sich der Zeitdehnungseffekt eindrucksvoll demonstrieren. Werden einige Millionen dieser Teilchen in einem Teilchenbeschleuniger auf eine Geschwindigkeit nahe der Lichtgeschwindigkeit beschleunigt, so verlängert sich die mittlere Lebensdauer der umlaufenden Teilchen im Vergleich zu ihren ruhenden Kumpanen um ein Vielfaches. Der Grund? Wieder einmal derselbe: Aufgrund der Bewegung läuft die »innere Uhr« der Teilchen, verglichen mit den unbewegten Laboruhren, um ein Vielfaches langsamer. Wie der Alterungsprozess des reisenden Zwillings erscheint der der reisenden Teilchen verglichen mit der Außenwelt langsamer, und so lässt auch das Lebensende, der Zerfall, von außen gesehen länger auf sich warten als bei einem ruhenden Teilchen derselben Sorte.

In den präzisesten Experimenten dieser Art geht man ein bisschen anders vor und verwendet die Strahlung, die bestimmte Atome aussenden, als Taktgeber, der die Ganggeschwindigkeit der »inneren Uhr« anzeigt. Das modernste mir bekannte Beispiel sind Experimente aus dem Jahre 2003 an einem Speicherring des Max-Planck-Instituts für Kernphysik, an dem die Lichtabstrahlung von fast lichtschnellen Lithium-Atomen[1] mit Laserhilfe hoch genau vermessen wurde.

All diese hypothetischen und realen Experimente zeigen uns: Rundreisende Uhren gehen langsamer als ruhende Uhren. Wie sehr wir uns auch vorsehen – transportieren wir eine Uhr durch den Raum, so beeinflusst das ihre Ganggeschwindigkeit. Das ist für die Zeitmessung sehr ungünstig. Sicher, wir haben eine Ur-Uhr gebaut, die in unserer Raumstation steht und die dortige Zeit anzeigt. Aber wie spät ist es an einem anderen Ort?

DIE HEIMLICHE UNSELBSTVERSTÄNDLICHKEIT DES JETZT

Eine Binsenweisheit: Was uns täglich vor Augen steht, wird uns mit der Zeit so vertraut, dass wir es kaum noch wahrnehmen. Derselbe Effekt kann sich auch in der Wissenschaft einstellen. Es gibt in der Physik Begriffe, die nach langem Gebrauch so selbstverständlich scheinen, dass lange Zeit niemand auf die Idee kommt, sie und ihre Definition zu hinterfragen.

Macht sich doch einmal jemand die Mühe nachzuforschen, sind mehrere Konsequenzen möglich: Entweder es ergibt sich nichts wirklich Neues – das ist der bei weitem häufigste Ausgang (und, nebenbei bemerkt, das Schicksal der meisten neuen Ideen im Forscheralltag) –, oder aber der betreffende Begriff kann nun eleganter, mathematisch exakter, kompakter definiert werden, ohne dass dies großartige Erkenntnisfortschritte nach sich zöge. Letzteres ist in der Physik nicht allzu selten: Physiker neigen dazu, ihre mathematischen Werk-

1 Streng genommen: Lithium-Ionen, also Lithium-Atome, die mindestens ein Elektron aus ihrer Atomhülle verloren haben.

zeuge recht praxisbezogen zu verwenden, ohne sich um die Feinheiten mathematischer Definitionen und Existenzbeweise zu kümmern. Das schafft Arbeitsplätze für Mathematiker (oder mathematische Physiker), die hinter ihren Kollegen aufräumen und zeigen, dass die Konzepte und Theoreme, auf denen die betreffenden physikalischen Theorien beruhen, auch wirklich wohldefiniert sind.

Ganz, ganz selten einmal ergibt sich aus dem Nachdenken über grundlegende Begriffe etwas grundlegend Neues, und die exakte Formulierung eines eigentlich selbstverständlichen Begriffs zieht ungeahnte, ja revolutionäre Konsequenzen nach sich. Die wohl berühmtesten Beispiele für diese Art von definitorischem Lottogewinn sind Heisenbergs Betrachtungen zur Quantentheorie (1925), Einsteins spezielle Relativitätstheorie (1905) und seine allgemeine Relativitätstheorie (1915). Der Übergang von der klassischen Mechanik zu Einsteins spezieller Relativitätstheorie beispielsweise ist untrennbar mit dem Begriff der *Gleichzeitigkeit* verbunden.

»In meiner Berliner Wohnung fing der Teekessel an zu pfeifen; gleichzeitig fiel in Bremen ein Sack Reis um.« Im Prinzip ein sinnvoller und verständlicher Satz: Ein Ereignis und ein anderes Ereignis finden gleichzeitig statt. Aber was ist damit eigentlich gemeint? Praktischer formuliert: Wie lässt sich feststellen, ob solch eine Aussage zutrifft?

Im Alltag verlassen wir uns in Fragen der Gleichzeitigkeit auf die uns umgebenden Uhren. Dort haben wir nicht nur eine einzige Ur-Uhr zur Verfügung, wie in unserer hypothetischen Raumstation, sondern ein ganzes Netz von Uhren. Vorbei die Zeiten, als ein Glockenschlag zur vollen Stunde die einzige Zeitmarke in einem Arbeitstag darstellte, in dem sonst nur subjektives Zeitgefühl und Sonnenstand auf das Vergehen der Zeit hinwiesen. Morgens um kurz vor sieben weckt mich mein Wecker. Schalte ich in der Küche das Radio ein, beginnen die Nachrichten mit dem Zeitsignal, das mir die volle Stunde anzeigt. Auf dem Weg zur Bahn begegne ich nacheinander drei öffentlichen Uhren, an denen sich die Zeit auf die Sekunde genau ablesen lässt, von den Uhren im Bahnhof

selbst ganz zu schweigen. All diese Uhren, so der Anspruch, zeigen »die Zeit« an, ein und dieselbe Zeit, Singular; Abweichungen sind nur auf die Unvollkommenheit der einen oder anderen Uhr zurückzuführen. Dinge geschehen gleichzeitig, wenn die anwesenden Uhren dieselbe Zeit anzeigen.

Es liegt nahe, in punkto Teekessel und Reissack genauso zu verfahren: Ich bringe nahe dem Reissack von Bremen und nahe dem Berliner Teekessel jeweils eine Uhr an. Pfeift der Kessel, lese ich an der daneben liegenden Uhr ab, zu welchem Zeitpunkt dies geschah; fällt der Sack um, lese ich die dort angebrachte Uhr ab. Stimmen die abgelesenen Zeitpunkte überein, fanden die beiden Ereignisse gleichzeitig statt.

Nun ist bei meinem Experiment aber leider das Folgende schief gelaufen: Zum Ablesen benötigte ich einen Helfer. Ich kann ja nicht an zwei verschiedenen Orten gleichzeitig (eben!) sein und suchte daher einen Assistenten, der sich zur Reissackwache in Bremen überreden ließ. Glücklicherweise war zu diesem Zeitpunkt gerade mein Freund Rick aus den Vereinigten Staaten zu Besuch, dessen Mithilfe ich gewinnen konnte. Nun das Malheur: Rick war gerade erst am Vorabend angekommen. Seine Uhr war noch auf amerikanische Ostküstenzeit eingestellt. Als der Teekessel in Berlin pfiff, las ich ab: 12:31 Uhr. Als der Reissack sich in Bremen der Schwerkraft hingab und zu Boden sank, las Rick ab: 6:31 Uhr. Dass damit etwas nicht stimmen konnte, ist uns dann recht bald aufgegangen.

Der Fehler mag harmlos erscheinen – wer aus den USA anreist, muss seine Uhr eben umstellen –, aber dahinter steht eine grundlegende Frage. Bei jeder Uhr ist der Zeitnullpunkt willkürlich wählbar. Wie kann man bei zwei verschiedenen Uhren feststellen, ob ihre Anzeige sich auf »denselben« Zeitnullpunkt bezieht? Sackfall und Kesselpfeifen finden gleichzeitig statt, wenn die jeweils daneben befindlichen Uhren dieselbe Zeit anzeigen – aber das gilt nur dann, wenn die beiden Uhren synchronisiert sind, mit anderen Worten: gleichzeitig dieselbe Zeit anzeigen. Womit wir wieder bei der Frage sind, wann wir denn nun eigentlich wissen können, dass zwei Uhren dieselbe Zeit anzeigen, sprich: was Gleichzeitigkeit ist.

Zur Klärung ziehen wir uns wieder in unsere abgelegene Raumstation zurück. Wie können wir sicherstellen, dass eine Uhr mit unserer Ur-Uhr synchron läuft? Wenn sich die beiden Uhren direkt nebeneinander befinden, ist das einfach. Dann können wir direkt vergleichen, ob die Uhren gleichzeitig von einer Zeitanzeige auf die nächste umspringen. Wenn sich die Uhren dagegen *nicht* am selben Ort befinden, wird die Angelegenheit komplizierter.

Ginge man nur von der Alltagserfahrung aus, dann könnte man meinen, das Problem sei einfach zu lösen: Wir besorgen uns eine Uhr, stellen sie neben unsere Ur-Uhr und versichern uns durch direkten Vergleich, dass die beiden Uhren synchron laufen. Dann transportieren wir die Vergleichsuhr vorsichtig an den Ort der fernen Uhr und vergleichen die beiden Uhren dort direkt miteinander.

Allerdings können wir nach den Erfahrungen des letzten Abschnitts nicht ausschließen, dass der Transport den Gang der Vergleichsuhr irgendwie beeinflusst. Schließlich zeigt die Vergleichsuhr ja auch, wenn wir sie mit der Ur-Uhr abgleichen und anschließend auf eine Rundreise schicken, nach ihrer Rückkehr nicht mehr dieselbe Zeit an wie die Ur-Uhr, und wir sollten damit rechnen, dass auch der Transport von der Ur-Uhr zur fernen Uhr die Vergleichsuhr irgendwie beeinflusst. Das würde bedeuten, dass sich Synchronizität eben nicht so einfach transportieren lässt, wie wir im Alltag stillschweigend annehmen. Wir sollten versuchen, eine Vergleichsmethode zu finden, die ohne Uhrentransport auskommt.

Angenommen, die Uhren befänden sich an gegenüberliegenden Enden des Tausende Kilometer langen schnurgeraden Zentralkorridors der Raumstation. Ich befinde mich direkt hinter der ersten Uhr und visiere über sie hinweg die Anzeige der zweiten Uhr an. Eine Hochgeschwindigkeitskamera, die direkt neben mir steht und Bilder der nahen wie der fernen Uhr einfängt, erlaubt es mir, die Anzeigen beider Uhren festzuhalten, Belichtungszeit eine hunderttausendstel Sekunde. Die Anordnung ist hier noch einmal skizziert:

Uhr 1   Uhr 2

Links Uhr 1 mit der Hochgeschwindigkeitskamera, rechts Uhr 2, dazwischen – hier nicht maßstabsgetreu dargestellt – Tausende von Kilometern Raumstationskorridor.

Angenommen, auf einigen so geschossenen Fotos zeigten beide Uhren jeweils dieselbe Zeit in Stunden, Minuten und Sekunden, beispielsweise 15:54:41.03996 die eine, 15:54:41.03996 die andere auf Foto Nummer eins, 15:54:41.03998 die eine, 15:54:41.03998 die andere auf Foto Nummer zwei, und so weiter. Hieße dies, dass beide Uhren synchron gehen? Keineswegs, denn der Film registriert das Bild der Anzeige von Uhr 2 natürlich erst in dem Moment, wo es an der Kamera eintrifft. Das geschieht zwangsläufig ein klein wenig später als das Umspringen von Uhr 2, denn schließlich benötigt das bildtragende Licht eine kleine Weile, um die Strecke von Uhr 2 nach Uhr 1 zu überwinden. Ein Beobachter am Ort von Uhr 1 sieht immer die Vergangenheit von Uhr 2. Somit bedeutet der Umstand, dass die Uhren auf den Fotos dieselbe Zeit anzeigen im Gegenteil, dass sie gerade nicht synchron laufen – Uhr 2 muss immer ein klein wenig früher umspringen als Uhr 1, wenn zuzüglich der Lichtlaufzeit herauskommen soll, dass die Kamera bei Uhr 1 solche Fotos schießt.

Gewiss, der Effekt ist klein, da sich das Licht sehr, sehr schnell bewegt. Aus dem Alltag kennen wir solche Verzögerungszeiten denn auch nicht vom Licht, wohl aber vom (knapp eine Million Mal langsameren) Schall. Bei einem Gewitter erreicht uns der Donner erst einige Zeit nachdem der Blitz herniedergefahren ist. Doch für hoch genaue Zeitmessungen wie den Anzeigenvergleich mit Hilfe der Hochgeschwindigkeitskamera, und dann, wenn die Uhren sehr weit voneinander entfernt sind, spielt die Lichtverzögerung durchaus eine Rolle.

Eine nahe liegende Verbesserung der Versuchsanordnung ist die folgende. Wir bringen unsere Hochgeschwindigkeitskamera nicht an einem Ende, sondern haargenau auf halber Strecke zwischen Uhr 1 und Uhr 2 an. Eine entsprechende Optik im Kamerainneren sorgt in vollkommen symmetrischer Weise dafür, dass die Bilder der beiden Uhranzeigen Seite an Seite auf derselben Fotoplatte festgehalten werden:

Uhr 1   Uhr 2

Damit, so könnte man meinen, seien unsere Probleme endlich gelöst: Der Abstand der beiden Uhren zum Ablesegerät ist derselbe, und somit sollte auch die Lichtverzögerungszeit dieselbe sein. Damit lassen sich die Uhrenanzeigen am Ablesegerät, unserer Hochgeschwindigkeitskamera, problemlos vergleichen. Zeigen sie auf allen Fotos dieselbe Zeit an, dann laufen sie synchron.

Allerdings geht in diese Argumentation schon wieder eine versteckte Annahme ein, nämlich dass die Geschwindigkeit des Lichts, das sich von Uhr 1 zur Hochgeschwindigkeitskamera bewegt, dieselbe ist wie die des Lichts, das von Uhr 2 dorthin gelangt. Sie mögen einwenden, das seien Haarspaltereien, Licht sei schließlich Licht, aber ich muss darauf bestehen: Es ist eine Annahme, die in unsere Gleichzeitigkeitsdefinition eingeht. Oder lässt sich die Behauptung, die beiden Lichtsignale breiteten sich gleich schnell aus, belegen?

Man könnte spontan denken, die Behauptung ließe sich selbstverständlich belegen. Es reicht schließlich aus, die Geschwindigkeit solcher Lichtsignale explizit zu messen. Das ist aber bei näherem Nachdenken nicht der Fall, denn wie können wir die Geschwindigkeit messen?

Die Länge des zurückgelegten Weges zu messen bereitet uns keine Probleme; mit der Längenmessung haben wir uns ja bereits ausgiebig beschäftigt. Verhältnismäßig einfach können wir außerdem die Geschwindigkeit bestimmen, mit der das Licht Rundwege entlangeilt. Bei der Rundreise ist der Startpunkt derselbe wie der Zielpunkt, und eine einzige dort aufgestellte Uhr genügt, um die Reisedauer zu bestimmen. Mit Hilfe von spiegelbewehr-

ten Raumbojen können wir das Licht auf immer kompliziertere Parcours schicken, angefangen mit der einfachsten Variante:

Das Licht verlässt die Lichtquelle L (wann, das wird im Vergleich mit der dort befindlichen Ur-Uhr genau notiert), läuft geradewegs zum Spiegel S, wird dort reflektiert und trifft wieder bei L ein (wo der Zeitpunkt der Ankunft wiederum festgehalten wird). Den Abstand zwischen L und S können wir nachmessen; daraus und aus der Reisezeit lässt sich die mittlere Geschwindigkeit des Lichts bestimmen. Auf solch einem Rundweg verhält sich das Licht so, als würde es sich mit der konstanten Geschwindigkeit von 299 792 458 Metern pro Sekunde bewegen. Verdoppeln wir den Abstand zwischen L und S, so verdoppelt sich auch seine Reisezeit; verdreifachen wir ihn, so verdreifacht sich die Reisezeit. Die Reisezeit ist zudem unabhängig von der Richtung, in die wir das Licht laufen lassen. Egal, wo wir den rückwerfenden Spiegel anbringen, das einfache, lineare Verhältnis zwischen Abstand und Lichtlaufzeit bleibt erhalten. Wir können den Lichtparcours so kompliziert gestalten, wie wir lustig sind –

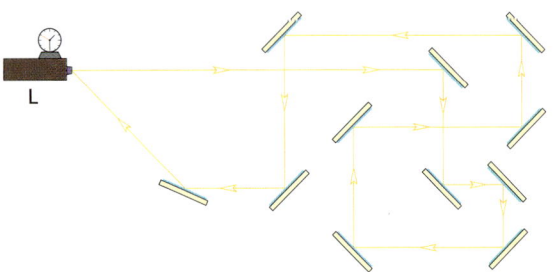

– egal, welche Schleifen wir das Licht laufen lassen und wie viele Richtungswechsel wir ihm zumuten, seine Laufzeit bestimmt sich nach wie vor auf dieselbe Weise: die Länge des vom Licht zurückgelegten Wegs, geteilt durch den festen Wert, die erwähnten 299 792 458 Meter pro Sekunde.[2]

Längenmessung und die Geschwindigkeit des Lichts auf Rundwegen sind damit kein Problem. Aber für unsere Frage nach der Lichtgeschwindigkeit benötigen wir nun einmal nicht die Geschwindigkeit des Lichts auf Rundwegen, sondern auf der Reise von einem Ort A zu einem anderen Ort B. Um die zum Vergleich der beiden Uhren nötige Reisezeit festzustellen, müssen wir wissen, wann das Licht zum Beispiel bei Uhr 1 abgeflogen und wann es bei der Hochgeschwindigkeitskamera eingetroffen ist. Wie stellen wir das »wann« fest? Man könnte denken, wir müssten dazu lediglich die Zeit auf zwei Uhren ablesen, von denen eine Uhr 1 ist und die andere sich bei der Hochgeschwindigkeitskamera befindet. Damit die Differenz der abgelesenen Zeiten einen Sinn ergibt, ist allerdings Voraussetzung, dass die beiden Uhren synchronisiert sind – und wie man Uhren synchronisiert, wollten wir gerade erst herausfinden. Die Schlange beißt sich einmal mehr in den Schwanz. Ohne Gleichzeitigkeit keine Messung der Geschwindigkeit, mit der Licht von A bis B fliegt. Und ohne die Kenntnis dieser Geschwindigkeit keine Möglichkeit, aus der Beobachtung zweier Uhren abzuleiten, ob sie synchron laufen oder nicht.

Die Gleichzeitigkeit scheint uns wieder und wieder durch die Finger zu gleiten. Wie können wir den gordischen Knoten lösen oder wenigstens, dem klassischen Vorbild folgend, zerschlagen? Der erste Schritt zur Lösung ist die Erkenntnis: Wenn es uns nicht gelungen ist, aus der Natur einen Gleichzeitigkeitsbegriff *abzuleiten*, dann kann das zum einen daran liegen, dass wir einfach nicht clever genug vorgegangen sind. Der Grund kann aber auch sein, dass es gar keine »natürliche Gleichzeitigkeit« gibt, die man der Natur abschauen könnte, sondern dass Gleichzeitigkeit ein Konzept ist, das man *definieren* muss. Nach dem heutigen Wissensstand der Physik ist Letzteres der Fall, und wir sollten uns fragen: Wie kann man Gleichzeitigkeit sinnvoll definieren?

Unsere Wahl orientiert sich an unseren obigen Überlegungen. Wir definieren Gleichzeitigkeit so, wie es unser Szenario mit den beiden Uhren und der in beide Richtungen blickenden Kamera nahe legt: Wir bringen auf exakt halber Strecke zwischen den Orten, an denen zwei uns interessierende Ereignisse stattfinden, eine solche Kamera an. Ferner senden wir vom Ereignis 1 aus (das heißt von dem Ort aus, wo das Ereignis 1 stattfindet, und zu dem Zeitpunkt, an dem es stattfindet) ein Lichtsignal zur Kamera, und ebenso vom Ereignis 2 aus. Wir nennen die Ereignisse genau dann *gleichzeitig*, wenn diese beiden Lichtsignale im selben Moment bei der Kamera eintreffen.

Ob zwei Uhren synchron gehen oder nicht, können wir mit Hilfe dieser Definition sofort feststellen – Synchronizität besteht genau dann, wenn sie aus der Sicht einer auf halbem Wege zwischen ihnen angebrachten Kamera, der das Licht die Anzeige der beiden Zifferblätter zuträgt, gleichzeitig dieselbe Zeit anzeigen. Indem wir Lichtsignale hin- und herschicken, können wir daher beispielsweise sicherstellen, dass eine Kopie unserer Ur-Uhr, die wir an einen anderen Ort verbracht haben, mit unserer Ur-Uhr synchron geht: Wir bringen wiederum eine Kamera exakt in der Mitte zwischen Ur-Uhr und Kopie an. Kommt dann beispielsweise das bei der Anzeige »12:00 Uhr« von der Kopie zur Kamera ausgeschickte Lichtsignal früher an als das bei der Anzeige »12:00 Uhr« ausgeschickte Signal der Ur-Uhr, dann müssen wir die Zeit der Kopie ein wenig zurückdrehen; kommt es später an, müssen wir die Kopie ein wenig vorstellen. Durch eine Reihe solcher Korrekturen können wir eine gewählte Ur-Uhr-Kopie mit der Ur-Uhr synchronisieren.

Es gibt eine wichtige Eigenschaft, die jede vernünftige Definition der Gleichzeitigkeit erfüllen sollte. Unsere Definition erlaubt es, für je zwei Ereignisse festzustellen, ob sie gleichzeitig stattfinden oder nicht. Wenn sich aus unserer Definition ergibt, dass das Ereignis 1 gleichzeitig mit dem Ereignis 2 stattfindet, und wenn eine weitere Anwendung unserer Definition zeigt, dass das Ereignis 2 gleichzeitig mit dem Ereignis 3 stattfindet, dann muss auch der direkte Vergleich der Ereignisse 1

2 Zumindest gilt dies im Vakuum des die Raumstation umgebenden Weltraums – bei der Ausbreitung von Licht in Medien wie Glas oder Luft ist die Lichtgeschwindigkeit eine andere. Diese Komplikation vermeiden wir in unserem Gedankenexperiment durch den Standort Raumstation.

und 3 ergeben, dass diese Ereignisse gleichzeitig stattfinden. Wäre dem nicht so, dann dürfte man gar nicht von »der Gleichzeitigkeit« im Singular reden, sondern müsste immer dazusagen, auf welche der möglichen Uhrenvergleiche sich eine Gleichzeitigkeitsaussage beziehen soll und auf welche nicht. Tatsächlich – das lässt sich durch ein etwas aufwändigeres Verfolgen von Lichtsignalen zwischen den Ereignissen und der Ur-Uhr zeigen, das ich Ihnen hier nicht zumuten will – erfüllt unsere Definition diese wichtige Anforderung (verantwortlich dafür, so stellt sich dabei auch heraus, ist die Konstanz der Lichtgeschwindigkeit auf geschlossenen Wegen).

Eine wichtige direkte Konsequenz unserer Gleichzeitigkeitsdefinition ist, dass Licht nicht nur auf Rundwegen, sondern auf ganz allgemeinen Wegen von A nach B mit derselben konstanten Geschwindigkeit läuft – denselben 299 792 458 Metern pro Sekunde, die wir bereits als seine mittlere Geschwindigkeit auf Rundreisen gemessen haben, ein Geschwindigkeitswert, den wir in alter Physikertradition abgekürzt c nennen wollen. Um das zu sehen, muss man einmal mehr zwei Lichtsignale verfolgen. Wir stellen auf halber Strecke zwischen A und B unsere Vergleichsstation C und schicken gleichzeitig Lichtsignale von A und B in Richtung C los, angedeutet durch den roten und den grünen Pfeil:

Die beiden Lichtsignale treffen gleichzeitig bei C ein. So haben wir schließlich unsere Gleichzeitigkeitsdefinition gewählt: Zwei Ereignisse, in diesem Falle die Aussendung des einen Lichtsignals bei A und des anderen Lichtsignals bei B, nennen wir gleichzeitig, wenn dabei entsandte Lichtsignale gleichzeitig bei der auf halbem Wege zwischen A und B errichteten Vergleichsstation eintreffen. Bei C ist ein Spiegel eingebaut, der das von B kommende Signal in dem Moment reflektiert, wo es bei C eintrifft. Das von A kommende Signal hat dagegen freie Fahrt, und die beiden Lichtsignale laufen ein-

trächtig nebeneinander her von C nach B, wie hier angedeutet:

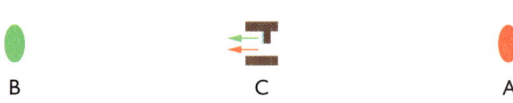

Licht ist Licht, und die Lichtsignale, die zusammen bei C losgelaufen sind und nebeneinanderher fliegen, treffen auch gleichzeitig bei B ein. Entscheidend ist, dass beide Lichtsignale damit zum einen dieselbe Laufzeit haben: Sie sind gleichzeitig losgelaufen und gleichzeitig angekommen. Zum anderen haben sie dieselbe Strecke überwunden: Das grüne Lichtsignal ist von B nach C gelaufen und wieder zurück. C befand sich genau in der Mitte zwischen A und B. Die Entfernung von A und C ist somit gerade die Hälfte der Entfernung von A und B. Das grüne Signal hat diese halbe Entfernung zweimal zurückgelegt, einmal hin, einmal zurück. Zweimal die Hälfte der Entfernung von A und B ist gerade die Entfernung von A und B. Das rote Lichtsignal ist direkt von A nach B gelaufen und hat damit natürlich auch die Entfernung von A und B zurückgelegt. Wenn zwei Signale dieselbe Entfernung in derselben Zeit zurücklegen, haben sie per Definition dieselbe Geschwindigkeit. Für das grüne Signal, das sich auf einem geschlossenen Weg bewegt, kennen wir die Geschwindigkeit. Es ist die Geschwindigkeit c, 299 792 458 Meter pro Sekunde, die Geschwindigkeit, die jedes Lichtsignal auf jedem geschlossenen Weg hat. Die Geschwindigkeit, mit der sich das rote Lichtsignal von A nach B bewegt, muss daher ebenso c = 299 792 458 Meter pro Sekunde sein.[3] A und B waren beliebig gewählt, und unsere Schlüsse sind daher ganz allgemein gültig: Lichtsignale bewegen sich mit der konstanten Geschwindigkeit c, egal, ob auf geschlossenen Wegen oder auf beliebigen Wegstücken, zwischen beliebigen Punkten A und B.

3 Nur für Leser, die es ganz genau wissen wollen: Streng genommen folgt auf diese Weise nur dieselbe *mittlere* Geschwindigkeit der Bewegung. Da wir aber die Strecke zwischen A und B beliebig unterteilen und für jedes Teilstück genau wie in der gerade geschilderten Testsituation herausfinden können, dass das Licht das Teilstück mit mittlerer Geschwindigkeit c durchläuft, folgt, dass sich das Licht ganz allgemein mit der konstanten Geschwindigkeit c bewegt.

Die hier verwandte Gleichzeitigkeitsdefinition und die Aussage, dass sich das Licht von A nach B mit konstanter Geschwindigkeit bewegt, sind vollkommen äquivalent. Einsteins ursprüngliche Definition bestand denn auch einfach darin, dass er die Konstanz der Lichtgeschwindigkeit postulierte. Solch eine Gleichzeitigkeitsdefinition ist zwar, wie gesagt, nicht zwingend – es ist nicht so, dass uns die Natur eine bestimmte Definition dadurch vorschriebe, dass sich die Messergebnisse von Experimenten anders nicht erklären ließen. Sie ist aber sehr nahe liegend, denn wenn wir in der Umgebung unserer Raumstation physikalische Experimente durchführen, dann zeigt sich, dass dort alle Raumrichtungen und alle Orte gleichberechtigt sind – wenn wir ein Experiment mit all seinen Messinstrumenten, Testkörpern, Hilfsgeräten im Ganzen ein wenig verschieben oder in eine andere Richtung ausrichten, dann ändert das nichts an den Messergebnissen. Der Messwert für die mittlere Geschwindigkeit, mit der das Licht von einer Uhr zu einem fernen Spiegel und zurück läuft, hängt beispielsweise nur davon ab, wie weit Uhr und Spiegel voneinander entfernt sind. Er hängt nicht davon ab, in welche Richtung das Licht laufen muss, um zum Spiegel zu gelangen, und ebenso wenig ändert sich das Ergebnis, wenn wir dasselbe Experiment mit demselben Abstand von Spiegel und Uhr statt am ursprünglichen Ort in einer anderen Raumregion durchführen. Es ist daher durchaus sinnvoll, Koordinaten zu wählen, die diese Gleichberechtigung von Richtungen und Orten widerspiegeln. Eben das haben wir mit unserer Gleichzeitigkeitsdefinition getan, dank deren sich das Licht in unseren Koordinaten zwischen Uhr und Spiegel auf dem Hinweg vom Ort der Uhr aus mit derselben Geschwindigkeit bewegt wie auf dem Rückweg in der Gegenrichtung vom Ort des Spiegels aus.

Mit unserer Definition von Gleichzeitigkeit können wir jedem Ereignis, egal, wo im Raum es stattfindet, einen Zeitpunkt zuordnen. »Ereignis A fand um 12:00 Uhr statt« ist dann nichts anderes als die Aussage »Gleichzeitig mit dem Stattfinden von Ereignis A zeigte die Ur-Uhr 12:00 Uhr an«. Mit dieser neuen Zeitkoordinate und unseren Raumkoordinaten können wir nunmehr auch festhalten, wie sich Körper im Raum bewegen – nicht nur wohin, sondern auch wie schnell. Wir haben Raum und Zeit ein Maß gegeben, genauer: Wir haben ein Bezugssystem eingeführt, das Raum und Zeit Koordinaten zuordnet.

Zuletzt noch einmal zum Uhrentransport. Dessen Auswirkungen können wir jetzt, wo wir in der Lage sind, die Vergleichsuhren am Start- und Zielort zu synchronisieren, genau vermessen. Wir starten am Ort A und synchronisieren die zu transportierende Uhr U_T mit der dort befindlichen stationären Start-Uhr U_A. Dann transportieren wir U_T zum Ort B, wo die mit U_A über Lichtsignale synchronisierte Uhr U_B bereits wartet. Tatsächlich geht die bewegte Uhr U_T gegenüber U_B etwas nach, entsprechend unseren Erfahrungen mit dem Zwillingsproblem. Allerdings ist der Unterschied umso geringer, je langsamer wir die bewegte Uhr auf die Reise von A nach B schicken. Bei den Geschwindigkeiten, mit denen wir es im Alltag zu tun haben, ist der Unterschied kaum noch messbar. Dort stimmt der Gleichzeitigkeitsbegriff, den wir über den Lichtsignalaustausch definiert haben, in sehr guter Näherung mit dem Gleichzeitigkeitsbegriff überein, den wir gewohnt sind: Uhren, die man von einem Ort zum anderen transportiert, zeigen »die Zeit« an.

SPINNENNETZ AUS LICHT

In den vorangegangenen Abschnitten hat das Licht bereits eine wichtige Rolle gespielt. Wir haben es zur Definition von Geradheit verwendet, und auch unsere Gleichzeitigkeitsdefinition beruht auf dem Austausch von Lichtsignalen. Tatsächlich können wir die Eigenschaften des Lichts, die wir in diesem Kapitel herausgefunden haben, nutzen, um uns von den diversen Hilfskonstruktionen – Quarzuhren, Maßstäben, die es aneinander zu legen gilt, straff gespannten Schnüren – vollständig loszusagen. Wir können unsere gesamte Raum-Zeit-Vermessung auf Basis der Lichteigenschaften vornehmen.

Zum einen haben wir festgehalten, dass sich Licht auf geschlossenen Wegen immer so verhält, als laufe es mit einer ewig gleich bleibenden konstanten Geschwindigkeit *c*. In anderen Worten: Für einen *x* Meter langen Weg benötigt das Licht immer *x/c* Sekunden. Das heißt aber auch, dass wir eine *Lichtuhr* bauen können, indem wir zwei Spiegel in festem Abstand voneinander anbringen und zwischen ihnen ein Lichtsignal immer wieder hin- und herlaufen lassen. Zwischen je zwei Malen, in denen das Licht an einem der Spiegel eintrifft, liegt ein konstantes Zeitintervall der Größe 2 x Spiegelabstand durch Lichtgeschwindigkeit, eben die Zeit, die das Licht für seinen geschlossenen Weg vom einen zum anderen Spiegel und zurück benötigt. Diesen Taktgeber können wir mit einem kleinen Detektor an einem der Spiegel koppeln, der wiederum ein Zählwerk betätigt, und voilà, fertig ist die Lichtuhr.

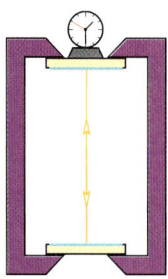

Sie ist praktisch sicher nicht so leicht herzustellen wie eine Quarzuhr, aber vom Grundprinzip her unschlagbar einfach. Ideal für weitere Gedankenexperimente.

Sobald wir diese neue Ur-Uhr gebaut haben, folgt der zweite Schritt: Wir setzen Licht ein, um die Entfernung beliebiger Raumpunkte vom Ort der Ur-Uhr zu messen. Wir müssen lediglich bei jedem Punkt, dessen Entfernung wir bestimmen wollen, einen Reflektor anbringen, dann ein Lichtsignal von der Ur-Uhr zum Reflektor hin- und wieder zurücklaufen lassen und auf der Ur-Uhr nachsehen, wie viel Zeit es für den Rundweg gebraucht hat. Laufzeit mal Lichtgeschwindigkeit ist dann gerade das Doppelte des gesuchten Abstandes, denn schließlich hat das Licht diesen Abstand zweimal überwunden, einmal auf dem Hin-, einmal auf dem Rückweg. Genau nach diesem Prinzip arbei-

ten die Landvermesser, die dafür sorgen, dass sich Landschaft und Gebäude maßstabsgerecht akkurat in den offiziellen Flurkarten wiederfinden:

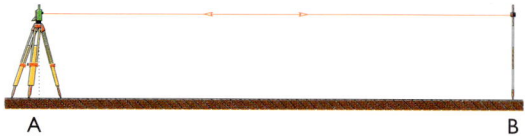

Dabei steht links über dem Messpunkt A ein so genanntes Tachymeter. Es enthält unter anderem ein Peilfernrohr, mit dem man den Reflektor rechts anvisieren, und einen Sender, mit dem man ein Lichtsignal (rotes Laserlicht oder Infrarotstrahlung) auf den Reflektor werfen kann. Der Reflektor ist ähnlich gebaut wie Katzenaugenreflektoren eines Fahrrads: Eine geschickte Anordnung spiegelnder Flächen sorgt dafür, dass einfallendes Licht in diejenige Richtung zurückgeworfen wird, aus der es kam, ohne dass man den Reflektor dazu genau ausrichten müsste. Das Tachymeter registriert die Laufzeit des ausgesandten Lichtpulses und berechnet daraus bis auf den Millimeter genau den Abstand der beiden Messpunkte. Eine in der Praxis äußerst wichtige Messmethode: Ohne eine Anlage, die in dieser Weise Radiosignale aussendet, auswertet, mit welcher Zeitverzögerung sie zurückkehren, und daraus ein Bild der Lage der Objekte im Raum erstellt – kurz, ohne Radar –, wären Flug- und Schiffsverkehr weit weniger sicher, als sie es heutzutage sind. Und ohne die Umsetzung desselben Prinzips mit hochfrequenten Schallwellen bekäme so manche Fledermaus kollisionsbedingt arge Kopfschmerzen.

Zurück zur Raumstation. Als nächsten Schritt benutzen wir Lichtsignale, um eine Zeitkoordinate zu definieren. Wir lassen unsere zentrale Lichtuhr in festem Takt (je nach gewünschter Genauigkeit: jede Sekunde, jede Hundertstelsekunde, jede Tausendstelsekunde …) ein Lichtsignal aussenden, das sich in alle Richtungen ausbreitet und das wir das *Zeitsignal* nennen. In den Pulsen des Zeitsignals können wir kodieren, wann das betreffende Signal von der zentralen Lichtuhr abgesandt wurde. Das kann beispielsweise geschehen, indem wir die Dauer der einzelnen Pulse, deren Beginn jeweils den

Takt der Uhr angeben soll, etwas variieren. So könnte ein sehr langer Puls den Beginn einer neuen Minute anzeigen, und die darauf folgenden Pulse würden in einer Art Morse-Code (kurz-lang-lang-kurz-kurz) die Information enthalten, um welche Minute welcher Stunde welchen Tages welchen Monats welchen Jahres es sich handelt. Ganz analog funktioniert das offizielle Zeitsignal des Senders DCF77 der Physikalisch-Technischen Bundesanstalt, mit dessen Hilfe Funkuhren in Deutschland ihren korrekten Gang regeln, und tatsächlich wollen wir unser selbst definiertes Zeitsignal ebenso nutzen: Um die Zeitpunkte von Ereignissen zu bestimmen, installieren wir an jedem Ort im Raum, an dem wir die Zeit bestimmen wollen, einen Empfänger für das Zeitsignal, eine Funkuhr. In jede unserer Funkuhren muss allerdings eine für ihren Ort charakteristische Zusatzinformation eingegeben werden, nämlich wie lange das Licht von der zentralen Lichtuhr benötigt, um zum Ort dieser Uhr zu gelangen. Diese Zusatzinformation ergibt sich für jeden Empfänger aus den Abstandsmessungen, die wir im vorangegangenen Schritt vorgenommen haben, und aus dem Umstand, dass die Lichtgeschwindigkeit (dank der von uns gewählten Gleichzeitigkeitsdefinition) den konstanten Wert c hat. Die Lichtlaufzeit ist damit einfach der Abstand, geteilt durch c. Mit der Zusatzinformation kann jede Funkuhr das Zeitsignal der zentralen Lichtuhr in eine lokale Zeitanzeige umsetzen. Nehmen wir als Beispiel eine Funkuhr, die gerade so weit von der Zentraluhr entfernt ist, dass das Zeitsignal eine Sekunde benötigt, um zu ihr zu gelangen. Ihr Zählwerk addiert diese Sekunde zu jedem Zeitsignalwert, der die Funkuhr erreicht: Das 12:00:00-Uhr-Zeitsignal ist um Punkt 12 Uhr bei der Zentraluhr abgeschickt worden und erreicht eine Sekunde später unsere Funkuhr. Im Moment seiner Ankunft ist es folglich genau 12:00:01 Uhr.

Als letzten Schritt nutzen wir aus, dass wir an jedem Raumpunkt nicht nur eine Funkuhr, sondern auch einen Licht-Entfernungsmesser postieren können, der Lichtsignale aussendet, reflektierte Lichtsignale empfängt und aus der per Funkuhr bestimmten Lichtlaufzeit die Entfernung des Refle-xionspunktes berechnet. Damit können wir nun nicht nur Abstände von der Lichtuhr zu beliebigen Raumpunkten messen, sondern auch Abstände von beliebigen mit Funkuhr-Lichtabstandsmesser ausgerüsteten Raumpunkten zu anderen Raumpunkten. Mit solchen Messmöglichkeiten können wir das kartesische Raumkoordinatensystem rekonstruieren, das ich eingangs geschildert habe. Raumnullpunkt wird praktischerweise der Ort unserer Lichtuhr. Ein von diesem Ort ausgehender Lichtstrahl wird zur x-Achse erklärt, ein zweiter, der senkrecht zum ersten gelegen ist, zur y-Achse, ein geeigneter dritter zur z-Achse. Wir führen in drei Dimensionen genau solche Messungen aus wie jene, die ich auf Seite 23 für zweidimensionale kartesische Koordinaten illustriert habe. Die drei Entfernungsmessungen zu diesen Achsen, die nötig sind, um einem Raumpunkt seine drei Raumkoordinatenwerte zuzuordnen, erledigen wir mit Hilfe der an dem betreffenden Raumpunkt installierten Kombination von Funkuhr und Radar-Abstandsmesser.

Licht erweist sich als Maß von Raum wie Zeit – mit seiner Hilfe haben wir nunmehr vollständige Raum- und Zeitkoordinaten definiert, ein riesiges dreidimensionales Spinnennetz aus Lichtstrahlen, in dessen Mitte unsere zentrale Lichtuhr sitzt. Licht, so zeigt sich schon bei diesen Überlegungen, hängt mit der Struktur von Raum und Zeit eng zusammen. Die in dieser Weise definierten »Koordinaten aus Licht« nennen wir abkürzend *Radarkoordinaten*. Wann immer im Folgenden von Radarkoordinaten die Rede ist, sollten Sie im Hinterkopf eine vage Vorstellung davon haben, wie wir hier mit Licht als Uhr, Licht als Entfernungsmesser, Licht als Zeitsignal Koordinaten für Raum und Zeit definiert haben.

Streng genommen müssten wir wohl von »Lidar-Koordinaten« reden, denn Radar bedeutet »Radio detection and ranging«, also etwa »Aufspüren und Entfernung messen mit Hilfe von Radiowellen«. Wir wollen diesen Unterschied nicht so ernst nehmen, im Gegenteil, wir einigen uns bei dieser Gelegenheit auf einen im Zusammenhang mit Einsteins Relativitätstheorien sehr verbreiteten Sprachgebrauch, dem zufolge der Begriff »Licht« stellvertretend für alle Arten elektromagnetischer

Strahlung stehen kann. Was wir in diesem Kapitel über die Konstanz der Lichtgeschwindigkeit auf geschlossenen Wegen gesagt haben, gilt genauso für Radiosignale, Röntgen-, Infrarot-, UV- und Gammastrahlen. Ebenso gilt, nachdem wir unsere Gleichzeitigkeitsdefinition getroffen haben, dass sich alle diese Strahlungsarten mit derselben Geschwindigkeit, $c = 299\,792\,458$ Meter pro Sekunde, durch den Raum bewegen. Wenn dann doch einmal speziell nur herkömmliches Licht gemeint ist, wie wir es aus dem Alltag kennen, dann wird von »sichtbarem Licht« die Rede sein (im Gegensatz beispielsweise zu Röntgen- oder Infrarotlicht).

Abschließend bleibt noch anzumerken, dass Sie die Bedeutung der hier beschriebenen praktischen Umsetzung der Radarkoordinaten mit strategisch überall im Raum platzierten Funkuhren und einem dichten Netz aus Lichtstrahlen nicht überschätzen sollten. Entscheidend ist die *Definition* der Radarkoordinaten, die Festlegung, wie man *im Prinzip* jedem beliebigen Ereignis Raum- und Zeitkoordinaten zuordnen kann. Niemand hält uns davon ab, in der Praxis andere Methoden zur Orts- und Zeitbestimmung zu wählen, solange wir nachweisen können, dass diese zum gleichen Ergebnis führen wie die in der Definition festgehaltenen Messungen. Wer das Plateau von Gisa mit einem zweidimensionalen kartesischen Koordinatensystem überziehen und darin die Koordinaten der Ecken der drei Pyramiden bestimmen will, muss nicht sklavisch der auf Seite 22f. angegebenen Methode folgen und etwa die Koordinatenachsen als Linien im Wüstensand konstruieren. Ebenso gut kann er hochpräzise Triangulationsmessungen gemäß dem auf Seite 19 gezeigten Plan vornehmen und daraus nach den Gesetzen der Geometrie *berechnen*, welche Koordinatenwerte sich in Bezug auf ein bestimmtes kartesisches System ergeben. Dasselbe gilt für unsere Raumstation und die Radarkoordinaten: Um die Koordinaten der Bahnkurve eines vorbeiziehenden Kleinplaneten zu bestimmen, müssen wir nicht zwingend Hunderte kleiner Raumbojen mit Funkuhren im Raum verteilen. Es reicht aus, den Kleinplaneten mit drei an verschiedenen Stellen der Raumstation angebrachten Peilvorrichtungen laufend mit Licht- oder Radiopulsen zu beschießen und mit Hilfe der Ur-Uhr die Zeitverzögerungen zu bestimmen, mit denen die reflektierten Signale wieder an der Raumstation eintreffen. Über die Gesetze der Raumgeometrie und der Lichtausbreitung lässt sich aus den Messergebnissen berechnen, wo (Raumkoordinatenwerte) sich der Kleinplanet in Bezug auf ein gegebenes Radarkoordinatensystem wann (Zeitkoordinatenwert) befunden hat.

KAPITEL 2

VIERDIMENSIONAL DENKEN:
RAUMZEIT

In Robert Zemeckis' Filmen »Zurück in die Zukunft i« ($i = 1, 2, …$), einer Reihe von Variationen über das Thema Zeitreise, wird die Vierdimensionalität regelmäßig angerufen, wenn der Protagonist Marty McFly (Michael J. Fox) angesichts bestimmter paradoxer Zeitreisevorgänge seine Verwirrung äußert. »Du musst vierdimensional denken, Marty!«, bekommt er dann von seinem Reisegefährten, dem schon an seiner wirren Frisur als genial erkennbaren Wissenschaftler Emmett L. Brown (Christopher Lloyd), zu hören. Und wo Doc Brown Recht hat, da hat er Recht: Seit Albert Einsteins spezieller Relativitätstheorie wissen die Physiker, dass Zeit und dreidimensionaler Raum nicht unabhängig voneinander existieren, sondern Aspekte eines vierdimensionalen Gebildes sind, der *Raumzeit*. Für allgemein verständliche Darstellungen, die auf Formeln verzichten, bedeutet das gewisse Einschränkungen. Erstens können sich nur die allerwenigsten Menschen vierdimensionale Gebilde anschaulich vorstellen, und zweitens sind Buchseiten ihrerseits nun einmal zweidimensional.

Glücklicherweise lassen sich die grundlegenden Aussagen der Relativitätstheorie darstellen, ohne alle vier Dimensionen der Raumzeit zu bemühen. Ungewohnt ist ja weniger das Zusammenspiel der Raumdimensionen – wie Dinge perspektivisch hintereinander verschwinden, wie sich die Erscheinungsbilder solider Körper ändern, wenn man sie hin und her dreht, all das kennen wir aus dem Alltag. Das Neue und Entscheidende an der relativistischen Sehweise ist das Zusammenspiel von Raum und Zeit, und das lässt sich auch dann verstehen, wenn man nicht gleich alle drei Raumdimensionen einbezieht.

Die Raumzeitdiagramme, die die Zeitdimension und eine oder zwei der Raumdimensionen zusammenfassen, sind im Prinzip recht einfach. Allerdings unterscheiden sie sich von der Art und Weise, wie wir uns normalerweise den Gang des Weltgeschehens verbildlichen, und sind daher etwas gewöhnungsbedürftig. Hat man sich einmal klargemacht, was es mit Ereignissen, mit Weltlinien und ihrem Verlauf auf sich hat und wie sich die Bewegungen von Körpern im Raum mit ihrer Hilfe darstellen lassen, ist es nicht wesentlich schwieriger, ein Raumzeitdiagramm zu lesen, als sich einen Film anzuschauen. Das ist das Ziel dieses Kapitels: eine Art »ABC der Raumzeitdiagramme« zu erarbeiten.

Stellen Sie sich vor, sie befänden sich in einem Park. Sie sehen dort Bäume, außerdem einen Mann und seinen Hund. Der Mann geht gemessenen Schrittes direkt auf einen bestimmten Baum zu, der Hund eilt ihm voraus, ebenfalls direkt in Richtung Baum.

Die Bewegung von Mann und Hund beschränkt sich auf den Erdboden. Keiner der beiden trifft Anstalten, einen Baum zu erklettern. Um die Bewegung zu beschreiben, reicht es daher vollkommen aus, sich auf die Zeit und auf die zweidimensionale Fläche des Erdbodens zu beschränken – die dritte Raumdimension, die Höhe, können wir getrost außer Acht lassen.

Die spezielle Situation, um die es mir geht, ist sogar noch einfacher: Mann und Hund bewegen sich direkt auf diesen einen besonderen Baum zu, ohne nach links oder rechts abzuweichen. Was immer sich dort an Bewegung abspielt – und Bewegung wollen wir im Folgenden beschreiben –, es findet auf der Verbindungsgeraden Mann–Baum statt. Wir können unsere Beschreibung also sogar auf die Zeit plus eine einzige Raumdimension beschränken, die eindimensionale Verbindungsgerade Mann–Baum.

Ein Schnappschuss dieser eindimensionalen Bewegung sieht wie folgt aus:

Dazu noch eine Anmerkung: Mit »Schnappschuss« ist hier und im Folgenden kein herkömmliches Foto gemeint, sondern ein Bild, das die Situation so darstellt, wie sie jetzt ist, in dem einen, dargestellten Augenblick. Wo ist der Mann jetzt, in diesem Moment? Wo der Hund? Wo der Baum? Im Alltag leistet das in ziemlich guter Näherung ein Foto. Wenn es dagegen um kosmische Entfernungen ginge, würde sich bei einem herkömmlichen Foto die Tatsache auswirken, dass das Licht, das durch Objektiv und Blende auf den Film fällt, nur eine endliche Geschwindigkeit hat. Das Licht näherer Objekte würde früher eintreffen, das Licht fernerer Objekte später. Das Foto würde in die Vergangenheit schauen: Ein eine Lichtsekunde entferntes Objekt sähen wir nicht so, wie es jetzt ist, sondern so, wie es vor einer Sekunde war; ein ein Lichtjahr entferntes Objekt auf demselben Foto so, wie es vor einem Jahr war. Unser Schnappschuss soll eine Art idealisiertes Foto sein, das nicht in die Vergangenheit schaut, sondern auf dem für einen festen Zeitpunkt zu sehen ist, welche Ereignisse sich gleichzeitig ereignen und wo sich beispielsweise Mann und Hund zu eben diesem Zeitpunkt befinden. In der wirklichen Welt können wir so einen Schnappschuss immer nur nachträglich rekonstruieren, nachdem uns das Licht aller wichtigen Objekte endlich erreicht hat, aber diese Komplikation soll Sie hier möglichst nicht bekümmern — wichtig ist, dass sich diese Art von Schnappschuss tatsächlich anfertigen lässt. Wann immer in den folgenden Kapiteln von einem Schnappschuss die Rede ist, ist diese Art von Gleichzeitigkeitsbild gemeint.

Die Bewegung unserer drei Protagonisten soll uns hier nur im Groben interessieren. Wir wollen zu jedem Zeitpunkt wissen: Wo ist der Mann? Wo ist der Hund? Wo, der Vollständigkeit halber, ist der Baum? Schon die Art zu fragen legt nahe, dass wir als Antwort keine Litanei zu erhalten wünschen, die uns etwa haarklein auflistet, das linke Ohr des Mannes befinde sich hier, der kleine Zeh seines rechten Fußes da. Uns interessiert »die« Position des Mannes, Position im Singular. Dass die ausführliche Beschreibung die genauere ist, versteht sich von selbst, aber auf solche Feinheiten soll es uns nicht ankommen. Was uns angeht, so wollen wir so tun, als seien Hund, Baum und Mann durch Angabe *jeweils eines einzigen Ortes* hinreichend beschrieben.

Wir können das auch in unserem Schnappschuss ausdrücken, indem wir keine Details, sondern nur noch strukturlose Striche malen, um die Positionen von Hund, Mann, Baum zu kennzeichnen:

(Dass die Striche hier auch eine kleine Ausdehnung in der Senkrechten haben, dient nur der besseren Sichtbarkeit.)

Zusätzlich können wir einen Schnappschuss eine Sekunde später betrachten, dann einen, der noch eine Sekunde später aufgenommen ist, und einen, der die Situation insgesamt drei Sekunden nach unserem ursprünglichen Schnappschuss zeigt. Wir könnten die zeitliche Entwicklung der Situation von Mann, Hund und Baum darstellen, indem wir Schnappschüsse zeitlich aneinander reihen. Damit erhielten wir so etwas wie einen Film, in dem schließlich auch viele, viele Schnappschüsse — im Kino typischerweise 24 pro Sekunde, im Fernsehen 25 bis 30 — hintereinander gezeigt werden. Stattdessen wollen wir einen anderen Weg wählen, um die zeitliche Entwicklung zu dokumentieren. Wir wollen die Schnappschüsse *grafisch* aneinander reihen. Stellen wir die vier erwähnten Schnappschüsse untereinander dar, den frühesten ganz unten, den spätesten oben, dann sieht das ungefähr so aus:

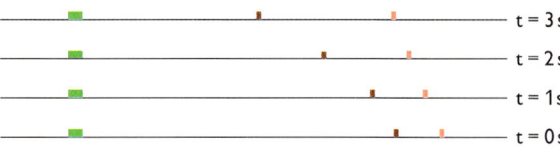

Dabei haben wir zwischen den Schnappschüssen immer denselben senkrechten Abstand gewählt. Das gibt wieder, dass die Schnappschüsse »zeitlich im gleichen Abstand« entstanden sind: Von einem Schnappschuss zum nächsten ist jeweils eine Sekunde vergangen. Wir können die Schnappschussreihe noch vollständiger machen, indem wir jede *halbe* Sekunde ein neues Bild machen. Das Ergebnis sähe so aus:

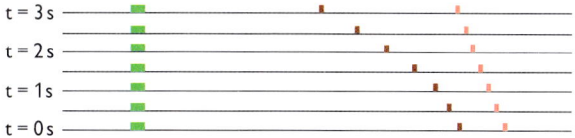

Diese grafische Darstellung vermittelt ein Gefühl dafür, was dort an Bewegungen abläuft. Wir könnten noch häufiger auf den Auslöser drücken – wir könnten jede Viertelsekunde oder gar jede Achtelsekunde ein Bild anfertigen und erhielten eine dementsprechend vollständigere Dokumentation dessen, was da vor sich geht. Wenn wir nur genügend Einzelbilder schießen, dann würden sich die Schnappschüsse schließlich zu einem so gut wie kontinuierlichen Ganzen zusammenfügen, das aussähe wie das folgende zweidimensionale Diagramm:

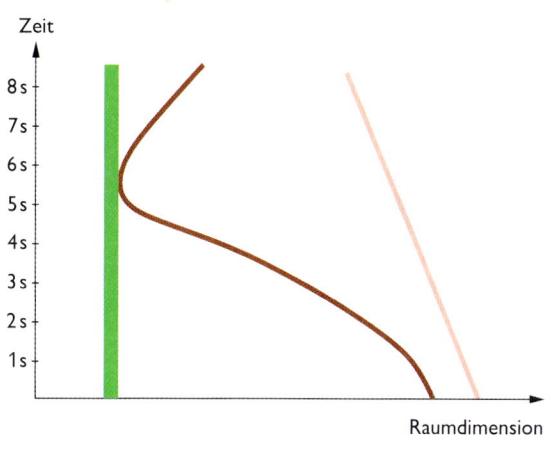

Dieses Bild ist unser erstes Beispiel für ein *Raumzeitdiagramm*, eine grafische Darstellung von Vorgängen und Ereignissen. Jedes Raumzeitdiagramm erzählt eine Geschichte-auf-einen-Blick – in einem

einzigen Diagramm sind alle Informationen darüber enthalten, was geschieht, wo Ereignisse geschehen, wann sie geschehen, kurz: über die gesamte zeitliche Entwicklung.

Jeder waagerechte Schnitt durch das Diagramm entspricht einem unserer Schnappschüsse. Zu welchem Zeitpunkt der Schnappschuss gemacht wurde, lässt sich auf der senkrechten Achse ablesen. Sie werden in diesem Buch noch einer Reihe weiterer Raumzeitdiagramme begegnen; Sie können aus diesen Diagrammen jederzeit Schnappschüsse herauspräparieren, indem Sie einfach irgendeinen geraden Gegenstand, etwa die Kante eines Lineals, parallel zur waagerechten Achse auf das Diagramm legen: Was sich direkt auf der Kante befindet, entspricht den Positionen der im Diagramm abgebildeten Objekte oder Personen zu einem ganz bestimmten Zeitpunkt. Bewegen Sie die Linealkante gleichmäßig schnell nach oben und achten nur darauf, was direkt an der Kante geschieht, so wird aus der grafischen wieder eine zeitliche Abfolge, und Sie erhalten so etwas wie einen »eindimensionalen Film«.

Als Beispiel für einen Schnappschuss ist im folgenden Bild ein solcher Schnitt als waagerechte Linie eingetragen. Er schneidet die Achse bei »3 s«, die Positionen von Baum, Hund und Mann auf der Linie entsprechen damit dem Schnappschuss der Situation zur Zeit 3 Sekunden nach dem ersten Schnappschuss.

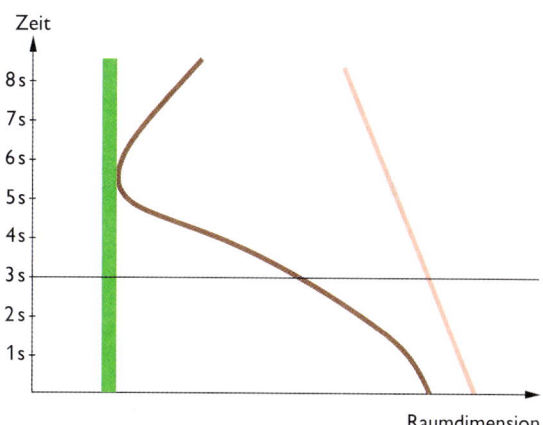

Wenn wir die Linien von Baum, Hund und Mann fast vollständig ausblenden und nur diejenigen Abschnitte eingezeichnet lassen, die sich an unserem Schnitt befinden, so erhalten wir das folgende Bild:

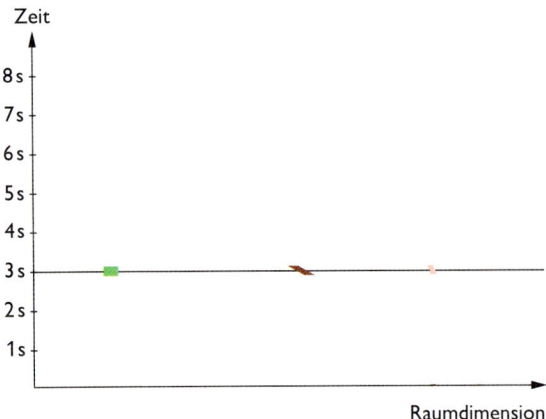

Was übrig geblieben ist, entspricht gerade dem Schnappschuss zur Zeit t = 3 Sekunden.

Mann, Baum und Hund vermitteln bereits einen Eindruck davon, wie es im Raumzeitdiagramm zugeht. Etwas genauer: Ein Ereignis ist in der Alltagssprache etwas, das an einem bestimmten Ort zu einer bestimmten Zeit stattfindet. Wirkliche Ereignisse sind *Vorgänge*: Sie dauern in der Regel eine Weile, und wenn man genau beschreiben will, was da im Einzelnen passiert, muss man in der Regel mehr als eine Ortsangabe machen, etwa wo sich verschiedene Akteure während des Ereignisses befanden. Uns sollen solche Details nicht interessieren. Wir haben von »der Bewegung« des Mannes geredet, ohne Füße und linkes Ohr gesondert zu verfolgen, und wenn im Folgenden von einem Ereignis die Rede ist, soll dabei ein Vorgang gemeint sein, der zeitlich kurz und räumlich begrenzt genug ist, dass wir mit Fug und Recht von »dem Ort« und »dem Zeitpunkt« des Ereignisses reden können. Jedem Ereignis entspricht damit ein einzelner Punkt in der Fläche des Raumzeitdiagramms, denn solch einem Punkt kann man sowohl einen eindeutigen Zeitpunkt als auch einen eindeutigen Ort zuordnen. »Raumzeitpunkt« und »Ereignis« sind für Physiker ein und dasselbe.

Einige Beispiele für Ereignisse haben wir bereits gesehen: »Hund erreicht Baum« ist in unserem idealisierten Raumzeitdiagramm solch ein Ereignis, »Hund verlässt Baum« ebenso. Zwei weitere Beispiele zeigt das folgende Diagramm. Dargestellt ist die Bewegung idealisierter, punktförmiger Objekte.

Dass die Zeit hier in Sekunden und Abstände in Metern gemessen werden, schreibe ich in Zukunft nicht mehr an jeden einzelnen angegebenen Koordinatenwert, sondern als [s] beziehungsweise [m] hinter die Achsenbezeichnung.

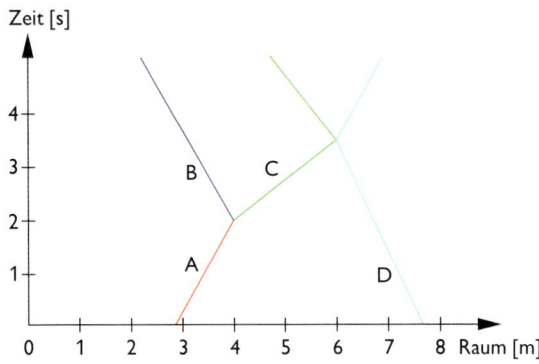

Von unten nach oben gelesen, ergibt das Diagramm eine physikalische Gutenachtgeschichte: Es ist die Geschichte vom Teilchen A, das ruhig auf seiner Bahn fliegt, bis es – das ist das erste Ereignis – in die Teilchen B und C zerfällt, und als wäre das noch nicht genug Aufregung, kommt auch noch von rechts das Teilchen D heran und stößt – noch ein Ereignis! – mit dem Teilchen C zusammen – so, dass sich die Bewegungsrichtung der beiden Teilchen umkehrt: Vor der Kollision flog C nach rechts und D nach links; nach der Kollision ist es gerade andersherum.

Welchen Ort im Raum und welchen Zeitpunkt man einem Ereignis zuzuordnen hat, lässt sich aus einem Raumzeitdiagramm wie dem hier gezeigten direkt ablesen. Wie man den Zeitpunkt bestimmt, haben wir oben schon gesehen – den Zeitpunkt eines Ereignisses bestimmen heißt feststellen, in welchem der Schnappschüsse es erscheint. Es genügt also wiederum, eine horizontale Linie durch das Ereignis zu legen (anders ausgedrückt: eine Li-

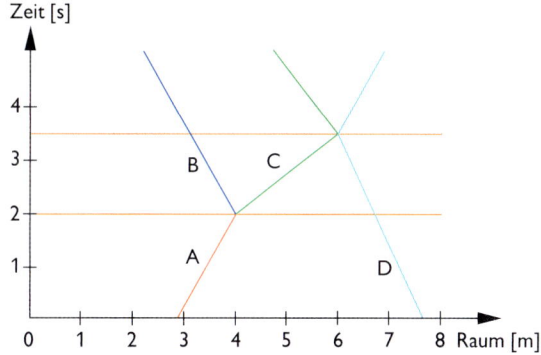

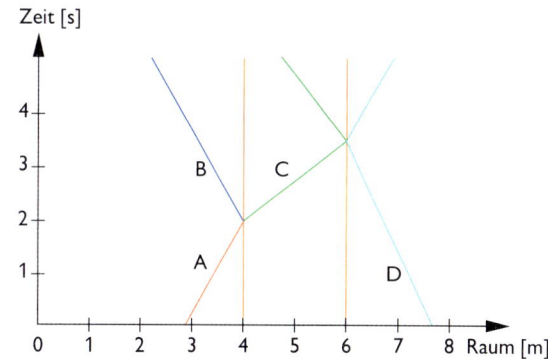

nie, die parallel zur Raumachse verläuft) und dann abzulesen, wo diese Linie die Zeitachse schneidet.

Wie oben zu sehen ist, schneidet die horizontale Schnappschusslinie, die durch den Zerfall von A geht (braun eingezeichnet), die Zeitachse genau bei der Zweisekundenmarke – der Zerfall findet zum Zeitpunkt 2 Sekunden statt. Die Kollision von C mit D ereignet sich zum Zeitpunkt 3,5 Sekunden – die dortige horizontale Schnappschusslinie (ebenfalls braun) schneidet die Zeitachse genau in der Mitte zwischen den Markierungen für 3 und für 4 Sekunden. Da unser Zeitnullpunkt willkürlich gewählt ist, kommt diesen absoluten Zeitangaben keine sonderlich große Bedeutung zu; interessanter ist, dass wir auf diese Weise bestimmen können, wie viel Zeit zwischen den zwei Ereignissen vergangen ist, nämlich 3,5 minus 2 = 1,5 Sekunden.

Analog lässt sich ablesen, an welchem Ort ein Ereignis stattfindet. In einem vollständigen Diagramm sind auf der waagerechten Achse Abstände von einem vorher gewählten Bezugspunkt eingetragen. Ereignispunkte, die senkrecht übereinander liegen, finden an ein und derselben Stelle im Raum statt – das ergibt sich daraus, wie wir die verschiedenen Schnappschüsse zum Raumzeitdiagramm zusammengeklebt haben. Um den Ort eines gegebenen Ereignisses zu ermitteln, reicht es, eine senkrechte Linie durch den entsprechenden Raumzeitpunkt zu ziehen (parallel zur Zeitachse) und dort, wo diese Linie die waagerechte Achse schneidet, abzulesen, in welchem Abstand vom Nullpunkt das Ereignis stattgefunden hat, entsprechend dem folgenden Diagramm:

In unserem Falle zeigt sich, dass sich der Zerfall von A am Punkt mit dem Raumkoordinatenwert 4 (Meter) ereignet hat, der Zusammenstoß von C und D am Punkt mit dem Koordinatenwert 6 (Meter). Aus diesen abgelesenen Koordinatenwerten lassen sich räumliche Abstände ermitteln. So liegen die Orte, an denen der Zerfall beziehungsweise die Kollision stattgefunden haben, 6 − 4 = 2 Meter voneinander entfernt.

Dass ein stabiles Gebilde, das sich zu jedem Zeitpunkt an einem gegebenen Ort im Raum aufhält, einer Linie im Raumzeitdiagramm entspricht, zeigt sich in den bisherigen Beispielen recht deutlich. Gerade eben noch ging es um Linien, von denen jede für ein Teilchen stand, das sich durch den Raum bewegt. Solche Linien nennen die Physiker »Weltlinien«. Im kosmischen Größenmaßstab, verglichen mit der Ausdehnung von Planeten, Sternen oder gar Galaxien, sind alle Menschen in guter Näherung punktförmig und ihre Bewegung daher, wie im Beispiel von Mann und Hund, gut durch Weltlinien zu beschreiben. Der Physiker George Gamow hat seine 1970 erschienene Autobiografie denn auch folgerichtig »My World Line«, »Meine Weltlinie«, genannt.

Wer sich in Ruhe befindet, hat eine senkrechte Weltlinie, so wie der Baum im Raumzeitdiagramm von Mann und Hund auf Seite 41. Wessen Weltlinie von der Senkrechten abweicht, der befindet sich in Bewegung. Die einfachsten Bewegungen sind dabei jene, deren Geschwindigkeit konstant ist. Die entsprechenden Weltlinien sind Geraden im Raumzeitdiagramm. Je weiter die Gerade von der

Senkrechten abweicht und sich der Waagerechten zuneigt, umso größer ist die Geschwindigkeit.

Die folgende Abbildung zeigt maßstabsgerecht verschiedene Geschwindigkeiten im Raumzeitdiagramm. Stellen Sie sich bitte die folgende Situation vor: Sie stehen friedlich auf dem Trottoir und blicken über den Fahrradweg hinweg auf eine größere Straße. Ein paar Meter von Ihnen entfernt kommt gerade ein Fahrradfahrer mit zwanzig Stundenkilometern (rund sechs Meter pro Sekunde) angefahren, zusätzlich ein Auto mit fünfzig Stundenkilometern. Zufällig ergibt es sich, dass Auto und Fahrrad Sie zu ein und demselben Zeitpunkt passieren. Doch damit nicht genug – in dem Moment, wo Fahrrad und Auto sich auf Ihrer Höhe befinden, huscht ein Schatten über Sie hinweg – eine Concorde, deren Pilot sich einen Spaß daraus macht, mit voller Reisegeschwindigkeit, immerhin 2180 Stundenkilometer und damit fast doppelte Schallgeschwindigkeit, über den Boulevard zu fliegen; in dieselbe Richtung wie Auto und Fahrrad, nebenbei bemerkt. Um das Maß voll zu machen, feuert im Moment des Zusammentreffens noch ein betrunkener Jäger hinter Ihnen eine Gewehrkugel in dieselbe Richtung. Mir ist bewusst, dass dieses Szenario eher unwahrscheinlich ist. (Welcher Autofahrer hält sich im Stadtverkehr schon an die Geschwindigkeitsbegrenzung?) Zur Illustration der verschiedenen Geschwindigkeiten ist die Situation dagegen geradezu maßgeschneidert.

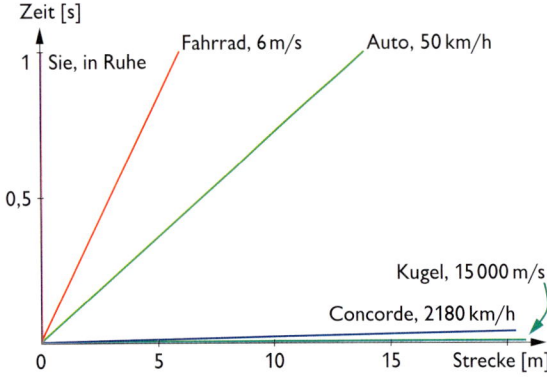

Den Zeitpunkt des großen Zusammentreffens nennen wir willkürlich $t = 0$; die Zeit danach wird entlang der senkrechten Achse in Sekunden gemessen. Sie selbst stehen nahe unserem Raumnullpunkt; an der waagerechten Achse ist die uns interessierende Raumdimension entlang der Straße abgetragen. Die violette Weltlinie ist Ihre eigene, die rote die des Fahrradfahrers, die grüne die des Autos, die dunkelblaue gehört zu der Concorde und die stahlblaue zu der Gewehrkugel. Zum Zeitpunkt $t = 0$ befinden sich alle diese Objekte und Sie auf einer Höhe – in unserem zweidimensionalen Raumzeitdiagramm schneiden sich dort alle Weltlinien. Sie können, wie oben beschrieben, mit Hilfe eines Lineals oder einer anderen geraden Kante nachprüfen, welchen Orts- und Zeitpunkten ein Punkt auf einer der Weltlinie entspricht. Legen Sie die Kante senkrecht an einen Weltlinienpunkt an, zeigt Ihnen ihr Schnittpunkt mit der waagerechten Achse den Ort an; legen Sie sie waagerecht an, können Sie an ihrem Schnittpunkt mit der senkrechten Achse die Zeit ablesen. Unser Diagramm umfasst den Zeitraum von $t = 0$ bis $t = 1$ Sekunde. Ihre eigene Weltlinie ist in dieser Zeit senkrecht – Sie bewegen sich überhaupt nicht. (Die Concorde-Luftturbulenz, die Sie kurz darauf von den Füßen hebt, lassen wir elegant außen vor.) Der Fahrradfahrer hat sich bis zur Zeit $t = 1$ s nur sechs Meter nach rechts bewegt, das Auto immerhin mehr als doppelt so weit. Entsprechend ist die Weltlinie des Autos um einiges stärker zur Waagerechten geneigt als die des Radlers. Die rauschende Concorde dagegen hat sich schon nach Sekundenbruchteilen nach rechts aus unserem Koordinatensystemausschnitt entfernt, und die Weltlinie der Gewehrkugel ist wegen ihrer hohen Geschwindigkeit so flach, dass sie in dem hier gewählten Koordinatensystem kaum von der waagerechten Achse abweicht.

Das vorangehende Diagramm betraf konstante Geschwindigkeiten, entsprechend geraden Weltlinien – je flacher, desto schneller. Es ist kein großer Schritt, von dort zu beschleunigten und abgebremsten Bewegungen überzugehen. Das einfachste Beispiel ist das eines Punktteilchens, das erst beschleunigt, dann wieder abbremst:

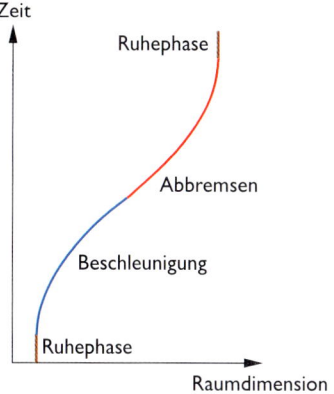

Von unten nach oben gelesen, zeigt das Raumzeit-diagramm die folgende Geschichte: Zunächst ruht das Teilchen. Dann beschleunigt es, wird immer schneller, und immer weiter weicht die Steigung seiner Weltlinie nach rechts von der Senkrechten ab. Anschließend bremst das Teilchen ab, wird immer langsamer, immer weiter nähert sich die Steigung seiner Weltlinie der Senkrechten an, bis es sich schließlich wieder in Ruhe befindet und seine Weltlinie damit erneut senkrecht verläuft.

Bislang haben wir uns im Wesentlichen mit Körpern beschäftigt, die näherungsweise punktförmig sind. Ein in der gezeichneten Raumrichtung ausgedehn-tes Objekt erscheint dagegen in jedem Schnapp-schuss als Strich endlicher Länge und überstreicht bei seiner Bewegung eine zweidimensionale Fläche, die analog zur Weltlinie eines punktförmigen Teil-chens als *Weltfläche* bezeichnet wird. Einfachstes Beispiel ist ein Stab mit Anfangspunkt A und End-punkt B:

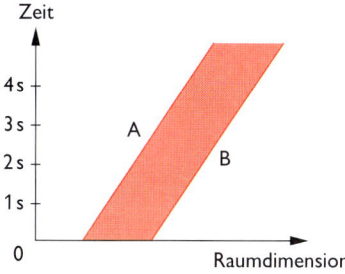

Auf jedem Schnappschuss – auf jedem horizontalen Querschnitt durch das Diagramm – erscheint der Stab als ein eindimensionales Objekt, eine Linie

derselben endlichen Länge. Während er sich lang-sam nach rechts bewegt, überstreicht er im Dia-gramm eine zweidimensionale Weltfläche. Sein Anfangspunkt A überstreicht während derselben Bewegung, wie eingezeichnet, eine eindimensio-nale Weltlinie. Dasselbe gilt für den Endpunkt B.

Das sind sie auch schon, die Grundlagen des Raum-zeitdiagrammlesens. Nun zu einigen mehr oder weniger praktischen, mehr oder weniger alltagsbe-zogenen Anwendungen.

DER BAUM IM JAHRESLAUF

Sie kennen die entsprechende Fotoserie wahrschein-lich als Poster: ein und derselbe Baum, im Laufe eines Jahres viermal fotografiert – in hoffnungs-vollem Frühlingsgrün, in sommerlicher Pracht, in farbenfrohem Herbstschmuck, in glitzerndem Schneekleid –, die ewige Wiederkehr des Jahres-laufes, Sinnbild des zyklischen Aspekts der Zeit und sicherlich eines der erfolgreichsten Postermoti-ve, seit sich Menschen Hochglanzdruckerzeugnisse an ihre Wände hängen. Außerdem, ob der bekann-ten Immobilität der Bäume, ein guter, einfacher Einstieg in unsere Raumzeitdiagrammgalerie.

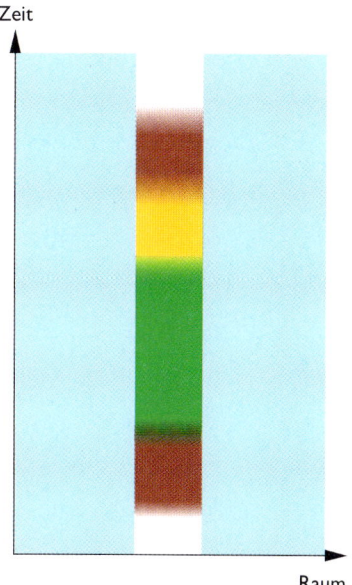

Ein Raumzeitdiagramm, in dem es noch nicht um Bewegung geht, sondern nur um die Bedeutung der Zeitachse – das Raumzeitdiagramm setzt unten zur Jahreswende an, der zu diesem Zeitpunkt total eingeschneite Baum ist vor hellblauem Himmelshintergrund abgebildet. Mit der Zeit (wie immer: von unten nach oben gelesen) schmilzt der Schnee und hinterlässt einen kahlen, braunen Baum, der alsdann frühlingshaft grünt und sein Blätterkleid den Sommer über weiterträgt, bis es im Herbst vergilbt. Fallen die Blätter, so hinterlassen sie abermals einen braunen, kahlen Baum, der – wir befinden uns offenbar in einer romantischen Welt, in der *jedes* Jahr weiße Weihnacht ist – pünktlich zu Winterbeginn einschneit und so den Zyklus vollendet.

JAGD AUF »ROTER OKTOBER«

Nach diesem statischen Diagramm nun ein wenig mehr Action. In einer der spannendsten Szenen des Films »Jagd auf Roter Oktober« liegen sich das amerikanische Jagd-U-Boot »Dallas« und das sowjetische Raketen-U-Boot »Roter Oktober« unter Wasser gegenüber. Man beobachtet sich gegenseitig durchs Periskop – hier der amerikanische Kapitän Bart Mancuso (Scott Glenn), dort sein sowjetisches Pendant Marco Ramius (Sean Connery). Will Ramius, wie der ebenfalls an Bord der »Dallas« befindliche CIA-Analyst Jack Ryan (Alec Baldwin) vermutet, samt U-Boot zu den Amerikanern überlaufen? Oder plant er im Gegenteil einen privaten Atom-Erstschlag gegen die USA, wie die Sowjets dem amerikanischen Sicherheitsberater mitgeteilt haben? Ryan lässt Ramius per Periskop-Lichtzeichen folgende Nachricht senden: »US wurde mitgeteilt, Raketenabschuss sei beabsichtigt, stop, meiden Sie US-Küste, oder U-Boot wird angegriffen, stop, falls Absicht eine andere, sind Sie bereit, über Möglichkeiten zu verhandeln, stop«. Wird Ramius die entscheidende letzte Frage bejahen, indem er einen Sonarpuls, ein »Ping«, zur »Dallas« sendet? Anstatt mit dieser Frage werden wir uns mit dem Raumzeitdiagramm der Ping-Situation beschäftigen. Wir nehmen dazu vereinfachend an, die beiden

Unterseeboote befänden sich direkt hintereinander, wie in der nachfolgenden Abbildung skizziert, und liefen beide mit geringer Kraft voraus.

Rechts befindet sich dabei die »Roter Oktober«, ein 170 Meter langes U-Boot der gigantischen Typhoon-Klasse, die der mit rund 110 Metern nicht allzu viel kürzeren USS »Dallas«, Los-Angeles-Klasse, links im Bild, ein Sonarsignal hinterhersendet. Das Signal erreicht die »Dallas«, erzeugt beim Aufprall auf die Bordwand ein innen deutlich hörbares »Ping«, wird reflektiert und läuft zu »Roter Oktober« zurück. Diesen Vorgang zeigt schematisch das folgende Raumzeitdiagramm, in dem außer der Zeit wieder nur eine einzige Raumdimension berücksichtigt ist – sinnvollerweise die in obiger Skizze als Linie aus Punkten eingezeichnete Verbindungslinie, entlang deren sich U-Boote und Signal bewegen.

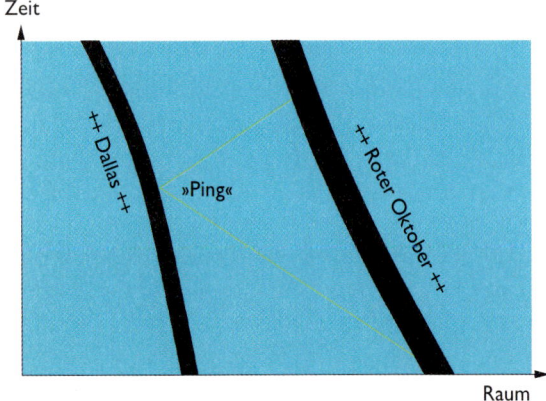

Deutlich zu sehen sind im Raumzeitdiagramm die beiden U-Boote – sie haben in der abgebildeten Raumdimension eine beträchtliche Ausdehnung, und ihre Weltlinien sind daher gehörig verbreitert und bilden die schwarz gezeigten Weltflächen. Beide U-Boote bewegen sich, wie an der Steigung der breiten Weltlinien zu sehen, mit der Zeit langsam nach links. Das »Ping« stellen wir uns vereinfacht als punktförmigen Puls vor. Dieser Puls, grün dargestellt, wird von »Roter Oktober« ausgeschickt. Er läuft wesentlich schneller nach links als dieses U-Boot (die Neigung der Weltlinie des Pulses gegenüber der senkrechten Zeitachse ist größer), und zwar mit konstanter Geschwindigkeit (die Weltlinie des Pulses ist eine Gerade). Nach einiger Zeit hat er die »Dallas« erreicht (»Ping!«) und wird dort reflektiert. Anschließend läuft der Puls nach rechts zurück zu »Roter Oktober«. Seine Geschwindigkeit ist dieselbe wie auf dem Hinweg, nur läuft der Puls jetzt in die Gegenrichtung (um denselben Winkel, um den die Weltlinie auf dem Hinweg gegenüber der Senkrechten nach links geneigt war, ist sie jetzt nach rechts geneigt).

Ich gebe zu: Dieselbe Spannung wie im Film will sich beim Betrachten des Raumzeitdiagramms nicht recht einstellen. Vielleicht fehlt einfach die dramatische Musik.

DIE KARAWANE ZIEHT WEITER

Das Ping-Signal bewegte sich durchs Wasser mit konstanter Geschwindigkeit. Im nächsten Beispiel ist der Geschwindigkeitsverlauf etwas komplizierter. Wir haben bereits gesehen: Je stärker die Weltlinie von der Senkrechten abweicht, desto größer ist die Geschwindigkeit; nach links oder rechts gebogene Weltlinien entsprechen Beschleunigung, nach oben gebogene Weltlinien entsprechen einem Abbremsen.

Die Situation spielt sich wieder einmal auf einer geraden Linie ab – diesmal auf der Verbindungslinie zwischen zwei Karawansereien, mit einer Oase auf halbem Wege.

Die Geschehnisse zeigt das nachfolgende Raumzeitdiagramm.

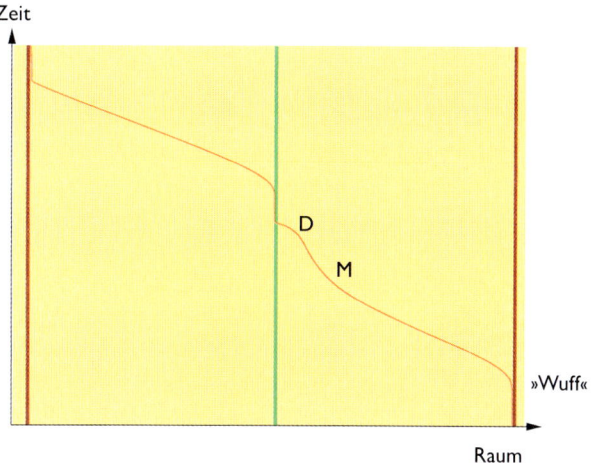

Die senkrechten Linien entsprechen, wie immer, in Ruhe befindlichen Objekten. In diesem Falle sind dies links und rechts die beiden Karawansereien, dunkelrot eingezeichnet, und auf halbem Wege dazwischen die grüne Oase. Die Weltlinie der Karawane ist weiß. Ebenfalls wie immer lässt sich der zeitliche Ablauf rekonstruieren, wenn man das Diagramm von unten nach oben liest. Am unteren Rand befindet sich die Karawane zunächst in Ruhe in der ersten der Karawansereien – die Weltlinie ist senkrecht. Dann – die Hunde bellen, die Karawane zieht weiter – setzt sich die Karawane in Bewegung. Die Weltlinie krümmt sich nach links und neigt sich immer mehr gegenüber der Senkrechten: Die Karawane wird immer schneller, bis sie, dem relativ geraden folgenden Stück der Weltlinie entsprechend, ein nahezu konstantes Reisetempo erreicht hat. Mit der Zeit werden die Kamele müde: Von dem mit M bezeichneten Punkt an biegt sich die Weltlinie nach oben, und das bedeutet, dass die Karawane langsamer wird. Ab Punkt D jedoch wittern die Kamele die nahe Oase, und der Durst treibt sie zu größerer Leistung: Die Weltlinie wird wieder flacher, entsprechend einer größeren Karawanengeschwindigkeit. Kurz darauf erreicht die Karawane die grüne Oase und legt dort eine Ruhepause ein – entsprechend dem senkrechten Weltlinienabschnitt. Anschließend geht es weiter, und die Karawane strebt mit nahezu konstanter Geschwindigkeit dem Tagesziel zu, der zweiten Karawanserei.

POPKONZERT MIT
MICHAEL JACKSON

Unser nächstes Beispiel führt uns zu einem Klassiker der Popmusik. Genauer gesagt: zurück in die achtziger Jahre, zu einem gut besuchten Michael-Jackson-Konzert. Von oben gesehen, sieht die Lage so aus:

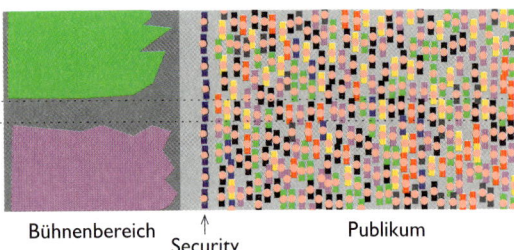

Links die Bühne, gefüllt mit Dekorationen, die, wie es der Zufall will, so angeordnet sind, dass sie die Bewegungen des Stars im Wesentlichen auf eine Dimension (vor und zurück) beschränken und dass außer Jackson keine weiteren Musiker anwesend sind (wenn Sie aus dieser Beschreibung schließen, dass ich noch nie bei einem Michael-Jackson-Konzert war, haben Sie Recht). Rechts der Zuschauerraum. Dicht an dicht stehen die Fans beieinander; von oben erkennen wir nur Köpfe und Schultern. Von der Bühne trennt sie ein Kordon von Sicherheitsleuten, einheitlich mit dunkelblauem T-Shirt (Aufschrift »Security«) und Sonnenbrillen. Uns interessiert nur der schmale Ausschnitt der Saalfläche, der in der Abbildung punktiert umrahmt ist und den Auftrittsbereich der Bühne, einen Security-Mann und eine Reihe von Zuschauern umfasst. Vom Drumherum befreit ist dieser Ausschnitt:

Und wie bei Mann und Hund vereinfachen wir die Menschen zu Farbstrichen, in Vorbereitung auf das Weltlinienbild:

Nach diesen Vorbereitungen kann die Action beginnen: Wir kommen zum Raumzeitdiagramm, wie immer von unten nach oben gelesen.

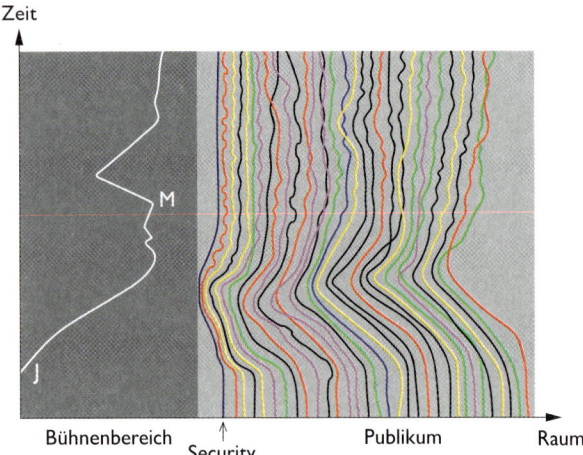

Zu Anfang, ganz unten, ist die Menge recht diszipliniert und bewegt sich nicht viel. Das ändert sich, sobald, Ereignis J, Michael Jackson auftritt: Auf einmal versuchen alle Fans, möglichst nahe zur Bühne zu kommen. Alle bewegen sich nach links, das Gedränge vor der Bühne nimmt zu (dichter beieinander liegende Weltlinien). Auch die Security-Kette (hier vertreten durch die einsame dunkelblaue Weltlinie links vom Publikum) wird zurückgedrängt, direkt an den Bühnenrand. Erst als Jackson zu singen beginnt, lassen die Fans etwas nach, denn nun beginnen sie zu tanzen, vulgo: im Takt zu hüpfen. Wer so tanzt, driftet mal leicht nach vorn, mal nach hinten, wie an den gewellten Weltlinien zu sehen. Bisweilen drängen sich auch einige Fans in unserem engen Ausschnitt an ihrem Vordermann oder ihrer Vorderfrau vorbei, entsprechend gekreuzten Weltlinien. Beim Ereignis M fängt Jackson an, einen seiner berühmten Moonwalks vorzuführen: Während er seinen Körper so bewegt, als ginge er vorwärts (solche Einzelheiten sind im Raumzeitdiagramm leider nicht erkennbar), geht er in Wirklichkeit rückwärts (in unserem Diagramm: nach links).

DIE RÜCKKEHR VON MANN UND HUND: DREIDIMENSIONALE DIAGRAMME

Jetzt, wo Sie die Elemente eines zweidimensionalen Raumzeitdiagramms kennen und wissen, wie Sie die Linien, Punkte und Flächen darin »lesen« können, gehen wir zur nächsten Stufe über. Bislang hatten wir zwei Raumdimensionen unterdrückt. »Der Raum« war in unseren Diagrammen eine Linie, also eindimensional. Wir können aber auch zwei Raumdimensionen betrachten – das entsprechende Raumzeitdiagramm wird dann dreidimensional, und das ist noch einigermaßen anschaulich vorstellbar.

Den Anfang machen unsere guten Bekannten, der Mann und sein Hund, die sich immer noch im Park befinden. Der Hund nutzt seine neu gewonnene zweidimensionale Freiheit weidlich aus und läuft ausgelassen um die Bäume herum, bevor er zu seinem Herrchen zurückkehrt. Hier zunächst einmal das zweidimensionale Raumdiagramm. Es zeigt die Wege, die Mann und Hund in unserem Beispiel im Park zurücklegen, in Draufsicht:

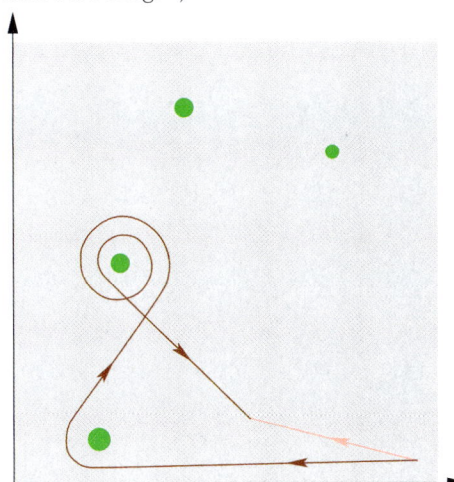

Der Weg des Mannes, rosa eingezeichnet, ist relativ kurz und gerade, der des Hundes, in Braun, dagegen recht lang, ausgelassen und kurvig. Die Bäume bleiben einmal mehr, wo sie sind. Doch wie immer sagt uns dieses bloße Wegediagramm nicht, was da eigentlich wann passiert. Das kann nur ein Raum-

zeitdiagramm leisten, das in diesem Falle, perspektivisch dargestellt, so aussieht:

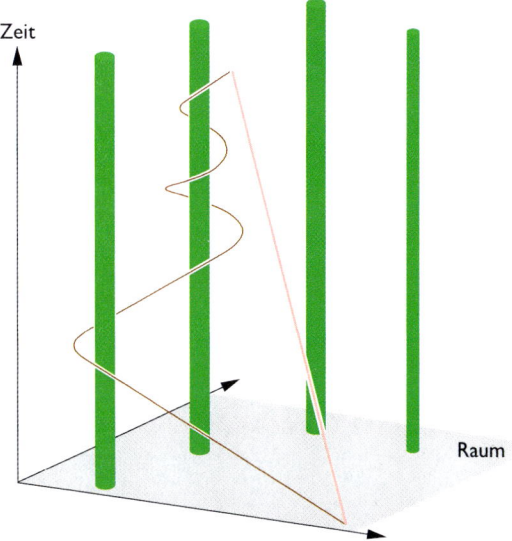

Wieder ist die rosa Weltlinie die des Mannes, die braune die des Hundes, die grünen Weltkörper sind die der Bäume, und die Weltlinien sagen uns genau, was passiert: dass der Mann mit konstanter Geschwindigkeit vorangeht – seine Weltlinie ist eine Gerade –, dass der Hund wesentlich schneller läuft – seine Weltlinie ist generell flacher als die des Mannes –, wann der Hund sich wo befindet.

Unser nächstes einfaches Beispiel führt uns in die Astronomie. Es geht um die Bahn der Erde um die Sonne. Schaut man von oben auf die Bahnebene der Erde, dann sieht ein Schnappschuss von Erde und Sonne in guter Näherung wie folgt aus:

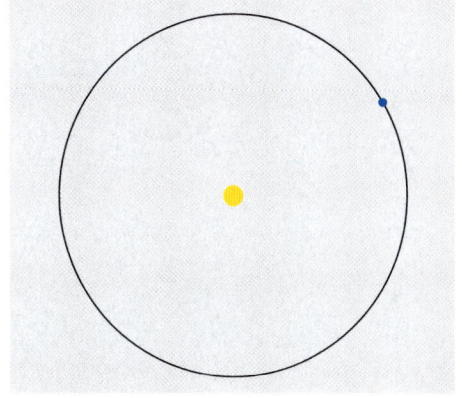

In der Mitte sehen Sie, gelb eingezeichnet, die Sonne, rechts oben unseren blauen Planeten. Vereinfacht als schwarzer Kreis dargestellt ist die Erdbahn. Nun können wir wieder viele verschiedene Schnappschüsse anfertigen, und die Erde bewegt sich von Schnappschuss zu Schnappschuss weiter auf ihrer Bahn. Wenn wir die Schnappschüsse so übereinander anordnen, dass gleicher zeitlicher Abstand der Schnappschüsse gleichem Abstand im Schnappschussstapel entspricht, gelangen wir zu dem folgenden Raumzeitdiagramm:

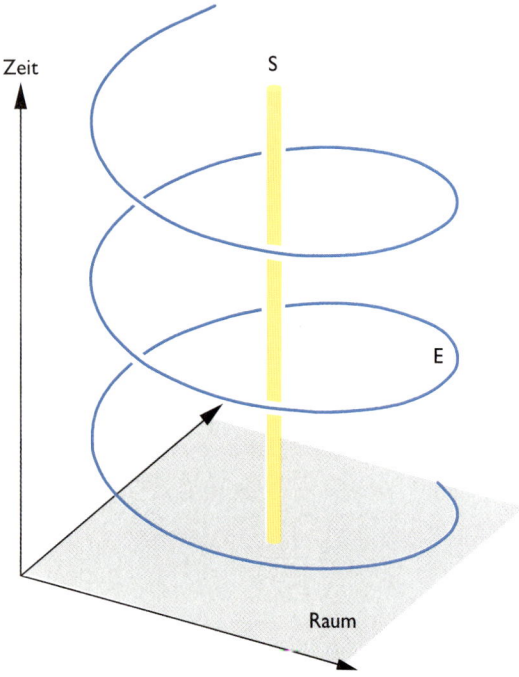

Gut zu sehen ist, wie sich die blaue Weltlinie der Erde spiralförmig um die (zum Weltkörper verdickte) Weltlinie der Sonne windet. Im Raum betrachtet, ist die Bahn der Erde geschlossen, da diese nach jedem Umlauf um die Sonne wieder an denselben Raumpunkt zurückkehrt. Die Weltlinie der Erde in der Raumzeit ist dagegen offen, denn die Rückkehr der Erde an ein und denselben Raumpunkt findet schließlich in zeitlichem Abstand statt – von Rückkehr zu Rückkehr vergeht genau ein Jahr.

LICHT

In den Erörterungen im Kapitel 1 hatte das Licht bei der Vermessung von Raum und Zeit eine ganz besondere Rolle gespielt. Grund genug, einige diesbezügliche Raumzeitdiagramme zu betrachten. Dazu brauchen wir geeignete Maßeinheiten. Als Zeiteinheit wählen wir weiterhin die Sekunde, als Längeneinheit nun aber statt des Meters eine neue Einheit: die Lichtsekunde, definiert als die Entfernung, die das Licht binnen einer Sekunde im Vakuum zurücklegt; eine Lichtsekunde entspricht also 299 792 458 Metern. In den Raumzeitdiagrammen, die die Lichtausbreitung zeigen, bietet es sich an, eine Lichtsekunde Länge genau so lang zu zeichnen wie eine Sekunde Zeitintervall.

Wir beginnen mit einem Lichtblitz, der von einem Ereignis ausgeht. Nehmen wir der Einfachheit halber an, das Ereignis finde am Koordinatennullpunkt statt, und zwar zur Zeit $t = 0$. Der Lichtblitz breitet sich in alle Richtungen gleichmäßig aus, natürlich mit Lichtgeschwindigkeit.

Zunächst zum zweidimensionalen Raumzeitdiagramm. Von den Raumrichtungen, in die sich der Blitz ausbreitet, ist nur die x-Richtung übrig. Es kann nützlich sein, sich den Blitz als eine Sammlung von »Lichtteilchen« vorzustellen, die mit Lichtgeschwindigkeit in alle Richtungen laufen. Das Ergebnis ist das folgende Raumzeitdiagramm: Vom Raumzeitnullpunkt laufen zwei Lichtteilchen, deren Weltlinien gelb eingezeichnet sind, nach links und nach rechts.

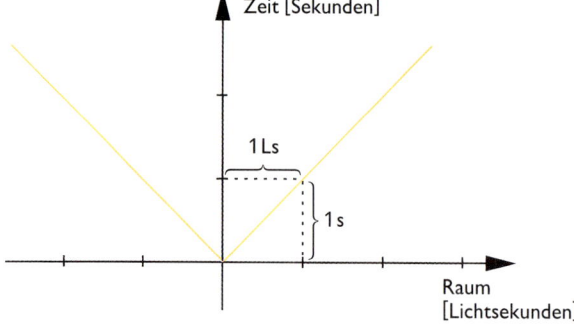

Dass wir Sekunde und Lichtsekunde als Einheiten gewählt und im Diagramm gleich lang dargestellt haben, hat eine direkte grafische Konsequenz, wie in der Abbildung für das Beispiel des nach rechts laufenden Lichts eingezeichnet: Im Zeitraum von einer Sekunde (senkrechter Abstand im Diagramm) bewegt sich Licht um eine Lichtsekunde weiter (waagerechter Abstand). Jeder Lichtweltlinienabschnitt ist damit gerade die Diagonale eines kleinen Quadrats, siehe Abbildung, und allgemein gilt: Lichtweltlinien halbieren in solchen Raumzeitdiagrammen den Winkel zwischen Raum- und Zeitachse.

Ähnlich sieht die Situation im dreidimensionalen Raumzeitdiagramm aus, das immerhin zwei der drei Raumdimensionen sowie die Zeit berücksichtigt. Schauen wir uns zunächst einige Schnappschüsse in der zweidimensionalen Ebene an. Zur Zeit $t = 0$ befindet sich der Lichtblitz noch am räumlichen Nullpunkt:

• 0

⊢——————⊣
1 Lichtsekunde

Am unteren Rand ist als Maßstab eine Strecke der Länge 1 Lichtsekunde eingezeichnet.

Eine Sekunde später haben sich die Lichtteilchen in alle Richtungen ausgebreitet. Vom Raumnullpunkt aus haben sie dabei eine Lichtsekunde an Entfernung überwunden:

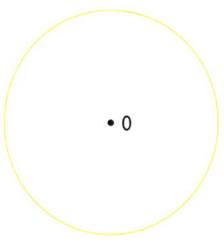

⊢——————⊣
1 Lichtsekunde

Die Front der Lichtteilchen bildet einen Kreis um die Quelle, mit dem Radius 1 Lichtsekunde. Eine weitere Sekunde später haben sich die Lichtteilchen nun insgesamt zwei Lichtsekunden weit von der Quelle entfernt:

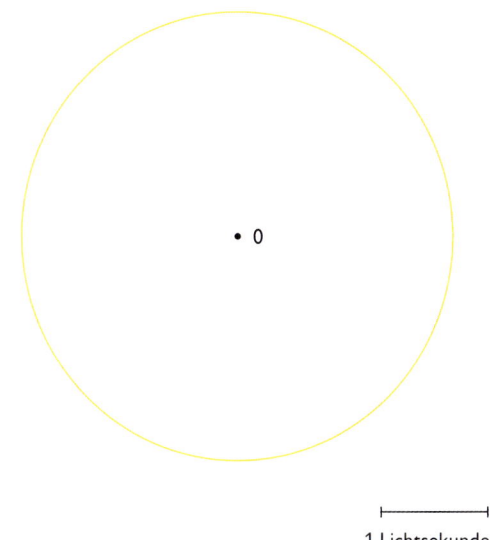

⊢——————⊣
1 Lichtsekunde

Um das dreidimensionale Raumzeitdiagramm zu erhalten, müssen wir wiederum diese und möglichst viele dazwischen aufgenommene Schnappschüsse übereinander stapeln. Das Ergebnis ist das folgende; Längen und Zeitintervalle sind wieder in Lichtsekunden beziehungsweise Sekunden gemessen:

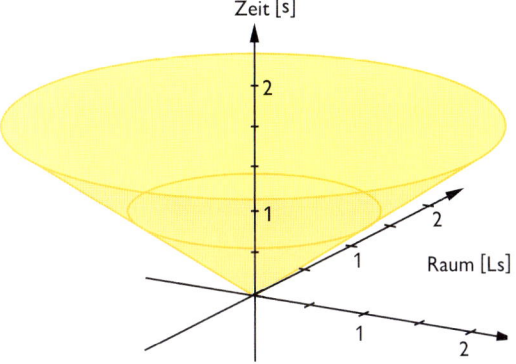

Die Weltlinienschar der Lichtteilchen bildet die Oberfläche eines Kegels, den so genannten *Lichtkegel*, an dessen Spitze das Ereignis der Lichtaussen-

dung liegt. Die beiden bereits gezeigten Schnappschüsse zu den Zeiten $t = 1$ Sekunde und $t = 2$ Sekunden sind dabei zur Orientierung mit etwas
dunkleren gelben Linien eingezeichnet. Der Ausdruck Lichtkegel für die zweidimensionale Weltfläche des allseitig abgestrahlten Lichts wird im
Übrigen ganz allgemein verwendet, sowohl für die
zwei Lichtlinien im zweidimensionalen Raumzeitdiagramm, die wir auf Seite 50 gesehen haben, als
auch für ihre vierdimensionale Entsprechung in der
wirklichen Raumzeit.

EINE FRAGE DER KONVENTION

In den bislang vorgestellten Raumzeitdiagrammen
war die Zeitachse jeweils senkrecht zur Raumachse
(oder, bei dreidimensionalen Diagrammen, zu den
Raumachsen) gezeichnet, und die Raumachse ver-
lief waagerecht, die Zeitachse senkrecht. Dieser Umstand hat keine physikalische Bedeutung, sondern
ist eine Konvention, die das Lesen der Diagramme
etwas vereinfacht.

Im Prinzip hätten wir die Diagramme auch anders zeichnen können. Gehen wir noch einmal zurück zum Zerfall des Teilchens A und dem Zusammenstoß eines der Bruchstücke mit Teilchen D,
bislang dargestellt wie folgt:

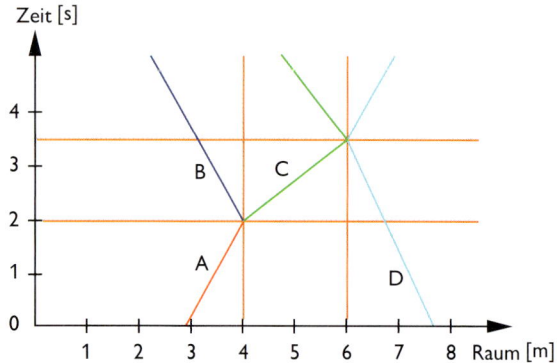

Zur Sicherheit sind dabei außer den Weltlinien noch
die vier Hilfslinien eingezeichnet, anhand deren wir
die Zeitpunkte und Orte von Zerfall und Zusammenstoß abgelesen haben.

Den gleichen Ereignisverlauf können wir in ei-

nem Raumzeitdiagramm darstellen, bei dem der
Winkel zwischen Zeit- und Raumachse kleiner als
90 Grad ist, etwa so:

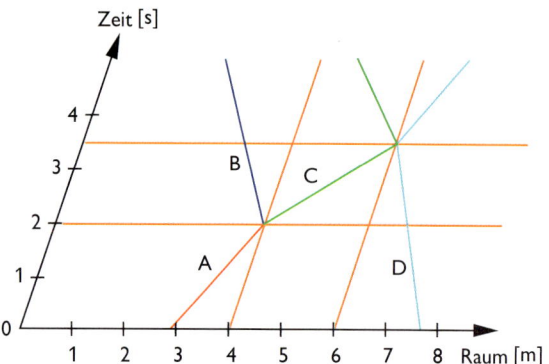

Es enthält genau dieselben Informationen wie vorher. Man muss nur seine Lesegewohnheiten etwas
anpassen. Die Aussage, dass die Weltlinien ruhender Körper senkrecht sind, stimmt so nicht mehr.
Wir brauchen sie allerdings nur ein kleines bisschen
allgemeiner formulieren: Die Weltlinien ruhender
Körper verlaufen parallel zur Zeitachse. Das traf auf
unsere rechtwinkligen Raumzeitdiagramme zu und
gilt auch noch in der hier gezeigten schiefen Version. Wir können sogar noch weiter gehen und
auch die Raumachse schief auf das Papier legen,
zum Beispiel so:

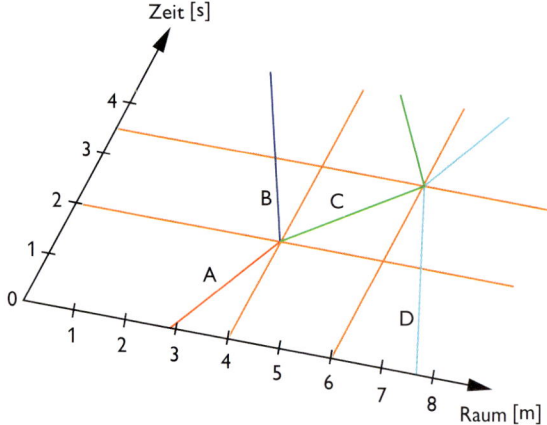

Auch dies ist eine rein kosmetische Veränderung.
Noch nicht einmal die Koordinatenwerte von Ereignissen ändern sich. »Schnappschusslinien« waren vorher horizontal, parallel zur Raumachse, und

um den Zeitpunkt eines Ereignisses zu ermitteln, mussten wir eine solche Linie durch das Ereignis legen und dann ablesen, wo diese Linie die Zeitachse schnitt. Horizontal liegen die Schnappschusslinien im schiefen Raumzeitdiagramm zwar nicht mehr. Solange wir sie aber weiterhin parallel zur Raumachse ziehen, wie es bei zwei der eingezeichneten braunen Linien der Fall ist, ergibt ein Zurückverfolgen zum Schnittpunkt mit der Zeitachse dieselben Zeitkoordinatenwerte wie vorher: Der Zerfall von A fand zur Zeit $t = 2$ Sekunden statt, die Kollision von C und D zur Zeit $t = 3,5$ Sekunden. Hier wie dort gilt: Jedem Zeitpunkt entspricht eine Schnappschussgerade im Raumzeitdiagramm, die parallel zur Raumachse verläuft. Alle Ereignisse, die zu diesem Zeitpunkt stattfinden, liegen auf dieser Geraden.

Auch für das Ablesen der Raumkoordinate eines Ereignisses wird das Rezept angepasst. Vorher galt es, eine senkrechte Linie durch das Ereignis zu zeichnen, parallel zur Zeitachse, und den Koordinatenwert am Schnittpunkt dieser Linie mit der Raumachse abzulesen. Nun ist die Linie nicht mehr senkrecht, aber nach wie vor parallel zur Zeitachse, und das Ablesen ergibt dieselben Raumkoordinatenwerte wie vorher: Raumkoordinate 4 Meter für den Zerfall, und Raumkoordinate 6 Meter für den Zusammenstoß. Einem relativ zu unserem Bezugssystem festen Ort entspricht im Raumzeitdiagramm eine Gerade, die parallel zur Zeitachse verläuft. Alle Ereignisse, die an diesem Ort stattfinden, liegen auf dieser Geraden.

DOPPLER-EFFEKT

Zum Abschluss des Raumzeit-ABCs eine erste physikalische Anwendung: eine einfache Variante des nach dem österreichischen Physiker Christian Doppler benannten Doppler-Effekts, der in der Einleitung bereits kurz angesprochen wurde. Nehmen wir an, wir befänden uns wieder einmal in unserer Raumstation. Zu einer Seite hin schwebt in konstantem Abstand von uns eine kleine Raumsonde. Auf der gegenüberliegenden Seite fliegt eine Rakete mit konstanter Geschwindigkeit direkt von uns weg.

Beide Objekte, Sonde wie Rakete, mögen gemäß unserer Zeitmessung jede Sekunde ein Lichtsignal aussenden, und wir wollen annehmen, dass alle diese Lichtsignale mit derselben konstanten Geschwindigkeit auf uns zu laufen:

Wieder einmal sehen wir eine Situation, in der nur eine einzige Raumdimension eine Rolle spielt (nennen wir sie die x-Richtung) und die wir daher durch ein zweidimensionales Raumzeitdiagramm beschreiben können. Was in diesem Raumzeitdiagramm zu sehen ist, lässt sich direkt aus der Beschreibung der Situation ableiten und ist im Folgenden dargestellt:

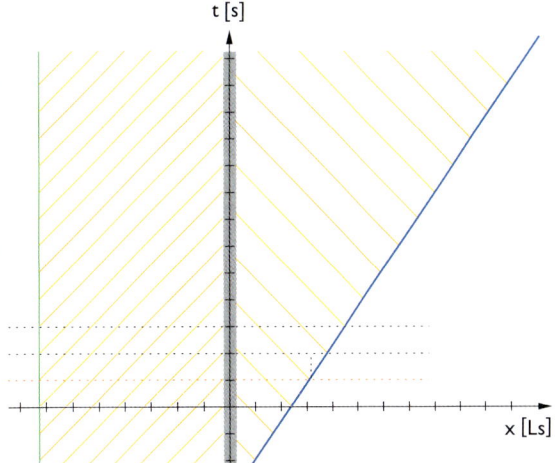

In der Mitte die breite graue Weltlinie unserer Raumstation, die im Koordinatennullpunkt ruht. Die Sonde befindet sich relativ zur Raumstation in Ruhe, und ihre grün eingezeichnete Weltlinie ist daher ebenfalls senkrecht. Die Rakete dagegen bewegt sich schnell von der Raumstation weg; ihre blaue Weltlinie ist nach rechts geneigt. Die Achsenmarkierungen an t- und x-Achse entsprechen Sekunden beziehungsweise Lichtsekunden; eine Wahl von Längen- und Zeiteinheit, bei der, wie gesagt, alle Lichtweltlinien genau diagonal stehen, im Winkel von 45 Grad zu t- und x-Achse. Sonde und Rakete senden Lichtsignale aus, eingezeichnet als gelbe Weltlinien. Für einige der Lichtsignale sind Hilfslinien aus Pünktchen eingezeichnet, mit denen sich die Zeitpunkte der Aussendung von der Raketenweltlinie und von der Sondenweltlinie zur t-Achse zurückverfolgen lassen. Die Schnittpunkte dieser Hilfslinien mit der Zeitachse zeigen, dass die Aussendung der Signale tatsächlich im Sekundentakt erfolgt, bei der Sonde ebenso wie bei der Rakete. Zu jeder vollen Sekunde senden Sonde wie Rakete ein Signal aus; an jeder Hilfslinie zweigt von den Weltlinien der Sonde und der Rakete je eine Lichtweltlinie ab.

Entscheidend ist, in welchem zeitlichen Abstand die Signale bei der Raumstation ankommen. Der Ankunftszeitpunkt jedes der Signale ist die t-Koordinate des Schnittpunktes der jeweiligen Lichtweltlinie mit der grauen Weltlinie der Raumstation; der zeitliche Abstand aufeinander folgender Signale ist der senkrechte Abstand zwischen den betreffenden Schnittpunkten. Die Signale der Sonde kommen, das zeigt der Vergleich mit den Sekundenmarkierungen auf der t-Achse, im Sekundentakt bei der Raumstation an, also mit derselben Periode, mit der sie ausgesandt wurden. Anders die Signale, die die Raumstation von der Rakete erhält. Der Vergleich ihrer Ankunftszeiten mit den Sekundenmarkierungen zeigt, dass nur alle 1,7 Sekunden ein Raketensignal die Raumstation erreicht.

Warum das so ist, lässt sich direkt einsehen. Die Lichtsignale der Sonde laufen alle am selben Ort los und überwinden bis zur Raumstation alle die gleiche Strecke. Jedes der aufeinander folgenden Signale benötigt bis zur Raumstation die gleiche Zeit, in unserem Bild: sieben Sekunden. Ein Signal fliegt los und kommt sieben Sekunden später an; das nächste Signal fliegt eine Sekunde später los als sein Vorgänger und kommt ebenfalls sieben Sekunden später an, als es losgeflogen ist, also eine Sekunde später als sein Vorgänger. Anders bei der Rakete: Auch hier fliegen die Signale im Sekundenabstand los, doch in der Sekunde, die zwischen der Aussendung zweier Signale vergeht, hat sich die Rakete

etwas weiter von der Raumstation weg bewegt. Das zweite Signal fliegt somit nicht nur eine Sekunde später los als sein Vorgänger, es muss auch eine längere Strecke überwinden als dieser. Der Unterschied in der Ankunftszeit ist folglich für jedes Signal die eine Sekunde Unterschied in der Aussendezeit plus die zusätzliche Zeit, die das Signal benötigt, um das kleine Extrastück Abstand zu überwinden, das relativ zu seinem Vorgänger hinzugekommen ist, in unserem Bild eben 0,7 Sekunden. Das darauf folgende Signal braucht dann noch einmal 0,7 Sekunden länger, und so weiter. Die Gesamtreisezeit jedes Signals von der Rakete zu uns wird damit immer länger. Die zusätzliche Verzögerung jedes Signals im Vergleich zu seinem unmittelbaren Vorgänger ist dagegen immer dieselbe, in unserem Beispiel 0,7 s, und das bewirkt die Verlängerung der Periode von 1 s auf 1,7 s.

Im Raumzeitdiagramm selbst lässt sich das grafisch nachvollziehen. Am einfachsten ist es, Sie nehmen sich einen kleinen Zettel mit einer geraden Kante und lassen eine Ecke den Aussendepunkt eines Lichtsignals darstellen, die Kante selbst die Lichtweltlinie:

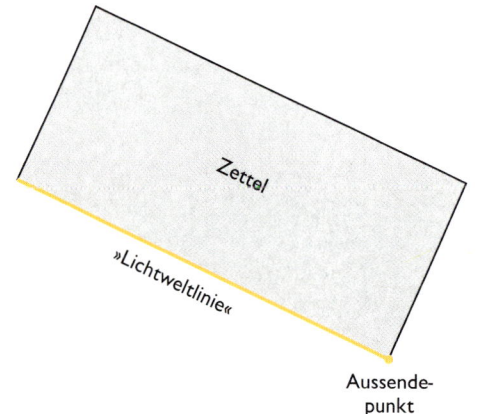

Mit diesem Zettel können Sie jetzt das Diagramm erkunden. Die Lichtsignale der Sonde laufen, bezogen auf unser Koordinatensystem, alle am selben Ort los, am Ort der Sonde, und werden alle am selben Ort aufgefangen, am Ort der Raumstation. Ihre Weltlinien sind alle parallel, haben alle dieselbe Steigung, wie es sich für Lichtsignale gehört, die schließlich alle dieselbe konstante Geschwindigkeit haben; der einzige Unterschied zwischen ihnen ist, dass sie nicht zur gleichen Zeit ausgesandt werden: Die verschiedenen Weltlinien sind im Diagramm gegeneinander in senkrechter Richtung versetzt. Bei einer solchen senkrechten Verschiebung bleiben die Weltlinien nur dann parallel, wenn Anfangs- und Endpunkt um die gleiche Strecke nach oben geschoben werden, sprich: wenn der zeitliche Abstand zwischen der Aussendung der Signale an der Sonde derselbe ist wie bei ihrer Ankunft an der Raumstation. Sie können das mit dem Zettel selbst nachvollziehen: Legen Sie ihn so auf die Buchseite, dass der Zettel-Aussendepunkt auf der senkrechten Weltlinie der Sonde zu liegen kommt und die Kante entlang einer der Lichtweltlinien verläuft. Wenn Sie den Zettel als Ganzes um die einer Sekunde entsprechende Strecke senkrecht nach oben schieben, ohne ihn dabei zu verdrehen, dann wandert der Zettel-Aussendepunkt zur nächsten Lichtweltlinie, die von der Sonde abgeht, und der Schnittpunkt der Kante mit der t-Achse wandert gerade von einem Sekundenstrich zum nächsten. Anders bei der Rakete. Legen Sie Ihren Zettel bitte mit seinem Aussendepunkt an den Schnittpunkt der unteren braunen horizontalen Hilfslinie und die Kante entlang der Lichtweltlinie, die dort von der Rakete abgeht. Am Schnittpunkt der Kante mit der t-Achse sehen Sie, dass dieses Lichtsignal gerade zur vollen Sekunde an der Raumstation eintrifft. Das nächste Signal wird eine Sekunde später ausgesandt. Die Verzögerung, die sich dadurch ergibt, können Sie wieder bestimmen, indem Sie Ihren Zettel ohne Verdrehen senkrecht auf dem Diagramm nach oben schieben. Der Zettel-Aussendepunkt wandert dabei entlang der senkrechten Hilfslinie aus Punkten, und Sie sehen: Auch der Schnittpunkt der Kante mit der t-Achse, entsprechend dem Zeitpunkt, zu dem das Signal an der Raumstation eintrifft, wandert einen Sekundenabschnitt nach oben. Allerdings schwebt Ihr Zettel-Aussendepunkt jetzt frei im Raum, denn die Rakete hat sich inzwischen weiterbewegt. Der Aussendezeitpunkt stimmt – eine Sekunde später eben –, aber Sie sind noch nicht am richtigen Ort. Schieben Sie Ihren Zettel,

um das zu korrigieren, jetzt als Ganzes nach rechts, bis der Zettel-Aussendepunkt auf die blaue Weltlinie der Rakete trifft. Sie werden feststellen: Bei dieser Verschiebung wandert der Schnittpunkt der Zettelkante mit der t-Achse etwas nach oben. Dieser zusätzliche Beitrag ist der Effekt der Raketenbewegung, und insgesamt ist der senkrechte Abstand der Ankunftsschnittpunkte damit größer als eine Sekunde.

Es gibt übrigens ein Gegenstück zu dieser Doppler-Verzögerung, das oben nicht eingezeichnet ist und hier nur kurz erwähnt sei: Bewegt sich eine Rakete auf uns zu, so muss jedes von ihr ausgesandte Signal eine *kürzere* Wegstrecke zu uns zurücklegen als sein Vorgänger. Diese Signale kommen daher in kürzerem zeitlichen Abstand bei uns an, als sie von der Rakete ausgesandt wurden.

Diese Verlängerung der Signalperiode macht sich im Alltag vor allem bei Wellenphänomenen bemerkbar. Eine einfache Schallwelle etwa, ein reiner Ton von exakt gleich bleibender Höhe, ist ein periodisches Muster von aufeinander folgenden Regionen verdichteter und verdünnter Luft. Die Zeit, die zwischen zwei Verdichtungsmaxima vergeht, nennen wir die Schwingungszeit der Welle; der Kehrwert der Schwingungszeit ist die Frequenz. Dass die Stimmgabel, die ich mir gerade ans Ohr halte, eine Frequenz von 440 Hertz hat, bedeutet: Pro Sekunde erreichen 440 Verdichtungsmaxima mein Ohr (oder, umgekehrt ausgedrückt, zwischen zwei aufeinander folgenden Verdichtungsmaxima vergeht 1/440 Sekunde Schwingungszeit). Die Maxima und Minima der Schallwelle bewegen sich in der Umgebungsluft mit konstanter Geschwindigkeit (freilich viel langsamer als das Licht). Wenn wir die Weltlinien von Schallquelle und Schallempfänger sowie die Weltlinien der Verdichtungsmaxima aufzeichnen, dann ergibt sich ein sehr ähnliches Bild wie oben bei Sonde, Raumstation, Rakete und Lichtsignalen. Auch hier tritt ein Doppler-Effekt ein, wie er im vorigen Raumzeitdiagramm zu sehen ist: Die Verdichtungsmaxima einer Schallquelle, die sich von uns fortbewegt, empfangen wir in größerem zeitlichem Abstand, als sie von der Schallquelle ausgesendet wurden. Der zeitliche Abstand der Verdichtungsmaxima ist die Schwingungszeit; ist sie größer, so ist die Frequenz niedriger, entsprechend einem tieferen Ton: In einem gegebenen Zeitraum empfangen wir weniger Schwingungsmaxima. Bei einer Schallquelle, die sich auf uns zubewegt, tritt der kurz erwähnte umgekehrte Effekt ein: Hier ist der zeitliche Abstand der Verdichtungsmaxima kleiner als ihr Aussenabstand, und die Frequenz und der Ton werden damit höher. Wie sich diese Frequenzverschiebung bemerkbar macht, dürften die allermeisten Leser aus dem Alltag kennen. Das beste Beispiel sind Einsatzfahrzeuge, die mit Blaulicht und Martinshorn am Beobachter (und Zuhörer) vorbeifahren: Das Tatü-Tata wird im Moment des Vorbeifahrens abrupt tiefer, entsprechend dem Übergang von den höheren Frequenzen, die sich aus der Bewegung auf uns zu ergeben, zu den niedrigeren Frequenzen bei der Bewegung von uns weg.

Auch Licht ist ein Wellenphänomen, eine Folge von Maxima und Minima des elektrischen und magnetischen Felds, und in den nachfolgenden Kapiteln wird uns der Doppler-Effekt für das Licht noch mehr als einmal begegnen. Die unterschiedlichen Lichtfrequenzen entsprechen den Farben des Regenbogens, vom niederfrequenten Rot über Gelb und Grün bis zum hochfrequenten Blau und Violett[1]:

Anstatt von der Frequenzerniedrigung spricht man beim Doppler-Effekt in Bezug auf Licht denn auch von einer Rotverschiebung und anstatt von Frequenzerhöhung von Blauverschiebung. Wenn eine Quelle, die mit einigen hundert Millionen Stundenkilometern auf Sie zurast, rotes Licht ausschickt, würde es Ihnen tiefblau erscheinen; in den Worten eines Aufklebers, wie ihn sich Physiker als Hinweis für überholende Fahrer ans Heck ihres Autos kleben:

IST DAS HIER BLAU, SIND SIE ZU SCHNELL.

1 Die nicht im Spektrum enthaltenen Farben erhält man als Gemisch von Licht verschiedener Frequenzen.

KAPITEL 3

DER LAUF DER DINGE:
MECHANIK

In den letzten Kapiteln haben wir uns um die Rahmenbedingungen gekümmert, Raum und Zeit vermessen und in die grafische Form der Raumzeitdiagramme gegossen. In diesem kurzen Kapitel geht es um die Spielregeln für Körper in der Raumzeit. Die Bewegungen der Körper sind (glücklicherweise) keineswegs willkürlich, sondern unterliegen strengen Naturgesetzen: den Gesetzen der Mechanik.

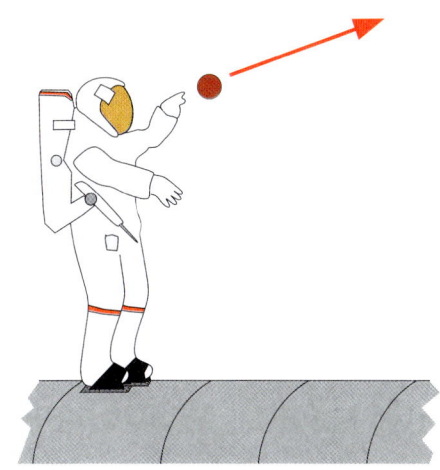

ZURÜCK IN DEN WELTRAUM

Kehren wir zurück in die Raumstation, die uns in Kapitel 1 so gute Dienste geleistet hat. Ziehen Sie bitte Ihren Druckanzug an, es geht nach draußen. So, noch den Helm auf, und schon können wir Sie in die Luftschleuse stecken. Ventil aufdrehen, fertig. Während Sie darauf warten, wie die Luft herausgepumpt wird, ein paar letzte Checks – sitzt auch alles fest? Dann geht die Außentür auf, und Sie schweben hinaus ins All. Ihr Anzug hat eine Sicherheitsleine, da, vorn an Ihrem Gürtel das Kästchen, dasselbe Prinzip wie eine sich selbst aufrollende Hundeleine. Bitte das Ende der Sicherheitsleine dort neben der Tür festhaken.

Als Nächstes verschaffen wir Ihnen einen sicheren Stand – in diesen Klemmen dort finden Sie mit den Füßen Halt. Jetzt, wo Sie sicher verankert sind, widmen wir uns unseren ernsthaften Physik-Geschäften. Wir spielen Ball. Fangen Sie bitte den Ball auf, den ich Ihnen hier zuwerfe? Danke. Haben Sie gesehen, wie er geflogen ist? Natürlich haben Sie das – und für jemanden, der daran gewöhnt ist, wie Bälle fliegen, die man sich auf der Erde zuwirft, war das eine recht merkwürdige Erfahrung: Der Ball ist auf einer schnurgeraden Linie geflogen.

Werfen Sie jetzt selbst ein paar Bälle – alle Bälle fliegen, sobald sie Ihre Hand verlassen haben, schnurgerade weiter. Ein paar Ihrer Bälle kann ich auffangen. Einer davon fliegt an mir vorbei, immer weiter in die Dunkelheit, mit unveränderter Geschwindigkeit. Das wird auch so bleiben, bis der Ball in einigen Hunderttausenden oder Millionen Jahren nahe genug an einer fernen Sonne oder einem Planeten vorbeifliegt. Dann verglüht er in der Sonne oder beschert vielleicht ein paar Außerirdischen eine schöne Sternschnuppe. Wie den Bällen, so geht es allen Objekten – sich selbst überlassen, ohne die Einwirkung äußerer Kräfte, fliegen Objekte auf schnurgeraden Bahnen, mit unveränderlich konstanter Geschwindigkeit. Das ist das erste Grundgesetz der Mechanik, auch als *Trägheitsprinzip* bekannt.

Mit den geometrischen Begriffen, die wir im vorigen Kapitel verwendet haben, können wir das Trägheitsprinzip übrigens noch eleganter formulieren. Wir haben im Zusammenhang mit den Raumzeitdiagrammen gesehen, dass eine mit konstanter Geschwindigkeit ablaufende Bewegung in einer Raumdimension einer geraden Weltlinie im zweidimensionalen Raumzeitdiagramm entspricht. Genau so entspricht eine beliebige Bewegung auf schnurgerader Raumbahn mit konstanter Geschwindigkeit einer geraden Weltlinie im vierdimensionalen Raumzeitdiagramm. Das Trägheitsprinzip sagt also nichts anderes aus als:

> Die Weltlinien von Objekten,
> auf die keine äußeren Kräfte wirken,
> sind Raumzeitgeraden.

Bleiben Sie, wo Sie sind, sicher festgeklemmt. Als Nächstes gebe ich Ihnen verschiedene Dinge in die Hand, und ich möchte, dass Sie sie von sich stoßen. Hier ein Ball, bitte sehr. Sie stoßen, der Ball fliegt. Kein Problem. Aber nun versuchen Sie bitte dasselbe mit diesem Kasten hier. Warten Sie ein wenig, ich habe etwas Mühe, ihn zu manövrieren und vor Ihnen zur Ruhe zu bringen. Er schwebt jetzt direkt vor Ihrer Brust. Da ist er, stoßen Sie. Sie merken: Es ist ganz und gar nicht leicht, den Kasten in Bewegung zu versetzen, ihn aus der Ruhe zu beschleunigen. Besonders deutlich sehen Sie es, wenn Sie Kasten und Ball gleichzeitig von sich stoßen, jedes Objekt mit einer Hand, jedes mit demselben Kraftaufwand: Der Ball fliegt deutlich schneller davon als die Kiste, was in der folgenden Abbildung durch die unterschiedlich langen Pfeile angedeutet wird, die für die Geschwindigkeiten stehen:

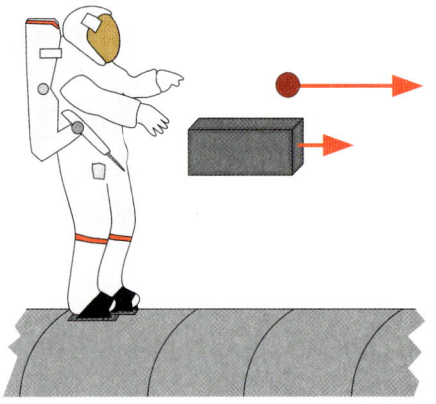

Umgekehrt lasse ich jetzt Ball und Kasten einmal mit derselben Geschwindigkeit auf Sie zufliegen und bitte Sie, die beiden Objekte so abzubremsen, dass sie direkt vor Ihnen zur Ruhe kommen. Sie werden merken, dass Sie dazu bei der Kiste eine wesentlich größere Kraft aufwenden müssen als beim Ball.

Der Unterschied zwischen Kiste und Ball? Bei ein und derselben Geschwindigkeit hat die Kiste offenbar sehr viel mehr – Schwung als der Ball.

Um »Schwung« genauer zu definieren, bauen wir uns als Erstes einen Kraftmesser, der aus einer Sprungfeder besteht – wenn wir die Sprungfeder mit einer konstanten Kraft zusammendrücken, dann verkürzt sie sich in bestimmter Weise, und über diese Verkürzung, die sich wie jede andere Längenänderung messen lässt, definieren wir, was Kraft überhaupt ist. Dann koppeln wir diesen Kraftmesser mit dem Regelkreis eines Raketenmotors, und schon haben wir eine Art »Schwungschlucker«, den wir verwenden können, um Objekten systematisch ihren Schwung zu nehmen. Wie das funktioniert, ist hier am Beispiel der grauen Kiste dargestellt: Wir kleben ihr, ohne ihren Flug zu stören, den Schwungschlucker an, hier in Seitenansicht dargestellt – die Kiste fliegt nach rechts, der Schwungschlucker bremst sie ab:

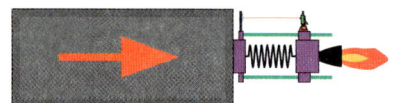

Der Schwungschlucker ist eigentlich eine sehr einfache Maschine. Deutlich sichtbar ist die schwarze Sprungfeder, darüber und darunter sind waagerecht stahlblaue Führungsschienen angebracht, die verhindern, dass die Feder abknickt, wenn der Raketenmotor von rechts einen Schub ausübt. Schiebt der Motor, wird die Feder zusammengedrückt und überträgt den Schub auf die Kiste. Wie stark die Feder gestaucht ist, misst der kleine Laser-Entfernungsmesser, dessen roter Testlaserstrahl oben am Schwungschlucker zu sehen ist. Daran ist ein Regelkreis angeschlossen, der den Raketenmotor so drosselt oder aufdreht, dass die Federstauchung einen konstanten, voreingestellten Wert beibehält, mit anderen Worten: dass die Kraft, mit der der Motor auf die Feder wirkt und die von der Feder auf die Kiste übertragen wird, konstant bleibt. Jetzt können die Abbremsversuche beginnen: Wir kleben jedem bewegten Körper, dessen Schwung wir untersuchen wollen, unseren Schwungschlucker an, lassen den Raketenmotor an und messen die Zeit, die vergeht, bis der Körper relativ zu unserer Raumstation zur Ruhe gekommen ist. Wir definieren den Schwung als die konstante Kraft, die der Raketenmotor wirken lässt, multipliziert mit der Bremszeit – das gibt recht gut wieder, was man auch im Alltag unter Schwung versteht: Hat Körper A mehr Schwung als Körper B und will ich beide in der gleichen Zeit zur Ruhe bringen, dann muss ich für Körper A mehr Kraft aufwenden als für Körper B. Übe ich umgekehrt auf beide Körper dieselbe Bremskraft aus, dann kommt der schwungvollere Körper A erst nach längerer Zeit zur Ruhe als B. In beiden Fällen gibt unsere Definition Kraft mal Bremszeit richtig wieder, dass A den größeren Schwung hat. Jetzt, wo wir den Schwung exakt definiert haben, sollten wir ihm einen wissenschaftlichen Namen geben, um zu zeigen, dass es sich nicht mehr einfach um einen Alltagsbegriff handelt. Wir taufen unseren wohldefinierten Schwung, wie in der Physik üblich, auf den Namen *Impuls*.

Wir können unsere Definition auch etwas umstellen und erhalten dann »Kraft = Impuls durch Bremszeit«, und diese Aussage lässt sich so verallgemeinern, dass sie für beliebige Impulsänderungen gilt, nicht nur für die vollständige Bremsung, und für beliebige Kräfte, nicht nur für die konstante Kraft. Die verallgemeinerte Beziehung lautet »Die Kraft, die auf einen Körper wirkt, ist gleich der Änderung seines Impulses mit der Zeit«. Sie gilt sogar dann noch, wenn wir hinzunehmen, dass Schwung und Kraft etwas mit Richtungen zu tun haben: Selbst wenn ich einen Körper nicht schneller oder langsamer machen, sondern nur seine Bewegungsrichtung ändern will, muss ich eine Kraft aufwenden, und um eine Kraft vollständig zu definieren, muss ich dazusagen, in welche Richtung sie wirkt. Mathematiker kennen Möglichkeiten, solche ge

richteten Größen zu beschreiben, und in dem Formalismus, den sie verwenden, um Kraft und Impuls eine Richtung beizuordnen, gilt immer noch: »Die Kraft, die auf einen Körper wirkt, ist gleich der Änderung seines Impulses mit der Zeit«. Das ist das zweite Grundgesetz der Mechanik.

Nun geht es ans Weiterexperimentieren – es lohnt sich, den Schwung noch etwas näher zu erforschen. Wenn wir Alltagsobjekte wie Kisten und Bälle auf überschaubare Geschwindigkeiten beschleunigen und dann per Schwungschlucker abbremsen, um ihren Impuls zu ermitteln, dann fällt uns auf: Der Impuls ein und desselben Objekts ist direkt proportional zu seiner Geschwindigkeit – verdoppelt sich die Geschwindigkeit beispielsweise, so verdoppelt sich auch der per Schwungschlucker gemessene Impuls. Geschwindigkeit ist allerdings nicht alles. Eine Maus in maßgeschneidertem Raumanzug, die mit einer Geschwindigkeit von einem Stundenkilometer an uns vorbeifliegt, ist wesentlich leichter zu stoppen als ein gleich schneller Elefant. Offenbar ist der Impuls außer von der Geschwindigkeit noch davon abhängig, um was für ein Objekt es sich handelt – manche Objekte sind beharrlicher als andere, wenn es darum geht, gegen den Widerstand des Schwungschluckers in Bewegung zu bleiben. Impuls ist nach unseren Experimenten gleich Geschwindigkeit mal einer objektspezifischen Eigenschaft, und diese Eigenschaft wollen wir *träge Masse* oder kurz *Masse* nennen. Impuls gleich Masse mal Geschwindigkeit oder, andersherum, Masse gleich Impuls durch Geschwindigkeit – das ist unsere Definition der Masse.

Unseren Alltagserfahrungen nach ist die Masse von Körpern wie der Kiste und dem Ball konstant, eine wirkliche intrinsische Eigenschaft des Körpers, nur abhängig von Menge und Art der Materialien, die bei seiner Konstruktion Verwendung fanden. Bei konstanter Masse kann man das zweite Grundgesetz noch etwas umformulieren. Um zu beschreiben, wie sich der Impuls, das Produkt aus Masse und Geschwindigkeit eines Körpers, mit der Zeit ändert, muss man dann nur noch wissen, wie sich die Geschwindigkeit des Körpers ändert. Die Änderung der Geschwindigkeit eines Körpers mit der Zeit ist seine *Beschleunigung*. Eine Beschleunigung im physikalischen Sinne liegt dabei nicht nur vor, wenn sich die Geschwindigkeit des Objekts erhöht – in der Physik gilt *jede* Veränderung der Geschwindigkeit oder der Bewegungsrichtung als Beschleunigung. Wer einen Gegenstand abbremst, beschleunigt ihn (»negative Beschleunigung«); wer ein Objekt aus seiner Bahn ablenkt, so dass es zwar gleich schnell, aber in eine andere Richtung weiterfliegt, hat es ebenfalls beschleunigt. Zumindest in dem Bereich der Physik, der unserer Alltagserfahrung zugänglich ist, gilt damit die folgende Version der zweiten Grundgesetzes der Mechanik: Je größer die Masse eines Körpers, umso mehr Kraft muss aufgewendet werden, um ihm eine bestimmte Beschleunigung zu erteilen: »Kraft gleich Masse mal Beschleunigung.« Die Bezeichnung »träge Masse« gibt also sehr anschaulich wieder, worum es geht: Je größer die träge Masse eines Objekts, umso träger der Körper – umso schwieriger ist es, ihn zum Beispiel aus seiner bequemen Ruhelage zu beschleunigen.

Der Unterschied zwischen Kiste und Ball in unserem Beispiel? Unterschiedliche Masse. Die Masse der Kiste ist deutlich größer als die des Balls; wenn ich beide mit demselben Kraftaufwand von mir stoße, wird der Ball dabei mehr beschleunigt als die Kiste und fliegt anschließend mit höherer Geschwindigkeit von mir weg.

Mit dem vertrauten Begriff der Masse muss man allerdings in einer Hinsicht vorsichtig sein. Der Unterschied zwischen Kiste und Ball in unserem Beispiel? Die meisten würden sagen: »Die Kiste ist schwerer als der Ball.« Das ist eine schlechte Angewohnheit von uns Erdbewohnern, denen die Schwerkraft selbstverständlich scheint. Wären wir auf der Erde, würden wir sagen, die Kiste sei schwer: Wir müssen viel Kraft aufwenden, um sie vom Boden aufzuheben; es ist anstrengend, sie zu tragen. Stellen wir sie auf eine Waage, so zeigt diese das Gewicht der Kiste an.

Hier, in der Schwerelosigkeit des Weltraums, ist das alles anders. Die Kiste aufzuheben, wenn Sie vor Ihnen auf der Oberfläche der Raumstation ruht, ist nicht aufwändiger, als sie zur Seite hin zu beschleunigen. Haben Sie sie einmal aufgehoben, möchte sie immer weiter nach oben fliegen – schnurgerade, genau mit der Geschwindigkeit, die Sie ihr beim Aufheben erteilt haben, im Einklang mit dem Trägheitsprinzip, dem ersten Grundgesetz der Mechanik. Haben Sie die Kiste zur Ruhe gebracht und halten Sie sie nun vor sich, bedeutet das für Sie keinerlei Anstrengung. Die Kiste schwebt bewegungslos vor Ihnen, ohne dass Sie sie irgendwie stützen müssten. Genauso bewegungslos schwebt die Kiste, wenn wir sie auf die Waage legen. Die Waage zeigt kein Gewicht an. Kurz, wie schon der Name »Schwerelosigkeit« sagt: Wo wir sind, haben die Dinge keine Schwere, kein Gewicht. Sie haben nur diese Eigenschaft, dass es leichter oder schwerer ist, sie wegzustoßen, sie zum Stillstand zu bringen, sie zu beschleunigen.

Als Letztes lösen Sie bitte nun Ihre Füße aus den Halteklammern. Jetzt schweben Sie bewegungslos über der Außenhaut unserer Station. Werfen Sie mir noch einmal einen Ball zu? Danke.

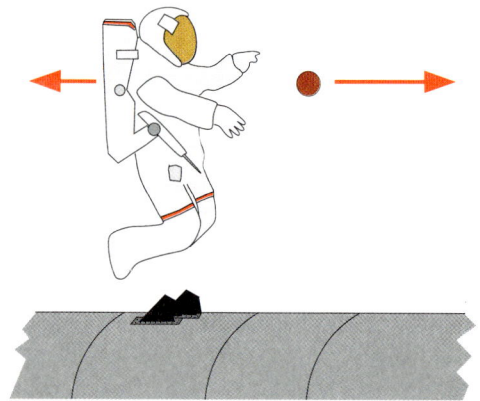

Diesmal geht es weniger um den Ball als um Sie. Schauen Sie sich um – vorher waren Sie relativ zur Raumstation in Ruhe; jetzt driften Sie gerade etwas nach hinten. Nicht in irgendeine Richtung, sondern genau entgegengesetzt zu der Richtung, in die Sie den Ball geworfen haben. Nicht so schnell wie der Ball, bei weitem nicht, aber deutlich wahrnehmbar. Bitte halten Sie sich jetzt am Modul fest – mit Hilfe Ihrer Sicherheitsleine gelingt Ihnen das – und setzen Sie Ihre Füße wieder neben die Halte-

klammern, dorthin, wo sie sich auch vor dem Ball-
wurf befanden. Werfen Sie mir jetzt die Kiste zu,
oder stoßen Sie sie zumindest in meine Richtung.
Sie werden merken: Diesmal setzen Sie sich fast so
schnell in Bewegung wie die Kiste – halb stoßen
Sie die Kiste, halb stoßen Sie sich von der Kiste ab.
Wer hier wie stark beschleunigt und in Bewegung
versetzt wird, hängt sowohl von Ihrer Masse als
auch von der Masse des Objekts ab, das Sie stoßen.
Sind Sie massereicher als das gestoßene Objekt,
fliegt es am Ende schneller, als Sie in die Gegenrichtung fliegen. Haben Sie und das Objekt dieselbe
Masse, fliegen Sie am Ende gleich schnell in entgegengesetzte Richtungen. Ist das Objekt sehr viel
massereicher, so bewegt es sich nach dem Stoß
kaum, Sie dagegen bewegen sich ziemlich schnell.

Anders formuliert: Wenn Sie das Objekt wegstoßen, also auf das Objekt eine Kraft ausüben, dann
übt das Objekt auf Sie eine genau gleich starke Kraft
aus, allerdings in entgegengesetzter Richtung. Das
ist das dritte Grundgesetz der Mechanik. Zu dem
Zeitpunkt, als es erstmals mathematisch exakt formuliert wurde, sprachen die Wissenschaftler noch
Latein (anstatt, wie heute, gebrochenes Englisch).
Die halb lateinische Kurzformel für das Gesetz lautet »actio gleich reactio« – die Reaktion, die Rückwirkung des Objekts auf Sie, ist genauso stark wie
die Aktion, wie Ihre Wirkung auf das Objekt.

Wie Sie und das Objekt auf diese Kräfte reagieren, mit anderen Worten: wie stark Sie beschleunigt werden, hängt, wie schon geschildert, von den
Massen ab. Ist das Objekt massereicher als Sie, so
wird es als Reaktion auf ein und dieselbe Kraft
weniger stark beschleunigen als Sie – Sie fliegen
schnell weg, das Objekt langsam. Das war gerade
das zweite Grundgesetz der Mechanik.

Zusammengefasst: Überlässt man die Körper
sich selbst, folgen sie mit konstanter Geschwindigkeit geraden Bahnen; Kraft bewirkt Impulsände-
rung (Alltagsversion: Je größer die träge Masse
eines Körpers, umso größer die Kraft, die man aufwenden muss, um ihn zu beschleunigen); wer ein
Objekt von sich stößt, stößt gleichzeitig auch sich
selbst von dem Objekt fort. Das sind die drei
Grundgesetze der Mechanik.

GALILEI, NEWTON UND DIE FOLGEN

Die Versuchung ist gerade in populärwissenschaftlichen Büchern groß, beim Stichwort Physik
möglichst bald in die faszinierenden Welten der
Relativitätstheorie oder der Quantentheorie abzu-
tauchen. Dieses Buch bildet darin keine Ausnahme; schon im nächsten Kapitel geht es mitten hinein in die spezielle und danach in die allgemeine
Relativitätstheorie mit ihrem geometrischen Modell für die Gravitation. Vorher möchte ich allerdings
noch kurz ansprechen, wie die Physiker vor Einsteins Theorie die Gravitation beschrieben haben.
Die Gelegenheit ist günstig: Die obigen drei Gesetze geben nicht nur den Anstoß für unsere weiteren
relativistischen Betrachtungen, sie bilden auch die
Grundlage der »klassischen Mechanik«, die nach
Sir Isaac Newton auch »Newtonsche Mechanik«
heißt.[1] Mit zwei kleinen zusätzlichen Aussagen.
Die erste ist, dass die »Alltagsversion« des zweiten
Grundgesetzes, die ich im vorigen Abschnitt vorgestellt habe, »Kraft gleich Masse mal Beschleunigung«, in der klassischen Mechanik als universell
gültig angesehen wird. Die zweite ist ein bislang
nicht erwähnter Zusatz zu dieser Alltagsversion,
der fast überflüssig wirkt, aber keineswegs selbstverständlich ist: die Annahme, dass die Masse eines
gegebenen Körpers nicht von seinem Bewegungszustand abhängt, sondern eine Konstante ist. Egal,
ob ein Elefant im Raumanzug vor uns schwebt
oder ob derselbe Elefant mit hoher Geschwindigkeit an uns vorbeifliegt: Seine träge Masse – der
Widerstand, den er dem Versuch entgegensetzt,
seine Geschwindigkeit zu ändern – ist, so nimmt
die klassische Mechanik an, beide Male dieselbe.

In unserem Gedankenexperiment haben Sie Kraft
auf Ball und Kiste ausgeübt, indem Sie sie direkt
angefasst, gestoßen oder gezogen haben. Die klas-

---

1 Obschon zu dem, was Schüler und Studenten heute als klassische
Mechanik lernen, noch andere Physiker und Mathematiker beigetragen
haben, etwa Galilei oder, später, Euler, d'Alembert und Lagrange, ist die
Wahl von Newton als Namensgeber durchaus gerechtfertigt, hatte er
doch beileibe den größten Anteil an der Formulierung der erwähnten
Grundgesetze.

sische Mechanik kennt noch eine andere, etwas ungewohntere Art von Kräften, so genannte *Fernkräfte*, die Körper aufeinander ausüben, ohne sich dabei direkt zu berühren. Paradebeispiel ist die Schwerkraft, die Gravitation. Zwei verschiedene Objekte im Raum ziehen sich mittels dieser Kraft an, ohne dass sie dazu irgendwie durch ein Seil oder eine Feder verbunden sein müssten – es reicht aus, dass jeder der Körper eine Masse besitzt, und schon gibt es eine Anziehungskraft zwischen ihnen. Die Eigenschaften dieser Kraft beschreibt das Newtonsche Gravitationsgesetz. In seiner einfachsten Form gilt es für kugelsymmetrische Massen und besagt: Die Stärke der Kraft ist zum einen der Masse der beiden Kugeln proportional – je größer jede der beiden Massen, desto größer die Kraft. Außerdem nimmt die Stärke der Kraft mit dem Quadrat des Abstands der Kugelmittelpunkte ab: Je weiter die Kugeln voneinander entfernt sind, desto schwächer ist die Gravitationsanziehung zwischen ihnen; verdoppelt sich der Abstand der Kugelmittelpunkte, ist die Anziehungskraft anschließend nur noch ein Viertel so groß. (Wie sich komplizierter geformte Körper anziehen, lässt sich berechnen, indem man sich vorstellt, sie seien aus unendlich vielen winzig kleinen Massekugeln zusammengesetzt, deren Anziehungskräfte sich aufsummieren.)

Die Kombination aus den drei Grundgesetzen der Mechanik und dem Newtonschen Gravitationsgesetz ist eines der erfolgreichsten Modelle zur Naturbeschreibung überhaupt. Die Bewegung der Planeten und Asteroiden im Sonnensystem lässt sich mit ihrer Hilfe auf das Genaueste vorhersagen. Und nicht nur die Bewegung der Planeten, sondern beispielsweise auch die einer Rakete, die von der Erde bis zum Mond fliegen und sicher zurückkehren soll. Der Flug der »Saturn«-Mondraketen lief keineswegs so ab wie in Comics oder Science-Fiction-Filmen, in denen die Düse einer Rakete im Flug ohne Pause arbeitet. Im Gegenteil, der Trick bestand darin, die Rakete nach dem Start auf eine geeignete Anfangsgeschwindigkeit in die richtige Richtung zu beschleunigen und dann die Düsen abzuschalten. Den Rest besorgten, von kleinen Kurs-

korrekturen abgesehen, Gravitationsgesetz und Gesetze der Mechanik. Ein Zitat, das diesen Umstand sehr treffend wiedergibt, stammt von dem amerikanischen Astronauten Major William Anders, der auf der Mission »Apollo 8« zu den ersten Menschen gehörte, die einen Rundflug von der Erde um den Mond herum und zurück unternahmen. Auf dem Rückflug wurde er einmal über Funk gefragt, wer sich denn momentan um die Lenkung des Raumschiffs kümmere, und er antwortete wahrheitsgemäß: »Im Moment sitzt wohl vor allem Isaac Newton am Steuer« (»I think Isaac Newton is doing most of the driving right now«).

Dabei ist die Anwendbarkeit der klassischen Mechanik keineswegs auf den Weltraum beschränkt. Sicher, auf der Erde kommen noch einige Komplikationen hinzu: die Reibungskräfte etwa, die auf einen durch das Gasgemisch der Luft fliegenden Körper wirken, oder diverse Materialeigenschaften, die beispielsweise dazu führen, dass sich ein Balken unter Krafteinfluss durchbiegt. Doch darüber hinaus bestimmen die Grundgesetze der klassischen Mechanik, ob beispielsweise ein geplantes Gebäude stabil ist oder in sich zusammenfällt. Auch die Dynamik der Flüssigkeiten und Gase, wichtig für Anwendungen vom Kanal- bis zum Flugzeugbau, ist eine Weiterentwicklung der Grundgesetze. Die Gebäude, die uns umgeben, die Maschinen, die wir benutzen, von der Kraftwerksturbine bis zum Fahrrad, von der winzigen Mechanik eines Uhrwerks bis zu den Bahnen riesiger Himmelskörper – all das gehorcht mit großer Genauigkeit der klassischen Mechanik.

Über aller praktischen Anwendbarkeit sollte man nicht vergessen, dass die Gesetze der Mechanik auf ihre eigene Weise recht revolutionär sind. Wir haben uns im vorigen Abschnitt zumindest in Gedanken in den Weltraum begeben, um diese Gesetze zu untersuchen. Nicht ohne Grund, denn was ein Astronaut in der Schwerelosigkeit direkt beobachten kann, ist für einen Forscher auf der Erde ganz und gar nicht offensichtlich. Auf unserem Planeten ist die Erdanziehung allgegenwärtig, und ein Körper, der sich in Bewegung befindet, erfährt in aller Regel Reibungskräfte, die ihn abbremsen – sei es, weil er den Boden berührt, sei es durch ein vorbeiströmendes Medium wie Luft oder Wasser. Man könnte auf den Gedanken kommen, das grundlegende Bewegungsgesetz bestünde darin, dass jeder Körper bestrebt ist, möglichst nahe an der Planetenoberfläche in einen Ruhezustand zu gelangen. Die Erkenntnis, dass Körper, ohne äußere Einflüsse sich selbst überlassen, entweder in Ruhe oder aber mit konstanter Geschwindigkeit in Bewegung bleiben und dass erst die zusätzlichen Kräfte Gravitation und Reibung das vom Idealzustand der Trägheitsbewegung abweichende Verhalten herbeiführen, das wir hier auf der Erde gewohnt sind, stellt eine Denkleistung dar, die man kaum überschätzen kann. Damit war der Weg frei für eine Mechanik, die irdische und himmlische Geschehnisse in vereinheitlichter Weise beschreiben konnte – vor unseren Augen die reibungsgeplagten, erdenschweren Körper, in weiter Ferne die Planeten im nahezu reibungsfreien Weltraum. Die Natur in geschickter Weise aufzuteilen; erst eine einfache idealisierte Situation zu beschreiben und dann Stück für Stück die Bestandteile der wirklichen Welt hinzuzufügen – hier Körper in gleich bleibender Bewegung, dort die Reibung als zusätzlichen Einfluss, hier Objekte ohne Krafteinfluss, dort die Schwerkraft als eine Kraft unter anderen – hat sich als Erfolgsrezept der Physik erwiesen.

KAPITEL 4

EINSTEIN, DIE ERSTE:
SPEZIELLE RELATIVITÄTSTHEORIE

Stellen Sie sich einfach einen Zug vor, der mit einer Kerze auf dem Dach durch ein schwarzes Loch fährt, während Sie selbst mit einer Kerze auf dem Kopf auf einem Glockenturm auf dem Mars stehen und eine Uhr aufziehen, die genau einen Quadratmeter groß ist, und ein Uhu, der übrigens auch eine Kerze auf dem Kopf trägt, in entgegengesetzter Richtung zum Zug und mit Lichtgeschwindigkeit durch einen Tunnel fliegt, welcher gerade von einem anderen schwarzen Loch verschluckt wird, das ebenfalls eine Kerze auf dem Kopf trägt …

Walter Moers, *Die 13 1/2 Leben des Käpt'n Blaubär*

DAS RELATIVITÄTSPRINZIP

Wir haben mit unserer entlegenen Raumstation nun schon einiges angestellt. Wir haben Längenmaße und Zeitmaße definiert, die Geometrie des Raums erkundet und festgelegt, was es heißt, dass zwei Ereignisse gleichzeitig stattfinden. Dies ermöglichte es uns, jedem Ereignis mit Hilfe unserer Ur-Uhr eine Zeit zuzuordnen und die Bewegung von Körpern im Raum zu beschreiben, und es brachte uns zu den Gesetzen der Mechanik.

Was aber nun, wenn da noch eine zweite Raumstation ist, die sich gegenüber der unsrigen mit konstanter Geschwindigkeit bewegt? Können deren Bewohner dasselbe tun wie wir – Uhren, Abstände und Gleichzeitigkeit definieren, die Ereignisse in der Welt mit Bezug auf ihre so konstruierten Raumzeitmessungen beschreiben? Nach dem, was wir in den letzten Kapiteln gesehen haben, gibt es keinen Grund anzunehmen, sie könnten es nicht. Gelangen diese Beobachter dann auch zu genau denselben physikalischen Gesetzen, etwa den im vorigen Kapitel formulierten Grundgesetzen der Mechanik: Trägheitsgesetz, Kraft gleich Änderung des Impulses mit der Zeit, Actio gleich Reactio?

Der einzige Unterschied zwischen den beiden Raumstationen ist der Bewegungszustand. Die Frage lässt sich daher allgemeiner formulieren: Gibt es eine Möglichkeit, experimentell festzustellen, dass sich die zweite Raumstation in Bewegung befindet, unsere aber nicht? Gibt es einen absoluten Ruhezustand, der eine bestimmte Raumstation vor allen anderen Raumstationen auszeichnen würde – diese Raumstation befindet sich (absolut) in Ruhe, alle anderen Raumstationen bewegen sich –, sowie ein Schlüsselexperiment, dessen Ergebnis es erlaubt, die ruhende Raumstation von allen anderen zu unterscheiden? Oder ist Bewegung relativ? Kann der Bewohner einer anderen Raumstation, die sich an meiner vorbeibewegt, mit Fug und Recht behaupten, *meine* Raumstation bewege sich an *seiner* vorbei – das Einzige, was nicht vom Beobachter abhängt, ist, dass sich die beiden Stationen *relativ zueinander* bewegen?

Um experimentelle Daten zu dieser Frage zu gewinnen, können wir in unserer Raumstation und in jener, die dort an uns vorbeitreibt, identisch ausgerüstete Laboratorien aufbauen und dann über Funk ein Versuchsprogramm initiieren. Jeder Versuch wird zweimal durchgeführt, einmal in unserer Raumstation, einmal in der anderen. Parallel zu unserem Kollegen vermessen wir die Strahlungsübergänge verschiedener Moleküle, bestimmen die Wärmeleitungseigenschaften von Körpern oder die Reißfestigkeit bestimmter Werkstücke, betreiben Mechanik, überprüfen die im letzten Kapitel formulierten Grundgesetze und stellen Versuche mit elektrischen Ladungen, Strömen oder Elektromagneten an. Freilich, es gibt Experimente, bei denen selbst wir in unserer eigenen Raumstation unterschiedliche Resultate erhalten, wenn wir sie wiederholen – nicht infolge von Messfehlern, sondern weil bestimmte Naturgesetze ein unvermeidbares Zufallselement enthalten. Doch von solchen Fällen abgesehen, gilt: Wenn wir in unserem Labor ein bestimmtes Resultat erhalten, dann erhält unser Kollege in der anderen Station im Rahmen der Messgenauigkeit dasselbe Resultat. Die Experimente werden vom unterschiedlichen Bewegungszustand der beiden Raumstationen nicht beeinflusst. Mit anderen Worten: Alle Experimente, deren Ergebnis durch die physikalischen Gesetze festgelegt ist, liefern in beiden Raumstationen dasselbe Ergebnis. Noch etwas anders ausgedrückt: Die physikalischen Gesetze, die die Ergebnisse solcher Experimente bestimmen, sind in beiden Fällen dieselben; sie scheinen gegenüber dem Umstand, dass sich jede der Raumstationen aus der Sicht der jeweils anderen bewegt, vollkommen unabhängig zu sein.

Überprüfen können wir diese allgemeine Tatsache in der Praxis nur an ausgewählten Beispielexperimenten. Das Postulat, dass die Unabhängigkeit von konstanter Relativbewegung ganz allgemein gilt, auch für diejenigen Experimente, die wir noch nicht durchgeführt haben, ist das so genannte *Relativitätsprinzip*: Beliebige Bewohner anderer frei fliegender Raumstationen, die sich im Verhältnis zu uns mit konstanter Geschwindigkeit bewegen, können Raum und Zeit in genau derselben Weise vermessen wie wir. Beobachter, die sich kräftefrei bewegen, sind untereinander gleichberechtigt. Es gibt keine Möglichkeit, durch Experimente im stillen Kämmerlein einer der Raumstationen zu entscheiden, ob sich die Raumstation bewegt oder nicht. Die physikalischen Gesetze sind für alle diese Beobachter dieselben.

Der Begriff der Ruhe ist damit relativ. Wir können behaupten, unsere Raumstation befände sich in Ruhe, und eine frei vorbeitreibende Station bewege sich. Doch die Bewohner der anderen Station können mit demselben Recht behaupten, *sie* würden ruhen und wir an ihnen vorbeitreiben. Physikalische Gesetze und Experimente verhalten sich in dieser Frage neutral. Eine Aussage wie »Nehmen wir an, wir befinden uns in Ruhe« ist lediglich die Erklärung, dass wir eine bestimmte Situation vom Blickpunkt des mit unserer Station fest verbundenen Raum- und Zeitkoordinatensystems aus beschreiben wollen.

Wohlgemerkt: Die »interne Nicht-Nachweisbar-

keit« gilt nur für unbeschleunigte Bewegungen! Ob sich eine Raumstation beschleunigt bewegt oder nicht, lässt sich auch im stillen Kämmerlein sehr wohl feststellen. Genauso, wie ein Autofahrer bei positiver Beschleunigung in den Sitz gepresst wird, spüren auch die Stationsbewohner Kräfte in die Gegenrichtung, wenn die Raumstation beschleunigt wird. Ein einfaches Laborexperiment zeigt, ob wir uns in einer beschleunigten Raumstation befinden oder nicht. Wir legen einen Ball in die Luft (Schwerelosigkeit!), und zwar so, dass er sich relativ zum Labor in Ruhe befindet. Dann lassen wir ihn los. In einer unbeschleunigten Raumstation bleibt der Ball in Ruhe. Er verharrt, dem Trägheitsprinzip folgend, in seinem Bewegungszustand. In einer beschleunigten Raumstation wird er dagegen an die der Beschleunigungsrichtung entgegengesetzte Wand getrieben, genau so, wie der Autofahrer in seinen Sitz gepresst wird. Zu den beschleunigten Raumstationen gehören im Übrigen auch solche, die als Ganzes rotieren: Wer im Innern einer rotierenden Raumstation einen Ball in die Luft legt, wird feststellen, dass der Ball anfängt, von der Drehachse weg zu beschleunigen, und zwar umso mehr, je weiter entfernt von dieser Achse der Ort ist, an den wir den Ball gelegt haben. Aus der Sicht eines Beobachters in solch einer rotierenden Raumstation wirkt auf den Ball dieselbe Kraft der Drehachsenflucht – der Physiker sagt: »Zentrifugalkraft« –, die auch ein Kind auf einem sich drehenden Karussell als stetigen Zug nach außen verspürt.

Den Umstand, dass sich zwar beschleunigte Bewegungen intern nachweisen lassen, unbeschleunigte dagegen nicht, kennen wir näherungsweise ebenfalls aus dem Alltag. Zumindest aus dem Alltag im weiteren Sinne: Im Innern eines Jumbojets, der mit konstanter Reisegeschwindigkeit fliegt, ist nur wenig davon zu spüren, dass man relativ zum Erdboden mit einer Geschwindigkeit von rund 900 Kilometern pro Stunde dahineilt. Man fühlt sich weder schwerer noch leichter. Lässt man das Buch, das man gerade zugeschlagen hat, los, fliegt es nicht etwa Richtung Heck, sondern fällt senkrecht nach unten. Das Tomatensaftglas steht ruhig und mit waagerechtem Flüssigkeitsspiegel. Hätte eine hinterhältige Bande gewissenloser Physikdidaktiker Sie vor dem Start narkotisiert, erst nach Erreichen der Reiseflughöhe wieder aufgeweckt und alle Fenster zugehängt – Sie hätten, einen ruhigen Flug vorausgesetzt, keine Möglichkeit festzustellen, ob das Flugzeug fliegt oder nach wie vor unbewegt im Hangar steht. Der Triebwerkslärm? Lautsprecher, die für die passende Geräuschkulisse sorgen. Die Durchsagen des Piloten? Lügen. Das mag alles sehr unwahrscheinlich klingen, aber es zeigt: Physikalisch-prinzipiell können Sie nicht feststellen, ob Sie sich gerade mit konstanter Geschwindigkeit bewegen oder nicht. Eine Bestätigung des Relativitätsprinzips. Sobald aber Beschleunigungen ins Spiel kommen, wird alles anders. Da können sich die Illusionisten noch so viel Mühe geben: Wenn das Flugzeug in Turbulenzen gerät, dann lässt sich das nicht vertuschen. Sie spüren Kräfte, ihr Getränk schwappt im Glas hin und her – der Einfluss von Beschleunigungen ist ohne Bezug auf die Außenwelt direkt nachweisbar.

DIE VERFLIXTE LICHT-GESCHWINDIGKEIT

So weit, so gut. Bei näherem Nachdenken hat das Relativitätsprinzip jedoch ungewohnte Konsequenzen. Es ergibt sich geradezu ein Widerspruch, wenn man versucht, Beobachtungen zur Konstanz der Lichtgeschwindigkeit, die aus der Alltagserfahrung gewonnene Addition von Geschwindigkeiten und das Relativitätsprinzip zu kombinieren.

Gehen wir der Reihe nach vor und beginnen mit der Lichtgeschwindigkeit. In dem an unsere eigene Raumstation gebundenen Bezugssystem von Raum- und Zeitkoordinaten, das wir in Kapitel 1 konstruiert haben, hatte die Lichtgeschwindigkeit konstant denselben Wert, egal, in welche Richtung sich das Licht ausbreitet. Für den Fall, dass das Licht auf Rundwegen umläuft, war das eine experimentell gesicherte Tatsache; für Bewegungen von A nach B war es, etwas subtiler, Konsequenz der gewählten Definition der Gleichzeitigkeit. Ein einziges Mal, bei der Besprechung des Doppler-Effekts

auf Seite 53, hatten wir es mit Licht aus bewegter Quelle zu tun, und dort hatten wir ganz einfach angenommen, auch solches Licht bewege sich aus der Sicht unserer Raumstation mit der üblichen Lichtgeschwindigkeit. Zu Recht?

Diese Frage lässt sich experimentell klären. Mit dem Spinnennetz aus Licht, mit Radar-Abstandsmessung und Zeitsignalempfängern oder, etwas abstrakter, mit den von uns definierten Raum- und Zeitkoordinaten können wir beliebige Bewegungsabläufe verfolgen und beliebige Geschwindigkeiten messen, auch die Geschwindigkeit von Licht aus schnell bewegten Quellen. In der Realität hat man solche Experimente zwar nicht auf entlegenen Raumstationen, wohl aber hier auf der Erde durchgeführt. Zum Beispiel wurden mit einigem Aufwand an Erfindungsreichtum und Geschick Elementarteilchen untersucht, die, selbst fast auf Lichtgeschwindigkeit beschleunigt, zerfallen und dabei Licht aussenden. Dieses und eine ganze Reihe weiterer Experimente zeigen, was wir auch in unserer Raumstation finden würden: Die Geschwindigkeit von Licht hängt nicht im Geringsten von der Geschwindigkeit der Lichtquelle ab. Die Lichtgeschwindigkeit (im Vakuum) ist, quellenunabhängig, konstant und beträgt $c = 299\,792\,458$ Meter pro Sekunde.

Zweitens zur Addition von Geschwindigkeiten, wie wir sie aus dem Alltag kennen. Angenommen, ich fahre auf der Autobahn mit 120 Stundenkilometern. Von hinten kommt, auf der Überholspur, ein Sportwagen mit 210 Stundenkilometern angebraust. Relativ zu mir ist der Sportwagen vergleichsweise langsam: Von meinem Auto aus sehe ich ihn mit $210 - 120 = 90$ Stundenkilometern vorbeiziehen. Aus der Sicht der Kuh am Autobahnrand dagegen zischt der Sportwagen mit der erwähnten Geschwindigkeit von 210 Stundenkilometern vorbei. Umgekehrt der Lastwagen auf der Fahrbahn in der Gegenrichtung. Sein Tachometer zeigt 100 Kilometer pro Stunde. Mir, der ich ihm mit 120 Sachen entgegenfahre, kommt es viel schneller vor, wie der Lastwagen erst in der Ferne erscheint, dann an mir vorbeischießt und hinter mir entschwindet, mit einer Geschwindigkeit, wie es aus meiner Sicht scheint, von $120 + 100 = 220$ Stundenkilometern. Aus der Perspektive der Kuh am Autobahnrand sind es, wie gesagt, nur 100 Kilometer pro Stunde. Zu guter Letzt: Der Mittelklassewagen, der neben mir mit einer Geschwindigkeit von ebenfalls 120 Stundenkilometern fährt, bewegt sich aus meiner Sicht, relativ zu meinem eigenen Auto, gar nicht. In Zahlen: Er ist, von mir aus gesehen $120 - 120 = 0$ Stundenkilometer schnell. Für die Kuh am Autobahnrand saust er, klar, mit 120 Stundenkilometern vorbei.

Damit nun zu den angekündigten ungewöhnlichen Konsequenzen, denn an dieser Stelle könnte man den Eindruck bekommen, wir hätten uns in eine ungemütliche Ecke hineinmanövriert. Angenommen, wir und die Kollegen aus der nächsten unbeschleunigten Raumstation führten Messungen an ein und derselben Lichtquelle aus, die relativ zu unserer Raumstation ruht und Licht in zwei entgegengesetzte Richtungen aussendet.

Die Situation ist wie hier skizziert: Unsere eigene Raumstation, zum Quader stilisiert, ist ganz links dargestellt, rechts vorn dagegen die relativ zu uns bewegte Raumstation, deren Geschwindigkeit nach rechts durch einen roten Pfeil angedeutet ist. Ganz rechts der Lichtsendesatellit, der, wie durch die gelben Pfeile dargestellt, Lichtsignale nach links und rechts schickt. Das Netz von reflektierenden Raumbojen und hin- und herlaufenden Lichtstrahlen, das jede der Raumstationen für eine Messung der Geschwindigkeit des Lichts benötigt, ist der Übersichtlichkeit halber nicht eingezeichnet.

Nach dem Relativitätsprinzip gelten für uns und für die Kollegen auf der anderen Raumstation dieselben physikalischen Gesetze. Diese Kollegen verwenden genau dieselben Methoden wie wir, um

Längen zu messen, relativ zu ihrer Raumstation ruhende Uhren zu synchronisieren und relativ zu ihrer Raumstation Geschwindigkeiten zu messen. Es gelten dieselben Gesetze, und so muss auch das bereits erwähnte Prinzip der Konstanz der Lichtgeschwindigkeit gelten: Die Lichtgeschwindigkeit hat unabhängig vom Bewegungszustand der Lichtquelle denselben Wert von $c = 299\,792\,458$ Meter pro Sekunde.

Aber wie kann das sein? Aus unserer Sicht wundert es uns nicht, dass *wir* bei unserer eigenen Geschwindigkeitsmessung dieses Resultat für die Lichtgeschwindigkeit erhalten. Das sind wir aus vorherigen Experimenten so gewohnt. Aber wie kann es sein, dass die Bewohner der *anderen* Raumstation dieses Resultat bekommen? Man könnte doch Folgendes erwarten: Dem nach rechts abgehenden Lichtsignal eilt die andere Raumstation hinterher. Dementsprechend müssten die Beobachter auf ihr für dieses Lichtsignal eine geringere Geschwindigkeit messen als für das nach links laufende Lichtsignal – auf Letzteres bewegt sich die Raumstation durch ihre Eigenbewegung schließlich zu. Genauso wie auf der Autobahn, so könnte man denken, müssten sich auch hier die Geschwindigkeiten addieren – von unserer Raumstation aus gesehen, unsere Längen- und Zeitmaße zugrunde gelegt, ist die Lage dann die folgende: Die zweite Raumstation bewegt sich nach rechts, sagen wir: mit halber Lichtgeschwindigkeit, $1/2 \cdot c$. Das rechte Lichtsignal bewegt sich mit Lichtgeschwindigkeit c nach rechts, das linke mit Lichtgeschwindigkeit c nach links. Die Relativgeschwindigkeit von zweiter Raumstation und rechtem Lichtsignal ist demnach $c - 1/2 \cdot c = 1/2 \cdot c$, halbe Lichtgeschwindigkeit. Die Relativgeschwindigkeit von zweiter Raumstation und linkem Lichtsignal (die sich beide aufeinander zu bewegen) ist $c + 1/2 \cdot c = 3/2 \cdot c$, anderthalbfache Lichtgeschwindigkeit.

Das Relativitätsprinzip sagt dagegen: Die Relativgeschwindigkeit von rechtem Lichtsignal und zweiter Raumstation, genauer: die Geschwindigkeit, die ein Beobachter auf der zweiten Raumstation relativ zu dieser für das rechte Lichtsignal misst, ist die Lichtgeschwindigkeit c, denn so lautete das in beiden Raumstationen gültige Naturgesetz: Licht bewegt sich mit Lichtgeschwindigkeit c, egal, in welche Richtung, egal, wie schnell die Lichtquelle sich selbst bewegt. In derselben Weise folgt für das linke Lichtsignal: Die Relativgeschwindigkeit von linkem Lichtsignal und zweiter Raumstation, genauer: die Geschwindigkeit, die ein Beobachter auf der zweiten Raumstation relativ zu dieser für das linke Lichtsignal misst, ist die Lichtgeschwindigkeit c.

Die Relativgeschwindigkeit von bewegter Raumstation und rechtem Lichtsignal ist $1/2 \cdot c$, und sie ist c. Die Relativgeschwindigkeit von linkem Lichtsignal und bewegter Raumstation ist anderthalbfache Lichtgeschwindigkeit, und sie ist Lichtgeschwindigkeit. Zwei klare Widersprüche. Zwei klare Zeichen: Irgendwo in unserer Argumentation ist der Wurm drin. Aber wo?

Tatsächlich fällt bei pingelig genauem Hinsehen auf, dass wir mit dem Begriff der Relativgeschwindigkeit etwas schlampig umgegangen sind. Die von unserer eigenen Raumstation gemessene »Relativgeschwindigkeit«, nennen wir sie die *äußere Relativgeschwindigkeit*, ist die Änderung des Abstandes zwischen jedem der beiden Lichtsignale und der aus unserer Sicht bewegten zweiten Raumstation mit der Zeit, und zwar mit den Längen- und Zeitmaßen *unserer* Raumstation gemessen. Die andere Art von Relativgeschwindigkeit, nennen wir sie *Eigen-Relativgeschwindigkeit*, ist die Geschwindigkeit jedes der Lichtsignale, von der bewegten Raumstation aus mit den Längen- und Zeitmaßen dieser *anderen* Raumstation gemessen. Sobald wir erkennen, dass diese zwei Arten von Relativgeschwindigkeit unterschiedlich definiert sind, löst sich der Widerspruch auf. Dann folgt aus unserer Untersuchung lediglich: Die äußere Relativgeschwindigkeit von linkem Lichtsignal und der zweiten Raumstation ist die anderthalbfache Lichtgeschwindigkeit, die Eigen-Relativgeschwindigkeit ist die Lichtgeschwindigkeit. Die äußere Relativgeschwindigkeit von rechtem Lichtsignal und bewegter Raumstation

ist $1/2 \cdot c$, die Eigen-Relativgeschwindigkeit c. Kein Widerspruch.

Ein Widerspruch würde sich nur dann ergeben, wenn wir darauf bestünden, äußere Relativgeschwindigkeit und Eigen-Relativgeschwindigkeit seien dasselbe. Damit würden wir stillschweigend annehmen, dass es keinen Unterschied macht, welche der Längen- und Zeitmaße wir verwenden – die Maßstäbe und synchronisierten Uhren, die relativ zu unserer Raumstation ruhen, oder die Maßstäbe und synchronisierten Uhren, die relativ zur zweiten Raumstation ruhen. Es macht, so zeigt der sich ergebende Widerspruch, sehr wohl einen Unterschied. Die Wechselbeziehung der Längen- und Zeitmaße gegeneinander bewegter Bezugssysteme ist vertrackter, als man der Alltagserfahrung nach erwarten würde.

Die Theorie, die diese komplizierten Zusammenhänge von Längen- und Zeitmessungen korrekt beschreibt, ist die spezielle Relativitätstheorie, die der damals sechsundzwanzigjährige schweizerische Patentbeamte Albert Einstein im Jahre 1905 veröffentlichte.[1]

Wir haben im Kapitel 1 ausgiebig erörtert, wie man mit Maßstäben ein Raumkoordinatensystem errichtet und mit dessen Hilfe alle möglichen Orte, an denen Ereignisse stattfinden, festhalten kann. Ebenso haben wir mit einer Ur-Uhr und einem Netz von reflektierten Lichtsignalen Raum- und Zeitkoordinaten definiert, die es uns ermöglichen, jedem Ereignis eine Zeit zuzuordnen. Wie man Raum- und Zeitinformation grafisch zusammenfasst, habe ich im Kapitel 2 dargestellt. Die spezielle Relativitätstheorie sagt aus, wie verschiedene solcher Raum-Zeit-Koordinatensysteme, etwa das unserer Raumstation und das einer relativ zu ihr mit

---

1 Tatsächlich sind einige der Elemente, die diese Theorie ausmachen, schon vor Einsteins bahnbrechender Veröffentlichung von anderen Physikern bedacht und beschrieben worden. Als wichtigste seien hier genannt der niederländische Physiker Hendrik Lorentz, der bereits ein paar Jahre zuvor auf einige der ungewohnten relativistischen Eigenschaften der Längen- und Zeitmessung gestoßen war, und der französische Mathematiker Henri Poincaré. Da aber erst Einstein die unterschiedlichen Puzzlestücke dessen, was um die Wende zum 20. Jahrhundert über Lichtausbreitung und Mechanik bekannt war, mit dem Relativitätsprinzip souverän zu einem einheitlichen Ganzen gefügt hat, wird sie oft verkürzt »Einsteins spezielle Relativitätstheorie« genannt.

konstanter Geschwindigkeit bewegten Station, zusammenhängen. Um nicht die Wortkettenschlange »eine relativ zu unserer Raumstation mit konstanter Geschwindigkeit bewegte Raumstation« wiederholen zu müssen, möchte ich an dieser Stelle einen Fachbegriff einführen. Bezugssysteme, in denen die Weltlinien kräftefreier Körper Geraden sind (so unsere Umformulierung des ersten Grundgesetzes der Mechanik auf Seite 58), nennt man auch *Inertialsysteme*. Ein solches ist unsere Raumstation, die jenseits jeglicher störender Gravitationseinflüsse im Weltraum schwebt. Jedes Bezugssystem, das sich relativ zu einem Inertialsystem mit konstanter Geschwindigkeit bewegt, ist ebenfalls ein Inertialsystem. Ich werde in Zukunft nicht wieder und wieder die nichtrotierenden Raumstationen, ihre Abgeschiedenheit von Gravitationsquellen (sehr wichtig, wie sich später zeigen wird) und den Umstand, dass sich die zweite mit konstanter Geschwindigkeit relativ zur ersten bewegt, anführen, sondern kurz und knapp sagen: Gegeben sei ein Inertialsystem und zusätzlich ein zweites Inertialsystem. Entsprechend werde ich statt »ein Beobachter, der Orts- und Zeitmessungen relativ zu einem Inertialsystem vornimmt, in dem er ruht« verkürzt sagen: ein Inertialbeobachter.

DIE DIALEKTIK DER RELATIVITÄT

Bevor wir zum Kern der speziellen Relativitätstheorie vordringen, ein kleiner, vorbereitender Ausflug in die allgemeineren Eigenschaften des Relativitätsbegriffs.

Ein Tisch, darauf zwei Gegenstände, ein Becher und eine Teekanne. Ich behaupte, der Becher befinde sich links von der Teekanne, während meine Frau darauf beharrt, der Becher stehe rechts von der Teekanne. Nimmt man einfach die beiden Aussagen »Becher links von Teekanne« und »Becher rechts von Teekanne«, dann ist dies ein offensichtlicher Widerspruch. Der Becher kann nur entweder links oder rechts von der Teekanne sein, es kann nur einer von uns beiden Recht haben, ein

Ehekrach scheint vorprogrammiert, so denn jeder an seiner Meinung festhält.

Na gut, die Auflösung dürfte Sie nicht überraschen. Meine Frau und ich sitzen uns am Tisch gegenüber. Aber nehmen wir das Selbstverständliche einmal auseinander: »Links« und »rechts« sind Begriffe, die nur in einem festgelegten Bezugssystem einen Sinn ergeben. Ein solches Bezugssystem ist typischerweise der menschliche Körper: Eine meiner Hände nenne ich die linke, die andere meine rechte Hand; befindet sich ein Objekt A aus meiner Sicht auf der Seite, wo meine linke Hand ist, ein Objekt B im Vergleich dazu etwas weiter in Richtung meiner rechten, dann sage ich, Objekt A befinde sich links von Objekt B. Außerdem gibt es eine Konvention, die die verschiedenen Bezugssysteme zueinander in Beziehung setzt: Stellen sich zwei Menschen direkt hintereinander, der Bauch des einen am Rücken des anderen, dann befinden sich ihre linken und rechten Hände auf derselben Seite. Erst mit diesem Hintergrundwissen löst sich die scheinbar widersprüchliche Situation in Wohlgefallen auf: Meine Frau sitzt mir gegenüber, und ihre linke Hand ist daher von mir aus gesehen auf der rechten Seite. Meine eigene Aussage hätte deshalb vollständig lauten müssen: »Aus meiner Sicht gilt: Der Becher ist links von der Teekanne«, und ich halte sie nach wie vor für richtig, kann mir aber ebenso die Aussage meiner Frau erklären – »Meine Frau sitzt mir direkt gegenüber, es gilt also: Aus der Sicht meiner Frau ist der Becher rechts von der Teekanne.« Das ist, wenn man so will, die Dialektik der Relativität: Zwei scheinbar widersprüchliche Aussagen lassen sich miteinander vereinbaren, wenn man einsieht, dass jede von ihnen in einem anderen Bezugssystem getroffen wurde, und wenn man weiß, wie die beiden Bezugssysteme ihrerseits zusammenhängen. Die Situation ist übrigens vollständig symmetrisch: Auf dieselbe Weise, wie ich mir die Diskrepanz der Aussagen erkläre, kann auch meine Frau sie sich erklären.

Solange die unterschiedlichen Bezugssysteme bekannt sind, scheint uns die Vereinbarkeit der Aussagen selbstverständlich. Links und rechts? Kein Problem. Die meisten Kinder haben etwa mit acht

Jahren begriffen, welche Konventionen und stillschweigenden Übereinkünfte dahinter stehen, wenn Erwachsene diese beiden Begriffe verwenden. Ein Beobachter, der in einer Kultur aufgewachsen ist, die keine Wörter für unser personenbezogenes links und rechts hat, und der nun, da er unsere Sprache lernt, fälschlicherweise denkt, beide Begriffe hätten eine absolute Bedeutung, dürfte sich dagegen sehr schwer tun, die scheinbar widersprüchlichen Aussagen zu Linksheit und Rechtsheit unter einen Hut zu bringen.

In Bezug auf die spezielle Relativitätstheorie ist die Ausgangssituation der meisten Menschen diejenige des Beobachters, der »links« und »rechts« für absolut hält und erst noch dahinter kommen muss, was an diesen Begriffen Konvention ist und wie sie vom Bezugssystem abhängen. Tasten wir uns weiter heran und betrachten als Nächstes ein Konzept, dessen Relativität auch uns Erwachsenen etwas weniger bewusst ist, die Eigenschaft der »Gleichortigkeit«, sprich, die Eigenschaft, dass zwei Ereignisse am gleichen Ort stattfinden.

DIE RELATIVITÄT DER GLEICHORTIGKEIT

Wir kennen aus dem Alltag Gedenktafeln, die uns informieren, dass dort, wo wir jetzt gerade stehen, in irgendeiner Form Geschichte geschrieben wurde. Aber was hat es mit der Aussage auf sich, dieses oder jenes Ereignis habe vor soundso langer Zeit gerade *hier*, an diesem Ort, stattgefunden?

Verlassen wir dazu die vertraute Erde und begeben wir uns in ein Bezugssystem, das relativ zur Sonne ruht. Von diesem Aussichtspunkt im All aus können wir sehen, wie die Erde im Jahreslauf ihre majestätische Ellipsenbahn um die Sonne zieht. Für Orte auf der Erdoberfläche ergibt sich außerdem eine Bewegung dadurch, dass die Erde sich – pro Tag einmal – um sich selbst dreht.

Aus der Perspektive eines solchen äußeren Beobachters ist nicht klar, dass Goethe vor knapp zweihundert Jahren wirklich an dem Ort übernachtete, wo jetzt die Gedenktafel hängt, die darauf hin-

weist. Er muss sich fragen: Wo befand sich denn die Erde als Ganzes, als sich Goethe schlafen legte? Wo befindet sie sich zum jetzigen Zeitpunkt, und an welchen Ort im All haben Bahnbewegung und Erdrotation die Gedenktafel verschlagen?

Ein anderes Beispiel. Ich, der ich auf der Erde ruhe, mag den Eindruck haben, ich könnte jetzt, da ich diese Zeilen schreibe, tock, tock, zweimal im Sekundenabstand auf denselben Punkt meiner Schreibtischplatte klopfen. Aus der Sicht des Beobachters, der relativ zur Sonne ruht, hat sich die Erde in der Zeit zwischen erstem und zweitem Klopfen allerdings rund dreißig Kilometer auf ihrer Bahn weiterbewegt, und die beiden Klopfereignisse haben mithin an deutlich verschiedenen Orten stattgefunden. Gleichortigkeit ist relativ. Je nach Bewegungszustand des Beobachters finden zwei Ereignisse am gleichen Ort statt oder auch nicht.

Halt, eine Einschränkung gibt es noch: Gleichortigkeit ist nur dann relativ, wenn die Ereignisse nicht zur selben Zeit stattfinden. Darüber, ob zwei Ereignisse am selben Ort *und* zur selben Zeit stattfinden oder ob sie sich in mindestens einem, Zeitpunkt oder Ort, unterscheiden, sind sich alle Beobachter einig. Die Ortsverschiebung, die eintritt, wenn sich zwei Beobachter gegeneinander bewegen, und die zur Relativität der Gleichortigkeit führt, tritt nur auf, wenn zwischen den betreffenden Ereignissen zumindest etwas Zeit liegt, während deren sich die zwei Beobachter auseinander bewegen konnten.

DIE RELATIVITÄT DER GLEICHZEITIGKEIT

Kernpunkt der speziellen Relativitätstheorie ist, dass in Bezug auf bewegte Inertialsysteme nicht nur die Gleichortigkeit relativ ist, sondern auch die – Gleichzeitigkeit. Ob zwei Ereignisse zur selben Zeit stattfinden, kann von zwei vollkommen gleichberechtigten Inertialbeobachtern sehr unterschiedlich beurteilt werden. Wer das zum ersten Mal hört, wird stutzig. Wir sind es aus dem Alltag gewohnt, Gleichzeitigkeit als absoluten Begriff zu verwenden. Wir sagen, zwei Ereignisse fänden gleichzeitig statt, halten es aber gewöhnlich nicht für nötig hinzuzufügen, auf welches Bezugssystem sich die Aussage bezieht. Wie kann Gleichzeitigkeit vom Bezugssystem abhängen?

Zunächst einmal die Einschränkung: Dass Gleichzeitigkeit ein relativer, bezugssystemabhängiger Begriff ist, gilt wiederum nur, falls die betreffenden Ereignisse an unterschiedlichen Orten stattfinden. Ob zwei gegebene Ereignisse am selben Ort *und* zur selben Zeit stattfinden – kurz gesagt: ob sie im Raumzeitdiagramm zusammenfallen –, darüber können sich alle Beobachter einigen. Für Ereignisse, die nicht am selben Ort stattfinden, ist es dagegen gar nicht so einfach festzulegen, ob sie gleichzeitig stattfinden oder nicht. In Kapitel 1 haben wir erst eine Annahme über die Konstanz der Lichtgeschwindigkeit machen und Gleichzeitigkeit dann mit Hilfe von Lichtsignalen *definieren* müssen (Seite 33), bevor wir überhaupt sinnvoll die Aussage treffen konnten, Ereignis A und Ereignis B fänden gleichzeitig statt. Gleichzeitigkeit ist keine naturgegebene und immer offensichtliche Eigenschaft. Sie ist ein Konstrukt. Wer Gleichzeitigkeit ermitteln will, muss dem im letzten Kapitel beschriebenen Handlungsrezept folgen, Lichtsignale aussenden und Zeitmessungen durchführen. Und wenn gegeneinander bewegte Inertialbeobachter, jeder für sich, diesem Rezept folgen, dann gelangen sie in der Regel nicht zu demselben Ergebnis.

Eine typische Testsituation zeigt die Abbildung auf dieser Seite. Die Ausgangssituation ist als idealisierter Schnappschuss eines Beobachters skizziert, der relativ zu unserer eigenen Raumstation ruht. Unsere Raumstation ist die untere. Die obere Raumstation ist, der Pfeil deutet es an, gegenüber unserer bewegt, und zwar mit einer Geschwindigkeit von, sagen wir: rund 105 000 Kilometern pro

Sekunde, anders gesagt: mit 35 Prozent der Lichtgeschwindigkeit. Im Moment des Schnappschusses befinden sich beide Raumstationen haargenau in der Mitte zwischen zwei Satelliten A und B, die ihnen zur Zeit $t = 0$ (mit den Uhren unseres Bezugssystems gemessen) jeweils ein Lichtsignal entgegensenden. Die Satelliten mögen relativ zu unserer Raumstation ruhen. Die beiden Ereignisse sind »Aussendung von Licht durch den Satelliten A« und »Aussendung von Licht durch den Satelliten B«.

Die Situation ist so gewählt, dass es keines weiteren Aufwandes bedarf, das in Kapitel 1 entwickelte Rezept zur Feststellung von Gleichzeitigkeit anzuwenden. Unsere Raumstation befindet sich präzise in der Mitte zwischen den beiden Satelliten. Die beiden Ereignisse, deren Gleichzeitigkeit oder Ungleichzeitigkeit es festzustellen gilt, *bestehen* darin, dass die Satelliten Licht in unsere Richtung aussenden. Unser Rezept besagt dann, dass die Ereignisse gleichzeitig stattgefunden haben, wenn die beiden Lichtsig-

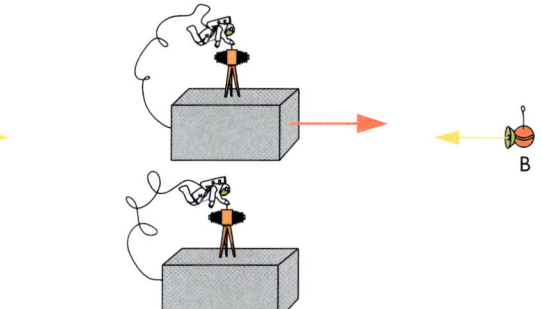

nale gleichzeitig auf Höhe unserer Raumstation eintreffen.

Der zweite Teil des Arguments ist, wenn man ihn sorgfältig ausformuliert, merklich unübersichtlicher. Mit ein wenig Geometrie lässt auch er sich bändigen, allerdings mit mehr Aufwand, als ich an dieser Stelle treiben möchte. Ich erwähne daher nur zusammenfassend die Ergebnisse: Auch ein Beobachter in der bewegten Raumstation kommt zu dem Schluss, dass er sich in der Mitte zwischen den Orten befindet, an denen die beiden Ereignisse stattfinden. Solch ein Beobachter verwendet dieselbe Definition von Gleichzeitigkeit wie wir, und auch für ihn ist die Situation geradezu maßgeschneidert für die Bestimmung der Gleichzeitigkeit der beiden Ereignisse. Allerdings, und das ist der entscheidende Unterschied, kommen die beiden

Lichtsignale bei diesem Beobachter *nicht* gleichzeitig an. (Dies ist aus der Sicht *unserer* Raumstation keine Überraschung: Auf eines der Lichtsignale läuft die andere Raumstation zu, vom anderen bewegt sie sich weg; das Signal von B trifft daher früher auf der Raumstation ein als das Signal von A.) Nach der Gleichzeitigkeitsdefinition, angewandt nun durch den Beobachter auf der anderen Raumstation, haben die beiden Ereignisse daher *nicht* gleichzeitig stattgefunden.

Das ist die Relativität der Gleichzeitigkeit: Ob zwei gegebene Ereignisse gleichzeitig stattfinden oder nicht, hängt vom Beobachter ab – gegeneinander bewegte Inertialbeobachter gelangen bei Fragen der Gleichzeitigkeit oder Nichtgleichzeitigkeit generell zu unterschiedlichen Antworten. Fängt der Teekessel in meiner Berliner Wohnung genau in dem Moment an zu kochen, da in Bremen der schon erwähnte Sack Reis umfällt? Aus der Sicht meines Bezugssystems mag dem so sein, aber ein Inertialbeobachter, der mit hoher Geschwindigkeit an mir vorbeifliegt, wird zu dem Ergebnis kommen, das eine Ereignis habe deutlich vor dem zweiten stattgefunden.

RAUMZEIT

Die Relativität der Gleichzeitigkeit hat grundlegende Konsequenzen. Mit dem, was wir nun wissen, ist es gar nicht mehr so unproblematisch, von »dem Raum«, Singular, und »der Zeit«, ebenfalls Singular, zu reden. Raum ist so etwas wie die Gesamtheit aller Orte, an denen sich die Dinge jetzt, in diesem Moment, aufhalten können. Bei der Einführung der Raumzeitdiagramme in Kapitel 2 haben wir die Raumzeit aus Schnappschüssen zusammengesetzt, von denen jeder die Lage von Objekten im Raum zu einem bestimmten Zeitpunkt darstellte. Wenn nun aber unterschiedliche Beobachter zu ganz unterschiedlichen Ergebnissen kommen, ob Ereignisse gleichzeitig stattfinden oder nicht, dann unterscheiden sich auch ihre Schnappschüsse. Was auf einem Schnappschuss zu sehen ist, der »Raum« abbildet, hängt dann ebenfalls vom Beobachter ab. Und

bei ihrem Urteil, welcher Zeitpunkt bestimmten Ereignissen zugeordnet wird, kommen Beobachter, die sich nicht über die Gleichzeitigkeit einigen können, sowieso zu unterschiedlichen Ergebnissen. Die Konsequenz: Will man beobachterübergreifend sprechen, dann darf man nicht mehr von »dem Raum« oder »der Zeit« reden. Vom Beobachter unabhängig ist nur noch die Raumzeit als Ganzes, nicht aber, wie innerhalb dieser Raumzeit die Gebilde Raum und Zeit konstruiert werden. Oder, wie es der Mathematiker Hermann Minkowski formulierte, als er sich anschickte, der mathematisch-physikalischen Sektion der Naturforscherversammlung 1908 in Köln die von ihm ausgearbeitete mathematische Unterfütterung von Einsteins Raumzeit-Gedanken vorzustellen: »Meine Herren! Die Anschauungen über Raum und Zeit, die ich Ihnen entwickeln möchte, sind auf experimentell-physikalischem Boden erwachsen. Darin liegt ihre Stärke. Ihre Tendenz ist eine radikale. Von Stund an sollen Raum für sich und Zeit für sich völlig zu Schatten herabsinken, und nur noch eine Art Union der beiden soll Selbständigkeit bewahren.«

Ob ein spitzfindiger Anwesender nachfragte, was Minkowski denn dann mit »von Stund an« meine, ist nicht überliefert.

Was dies für die Raumzeitdiagramme bedeutet, ist in der folgenden Abbildung angedeutet, die nicht nur die üblichen Koordinatenachsen unseres eigenen Bezugssystems zeigt, sondern, in Grün, zusätzlich die eines relativ zu uns mit 35 Prozent der Lichtgeschwindigkeit in x-Richtung bewegten zweiten Inertialsystems, etwa des Raumschiffes aus der Testsituation. Wie in früheren Diagrammen betrachten wir nur die Zeit und eine einzige Raumrichtung; sinnvollerweise wählt man die Raumrichtung, in der sich die beiden Inertialsysteme relativ zueinander bewegen. Die Einheiten sind wieder so gewählt, dass die Weltlinie eines Lichtteilchens, zur Orientierung gelb eingezeichnet, perfekt diagonal ist, im gleichen Winkel zur x- wie zur t-Achse:

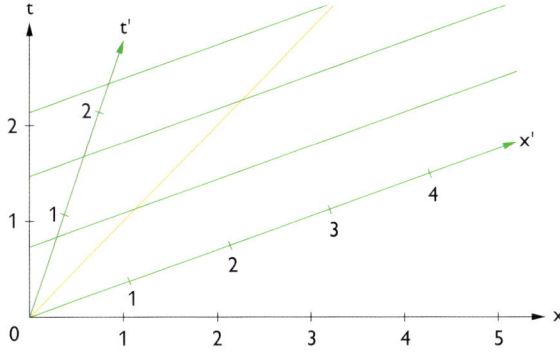

Das schwarze Raumzeit-Koordinatensystem mit seiner waagerechten x-Achse und seiner senkrechten Zeit-Achse (oder t-Achse) ist uns von vielen Beispielen her aus Kapitel 2 bekannt. Dort haben wir auch die Regeln kennen gelernt, wie man im Rahmen solch eines Koordinatensystems Orte und Zeitpunkte von Ereignissen abliest. (Für Erstere zeichneten wir eine Linie parallel zur t-Achse durch das betreffende Ereignis und lasen ab, wo die Linie die x-Achse schnitt. Um Zeitpunkte festzustellen, zeichneten wir umgekehrt eine Linie parallel zur x-Achse und hielten fest, wo sie die t-Achse schnitt.) Aber auch das grüne Gebilde ist ein Koordinatensystem. Ich habe diese Art System mit schiefen Achsen ganz am Ende von Kapitel 2 vorgestellt und gezeigt, dass sich darin nach demselben Rezept x-Koordinatenwerte und Zeitpunkte ablesen lassen. Das schwarze Koordinatensystem wollen wir als ruhend betrachten – der Raumnullpunkt möge wieder einmal in der Mitte der Kommandobrücke unserer eigenen Raumstation liegen. Den Regeln der speziellen Relativitätstheorie gemäß entspricht dann das grüne Koordinatensystem einem Inertialsystem, das gegenüber dem unsrigen mit 35 Prozent Lichtgeschwindigkeit in die x-Richtung davonfliegt. Die Grafik enthält alle Information, um festzustellen, wie sich Raum- und Zeitmessungen der beiden Systeme zueinander verhalten. Dass die grüne Zeitachse geneigt ist, wird niemanden überraschen. Die Zeitachse ist immer die Weltlinie eines Objekts, dessen x-Koordinatenwert in Bezug auf das verwendete Koorinatensystem null ist und bleibt, die Weltlinie des Raumnullpunktes, und eine geneigte Zeitachse bedeutet lediglich, dass sich

der Raumnullpunkt des neuen Systems (etwa die andere Raumstation) aus der Sicht unseres Systems (unserer Raumstation) mit konstanter Geschwindigkeit bewegt. Ungewohnter ist, dass die x'-Achse ebenfalls eine Neigung aufweist. Die grünen Strecken, parallel zur x'-Achse eingezeichnet, sind Schnappschüsse des bewegten Koordinatensystems – in solche parallelen Raumscheiben teilen die Bewohner der bewegten Raumstation die Raumzeit auf. Aus der Sicht unserer Raumstation dagegen wäre jede waagerechte Strecke in diesem Diagramm ein Schnappschuss gleichzeitiger Ereignisse. Die Neigung der x'-Achse ist geometrischer Ausdruck der Relativität der Gleichzeitigkeit. Das ist mit Minkowskis Worten gemeint: Selbständig, nämlich von allen Beobachtern unabhängig, ist nur die Raumzeit als Ganzes. In welcher Richtung dagegen die Zeitachse verläuft und wie die Raumschnappschüsse in die Raumzeit eingebettet sind, kurz: wie sich die Raumzeit in Raum und Zeit aufteilt, das kann von Beobachter zu Beobachter variieren.

DIE STRUKTUR DER RAUMZEIT

Ob Ereignisse gleichzeitig oder am selben Ort stattfinden, hängt in der speziellen Relativitätstheorie vom Bezugssystem ab, und wie wir noch sehen werden, ist es damit nicht genug: Auch die Dauer von Vorgängen kann von Bezugssystem zu Bezugssystem unterschiedlich lang, die räumliche Ausdehnung von Objekten unterschiedlich groß sein. Dass trotzdem für Aussagen über Raum und Zeit nicht »Alles ist relativ« gilt, wie der Volksmund Einsteins Theorie gern zusammenfasst, ist den besonderen Eigenschaften des Lichts zu verdanken.

Wie wir gesehen haben, ist die Lichtgeschwindigkeit die große, absolute Konstante in der Vielfalt der Inertialbeobachter – jeder dieser Beobachter misst für die Lichtgeschwindigkeit denselben konstanten Wert. Ebenso einig sind sie sich, wenn es darum geht, ob sich irgendetwas schneller oder langsamer als das Licht bewegt.

Das ist wichtig, weil eine genauere Betrachtung der speziell-relativistischen Mechanik zeigt, dass die Lichtgeschwindigkeit noch eine weitere wichtige Eigenschaft besitzt. Sie stellt so etwas wie eine kosmische Höchstgeschwindigkeit dar, die kein Materiekörper und kein Signal überschreiten kann. Das klingt zunächst einmal überraschend – egal, wie schnell ein Körper bereits ist, sollte es nicht möglich sein, mit einer Kraft auf ihn zu wirken und ihn, Stückchen für Stückchen, noch weiter zu beschleunigen? Tatsächlich macht die relativistische Verallgemeinerung der Grundgesetze der Mechanik einen Strich durch diese Rechnung.

In der klassischen Mechanik, wie ich sie in Kapitel 3 skizziert habe, galt: Jedem Körper lässt sich eine träge Masse zuordnen, die anzeigt, wie sehr er sich Änderungen seines Bewegungszustandes widersetzt. Die Masse ist konstant und eine Art Maß für den Materieinhalt des Körpers – sie ändert sich nur, wenn wir den Körper verändern, ihm etwa Materie hinzufügen oder entziehen. In der speziellen Relativitätstheorie hängt die träge Masse, die sich bemerkbar macht, wenn man einen Körper beschleunigen, bremsen oder von seiner Bahn ablenken will, von der Geschwindigkeit ab: Je schneller ein Körper an mir vorbeifliegt, umso mehr Kraft muss ich aufwenden, um seine Bewegung zu beeinflussen. Dieser Effekt heißt *relativistische Massenzunahme*, und er führt zu einem regelrechten Wettstreit, denn wenn ich versuche, einen bereits sehr schnellen Körper noch mehr Geschwindigkeit zu geben, dann erhöht sich dabei automatisch der Widerstand, den der nun noch ein wenig schnellere Körper weiterer Beschleunigung entgegensetzt. Kommt die Geschwindigkeit des Körpers der Lichtgeschwindigkeit nahe, so wächst seine träge Masse ins Unermessliche, und das macht es unmöglich, Materie auf Lichtgeschwindigkeit zu beschleunigen. Nichts da mit »Freie Fahrt für freie Teilchen«! Will man die Masse nach wie vor als Maß dafür verwenden, aus wie viel Materie ein Körper besteht, dann lohnt es sich, zusätzlich zur gerade beschriebenen und von der Geschwindigkeit abhängigen *relativistischen Masse* noch die sogenannte *Ruhemasse* einzuführen – die Masse eines Körpers, gemessen von einem Beobachter, der relativ zu dem Körper ruht. Wenn

im Folgenden von der »Masse« die Rede ist, ist damit immer die Ruhemasse gemeint. Aus demselben relativistischen Gesetz, nach dem Objekte mit einer Ruhemasse ungleich null niemals auf Lichtgeschwindigkeit beschleunigt werden können, folgt übrigens auch, dass masselose Körper – Ruhemasse gleich null – *gezwungen* sind, sich überall und immer mit Lichtgeschwindigkeit zu bewegen.

Physiker, die an Teilchenbeschleunigern arbeiten, kennen das Phänomen der relativistischen Massenzunahme zur Genüge. In einem Ringbeschleuniger wie HERA am Deutschen Elektronensynchrotron in Hamburg kann man Elektronen zwar so weit beschleunigen, dass sie 99,9999 Prozent der Lichtgeschwindigkeit erreichen. Doch mit jeder Neunerstelle hinter dem Komma, die man sich der Lichtgeschwindigkeit nähert, wird es deutlich schwieriger, die Elektronen noch weiter anzutreiben, bis die technischen Möglichkeiten ausgereizt sind. Zu einem immer größeren Anteil wird dann die Energie, die man in die Elektronen steckt, zum einen in Trägheit umgesetzt, zum anderen in elektromagnetische Strahlung, wie sie beschleunigte Elektronen aussenden, die so genannte Synchrotronstrahlung.

Zumindest Materiekörpern wie Flugzeugen, Raketen und Elementarteilchen ist damit eine rigorose Geschwindigkeitsobergrenze gesetzt. Beschäftigt man sich näher mit der relativistischen Physik, so zeigt sich, dass diese Höchstgeschwindigkeit keineswegs nur für Materie gilt, sondern alle Möglichkeiten einschränkt, Signale und/oder Energie zu übertragen.

Das strikte Tempolimit ist aus folgendem Grunde recht günstig: Eine genaue Untersuchung der relativistischen Zusammenhänge zwischen relativ zueinander bewegten Inertialsystemen zeigt, dass die Möglichkeit, überlichtschnelle Signale zu versenden, automatisch die Möglichkeit nach sich zöge, Nachrichten in die eigene Vergangenheit zu schicken. Das wiederum führt zu logischen Schwierigkeiten: Angenommen, ich baue einen automatischen Sende- und Empfangsapparat, einen Computer, der so programmiert ist, dass er, solange ihn kein gegenteiliger Befehl erreicht, um Punkt 13

Uhr ein Signal eine Stunde in die Vergangenheit sendet – aber dieses Signal enthält gerade die strikte Programmanweisung, vom Empfangszeitpunkt an *gar keine* Signale mehr auszusenden. Falls der Apparat um 13 Uhr das Signal aussendet, dann reist es eine Stunde in die Vergangenheit, und das heißt, dass der Apparat um 12 Uhr die Anweisung empfangen hat, keine weiteren Signale auszusenden. Er folgt der Anweisung, sendet um 13 Uhr *kein* Signal aus, aber das eben heißt, dass er um 12 Uhr auch kein Signal empfängt, das ihn am weiteren Senden hinderte. Also sendet er um 13 Uhr doch ein Signal aus, und das heißt, dass er doch kein Signal sendet, daher doch ein Signal sendet, keines sendet, und so weiter ad infinitum. Die Lichtgeschwindigkeit als Obergrenze für die Signalübertragung schließt Signale in die eigene Vergangenheit automatisch aus und lässt die entsprechenden Paradoxa gar nicht erst aufkommen.[2]

Die Universalität der Lichtgeschwindigkeit und der Umstand, dass diese Geschwindigkeit ein unüberwindliches Tempolimit definiert, geben dem Licht eine absolute Ordnungsfunktion: Die Lichtausbreitung sagt uns, welche Ereignisse welche anderen Ereignisse im Prinzip beeinflussen könnten und wo eine Beeinflussung prinzipiell unmöglich ist. Kommen wir noch einmal auf den Teekessel zurück, der in Berlin zu pfeifen beginnt, und den Reissack, der in Bremen umfällt. Diese Ereignisse mögen (in Bezug auf ein erdgebundenes System synchronisierter Uhren) gleichzeitig stattfinden. Könnte eines der Ereignisse das andere, auf welchen abstrusen Umwegen auch immer, verursacht haben? Nein, denn wie auch immer der ohnehin schon sehr unwahrscheinliche Einfluss des einen Ereignisses das andere erreicht hätte – er hätte dabei schneller als das Licht übertragen werden müs-

sen, das von Berlin bis Bremen immerhin eine knappe Tausendstel Sekunde benötigt, und solch ein überlichtschneller Einfluss ist in Einsteins Theorie kategorisch verboten. Einen Reissack, der in Bremen eine Sekunde später umfällt, hätte das Teekesselpfeifen dagegen im Prinzip beeinflussen können – bei solcher Verzögerung wäre selbst einem unterlichtschnellen Signal genügend Zeit geblieben, um von Berlin nach Bremen zu laufen.

Eine solche Abgrenzung der möglichen Einflussbereiche aller Ereignisse verleiht der Raumzeit eine *kausale Struktur.* Verfolgt man, wie sich Licht in dieser Raumzeit ausbreitet, so lässt sich für jedes gegebene Ereignis A angeben, welche anderen Ereignisse es im Prinzip beeinflussen könnte, welche anderen Ereignisse das Ereignis A beeinflussen könnten und für welche Ereignisse Einfluss weder in die eine noch in die andere Richtung möglich ist. Im Raumzeitdiagramm ist das sehr gut zu sehen. Wir haben bereits die *Lichtkegel* kennen gelernt (Seite 50f.), die Weltlinienschar von Lichtsignalen, die von einem gegebenen Ereignis aus in alle Richtungen fortlaufen. Ein Lichtkegel ist so etwas wie ein Grundbaustein der kausalen Struktur:

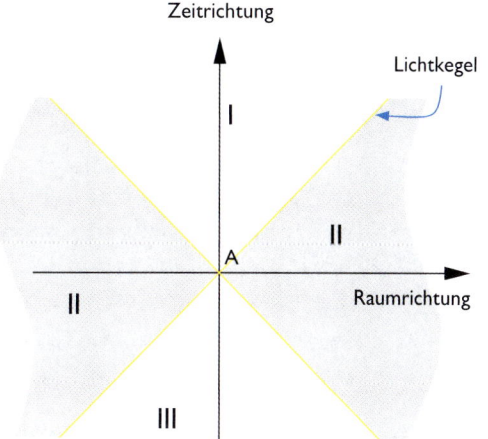

Diese Abbildung zeigt ein Ereignis A, das der Einfachheit halber im Koordinatennullpunkt des Raumzeitdiagramms stattfindet (also am Raumnullpunkt zur Zeit $t = 0$). In der oberen Hälfte des Diagramms der bereits bekannte Lichtkegel, gebildet aus Lichtsignalen, die zum Zeitpunkt null von

2 Durch die Medien geistern bisweilen Meldungen, irgendeine Überlichtgeschwindigkeit sei nachgemessen worden und Einstein damit widerlegt. Bei solchen Meldungen sollte man sehr vorsichtig sein. Es gibt im Rahmen der Relativitätstheorie durchaus Geschwindigkeiten, die größer als die Lichtgeschwindigkeit werden können. Die »äußere Relativgeschwindigkeit«, die ich auf Seite 68 eingeführt habe, ist ein Beispiel dafür. In allen mir bekannten Fällen zeigt sich bei genauerer Betrachtung der Geschwindigkeit, dass dort keine Information überlichtschnell übertragen wird und dass kein Widerspruch zur speziellen Relativitätstheorie besteht.

A aus in gegenüberliegende Richtungen des dargestellten Raumausschnitts loslaufen. Umgekehrt ist in der unteren Hälfte das Spiegelbild zu sehen, Lichtsignale, die so losgelaufen sind, dass sie just zur Zeit $t = 0$ am Ort des Ereignisses A eintreffen. Der obere Lichtkegel heißt auch *Zukunftslichtkegel*, der untere *Vergangenheitslichtkegel*. Das Licht teilt die Raumzeit für jedes Ereignis A in drei Bereiche auf: Im Innern des Zukunftslichtkegels, dem Bereich I, liegen all jene Ereignisse, die sich von A aus im Prinzip beeinflussen lassen. Einige davon sind in der folgenden Skizze eingezeichnet:

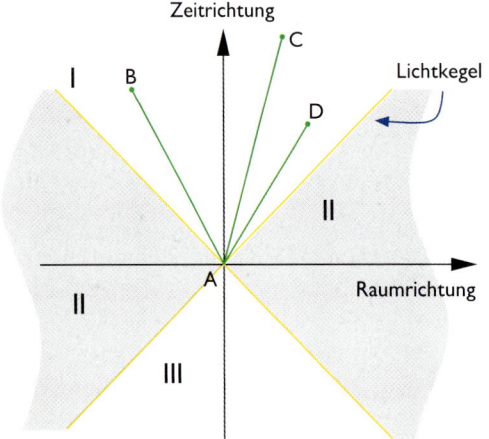

Ebenfalls eingezeichnet sind drei grüne Weltlinien, die A mit B, C und D verbinden. Jede dieser Weltlinien kann zum Beispiel für ein Signal stehen, das von A zu dem betreffenden Ereignis gesandt wird – der erwähnte Einfluss von A. Entscheidend ist, dass all diese Weltlinien steiler sind als die des Lichts, aus der Raumzeitdiagrammsprache übersetzt: Jedes der betreffenden Signale läuft langsamer als das Licht. Solche Bewegungen, solche Signale, solche Einflüsse berücksichtigen das kosmische Tempolimit und sind damit nicht prinzipiell verboten. Bereich I ist damit so etwas wie die *kausale Zukunft* des Ereignisses A – die Menge aller Ereignisse, die der Einfluss vones A irgendwann einmal in der Zukunft erreichen kann.

Ganz analog der Bereich III, in dem alle Ereignisse liegen, die ihrerseits das Ereignis A im Prinzip beeinflussen können – gewissermaßen die *kausale*

Vergangenheit von A. Hier wieder ein paar Beispiele, die Ereignisse E und F:

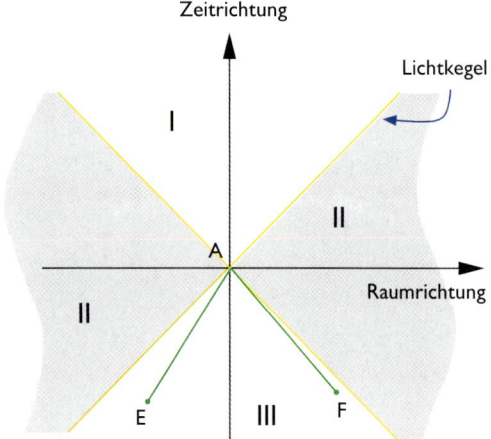

Wie die dunkelgrünen Weltlinien zeigen, ist es möglich, von E und F aus Signale nach A zu schicken, deren Weltlinien steiler als die des Lichts verlaufen, sprich: unterlichtschnelle Signale. Wieder einmal wird das kosmische Tempolimit brav eingehalten.

Anders der grau schattierte Bereich II, hier ein Beispiel mit zwei Ereignissen G und H:

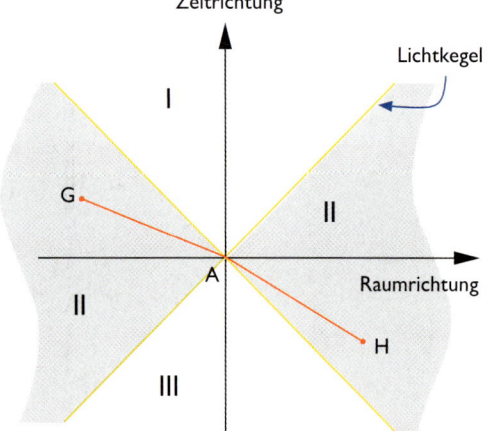

Ein Signal, das von H aus nach A reist – A beeinflusst –, müsste zwangsläufig schneller als das Licht sein, seine Weltlinie, wie das eingezeichnete rote Exemplar, flacher als die Lichtweltlinien. Umgekehrt muss man notwendigerweise überlichtschnelle Signale aussenden, will man vom Ereignis A aus das

Ereignis G erreichen. Beide Arten von Weltlinien brechen das kosmische Tempolimit und sind damit streng verboten. Im Bereich II liegt das kosmische Niemandsland zwischen Zukunfts- und Vergangenheitslichtkegel, das Reich der Ereignisse, die weder A beeinflussen noch von A beeinflusst werden können – wenn man so will, die *kausale Gegenwart* von A, die Menge der Ereignisse, die parallel zu A existieren, ohne dass eine Beeinflussung möglich wäre.

Diese kausale Struktur der Raumzeit, überzogen mit Lichtkegeln für jedes Ereignis, ist absolut und vom Beobachter unabhängig. Mögen die Antworten, die uns die unendlich vielen gleichberechtigten Inertialbeobachter auf Fragen nach der Geschwindigkeit eines Objekts, dem Ort und der Zeit eines Ereignisses, der Dauer eines Vorgangs geben, noch so variieren – die kausale Struktur ist für alle Beobachter dieselbe. Gegeben zwei Ereignisse A und B. Kann Ereignis A das Ereignis B beeinflussen? Oder umgekehrt? Oder kann keines der beiden Ereignisse das andere beeinflussen? Auf diese Fragen erhalten wir von jedem Inertialbeobachter dieselbe Antwort.

RELATIVITÄT IM ALLTAG?

Simplicio: Die tägliche Erfahrung lehrt, dass die Ausbreitung des Lichts instantan erfolgt; wenn in weiter Entfernung ein Geschütz abgefeuert wird, so erreicht das Mündungsfeuer unser Auge ohne Zeitverlust, während der Schall das Ohr erst nach einiger Zeit erreicht.
Sagredo: Nun, Simplicio, aus dieser wohlbekannten Erfahrung kann ich lediglich schließen, dass der Schall sich langsamer als das Licht zu uns bewegt, aber nicht, ob die Ankunft des Lichtes instantan oder zeitlich verzögert erfolgt.

Galileo Galilei, *Discorsi e dimostrazioni matematiche intorno a due nuove scienze*, Erster Tag.

Die Messungen der Lichtgeschwindigkeit und die Relativität der mit Lichtsignalen bestimmten Gleichzeitigkeit mögen Ihnen noch recht abstrakt erschienen sein, aber spätestens bei der im vorangehenden Abschnitt erwähnten Zunahme des Widerstands, den ein Körper einer Verschnellerung oder Abbremsung entgegenbringt, handelt es sich

um einen Effekt, für den es keiner aufwändigen Hilfskonstruktionen bedarf, sondern der uns auch im Alltag begegnen sollte. Müssen wir diesen Effekt etwa berücksichtigen, wenn wir den Bremsweg unseres Sportwagens abschätzen wollen?

Die Antwort: Die relativistischen Effekte sind zwar ganz selbstverständlich auch im Alltag vorhanden, doch sind sie so gering, dass wir nichts davon merken. Das liegt vor allem daran, dass die Geschwindigkeiten, die wir im Alltag erleben, im Vergleich mit der Lichtgeschwindigkeit sehr, sehr klein sind, oder umgekehrt: dass die Lichtgeschwindigkeit im Vergleich mit den Alltagsgeschwindigkeiten sehr, sehr groß ist. Wir haben auf Seite 44 verschiedene Geschwindigkeiten grafisch im Raumzeitdiagramm dargestellt und verglichen, vom Radfahrer bis zur Gewehrkugel. Trägt man diese Geschwindigkeiten in einem Raumzeitdiagramm auf, dessen Längen- und Zeiteinheiten so gewählt sind, dass die Lichtweltlinien genau diagonal verlaufen, als Geraden im Winkel von 45 Grad zwischen Raum- und Zeitachse, ergibt sich das folgende Bild:

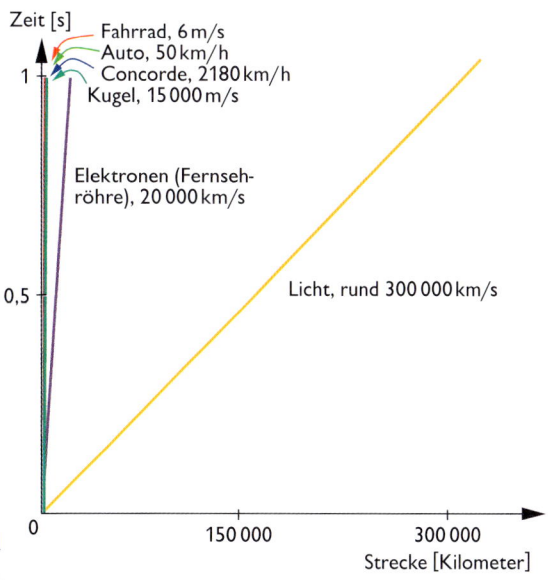

Die »Alltagsgeschwindigkeiten« von Fahrrad, Auto, Concorde und Gewehrkugel sind vom Stillstand (der perfekt senkrechten Linie) nicht zu unterscheiden. Allenfalls die Elektronen, die in der Fernsehröhre auf immerhin 20 000 Kilometer pro Sekunde beschleunigt werden (und dann, auf eine phosphoreszierende Schicht treffend, das Bild auf dem Fernsehschirm erzeugen), weichen, wenn auch nicht viel, so doch deutlich sichtbar von der Senkrechten ab.

Umgekehrt: In dem Diagramm auf Seite 44 wäre ein Lichtsignal nicht von der Waagerechten zu unterscheiden. Und die Zeitverzögerungen, mit denen das Licht alltägliche Strecken überwindet, sind so gering, dass wir sie getrost vernachlässigen können. Ein Beispiel: Im Wettlauf über hundert Meter beträgt die Verzögerung, mit der der am Ziel aufgestellte Zeitnehmer das am Start gegebene Startsignal sieht, eine dreimillionstel Sekunde. Das fällt im Vergleich mit den rund zehn Sekunden, in denen Spitzenathleten dieselbe Strecke bewältigen, nicht ins Gewicht.

Für die überwiegende Zahl der relativistischen Effekte hängt die Abweichung von unserer Alltagserwartung nur vom Verhältnis der Geschwindigkeit v (des Bezugssystems, der Masse, der Uhr) zur Lichtgeschwindigkeit ab oder sogar vom Quadrat dieses Verhältnisses. Dass Alltagsgeschwindigkeiten (inklusive Pistolenkugel und Concorde!) im Vergleich mit der Lichtgeschwindigkeit so niedrig sind, führt dazu, dass auch die relativistischen Effekte sehr gering ausfallen. Hinzu kommt, dass wir unsere Raumzeitumgebung im Alltag nur sehr ungenau vermessen. Die allermeisten von uns kommen im Tagesgeschehen kaum in die Verlegenheit, einen Zeitpunkt genauer als bis auf einige Sekunden oder eine Länge genauer als bis auf Millimeter anzugeben. Ingesamt ergibt sich: Die relativistischen Effekte bei Alltagsgeschwindigkeiten sind viel zu klein, als dass sie sich mit unseren Alltagsmessgenauigkeiten nachweisen ließen.

Für eine kleine Zahl relativistischer Effekte kommen zusätzlich noch Entfernungen ins Spiel. Wenn Sie es nachrechnen würden, könnten Sie sehen, dass sich für einen Menschen hier auf der Erde, der per Einstein-Rezept den Zeitpunkt eines Ereignisses in der Andromeda-Galaxie bestimmt, die rund zwei Millionen Lichtjahre von uns entfernt ist, bereits einige Minuten Unterschied ergeben, je nachdem, ob er relativ zu dieser Galaxie in Ruhe ist oder sich mit Raupengeschwindigkeit (einige Millimeter pro Sekunde) bewegt. Für alle irdischen Entfernungen, insbesondere jene, mit denen wir es im Alltag zu tun bekommen, ist freilich auch dieser Effekt so klein, dass er sich mit unseren Alltagsuhren nicht nachweisen lässt.

Im Alltag sind die neuen Effekte sehr, sehr klein, und daher ist es nicht überraschend, dass die Physikergenerationen vor Einstein viele Facetten unserer Umwelt erforschen und beschreiben konnten, ohne dass ihnen dabei relativistische Effekte aufgefallen oder in die Quere gekommen wären. Umgekehrt heißt das aber auch: Wenn wir uns im Folgenden mit den weiteren Eigenarten der speziell-relativistischen Welt befassen, sollten Sie sich nicht wundern, wenn sich das, was ich Ihnen erzähle, ganz und gar nicht mit Ihren Alltagserfahrungen deckt.

LÄNGE UND DAUER

Im Zusammenhang damit, dass selbst gegeneinander bewegte Inertialbeobachter denselben Wert für die Lichtgeschwindigkeit messen, war es bereits angeklungen: Längen- und Zeitmessungen sind relativ. Genauer ausgedrückt: Wenn zwei gegeneinander bewegte Inertialbeobachter die Dauer eines Vorgangs oder die Länge eines Objekts messen sollen, kommen sie im Allgemeinen zu unterschiedlichen Ergebnissen.

Zunächst zur Zeitmessung. Ich bin einmal mehr auf unserer Forschungsraumstation, und es fliegt mit achtzig Prozent der Lichtgeschwindigkeit eine zweite Raumstation vorbei, auch sie ein Inertialsystem, also weder beschleunigt noch rotierend. In deren Musikzimmer, einem edel ausgestatteten Raum mit Weltraumblick durch eine große Panoramascheibe, sitzt der Erste Offizier und spielt Chopins Minutenwalzer. Die Uhrenanzeige hinter ihm, per Lichtsignal von der Ur-Uhr der vorbeifliegenden Station gesteuert, zeigt an, dass die Walzerdarbietung tatsächlich genau eine Minute gedauert hat. Was mich, der ich das Fingerwirbeln von außen beobachte, wundert, ist, dass sich die Darbietung, mit meinen eigenen Uhren gemessen, wesentlich länger hingezogen hat. Ich kann meine Ur-Uhr und meine Radarkoordinaten verwenden, um dem ersten wie dem letzten Walzerton einen genauen Zeitpunkt zuzuordnen, und komme zu dem Ergebnis: Der Erste Offizier hat, nach meiner Zeitrechnung, eine Minute und vierzig Sekunden lang gespielt und damit vierzig Sekunden überzogen! Und doch: Nach der Zeitrechnung innerhalb der bewegten Raumstation, sichtbar an der hinter dem Klavier angebrachten Uhrenanzeige, hat der Walzer haargenau die vorgeschriebene Minute gedauert. Die Diskrepanz ist Ausdruck eines allgemeineren Phänomens: Alle Vorgänge an Bord der Raumstation, sei es das Walzerspiel am mitbewegten Klavier, das Kochen des mitbewegten Fünf-Minuten-Eis oder das Altern der an Bord befindlichen mitbewegten Besatzungsmitglieder, dauern, mit meiner Ur-Uhr und Zeitkoordinate bestimmt, länger als diejenige Dauer, die die mitbewegte Borduhr anzeigt. Das ist die so genannte *Zeitdehnung* oder *Zeitdilatation*. Sie führt noch einmal deutlich vor Augen, dass man in der speziellen Relativitätstheorie nicht von »der Zeit« reden kann, ohne anzugeben, auf welchen Beobachter man seine Aussage bezieht. In einer Schar gegeneinander bewegter Inertialbeobachter hat jeder Beobachter seinen eigenen Zeitbegriff, nicht nur, was die Gleichzeitigkeit angeht, sondern auch bezüglich der Zeitdauer.

Eine direkte Auswirkung der Zeitdehnung ist der *relativistische Doppler-Effekt*. Ich habe in Kapitel 2 (Seite 53ff.) bereits geschildert, wie sich die Periode eines regelmäßig ausgesandten Signals verändert, wenn sich der Sender relativ zu uns bewegt. Wird die Periode der Aussendung durch die Uhr des Senders bestimmt, müssen wir die Zeitdehnung mit einbeziehen, nach der die Uhr des bewegten Senders aus unserer Sicht langsamer geht als unsere eigenen Uhren. Die Rotverschiebung etwa von Licht, dessen Quelle sich von uns entfernt, ist dadurch etwas größer als ohne Zeitdehnung: Zwischen aufeinander folgenden Maxima der Lichtwelle liegt aus unserer Sicht schon bei der Aussendung ein größeres Zeitintervall, noch

bevor wir hinzurechnen, dass jedes Maximum eine größere Distanz zu uns überwinden muss als sein Vorgänger. Die Blauverschiebung von Licht, dessen Quelle auf uns zu eilt, wird andererseits geringer: Der oben beschriebene Doppler-Effekt und die Zeitdehnung wirken dabei in entgegengesetzte Richtungen – der Umstand, dass jedes Maximum weniger Distanz zurücklegen muss als sein Vorgänger, um zu uns zu gelangen, verringert das Zeitintervall zwischen aufeinander folgenden Maxima, die Zeitdehnung verlängert es ein wenig. Hätten wir bei unserer Behandlung des Doppler-Effekts auf Seite 53ff. Signale betrachtet, die *aus Sicht eines Beobachters in der Rakete* im Sekundentakt abgeschickt wurden, hätten wir den Zusatzeffekt berücksichtigen müssen.

Ein der Zeitdehnung eng verwandter Effekt ergibt sich für Längenmessungen. Auf dem geräumigen Oberdeck der Raumstation, die als Nächste vorbeifliegt, übrigens ebenfalls mit achtzig Prozent der Lichtgeschwindigkeit, findet gerade ein Fußballspiel statt. Gespielt wird in Bewegungsrichtung, ein Tor steht Richtung Bug, eines Richtung Heck der Station. Gerade hat sich bei einem Vorstoß der Mannschaft, die in Bewegungsrichtung spielt, ein so schweres Foul ereignet, dass per Funk ein Elfmeter gepfiffen wird. Als sich der Elfmeterschütze aufstellt, werfe ich aus alter Gewohnheit den Radar-Entfernungsmesser an, der mit der Ur-Uhr unserer Raumstation gekoppelt ist, und bestimme die Raumkoordinaten sowohl des Schützen als auch des Tores, auf das er schießt. Das Ergebnis offenbart einen klaren Regelbruch: Meine Messungen bringen an den Tag, dass sich der Schütze gerade einmal sechs Meter sechzig vor dem Tor aufgebaut hat! Zur Sicherheit messe ich noch einmal den Abstand der beiden Tore. Der beträgt irritierenderweise nur sechzig Meter und liegt damit deutlich unter dem von der FIFA vorgeschriebenen Mindestabstand. Die Besatzung des vorbeifliegenden Raumschiffs gelangt auch hier zu anderen Ergebnissen. Wenn sie mit ihrer Ur-Uhr und Lichtsignalen Längen misst, ist alles, wie es sein sollte: Der Elfmeterschütze steht tatsächlich elf Meter vor dem Tor, das Spielfeld ist einhundert Meter lang. Nur wenn ich als äußerer Beobachter, an dem die Raumstation mit hoher Geschwindigkeit vorbeisaust, die betreffenden Längen messe, zeigt sich eine *Längenverkürzung* oder *Längenkontraktion*, ein weiterer relativistischer Effekt. Sie betrifft übrigens nur Abstände längs der Bewegungsrichtung. Die Länge des Fußballfelds, wie beschrieben so aufgebaut, dass ein Tor Richtung Bug, eines Richtung Heck liegt, ist verkürzt. Für die Höhe der Tore, eine Länge, die senkrecht zur Bewegungsrichtung gemessen wird, kommen dagegen sowohl meine Längenmessungen als auch die der mitbewegten Raumstationsbesatzung zum gleichen Ergebnis.

Die Längenkontraktion zeigt sich auch in den bereits gezeigten idealisierten Schnappschüssen. Vielleicht ist Ihnen auf Seite 67 aufgefallen, dass die bewegte Raumstation etwas kürzer ist als unsere eigene. Tatsächlich sind beide Raumstationen baugleich, und die Verkürzung ist eine Folge der Längenkontraktion der Station, die sich mit halber Lichtgeschwindigkeit bewegt. Ähnlich verhält es sich auf der Abbildung Seite 71. Dort ist die Verkürzung allerdings kaum sichtbar, bewegt sich die Raumstation doch »nur« mit 35 Prozent der Lichtgeschwindigkeit.

GEGENSEITIGKEIT UND AUSSENANSICHT

Zeitdehnung und Längenkontraktion sind an sich schon ungewohnt genug. Es kommt aber noch dicker. Betrachten wir noch einmal die Zeitdehnung.

In meinem Raumschiff gibt es eine Standard-Ur-Uhr, auf der meine Zeitmessungen beruhen; in dem bewegten Raumschiff bildet eine baugleiche Ur-Uhr die Grundlage der dortigen Zeitmessungen. Die Zeitverzerrung äußerte sich darin, dass alle Vorgänge in diesem Raumschiff für mich als äußeren Beobachter langsamer ablaufen als für einen Beobachter an Bord. Die Halbzeit des schon erwähnten Fußballspiels auf dem Oberdeck des vorbeifliegenden Raumschiffs dauert, mit der mitbewegten Uhr am Spielfeldrand gemessen, ordentliche 45 Minuten. Auf meiner eigenen Ur-Uhr lese ich dagegen

als Zeitdauer ganze 75 Minuten ab. Ich kann die Zeitdehnung auch direkt auf die Ur-Uhr des vorbeifliegenden Raumschiffs beziehen: Diese Uhr geht aus meiner Sicht wesentlich langsamer als meine eigene.

Nun gilt aber auch in dieser Situation das Relativitätsprinzip. Wenn ich sehe, wie eine an mir vorbeifliegende Kopie meiner Ur-Uhr langsamer geht, dann sollte ein Beobachter im vorbeifliegenden Raumschiff, der dasselbe Experiment macht, nämlich eine vorbeifliegende Kopie *seiner* Ur-Uhr untersucht, zum gleichen Ergebnis gelangen. Aus der Sicht dieses Beobachters ist meine eigene Ur-Uhr eine solche vorbeifliegende Uhrenkopie, und wir kommen zu der bemerkenswerten Aussage: Aus meiner Sicht geht die Uhr in dem anderen Raumschiff langsamer als meine eigene. Aus der Sicht eines Beobachters auf dem bewegten Raumschiff geht dagegen *meine* Ur-Uhr langsamer als seine.

Damit sind wir mittendrin im Konflikt von Relativitätstheorie und gesundem Menschenverstand. Die natürliche Reaktion von Menschen, denen diese Konsequenz der Relativitätstheorie mitgeteilt wird, ist ungläubiges Kopfschütteln. Das sei doch ein klarer Widerspruch: Einerseits soll meine Uhr schneller gehen als die in dem anderen Raumschiff, andererseits soll sie langsamer gehen? Darf nicht entweder nur das eine oder nur das andere wahr sein?

Und doch ist diese Verwirrung nicht anders als die des Kindes, das sich fragt, wie sich denn die Teekanne sowohl links als auch rechts von der Tasse befinden kann. Die Auflösung des scheinbaren Widerspruchs folgt haargenau derselben Dialektik der Relativität.

Die Ganggeschwindigkeit zweier relativ zueinander ruhender Uhren kann man vergleichen, indem man die Uhren nebeneinander legt und dann zweimal die Anzeigen beider Uhren abliest. Das erste Ablesen, nachfolgend dargestellt, liefert noch keine Information über die Ganggeschwindigkeit:

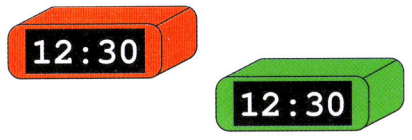

Erst das zweite Ablesen erlaubt eine Aussage:

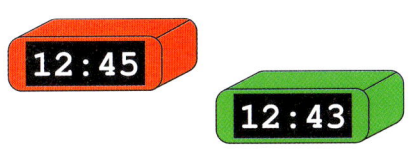

Während des identischen Zeitintervalls zwischen erstem und zweitem Ablesen sind auf der roten Uhr offenbar fünfzehn Minuten vergangen, auf der grünen Uhr aber nur dreizehn. Die rote Uhr geht offenbar schneller als die grüne. So weit der direkte Vergleich, und in einer solchen Situation ist es tatsächlich unvorstellbar, dass die grüne Uhr schneller *und* langsamer geht als die rote.

Aber die Uhren, von denen die Relativitätstheorie spricht, sind relativ zueinander bewegt. Das bedeutet, dass der Uhrenvergleich zwangsläufig indirekt verlaufen muss. Zu einem einzigen Zeitpunkt können sich beide Uhren am gleichen Ort befinden und direkt miteinander verglichen werden – doch um Ganggeschwindigkeiten zu vergleichen, muss man die beiden Uhren ein *zweites* Mal ablesen, und dann befinden sie sich garantiert nicht mehr am gleichen Ort. Auch beim zweiten Mal muss man bestimmen, was die beiden Uhren zu einem gegebenen Zeitpunkt *gleichzeitig* anzeigen. Was »gleichzeitig« bedeutet, ist aber, wie wir gesehen haben, für bewegte Bezugssysteme von Beobachter zu Beobachter unterschiedlich, und hier ist das Schlupfloch: Wir in unserem Raumschiff legen beim Ablesen unseren eigenen Gleichzeitigkeitsbegriff zugrunde und bekommen heraus, dass die Uhr des anderen Raumschiffs langsamer geht als unsere eigene. Der Beobachter im anderen Raumschiff legt *seinen* Gleichzeitigkeitsbegriff zugrunde und bekommt heraus, dass *unsere* Uhr langsamer geht als seine eigene. Welche Uhr man als langsamer gehend wahrnimmt, hängt vom eigenen

Gleichzeitigkeitsbegriff ab. Dass dabei unterschiedliche Beobachter zu unterschiedlichen Ergebnissen kommen, ist ebenso wenig widersprüchlich wie die Teekanne, die sich links oder rechts von der Tasse befindet – je nachdem, wessen Begriff von »links« und »rechts« man zugrunde legt.

Zu guter Letzt noch ein Beispiel dafür, wie es sich direkt aus der Konstanz der Lichtgeschwindigkeit ergibt, dass eine bewegte Uhr aus der Sicht eines äußeren Beobachters langsamer geht. Wir haben im Kapitel 1 auf Seite 36 die Lichtuhr als Beispiel für eine Ur-Uhr mit einfachem Funktionsprinzip kennen gelernt. Stellen wir uns jetzt zwei baugleiche Lichtuhren vor, mit demselben Spiegelabstand und somit derselben Ganggeschwindigkeit. Eine der Uhren, unsere eigene, ist relativ zu uns in Ruhe. Auf ihr sehen wir das Licht senkrecht auf und ab eilen:

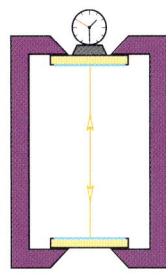

Nehmen wir an, der Abstand sei so gewählt, dass das Licht eine Sekunde benötigt, um einmal vom oberen Spiegel zum unteren und wieder zurück zu gelangen. Das ist der Fall, wenn der Abstand der Spiegel eine halbe Lichtsekunde beträgt, rund 150 000 Kilometer (ich gebe zu, bei der Betrachtung meiner Skizze will sich das Gefühl für diese riesenhafte Entfernung, rund vierzig Prozent der Entfernung von der Erde zum Mond, nicht recht einstellen).

Nun schauen wir die zweite Kopie der Lichtuhr an, die sich mit achtzig Prozent der Lichtgeschwindigkeit nach rechts bewegt. Die Darstellung im Raumzeitdiagramm ist hier ausnahmsweise wenig anschaulich, weil zwei Raumdimensionen eine wichtige Rolle spielen (die Uhr bewegt sich zur Seite, das Licht bewegt sich auf und ab). Wir behelfen uns mit Schnappschüssen, die die Uhr und das Licht dort zeigen, wo sie sich, von unserem eigenen Bezugssystem aus gesehen, in einem bestimmten Augenblick befinden.

Der erste Schnappschuss zeigt die Uhr im Moment der Lichtaussendung, noch ganz links im Bild.

Aufgrund der Längenkontraktion erscheint die bewegte Lichtuhr in Bewegungsrichtung gestaucht. Ihre Ausdehnung senkrecht zur Bewegungsrichtung hat sich dabei nicht verändert: Die Spiegel sind in senkrechter Richtung genauso weit voneinander entfernt wie bei unserer eigenen, ruhenden Lichtuhr. Gleich weiter zum nächsten Schnappschuss, der die Uhr in dem Augenblick zeigt, wo das Licht den unteren Spiegel erreicht. Die Lage der Uhr im Moment des ersten Schnappschusses ist als »Bildecho« angedeutet. Außerdem ist in Gelb der Weg eingezeichnet, den das Licht vom ehemaligen Ort des oberen Spiegels zurückgelegt hat, um zum momentanen Ort, dem unteren Spiegel, zu gelangen.

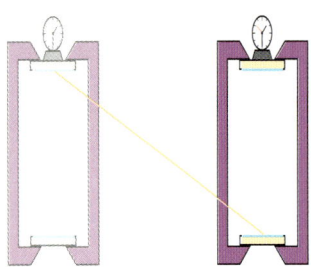

Der dritte Schnappschuss zeigt, wie das Licht wieder beim oberen Spiegel eintrifft. Bildechos rufen einmal mehr die Lage der Uhr in den beiden vorigen Schnappschüssen in Erinnerung, und die gelbe

Linie zeigt den Weg des Lichts auf seiner Reise vom oberen zum unteren Spiegel und wieder zurück.

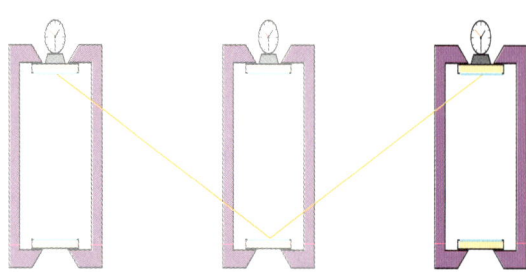

Entscheidend ist, dass das Licht der bewegten Uhr einen deutlich längeren Weg zurücklegen muss, bevor es wieder den oberen Spiegel erreicht, als Licht, das nur senkrecht auf und ab läuft (wie bei unserer ruhenden Lichtuhr). Die Lichtgeschwindigkeit ist aber nun einmal von der Bewegung der Lichtquelle unabhängig, in diesem Falle: von der Bewegung der Spiegel, die das Licht reflektieren und wieder auf den Weg schicken. Um bei der ruhenden Lichtuhr senkrecht zum unteren Spiegel zu laufen und wieder zurück, braucht das Licht eine Sekunde. Um mit derselben Geschwindigkeit bei der bewegten Lichtuhr den längeren Weg vom oberen Spiegel zum unteren und wieder zurück zum oberen zu eilen, braucht das Licht demnach *länger* als eine Sekunde. Die Zeit, die das Licht benötigt, um zum unteren Spiegel und zurück zu gelangen, ist aber gerade der Taktgeber der bewegten Uhr, und während dieser Zeit rückt deren Anzeige um eine Sekunde vor – für einen mitbewegten Beobachter, der das Licht in diesem Zeitraum einmal senkrecht nach unten und nach oben laufen sieht, völlig korrekt. Aus unserer Sicht als äußere Beobachter, für die das Licht schräg nach unten und nach oben läuft, ist während dieses Vorrückens hingegen mehr als eine Sekunde vergangen. In dem hier dargestellten Beispiel etwa liegen zwischen dem ersten und dem dritten Schnappschuss rund 1,7 Sekunden. Im Vergleich mit der ruhenden geht die bewegte Lichtuhr langsamer. Aus der Bewegung der Uhr und dem Umstand, dass sich auch das Licht in der bewegten Uhr mit der konstanten Geschwindigkeit c bewegt, folgt die Zeitdehnung.

ZEITDEHNUNG UND
BESCHLEUNIGTE UHREN

Ich habe bereits in Kapitel 1 von dem keineswegs alltäglichen Umstand berichtet, dass auf einer Uhr, die auf eine Rundreise geschickt wird, weniger Zeit vergeht als auf einer daheim gebliebenen exakten Kopie der Uhr. Auch das ist eine Konsequenz der relativistischen Zeitdehnung.

Zunächst könnte Sie das stutzig machen. Hatte ich im letzten Abschnitt nicht gerade erklärt, dass Zeitdilatation auf Gegenseitigkeit beruht – dass aus meiner Sicht eine bewegte Uhr langsamer geht, aus der Sicht eines mit der Uhr bewegten Koordinatensystems aber meine eigene Uhr die langsamere ist? Und dass diese Wechselseitigkeit nur funktioniert, weil man (a) zum Vergleich der Ganggeschwindigkeiten die Anzeigen beider Uhren zweimal miteinander vergleichen muss und weil (b) bei einer bewegten Uhr mindestens einer der Vergleiche indirekt ist und davon abhängt, was der vergleichende Beobachter für einen Gleichzeitigkeitsbegriff hat? Bei einer rundreisenden Uhr, so scheint es, ist das Schlupfloch (b) gestopft, denn bei einer Reise, die dort endet, wo sie begann, kann man die beiden Uhren zweimal direkt nebeneinander vergleichen: einmal am Anfang, einmal am Ende der Reise. Muss sich durch solchen doppelten Direktvergleich nicht eindeutig ergeben, welche Uhr langsamer gelaufen ist und welche schneller? Und verträgt sich das mit der Gleichberechtigung von bewegter und unbewegter Uhr, wie sie das Relativitätsprinzip fordert?

Die Antworten auf diese Fragen sind: Ja, man kann eindeutig feststellen, welche Uhr die langsamere war. Und: Ja, das verträgt sich bei genauerem Hinsehen mit dem Relativitätsprinzip, denn auf dieses kann man sich nur berufen, wenn mit jeder der Uhren ein mitbewegtes *Inertialsystem* verbunden ist. Will man aber am Ende der Reise an ihren Ausgangspunkt zurückgelangen, kommt man nicht umhin, den Bewegungszustand der rundreisenden Uhr zu ändern, etwa sie abzubremsen und ihre Bewegung umzukehren, um sie zur anderen Uhr zurückzuschicken. Verfährt man mit einer der Uh-

ren in dieser Weise, dann ist die Symmetrie der Situation gebrochen: Eine der Uhren hat die Beschleunigung gespürt, die mit Bremsen und Bewegungsumkehr einhergeht, die andere nicht.[3] Die Uhr, die am Ausgangspunkt zurückbleibt, ruht während der ganzen Reise in einem Inertialsystem; ein fest mit der anderen Uhr verbundenes Koordinatensystem ist dagegen im Moment der Beschleunigung ganz sicher *kein* Inertialsystem mehr. Es geht also nicht darum, zwei Uhren zu vergleichen, die in je einem Inertialsystem ruhen – dann würde die Anwendung des Relativitätsprinzips tatsächlich zu einer Gleichberechtigung führen –, sondern eine Uhr, die während des ganzen Ablaufs in einem Inertialsystem ruhte, mit einer, die eine Beschleunigung erfahren hat. Tatsächlich stellt sich bei genauer Betrachtung heraus, dass auf der Uhr, die beschleunigt wurde und nun zur anderen Uhr zurückgekehrt ist, absolut weniger Zeit vergangen ist. Was das angeht, gelangen ein Beobachter, der mit der Uhr mitgereist ist, und einer, der bei der anderen Uhr gewartet hat, zum gleichen Ergebnis, wenn sie ihre Uhren einmal vor, einmal am Ende der Rundreise direkt vergleichen.

Das folgende Diagramm zeigt einige Beispiele für das Langsamergehen rundreisender Uhren. Dar-

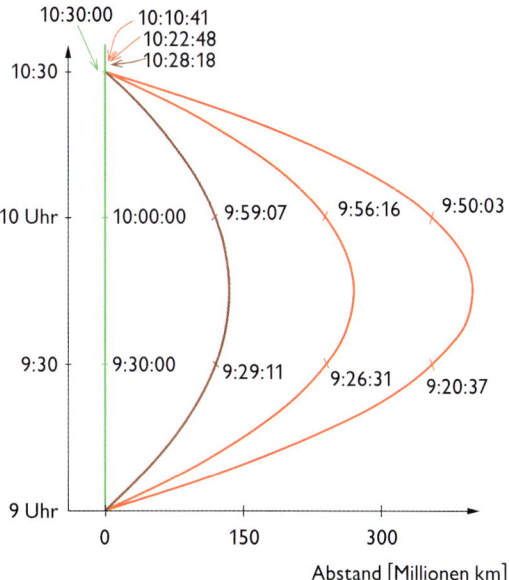

3 Wie zu Beginn dieses Kapitels erläutert, sind Beschleunigungen auch ohne Bezug auf die Außenwelt feststellbar.

gestellt sind vier Uhren. Eine davon, die mit der grünen Weltlinie, befindet sich relativ zu unserem eigenen Inertialsystem, von dem aus wir den Lauf der Dinge beobachten, in Ruhe. Die anderen begeben sich auf unterschiedlich weite Rundreisen, auf denen ihr Abstand von der ruhenden grünen Uhr bis auf einige Millionen Kilometer anwächst. Zur Orientierung: Der Maximalabstand, den die am weitesten reisende Uhr erreicht (die mit der hellroten Weltlinie), beträgt rund 400 Millionen Kilometer, rund zweieinhalbmal so viel wie der Abstand der Erde von der Sonne.

Eingezeichnet sind ausgewählte Anzeigen der Uhren. Um 9 Uhr passieren die drei Uhren, die schon vorher auf beträchtliche Geschwindigkeiten beschleunigt worden sind, gleichzeitig den Ort der grünen Uhr. Alle drei Uhren sind so eingestellt, dass sie bei diesem Zusammentreffen dieselbe Zeit anzeigen wie unsere ruhende Uhr, eben 9 Uhr. Um 9:30 Uhr, bezogen auf unser Koordinatensystem, zeigt die am langsamsten bewegte Uhr gerade einmal 9:29:11 Uhr an, die zweitschnellste immerhin 9:26:31 und die schnellste 9:20:37. Die ruhende Uhr zeigt selbstverständlich die offizielle Zeit unseres Koordinatensystems an, also 9:30 Uhr. Dieselben Daten sind auch für 10:00 Uhr eingezeichnet sowie für den Zeitpunkt, in unserem Koordinatensystem 10:30 Uhr, an dem die drei Uhren nach Abschluss ihrer Rundreisen ein zweites Mal am Ort der ruhenden Uhr vorbeifliegen. Auf ihr vergehen genau anderthalb Stunden, während die drei anderen Uhren ihren Rundlauf absolvieren, auf der langsamsten bewegten Uhr eine Minute und 42 Sekunden weniger, auf der mittelschnellen Uhr sogar 7 Minuten und 12 Sekunden weniger. Auf der schnellsten Uhr sind gar nur eine Stunde, 10 Minuten und 41 Sekunden vergangen – ein Defizit von vollen 19 Minuten und 19 Sekunden, verglichen mit der ruhenden Uhr.

Hat man ganz allgemein die Zeitdehnungseffekte in den Griff bekommen, die im Vergleich einer im Inertialsystem ruhenden und einer rundreisenden Uhr auftreten, kann man sich auch allgemeineren Reisen zuwenden. Ein für die Planung von schnel-

len interstellaren Reisen wichtiges Beispiel ist das Raumschiff, das von der Erde aus in Richtung eines fernen Ziels beschleunigt und später abbremst, um am Zielort wieder zur Ruhe zu kommen. Nehmen wir an, wir hätten ein Raumschiff gebaut, das konstant mit sechsfacher Erdbeschleunigung beschleunigen kann. Mit anderen Worten: Die Besatzung des Raumschiffs wird sechsmal so stark in die Sitze gepresst, wie ein Mensch auf der Erde von der Erdanziehungskraft an die Erdoberfläche gedrückt wird. In Zahlen ist das eine Beschleunigung von rund 60 m/s^2 oder auch: von null auf hundert Stundenkilometer in unter einer halben Sekunde. Ungefähr so groß wie die Beschleunigung in der Anfangsphase eines Space-Shuttle-Fluges und zehnmal so groß wie die eines BMW Z8, der immerhin binnen 4,7 Sekunden von null auf hundert Stundenkilometer kommt. Für das Wohlbefinden menschlicher Reisender ist die Beschleunigung schon eher hoch. Solch eine Beschleunigung ist zwar in der heutigen Weltraumfahrt Standard, wird dort aber nicht über längere Zeiträume hinweg aufrechterhalten. Zumindest bei Raumfahrern, die ihr kurzfristig ausgesetzt werden, bewirkt sie nach dem heutigen Erkenntnisstand keine Gesundheitsschäden, aber immerhin erhebliche Atembeschwerden.

Mit dieser Beschleunigung fliegen wir, immer schneller werdend, hinaus ins All. Auf halber Strecke müssen wir bereits den Bremsvorgang einleiten, um später direkt am Zielort zur Ruhe zu kommen. Wir schalten den Hauptmotor ab und zünden Bremsdüsen, die wiederum eine Beschleunigung von 60 m/s^2 bewirken, nur diesmal eine negative Beschleunigung, ein Abbremsen. Wie lange unter diesen Bedingungen verschiedene interstellare und eine intergalaktische Reise dauern, ist in der folgenden Tabelle zusammengestellt.

In der linken Spalte steht dabei jeweils das Reiseziel, darunter in Klammern seine Entfernung in Lichtjahren. Erstes Ziel ist der Stern, der uns (abgesehen von der Sonne) am nächsten ist: Proxima Centauri im Sternbild Zentaur, von dem aus das Licht etwa 4,2 Jahre benötigt, um zu uns zu gelangen. Sirius, hellster Stern des Nachthimmels, ist das zweite Ziel; das Zentrum unseres eigenen Stern-

ZIEL	REISEZEIT IN JAHREN		
	Klassisch	SRT: Raumschiffzeit	SRT: Erdzeit
Proxima Centauri (4,2 Lj)	1,6	1,1	4,5
Sirius (8,5 Lj)	2,3	1,3	8,8
Milchstraßen-Zentrum (30 000 Lj)	139,2	3,9	30 000,3
Andromeda-Galaxie (2 Mio. Lj)	1136,3	5,3	2 Mio + 0,3

systems das dritte. Das vierte Ziel ist die uns nächste Spiralgalaxie, der zwei Millionen Lichtjahre entfernte Andromedanebel.

In den restlichen drei Spalten folgen Angaben in Jahren zur Reisezeit unter den oben angegebenen Bedingungen für Beschleunigungs- und Bremsphase. Ganz links steht, zur Orientierung, die Zeit, die laut klassischer, vor-Einsteinscher Physik verstrichen wäre. In den nächsten beiden Spalten steht die Reisezeit im Rahmen der speziellen Relativitätstheorie (SRT) – zwei Spalten, da man hier ja zwischen zwei Zeitangaben unterscheiden muss: zum einen die Zeit, die auf den Raumschiffuhren vom Start auf der Erde bis zur Landung am Zielort vergeht, zum anderen die Dauer der Reise, mit irdischen Uhren gemessen.

Zunächst einmal zeigt die Tabelle deutlich, dass bewegte Uhren langsamer gehen. Mit Raumschiffuhren gemessen, vergeht von Start bis Landung weit weniger Zeit als von der Erde aus gesehen und auch weniger Zeit, als die klassische, nicht-relativistische Physik vorhersagt. Dadurch werden ferne Reiseziele überhaupt erst erreichbar: In der klassischen Physik dauert die Reise zur Andromeda-Galaxie über tausend Jahre – erst ferne Nachkommen der ursprünglichen Mannschaft erreichen das Ziel. Laut relativistischer Physik altern die Raumfahrer auf dieser Reise dagegen nur etwas über fünf Jahre. Je weiter und schneller die Reise, desto größer die Diskrepanz zwischen Raumschiff- und Erd-

zeit. Während der knapp vier Jahre Reisezeit zum galaktischen Zentrum sind auf der Erde immerhin über 30 000 Jahre vergangen.

RELATIVISTISCHER ABSTAND

In den letzten Abschnitten dürfte deutlich geworden sein, womit sich die spezielle Relativitätstheorie ihren Namen verdient hat: Lauter Messungen, deren Ergebnisse den vor-Einsteinschen Physikern als vom Beobachter unabhängig und damit absolut galten, erweisen sich im Rahmen dieser Theorie als beobachterabhängig-relativ. Insbesondere gilt das für die Messungen von räumlichen und zeitlichen Abständen. Es ergibt keinen Sinn zu sagen, das Fußballspiel auf dem Oberdeck eines der Raumschiffe sei fünf Minuten nach dem Ertönen des Abendessen-Gongs auf einem anderen der Raumschiffe zu Ende gegangen oder der Abstand zwischen den zwei Raumschiffen betrage jetzt, in diesem Moment, zweitausend Kilometer. Beliebig viele Inertialbeobachter sehen das anders, und es gibt laut Relativitätsprinzip kein physikalisches Gesetz, das einen dieser vielen Beobachter vor den anderen auszeichnete, keinen Grund, einen davon samt allen seinen Längen- und Zeitmessungen allen anderen vorzuziehen.

Trotzdem ist es möglich, für je zwei Ereignisse einen eindeutigen *relativistischen Abstand* zu definieren. Das Konzept ist etwas gewöhnungsbedürftig, wird sich aber als wichtiger Baustein für die Überlegungen im nachfolgenden Kapitel 5 entpuppen, wenn es um die allgemeine Relativitätstheorie geht. Der relativistische Abstand lässt sich ohne den willkürlichen Bezug auf einen äußeren Beobachter definieren. Wie das funktionieren soll? Gehen wir dazu wieder zu zweidimensionalen Raumzeitdiagrammen über. Es folgt ein sehr einfaches Raumzeitdiagramm. Als Zeiteinheit wählen wir die Sekunde, als Längeneinheit die Lichtsekunde, die rund 300 000 Kilometern entspricht. Sekunde und Lichtsignale sind gleich lang aufgetragen; in solch einem Diagramm laufen Lichtsignale, wie wir mehrfach gesehen haben, perfekt diagonal, im Winkel von je

45 Grad zu Zeit- und Raumachse. Außerdem zeichnen wir in Grün eine Strecke ein, die zwei Ereignisse auf der Zeitachse verbindet:

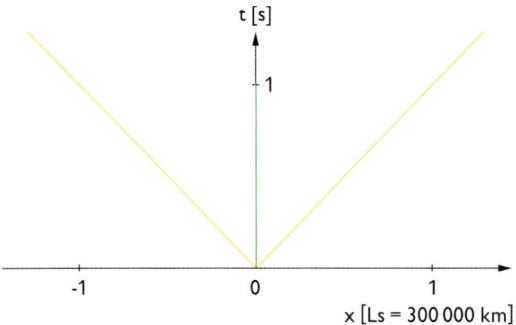

Die Strecke verläuft genau in dieselbe Richtung wie die Zeit, und es liegt daher nahe, ihre Länge – den Abstand der Ereignisse, die sie verbindet – als Zeitintervall zu interpretieren. Auch die Länge des Zeitintervalls drängt sich auf, ist doch auf der Zeitachse, von der die Gerade einen Abschnitt markiert, bereits ein Zeitintervall von einer Sekunde abgetragen.

Wir können diese Längenzuweisung noch etwas anders formulieren: Die grüne Linie ist die Weltlinie eines Objekts, das sich relativ zum hier gewählten Koordinatensystem in Ruhe befindet. Ist dieses Objekt eine unserer Standarduhren, eine genaue Kopie unserer Ur-Uhr, so vergeht auf ihr zwischen dem Anfangs- und dem Endpunkt der Weltlinie genau eine Sekunde. Diese Formulierung hat den Vorteil, dass sie sich auf Strecken verallgemeinern lässt, die nicht allzu weit von der Senkrechten abweichen – nehmen wir etwa das folgende Beispiel:

Die grüne Linie entspricht diesmal einem Abschnitt der Weltlinie eines Objekts, das sich relativ zum gezeigten Koordinatensystem mit konstanter Geschwindigkeit bewegt (in diesem Fall mit rund 36 Prozent der Lichtgeschwindigkeit). Ist das betreffende Objekt eine unserer Standarduhren, dann können wir an ihr ablesen, wie viel Zeit auf dieser Standarduhr zwischen Anfangs- und Endpunkt des Weltlinienabschnitts vergeht. Diese Zeit nennen wir den *(relativistischen) Raumzeitabstand* von Anfangs- und Endpunkt oder auch die *(relativistische) Raumzeitlänge* der eingezeichneten grünen Strecke. Im oben gezeigten Beispiel ist die grüne Strecke 0,93 Sekunden lang. Dieselbe Zuordnungsvorschrift lässt sich auf alle Strecken anwenden, die steiler sind als Lichtweltlinien, also innerhalb des Lichtkegels liegen – alle diese Strecken könnten Abschnitte der Weltlinie einer bewegten Uhr sein, im Jargon der Relativisten: Alle diese Strecken sind *zeitartig*. Die relativistische Länge beschränkt sich dabei keineswegs auf Strecken, deren Anfangspunkt, wie in den obigen Bildbeispielen, der Nullpunkt des Raumzeit-Koordinatensystems ist. Auch Strecken mit anderem Anfangspunkt lassen sich als Weltlinien von bewegten Uhren auffassen – solange sie nur steiler sind als Lichtweltlinien. Auch für solche Strecken ist die relativistische Länge definiert als Zeitintervall zwischen Anfangs- und Endpunkt, gemessen auf einer Uhr, die sich so bewegt, wie es die Strecke vorgibt.

Als Nächstes wenden wir uns der Raumzeitstrecke zu, die im nachfolgenden Diagramm rot eingezeichnet ist:

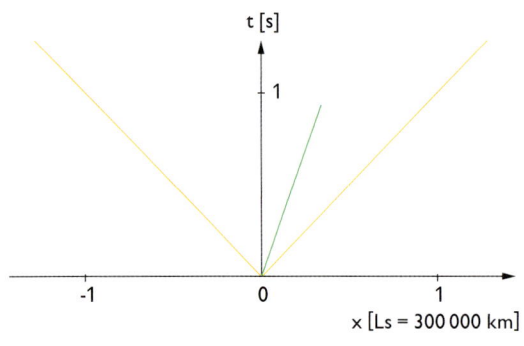

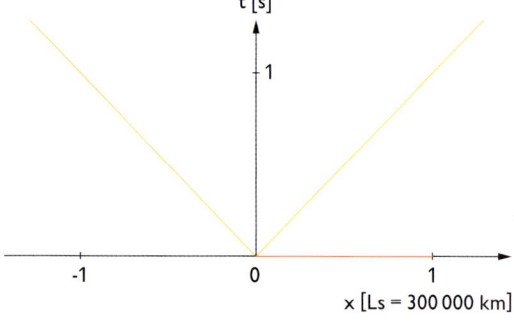

Sie ist im Gegensatz zu den oben betrachteten Strecken kein Ausschnitt aus der Weltlinie irgendeines Objekts, da sie außerhalb des Lichtkegels liegt, mit anderen Worten: da sich ein Objekt mit einer entsprechenden Weltlinie verbotenerweise schneller als das Licht bewegen müsste. Sie hat aber eine andere, sehr nahe liegende Interpretation: Die rote Strecke ist in unserem Diagramm exakt parallel zur x-Achse und liegt damit gerade innerhalb eines Schnappschusses der räumlichen Verhältnisse, aufgenommen im Moment null der Zeit unseres gewählten Koordinatensystems. Sie ist damit gerade eine Strecke im Raum, und ihre Länge können wir direkt an der x-Achse ablesen: Sie ist eine Lichtsekunde, also ziemlich genau 300 000 Kilometer lang.

Jetzt betrachten wir die folgende rot eingezeichnete Strecke:

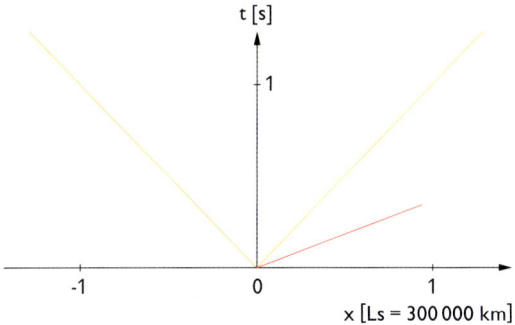

Sie liegt außerhalb des Lichtkegels, aber nicht parallel zur x-Achse, und ihre Länge lässt sich wie folgt definieren. Ich habe auf Seite 73 skizziert, wie Raum- und Zeitachse eines gegenüber unserem eigenen System bewegten Inertialsystems in unserem Raumzeitdiagramm aussehen. Die x-Achse des bewegten Systems ist dabei gerade gegenüber unserer eigenen x-Achse geneigt, ähnlich wie in obiger Abbildung die rote Strecke. Das ist kein Zufall. Tatsächlich kann man im Rahmen der speziellen Relativitätstheorie zeigen, dass es für jede außerhalb des Lichtkegels liegende Strecke einen Inertialbeobachter gibt, der relativ zum gezeichneten Koordinatensystem bewegt ist und für den – die Relativität der Gleichzeitigkeit lässt grüßen – die eingezeich-

nete Strecke haargenau parallel zu seiner x-Achse liegt, also Teil eines Schnappschusses ist, der die räumlichen Verhältnisse zu einem bestimmten Zeitpunkt zeigt. Anders ausgedrückt: Für diesen Beobachter finden alle Ereignisse, die auf der roten Strecke liegen, gleichzeitig statt und sind lediglich räumlich voneinander getrennt. Aus seiner Sicht handelt es sich daher einfach um den Schnappschuss einer Strecke im Raum, die er mit seinen Längenmaßstäben ausmessen kann. Das Ergebnis, das dieser besondere Inertialbeobachter bei seiner Längenmessung erhält, ist die relativistische Raumzeitlänge der Strecke. Nach demselben Muster können wir mit allen Strecken verfahren, die stärker geneigt sind als Lichtweltlinien. Alle diese Strecken sind aus der Sicht irgendeines Beobachters Teil eines Raumschnappschusses, im Jargon der Relativisten: Alle diese Strecken sind *raumartig*. Auch für diese Definition kommt es übrigens nicht darauf an, dass ein Anfangspunkt der Strecke der Raumzeitnullpunkt ist. Auch für eine beliebige andere raumartige Strecke – eine Strecke weniger steil als die Lichtweltlinien – lässt sich ein Inertialbeobachter finden, für den sie Teil eines Raumschnappschusses ist.

Mit diesem Vorgehen können wir fast jeder Raumzeitstrecke eine relativistische Raumzeitlänge zuordnen. Für jede Strecke finden wir entweder eine Uhr, deren Weltlinie die Strecke ist, oder einen Beobachter, für den die Strecke in einem Raumschnappschuss liegt. In der folgenden Abbildung sind zur Veranschaulichung diverse Raumzeitstrecken eingetragen, samt ihren relativistischen Längen:

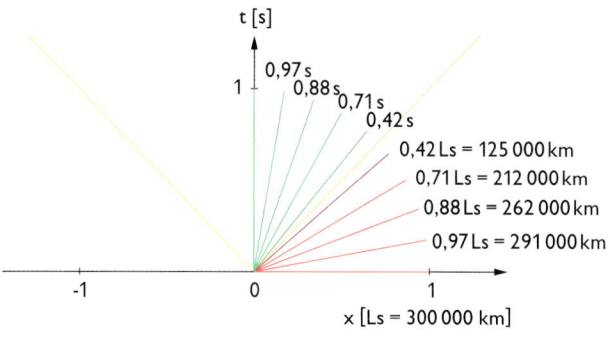

Als Erstes fällt an der Abbildung auf, wie sehr sich die Raumzeitlänge vom Abstandsbegriff der zweidimensionalen Fläche unterscheidet, auf die wir das Raumzeitdiagramm gezeichnet haben. So, wie sie auf das Papier gemalt sind, sehen alle diese Strecken gleich lang aus, und ein direktes Nachmessen mit einem Lineal führt zum selben Ergebnis. Die Raumzeitlängen der Strecken sind dagegen, wie angegeben, sehr unterschiedlich. Betrachten wir zunächst die grünen Strecken innerhalb des Lichtkegels. Je geneigter die Weltlinie, mit anderen Worten: je schneller das Objekt, dessen Bewegung die Weltlinie wiedergibt, umso geringer die relativistische Länge, mit anderen Worten: umso geringer das Zeitintervall, das auf einer solchermaßen bewegten Uhr vergeht. Das gibt wieder, was wir bereits als »relativistische Zeitdehnung« kennen gelernt haben: Bewegte Uhren gehen langsamer. Spiegelbildlich wiederholt sich das Phänomen bei den roten Strecken: Je weiter diese von der Horizontalen abweichen, je näher ihre Neigung an die der (gelb eingezeichneten) Lichtlinie herankommt, umso geringer ist ihre relativistische Länge.[4] Der Trend zur Verkürzung hält auch dann an, wenn man die beiden Arten von Linien immer näher an die Diagonale bringt, also beispielsweise Weltlinienabschnitte immer schneller bewegter Uhren betrachtet. Je näher diese Uhren der Lichtgeschwindigkeit kommen, umso kleiner wird ihre relativistische Länge. Es liegt nahe, der Lichtweltlinie selbst den Grenzwert dieses Prozesses zuzuordnen – die relativistische Länge null. Solche Weltlinienabschnitte sind im Jargon der Relativisten *lichtartig*.

Damit haben wir am Ende drei verschiedene Möglichkeiten für den relativistischen Abstand: zeitartig, raumartig, lichtartig. Entweder liegt die Strecke innerhalb des Lichtkegels ihres Anfangspunktes. Dann kann sie die Weltlinie einer Standarduhr sein, und ihre relativistische Länge ist die Zeit, die diese Standarduhr entlang der Strecke misst.

Oder die Strecke liegt auf dem Lichtkegel des Anfangspunktes, dann ist ihre relativistische Länge gleich null. Oder aber die Strecke liegt außerhalb des Lichtkegels; dann ist ihre relativistische Länge gleich ihrer räumlichen Länge, gemessen in einem geeignet gewählten Inertialsystem, in dem die Strecke in Richtung der Raumrichtung zeigt, mit anderen Worten: Ausschnitt eines Schnappschusses ist. In dieser Dreifaltigkeit von Möglichkeiten vereinigt der relativistische Raumzeit-Längenbegriff Zeitintervalle, Lichtausbreitung und räumliche Längen. Die Definition der Längen ist dabei unabhängig von irgendeinem willkürlichen äußeren Beobachter. Für jede einzelne Längen- oder Zeitbestimmung wird ein speziell für die betreffende Strecke besonders geeigneter Beobachter gewählt, dessen Bewegungszustand durch die Strecke selbst eindeutig festgelegt ist, sei es eine mitbewegte Uhr oder ein Beobachter mit mitbewegtem Längenmaß.

Bislang haben wir nur die Längen von Geraden definiert. Der Längenbegriff lässt sich aber verhältnismäßig leicht auf die Längen von beliebigen Raumzeitkurven verallgemeinern: Wir können jede Raumzeitkurve in Gedanken in winzig kleine Geradenstückchen zerlegen; für jedes der Geradenstückchen bestimmen wir die Länge gemäß des gerade vorgestellten dreifachen Rezeptes; die Gesamtlänge der Kurve ist die Summe der Längen aller dieser gedachten winzigen Teilstücke. In dem für uns interessantesten Fall lässt sich die relativistische Kurvenlänge noch direkter beschreiben als durch gedankliche Teilung und Summation: Für eine Raumzeitkurve, die die Weltlinie eines realen Objekts sein könnte, sprich: die so beschaffen ist, dass an keiner Stelle die Lichtgeschwindigkeit überschritten wird, ist die relativistische Länge der Kurve das Zeitintervall, das entlang diesem Weltlinienabschnitt auf einer entsprechend bewegten Standarduhr vergehen würde. Die Zeit, die eine entlang solch einer Raumzeitkurve mitbewegte Uhr den einzelnen Punkten der Weltlinie zuordnet, heißt dabei auch *Eigenzeit*.

4 Das ist allerdings nicht direkt verbunden mit der relativistischen Längenkontraktion – die zeigt sich nicht an einer einzelnen Strecke im Raumzeitdiagramm, sondern beruht darauf, dass verschiedene Beobachter die Weltfläche eines eindimensional ausgedehnten Objekts vermessen, eine Weltfläche, wie sie auf Seite 45 abgebildet ist.

DAS TRÖDELPRINZIP

Nach dieser geometrisch ungewohnten und eher abstrakten Definition der relativistischen Länge zurück zu einer Anwendung, zurück zur Physik, genauer gesagt: zur Mechanik. Für das erste Grundgesetz der Mechanik, das Trägheitsgesetz, gibt es nämlich im Rahmen der speziellen Relativitätstheorie eine hübsche Neuformulierung.

Wir haben im vorangehenden Abschnitt die Weltlinien verschiedener Uhren betrachtet. Im Folgenden sind sie noch einmal dargestellt, zusammen mit den Ereignissen A und B, an denen sich die Uhren alle gleichzeitig am selben Ort befinden.

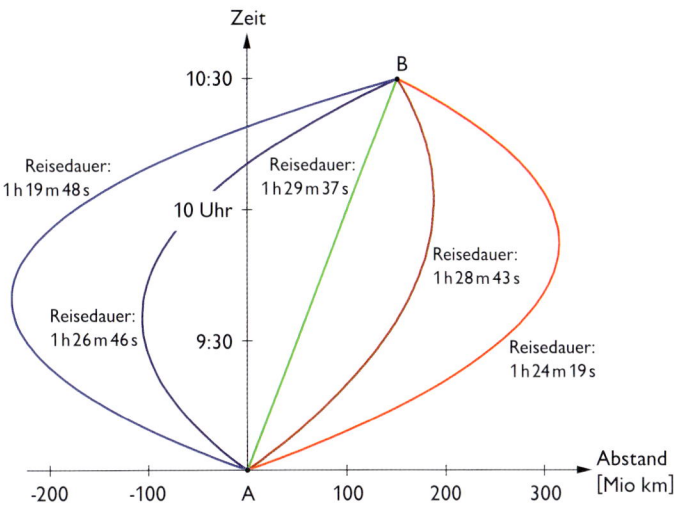

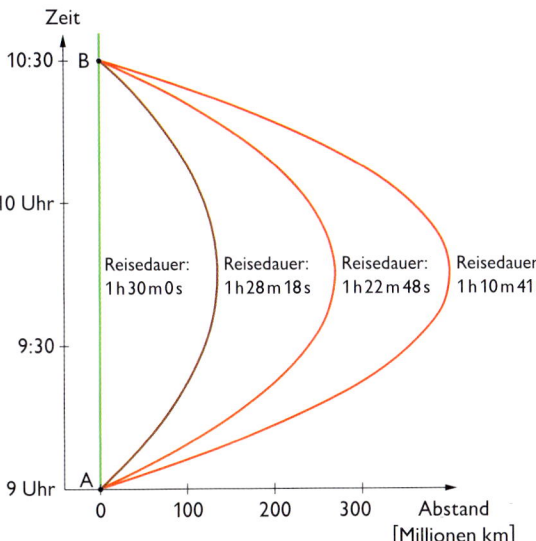

Ebenfalls eingetragen ist für jede der Uhren die Zeit, die auf ihr zwischen den Ereignissen A und B vergeht. Nach den Ausführungen im vorigen Abschnitt sind diese Zeitdauern übrigens gerade die relativistischen Längen der betreffenden Kurven.

Auffällig ist: Je weiter die Weltlinie von der Senkrechten abweicht, desto kürzer ist die Zeit, die auf der betreffenden Uhr im Weltlinienabschnitt zwischen A und B vergeht. Hier ein weiteres Beispiel für zwei andere Ereignisse A und B:

Diesmal liegen A und B aus der Sicht des eingezeichneten Koordinatensystems nicht am gleichen Ort. Durch die Weltlinie eines in diesem Koordinatensystem ruhenden Beobachters lassen sie sich daher nicht verbinden. Wieder sind aus der Schar der unendlich vielen verschiedenen Weltlinien, mit denen sich die Ereignisse A und B verbinden lassen, einige Beispiele eingezeichnet, samt der Gesamttreisezeit, wie sie eine entlang der entsprechenden Weltlinie bewegte Uhr misst. Erneut fällt auf: Die längste dieser »Eigenzeiten«, von einer entsprechend bewegten Uhr gemessen, entfällt auf die Raumzeitgerade, die A und B direkt verbindet. Je weiter eine Weltlinie von dieser Geraden abweicht, umso geringer ist die Reisezeit, die die mitreisende Uhr misst. Diese Aussage, hier an einer winzigen Stichprobe von Weltlinien demonstriert, lässt sich im Rahmen der speziellen Relativitätstheorie ganz allgemein beweisen: Je größer die Abweichung von der Idealform der Raumzeitgeraden, umso geringer die mit einer Weltlinie verbundene Eigenzeit.

Jetzt kommt das erste Grundgesetz der Mechanik ins Spiel. Sie erinnern sich, so hoffe ich: In Kapitel 3 haben wir dieses Gesetz, das Trägheitsprinzip, zunächst in seiner klassischen Form eingeführt: Körper, auf die keine Kräfte wirken, bewegen sich mit konstanter Geschwindigkeit entlang geraden Bahnen. In der Nachbemerkung zum selben

Kapitel haben wir das Gesetz bereits geometrisch umformuliert: Die Weltlinien von Objekten, auf die keine äußeren Kräfte wirken, sind Raumzeitgeraden. Jetzt, wo wir die Raumzeitgerade als »Weltlinie maximaler Reisezeit« zwischen vorgegebenen Ereignissen kennen gelernt haben, können wir das Trägheitsprinzip noch einmal umformulieren. Klassische Mechanik und die Eigenschaften bewegter Uhren zusammenfassend, kommen wir auf das folgende Gesetz:

> **Die Weltlinie eines kräftefreien Körpers zwischen zwei gegebenen Ereignissen ist so beschaffen, dass ihre relativistische Länge maximal ist.**

Wenn Ihnen die relativistische Länge zu abstrakt ist, können Sie stattdessen auch sagen:

> **Die Weltlinie eines kräftefreien Körpers zwischen zwei gegebenen Ereignissen ist so beschaffen, dass auf einer entlang derselben Weltlinie mitbewegten Uhr maximal viel Zeit vergeht.**

Etwas verkürzt, indem wir den Begriff einer »inneren Uhr« einführen, von der wir uns für jeden Körper vorstellen können, er führe sie ständig bei sich:

> **Die Weltlinie eines kräftefreien Körpers zwischen zwei gegebenen Ereignissen ist so beschaffen, dass auf seiner inneren Uhr möglichst viel Zeit vergeht.**

Aus dem Alltag kennen wir einen Begriff für Menschen, die dafür sorgen, dass zwischen ihren Start- und Zielorten im Raum möglichst viel Zeit vergeht. Übertragen wir diesen Begriff auf das Verhalten kräftefreier Körper in der Raumzeit, können wir das erste Grundgesetz der Mechanik salopp auch so formulieren:

> **Kräftefreie Körper trödeln.**

Die Formulierung des Trägheitsprinzips als Trödelprinzip hat einige Vorteile. Hinter der klassischen Urform des Gesetzes und ihrer ersten geometrischen Version, nach der sich Körper auf Raumzeitgeraden bewegen, stecken einige Voraussetzungen über Rahmenbedingungen. Auf geraden Bahnen, mit konstanter Geschwindigkeit, bewegen sich freie Körper eben nur aus der Sicht von Beobachtern in Inertialsystemen, »frei bewegten Koordinatensystemen«, wenn man so will. Bevor das Gesetz formuliert werden kann, muss man daher zunächst entsprechende Vorbereitungen treffen und Inertialsysteme überhaupt erst einführen. Die Formulierung als Trödelprinzip kommt ohne Bezug auf äußere Koordinatensysteme aus. Ihre Aussage betrifft lediglich den Körper selbst beziehungsweise eine von ihm mitgeführte hypothetische Uhr.

ENERGIE UND MASSE

Das erste Grundgesetz der Mechanik haben wir damit erfolgreich in die spezielle Relativitätstheorie eingegliedert. Auch das dritte Grundgesetz, Actio gleich Reactio, lässt sich einfach übernehmen. Das zweite Grundgesetz ist in seiner Alltagsfassung »Kraft gleich Masse mal Beschleunigung« allerdings nur noch näherungsweise gültig, nämlich nur für Geschwindigkeiten, die im Vergleich mit der Lichtgeschwindigkeit sehr klein sind, und nur dann, wenn man keine allzu genauen Messungen durchführt. Die allgemeine, abstraktere Fassung dieses Gesetzes, »Kraft gleich Änderung des Impulses mit der Zeit«, gilt dagegen weiterhin, wobei aber in der Definition des Impulses eines Teilchens, »Impuls gleich Masse mal Geschwindigkeit«, nunmehr die relativistische Masse steht, der wir im Zusammenhang mit dem kosmischen Tempolimit der Lichtgeschwindigkeit begegnet sind: Die relativistische Masse ist geschwindigkeitsabhängig, sie wird immer größer, je näher ein schnell bewegter Körper der Lichtgeschwindigkeit kommt.

Steigt man tiefer in die geometrische Welt der speziellen Relativitätstheorie ein, dann offenbart die Betrachtung von Kräften, Beschleunigungen und der Frage, wie sie und das zweite Kraftgesetz sich für verschiedene Inertialbeobachter darstellen, überraschende neue Zusammenhänge. Den berühmtesten möchte ich im Folgenden beschreiben. Anstatt von der Geometrie auszugehen, schiebe ich allerdings lieber eine ruhige Kugel.

Rudimentäres Weltraumbillard, eine einfache Sorte von physikalischem Experiment: Dort schwebt eine grüne Billardkugel im Raum, relativ zu unserer Raumstation unbewegt. Nun schicke ich ihr eine rote Kugel entgegen, der ich mit meinem Queue eine konstante Geschwindigkeit verpasst habe. Die Kugeln stoßen zusammen; das typische »Klack«, mit dem sie aufeinander treffen, fehlt freilich, da die Kollision im luftleeren Weltraum stattfindet, in dem sich keine Schallwellen fortpflanzen können. Skizziert ist die Situation im Folgenden anhand von drei überlagerten Schnappschüssen:

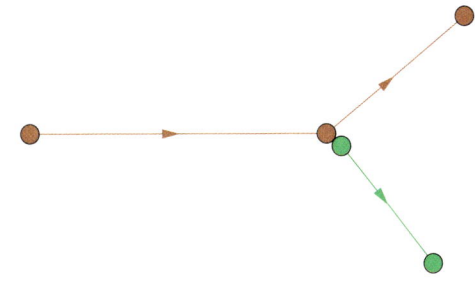

Wie fliegen die Kugeln nach der Kollision weiter? Eine typische Fragestellung in Mechanikkursen, und man kann sicherlich eine Antwort finden, indem man die drei Grundgesetze der Mechanik bemüht. Es gibt im Rahmen der klassischen Physik aber noch eine andere Art und Weise, eine solche Situation zu behandeln, und die erweist sich, wenn es hart auf hart kommt und nicht nur Prosa, sondern exakte Gleichungen geschrieben werden sollen, als sehr ökonomisch und elegant. Sie nutzt aus, dass es in der klassischen Physik eine Reihe von physikalischen Größen wie Energie und Impuls gibt, die man als *Buchhaltergrößen* bezeichnen könnte. In einer betriebswirtschaftlichen Bilanz muss, wenn alles mit rechten Dingen zugegangen ist, wenn alle Posten von Soll und Haben, von Betriebsschulden und Betriebsvermögen berücksichtigt und gegeneinander verrechnet sind, am Ende null heraus-

kommen. Geld und Güter dürfen schließlich in gesetzestreuen Wirtschaftsbetrieben nicht einfach verschwinden oder unversehens aus dem Nichts auftauchen. Ebenso gibt es in der Natur physikalische Größen, die sich bilanzieren lassen. Eine davon ist die Energie, und jeder der beiden Kugeln in unserer Billardsituation lässt sich eine Bewegungsenergie zuordnen, die nur von ihrer Masse und ihrer Geschwindigkeit abhängt. (Die Bewegungsenergie der ruhenden grünen Kugel vor dem Stoß ist null – die Kugel bewegt sich überhaupt nicht.) Auch kann man jeder der Kugeln einen Impuls zuordnen, so etwas wie ihren Schwung, definiert als Kugelmasse mal Geschwindigkeit, genau genommen sogar drei Impulswerte, entsprechend den drei unabhängigen Richtungen des dreidimensionalen Raums, in die die Kugel sich bewegen kann. Wichtig ist an diesen Größen, dass die Bilanz stimmen muss. Die Summe aller Energien vor dem Stoß muss dieselbe sein wie danach. Die Summe aller Energien ist unveränderlich, sie hat zu jedem Zeitpunkt denselben Wert. Dieser Umstand heißt *Energieerhaltungssatz*, und er lässt sich recht allgemein aus den drei Grundgesetzen der Mechanik ableiten. Vollkommen analog kann man für den Impuls (genauer: die drei verschiedenen Impulswerte) argumentieren. In der Sprache der Physiker heißen diese Größen allerdings nicht Buchhaltergrößen, sondern *Erhaltungsgrößen*. Eine weitere Erhaltungsgröße ist die *Masse*: Die Gesamtmasse aller Körper, die an einer Wechselwirkung teilnehmen, ist vorher und nachher dieselbe.

Nutzt man die konstanten Summen der verschiedenen Erhaltungsgrößen aus, so lassen sich beispielsweise die Rechnungen zu der Frage, wie die Kugeln nach der Kollision weiterfliegen, erheblich vereinfachen. Auch über kompliziertere Kollisionen sind dank der erhaltenen Größen einfache Aussagen möglich. Mögen die Einzelheiten auch noch so kompliziert sein – die Energiesumme bleibt gleich. Stellen wir uns 99 Teilchen vor, die aufeinander zu fliegen, in kompliziertester Weise miteinander interagieren, sich mit Kräften anziehen oder wegstoßen, am Ende auseinander stieben und sich voneinander entfernen: Die Summe ihrer Energien muss am Anfang dieselbe sein wie während der komplizierten Wechselwirkung und wie am Ende, auf ihrem Weg zum Horizont. Das ist mitunter sehr praktisch, denn eine Interaktionsphase zu beschreiben kann beliebig kompliziert sein. Energie lässt sich bilanzieren, in der unter Physikern üblicheren Sprechweise: Die Energie bleibt erhalten.

Freilich: Wenn es sich nicht mehr um Teilchen oder idealisierte Körper handelt, die wie Billardkugeln zusammenstoßen, muss man außer der Bewegungsenergie noch andere Energieformen berücksichtigen. Einige davon dürften den Lesern aus dem Physikunterricht in der Schule mehr oder weniger dunkel in Erinnerung geblieben sein. Ein massiver Körper, der in einem Gravitationsfeld entgegen der Wirkung der Schwerkraft angehoben wurde, besitzt beispielsweise so genannte potenzielle Energie. Mit einem Topf heißen Wassers ist Wärmeenergie assoziiert. Licht und andere Formen elektromagnetischer Strahlung tragen Strahlungsenergie davon. Gemeinsam ist allen diesen Energiesorten, dass sie zu ein und derselben Gesamtsumme beitragen. Zählt man all die verschiedenen Beiträge zu einer umfassenden Gesamtenergiesumme zusammen, dann gilt: Der Wert dieser Gesamtsumme bleibt konstant. Energie geht nicht verloren oder wird aus dem Nichts erzeugt, sondern allenfalls von einer Form in eine andere umgewandelt.

Führt man die entsprechenden Definitionen im Rahmen der speziellen Relativitätstheorie ein, dann zeigt sich, dass auch in ihr Energieerhaltung gilt, wenn auch die Bewegungsenergie, die man einem bewegten Körper zuschreiben muss, anders definiert ist als in der klassischen Physik. Untersucht man den Erhaltungssatz für die Masse, ergibt sich allerdings eine überraschende Neuerung.

In der klassischen Mechanik ist die Masse eine erhaltene Größe – mit jedem Körper ist eine konstante Masse assoziiert, und die Summe dieser Einzelmassen verändert sich nicht, wenn Körper aneinander stoßen, sich miteinander verbinden, in Einzelteile zerfallen oder sonstwie miteinander wechselwirken. Verstehen lässt sich das beispielsweise über ein »naives Atombild«: Alle Materie besteht letztendlich aus verschiedenen Sorten von Atomen. Mit jeder Atomsorte ist eine charakteristische Masse verbunden, und die Masse eines Körpers ist ganz einfach die Summe der Massen der Atome, aus denen er besteht. Bei Zerfällen, Zusammenstößen oder der Vereinigung kleiner Körper zu einem größeren werden die beteiligten Atome zwar umgeordnet und durchgeschüttelt, aber es werden weder Atome vernichtet noch entstehen neue, noch wechselt ein Atom die Sorte. Die Massensumme aller Atome vor und nach der Wechselwirkung ist deswegen dieselbe wie vorher.

Die relativistische Masse hängt nun aber, wie schon angemerkt, von der Geschwindigkeit ab. Mit einem einfachen Aufsummieren der Massen elementarer Bestandteile ist es deswegen nicht getan – es kommt auch darauf an, wie sich die Körper vor und nach der Wechselwirkung bewegen. Ein Körper, der mit hoher Geschwindigkeit aus dem Wechselwirkungsbereich entkommt, trägt mehr relativistische Masse davon als ein identisch aufgebauter Körper, der langsam davonfliegt. So einfach wie in der klassischen Physik kann die Massenerhaltung damit nicht mehr sein. Nehmen wir an, es flögen zwei identisch gebaute Körper, die wir mit superhaftendem Millisekundenkleber bestrichen haben, aufeinander zu. Von dem Bezugssystem aus, in dem wir den Vorgang beobachten, mögen die Körper gleich schnell fliegen:

Die roten Pfeile deuten dabei die Geschwindigkeiten der Körper an, hellblau sind die Klebstoffflecken zu sehen. Wenn die Körper zusammenstoßen, bleiben sie aneinander haften. Der resultierende Kombinationskörper befindet sich in unserem Bezugssystem in Ruhe. (Das kann man mit den Gesetzen der Mechanik, aber beispielsweise auch direkt mit dem Impulserhaltungssatz zeigen.)

Damit aber, so sollte man meinen, ist die Summe der relativistischen Massen vorher größer als nachher: Die Ruhemasse, die jeder der Teilkörper nach dem Zusammenkleben aus unserer Sicht besitzt, ist schließlich kleiner als die relativistische Masse, die er besaß, als er vorher mit hoher Geschwindigkeit an uns vorbeiflog. Ist der Erhaltungssatz für die Masse außer Kraft gesetzt?

Tatsächlich gilt dieser Erhaltungssatz nach wie vor. Einen ersten Hinweis darauf, wie das möglich ist, gibt ein enger Zusammenhang zwischen der relativistischen Bewegungsenergie E_{Bew} und der Differenz Δm, um die die Masse eines bewegten Körpers zunimmt. Diese beiden Größen, so stellt sich heraus, sind direkt zueinander proportional,

$$\Delta m = E_{\text{Bew}}/c^2,$$

wobei c die uns nun schon wohlbekannte Lichtgeschwindigkeit ist. Wenn die Körper aufeinander treffen und zusammenkleben, geht die Bewegungsenergie natürlich nicht verloren – das würde ja auch dem Energieerhaltungssatz widersprechen –, sondern sie wird in Wärmeenergie umgesetzt. Klebstoff und zusammenklebende Körper erwärmen sich ein wenig. Dass dabei keine Masse abhanden kommt, liegt daran, dass auch der zusätzlichen Wärmeenergie gemäß

$$\Delta m = E_{\text{Wärme}}/c^2$$

eine Masse entspricht. Da exakt dieselbe Menge Energie, die vorher als Bewegungsenergie vorlag, nunmehr in Wärmeenergie verwandelt ist, ist die Massensumme vorher wie nachher dieselbe.

Tatsächlich, so das Ergebnis der speziellen Relativitätstheorie, entspricht *jeder* Energie E eine Masse m gemäß der Formel

$$m = E/c^2.$$

Der Erhaltungssatz für relativistische Masse folgt dann direkt aus dem Erhaltungssatz für die Energie. Umgekehrt kann man auch alle Massen als Beitrag zur Gesamtenergie auffassen. Zu den traditionellen Energieformen wie Bewegungs- oder Strahlungsenergie kommt dabei noch eine weitere Energieform hinzu, nämlich die *Ruheenergie* eines Körpers – die Energie, die man ihm allein aufgrund des Umstandes zuschreiben kann, dass er eine Ruhemasse besitzt. Jeder Energie entspricht eine Masse gemäß der eben angegebenen Formel, und jeder Masse m entspricht umgekehrt eine Energie E, die gegeben ist durch – Tusch und Fanfare für die berühmteste Formel der Physikgeschichte –

$$E = m \cdot c^2.$$

Dass die Physiker überhaupt zwei getrennte Größen Energie und Masse definiert haben, ist historisch bedingt – im Rahmen der speziellen Relativitätstheorie erweisen sich Energie und Masse als vollkommen äquivalent. Jeder Energie entspricht eine genau definierte Masse; jeder Masse eine Energie.

DIE (SPEZIELLE) RELATIVIERUNG DER PHYSIK

Die spezielle Relativitätstheorie beschreibt nicht ein kleines, abgegrenztes Teilgebiet der Physik, sondern nimmt sich recht grundlegender Gebilde wie Raum und Zeit an. Damit muss man sie streng genommen überall da in der Physik berücksichtigen, wo Raum und Zeit eine Rolle spielen. Wie in den letzten Abschnitten angedeutet, kann man ganz allgemein aus den vor-Einsteinschen Überlegungen zur Mechanik und der speziellen Relativitätstheorie eine neue, relativistische Mechanik erhalten. Ähnlich geht es mit allen physikalischen Modellen, die auf den klassischen Vorstellungen von Raum und Zeit basieren: Will man sie so erweitern, dass sie selbst dann noch gültig sind, wenn hohe Geschwindigkeiten nahe der Lichtgeschwindigkeit ins Spiel kommen, dann muss man die spezielle Relativitätstheorie hinzuziehen und in ihrem Rahmen neue Versionen der alten Modelle basteln, etwa eine relativistische Hydrodynamik, die das Verhalten von Flüssigkeiten regelt, oder eine relativistische Thermodynamik, um Wärme, Arbeit und Energie zu beschreiben.

In einem Fall ist dazu kein zusätzlicher Aufwand vonnöten. Die Elektrodynamik, die den Zusammenhang von elektrischen Ladungen, Ladungsströmen, elektrischen und magnetischen Feldern beschreibt und auf die ich im Kapitel 7 noch kurz eingehen werde, ist kein Kind, sondern viel eher einer der Väter der speziellen Relativitätstheorie. In ihren Grundgleichungen, die der schottische Mathematiker und Physiker James Clerk Maxwell Mitte des 19. Jahrhunderts aufstellte, sind die Eigenschaften der relativistischen Raumzeit in versteckter Form bereits angelegt. Die Probleme, die sich ergeben, wenn man diese versteckt relativistische Elektrodynamik mit der klassischen Mechanik zu verbinden versucht, waren Ausgangspunkt sowohl für Einsteins Überlegungen zur speziellen Relativitätstheorie als auch für Vorgängerarbeiten wie die von Lorentz, die bereits wichtige Elemente der Theorie enthalten.

Ihre größten Erfolge feiert die spezielle Relativitätstheorie bei der Beschreibung der Mikrowelt. Wenn die heutigen Elementarteilchenphysiker in ihren Beschleunigeranlagen hochenergetische Teilchen kollidieren lassen – sei es bei DESY in Hamburg, sei es bei CERN in Genf: Grundlage der Theorien, die sie dabei testen, ist die Vereinigung von spezieller Relativitätstheorie und Quantentheorie. Ich will hier nur eine allgemeine Vorhersage der relativistischen Teilchenphysik erwähnen, da sie später noch wichtig wird: die Existenz von *Antiteilchen*. Zu jeder Sorte Elementarteilchen, so die Aussage, gibt es eine Art Spiegelsorte von Teilchen mit derselben Masse, aber entgegengesetzter elektrischer Ladung, zu den elektrisch negativen Elektronen etwa die positiv geladenen *Positronen*. Trifft Teilchen auf Antiteilchen, kann es heiß hergehen: Kollidieren beispielsweise ein Elektron und ein Positron, so können sich die beiden Teilchen gegenseitig zu Strahlung vernichten; umgekehrt können aber auch aus hochenergetischer elektromagnetischer Strahlung Elektron-Positron-Paare entstehen – eine vollständige Umwandlung von Ruhemasse in Strahlungsenergie und umgekehrt, die ultimative Bestätigung von $E = m \cdot c^2$.

Ein Konzept der klassischen Physik macht allerdings einen grundlegenden Umbau der Relativitätstheorie nötig, ehe es sich relativistisch beschreiben lässt. Das ist die Gravitation, und der Umbau ist Inhalt des nachfolgenden Kapitels.

ATEMPAUSE

Ich habe mich in den vorangehenden Kapiteln bemüht, nicht nur einen Bilderbogen der relativistischen Sensationen zu malen, sondern zumindest in groben Zügen nachzuzeichnen, wie es zu Effekten wie der Zeitdehnung und der Relativität der Gleichzeitigkeit kommt. Alle Details der vielen Informationen zur speziellen Relativitätstheorie, die in diesem Kapitel auf Sie eingestürmt sind, müssen Sie für die weiteren Teile des Buches natürlich nicht präsent haben. Es wäre allerdings günstig, wenn Sie sich vier Dinge merkten, da ich im Folgenden noch darauf aufbauen werde:

Zum einen den Umstand, dass verschiedene Beobachter die Raumzeit unterschiedlich wahrnehmen können. Wie sich die Raumzeit in Raum und Zeit aufteilt, kann von Beobachter zu Beobachter variieren.

Zum Zweiten das Konzept des Lichtkegels, das Erscheinungsbild von Lichtkegeln im Raumzeitdiagramm und den Umstand, dass die Lichtkegelstruktur für alle Beobachter gleich erscheint (Konstanz der Lichtgeschwindigkeit).

Zum Dritten das merkwürdige Konzept der relativistischen Länge – der Möglichkeit, Raumzeitstrecken entweder eine Zeitdauer, eine räumliche Länge oder aber, wenn es sich um Lichtweltlinien handelt, den Wert null zuzuordnen.

Zum Vierten das »Trödelprinzip« als Umformulierung des ersten Grundgesetzes der Mechanik, die möglich wird, weil der Gang von Uhren von ihrer Bewegung abhängt.

Damit noch einmal tief durchgeatmet, und dann nichts wie hinein in Einsteins Meisterwerk: die allgemeine Relativitätstheorie, Einsteins Theorie der Gravitation.

KAPITEL 5

EINSTEIN ZUM ZWEITEN: ALLGEMEINE RELATIVITÄTSTHEORIE

Allgemeine Relativitätstheorie – gekrümmte Räume, verzerrte Zeit und vor allem: Gravitation als Geometrie. Wir werden uns in diesem Kapitel an Einsteins Theorie herantasten, indem wir zunächst ein paar Eigenschaften der Gravitation zusammenstellen, orientiert an dem, was die klassische, Newtonsche Beschreibung der Gravitation und die Experimente und Beobachtungen, mit denen diese Beschreibung überprüft worden ist, aussagen.

ZEITLÄUFTE

Körper trödeln. Dass sich die Bewegungsgesetze in dieser Weise auf das Verhalten »innerer Uhren« zurückführen lassen, wie wir im letzten Kapitel gesehen haben, ist ein beachtenswerter Umstand. Lässt sich daraus noch weiteres Kapital schlagen? Lässt sich das Modell in interessanter Weise verändern, und wenn ja, was kommt dabei heraus? Auch so kann theoretische Physik bisweilen funktionieren. Manchmal führt einfach der spielerische Umgang mit bereits vorhandenen Modellen weiter. Die einfachste Veränderung ist die folgende. Bislang hatten wir nur den Einfluss der Bewegung auf die Ganggeschwindigkeit von Uhren im Blick: Bewegte Uhren gehen aus der Sicht eines gegebenen Inertialbeobachters langsamer als ruhende. Was wäre, wenn die Ganggeschwindigkeit von Uhren zusätzlich vom Ort abhinge?

Exakter formuliert: Wir haben in Kapitel 1 die Raumzeit mit Hilfe einer Ur-Uhr und vieler Lichtsignale mit einem Koordinatennetz überzogen und so etwas wie eine globale Zeit definiert: eine Möglichkeit, jedem Ereignis, egal, wo es stattfindet, einen Zeitpunkt zuzuordnen. Dort, wo wir uns bislang aufgehalten haben, im leeren Weltraum, fern jeden Gravitationseinflusses, mit umhertreibenden

Inertialsystem-Raumstationen, verging die über die Lichtsignale definierte Zeit genauso schnell, wie es der Ganggeschwindigkeit ruhender Uhren entsprach. Konkret: Ruhte irgendwo im Weltraum eine Kopie unserer Ur-Uhr und stellte ich daneben eine Funkuhr, die über die Zeitsignale der fernen Ur-Uhr gesteuert wurde, so reichte es aus, die Uhrenkopie ein einziges Mal mit der Funkuhr abzugleichen. Nach dieser Synchronisation war die Ganggeschwindigkeit von Uhrenkopie und Funkuhr dieselbe. Was, wenn dem nicht so wäre? Was, wenn lokale Uhren – genaue Kopien unserer Ur-Uhr – an einigen Orten langsamer oder schneller gingen, verglichen mit dem per Lichtsignal übertragenen Zeitwert? Fangen wir mit einem einfachen eindimensionalen Fall an und betrachten eine einzige Raumrichtung: Angenommen, die Zeit verginge immer langsamer, je weiter man sich in dieser Richtung im Raum bewegte. Im Raumzeitdiagramm sähe das etwa so aus:

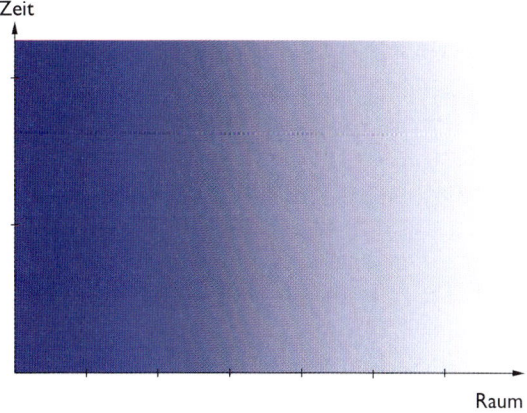

Dabei bedeutet tieferes Blau einen langsameren Zeitfluss, helleres Blau einen schnelleren. Je weiter man sich in der eingezeichneten Raumrichtung nach links bewegt, umso langsamer vergeht die

Zeit; je weiter man sich nach rechts bewegt, umso schneller vergeht sie. Etwas genauer: Wir können den Gang von Kopien unserer Ur-Uhr, die sich unterschiedlich weit links oder rechts in Ruhe befinden, genauso mit Hilfe von hin- und hergeschickten Lichtsignalen vergleichen, wie wir im vorigen Kapitel die Gleichzeitigkeit von Ereignissen bestimmt haben. Die Ganggeschwindigkeit zweier Uhren zu vergleichen heißt schließlich nichts anderes als festzustellen: Ticken die Uhren gleichzeitig, oder folgen die Ticks der einen Uhr etwas schneller aufeinander als die der anderen? Wenn wir den Gang einer Uhr, die weiter links im Bild ruht, mit Hilfe von Lichtsignalen mit dem Gang einer etwas weiter rechts ruhenden Uhr vergleichen, dann ergibt sich, dass die linke Uhr langsamer geht als die rechte, und dieser Trend setzt sich fort: Je weiter links eine Uhr auf der eingezeichneten Raumachse liegt, umso langsamer geht sie. Aber das Langsamergehen beschränkt sich nicht auf Uhren. Alle Vorgänge gehen an jedem Ort so schnell oder langsam, wie es der daneben stehenden Ur-Uhr-Kopie entspricht: Kocht man ein Fünf-Minuten-Ei, dann entspricht dieser Vorgang gerade fünf Minuten, die auf der daneben stehenden Uhr vergehen. Sind auf dieser Uhr zwei Jahre vergangen, dann ist ein Mensch, der daneben gesessen hat, tatsächlich um zwei Jahre gealtert. Nicht nur für die Uhren, sondern ganz allgemein gilt daher, wenn wir Vorgänge per Lichtsignal miteinander vergleichen: Sie alle gehen umso langsamer, je weiter links auf der Raumachse sie stattfinden. In diesem Sinne können wir, etwas verkürzt, sagen, »die Zeit« vergehe umso langsamer, je weiter links wir uns auf der Raumachse bewegen, und solche gegeneinander verschobenen »Zeit-Geschwindigkeiten« sind gemeint, wenn auf den folgenden Seiten von »ortsabhängiger Zeit« die Rede ist. Wie bewegen sich kräftefreie Körper in einer solchermaßen veränderten Raumzeit? Wir wollen annehmen, sie gehorchten weiterhin dem Trödelprinzip: Jeder Körper, der sich vom Raumzeitpunkt A zum Raumzeitpunkt B bewegt, folgt dabei der Verbindungslinie mit der größten relativistischen Länge, derjenigen Weltlinie, auf der für seine innere Uhr am meisten Zeit vergeht. Ohne

eine ortsabhängige Ganggeschwindigkeit der Uhren war diese Bahn leicht zu finden. Es handelte sich, wie wir im vorigen Kapitel gesehen haben, einfach um die gerade Verbindungslinie von A und B: Die Weltlinien von kräftefreien Körpern waren in diesem Fall Raumzeitgeraden. Jetzt ist die Situation komplizierter, denn offenbar gilt es, einen Kompromiss zwischen zwei entgegengesetzten Effekten zu finden. Zum einen: Je weiter nach links der Körper zu einem bestimmten Zeitpunkt seiner Bahn gelangt ist, umso ungünstiger ist es für ihn. Links vergeht schließlich die Zeit langsamer, und das beeinflusst auch die innere Uhr des Körpers. Der Körper soll sich aber insgesamt auf einer Bahn bewegen, auf der er maximal trödelt. Trödeln heißt, dass auf seiner inneren Uhr möglichst *viel* Zeit vergeht, dass seine innere Uhr also möglichst *schnell* tickt. Erfolgreiches Trödeln bedeutet, sich so lange wie möglich aus der Zone langsamer gehender Uhren herauszuhalten, sprich, nicht direkt zum Ereignis B zu eilen, sondern für einige Zeit möglichst weit rechts zu bleiben. Das ist der erste Effekt, aber es kommt noch ein zweiter hinzu: Je weiter die Weltlinie des Körpers von der Raumzeitgeraden zwischen A und B abweicht, umso mehr wirkt sich die Zeitdehnung der speziellen Relativitätstheorie aus, die seine Uhr wiederum unerwünscht langsamer gehen lässt. Ginge es nur um diesen Effekt, dann bestünde die Lösung darin, direkt auf B zuzulaufen, eben auf der Verbindungsgeraden. Zwei Effekte, zwei sich widersprechende Einzellösungen: Rechts bleiben und damit von der Raumzeitgeraden abweichen? Oder direkter fliegen, aber damit ungünstigerweise rasch in den Bereich langsamer Zeit gelangen? Irgendwo dazwischen liegt der Kompromiss, die Lösung des kombinierten Problems, eine Bahn, die, was das Trödelprinzip angeht, optimal ist.

Für das Auffinden solcher optimalen Bahnen stellt die Mathematik ein recht allgemein anwendbares Werkzeug zur Verfügung, das *Variationsrechnung* heißt. Gibt man das Trödelprinzip samt der Ortsabhängigkeit der Zeit vor, dann lassen sich die gewünschten Weltlinien mit den Mitteln der Variationsrechnung auf einfache Weise finden. Als Beispiel wählen wir diesmal eine Situation mit vergleichsweise alltagsnahen Dimensionen: zwei Ereignisse, die bezüglich unseres Koordinatensystems zeitlich zehn Sekunden und räumlich 490 Meter auseinander liegen. Für die einfachste Version einer »Zeitverlangsamung« (Näheres dazu später) ergibt sich das folgende Raumzeitbild.

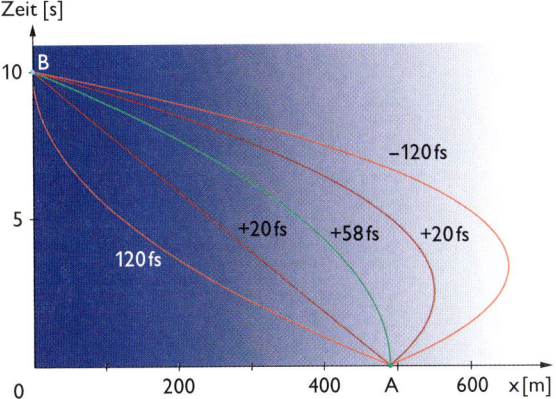

Die Abbildung zeigt vier nichtoptimale Bahnen in Rot, unter anderem die Raumzeitgerade zwischen A und B, die den Körper recht schnell in die ungünstigen Gebiete langsam vergehender Zeit führt, und Bahnen, die den Körper lange jenen Gebieten fern halten, aber dafür so weit von der Geraden abweichen, dass die speziell-relativistischen Effekte den Vorteil mehr als wettmachen.

Die Reisezeiten der auf den entsprechenden Weltlinien mitbewegten Uhren weichen nur sehr wenig von den zehn Sekunden Koordinatenzeit ab; eingetragen ist dabei neben jeder Kurve lediglich die Abweichung der Reisezeit der inneren Uhr von diesen zehn Sekunden, angegeben in Billiardstel Sekunden, in der Sprache der Physiker: Femtosekunden, Abkürzung fs. Die Reisezeiten entlang der äußersten, hellroten Kurven sind rund 120 Femtosekunden kürzer als die Koordinatenzeit (daher das Minuszeichen), die Reisezeiten entlang der inneren, dunkelroten Bahnen betragen dagegen 10 Sekunden plus 20 Femtosekunden. Die maximale Reisezeit gehört zur grünen Kurve, die den optimalen Kompromiss zwischen relativistischer Zeitdehnung und äußerer Ortsabhängigkeit der Zeit darstellt. Sie beträgt 10 Sekunden plus satte 58

Femtosekunden. Das ist die Bahn, die ein Körper dem Trödelprinzip nach zu nehmen hätte.

Wer sich noch an die Schulphysik der Mittelstufe erinnert, könnte hier ein Aha-Erlebnis haben: Die Bahn ist die schöne Fallparabel eines Körpers, der sich zunächst am Ort $x = 490$ Meter in Ruhe befindet und dann mit der Beschleunigung von 9,81 Metern pro Sekunde zum Quadrat in Richtung kleinerer x-Werte fällt. Vielleicht ist die Orientierung der Darstellung etwas ungewohnt; ich drehe das Raumzeitkoordinatensystem einmal in eine im Schulunterricht üblichere Orientierung:

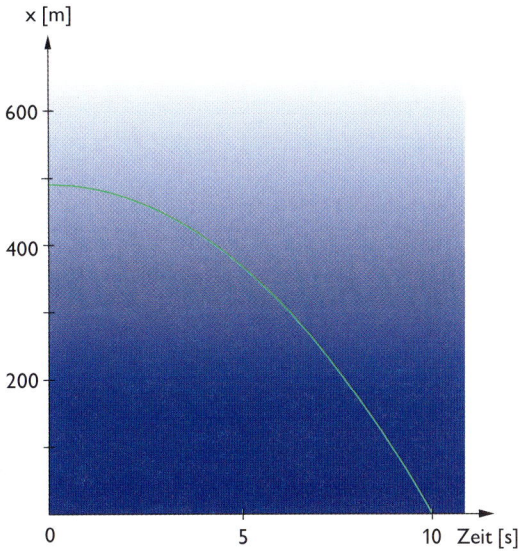

Dass die x-Richtung bei dieser Orientierung senkrecht nach oben zeigt, suggeriert eine Höhe, etwa die Höhe über dem Erdboden. Genau solch eine halbe Parabel ist im Raumzeitdiagramm die Bahn eines Körpers, der aus fünfhundert Meter Höhe zu Boden fällt (und dabei, ablesbar an der Krümmung seiner in dieser Orientierung von links oben nach rechts unten laufenden Weltlinie, immer schneller wird, wie es sich für einen fallenden Körper gehört). Würde man sich die entsprechenden Formeln für die Ortsabhängigkeit der Zeit anschauen, so könnte man sehen, dass ich für den Faktor, der die Ortsabhängigkeit der Zeit beschreibt, gerade 9,81 Meter pro Sekundenquadrat gewählt habe, geteilt durch das Quadrat der Lichtgeschwindigkeit. 9,81 Meter pro Sekundenquadrat ist aber genau der Wert der Fallbeschleunigung zum Erdboden hin: Mit jeder Sekunde nimmt die Geschwindigkeit eines fallenden Körpers aufgrund der Schwerkraft um 9,81 Meter pro Sekunde zu.

Vom Grundprinzip her ein sehr eindrucksvolles Ergebnis: Offenbar gilt, zumindest in diesem Spezialfall, der Zusammenhang

> Trödelprinzip + ortsabhängige Zeit = Gravitationseinfluss.

Das ist die erste Erkenntnis über die Gravitation, die es festzuhalten gilt: Ihr Einfluss ergibt sich aus der Kombination von ortsabhängiger Zeit und der Forderung des Trödelprinzips, dass für den fallenden Körper maximal viel (Eigen-)Zeit vergeht, dass seine Weltlinie die maximale relativistische Länge hat. An keiner Stelle unseres Modells war von einer »Kraft« die Rede, und doch verhalten sich die Körper so, als folgten sie dem Einfluss der Schwerkraft! Dass unser Modell auf einmal Gravitation beschreibt, ergibt sich nur deshalb, weil wir in die Raumzeitgeometrie eine kleine Änderung eingebaut haben, eben dass die Zeit von Ort zu Ort ein wenig verschieden schnell vergeht.

Man könnte meinen, das sei vielleicht nur ein glücklicher Zufall – ein besonders einfacher Sonderfall der ortsabhängigen Zeit entspricht dem einfachsten Fall eines konstanten Gravitationseinflusses, der Körper mit konstanter Kraft in eine bestimmt Richtung zieht. Tatsächlich lässt sich das Rezept wesentlich allgemeiner anwenden. Ich habe in Kapitel 3 das Newtonsche Bild der Gravitation angesprochen: Gravitation als eine Kraft, die auf alle Körper wirkt, die eine Masse haben. Jeder Einfluss, den ein massiver Körper oder ein Ensemble solcher Körper auf seine Umgebung ausübt, lässt sich auch als Kombination von ortsabhängiger Zeit und Trödelprinzip formulieren: Je näher wir einem der Körper kommen, umso langsamer läuft die Zeit, wobei die Verlangsamung proportional zur Masse des Körpers ist und umgekehrt proportional zu unserem Abstand

zu ihm. Nun können wir zusätzlich zu den massiven Körpern kleine Testkörper betrachten. Der Begriff »Testkörper« soll hier und im weiteren Text Körper bezeichnen, deren Masse so gering ist, dass ihre Schwerkraft die Umgebung nicht nennenswert beeinflusst, und die sich daher vorzüglich dazu eignen, ein gegebenes *Gravitationsfeld* zu erkunden, mit anderen Worten: die Gesamtheit der möglichen Gravitationseinflüsse, die der oder die massiven Körper auf andere Materie ausüben können. Daran, wie diese Testkörper von ihren geraden Raumzeitbahnen abgelenkt werden, zeigt sich der Einfluss der Gravitation, ohne dass wir befürchten müssten, die Ausgangssituation durch die Hinzufügung unserer Testkörper merklich zu verändern. Tatsächlich ergeben sich die Bahnen der Testkörper auch in solchen allgemeineren Situationen direkt aus der Verknüpfung der Ortsabhängigkeit der Zeit mit dem Trödelprinzip. Was zu Beginn dieses Abschnitts als mathematische Spielerei eingeführt wurde, erweist sich als allgemeines Rezept, die Wirkung der Gravitation nicht mit Hilfe des Kraftbegriffes zu beschreiben, sondern über ortsabhängige Eigenschaften der Zeit.

Allerdings – *nur* der Zeit? Wie im letzten Kapitel besprochen, bedeutet die Relativität der Gleichzeitigkeit, dass die verschiedenen Inertialbeobachter durchaus unterschiedliche Vorstellungen davon haben, welche Richtung in der Raumzeit der Zeit entspricht und in welche Richtungen die Raumachsen zeigen. Wenn für einen Beobachter, wie in den obigen Ausführungen zum erweiterten Trödelprinzip beschrieben, die Raumzeit so verändert ist, dass die Zeit von Ort zu Ort unterschiedlich schnell vergeht, dann gibt es genügend andere Beobachter, für die diese Verzerrung nicht nur die Zeit, sondern Zeit *und* Raum betrifft. Was das im Einzelnen bedeutet, ist noch zu klären; festzuhalten bleibt: Falls wir nicht Gründe finden, ein ganz bestimmtes Bezugssystem zu bevorzugen, in dem die Gravitation tatsächlich *nur* durch Zeitverzerrung wirkt, gilt allgemeiner so etwas wie

> Trödelprinzip + verzerrte Raumzeit = Gravitationseinfluss.

WARUM NICHT AUCH ELEKTRISCHE KRÄFTE?

Vielleicht ist dies ja nur der Beginn einer wunderbaren Freundschaft – warum nicht ausprobieren, ob sich dasselbe Rezept, die »Verzeitlichung« von Kräften, auch auf andere Arten von Wechselwirkung übertragen lässt? Beispielsweise auf die so genannte elektrostatische Kraft, mit der ein elektrisch geladener Körper auf Ladungen in seiner Umgebung wirkt. Deren Kraftgesetz hat fast genau dieselbe Form wie Newtons Gravitationsgesetz: Die elektrostatische Kraft zwischen zwei elektrisch geladenen Körpern ist proportional zu den elektrischen Ladungen der beiden Körper und umgekehrt proportional zum Quadrat ihres Abstandes voneinander. Trotzdem besteht ein entscheidender Unterschied zwischen den beiden Kräften, den ich in diesem Abschnitt näher erläutern möchte.

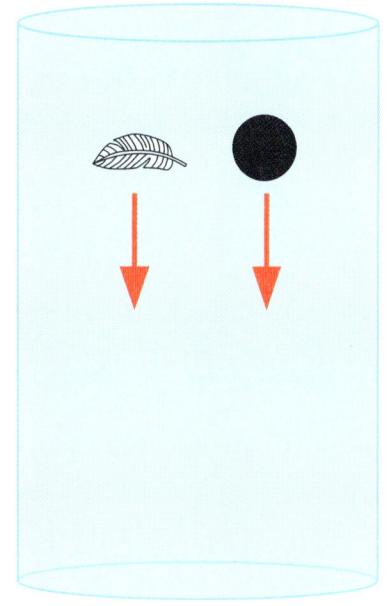

Der folgende Versuch darf wohl in keiner Anfängervorlesung zur Physik fehlen: Am oberen Ende eines senkrecht stehenden Glasrohrs wird eine kleine Halterung angebracht, die zum einen eine Feder, zum anderen eine Bleikugel festhält. Das Glasrohr wird luftdicht verschlossen, und anschließend wird die Luft herausgepumpt. Dann wird die Halterung gelöst, und Feder und Bleikugel fallen zu Boden. Das Ergebnis ist verblüffend anzusehen, selbst dann, wenn man aus dem Physikunterricht schon weiß, was passieren wird.

Feder und Bleikugel fallen haargenau gleich schnell, beschleunigen in genau derselben Weise, fallen einträchtig nebeneinanderher und kommen schließlich gleichzeitig am unteren Ende der Röhre an. Nur wenn die Luftreibung eine Rolle spielt, tritt ein, was wir eher zu sehen erwartet hätten, nämlich, dass die Bleikugel direkt nach unten fällt, die Feder dagegen weit langsamer hinabschwebt. Kommt es dagegen nur auf die Schwerkraft an, dann verhalten sich diese so verschiedenen Objekte vollkommen gleich.

Warum das so ist, ergibt sich in der klassischen Mechanik direkt aus dem Newtonschen Gravitationsgesetz und dem zweiten Grundgesetz der Mechanik. Newtons Gesetz für die Stärke der Gra-

vitation habe ich im Kapitel 3 kurz erwähnt. Ihm zufolge ist die Kraft, die beispielsweise auf die Feder wirkt, proportional zur Masse der Feder und zur Masse des anziehenden Körpers (der Erde). Außerdem hängt sie vom Abstand der Feder vom Erdmittelpunkt ab; je weiter entfernt die Feder, umso kleiner die Kraft. Die einzige für die Feder spezifische Eigenschaft, die in die Kraftberechnung einfließt, ist demnach ihre Masse. Nun rechnen wir aus, wie die Gravitationskraft die Bewegung der Feder beeinflusst, anders ausgedrückt: Wir berechnen die Beschleunigung, die die Feder aufgrund der Gravitationskraft erfährt. Nach dem zweiten Grundgesetz der Mechanik, ebenfalls in Kapitel 3 angesprochen, besteht zwischen der Kraft, die auf einen Körper wirkt, und der Beschleunigung, die er erfährt, ein direkter Zusammenhang: Kraft ist gleich Masse mal Beschleunigung oder, andersherum und direkt auf unseren Fall angewandt:

$$\text{Beschleunigung der Feder} = \frac{\text{Kraft auf die Feder}}{\text{Masse der Feder}}.$$

Andererseits lautet das Newtonsche Gravitationsgesetz, das die Stärke der Gravitationskraft regelt, auf unseren Fall angewandt:

$$\text{Kraft auf die Feder} =$$

$$\frac{\text{Gravitationskonstante} \cdot (\text{Masse der Feder}) \cdot (\text{Masse der Erde})}{(\text{Abstand Feder–Erdmittelpunkt})^2}$$

und wenn wir diese Kraft auf die Feder in die Formel für die Beschleunigung der Feder einsetzen, dann steht da

$$\text{Beschleunigung der Feder} =$$

$$\frac{\text{Gravitationskonstante} \cdot (\text{Masse der Feder}) \cdot (\text{Masse der Erde})}{(\text{Masse der Feder}) \cdot (\text{Abstand Feder–Erdmittelpunkt})^2}$$

Die Masse der Feder steht im Zähler *und* im Nenner, kürzt sich somit heraus, und die Beschleunigung hängt dann gar nicht mehr von den Eigenheiten der Feder ab, sondern nur noch von dem Ort, an dem sie sich befindet, und von der Masse der Erde. Ob wir von der Kraft auf die Feder ausgehen und dann durch die Masse der Feder teilen oder ob wir von der auf die Bleikugel wirkenden Kraft ausgehen und durch die Masse dieser Kugel teilen – die Masse hebt sich in beiden Fällen heraus, und da sich Feder und Kugel ziemlich genau gleich weit weg vom Erdmittelpunkt befinden, bleibt ein und dieselbe Beschleunigung für Feder und Kugel übrig. Das ist der Hintergrund des Fallexperiments mit Feder und Bleikugel.

Es ist auch die Voraussetzung für die alternative Beschreibung mittels Trödelprinzip und ortsabhängiger Zeit, in der an keiner Stelle die charakteristischen Eigenschaften des Testkörpers vorkommen, dessen Bewegung bestimmt werden soll. Dort bestimmt sich die Bahn eines Körpers lediglich aus den Eigenschaften des Raums, in dem sich der Körper befindet, und dem Effekt von Raumeigenschaften und Bewegung auf eine Standarduhr. Nirgends ist dabei von der Masse des Körpers die Rede, von seiner Größe, etwaigen Ladungen oder sonstigen Eigenschaften. Das funktioniert nur, weil die Gravitationskraft, die alternativ beschrieben werden soll, ebenfalls nicht von Masse oder Körpereigenschaften abhängt.

Bei der elektrostatischen Kraft dagegen, die zwischen einem Körper und einem zweiten (Test-)Körper wirkt, ist die Situation eine andere. Die Stärke der Kraft ist proportional nicht zu den Massen, sondern zur elektrischen Ladung des Testkörpers und zur elektrischen Ladung des Körpers, der den Testkörper beeinflusst:

$$\text{Kraft auf den Testkörper} =$$

$$\frac{\text{Konstante} \cdot (\text{Ladung Körper}) \cdot (\text{Ladung Testkörper})}{(\text{Abstand Körper–Testkörper})^2}$$

Wie stark eine gegebene Kraft den Testkörper beschleunigt, ist dagegen nach wie vor abhängig von der Masse des Testkörpers – je größer die Masse, umso geringer die Beschleunigung. Ladung und Masse kann man nicht gegeneinander kürzen, sondern im Endeffekt hängt damit die Beschleunigung, die der Testkörper in einer gegebenen Situation erfährt, vom Verhältnis seiner elektrischen Ladung zu seiner Masse ab. Nur im Falle der Gravitation, wo Kraftstärke und Trägheit beide von der Testkörpermasse abhängen, hebt sich die Testkörpermasse heraus und öffnet den Weg für eine ganz andere Art der Beschreibung – eben die Kombination von ortsabhängiger Zeit und Trödelprinzip.

PER FAHRSTUHL IN DIE SCHWERELOSIGKEIT

Der Umstand, dass alle Körper unabhängig von den Materialeigenschaften gleich schnell fallen, hat noch weitere Konsequenzen, die sich aus der folgenden einfachen Frage ergeben: Wie kann ich überhaupt feststellen, dass ich mich in einem Gravitationsfeld befinde? Eine ähnliche Frage war in diesem Buch schon einmal aufgetaucht, und zwar im Zusammenhang mit dem Relativitätsprinzip. Dort war es um die Frage gegangen: Lässt sich quasi im stillen Kämmerlein, etwa in einem von der Außenwelt völlig abgeschotteten Labor, allein anhand von Experimenten feststellen, ob sich das Labor bewegt? Die Antwort war Nein gewesen. Nun stellt sich eine ganz ähnliche Frage. Wieder ist die Bande gewissenloser Physikdidaktiker aus Kapitel 4 am Werk. Eine kleine Injektion, und Sie verfallen binnen Sekunden in tiefe Bewusstlosigkeit. Als Sie wieder aufwachen, befinden Sie sich in einer kleinen, rundum abgeschlossenen Kabine. Können Sie per Experiment feststellen, ob Sie sich im Einflussbereich der Gravitation eines Körpers wie der Erde befinden?

Beim ersten Hindenken könnte man meinen, das sei ganz einfach. Natürlich bemerken Sie das Gravitationsfeld der Erde auch im stillen Kämmerlein. Es reicht, wenn Sie einen Gegenstand fallen lassen und verfolgen, wie er, der Anziehungskraft der Erde folgend, nach unten fällt, exakter: eine Fallbeschleunigung von 9,81 Metern pro Sekundenquadrat erfährt. Mit derselben Fallbeschleunigung fühlen Sie auch selbst die Schwere – spüren, wie Ihr Körper nach unten gezogen wird und wie beispielsweise ein Klimmzug eine gewisse Anstrengung erfordert. Können Sie daraus nicht einfach schließen, dass die Kabine auf dem Erdboden steht?

Beim zweiten Hindenken kommen Zweifel auf. Sicher, Körper fallen zu Boden, wie wir es von der Erde gewohnt sind. Aber es könnte ja auch sein, dass alles ganz anders ist. Vielleicht befindet sich ja die gesamte Kabine an Bord einer Rakete, die beschleunigt ins All hinausrast? Und zwar, wie es der Zufall oder die hinterhältigen Physikdidaktiker wollen, genau mit einer Beschleunigung von 9,81 Metern pro Sekundenquadrat?

Auch in dieser Situation würden Sie sich schwer fühlen. Sie stehen ja auf dem Boden der Kammer, Füße in Richtung Düse, Kopf in Richtung Raketenspitze. Genauso wie auf der Erde würde Ihr Körper in Richtung Füße (»unten«) beschleunigt, nur wäre es hier eben nicht die gravitationsbedingte Fallbeschleunigung, sondern die Beschleunigung des Raketenbodens, der gegen Ihre Füße drückt. Ein Ball, den Sie fallen lassen, würde aus der Sicht eines äußeren Beobachters frei schweben bleiben. Aus Ihrer Sicht als mitbeschleunigter Kabineninsasse dagegen sieht es so aus, als falle der Ball in Richtung Kabinenboden, weil dieser, dem Düsenantrieb folgend, auf den Ball zu beschleunigt würde. Dass Sie sich schwer fühlen, dass Klimmzüge in der Kabine anstrengend sind, dass Bälle und andere Dinge, die Sie fallen lassen, gen Kabinenboden beschleunigen – all das ist sowohl in der auf dem Erdboden ruhenden Kabine als auch in der Rakete mit geeignetem Düsenantrieb der Fall und hilft Ihnen nicht, Gravitation von Beschleunigung zu unterscheiden.

Ganz ähnlich wäre es übrigens gewesen, wenn Sie aufgewacht wären und festgestellt hätten, dass Sie schwerelos in der Kabine schweben. Heißt das, dass die Didaktikerbande Sie in den fernen Weltraum entführt hat und Ihre Kabine dort jetzt umhertreibt, fern allen Gravitationseinflüssen?

Das würde Ihre Beobachtungen gut erklären. Ein Ball, den Sie loslassen, treibt frei im Raum weiter, oder er bewegt sich, wenn Sie ihm einen kleinen

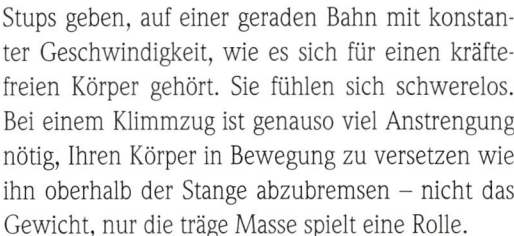

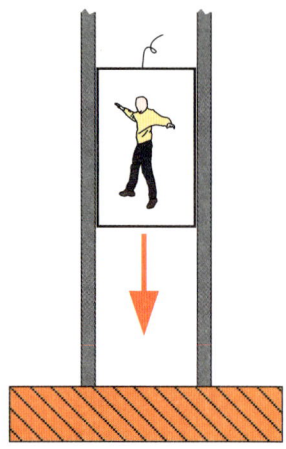

Stups geben, auf einer geraden Bahn mit konstanter Geschwindigkeit, wie es sich für einen kräftefreien Körper gehört. Sie fühlen sich schwerelos. Bei einem Klimmzug ist genauso viel Anstrengung nötig, Ihren Körper in Bewegung zu versetzen wie ihn oberhalb der Stange abzubremsen – nicht das Gewicht, nur die träge Masse spielt eine Rolle.

Aber das ist nicht die einzige Deutungsmöglichkeit. Ebenso gut könnte es nämlich sein, dass Sie in ein auf der Erde stehendes, extrem hohes Gebäude verfrachtet worden sind. Der kleine Raum, in dem Sie sich befinden, ist eine umgebaute Fahrstuhlkabine, deren Notbremse außer Gefecht gesetzt wurde und deren Halteseile man in dem Moment, wo Sie aufwachten, durchgeschnitten hat. Der Effekt der Luft im Fahrstuhlschacht, die den Fall ebenfalls bremsen würde, wurde ausgeschaltet, indem der Schacht abgedichtet und ausgepumpt wurde – die Kabine, ihrerseits luftdicht, befindet sich in einem Vakuum. Sie fällt beschleunigt auf den Erdmittelpunkt zu beziehungsweise, für Sie in dieser Situation wohl von unmittelbarerem Interesse, in Richtung des Bodens des Fahrstuhlschachtes.

Während der Phase des freien Falls sind Sie, und alle anderen Körper in der Kabine, schwerelos. Wieder können Sie nicht zwischen den beiden Situationen unterscheiden – hier die Abwesenheit jeglicher Gravitation, dort die Kombination aus Gravitation und Fallbeschleunigung.

Fahrstuhl und Rakete waren Gedankenexperimente. Wirkliche experimentelle Daten zu der

Schwierigkeit, gravitationsfreie Schwerelosigkeit und freien Fall zu unterscheiden, liefern Ihnen die Medien – freilich ungewollt: In Presse-, Rundfunk- oder Fernsehberichten hört es sich bisweilen so an, als habe sich beispielsweise die Internationale Raumstation ISS so weit von der Erde entfernt, dass in ihrem Innern schon deswegen kein Schwereeinfluss zu spüren sei. Von fehlender Schwerkraft ist da die Rede, davon, dass es »im Weltall« keine Gravitation gebe oder dass die Astronauten gerade zur Erde und damit in den Herrschaftsbereich der Schwerkraft zurückkehrten.

Es stimmt zwar, dass der Schwerkrafteinfluss der Erde umso schwächer ist, je weiter wir uns von unserem Planeten entfernen, wie es das in Kapitel 3 beschriebene Newtonsche Gravitationsgesetz besagt. Tatsächlich erreicht die Schwerkraft aber in den vergleichsweise erdnahen Gefilden, in denen sich die Internationale Raumstation aufhält, immer noch 90 Prozent der Stärke, die wir hier auf der Erde spüren. Viel zu viel, um zu erklären, warum die Insassen der Raumstation elegant durchs Fernsehbild schweben, während wir Oberflächenbewohner allenfalls kurze Hüpfer ausführen können. Stattdessen kommt die Schwerelosigkeit an Bord der ISS auf die gleiche Weise zustande wie im frei fallenden Fahrstuhl. Aus physikalischer Sicht sind dieser freie Fall und die Umlaufbahn der Raumstation zwei Varianten desselben Bewegungsablaufs, wie die folgende Abbildung zeigt:

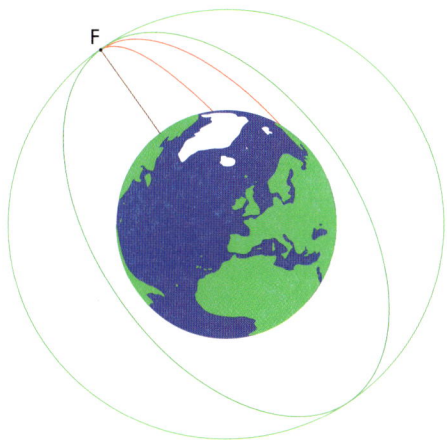

Wir lassen vom Punkt F aus verschiedene Körper fallen. Den ersten einfach so, direkt nach unten. Er bewegt sich entlang der braun eingezeichneten Bahn – Achtung, nun zur Abwechslung eine Bahn im Raum, keine Weltlinie – und fällt beschleunigt auf die Erde zu. Falls er nicht in der Atmosphäre verglüht, erreicht er auf geradem Wege den Erdboden. Dem nächsten Körper geben wir einen kleinen Stups, eine geringe Anfangsgeschwindigkeit nach schräg rechts oben. Er folgt der dunkelroten Bahn und trifft dann ebenfalls auf die Erde. Das Gleiche widerfährt seinem unglücklichen Vetter, dem wir noch einen kräftigeren Stoß gegeben haben und der entlang der hellroten Bahn fällt. Beiden kommt die Erde in die Quere, doch nicht so dem nächsten Körper, dem wir einen *noch* kräftigeren Stoß, eine noch höhere Anfangsgeschwindigkeit gegeben haben, die ihn vom geraden Fall nach unten abbringt. Auch er wird natürlich von der Erde angezogen, ebenso wie seine Kollegen, doch die Anfangsgeschwindigkeit bewirkt, dass er, wenn man so will, *an der Erde vorbeifällt*. Er beschreibt eine elliptische Umlaufbahn um die Erde, dunkelgrün eingezeichnet. Für den letzten Körper ist die Anfangsgeschwindigkeit so hoch, dass er sich auf einer Kreisbahn bewegt, im Bild hellgrün. Freier Fall und Umlaufbahn gehen nahtlos ineinander über. Eigentlich folgen alle fallenden Körper Ellipsenbahnen. Die eingezeichneten roten Bahnen sind Ausschnitte aus Ellipsen, und auch die gerade braune Bahn kann man als Grenzwert einer unend-

lich dünnen Ellipse betrachten. Nur kommt eben einigen Körpern die Erdoberfläche in die Quere, die ihren Fall abrupt aufhält. Andere Körper dagegen können ihre elliptische Bahn vollenden, und das wieder und wieder.

Unser Fahrstuhl in die Schwerelosigkeit folgte einer Miniaturversion der braunen geraden Bahn, die ISS-Bahn ist in guter Näherung kreisförmig wie die in der Abbildung eingezeichnete hellgrüne Bahn, wenn auch wesentlich näher an der Erdoberfläche. In beiden Fällen ist es unsinnig zu behaupten, Fahrstuhl oder ISS hätten den Einflussbereich der Erdschwerkraft verlassen. Das haben sie keineswegs. Die Erdschwerkraft ist es, die den Fahrstuhl zu Boden zieht und die ISS auf ihrer Kreisbahn um die Erde hält. Der freie Fall sorgt in beiden Fällen für Schwerelosigkeit. Wissenschaftler, die ihre Auswirkungen erforschen wollen, sind denn auch nicht ausnahmslos auf teure Raumflüge angewiesen. Ist ihr Experiment klein genug, und reicht eine Zeit von wenigen Sekunden, um es durchzuführen und beispielsweise dem schwerelosen Durchmischungsverhalten bestimmter Flüssigkeiten auf die Spur zu kommen, dann kann die Reise statt nach Cape Canaveral durchaus auch einmal nach Bremen führen. Dort steht der Bremer Fallturm, die Metall und Beton gewordene Umsetzung unseres Gedankenexperiments, mit einem Vakuumrohr, in dem ein kleiner Fallbehälter 120 Meter weit fallen kann.

Dass manche Journalisten die Unterscheidung von gravitationsfreiem Raum und freiem Fall bisweilen durcheinander bringen, ist einerseits bedauerlich, hat aber, wie gesagt, auch einen ernsthaften physikalischen Hintergrund. Wir halten als zweite Erkenntnis zur Gravitation fest: Die unmittelbaren Auswirkungen, die ein Beobachter, auf den die Schwerkraft wirkt, und ein Beobachter in einem geeignet beschleunigten Bezugssystem feststellen, sind dieselben – der Beobachter fühlt sich schwer, Dinge fallen zu Boden. Umgekehrt fühlt sich ein Beobachter, bei dem sich Schwerkraft und geeignet beschleunigtes Bezugssystem kombinieren, etwa ein Beobachter, der im Schwerefeld frei fällt, schwerelos. Die Grunderfahrungen eines im Schwerefeld ruhenden Beobachters lassen sich durch eine geeignete Beschleunigung simulieren, und die Auswirkungen des Schwerefelds lassen sich durch eine geeignete Beschleunigung ausgleichen. Vereinfacht zusammengefasst und in jeder der zwei möglichen Lesarten gleichermaßen zutreffend:

> Schwerkraft wirkt wie ein beschleunigtes Bezugssystem, ein beschleunigtes Bezugssystem wirkt wie Schwerkraft.

EIN REST AN GRAVITATION

Ich habe im letzten Absatz bei der Beschreibung des Zusammenhangs von Beschleunigung und Schwerkraft vorsichtig von den Grunderfahrungen der Beobachter geredet, von der unmittelbaren Auswirkung von Schwerkraft und Beschleunigung, von denjenigen Schwerkraftwirkungen, die sich durch Wahl eines frei fallenden Bezugssystems eliminieren ließen, und so weiter. Das mag Ihnen unnötig umständlich erschienen sein. Gilt nach unseren Gedankenexperimenten mit Rakete, Fahrstuhl und Erde nicht rundheraus: Schwerkraft *ist dasselbe* wie ein beschleunigtes Bezugssystem?

Wenn das stimmte, ließe sich das Problem, die Schwerkraft relativistisch zu beschreiben, recht einfach lösen. Kräfte, die sich durch einen Wechsel der Beobachterperspektive komplett eliminieren lassen, heißen *Scheinkräfte*, und die Situation des Beobachters, dessen geschlossene Kabine im Innern der beschleunigten Rakete steckt, ist geradezu ein Paradefall: Nimmt er an, er sei in Ruhe und befinde sich in einem Inertialsystem, dann muss er eine neue Kraft einführen – nennen wir sie *Bodenkraft* –, um zu erklären, warum Dinge, die er vor sich in die Luft setzt, nicht dort bleiben, wo sie sind, sondern auf den Boden der Kabine fallen. Nehmen wir einen Beobachterwechsel vor und betrachten die Situation aus einem wirklichen Inertialsystem, das außen neben der Rakete im Weltraum schwebt, dann ist nichts von dieser mysteriösen Bodenkraft zu merken. Die zu Boden fallenden Objekte in der Kabine scheinen nur deswegen zu

fallen, weil ihnen die Rakete samt Kabinenboden beschleunigt entgegenfliegt. (Die Beschleunigung der Rakete selbst ist auf herkömmlich erklärbare Kräfte zurückzuführen, die wirken, weil die Raketendüse nach hinten heiße Gase aussendet.) Die Bodenkraft ist eine bloße Scheinkraft.

Wären die Auswirkungen der Schwerkraft exakt dieselben wie die eines beschleunigten Bezugssystems, dann wäre der Umstand, dass ein Beobachter ein Schwerefeld verspürt, ebenfalls nur ein Hinweis darauf, dass er sein Bezugssystem ungünstig gewählt hat. Er müsste sich lediglich fallen lassen, und schon wären die Auswirkungen der Schwerkraft vollständig verschwunden, und er befände sich im gravitationsfreien Raum der speziellen Relativitätstheorie. Im freien Fall könnte er all die im Rahmen dieser Theorie gültigen physikalischen Gesetze anwenden und so die Geschehnisse in seiner Umgebung vollständig beschreiben. Auch wie andere Beobachter, die nicht frei fallen, das Geschehen wahrnehmen, könnte ein frei fallender Beobachter ausrechnen, ebenso, wie wir im Rahmen der speziellen Relativitätstheorie beispielsweise berechnet haben, wie viel Zeit auf einer rundreisenden, beschleunigten Uhr vergeht.[1] Auf dem Umweg über den frei fallenden Beobachter ist damit vollständig beschreibbar, wie sich die Welt dem beschleunigten Beobachter präsentiert, jenem Beobachter, der meint, es wirke eine Gravitationskraft. Auch die Gravitation wäre eine Scheinkraft.

Aber trifft das zu? Kehren wir dazu noch einmal zu unserem Beobachter im Innern der Fahrstuhlkabine zurück, die im Schwerefeld frei auf die Erde zufällt. Dieser Beobachter fühlt sein eigenes Gewicht nicht, und all seine Experimente bestätigen ihm die Schwerelosigkeit. Die Gravitation scheint gänzlich verschwunden. Gänzlich? Nein! Denn an einigen Eigenschaften unserer von unbeugsamen Testkörpern bevölkerten Raumzeit lässt sich nach wie vor ablesen, ob wir uns in einem echten Gravitationsfeld befinden oder nicht.

---

1 In einigen populärwissenschaftlichen Darstellungen kann man lesen, beschleunigte Bewegungen ließen sich im Rahmen der speziellen Relativitätstheorie nicht mehr beschreiben, dazu sei die allgemeine Relativitätstheorie nötig. Das ist schlicht falsch.

Angenommen, dieser Beobachter nimmt einen Tennisball in jede Hand, streckt seine Arme aus und lässt die Tennisbälle ganz vorsichtig los:

Wenn Kabine und Insassen sich fernab jeglicher Gravitationsquellen befinden, dann bleiben beide Tennisbälle, dem ersten Grundgesetz der Mechanik folgend, in Ruhe. Wenn sie jedoch gemeinsam im freien Fall auf die Erde zurasen, tritt ein etwas anderer Effekt ein. Ich habe in der folgenden Abbildung die Größenverhältnisse sehr verzerrt gewählt, um ihn zu veranschaulichen:

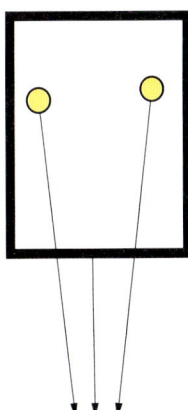

In der fallenden Fahrstuhlkabine ist nur näherungsweise richtig, dass Fahrstuhlkabine, Insassen und darin befindliche Objekte alle gleichermaßen beschleunigt werden und parallel nebeneinanderher fallen. In Wirklichkeit wirkt die Fallbeschleunigung in Richtung des Erdmittelpunkts, und diese Richtung ist je nach Lage des betreffenden Objekts eine leicht andere. In der obigen Abbildung mit übertrieben großer Fahrstuhlkabine ist der Effekt deutlich zu sehen: Beide Bälle befinden sich auf einer Reise zum Mittelpunkt der Erde. Einen Moment später, der Fahrstuhl samt Inhalt ist weiter gefallen, haben sich die Bälle daher ein Stück aufeinander zubewegt (die vorherige Position von Kabine und Bällen ist schemenhaft angedeutet):

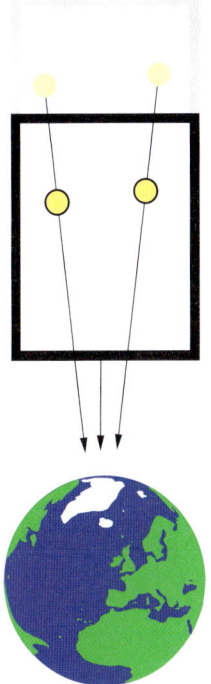

Aus der Sicht des Fahrstuhlinsassen, der vom Fall auf die Erde zu nichts merkt, ist das leichte Aufeinanderzubewegen der einzige wahrnehmbare Effekt. Daran lässt sich der fallende Fahrstuhl im Prinzip von einer Kabine im völlig gravitationsfreien Raum unterscheiden.

Am deutlichsten zeigt sich das im Raumzeitdiagramm. In der Fahrstuhlsituation mit zwei auf gleicher Höhe freigelassenen Bällen interessiert uns vor allem eine Raumrichtung, nämlich jene, entlang der die Verbindungslinie zwischen den Tennisbällen läuft, wie sie in der folgenden Abbildung blau eingezeichnet ist:

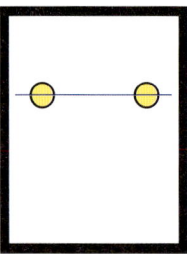

Für die Bewegung der Tennisbälle in Richtung dieser Verbindungslinie möge ein Beobachter, der mit der Fahrstuhlkabine fällt, ein Raumzeitdiagramm erstellen. Befindet sich der Fahrstuhl weitab jeder Gravitationsquellen, dann bleiben die Tennisbälle einfach nebeneinander schweben. Sie kommen sich entlang der Verbindungslinie weder näher, noch bewegen sie sich auseinander. Das entsprechende Raumzeitdiagramm, hier für eine Situation, in der jeder der Tennisbälle 2800 Kilometer vom Mittelpunkt der Verbindungslinie entfernt ist (wirklich eine extrem große Fahrstuhlkabine), ist daher das folgende:

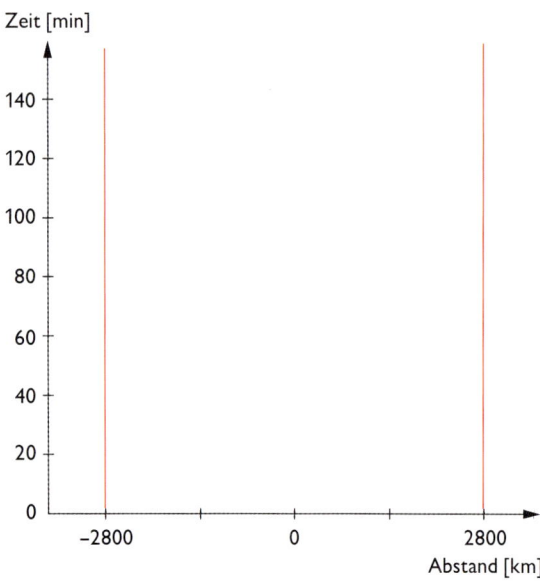

Die Weltlinien der beiden Tennisbälle sind die von Körpern, die sich in der dargestellten Richtung überhaupt nicht bewegen. (Denken Sie an die Bäume in Kapitel 2!) Insbesondere sind diese Weltlinien parallel, bleiben dies auch und kommen sich selbst dann nicht näher, wenn man sie in die fernste Vergangenheit oder Zukunft weiterverfolgt.

Anders, wenn die Fahrstuhlkabine frei auf die Erde zufällt. Dann kommen sich die Tennisbälle, wie bereits dargelegt, mit der Zeit immer näher. In Wirklichkeit folgt zwingend der Aufprall auf die Erdoberfläche. Hier wollen wir uns die Erde vereinfacht als einen Massenpunkt vorstellen, auf den die beiden Tennisbälle zufliegen – im Rahmen der Newtonschen Gravitationstheorie ist das eine durchaus zulässige Idealisierung. Befindet sich unsere Fahrstuhlkabine ursprünglich in 30 000 Kilometer Entfernung vom Erdmittelpunkt und sind die Tennisbälle ursprünglich wieder 5600 Kilometer voneinander entfernt, dann ergeben sich die folgenden zwei Weltlinien:

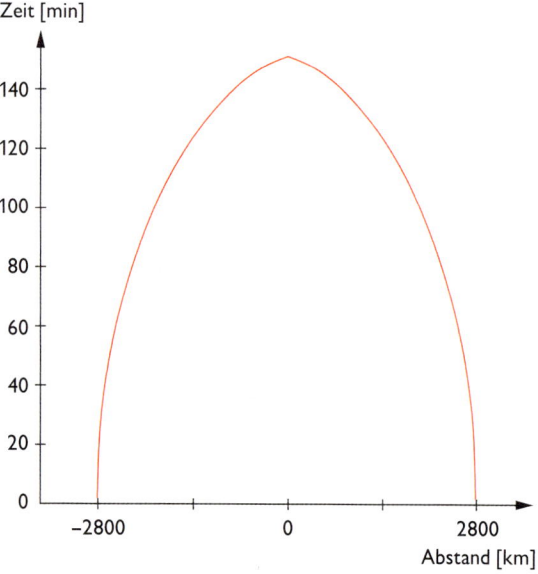

Wie in allen unseren Beispielen im Kapitel 2 ist die zeitliche Entwicklung auch in diesem Diagramm von unten nach oben zu lesen. Anfangs, an der Unterkante des Diagramms, sind die beiden Weltlinien der Tennisbälle einen kurzen Abschnitt lang parallel zueinander, entsprechend Teilchen, die sich relativ zueinander in Ruhe befinden. Gleich darauf macht sich allerdings die Restgravitation bemerkbar, und die Weltlinien werden deutlich aufeinander zugebogen.

Dass die Weltlinien verbogen sind, geht auf den Unterschied zurück, mit dem die Gravitationskraft der Erde auf nahe beieinander liegende Testkörper wirkt – hier auf Bälle, die beide in Richtung Erdmittelpunkt und damit zwangsläufig in leicht unterschiedliche Richtungen gezogen werden. Unterschiedskräfte wie die Kraft, die die Bälle aus der Sicht des Beobachters in der Fahrstuhlkabine langsam zusammenzieht, heißen auch *Gezeitenkräfte*, ein Name, der sich auf den Unterschied zwischen den Kräften bezieht, mit denen die Gravitation des Mondes auf den Erdkörper und auf die mondnahen und mondfernen Ozeane wirkt; diese Gezeitenkraft ist für Ebbe und Flut verantwortlich, für die Gezeiten. Im Raumzeitdiagramm merkt ein mitbewegter Beobachter den zusätzlichen Einfluss an den Bewegungen frei fallender Testkörper: Gälte tatsächlich die spezielle Relativitätstheorie, dann wären die Weltlinien solcher frei beweglicher Körper Raumzeitgeraden. In einem Gravitationsfeld wie dem der Erde dagegen sind die Weltlinien frei fallender Körper selbst für einen mitfallenden Beobachter keine Geraden.

Dasselbe gilt für alle Gravitationsfelder, die wir im Weltraum finden können – keines davon entspricht exakt einer reinen Beschleunigungskraft. Wir halten fest:

> Ein schwereloser Beobachter kann aufgrund der Gezeitenkräfte feststellen, ob er sich im gravitationsfreien Raum befindet oder ob er in einem echten Gravitationsfeld frei fällt.

Etwas geometrischer, entsprechend dem, was wir in obigem Raumzeitdiagramm gesehen haben:

> Einem frei fallenden Beobachter zeigt sich die Anwesenheit eines echten Gravitationsfeldes dadurch, dass die Weltlinien von neben ihm her fallenden Körpern gegeneinander verbogen sind.

EINE FRAGE DES VOLUMENS

Als nächstes Puzzlestück möchte ich eine weitere – zugegeben eher spezielle – Eigenschaft der im vorangehenden Abschnitt besprochenen Restgravitation beschreiben. Betrachten wir einmal mehr einen Beobachter in einer frei fallenden Fahrstuhlkabine. Er hat sich aus Roboterarmen und kleinen, kugelförmigen Testkörpern einen Gravitationsdetektor gebaut: Die kleinen Kugeln sind gleichmäßig auf der Oberfläche einer gedachten großen Kugel angeordnet, und jede wird von einem Roboterarm gehalten. Ein Schnitt durch die Anordnung – kleine Kugeln und große imaginäre Kugel sind darin Kreise – ist hier skizziert:

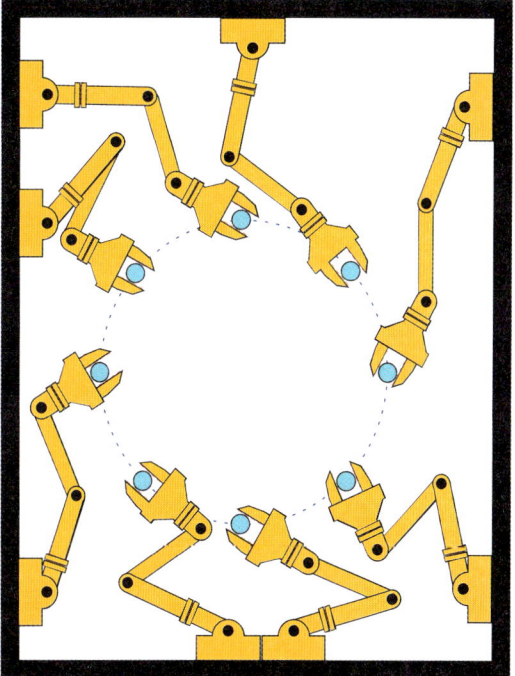

Für einen Messzyklus des Detektors werden die kleinen Kugeln gleichzeitig losgelassen. Dann beginnt die Messphase: Es wird genau verfolgt, wie sie sich unter dem Einfluss der Gravitationskraft relativ zueinander bewegen. Anschließend fangen die Roboterarme die kleinen Kugeln wieder ein, bringen sie in die Ausgangsposition zurück, und der Zyklus beginnt von vorn.

Fallen Fahrstuhlkabine und Detektor beispielsweise auf eine Massenkugel wie die Erde zu, dann
verschieben sich die Kugeln in jeder Messphase ein
wenig gegeneinander. Eine der Verschiebungen
haben wir im vorangehenden Abschnitt bereits
anhand der Tennisbälle kennen gelernt: Die Kugeln
fallen nicht parallel, sondern alle auf denselben
Massenmittelpunkt zu. Liegt die Erde im Bild
unterhalb der Kabine, kommen sich die Kugeln
daher im Laufe des Falls in waagerechter Richtung
näher. Es kommt aber noch ein anderer Effekt hinzu: Die Anziehungskraft von Kugelkörpern, so sagt
es Newtons Gravitationsgesetz, ist umso stärker, je
näher man ihnen kommt. Diejenigen der kleinen
Testkugeln, die der Erde näher sind, werden etwas
mehr beschleunigt als erdfernere Testkugeln. Im
Bild werden damit die Kugeln, die sich weiter unten befinden, im freien Fall stärker nach unten gezogen als die oben befindlichen Kugeln. Die Kraft-
differenz bewirkt, dass die Kugeln in senkrechter
Richtung etwas auseinander rücken. Der Gesamtef-
fekt, den ein mitfallender Beobachter wahrnehmen
kann, ist eine leichte Streckung der Testkugelanord-
nung in senkrechter Richtung und eine leichte
Stauchung in der Waagerechten. Der folgende
Schnitt deutet diese Verformung an:

unter Einfluss der Gezeitenkräfte verformt hat. Die
Kugeloberfläche, auf der die Testkörper ursprüng-
lich angeordnet waren, ist damit zu einem Ellipsoid
geworden. Das Volumen dieses Ellipsoids ist dabei
allerdings das gleiche wie das der ursprünglichen
Kugel, und das ist eine ganz allgemeine Eigenschaft:
Auf welche Anordnung von Massen zu unser
Detektor auch fällt und wie auch immer im Einzelnen die leichte Verformung aussehen mag, die die
Kugelanordnung in jeder Messphase erfährt – das
Volumen der umschlossenen Raumregion bleibt
dabei erhalten. Das ändert sich erst, wenn man ins
Innere der Kugelanordnung eine Masse einbringt.
Wenn sich die Fahrstuhlkabine samt Gravitationsdetektor beispielsweise fern aller anderen Gravitationsquellen befindet, aber zwischen den Testkugeln ein Körper mit großer Masse schwebt[2], dann
fallen unsere Testkörper alle auf diese Zentralmasse
zu, und das Volumen der Kugel, auf deren Oberfläche die Testkugeln angeordnet sind, schrumpft.

In der folgenden Abbildung ist die entspre-
chende Verformung im Querschnitt skizziert: neue
Testkörperpositionen, in der Mitte die anziehende
Masse, in Dunkelblau der Schnitt durch die neue
Kugeloberfläche, in Hellblau Lage und Größe der
alten Kugeloberfläche.

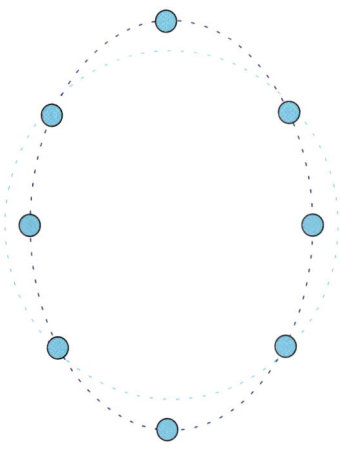

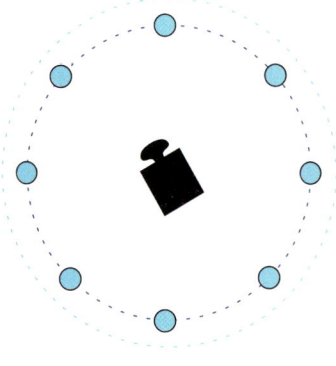

Darin sind zum einen die neuen relativen Positionen der Testkugeln zu sehen, in Hellblau angedeutet die ursprüngliche kreisförmige Anordnung, und
in Dunkelblau die Ellipse, zu der sich dieser Kreis

2 Groß muss die Masse lediglich im Verhältnis zu den Testkugeln sein. Wäre sie dies nicht, dann wären unsere Testkugeln keine Testkörper mehr, also keine Massen, deren Gravitationseinfluss im Vergleich zu
den Gravitationskräften, die uns interessieren, vernachlässigbar gering ist.

Etwas allgemeiner können wir den Begriff der *Testoberfläche* einführen, einer beliebig geformten geschlossenen Fläche, definiert durch eine Unzahl winziger, frei fallender Testteilchen, die gleichmäßig auf der Oberfläche verteilt sind, beaufsichtigt von einem frei fallenden Beobachter, relativ zu dem sich die Testteilchen ursprünglich in Ruhe befinden und der ihr Verhalten im Gravitationsfeld für kurze Zeit beobachtet. Dann gilt:

> Gezeitenkräfte verformen Testoberflächen.
> Das von einer Testoberfläche umschlossene Volumen nimmt dabei ab, falls sich im Innenraum eine Masse befindet, und bleibt konstant, falls sich im Innenraum keine Masse befindet.

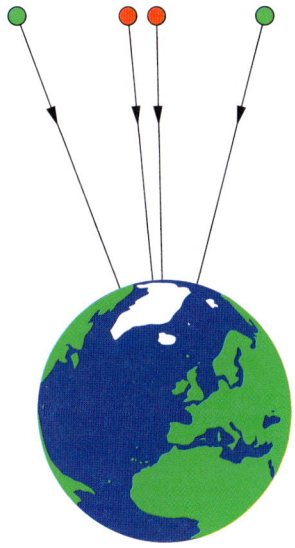

Testflächen sind damit so etwas wie Detektoren für Gravitationsquellen. Ihr Verhalten zeigt an, wo sich Quellen von Gravitationsfeldern befinden und wo nicht.

PHYSIK IM FAHRSTUHL

Wir haben gesehen, wie sich ein großer Teil dessen, was wir an Auswirkungen der Gravitationskraft kennen, durch den Übergang zu einem frei fallenden Bezugssystem eliminieren lässt, aber auch, dass dieses Vorgehen seine Grenzen hat: Selbst im frei fallenden Fahrstuhl wirken Gezeitenkräfte, und frei fallende Testkörper im Kabineninneren werden ein wenig aufeinander zu oder voneinander weg beschleunigt. Diese Beschleunigungen der Testkörper relativ zueinander haben allerdings eine wichtige Eigenschaft. Sie sind umso kleiner, je geringer der Abstand zwischen den betrachteten Testkörpern ist. Im Falle der Erde leuchtet das unmittelbar ein, denn in unserem Fahrstuhlbild weichen beispielsweise die Fallrichtungen zweier Testkörper umso stärker voneinander ab, je weiter sie in waagerechter Richtung voneinander entfernt sind, wie in der folgenden Abbildung skizziert:

Je weiter zwei Testkörper im Bild in waagerechter Richtung voneinander entfernt sind, umso mehr sind ihre Fallrichtungen gegeneinander geneigt und umso größer ist jener Anteil der Beschleunigung, der sie nicht gemeinsam nach unten, sondern aufeinander zuführt. Die Fallrichtungen der grünen Testkörper unterscheiden sich deutlicher voneinander als die Fallrichtungen der roten Testkörper, die wesentlich weniger weit voneinander entfernt sind. Dementsprechend kleiner sind die aus diesem Unterschied resultierenden relativen Beschleunigungen zwischen den Körpern. Ein ähnliches Argument gilt für die Gezeitenkräfte zwischen zwei Körpern, die unterschiedlich weit von der Erde entfernt sind und auf die daher eine unterschiedlich starke Erdanziehungskraft wirkt. Auch für sie sind die Unterschiede, und damit die relative Beschleunigung, umso größer, je weiter sie voneinander entfernt sind.

Das heißt andererseits: Wenn wir eine Fahrstuhlkabine an einen bestimmten Punkt eines Gravitationsfeldes setzen und dort frei fallen lassen, dann gilt: Je kleiner die Fahrstuhlkabine, umso geringer die gezeitenbedingten Beschleunigungen der darin enthaltenen Testkörper relativ zueinander.

Selbst eine geringe Beschleunigung lässt sich allerdings nachweisen, sofern man sie nur über genügend lange Zeit beobachtet. Bei einer Weltraumsonde, deren Geschwindigkeit in jeder Stunde nur um einen Millimeter pro Stunde größer wird, ist die Beschleunigung extrem klein. Aber wenn ich die Zeit hätte, diese Sonde rund 100 000 Jahre lang zu beobachten, dann hätte ihre Geschwindigkeit binnen dieser Zeit von null auf fast 900 Stundenkilometer zugenommen – ein deutlicher Unterschied! Entsprechend gilt: Je kürzer die Beobachtungszeit innerhalb der Fahrstuhlkabine, umso weniger deutlich die Auswirkungen der gezeitenbedingten relativen Beschleunigungen der darin enthaltenen Testkörper.

Beobachtungszeit und Rauminhalt der Fahrstuhlkabine definieren zusammengenommen so etwas wie einen Ausschnitt aus der Raumzeit, und wir können zusammenfassend sagen: Je kleiner der *Raumzeit*-Ausschnitt, dem die Beobachtungsphase in der Fahrstuhlkabine entspricht, umso weniger deutlich die Auswirkungen der gezeitenbedingten relativen Beschleunigungen der darin enthaltenen Testkörper.

Damit können wir jetzt etwas genauer formulieren, inwiefern Schwerkraft und Beschleunigung einander äquivalent sind: Gegeben sei ein Beobachter, der Längen und Zeitintervalle mit einer bestimmten Präzision messen kann, und gegeben sei ein Ort in einem bestimmten Gravitationsfeld. Dann ist es immer möglich, eine Fahrstuhlkabine zu finden, die klein genug ist, und einen Beobachtungszeitraum festzulegen, der kurz genug ist, so dass gilt: Lassen wir die Fahrstuhlkabine an dem gegebenen Ort im Gravitationsfeld frei fallen, so kann der betreffende Beobachter bei den Messungen, die er während des Beobachtungszeitraums im Innern der Fahrstuhlkabine an frei fallenden Testkörpern vornimmt, nicht unterscheiden, ob er sich im freien Fall in einem Gravitationsfeld befindet oder frei im Raum schwebt, fern allen Gravitationsquellen.

Dieses Prinzip ergibt sich direkt aus der Newtonschen Gravitationstheorie. Einstein hat es zu einem umfassenderen *Äquivalenzprinzip* verallgemeinert. So, wie wir es bislang formuliert haben, könnte es ja sein, dass der genannte Beobachter zwar durch Bewegungsmessungen an Testkörpern Schwerkraft und Beschleunigung nicht auseinan-

der halten kann. Aber vielleicht kann er es ja, indem er elektromagnetische Felder studiert oder den Wärmeaustausch von Körpern? Einstein postuliert, dass sich die Ununterscheidbarkeit nicht auf die mechanischen Gesetze beschränkt, sondern für alle Arten von Experimenten gilt, die der Beobachter in seiner Kabine durchführen kann. Hier noch einmal ausformuliert:

ÄQUIVALENZPRINZIP

Gegeben sei ein Beobachter, der Geräte begrenzter Messgenauigkeit zur Verfügung hat, und gegeben sei ein Ort in einem bestimmten Gravitationsfeld. Dann ist es immer möglich, eine an dem betreffenden Ort frei fallende Fahrstuhlkabine zu finden, die klein genug ist, und einen Beobachtungszeitraum festzulegen, der kurz genug ist, so dass gilt: Was für Experimente auch immer der betreffende Beobachter während des Beobachtungszeitraums im Innern der frei fallenden Fahrstuhlkabine vornimmt, er kann nicht unterscheiden, ob er sich im freien Fall in einem Gravitationsfeld befindet oder im gravitationsfreien Raum.

Dass solch ein Beobachter nicht nur schwerelos ist, sondern dass in seiner Kabine auch alle Modelle der speziell-relativistischen Physik gelten, hat Folgen. Eine der wichtigsten betrifft die Lichtausbreitung im Schwerefeld.

Stellen wir uns wieder einmal vor, wir befänden uns im Schwerefeld der Erde und betrachteten eine frei fallende Fahrstuhlkabine, klein genug gewählt, dass in ihrem Innern die spezielle Relativitätstheorie gilt. Wir als äußere Beobachter befinden uns in konstanter Höhe über dem Erdboden und spüren daher sehr wohl die Anziehungskraft der Erde. Die Fahrstuhlkabine möge sich zu Beginn unserer Beobachtungen relativ zu uns in Ruhe befinden, bevor sie dann im freien Fall nach unten, zur Erde hin, beschleunigt. Sie hat in ihren Seitenwänden zwei gegenüberliegende Löcher, und in das uns zugewandte Loch schießen wir in haargenau dem Moment, in dem sich die Fahrstuhlkabine noch uns gegenüber in Ruhe befindet, waagerecht etwas Licht, wie hier skizziert:

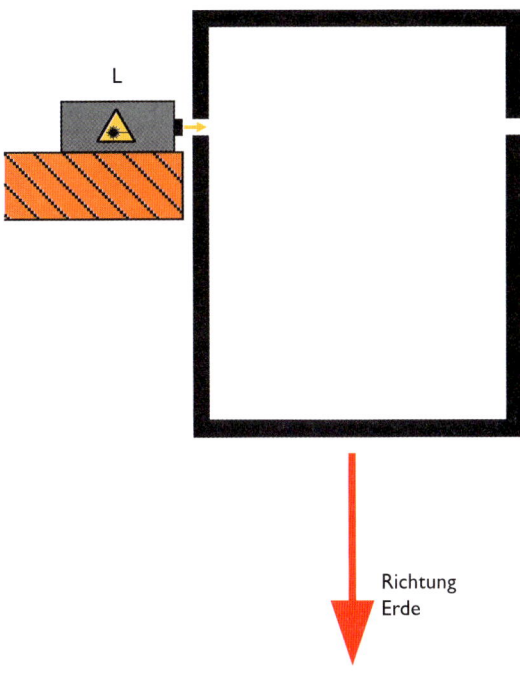

Richtung
Erde

Loch in der Kabinenwand austritt, aber aus unserer Sicht ist die Fahrstuhlkabine in der Zwischenzeit etwas nach unten gefallen. Die Bahn von Licht, das waagerecht losläuft und sich anschließend etwas tiefer wiederfindet, kann keine Gerade sein – eine waagerechte Gerade würde schließlich waagerecht weiterlaufen, ohne an Höhe zu gewinnen oder zu verlieren. Das liegt nicht daran, dass die Fahrstuhlkabine das Licht irgendwie beeinflusst hätte. Das Licht hat die Kabine schließlich nirgends berührt und ist einfach so weitergeflogen, wie es auch hätte fliegen müssen, wenn die Kabine gar nicht vorhanden wäre. Es muss sich um einen Effekt des Schwerefeldes handeln. Licht wird im Schwerefeld abgelenkt! Im Schwerefeld der Erde ist dieser Effekt nur äußerst schwach ausgeprägt. Eine künstliche Situation mit weit stärkerem Feld, in dem der Effekt deutlich sichtbar ist, zeigt das folgende Bild – eingezeichnet ist die Lichtbahn im Raum; angedeutet ist außerdem die Position der Fahrstuhlkabine zu dem Zeitpunkt, da das Licht durch das zweite Loch tritt, also etwas später als im vorigen Bild:

Rechts die Kabine. Sie beginnt just zum Zeitpunkt des Schnappschusses ihren Fall nach unten und befindet sich im Bild gerade noch in Ruhe relativ zu unserer Beobachtungsplattform, die links braun schraffiert angedeutet ist und auf der sich der Laser befindet, der gerade etwas Licht, die kurze gelbe Linie, durch das linke der Löcher gesandt hat.

Wie bewegt sich Licht im Gravitationsfeld? Dafür kennen wir bislang keine Gesetze, aber wir wissen: Im Innern der frei fallenden Fahrstuhlkabine gilt die spezielle Relativitätstheorie; für einen frei fallenden Beobachter in dieser Kabine bewegt sich Licht deswegen genau so, wie es sich in der speziellen Relativitätstheorie bewegt: auf Raumzeitgeraden, mit der immer konstanten Geschwindigkeit von $c = 299\,792\,458$ Meter pro Sekunde. Aus der Sicht eines solchen Beobachters bewegt sich das Licht also auf geradestem Wege durch die Kabine und tritt daher ganz selbstverständlich durch das gegenüberliegende Loch in der Kabinenwand wieder aus. Uns als äußeren Beobachtern, die wir ein Schwerefeld wahrnehmen, zeigt das, dass die Bahn des Lichts im schwerefelddurchsetzten Raum *nicht* einfach eine Gerade sein kann: Auch wir können sehen, wie das Licht aus dem anderen

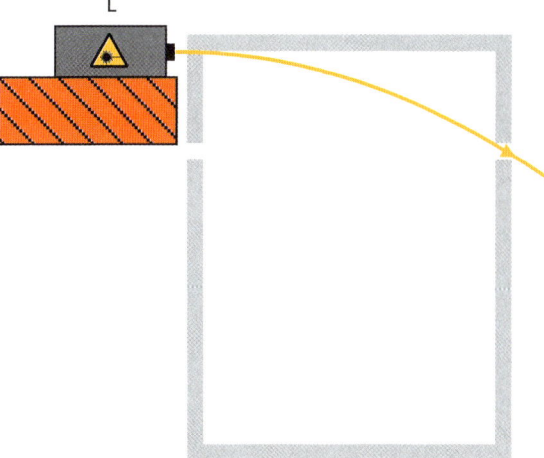

Diese Konsequenz geht deutlich über Newtons Gravitationstheorie hinaus, die mit dem masselosen Licht nicht allzu viel anfangen kann:

Licht wird im Gravitationsfeld abgelenkt.

Auf dem Umweg über eine geeignet frei fallende Fahrstuhlkabine zeigt sich auch, inwieweit die Lichtgeschwindigkeit nach wie vor das kosmische Tempolimit darstellt. Betrachten wir irgendein kleines Teilchen mit leistungsstarkem Miniatur-Raketenantrieb. Kann es schneller als das Licht fliegen? Nein, und zwar im folgenden Sinne nicht: Wir können uns an jedem Punkt seiner Weltlinie, mit anderen Worten: an jedem Ort seiner Bahn zu dem Zeitpunkt, wo sich das Teilchen dort befindet, eine winzige, frei fallende Fahrstuhlkabine denken, in deren Innern die Teilchenbewegung stattfindet – zumindest einen kurzen Moment lang. Wir können die gedachte Kabine so klein wählen, dass für einen mitfallenden Beobachter, der die Teilchenbahn mit seinen Messinstrumenten verfolgt, während seiner Messphase die spezielle Relativitätstheorie gilt. Für einen solchen Beobachter gilt laut spezieller Relativitätstheorie, dass das Teilchen immer langsamer sein muss als direkt neben ihm fliegendes Licht. Wieder kann man die spezielle Relativitätstheorie nutzen, um auszurechnen, was ein äußerer Beobachter wahrnimmt, für den der Raum von einem Schwerefeld erfüllt ist, und diese Rechnung zeigt: Auch solch ein Beobachter wird niemals sehen, dass irgendein Teilchen direkt neben ihm entlangfliegendes Licht ein- oder gar überholen könnte. *Lokal* gilt das Prinzip vom kosmischen Tempolimit Lichtgeschwindigkeit damit auch in Anwesenheit von Schwerefeldern – und nicht nur für Teilchen, sondern, wie in der speziellen Relativitätstheorie, für alle Arten von Materie und für alle Signale:

> Kein Materiekörper, kein Teilchen, kein Signal kann direkt neben ihm entlangfliegendes Licht ein- oder gar überholen.

In die Sprache der Raumzeitdiagramme übertragen: Zwar sollten wir, wenn Licht im Schwerefeld abgelenkt wird, durchaus damit rechnen, dass die Lichtkegel nicht mehr so ebenmäßig-geradlinige Gestalt haben, wie wir es aus der speziellen Relativitätstheorie gewohnt sind. Doch auch für diese möglicher-

weise verbogenen, schiefen und krummen Lichtkegel gilt: Wenn wir uns quasi mit der Lupe den Raumzeitbereich anschauen, in dem die Weltlinie eines Teilchens die Spitze eines Lichtkegels schneidet, dann gilt zumindest dort: Der anschließende Abschnitt der Teilchenweltlinie verläuft *innerhalb* des Lichtkegels.

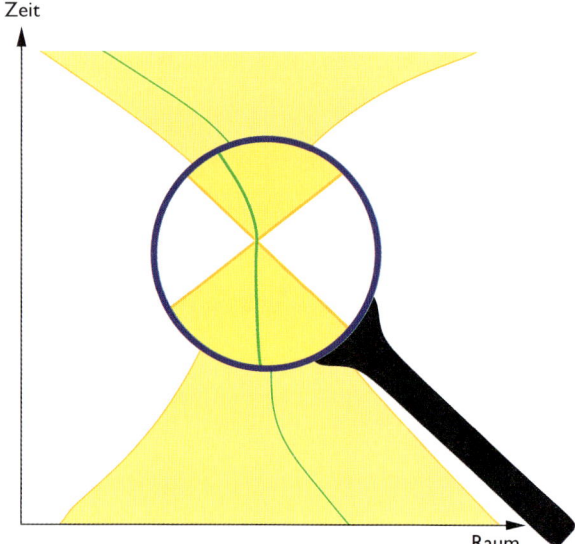

Dass ein Teilchen *immer* innerhalb eines beliebigen Lichtkegels bleibt, der auf seiner Weltlinie beginnt, war in der speziellen Relativitätstheorie die Raumzeitdiagramm-Konsequenz des Tempolimits Lichtgeschwindigkeit. Zumindest lokal, für den Raumzeitbereich nahe der Kegelspitze, bleibt die Teilchenweltlinie dank Äquivalenzprinzip auch dann im Innern des Lichtkegels, wenn wir uns in einem Schwerefeld befinden.

Mit derselben Vorgehensweise – nämlich das Äquivalenzprinzip vorauszusetzen und dann geschickt gewählte, frei fallende Bezugssysteme zu untersuchen – lässt sich noch mehr Physik betreiben. Mit Hilfe von jeweils zwei solcher fallenden Systeme und der Beziehungen, die laut spezieller Relativitätstheorie zwischen gegeneinander bewegten Inertialsystemen gelten, könnten wir sogar ableiten, was ich am Kapitelanfang als Spielerei eingeführt hatte: dass Gravitation direkt mit der ortsabhängigen Ganggeschwindigkeit von Uhren zusammenhängt.

ZWISCHENBILANZ

Hier sind noch einmal die Puzzlestücke, die wir bislang zur Gravitation gefunden haben, inklusive Einsteins Äquivalenzprinzip und dessen Konsequenzen:

Trödelprinzip + ortsabhängige Zeit = Gravitationseinfluss beziehungsweise, aus der Sicht eines bewegten Beobachters, Trödelprinzip + verzerrte Raumzeit (?) = Gravitationseinfluss. Wie sich kleine Testkörper bewegen, lässt sich beschreiben, indem man in einer Raumzeit, die gegenüber der Raumzeit der speziellen Relativitätstheorie etwas modifiziert ist, nach Weltlinien maximaler relativistischer Länge sucht.

Schwerkraft wirkt wie ein beschleunigtes Bezugssystem, ein beschleunigtes Bezugssystem wirkt wie Schwerkraft. Zumindest die groben Effekte der Schwerkraft, etwa das Zu-Boden-Fallen der Körper, lassen sich allein durch einen Wechsel des Bezugssystems eliminieren.

Gravitation ist allerdings keine reine Scheinkraft. Auch in einem frei fallenden Bezugssystem ist ein Rest an Gravitationseinfluss messbar: Ein schwereloser Beobachter kann aufgrund der Gezeitenkräfte feststellen, ob er sich im gravitationsfreien Raum befindet oder in einem echten Gravitationsfeld frei fällt. Geometrisch umformuliert: Einem frei fallenden Beobachter zeigt sich die Anwesenheit eines echten Gravitationsfeldes dadurch, dass die Weltlinien von neben ihm herfallenden Körpern keine Geraden, sondern gegeneinander verbogen sind.

Ergänzend gilt: Gezeitenkräfte verformen Testoberflächen. Das von einer Testoberfläche umschlossene Volumen nimmt dabei ab, falls sich im Innenraum eine Masse befindet, und bleibt konstant, falls sich im Innenraum keine Masse befindet.

Auch inklusive der Gezeitenkräfte gilt lokal, in kleinen Raumzeitregionen, die Äquivalenz von Schwerkraft und Beschleunigung – zumindest, solange man nicht zu genau hinschaut. Als Konsequenz dieses Äquivalenzprinzips lässt sich ableiten, dass Lichtstrahlen im Schwerefeld verbogen wer-

den. Nach wie vor gilt allerdings ein lokales Tempolimit: Kein Materiekörper, kein Teilchen, kein Signal kann direkt neben ihm entlangfliegendes Licht ein- oder gar überholen.

Das ist unsere Zwischenbilanz. Verglichen mit Einsteins eigener Reise zu seiner allgemeinen Relativitätstheorie dürfte sie etwa dem Stand der Dinge im Jahre 1912 entsprechen. Zuvor hatte sich Einstein bereits ausgiebig Gedanken über die physikalischen Fragestellungen gemacht, die sich aus einer möglichen Verbindung von Gravitation und spezieller Relativitätstheorie ergeben, insbesondere auch zu dem Umstand, dass alle Körper gleich schnell fallen und dass daher der Schwerkrafteinfluss für einen frei fallenden Beobachter größtenteils verschwindet. Seine Forschungen hatten ihn über das Äquivalenzprinzip auch schon zu dem Konzept »Newtonsche Gravitation = ortsabhängige Zeit« und zu der Erkenntnis geführt, dass Lichtstrahlen im Schwerefeld verbogen werden. Auch ahnte Einstein damals bereits, wohin die Reise weitergehen würde – vielleicht ahnen Sie ja auch schon etwas? Lichtstrahlen sind in den bisherigen Kapiteln die Verkörperung von Geraden gewesen und damit so etwas wie die Grundbausteine der Raumgeometrie. Im Schwerefeld werden sie verbogen. Auch die Zeit ist im Gravitationsfeld verzerrt und vergeht von Ort zu Ort unterschiedlich schnell. Im Vergleich mit den Grundlagen der Raumzeitgeometrie, die wir im letzten Kapitel kennen gelernt haben, sind das Neuerungen, die nahe legen, dass man so etwas wie eine allgemeinere, verzerrte Geometrie benötigen könnte, um die Wirkung der Gravitation zu beschreiben. Um diese vage Aussage zu konkretisieren, bedarf es allerdings einiger Konzepte der höheren Geometrie (genauer gesagt: der Differentialgeometrie), die nicht unbedingt zur Allgemeinbildung zählen. 1912, als Einstein sich entsprechende Gedanken machte, zählten sie noch nicht einmal zur Allgemeinbildung theoretischer Physiker, und er musste selbst Nachhilfe in fortgeschrittener Geometrie nehmen. Günstigerweise gab es da Marcel Grossmann, einen Freund und ehemaligen Mitstudenten Einsteins, der zu jenem Zeitpunkt schon seit rund fünf Jahren Geometrieprofessor an der Eidgenössischen Technischen Hochschule in Zürich war, Einstein weiterhelfen konnte und damit zum Geburtshelfer der allgemeinen Relativitätstheorie wurde. Ich möchte Ihnen in den nächsten Abschnitten zumindest eine oberflächliche Bekanntschaft mit den geometrischen Konzepten vermitteln, um die es geht. Die gerade aufgelistete Sammlung von Eigenschaften der Gravitation sollten Sie dabei im Hinterkopf behalten. Vorher müssen wir allerdings noch kurz auf die Straße gehen.

HAUSNUMMER UND ABSTAND

Wir haben in Kapitel 1 abstandstreue Koordinaten kennen gelernt und solche, die es nicht sind. Beispiel für Erstere waren die Kilometermarken an der Autobahn, und dort entsprechen Koordinatendifferenzen realen Abständen: Für den Pfosten am Autobahnrand mit der Koordinaten-Markierung 265 und den Pfosten mit der Koordinate 273 ist die Differenz der Koordinatenwerte $273-265 = 8$, und wir benötigen nur eine einzige Zusatzinformation, nämlich, dass die Koordinatendifferenzen Entfernungen entsprechen, die in Kilometern gemessen sind, in unserem Beispiel eben acht. Für Hausnummern entlang einer Straße gilt das nicht. Nehmen wir das folgende Beispiel einer durchnummerierten Straßenseite:

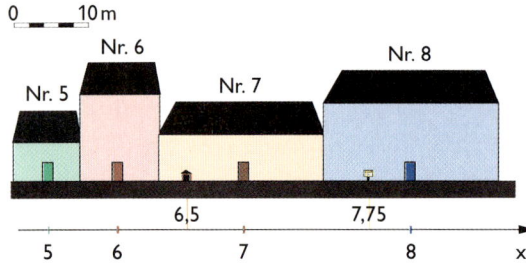

Zum Koordinatensystem, sagen wir: zur x-Achse können wir die Hausnummern vervollständigen, indem wir Zwischenwerte zulassen – die Hundehütte auf halbem Wege zwischen dem Haus Nr. 6 und dem Haus Nr. 7 befände sich dann beim Koordinatenwert $x = 6{,}5$ und der Postkasten am Anfang

des letzten Viertels des Weges von Haus 7 zu Haus 8 bei der Koordinate $x = 7{,}75$. Allerdings sind die Koordinaten nicht abstandstreu – die Hauseingänge von Nr. 7 und Nr. 8 haben die Koordinatendifferenz $8-7 = 1$ und sind 22,5 Meter voneinander entfernt; die Koordinatenwerte der Hauseingänge von Nr. 6 und Nr. 5 haben dieselbe Differenz, sind aber nur 9,3 Meter entfernt. Wenn wir aus Koordinatendifferenzen Abstände bestimmen wollen, benötigen wir zusätzliche Informationen, nämlich für jeden Abschnitt von Haustür zu Haustür seine Länge:

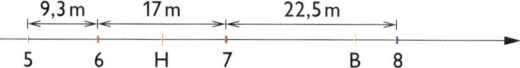

Sind diese Längen bekannt, können wir sie als nur mehr *lokal* gültige Umrechnungsfaktoren verwenden: Die Koordinatendifferenz zwischen der Hundehütte H beim Koordinatenwert 6,5 und dem Eingang von Haus 6 beträgt 0,5, und malgenommen mit dem Umrechnungsfaktor des Abstandes von Haus 6 und Haus 7 bringt uns das auf den richtigen Abstand $0{,}5 \cdot 17$ m $= 8{,}5$ Meter zwischen Hundehütte und Hauseingang. Für größere Abstände müssen wir schrittweise vorgehen: Will der Hund von seiner Hütte zum Briefkasten laufen, dann legt er zunächst den Weg von der Hütte bei $x = 6{,}5$ zum Hauseingang Nr. 7 zurück. Auf diesem Wegstück gilt der Umrechnungsfaktor für den Bereich zwischen Nr. 6 und Nr. 7, und der Abstand ist demnach $(7-6{,}5) \cdot 17$ m $= 8{,}5$ Meter. Dann muss der Hund allerdings noch weiterlaufen, vom Hauseingang Nr. 7 bis zum Briefkasten bei $x = 7{,}75$. Für dieses Wegstück gilt der Umrechnungsfaktor für den Bereich zwischen Nr. 7 und Nr. 8, und die Länge des Wegstücks ist $(7{,}75-7) \cdot 22{,}5$ m $= 16{,}9$ Meter. Insgesamt hat der Hund also $8{,}5 + 16{,}9 = 25{,}4$ Meter zurückgelegt. Das mag Ihnen ob der ganzen Rechnerei sehr umständlich scheinen, ist aber leider unvermeidlich: Bei allgemeinen, nicht abstandstreuen Koordinaten sagen die Differenzen zwischen Koordinatenwerten nichts über die Abstände aus. Wer Abstände berechnen will, muss für jeden Ort die richtigen Umrechnungsfaktoren kennen. Die Menge all dieser Umrechnungsfaktoren wird *Metrik* genannt, und es gilt: Koordinaten, schön und gut, aber wer Abstände berechnen will, sollte die Metrik kennen.

MATHEMATISCHE FELSLANDSCHAFTEN

In jenem Reich erlangte die Kunst der Kartographie eine solch-artige Vollkommenheit, dass die Karte einer einzigen Provinz den Raum einer ganzen Stadt einnahm und die Karte des Reichs den einer Provinz. Mit der Zeit befriedigten diese über-mäßig großen Karten nicht länger, und die Kollegs der Karto-graphen erstellten eine Karte des Reichs, die genau die Größe des Reiches hatte und sich mit ihm in jedem Punkt deckte.

Suárez Miranda, Viajes de Varones Prudentes, IV. Buch, Kapitel XIV. Lérida, 1658[3]

Am anschaulichsten lassen sich die geometrischen Konzepte, die wir für die allgemeine Relativitäts-theorie benötigen, am Beispiel zweidimensionaler Oberflächen beschreiben. Den einfachsten Fall einer zweidimensionalen Fläche, die Ebene, hatten wir schon im ersten Kapitel besprochen und mit kartesischen, abstandstreuen Koordinaten überzo-gen. Nun soll es um allgemeinere, kompliziertere Oberflächen gehen.

Um sich ein erstes Bild von einer solchen Ober-fläche zu machen, stellen Sie sich bitte vor, Sie be-fänden sich in einer mathematisch-idealisierten, öden Felslandschaft – so weit das Auge reicht, blan-ker Fels, nirgends Baum oder Strauch. Dass die Landschaft trotzdem ein recht abwechslungsrei-ches Erscheinungsbild bietet, liegt an der Vielfalt der Formen – hier eine Felskuppe, da eine Senke, dort führen natürliche Stufen in ein Tal, vorne rechts zieht sich ein Felsenkamm dahin, links zeigt sich ein Stück fast ebener Fläche, etwas weiter hin-ten liegt eine unruhige Region, die Freunde des Ski-sports an eine Buckelpiste denken lässt, und dahin-ter wiederum eine, die bei Nordsee-Erfahrenen Erinnerungen an das Wattenmeer mit seinen Prie-len und den regelmäßig gerippten Mustern weckt,

wie sie Wellen hinterlassen. »Blanker Fels« ist dabei wörtlich gemeint – Wind und Wetter (oder, alternativ, ein Rudel eifriger Mathematikdidaktiker) haben die Oberfläche spiegelglatt poliert (und im Übrigen auch alle scharfen Kanten und Brüche ein wenig abgerundet).

Eine Prosabeschreibung der Oberfläche, auf der Sie stehen, »hier eine Kuppe, rechts davon ein Buckel«, mag durchaus nützlich sein, aber sie ist recht vage. Das ist für unsere natürliche Sprache typisch; alternativ werden wir jetzt Möglichkeiten für eine exakte Beschreibung erkunden, eine Be-schreibung, aus der sich die Oberfläche in allen Einzelheiten rekonstruieren lässt, kurz: eine mathematische Beschreibung. Um uns darauf vor-zubereiten, lassen wir ein riesiges Gummituch her-stellen, das mit einem regulären Netz rechtwink-liger Linien überzogen ist. Die Linien sind eine Darstellungsweise für genau jenes kartesische Koordinatensystem, das wir in Kapitel 1 kennen gelernt haben. Dort hatten wir allerdings nur die Koordinatenachsen eingezeichnet: die x-Achse, auf der alle Punkte mit dem y-Koordinatenwert null liegen, und die y-Achse, die Menge aller Punkte mit dem x-Koordinatenwert null. Um die Koor-dinatenwerte eines gegebenen Punktes so zu be-stimmen, wie auf Seite 23 geschildert, bedurfte es Hilfslinien, jede davon parallel zu einer der Koordi-natenachsen, die sich in jenem Punkt schneiden, dessen Koordinaten man bestimmen will. Jetzt stel-len wir uns vor, all diese Hilfslinien seien tatsäch-lich eingezeichnet: parallel zur x-Achse beispiels-weise die Linie aller Punkte mit dem y-Wert −1, die Linie aller Punkte mit dem y-Wert 2 und alle ihre unendlich vielen Vettern, für jeden der unendlich vielen möglichen y-Werte eine Linie; parallel zur y-Achse die unendlich vielen Linien, die je einem x-Wert entsprechen (die y-Achse selbst ist gerade die Linie $x = 0$), und auf jede Linie sei in unendlich kleiner Schrift eingraviert, welchem konstanten x- oder y-Wert sie entspricht. Die Ebene wird da-mit zu einem regelrechten Gewebe von Linien, und jeder Punkt entspricht genau dem Schnittpunkt zweier Linien – einer, die zu seinem x-Koordina-tenwert, einer, die zu seinem y-Koordinatenwert

3 Jorge Luis Borges, »Über die Strenge der Wissenschaft«.

gehört. In der Sprache der Mathematik lässt sich solch ein unendlich feines, unendlich ausgedehntes Geflecht von Linien, deren jede einen eigenen Namen trägt, tatsächlich definieren. Für bildliche Darstellungen muss man sich freilich damit begnügen, nur einen begrenzten Ausschnitt davon zu zeigen, nur wenige repräsentative Linien einzuzeichnen (hier: die Linien, die zu ganzzahligen Koordinatenwerten gehören) und die Liniennamen explizit an den Rand zu schreiben:

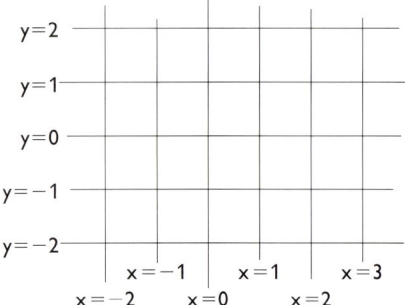

So weit, so gut. Anschließend spielen wir Christo und benutzen das Gummituch, um die Felslandschaft vollständig zu überdecken. Wir nehmen an, unser linienbedecktes Gummituch sei ideal dehnbar: Es zieht sich genau so auseinander, wie nötig, um einen besonders spitzen Hügel zu umhüllen, und schnurrt andererseits überall dort zusammen, wo es anderweitig in hässlichen Falten über dem Felsen liegen würde. Am Ende hat es sich jeder Kuhle, jeder Erhebung perfekt angepasst. Damit haben wir, wie in dem obigen Zitat, so etwas wie eine Karte des Geländes im Maßstab eins zu eins konstruiert. Jedem Punkt auf der Karte, auf unserem Gummituch, entspricht genau ein Punkt auf der darunter liegenden Oberfläche. Das Liniennetz ist dabei ebenso wie das Gummituch selbst verzerrt worden. Aber trotz der Verzerrung, das Koordinatensystem erfüllt weiterhin seinen Zweck: Jedem Punkt der Felsoberfläche entspricht genau ein darauf liegender Punkt des Gummituchs, und in dem Gummituchpunkt wiederum schneiden sich genau zwei der Koordinatenlinien. Lesen wir ab, um welche Koordinatenlinien es sich handelt, können wir dem Punkt auf der Felsoberfläche die entsprechen-

den beiden Zahlen zuordnen – am Schnittpunkt der Linie $x = 5$ mit der Linie $y = 6$ liegt eben der Punkt $x = 5$, $y = 6$. Diese Zuordnung ist, sobald das Gummituch einmal positioniert ist, eindeutig – jedem Felsoberflächenpunkt im bedeckten Gebiet entspricht dann genau ein Gummituchpunkt. Zumindest für das bedeckte Gebiet sind wir dann nicht mehr auf vage Prosa angewiesen, wenn wir einen Ort auf der Felsoberfläche beschreiben wollen. Kein »ungefähr da drüben, hinter dem Hügel, der aussieht wie eine Ente« für unsere Ortsangaben, nein, ein mathematisch klares »Gummituchkoordinaten $x = 3{,}7204$ und $y = 32{,}0192$« ermöglicht es uns nun, haargenau zu sagen, welchen Ort auf der Felsoberfläche wir mit einer bestimmten Aussage meinen. Abstandstreu sind unsere Koordinaten freilich nicht mehr: An einer Stelle haben wir das Tuch mehr, an der anderen weniger dehnen müssen, und derselben Koordinatendifferenz kann hier ein größerer, dort ein kleinerer Abstand entlang der Felsoberfläche entsprechen: Es mag sein, dass etwa auf der Linie $x = 5$ die zwei Punkte mit $y = 4$ und $y = 5$ doppelt so weit auseinander liegen wie die Punkte mit $y = 6$ und $y = 7$, obwohl die Differenz der y-Koordinatenwerte in beiden Fällen 1 beträgt.

DIE SKALENLUPE

Als Nächstes kommt eine wichtige Eigenschaft der Felsoberfläche ins Spiel, die ich bislang noch nicht erwähnt habe. Wie weit die Oberflächenform von der eines Ebenenausschnitts abweicht, hängt davon ab, bei welcher Größenskala man sie betrachtet. Nehmen wir an, ich stapfe über eine Stufe im Gelände:

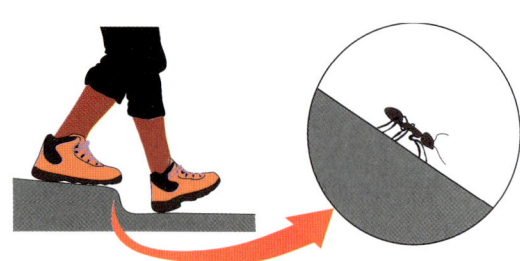

Für mich mag dort eine Stufe sein, ein deutlicher Oberflächenknick. Aus der Sicht einer Ameise, die sich gerade auf der leicht abgerundeten Stufenkante bewegt, ist die Oberfläche dagegen nahezu flach. Flachheit scheint bis zu einem gewissen Grade eine Frage der Skala zu sein. Für einen 10 000 Kilometer großen Riesen, der über die Erde stapft, ist deren Oberfläche klar gekrümmt und ihre Kugelform gut sichtbar. Uns Menschen, die wir im Vergleich zum Erdradius sehr klein sind, erscheint dagegen der Ausschnitt der Erdoberfläche, den wir typischerweise überblicken, überaus eben zu sein. Umgekehrt: Aus unserer Sicht weicht der Wasserball am Strand als Kugel klar von den Eigenschaften einer Ebene ab. Aus der Perspektive einer Milbe, die ein Windstoß auf seine Oberfläche getragen hat, erscheint die Wasserballoberfläche dagegen so gut wie flach.

Auch unsere Felslandschaft soll die Eigenschaft dieser Oberflächen haben, nämlich: Betrachtet man sie bei kleineren und kleineren Größenskalen, anders ausgedrückt: zoomt man bei der Betrachtung der Oberfläche immer weiter hinein, dann nähert sich der (kleinere und kleinere) Oberflächenausschnitt im Blickfeld immer weiter einer glatten Ebene an. Diese Eigenschaft ist für mathematische wie für reale Objekte nicht selbstverständlich – die Mathematik beispielsweise kennt so genannte Fraktale, geometrische Objekte, die auf jeder Größenskala neue Strukturen offenbaren, und wenn wir es hier mit einer wirklichen Felsoberfläche zu tun hätten anstatt mit einer Veranschaulichung einer idealisierten mathematischen Oberfläche, würde uns eine hinreichend hohe Vergrößerung erst zu kleinen Oberflächenunebenheiten führen und schließlich ins ungewohnte Quantenreich der Moleküle, Atome und Elementarteilchen, aus denen die Oberfläche besteht. Für unsere mathematisch idealisierte Felsoberfläche soll sich weder die eine noch die andere Komplikation ergeben. Wenn wir die »Skalenlupe« verwenden, sprich: immer kleinere Felsoberflächenausschnitte bei immer stärkerer Vergrößerung betrachten, dann sehen wir jedes Mal wieder einen Ausschnitt aus einer perfekt glatten Oberfläche, und, das ist wichtig: Was wir sehen,

gleicht immer mehr einer Ebene. Das hat für unser Liniengitter auf dem Gummituch nützliche Konsequenzen, wie das folgende Beispiel zeigen soll.

Hier ist noch einmal ein Ausschnitt aus dem Gummituch zu sehen, bevor wir es der Landschaft angepasst haben, samt einer Auswahl von Koordinatenlinien (genauer: jeder sechzehnten Linie mit ganzzahligem Koordinatenwert):

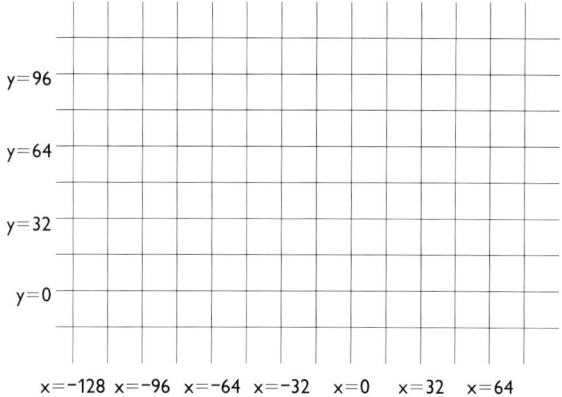

Einige »Namen« der eingezeichneten Linien sind angegeben: Die erste senkrechte Linie von links ist die Linie $x = -128$, die erste waagerechte Linie von unten ist die Linie $y = -16$, und so weiter. Jetzt wird, wie in der folgenden Skizze angedeutet, das Gummituch auf die Landschaft gelegt:

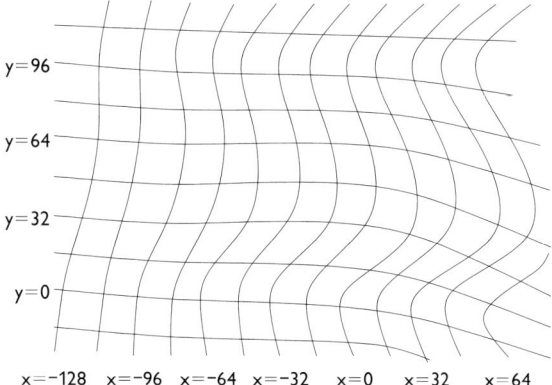

Dabei ist das Gummituch offenbar verzerrt worden; hier ist das nur perspektivisch zu erahnen: Man kann sich beispielsweise vorstellen, dass zwischen den Linien $y = 32$ und $y = 64$ ein Bergkamm verläuft, während die Linie $y = 0$ den Grund des benachbarten Tals darstellt. Die vormals geraden Linien sind dabei zu gebogenen Linien verformt. Jetzt zücken wir unsere Skalenlupe und sehen uns eine kleine Region des verzerrten Gummituchs näher an (in der folgenden Abbildung rot umrandet):

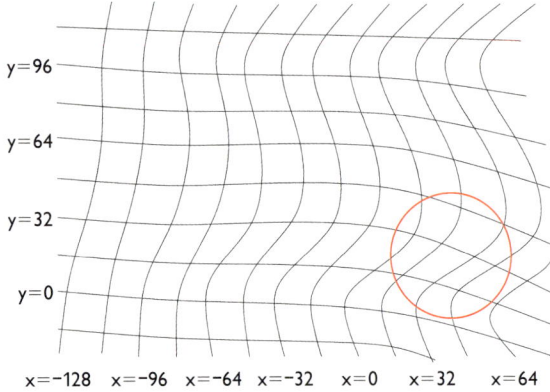

Hier ist der rot umrandete Ausschnitt vergrößert dargestellt; eingezeichnet ist jetzt schon jede vierte ganzzahlige Koordinatenlinie zu sehen, beispielsweise drei Linien zwischen $x = 32$ und $x = 48$.

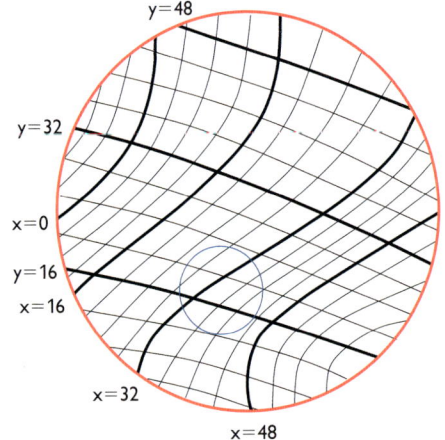

Wir zoomen weiter, wenden einmal mehr unsere Skalenlupe an und vergrößern nun den Teil des Gummituchs, der in der vorigen Abbildung blau umrandet ist. Nunmehr sind alle Linien mit ganzzahligen Koordinatenwerten sichtbar:

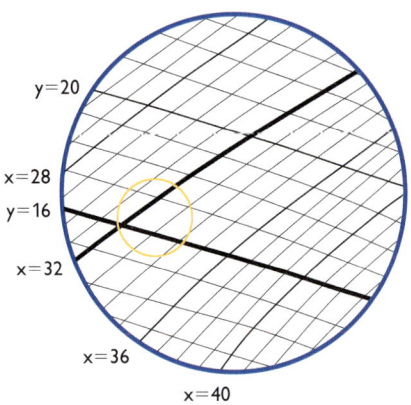

Bei dieser Vergrößerung ist nur noch zu erahnen, dass die einstmals geraden Linien verbogen sind. Betrachten wir nur das Fliesenstück im Zentrum des gelben Kreises, begrenzt von Abschnitten der Linien $y = 16$, $y = 17$, $x = 32$ und $x = 33$,

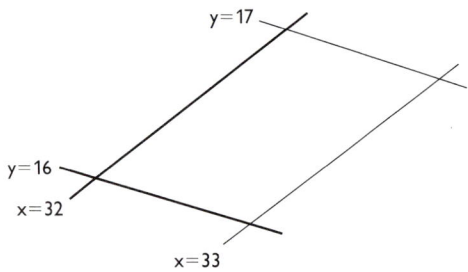

dann ist der darin enthaltene Oberflächenabschnitt, falls wir unsere Koordinatenlinien eng genug gewählt haben, unter der Skalenlupe von einer perfekt ebenen Parallelogrammfläche kaum noch zu unterscheiden – zumindest bei der Genauigkeit, mit der ich die Linien hier in der Abbildung eingezeichnet habe. Diese Aussage ist die mathematische Version meiner Ausführungen zu Ameise und Felsstufe, Erde und Mensch, Wasserball und Milbe: Einem entsprechend kleinen Beobachter erscheint die Oberfläche in seiner unmittelbaren Umgebung flach und eben.

Wenn wir es so weit gebracht haben, können wir unserem winzigen Ausschnitt sogar ganz das Aussehen eines kleinen Ebenenstücks geben. Dazu müssen wir freilich das Gummituch etwas manipulieren und es, während es nach wie vor an die Felsoberfläche geschmiegt bleibt, etwas in sich verzerren: so, dass die Koordinatenlinienstücke, die unser Ausschnitt zeigt, nach der Verzerrung senkrecht aufeinander stehen und die Koordinatendifferenzen in geeigneten Längeneinheiten dem realen, auf der Felsoberfläche gemessenen Abstand entsprechen – dass ich etwa, wenn ich auf der Linie $y = 16$ von $x = 32$ zu $x = 33$ gehe, auf der Felsenoberfläche tatsächlich $33 - 32 =$ einen Millimeter entlang der Linie gewandert bin. Dann ist das Ergebnis wirklich nicht mehr von einem kleinen Ebenenausschnitt mit kartesischen, abstandstreuen Koordinaten zu unterscheiden:

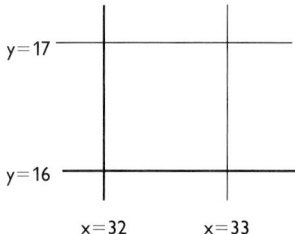

Allerdings ist die Gleichheit nicht perfekt. Wenn man ganz genau hinschaut, dürfte man im Allgemeinen auch in einem so kleinen Ausschnitt noch Abweichungen erkennen, die darauf zurückgehen, dass wir es eben nicht mit einem Ebenenausschnitt, sondern mit einem Ausschnitt aus einer gekrümmten Oberfläche zu tun haben. Außerdem mag unsere zusätzliche Gummituchmanipulation zwar bewirkt haben, dass der von uns gewählte Ausschnitt eben aussieht. Wenn wir zurückzoomen und immer größere Nachbarregionen mit einbeziehen, dann zeigt sich immer deutlicher, dass es sich großräumig immer noch um verbogene, den Beulen und Tälern der Felslandschaft angepasste Koordinatenlinien handelt, die lediglich in der kleinen Region, mit der wir die zusätzliche Verzerrung vorgenommen haben, aussehen wie ebene kartesische Koordinatenlinien. Anders ausgedrückt: Wenn wir darauf bestehen, die Oberfläche mit gleich großen quadratischen Kacheln zu bedecken, dann bekommen wir beispielsweise bei einer Hügelkuppe Schwierigkeiten. Dort werden sich die quadratischen Kacheln zwangsläufig überlappen.

Festzuhalten bleibt allerdings Folgendes: Gegeben sei ein Beobachter, der zur Längenmessung und Koordinatenbestimmung Geräte von begrenzter Messgenauigkeit zur Verfügung hat, und gegeben sei ein Ort auf der Felsoberfläche. Dann ist es immer möglich, rund um den betreffenden Ort einen kleinen Ausschnitt zu wählen und in diesem Ausschnitt das Gummituch so zu verzerren, dass gilt: Was für geometrische Messungen auch immer der Beobachter in diesem Ausschnitt vornimmt, er kann nicht unterscheiden, ob er einen winzigen, per Extra-Gummituchverzerrung hergerichteten Ausschnitt einer verbeulten Felsoberfläche betrachtet oder tatsächlich einen Ausschnitt aus einer Ebene.

Kommen Ihnen die Formulierungen bekannt vor? Flüstert eine Stimme in Ihrem Hinterkopf: »Über diese Art umständlicher Entscheidungsschwierigkeiten habe ich doch schon auf Seite 110 gelesen«? Die Stimme hätte vollkommen Recht, denn hier zeigt sich der erste Hinweis auf eine Analogie zwischen Gravitationstheorie und allgemeiner Geometrie, der wir im Folgenden nachspüren werden: Die zweidimensionale kartesische Ebene mit ihren Geraden ist analog zur vierdimensionalen Raumzeit der speziellen Relativitätstheorie mit ihren Lichtgeraden und ihrer einfachen Geometrie. Unter Physikern heißt diese Raumzeit denn auch, in Analogie zur Ebene, die *flache Raumzeit*. Die verzerrte Oberfläche dagegen ist analog zu einer, nun ja, verzerrten Raumzeit, und die Verzerrung hat etwas mit Gravitation zu tun. Zumindest ist die Anwendung der Skalenlupe bis hin zu einem kleinen, scheinbar ebenen Ausschnitt das Analog zum Äquivalenzprinzip: Auf der Felsoberfläche kann man das Gummituch immer so manipulieren, dass ein kleiner Flächenausschnitt eben aussieht – zumindest für einen Beobachter mit begrenzter Messgenauigkeit. Im Schwerefeld kann man das Bezugssystem, in dem man sich frei fallen lässt, immer so manipulieren, dass eine kleine Fahrstuhlkabine einen winzigen Moment lang aussieht wie in der gravitationsfreien speziellen Relativitätstheorie – zumindest für einen Beobachter mit begrenzter Messgenauigkeit. Behalten Sie diese Analogie bitte im Auge, wenn wir jetzt die Geometrie der Felsoberfläche noch etwas genauer betrachten.

FELSPARKETT UND DER
MODERNE ANIMATIONSFILM

Das zuletzt beschriebene Verfahren, die Koordinatenlinien in einem winzigen Ausschnitt haargenau kartesisch aussehen zu lassen, ist, wie erwähnt, nur lokal anwendbar – hat man einen Ausschnitt solchermaßen »eingeebnet«, sind die Nachbarregionen immer noch etwas verzerrt, und letztendlich lässt sich nur unser einer Ausschnitt einigermaßen kartesisch herrichten – auf Kosten der Umgebung, die nun ihrerseits möglicherweise etwas weniger kartesisch aussieht als vorher. Wir interessieren uns jetzt aber für eine Beschreibung der Felsoberfläche als Ganzer und wollen daher keinen einzelnen Ausschnitt besonders auszeichnen, sondern eine Beschreibung suchen, die alle Regionen des Gummituchs in gleicher Weise erfassen kann. Wir gehen daher einen Schritt zurück, zu jenem Bild, das nur die Anwendung der Skalenlupe, nicht aber eine maßgeschneiderte zusätzliche Gummituchmanipulation erforderte:

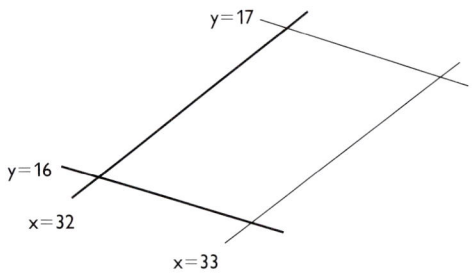

Ein solches Parallelogrammbild können wir uns von jedem winzigen Oberflächenausschnitt machen, ohne die Lage des Gummituchs zu verändern, und zwar so, dass mit der Gesamtzahl der Parallelogramme die gesamte Fläche erfasst ist – jeder Flächenpunkt liegt in genau einem unserer Parallelogramme; die Felsoberfläche ist sozusagen mit Parallelogrammen parkettiert. Damit ist unser Ziel einer genauen Felsoberflächenbeschreibung aber bereits in greifbare Nähe gerückt. Die einzigen Spätfolgen der Gummituchverzerrung, die das oben dargestellte Diagramm aufweist, sind die folgenden: Zum einen stehen die Koordinatenlinien nicht mehr

senkrecht aufeinander. Zum anderen können die Linienabschnitte entlang der x- und y-Linien im Vergleich zum Ausgangszustand auseinander gezogen oder zusammengestaucht worden sein. Diese Zerrkonsequenzen lassen sich in drei Zahlenangaben zusammenfassen, die im Folgenden eingezeichnet sind:

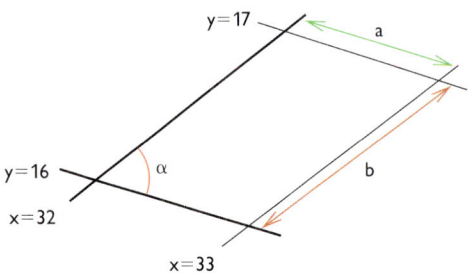

Es sind die Längen a und b der beiden Parallelogrammseiten und der Öffnungswinkel α, den sie einschließen. Wenn wir diese Zahlenangaben für jedes Parallelogramm erfassen, können wir die Oberflächeneigenschaften beliebig genau beschreiben. Genau wie die Programmierer einer computergenerierten Filmszene die Oberflächen von Figuren wie Shrek, Nemo oder die Charaktere aus »Toy Story« im Rechner aus Tausenden kleiner, ebener Oberflächenelemente zusammensetzen, die Kante an Kante liegen, ohne dass es eine Lücke gibt, können wir unsere Felsoberfläche näherungsweise als ein Parkett aus vielen, vielen kleinen Parallelogrammen betrachten, die sich aus den Gummituchkoordinatenlinien ergeben. Schon lange vor der Zeit computergenerierter Filme hat das Vorgehen, reale Oberflächen zu parkettieren und auf diese Weise zu modellieren, wertvolle Anwendungen gehabt – etwa, um waldige Landschaften zu vermessen, in denen optische Peilmethoden nur begrenzt anwendbar sind. Mit einer Messkette, einer Kette gegebener Länge, die sich der Bodenoberfläche anpasst, und einem Maßband lässt sich ein solches Gelände mit einem groben Gitternetz von Koordinatenlinien überziehen, die zumindest so dicht beieinander liegen sollten, dass man keine zu großen Ungenauigkeiten in Kauf nimmt, wenn man die Gittermaschen als Parallelogramme betrachtet. Misst man an jeder Masche die Seitenlängen und den Öffnungswinkel des jeweiligen Parallelogramms und notiert diese Daten, dann erhält man am Ende ein recht gutes Bild der betreffenden Landschaft. Gut möglich, dass dieses Verfahren in der Ära der Stereo-Luftbildaufnahmen und ähnlichen technischen Fortschritts stark an Attraktivität eingebüßt hat, aber festzuhalten bleibt: Es ist praktisch durchführbar und in der Vergangenheit auch durchaus zu Vermessungszwecken eingesetzt worden.

ABSTAND GEWINNEN ODER: POLITIK DER KLEINEN SCHRITTE

Dass das Innere jedes unserer Parallelogramme aussieht wie ein kleiner Ausschnitt aus einer Ebene, ist ein gewaltiger Vorteil. Wie man in einer Ebene geometrische Figuren definiert, die Flächen von Vielecken berechnet, wie die Seitenlängen und Winkel von Dreiecken zusammenhängen – all das ist Schulstoff, und wer diesen Stoff beherrscht, hat auch die Geometrie im Innern jedes der Parallelogramme unter Kontrolle. Das Einzige, was noch zu klären bleibt: Wie hängt diese lokale Geometrie mit den Koordinaten zusammen, die wir verwenden, um über alle Orte auf der Felsoberfläche Buch zu führen, mit unserer Vorschrift, jedem Punkt auf der Oberfläche eindeutig zwei Koordinatenwerte x und y zuzuordnen? Leider ist es ja nicht so, dass diese Koordinaten abstandstreu wären – selbst auf ein und derselben Linie, sagen wir: auf $y = 6$, ist die Entfernung des Punktes mit $x = 5$ von dem Punkt mit $x = 10$ aufgrund lokaler Verzerrungen des Gummituchs im Allgemeinen nicht dieselbe wie die des Punktes $x = 15$ vom Punkt $x = 20$, obwohl die Differenz der x-Koordinatenwerte in beiden Fällen dieselbe ist. Das Problem erinnert an die Hausnummern von Seite 114, und auch die Lösung ist sehr ähnlich: Dort hatten wir lokale Umrechnungsfaktoren eingeführt, mit denen man aus Koordinatendifferenzen Abstände berechnen konnte. Ebenso lassen sich auch im Innern jedes der kleinen Parallelogramme Abstände und Koordinatendifferenzen ineinander umrechnen – allerdings befinden wir uns

jetzt in zwei Dimensionen statt einer, und dort, so zeigt sich, benötigt man drei Umrechnungsfaktoren. Nehmen wir das Beispiel-Parallelogramm, das wir oben bereits betrachtet haben:

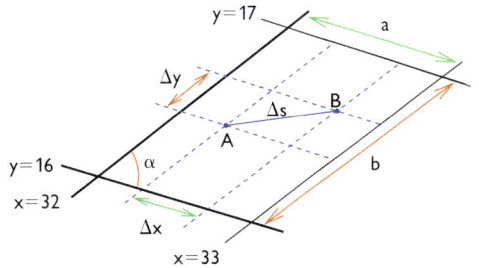

Mathematikscheue Leser seien versichert, dass es auch im Rest dieses Kapitels nach den folgenden drei Ausnahmen fast völlig formelfrei weitergeht. Leser, die sich noch bestens an die Schulmathematik erinnern, sollten dagegen mit etwas Knobeln selbst herausbekommen können, dass für die Länge Δs der Verbindungsstrecke zwischen den beiden eingezeichneten Punkten A und B, deren x-Koordinatenwerte sich um Δx und deren y-Koordinatenwerte sich unterscheiden um Δy gilt:

$$(\Delta s)^2 = a^2 \cdot (\Delta x)^2 + 2 \cdot a \cdot b \cdot \cos(\alpha)\, \Delta x \cdot \Delta y + b^2 \cdot (\Delta y)^2$$

Leser, deren Mathematikerfahrungen weiter zurückliegen, können vielleicht zumindest den Spezialfall nachvollziehen, in dem das Parallelogramm zufälligerweise ein Rechteck ist (das bedeutet $\alpha = 90$ Grad):

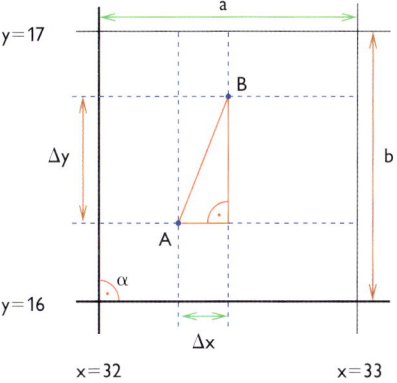

Die y-Koordinatendifferenz 1 auf der Linie $x = 32$ entspricht der Länge b, die Koordinatendifferenz 0,5 entspräche der Hälfte, also $0,5 \cdot b$, und eine allgemeinere Differenz Δy entspricht der Länge $\Delta y \cdot b$. Analog entspricht eine x-Koordinatendifferenz auf der Linie $y = 16$ der Länge $\Delta x \cdot a$. Damit lässt sich aber in dem eingezeichneten roten Dreieck direkt die Länge der Verbindungsstrecke zwischen den Punkten A und B ausrechnen. Das Dreieck ist rechtwinklig, und es gilt der Satz des Pythagoras, in unserem Falle

$$(\Delta s)^2 = (a \cdot \Delta x)^2 + (b \cdot \Delta y)^2.$$

Das ergibt sich auch aus der allgemeineren Formel für $(\Delta s)^2$, wenn man dort $\alpha = 90°$ einsetzt und berücksichtigt, dass $\cos(90°) = 0$. In der allgemeinen Abstandsformel sind die Vorfaktoren für $(\Delta x)^2$, $(\Delta y)^2$ und $\Delta x \cdot \Delta y$ vollständig durch die Parallelogrammdaten a, b, α definiert, und umgekehrt gilt: Kennt man die Vorfaktoren, kann man daraus die Parallelogrammdaten a, b, α ausrechnen. In der Mathematik hat es sich eingebürgert, gleich diese Vorfaktoren $g_1 = a^2$, $g_2 = a \cdot b \cdot \cos(\alpha)$, $g_3 = b^2$ zu verwenden, wenn man das Parallelogramm charakterisieren will. Wir haben die gesamte Felsoberfläche vorhin als Parkett aus Parallelogrammen aufgefasst und dabei zur vollständigen Beschreibung für jedes Parallelogramm Seitenlängen und Öffnungswinkel angegeben; Mathematiker beschreiben die Felsoberfläche als Parkett aus Parallelogrammen und geben für jedes davon die Vorfaktoren g_1, g_2, g_3 an, die über

$$(\Delta s)^2 = g_1 \cdot (\Delta x)^2 + 2 \cdot g_2 \cdot \Delta x \cdot \Delta y + g_3 \cdot (\Delta y)^2$$

sagen, wie Koordinatendifferenzen und Abstände im Parallelogramminneren zusammenhängen. Beide Beschreibungsweisen sind vollkommen äquivalent – wer die Parallelogramm-Maße kennt, kann die Vorfaktoren ausrechnen und umgekehrt –, und Leser, denen dies alles schon viel zu viele Formeln waren, sollten zumindest festhalten: Die Felsoberfläche mit all ihren Verzerrungen lässt sich als ein Parkett von Parallelogrammen, bei dem man für

jedes Parkettstückchen die Abstandsverhältnisse im Parallelogramminneren angibt, vollständig beschreiben. Die Vorfaktoren heißen ob ihrer Beziehung zur Abstandsmessung auch *metrische Vorfaktoren* (nach dem griechischen *métron*, Maß), und in ihrer Gesamtheit bilden sie die so genannte *Metrik*, die alle Abstandsinformationen für die Felsoberfläche zusammenfasst.

Hat man solchermaßen die Koordinatenwerte mit Abständen verknüpft, sind der Geometrie keine Grenzen mehr gesetzt. Beispielsweise lässt sich nun die Länge eines beliebigen Weges auf der Felsoberfläche berechnen, den wir durch die Angabe der Koordinaten seiner Wegepunkte beschrieben haben. Der entscheidende Trick ist die »Politik der kleinen Schritte«, illustriert an dem folgenden Gummituchbeispiel, auf dem eine Parkettierung zu sehen ist und in Grün ein Weg, dessen Länge wir bestimmen wollen:

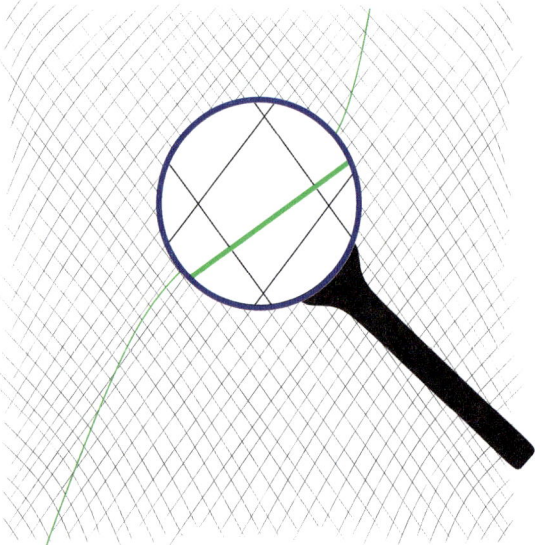

Um die Länge zu bestimmen, reicht es aus, den Weg Schritt für Schritt mit der Skalenlupe zu verfolgen. Genau wie Abschnitte der verbogenen Koordinatenlinien bei geeigneter Vergrößerung wie Geraden aussehen, erscheint auch jede kleine Teilstrecke des mäandernden Weges unter der Lupe wie ein Geradenabschnitt. Entlang welchen Koordinaten der Weg verläuft, hatten wir zu seiner Definition angegeben, und so kennen wir auch die Koordinatenwerte des kleinen Teilstücks, das in der Vergrößerung zu sehen ist und durch das Parallelogramm läuft. Kennen wir zusätzlich die Metrik beziehungsweise die metrischen Vorfaktoren für dieses spezielle Diagramm, dann können wir aus den Koordinaten die Länge des Teilstücks im Parallelogramm berechnen, denn die Koordinaten verraten uns Δx und Δy, und die obige Formel verknüpft diese mit den Vorfaktoren und liefert uns die Länge Δs des betreffenden Wegabschnitts. So können wir in jedem der Parallelogramme vorgehen, die der Weg schneidet, und die Summe aller dieser Längen von Teilstücken ergibt die Länge des Gesamtweges.

Ganz analog kann man übrigens auch die Flächeninhalte von Teilregionen in der Felsoberfläche ausrechnen, die man über ihre Koordinaten definiert hat: Man betrachtet jedes der Parkett-Parallelogramme einzeln und nutzt aus, dass erstens im Parallelogramm-Inneren all jenes gilt, was man in der Schule über Flächenberechnung in der Ebene gelernt hat, und zweitens, dass die metrischen Vorfaktoren auch diese Rechnungen mit den Koordinaten verknüpfen, über die wir die Teilregion definiert haben, und zählt am Ende die Flächenbeiträge aller Parallelogramme zusammen.

Je gröber die Parkettierung, umso größer die Abweichungen; je feiner die Parkettierung, umso besser die Übereinstimmung von Parkett und Felsoberfläche. Eine bereits gegebene Parkettierung lässt sich dabei beliebig weiter verfeinern – man kann, wo vorher nur ein einzelner Parkettstein definiert war, weitere Koordinatenlinien hinzunehmen, um das gegebene Parallelogramm in zwei oder vier oder noch mehr Unterparallelogramme zu unterteilen. Je weiter man die Feinheit erhöht, umso genauer modellieren die aneinander gelegten Parallelogramme die Oberfläche. Für jedes der feineren Parallelogramme lassen sich wiederum Seitenlängen und Öffnungswinkel angeben oder, äquivalent, die drei metrischen Vorfaktoren. In jeder praktischen Anwendung, etwa in einem Computermodell der Oberfläche, ist so nur eine endliche Genauigkeit zu erreichen. Mit jeder weiteren Unterteilung wächst

die Zahl der Parallelogramme, und ebenso wächst die Datenmenge, die der Computer verarbeiten muss, müssen doch mit jeder Verfeinerung mehr Seitenlängen und Öffnungswinkel festgehalten werden, um die Eigenschaften der zunehmenden Zahl von Parallelogrammen zu charakterisieren. Irgendwann ist das Fassungsvermögen auch des leistungsfähigsten Computerspeichers erreicht. Aber es lohnt sich, zu konstatieren, dass die Mathematiker es fertig bringen, in ihren exakten Definitionen wieder den Übergang zu *unendlicher* Feinheit zu vollziehen und die Unterteilung in wohldefinierter Weise so weit weiterzutreiben, bis tatsächlich *jeder* Punkt der Oberfläche Basispunkt eines unendlich kleinen Parallelogramms ist, in der Sprache der Mathematiker: eines *infinitesimalen* Parallelogramms. Die Abstandsverhältnisse in jedem dieser Parallelogramme werden jeweils durch drei metrische Vorfaktoren geregelt, und alle Vorfaktoren gemeinsam bilden einmal mehr die Metrik der Fläche. Mit dieser abstrakten, ultimativ feinen Unterteilung ist die Übereinstimmung zwischen Felsoberfläche und Parkettierung perfekt.

Wenn unsere Analogie von Oberfläche und Raumzeit Bestand haben soll, dann muss es auch für diesen Abstandsbegriff, die Metrik, ein Analogon geben, eine Raumzeit-Metrik. Das ist tatsächlich der Fall. Für die flache Raumzeit der speziellen Relativitätstheorie hatten wir diesen *relativistischen Abstand* auch bereits eingeführt. Er war etwas ungewohnt definiert: Für eine zeitartige Weltlinie, eine Weltlinie, die der Bewegung eines Körpers oder einer Uhr entsprechen konnte, war der relativistische Abstand die Zeit, die auf einer solchermaßen bewegten Uhr vergeht. Für Lichtweltlinien war der Abstand null. Für raumartige Weltlinien war der relativistische Abstand die räumliche Länge, gemessen von einem geeigneten, »mitbewegten« Koordinatensystem aus. Ich will es hier nicht weiter ausführen, aber tatsächlich lässt sich auch diese Abstandsdefinition in eine einfache Formel gießen, die von den Zeit- und Raumkoordinatendifferenzen und gewissen metrischen Vorfaktoren abhängt. Diese Vorfaktoren haben in der speziellen Relativitätstheorie sehr einfache, konstante Werte, und dort ähnelt die Abstandsformel dem Satz des Pythagoras.

Der Unterschied zwischen der Ebene und der allgemeineren Felsoberfläche ist, dass die Vorfaktoren in letzterem Fall von Ort zu Ort variieren können. Ebenso unterscheidet sich eine allgemeinere, verzerrte Raumzeit von der flachen Raumzeit der speziellen Relativitätstheorie dadurch, dass die Vorfaktoren der Raumzeit-Metrik von Ort zu Ort variieren. Dabei passt sich auch ein weiteres Puzzlestück ein: Eine vom Ort abhängige Variation desjenigen Vorfaktors, der nur von der Zeitkoordinatendifferenz abhängt, entspricht gerade der »ortsabhängigen Zeitgeschwindigkeit«, die wir am Kapitelanfang mit dem Trödelprinzip verknüpft und zur Beschreibung von einfachen Gravitationsfeldern verwendet haben. Wir scheinen auf dem richtigen Weg zu sein.

FLACHLANDPERSPEKTIVE ODER BILD UND WIRKLICHKEIT

Nun, wo wir (verzerrtes) Koordinatensystem und Metrik kennen gelernt haben, verfügen wir im Prinzip über die Möglichkeiten, beliebige mathematische Oberflächen exakt zu beschreiben. Wenn einem Mathematiker oder einem Physiker Oberflächen begegnen, dann sind sie oft nur durch Angabe dieser Größen definiert – die Angabe von Koordinaten, die einen bestimmten Wertebereich durchlaufen, und die Angabe von metrischen Koeffizienten, die über wohlbekannte Funktionen (Quadrat, Wurzel, Sinus, Kosinus …) von diesen Koordinaten abhängen.[4] In einiger Hinsicht müssen wir uns dabei allerdings etwas von dem anschaulichen Bild von Felsoberfläche und Gummituch lösen. Es geht um den Unterschied von Bild und Wirklichkeit.

Wenn ich den Berliner Fernsehturm fotografiere, dann hängt das Foto nicht nur von den Eigenschaften des Fernsehturms ab, sondern auch davon, wo ich mich zum Fotografieren hingestellt habe, wie weit ich damit von meinem Zielobjekt entfernt bin und wohin genau ich die Kamera richte. Andersherum: Die Fotografie enthält Informationen zum einen darüber, was sie abbildet, zum anderen darüber, wie die Abbildung angefertigt wurde. An die Eigenschaften von Fotos haben wir uns allerdings so gut gewöhnt, dass wir kaum Probleme haben, beispielsweise aus verschiedenen Ansichten des Fernsehturms dessen Aussehen zu rekonstruieren – selbst wer den Fernsehturm noch nie gesehen hat, wird aus mehreren Fotos, meist auch schon aus einem Foto erschließen, dass der Berliner Fernsehturm eine sich verjüngende Säule mit aufgesetzter Kugel ist, von einer Antenne gekrönt. Und das, obwohl jedes der Fotos nur eine zweidimensionale Projektion ist, aufgenommen aus einer ganz bestimmten Perspektive. Auch fällt es uns gewöhnlich nicht schwer zu erkennen, dass zwei Fotos eines Objekts, aufgenommen aus verschiedener Entfernung und unterschiedlicher Perspektive, ein und dasselbe Objekt abbilden.

Sowohl bei dem anschaulichen Bild von der Felsoberfläche als auch bei der Flächenbeschreibung durch Koordinaten und metrische Koeffizienten gibt es Unterschiede zwischen Bild und Wirklichkeit. Zunächst müssen wir aber klarstellen: Was soll denn im Fall unserer verzerrten Oberfläche »die Wirklichkeit« sein? Entscheidend ist, dass wir die Verallgemeinerung einer Ebene beschreiben wollen, also insbesondere ein Gebilde mit zwei Dimensionen. Charakteristisch für diese zweidimensionale Oberfläche sind all jene Merkmale, die ein zweidimensionales Wesen, das sich nur in dieser Oberfläche zu bewegen vermag und das über Messseile und Metermaße verfügt, ermitteln kann. Ein solches Wesen kann Punkte in der Fläche markieren, bestimmte Wege zwischen diesen Punkten kennzeichnen und die Länge solcher Wege vermessen.

Nun zum Bild der Felsoberfläche. Näherungsweise können Sie sich die darauf lebenden zweidimensionalen Wesen vorstellen als sehr flach gebaute,

---

4 Eine technische Feinheit übergehe ich hier – manchmal benötigt man, um eine Oberfläche zu beschreiben, mehrere sich überlappende Gummitücher, um zu einer eindeutigen Zuordnung zu gelangen. Das ist aber genauso problemlos wie das Vorgehen eines Autofahrers, der, um von einer Stadt zur anderen zu kommen, mehrere verschiedene Straßenkarten verwendet. Solange der Autofahrer weiß, wo sich seine Karten überlappen, kann er seine Route von der einen zur anderen und schließlich zu seinem Ziel problemlos verfolgen.

vernunftbegabte Ameisen. Sie haben kleine Klebefüße, mit denen sie auf der Oberfläche haften; nicht zuletzt deswegen werden sie nur unwesentlich durch die Schwerkraft beeinflusst, die in einer realen Felslandschaft hier auf der Erde wirkt. Von ihrer Körperform her ist es ihnen unmöglich, sich aufzurichten, ebenso lassen sich Kopf und Augen nur seitwärts verdrehen, und so gibt es für diese Wesen effektiv nur zwei ausgedehnte Dimensionen, in denen sie sich bewegen und die sie wahrnehmen – die beiden Dimensionen der Fläche. Für uns dreidimensionale Wesen, die auf der Oberfläche stehen und in die Ferne blicken, hat die Region Eigenschaften, die sich den zweidimensionalen Ameisen niemals offenbaren können. Nehmen wir einen anschaulichen Spezialfall, ein Oberflächenstück, das wie ein flaches Blatt Papier geformt ist. Allerdings ist dieses Blatt gewellt in den dreidimensionalen Raum eingebettet:

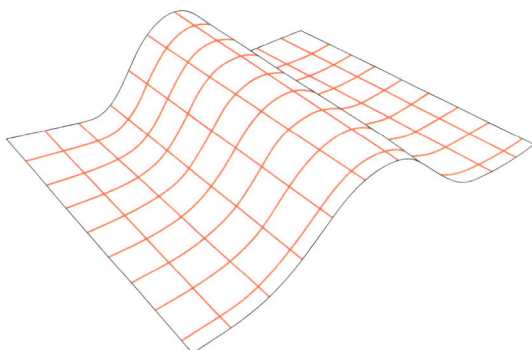

Die Abstände zwischen gegebenen Punkten, die Geometrie, die senkrecht aufeinander stehenden Koordinatenlinien – all das ist für das wellenförmige Blatt genau so, wie es wäre, wenn es flach auf dem Tisch läge. An der Metrik, an den lokalen Abstandsverhältnissen, macht sich die Verbiegung des Blattes nicht bemerkbar. Unsere Ameisen, die es vermessen, bekommen von der gewellten Einbettung nicht das Mindeste mit. Dieses Gewelltsein ist nicht eine innere Eigenschaft der Oberfläche, sondern nur eine Eigenschaft ihrer Einbettung im dreidimensionalen Raum – etwas, das wir äußeren Beobachter wahrnehmen, nicht aber die Flach

ameisen; eine Eigenschaft des Bildes, aber nicht der Wirklichkeit. Einbettungen werden uns auch in Zukunft zur Visualisierung dienen, doch sollten wir dabei immer im Hinterkopf behalten, dass sie zumindest zum Teil mit den inneren Eigenschaften der Oberfläche nichts zu tun haben. Im Zweifelsfall muss man sich wenigstens im Geiste in die Lage der auf der eingebetteten Fläche umherkrabbelnden Ameisen versetzen, um die inneren Oberflächeneigenschaften herauszufinden.

Das zweite, eher mathematische »Bild« von der Oberfläche, das ich eingeführt habe, waren Gummituchkoordinaten. Das Bild besteht in diesem Fall aus der Gesamtheit der Koordinatenwerte, die Flächenpunkte repräsentieren, und zusätzlich aus den metrischen Koeffizienten, die für jeden Flächenpunkt die Abstandsverhältnisse in einem unendlich kleinen Parallelogramm rund um diesen Punkt definieren. Aus diesen kleinen Parallelogrammen lässt sich die Gesamtfläche Stück für Stück rekonstruieren wie ein Flickenteppich. Allerdings enthält auch die Angabe von Koordinatensystem und Metrik in bestimmter Weise mehr als nur Informationen über die inneren Eigenschaften der Oberfläche. Ob beispielsweise der Anfangspunkt eines bestimmten Pfades in der Oberfläche die Koordinaten $x = 0$, $y = 4$ hat oder andere Koordinaten, ist keine Eigenschaft der Oberfläche selbst, sondern eine Eigenschaft der Art und Weise, wie wir das Gummituch an die Oberfläche geschmiegt haben. Denken Sie an das Beispiel meiner Fotos vom Fernsehturm zurück: Die konkreten Koordinatenwerte auf dem Gummituch haben ebenso wenig mit den Flächeneigenschaften zu tun, wie der Umstand, dass die Spitze des Fernsehturms in einem meiner Fotos vier Zentimeter vom linken Bildrand entfernt ist, einer Eigenschaft des Fernsehturms entspricht.

Hintergrund ist, dass unser Gummituchrezept zur Definition hügeliger Koordinaten uns unendlich viel Freiheit lässt, wie wir das Tuch über die Landschaft legen. Verschieben wir das Tuch ein wenig (und ändern dabei natürlich die Ausbeulungen und Verzerrungen etwas ab, denn auch das verschobene Tuch soll sich lückenlos an die Landschaft schmiegen), dann erhalten wir ein ebenso gutes Koordi natensystem mit einer veränderten Metrik, die berücksichtigt, dass sich die Kuhlen und Hügel im Vergleich mit ihren alten Koordinatenorten etwas verschoben haben. Jeder Punkt in der Landschaft lässt sich sowohl in den alten wie in den neuen Koordinaten eindeutig beschreiben, auch der erwähnte Pfad samt Anfangs- und Endpunkt. Auch die Länge des Pfades wird in dem verschobenen Koordinatensystem dieselbe sein wie im alten, denn die ist eine innere Eigenschaft der Oberfläche und wird in unserem Rezept durch das Ausmessen, das zur Festlegung der Metrik führt, auf jedes der Koordinatensysteme übertragen. Nur die konkreten Koordinatenwerte werden andere sein, zum Beispiel wird der Pfad gewöhnlich nicht mehr ausgerechnet bei $x = 0$ beginnen. Der x-Anfangswert $x = 0$ ist eine Eigenschaft, die nur auf ein ganz bestimmtes Koordinatensystem bezogen Gültigkeit hat. Da es unendlich viele mögliche Koordinatensysteme gibt und zudem im Allgemeinen keinen Grund, eines davon den anderen vorzuziehen, ist dieser x-Anfangswert allerdings eine recht uninteressante Eigenschaft. Interessantere innere Eigenschaften sind solche, die unabhängig vom Koordinatensystem gelten.

Mit unseren beiden Bildern verhält es sich etwa so, wie in der folgenden Grafik dargestellt:

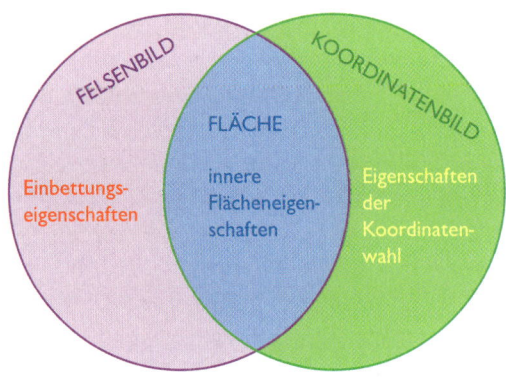

Jedes der beiden Bilder von der Oberfläche gibt die gleiche Auskunft über das, was uns interessieren sollte – nämlich die inneren Eigenschaften der Oberfläche, entsprechend der Schnittfläche zwischen den gezeigten Kreisen –, enthält aber darüber hinaus spezifische irrelevante Informationen. Wir werden im Folgenden mal das eine, mal das andere Bild verwenden, um zu Aussagen über die inneren Oberflächeneigenschaften zu gelangen. In gewisser Weise ist die Wirklichkeit, sind die inneren Oberflächeneigenschaften die Schnittmenge zwischen all den verschiedenen möglichen Felsoberflächen, zwischen all den verschiedenen Gummituchkoordinatensystemen, die wir verwenden könnten, um die Oberfläche zu verbildlichen – in demselben Sinne, in dem das Erscheinungsbild des Berliner Fernsehturms der gemeinsame Nenner all jener unendlich vielen Fotos ist, die man aus allen möglichen verschiedenen Perspektiven und Entfernungen von ihm machen könnte.

Vielleicht erinnert Sie ja die Vielfalt der möglichen Koordinatenbeschreibungen an etwas, das Sie aus dem vorigen Kapitel kennen, aus der speziellen Relativitätstheorie. Dort waren die Ergebnisse bestimmter Messungen *beobachterabhängig* – die Inertialbeobachter, von denen jeder die Raumzeit mit einem Koordinatennetz aus Licht überzog, kamen zu sehr unterschiedlichen Ergebnissen, etwa bei Fragen der Gleichzeitigkeit (»Haben zwei Ereignisse denselben t-Koordinatenwert, das heißt, fanden sie gleichzeitig statt?«) oder bei den Messungen von Längen und Zeitintervallen (Längenkontraktion/Zeitdehnung). In unserer Analogie von Oberflächen und Raumzeiten sind solche gegeneinander bewegten Beobachter ein Spezialfall der verschiedenen Möglichkeiten, eine Raumzeit mit Koordinaten zu überziehen. Ich werde später noch etwas näher darauf eingehen.

GEODÄTEN

Nach den Bemerkungen im vorangehenden Abschnitt kennen wir inzwischen einige Fragen, die sich nicht auf die inneren Flächeneigenschaften beziehen. »In welcher Höhe über dem Meeresspiegel liegt Punkt P?« ist eine Frage, die wir bezüglich der Felsoberfläche stellen könnten. Die Antwort sagt uns aber nur etwas über die Einbettung, nichts über die inneren Flächeneigenschaften. »Was ist die *x*-Koordinate des Punktes P?« ist eine typische Gummituchfrage, die uns nur etwas über die Koordinatenwahl sagt, nichts über die Fläche selbst. Ab jetzt soll es stattdessen um die interessanten Fragen gehen, bei denen die Antwort weder von der Wahl der Einbettung noch vom gewählten Gummituchkoordinatensystem abhängt.

Ein Beispiel für eine interessante Frage ist die folgende. Gegeben seien zwei Punkte P und Q auf der Fläche. Welches ist der kürzeste Weg zwischen ihnen? Diese Frage lässt sich beispielsweise mit Hilfe von Koordinaten und Metrik beantworten. Die Metrik erlaubt es ja, jeden möglichen Weg zwischen P und Q zu vermessen und dann zu vergleichen, welcher Weg der kürzeste ist. Ist die Metrik als Formel gegeben, mit den erwähnten ortsabhängigen Koeffizienten, dann kann man das eingangs schon kurz erwähnte mathematische Werkzeug der Variationsrechnung verwenden (Seite 96), um die kürzeste Verbindung direkt auszurechnen. Die Antwort ist unabhängig davon, wie die Gummituchkoordinaten gewählt sind, und auch die Flachameise, die zwischen den entsprechenden Punkten P und Q auf der Felsoberfläche eifrig herumprobiert, kommt zum gleichen Ergebnis. Es handelt sich also wirklich um eine innere Eigenschaft der betrachteten Fläche.

Die Frage nach den kürzesten Verbindungen führt uns zu einem etwas allgemeineren Konzept, das geradestmögliche Wege betrifft. Gehen wir dazu noch einmal zum flachen Blatt Papier zurück, der einfachsten zweidimensionalen Fläche. Dort liegt die kürzeste Verbindung zwischen zwei gegebenen Punkten P und Q auf der Geraden, die durch P und Q führt. Eine Gerade ist eine ganz besondere Kurve, die immer in dieselbe Richtung führt, nie nach links oder rechts abweicht, immer geradeaus.

Diese letzte Eigenschaft lässt sich auch auf kompliziertere Felsoberflächen verallgemeinern, wenn wir wieder an unsere Flachameise denken. Wir setzen sie an einen Ort auf der Oberfläche und lassen sie dann so gerade wie möglich loslaufen, Schritt für Schritt. Die Ameise ist so klein, dass ihre unmittelbare Umgebung an jedem Punkt ihres Weges so aussieht – Sie erinnern sich an unsere »Skalenlupe«? – wie ein Ausschnitt aus einer flachen Ebene, und

darin ist jeder Schritt, den die Ameise nimmt, ein kleiner Geradenabschnitt, der sie in dieselbe Richtung weiterführt, in die sie sich schon mit ihrem letzten Schritt bewegt hat. Wählen wir die Ameise und die einzelnen Schritte bei diesem Vorgehen klein genug – Mathematiker kennen da wieder eine exakt definierbare Möglichkeit, die Schritte *unendlich* klein zu wählen –, dann ist das Ergebnis so etwas wie ein *geradestmöglicher Weg* auf der Oberfläche, eine so genannte *geodätische Linie* oder, kürzer, *Geodäte*. Welcher der vielen möglichen Wege, denen unsere Ameise bei vorgegebener Anfangsrichtung folgen kann, sich als Geodäte erweist, ist wiederum eine Frage, deren Antwort nur von den inneren Oberflächeneigenschaften abhängt, nicht von der Einbettung, nicht von der Wahl der Gummituchkoordinaten.

Mögen die Geodäten auch lokal, in jedem einzelnen Wegepunkt mit der Skalenlupe betrachtet, wie Geradenabschnitte erscheinen – global gibt es deutliche Unterschiede. Ein Beispiel für Geodäten sind Großkreise auf einer Kugeloberfläche. In der üblichen dreidimensionalen Einbettung der Kugelfläche – sprich: so, wie wir uns eine Kugel wie die Erde im Raum vorstellen – sind das Kreise auf der Kugelfläche, deren Mittelpunkt mit dem Mittelpunkt der ganzen Kugel zusammenfällt. Der Äquator ist so ein Großkreis, und jeder Meridian entspricht der Hälfte eines Großkreises. Großkreise sind von erheblicher wirtschaftlicher Bedeutung. Bei Flugrouten zwischen weit entfernten Städten ist es wichtig, einen möglichst kurzen Verbindungsweg von einem Ort zum nächsten zu wählen und so möglichst wenig kostspieligen (und umweltschädlichen) Treibstoff zu verbrauchen. Ein solcher optimaler Verbindungsweg ist ein Abschnitt des Großkreises, der durch Start- und Zielort geht. Wenn Sie einen Globus zur Hand haben, können Sie solche Großkreisabschnitte direkt selbst bestimmen. Nehmen Sie einen Faden zur Hand, halten Sie seine Enden an die Globusfläche und ziehen Sie den Faden möglichst straff. Positionieren Sie den Faden so, dass sowohl Start- wie Zielort direkt unter dem Faden liegen. Da haben Sie Ihre Geodäte, Ihre optimale Flugverbindung, Ihren Großkreisabschnitt.

Ich weiß nicht, ob die Routenplaner der Fluggesellschaften routinemäßig mit Globus und Faden hantieren. Wahrscheinlicher ist, dass sie ein sündhaft teures Computerprogramm bemühen. Auf alle Fälle liegen interkontinentale Flugrouten näherungsweise auf Großkreisen. Am Globus zeigt sich außerdem eine im wahrsten Sinne des Wortes globale Eigenschaft der Kugelgeodäten, die sie eindeutig von den Geraden in einer Ebene abhebt. Wenn ich eine Gerade in der Ebene weiterverfolge, dann werde ich nie mehr an meinen Ausgangspunkt zurückgelangen. Wähle ich dagegen den geradestmöglichen Weg auf einer Kugel und folge einem Großkreis, gelange ich früher oder später an den Ort zurück, an dem ich meine Reise begonnen hatte.

Jede Gerade ist sowohl nach unserer Definition eine »Geodäte der Ebene« als auch die kürzeste Verbindung zwischen allen Punkten, die auf ihr liegen. Im Allgemeinen gilt allerdings nur: Jede kürzestmögliche Verbindung zwischen zwei Punkten ist eine Geodäte, aber nicht jede Geodäte eine kürzestmögliche Verbindung. Der Globus liefert ein anschauliches Beispiel für eine Geodäte, die keine kürzeste Verbindung ist; die folgende Skizze zeigt zwei Punkte, die auf dem ebenfalls eingezeichneten Erdäquator liegen:

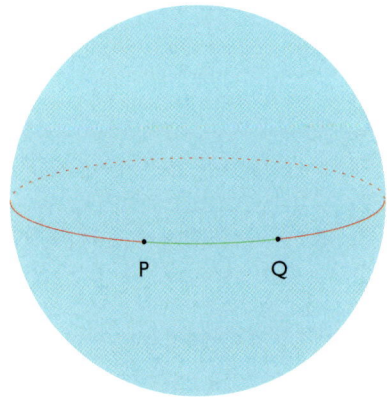

Jede Verbindung dieser beiden Punkte, die auf einem Großkreis liegt, ist eine Geodäte. Aber davon gibt es in diesem Falle zwei: die kurze Verbindung entlang dem Äquator, in Grün eingezeichnet, und ihr langes Gegenstück in Rot, das zwar auch P und Q verbindet, dazu aber um mehr als die halbe Erde

läuft. Die lange Strecke ist eine Geodäte, aber ganz sicher nicht die kürzestmögliche Verbindung zwischen P und Q.

Mit diesem Wissen über Geodäten können wir uns wieder der Gravitation zuwenden. Der Raumzeitabstand entsprach in unserer Analogie dem Abstand auf der Oberfläche, und auch in der Raumzeit haben wir Weltlinien kennen gelernt, die zwar nicht eine minimale räumliche Länge hatten, aber so etwas wie eine maximale zeitliche Länge. Das waren die Weltlinien von Testkörpern, die durch ein Gravitationsfeld flogen und dabei dem Trödelprinzip entsprachen, das besagt, dass auf einer mit dem Testkörper reisenden Uhr möglichst *viel* Zeit vergeht, mit anderen Worten: dass diese Weltlinie für je zwei darauf liegende Punkte die zeitlich *längste* Verbindung darstellt. Maximum und Minimum sind sich in der Variationsrechnung sehr ähnlich, und wendet man verallgemeinerte Definitionen der geradestmöglichen Weltlinien auf die Raumzeit an, dann kommt heraus: Die Weltlinien der maximal trödelnden Körper sind Geodäten. Das ist noch nicht alles. Im Zusammenhang mit dem dreifachen relativistischen Abstand (zeitartig, raumartig, lichtartig), der im letzten Kapitel eingeführt wurde, war zumindest in der speziellen Relativitätstheorie die Lichtfortpflanzung direkt mit dem Abstandsbegriff verknüpft: Lichtweltlinien waren die Geraden mit der relativistischen Länge null. Analog wäre zu erwarten, dass die Lichtweltlinien auch in allgemeinerer, verzerrter Raumzeit geradestmögliche Weltlinien sind, eben Geodäten, und das, so stellt sich bei genauer Betrachtung heraus, ist tatsächlich der Fall. Der Einfluss der Gravitation ist damit rein geometrisch beschreibbar – das Gravitationsfeld entspricht einer Verzerrung der Zeit, und Testkörper und Licht bewegen sich auf den Geodäten der verzerrten Raumzeit.

KRÜMMUNG

Genau so, wie man mit den Geraden auf einem flachen Blatt Papier Geometrie betreiben kann, indem man Dreiecke oder Vielecke betrachtet, Seitenlängen misst, Winkel misst oder erschließt und dann die diversen Beziehungen zwischen den verschiedenen definierten Größen bestimmt – mit dem Satz des Pythagoras, dem Kosinussatz, Flächensatz, all den geometrischen Sätzen, die in der Schule gelehrt werden –, kann man mit Hilfe von Geodäten auch auf hügeligen Flächen Geometrie betreiben.

Zunächst zur Definition von Winkeln. Um den Winkel zu bestimmen, unter dem sich zwei in der Oberfläche befindliche Kurven schneiden, betrachten wir den Schnittpunkt bei stärkerer und stärkerer Vergrößerung und vergrößern so lange weiter, bis sich unser Bildausschnitt nicht mehr nennenswert von einem Ebenenausschnitt unterscheidet. Was bei dieser Vergrößerung noch von den beiden sich schneidenden Kurven zu sehen ist, können wir dann von zwei sich schneidenden Geraden ebenso wenig unterscheiden wie den Bild- vom Ebenenausschnitt.

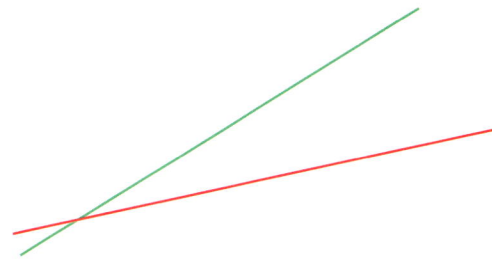

Dann vervollständigen wir das Bild mit einem weiteren kleinen Geodätenabschnitt (der bei dieser Vergrößerung ebenfalls wie ein Geradenabschnitt aussieht) zu einem kleinen Hilfsdreieck

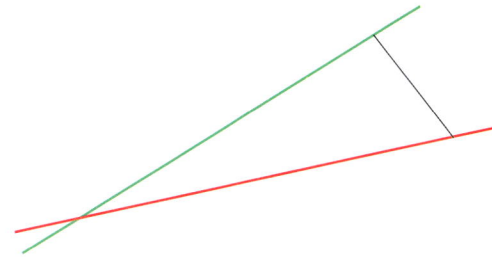

und bestimmen mit Hilfe der Metrik die Seitenlängen dieses Dreiecks. Wenn sich der Ausschnitt nicht von einem Ebenenausschnitt unterscheidet,

dann heißt das auch, dass wir unser Schulwissen über ebene Geometrie darauf anwenden dürfen (etwa Sinus- und Kosinussatz), das uns sagt, wie aus den drei Seitenlängen eines ebenen Dreiecks seine Winkel und insbesondere der Schnittwinkel der beiden Kurven folgt. Das Ergebnis für den Schnittwinkel ist selbstverständlich unabhängig von unserer Wahl des Hilfsdreiecks beziehungsweise der hinzugefügten Verbindungslinie. (Auch für diese Winkelbestimmung gibt es eine mathematisch exakte Version, die den Schnittpunkt in wohldefinierter Weise bei »unendlich hoher Vergrößerung« betrachtet.)

Jetzt, wo wir wissen, wie wir mit Skalenlupe und Hilfsdreieck beliebige Schnittwinkel bestimmen, können wir auch zu größeren Oberflächenausschnitten übergehen, in denen sich die Verzerrung der Fläche deutlicher bemerkbar macht, und darauf Dreiecke betrachten, deren drei Seiten Geodätenabschnitte sind. Untersuchungen solcher *geodätischer Dreiecke* auf einer allgemeinen Oberfläche sind höchst aufschlussreich.

Auf einer ebenen Fläche, dem berühmten Blatt Papier, gilt, dass sich die drei Innenwinkel eines Dreiecks immer zu 180 Grad addieren. Im allgemeinen Fall ist das anders. Gehen wir zurück zum einfachen Beispiel der Erdoberfläche und konstruieren dort ein riesiges geodätisches Dreieck. Eine Seite sei ein Abschnitt des Äquators. Dort liegen zwei der drei Eckpunkte. Der dritte Eckpunkt sei der Nordpol; die anderen zwei Seiten sind demnach Meridiane, Linien, die Orte desselben Längengrads verbinden:

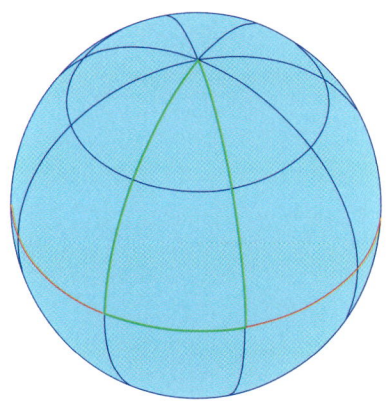

Im Bild ist der Äquator rot eingezeichnet, das Dreieck selbst in Grün. Seine Winkelsumme ist eindeutig größer als 180 Grad: Jeder der Meridiane steht im rechten Winkel auf dem Äquator. Allein das sind schon $90° + 90° = 180°$, und es kommt ja noch der Winkel oben am Nordpol hinzu, im abgebildeten Beispiel noch einmal 45 Grad. Gegenüber dem ebenen Dreieck ein eindeutiger Winkelüberschuss! Das Phänomen, dass Winkelsummen auf der Kugel mehr als 180 Grad betragen, ist unabhängig von der Größe des geodätischen Dreiecks. Auch ein kleines geodätisches Dreieck auf der Kugel

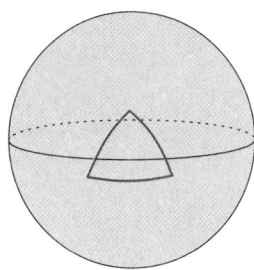

wird immer einen gewissen Winkelüberschuss aufweisen. Bei genauerer Betrachtung zeigt sich, dass der Winkelüberschuss zum einen proportional zur Fläche des Dreiecks ist, zum anderen umgekehrt proportional zum Quadrat des Kugelradius.[5] Dieser aber bestimmt gerade, wie *gekrümmt* die Kugeloberfläche ist: Krümmung im Alltagssinn ist so etwas wie die Abweichung von der Ebenheit; ist der Kugelradius sehr groß, dann ist die Abweichung klein und die Kugeloberfläche nur sanft gekrümmt. Ist der Radius klein, dann ist die Abweichung groß und die Kugeloberfläche stark gekrümmt. Das Verhältnis von Winkelüberschuss und Dreiecksfläche ist damit ein Maß für die Krümmung der Kugelfläche – je größer dieses Verhältnis, umso gekrümmter die Fläche!

5 Die Proportionalität zur Dreiecksfläche steht im Einklang mit unserer Beobachtung, dass ein kleiner Oberflächenausschnitt, mit der Skalenlupe bei immer stärkerer Vergrößerung betrachtet, einem Ausschnitt aus einer Ebene immer ähnlicher wird. Je kleiner der Skalenlupenausschnitt, umso kleiner die Fläche des Dreiecks, das gerade noch in diesen Ausschnitt passt, und umso kleiner die zur Dreiecksfläche proportionale Abweichung seiner Winkelsumme von dem in der ebenen Geometrie gültigen Wert von 180 Grad.

Wenden wir dieselbe Krümmungsdefinition auf die Ebene an,

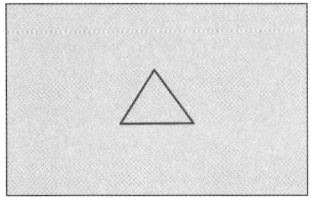

so ist dort die Winkelsumme eines jeden Dreiecks konsequent 180 Grad, Winkelüberschuss und daraus abgeleitete Krümmung sind null. Mit der Krümmung als Maß für die Abweichung von der Ebene ist das nur recht und billig.

Interessanterweise gibt es auch Oberflächen, bei denen alle Dreiecke ein Winkel*defizit* aufweisen. Mit anderen Worten: Ihre Winkelsumme beträgt *weniger* als 180 Grad. Das einfachste Beispiel ist eine so genannte Sattelfläche. Hier ist ein Ausschnitt daraus skizziert:

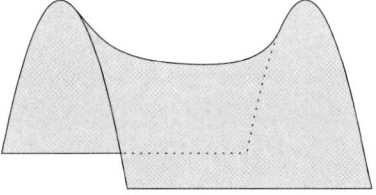

Ein geodätisches Dreieck auf solch einer Fläche ist, der Flächenwölbung folgend, immer etwas spitzwinkliger als seine Vettern in der Ebene:

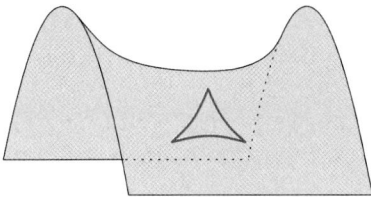

Es weist, wie gesagt, ein Winkeldefizit auf. Auch hier lässt sich die Krümmung definieren, indem man wiederum Winkeldefizit durch Dreiecksfläche teilt. Das Resultat hat ein negatives Vorzeichen, entsprechend dem Übergang von einem Winkelüberschuss zu einem Winkeldefizit. Vom Vorzeichen abgesehen zeigt diese allgemeinere Krümmung wieder die Abweichung der Sattelfläche von der Ebene an: Je größer der Betrag der Krümmung, umso gekrümmter auch in obiger Bilddarstellung die Sattelfläche. Je kleiner der Krümmungsbetrag, umso schwerer ist die Sattelfläche von einer Ebene zu unterscheiden.

Kugel, Ebene und Sattelfläche sind in einer Hinsicht sehr speziell: Egal, wie groß ein geodätisches Dreieck ist, egal, wo es sich auf der Fläche befindet, immer ist die Krümmung das Verhältnis von Winkelüberschuss (oder Winkeldefizit) und Dreiecksfläche. Das Konzept der Krümmung ist allerdings auch auf allgemeine Flächen übertragbar – dort lässt sich zwar keine globale, für die gesamte Fläche gültige Krümmung definieren, wohl aber eine *lokale Krümmung*, die von Ort zu Ort variieren kann. Das funktioniert wie folgt: Wir wenden einmal mehr unsere Skalenlupe an, um die Umgebung des Punktes, an dem wir die lokale Krümmung studieren wollen, weiter und weiter zu vergrößern. In jedem der (kleineren und kleineren) Bildausschnitte, die wir betrachten, konstruieren wir um den uns interessierenden Punkt herum ein kleines geodätisches Dreieck, dessen Winkelüberschuss (oder -defizit) wir messen und durch seinen Flächeninhalt teilen. Der Grenzwert beim mathematischen Übergang zu unendlich kleinen Ausschnitten ist die Krümmung *in diesem Punkt*. Auf einer allgemeinen Oberfläche hat jeder Punkt seinen eigenen Krümmungswert. Dieser Wert hängt damit zusammen, dass es, mathematisch gesehen, unterschiedliche Abstufungen des »unendlich genauen« Hinschauens mit der Skalenlupe gibt. Bei der genauesten Version des Hinschauens sieht man wirklich nur den einen Punkt, ein nulldimensionales Objekt. Bei der nächsten Stufe sieht man eine infinitesimale Umgebung rund um den Punkt, die, wie mehrfach erwähnt, nicht von einer Ebene zu unterscheiden ist. Schaut man noch etwas weniger genau hin, dann sieht man möglicherweise erste Abweichungen von der Ebenengeometrie – die Umgebung des Punktes sieht jetzt näherungsweise so

aus wie ein Ausschnitt aus einer Kugeloberfläche, einer Ebene oder einer Sattelfläche. Um welche der drei Näherungsmöglichkeiten es sich handelt und wie groß Radius beziehungsweise Krümmung sind, wenn es sich um eine Kugel oder einen Sattel handelt, sagt direkt der Wert der lokalen Krümmung an dem betrachteten Punkt.

Ein Nutzen der Krümmung ist der folgende. Wie schon erwähnt, wohnt unserem Rezept, eine allgemeine Oberfläche mit Koordinaten zu überziehen, indem wir sie mit einem Gummituch bedecken, eine gehörige Portion Willkür inne. Es gibt unendlich viele verschiedene Arten und Weisen, das Gummituch an einen Oberflächenausschnitt zu schmiegen, und dementsprechend unendlich viele Arten und Weisen, den Punkten des entsprechenden Oberflächenausschnitts Koordinaten zuzuordnen. Insbesondere können wir schon eine langweilige, flache Ebene mit Hilfe des Gummituches mit sehr merkwürdigen Koordinaten überziehen, etwa den folgenden krummen Koordinatenlinien, wobei die Abbildung diesmal nicht perspektivisch zu verstehen ist, sondern wirklich Koordinatenlinien auf einem Ebenenausschnitt zeigt, der so flach ist wie die Buchseite, auf der es gedruckt ist:

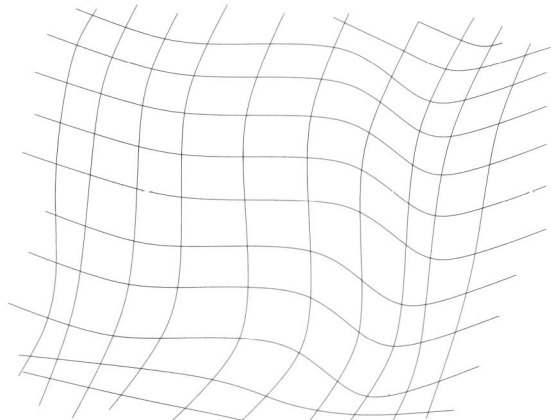

Auch eine flache Ebene kann sehr verzerrt aussehen, wenn man sie mit Hilfe von ungünstig gewählten Koordinaten beschreibt. Wie kann man dann aber überhaupt entscheiden, ob man es mit einem vollständig ebenen Gebilde zu tun hat oder doch mit einer in sich verzerrten Oberfläche? Unsere Definition der Krümmung liefert das Entscheidungskriterium: Geodätendreiecke und Dreiecksflächen gehören zu den inneren Flächeneigenschaften, die nicht von der Wahl der Einbettung oder des Koordinatensystems abhängen. Indem wir zusätzlich noch das Winkeldefizit durch die Dreiecksfläche teilten, haben wir die Krümmung von der gewählten Vergrößerungsskala der Skalenlupe unabhängig gemacht. Die lokale Krümmung ist damit ein beobachterunabhängiges Kriterium, um die Abweichung einer Oberfläche von der Ebene zu messen. Genau dann, wenn sie an jedem Punkt verschwindet, ist die Fläche eine Ebene, sonst nicht. Die Krümmung ist sogar ein quantitatives Maß dafür, wie sehr (und in welcher Weise) die Flächenstruktur von der einer Ebene abweicht, mit anderen Worten: wie die Oberfläche in sich verzerrt ist und wie weit die Regeln der Geometrie, die man auf die Oberfläche anwenden kann, von denen der euklidischen Schulgeometrie in der Ebene abweichen. Beispielsweise können wir nun genauer angeben, inwieweit die Krümmung der Erde die Geometrie beeinflusst, die sich auf ihrer Oberfläche treiben lässt – und inwieweit es gerechtfertigt ist, wenn wir die uns umgebenden Erdregionen als flach betrachten. Schauen wir auf einer perfekt kugelförmigen Erde ein Dreieck mit der Fläche des Stadtstaates Hamburg an, beträgt der Winkelüberschuss nur ein tausendstel Winkelgrad – die Winkelsumme des Dreiecks weicht von 180 Grad um nur rund sechs Millionstel ab. Insofern ist es durchaus berechtigt, bei der Aufteilung der Stadt in Grundstücke die Regeln der Geometrie der Ebene zugrunde zu legen und beiseite zu lassen, dass die betrachteten Flächen in Wirklichkeit auf einer Kugelfläche liegen. Selbst bei einem Dreieck mit der Fläche der Bundesrepublik liegt der Winkelüberschuss nur bei einem überschaubaren halben Winkelgrad – das sind 0,3 Prozent des Vergleichswertes 180 Grad.

Für eine spätere Anwendung sei hier noch erwähnt, dass die Winkelsumme nur eine der Arten und Weisen ist, die Krümmung zu definieren. Ein kleiner Kreis ist auch auf allgemeinen Oberflächen schnell definiert: Man wählt einen Mittelpunkt und setzt einen Radiuswert fest. Alle Punkte, die sich genau in der durch den Radiuswert gegebenen Entfernung zum Mittelpunkt befinden, gehören zu dem Kreis, den wir suchen. Der Umfang des Kreises lässt sich ausmessen – für solche Längenmessungen entlang vorgegebenen Wegen haben wir ja die Metrik. So, wie wir es in der Schule lernen, hängen Umfang und Radius eines Kreises über die berühmte Kreiszahl $\pi = 3,1415926\ldots$ zusammen; es gilt nämlich Umfang $= 2 \cdot \pi \cdot$ Radius. In gekrümmten Räumen ist das anders: Bei einem kleinen Kreis auf einer kugelartig-positiv gekrümmten Oberfläche ist der Umfang etwas *kleiner* als $2 \cdot \pi \cdot$ Radius, auf einer sattelartig-negativ gekrümmten Oberfläche etwas größer. Teilt man das »Umfangsdefizit« (realer Umfang minus $2 \cdot \pi \cdot$ Radius) durch die Kreisfläche (genauso, wie wir beim Winkeldefizit durch die Dreiecksfläche geteilt haben), dann erhält man ein Maß für die Krümmung, das bis auf einen konstanten Vorfaktor dieselben Krümmungswerte liefert wie unsere Winkeldefizit-Definition.

Um einmal mehr die Analogie zur Raumzeit sichtbar zu machen, ist es sinnvoll, den Winkelüberschuss und die Krümmung noch von einer weiteren Seite zu beleuchten. Charakteristisch für die Geometrie der Ebene ist es, dass sich parallele Geraden niemals schneiden, sondern bis in fernste Fernen weiterhin parallel zueinander verlaufen. Hier ist dieser Umstand angedeutet; eingezeichnet sind sowohl Ausschnitte aus den zwei Geraden als auch eine Verbindungslinie zwischen ihnen, die die Geraden im rechten Winkel schneidet:

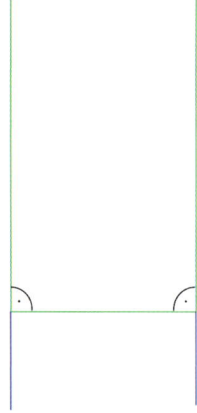

Der Umstand, dass sich die beiden Parallelen, wenn man sie nach oben oder unten weiterzeichnet, niemals schneiden, lässt sich direkt mit der Aussage verbinden, die die ebene Geometrie über Winkelsummen trifft. Betrachten Sie einmal nur die Verbindungslinie und die Geradenstücke, die nach oben führen, also: nur die grünen Linien in der Abbildung. Würden sich diese Geradenstücke irgendwo in einem bestimmten Abstand von meinem Abbildungsausschnitt schneiden, ergäbe das ein grünes Dreieck mit einem Winkel am Schnittpunkt. Aber die zwei unteren Winkel des Dreiecks sind beide, wie eingezeichnet, rechte Winkel und ergeben damit zusammen bereits eine Summe von 180 Grad. Käme noch ein weiterer Winkel hinzu, wäre die Winkelsumme zwangsläufig *größer* als 180 Grad. Sich schneidende Parallelen und Dreiecke mit einer Winkelsumme größer als 180 Grad sind in der Geometrie der Ebene gleichermaßen verboten. Anders auf der Kugel:

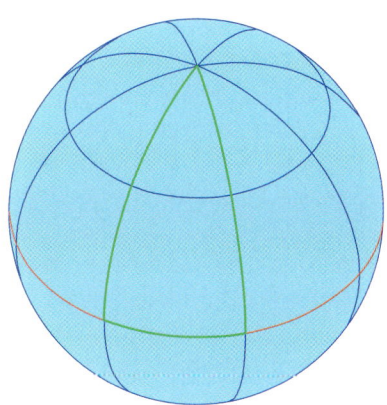

Die in Richtung Nordpol verlaufenden Schenkel des grünen Dreiecks sind zueinander parallel – dort, wo sie den Äquator schneiden, schlagen sie beide dieselbe (Nord-)Richtung ein, und beide stehen in einem rechten Winkel zum Äquator. Und doch schneiden sich diese beiden Linien, nämlich am Nordpol. Das geht direkt damit einher, dass die Winkelsumme in dem Dreieck größer ist als 180 Grad. Krümmung verändert nicht nur die Winkelsumme, sie führt auch dazu, dass sich Geodäten, die ursprünglich parallel zueinander verliefen, schnei-

den können. Allgemeiner: In einer flachen Ebene bleiben parallele Geraden parallel und schneiden sich nie; in einer verzerrten Fläche bedeutet Krümmung, dass Geodäten gegeneinander verbogen werden können, entweder, wie hier, aufeinander zu oder aber voneinander weg.

Hoffentlich führt auch dieser Umstand zu einem kleinen Aha-Erlebnis. Erinnern Sie sich an jene »Restgravitation«, an der selbst ein Beobachter in einer kleinen, isolierten Fahrstuhlkabine feststellen kann, ob er sich im freien Fall in einem Gravitationsfeld befindet oder fernab aller Gravitationsquellen im leeren Raum schwebt? Der Unterschied ergibt sich aus den verräterischen Gezeitenkräften. Im gravitationsfreien Raum sind die Weltlinien von Teilchen, die in der Fahrstuhlkabine nebeneinander ruhend schweben, parallele Geraden. Im Gravitationsfeld werden die Weltlinien selbst dann, wenn sie ursprünglich parallel verlaufen, gegeneinander verbogen. Restgravitation, so deutet es sich an, ist so etwas wie Raumzeitkrümmung.

Unsere Analogie hat nun bereits eine ganze Reihe von Bestandteilen – Fläche entspricht Raumzeit, Abstand entspricht relativistischem Abstand, Skalenlupe entspricht Äquivalenzprinzip, Geodäten entsprechen den Bahnen frei fallender Körper, Krümmung entspricht Restgravitation. Entscheidend für Einstein war, dass das nicht nur Analogien sind, sondern Aspekte ein und desselben mathematischen Rahmens, der so genannten Riemannschen Geometrie.

VON GAUSS ZU RIEMANN

Historisch gesehen, war die Ablösung von dem Gedanken, jede verzerrte Fläche sei nur eingebettet in den dreidimensionalen Raum denk- und beschreibbar, der entscheidende Fortschritt auf dem Weg zu einer allgemeinen Geometrie verzerrter Flächen. Was zweidimensionale Flächen angeht, ist dieser Fortschritt vor allem mit dem Namen des Mathematikers Carl Friedrich Gauß (1777–1855) verbunden, der Ende des 20. Jahrhunderts vielleicht nicht in aller Munde, aber doch zumindest in Deutschland in aller Brieftaschen war, in Form des guten alten Zehnmarkscheins, hier aus sentimentalen Gründen noch einmal abgebildet sei:

Die Rückseite verrät Gauß' geometrische Interessen. Groß zu sehen ist ein Sextant, und ganz klein rechts ist ein Netz von Messpunkten abgebildet, ähnlich dem, das wir im Zusammenhang mit den ägyptischen Pyramiden bereits in Kapitel 1 kennen gelernt haben (Seite 19):

Es steht für ein Projekt, in das Gauß in den Jahren 1818 bis 1832 einen Großteil seiner Zeit investierte: die Vermessung des Königreichs Hannover, später ergänzt um eine Vermessung der Ländereien der freien Stadt Bremen. Aus der Praxis – von der eigentlichen Vermessungsarbeit, den dazugehörigen Berechnungen und der Logistik bis hin zu Verhandlungen mit Landwirten über das Fällen von Bäumen, die die Peilungen behinderten – erwuchsen für Gauß wichtige theoretische Erkenntnisse. Er war der Erste, der einen klaren Trennungsstrich zog zwischen den der Oberfläche innewohnenden Eigenschaften und den Eigenschaften ihrer Einbettung. Die Gummituchkoordinaten, die wir eingeführt haben, heißen unter Mathematikern deshalb auch Gaußsche Koordinaten. Gauß betrachtete das

allgemeine »Linearelement« – die von der Metrik abhängigen Ausdrücke für das Quadrat des Abstands, die wir oben betrachtet haben –, berechnete Geodäten und fand die Definition der Krümmung als intrinsische Eigenschaft von Flächen. All diese Grundlagen der intrinsischen Geometrie fasste Gauß in seinen 1828 erschienenen »Disquisitiones generales circa superficies curvas« zusammen, den allgemeinen Untersuchungen über gekrümmte Oberflächen.

Ich habe in Kapitel 1 schon kurz auf einen Vorteil des Vorgehens hingewiesen, Linie, Fläche und dreidimensionalen Raum mit Hilfe von Koordinaten zu beschreiben: Man gelangt recht einfach zu ihren höherdimensionalen Entsprechungen. Gauß' innere Geometrie, die die Beschreibung von Flächen, von der Einbettung – der Anschauung – abgekoppelt, Koordinaten und Metrik überließ und Möglichkeiten schuf, aus dieser Beschreibung Eigenschaften wie den Verlauf von Geodäten oder die Krümmung abzuleiten, enthält bereits die grundlegenden Ideen, die es ermöglichen, auch verzerrter höherdimensionaler Räume Herr zu werden.

Gauß hatte das Glück, noch Zeuge dieser Ausweitung seiner Konzepte zu werden. 1853 machte sich der damals siebenundzwanzigjährige Bernhard Riemann daran, sich an der Universität Göttingen zu habilitieren, dort also, wo auch Gauß wirkte. Zur Habilitation gehörte, wie auch heute noch vielerorts üblich, ein Probevortrag, mit dem er seine Lehrbefähigung unter Beweis stellen sollte. In einem Brief an seinen Bruder Wilhelm schrieb Riemann im Dezember 1853: »Mit meinen Arbeiten steht es jetzt so ziemlich; ich habe Anfang December meine Habilitationsschrift abgeliefert und mußte dabei drei Themata zur Probevorlesung vorschlagen, von denen dann die Facultät eines wählt. Die beiden ersten hatte ich fertig und hoffte, daß man eins davon nehmen würde; Gauß aber hatte das dritte gewählt, und so bin ich nun wieder etwas in der Klemme, da ich dies noch ausarbeiten muß.«

Was in dieser Weise ungeplant im darauf folgenden knappen halben Jahr entstand, sollte einer der Ecksteine in dem auch sonst nicht gerade ärmlichen Vermächtnis Riemanns an die Nachwelt

werden. Mit dem Probevortrag »Ueber die Hypo-
thesen, welche der Geometrie zu Grunde liegen«,
gehalten am 10. Juni 1854, schuf er die Grundlage
der Verallgemeinerung der Gaußschen inneren Geometrie auf allgemeine höherdimensionale Räume.
Der zu jenem Zeitpunkt schon schwer kranke Gauß
soll nach dem Vortrag denn auch höchst aufgeregt
und des Lobes voll gewesen sein. Die Weiterentwicklung der Riemannschen Ideen durch andere
Mathematiker – stellvertretend seien hier Gregorio
Ricci und Elwin Christoffel genannt – sollte Gauß,
der ein knappes Dreivierteljahr später verstarb,
dagegen nicht mehr miterleben. An ihrem Ende
stand das Gebäude dessen, was heute Riemannsche
Geometrie genannt wird. Ich will kurz andeuten,
wie sich die Verallgemeinerung auf höherdimensionale Räume zu den besprochenen zweidimensionalen Flächen verhält.

Jeder Punkt auf der Fläche war durch zwei Koordinaten eindeutig charakterisiert. Jeder Punkt im
n-dimensionalen Raum ist durch die Angabe von n
Koordinaten charakterisiert.[6] Eine Punktmenge, die
sich in dieser Weise mit Koordinatenkarten erfassen
lässt, heißt unter Mathematikern *Mannigfaltigkeit*.

Ist darauf eine Metrik definiert, die die Abstandsverhältnisse festschreibt, so heißt das Gebilde auch *Riemannsche Mannigfaltigkeit*. In der Metrik ist für jeden Ort festgelegt, welchem Abstand
ein infinitesimal kleiner Schritt entspricht, der von
diesem Ort in eine gegebene Richtung führt, im
zweidimensionalen ebenso wie im n-dimensiona-
len Fall. Aus diesen winzig kleinen Abständen lassen
sich die Längen endlicher Wege zusammensetzen –
die Metrik enthält in dieser Weise die Information
über sämtliche Abstandsverhältnisse des Raums.

Bei Anwendung einer Skalenlupe mit genügend
starker Vergrößerung erschien uns jede winzig kleine Umgebung eines beliebigen Flächenpunktes
nahezu flach, wie ein Ausschnitt aus einer Ebene,
in der die Regeln der ebenen Geometrie gelten,

etwa der Satz des Pythagoras. Für einen allgemeinen, möglicherweise verzerrten dreidimensionalen
Raum sieht die infinitesimal kleine Umgebung
näherungsweise so aus wie ein Ausschnitt des flachen dreidimensionalen Raums, den wir aus dem
Alltag kennen. Für den allgemeinen n-dimensiona-
len Raum sieht die infinitesimal kleine Umgebung
eines beliebigen Punktes so aus wie ein Ausschnitt
des entsprechenden n-dimensionalen flachen Raums.
Der n-dimensionale flache Raum hat n senkrecht
aufeinander stehende Achsen; in ihm gilt eine verallgemeinerte Form der euklidischen Geometrie.

Über die Metrik lassen sich auch die Geodäten
definieren. Im zwei- wie im n-dimensionalen Falle
sind Geodäten als die geradestmöglichen Wege
durch den Raum definiert; in allen Fällen erweisen
sich die kürzestmöglichen Verbindungen zwischen
gegebenen Punkten als Geodäten.

Das Konzept der Krümmung bedarf einiger Verallgemeinerung, ehe es sich auf höherdimensionale
Räume übertragen lässt. Im zweidimensionalen Fall
ließ sich die lokale Krümmung an jedem Punkt
durch einen einzigen Zahlenwert ausdrücken: War
er positiv, gab er die Krümmung einer an diesen
Punkt angepassten Näherungskugel an (einen Wert
umgekehrt proportional zum Quadrat des Kugelradius). War er null, ließ sich an den Punkt am
besten eine Ebene anschmiegen. War er negativ,
ließ sich die Umgebung des betreffenden Punktes
am besten durch eine Sattelfläche mit einer dem
Zahlenwert entsprechenden Krümmung annähern.

Im n-dimensionalen Fall ist alles sehr viel komplizierter. Auch dort gibt es Räume konstanter positiver Krümmung und entsprechend gewölbte
Geodätendreiecke mit Winkelüberschuss, flache
Räume sowie Räume mit konstanter negativer
Krümmung. Es gibt aber wesentlich mehr Arten,
den Raum lokal zu verzerren, und eine erheblich
größere Auswahl an möglichen Näherungsobjekten.
Um all diese Verzerrungsarten zu erfassen, reicht
ein Zahlenwert allein im Allgemeinen nicht aus. In
drei Dimensionen sind es bereits sechs verschiedene
Zahlenwerte, die an jedem Punkt benötigt werden,
um alle möglichen Näherungsräume zu erfassen,
und in vier Dimensionen gar zwanzig. Genauso,

---

6 Schon im zweidimensionalen Fall habe ich, in Fußnote 4 auf Seite 124
versteckt, angemerkt, dass man mitunter mehrere sich ergänzende Koordinatenkarten verwenden muss, um das Gebilde ganz zu beschreiben.
Das trifft auch auf den n-dimensionalen Fall zu und ist Teil der exakten
Definition einer Mannigfaltigkeit.

wie wir die metrischen Vorfaktoren zu einem einzigen Objekt, der Metrik, zusammenfassen konnten, ist dies auch mit den verschiedenen Zahlenwerten möglich, die die Krümmung beschreiben. Solche aus mehreren Komponenten bestehenden Objekte heißen in der Mathematik allgemein *Tensoren*, und die gesammelten Krümmungs-Zahlenwerte werden *Riemannsche Krümmungstensoren* genannt. Wie im zweidimensionalen Fall drückt der Riemannsche Krümmungstensor aus, wie die Eigenschaften des betreffenden n-dimensionalen Raums von denen des flachen n-dimensionalen Raums abweichen. Nur wenn alle seine Komponenten an jedem Ort null sind, haben wir es mit einem flachen, ungekrümmten Raum zu tun.

Im letzten Abschnitt seiner Probevorlesung widmete sich Riemann der Frage, inwieweit die von ihm beschriebenen gekrümmten Räume vielleicht sogar eine physikalische Anwendung haben könnten. Die Entscheidung der in der Vorlesung angeschnittenen Fragen zur möglichen physikalischen Anwendbarkeit der von ihm definierten allgemeinen Räume, so Riemann, kann allerdings »nur gefunden werden, indem man von der bisherigen durch die Erfahrung bewährten Auffassung der Erscheinungen, wozu Newton den Grund gelegt, ausgeht und diese durch Thatsachen, die sich aus ihr nicht erklären lassen, getrieben allmählich umarbeitet; solche Untersuchungen, welche, wie die hier geführte, von allgemeinen Begriffen ausgehen, können nur dazu dienen, daß diese Arbeit nicht durch die Beschränktheit der Begriffe gehindert und der Fortschritt im Erkennen des Zusammenhangs der Dinge nicht durch überlieferte Vorurtheile gehemmt wird.«

Zwar zielte Riemann mit dieser Feststellung eher auf die mikroskopischen Eigenschaften des Raums und ließ zudem die Zeit unberücksichtigt. Davon abgesehen sagen seine Worte geradezu prophetisch voraus, was rund sechzig Jahre später passierte: Als Einstein seine Gravitationstheorie entwickelte, arbeitete er tatsächlich Newtons Vorstellungen um – nicht allmählich, sondern recht radikal –, und Riemanns Vorarbeiten schufen die Voraussetzung, dass er dabei nicht durch die Beschränktheit der klassi-

schen geometrischen Begriffe gehindert wurde, sondern die Vorstellungen von Raum und Zeit noch viel radikaler umkrempeln konnte, als er es in seiner speziellen Relativitätstheorie bereits getan hatte.

RIEMANN PLUS MINKOWSKI GLEICH EINSTEIN

Die wichtigsten Elemente dieses Umkrempelns haben sich im vorangehenden Text bereits dort angedeutet, wo von der Analogie zwischen Oberflächen und Raumzeit die Rede war. Jetzt sind wir so weit, dass wir die einzelnen Aspekte der Analogie in einen größeren Zusammenhang einbetten können. Das Ergebnis ist Einsteins allgemeine Relativitätstheorie.

Den Anfang machen die Koordinaten. Ich habe in Kapitel 1 die Radarkoordinaten eingeführt, die im Rahmen der speziellen Relativitätstheorie gute Dienste leisten. An welchem Ort findet ein Ereignis statt? Die Zeit, die ein Lichtsignal bis an diesen Ort und wieder zurück zu unserer Referenzuhr braucht, sagt es uns. Zu welchem Zeitpunkt findet es statt? Unsere Gleichzeitigkeitsdefinition, praktisch implementierbar mit Hilfe eines Lichtsignals, das von dem Ereignis zu uns läuft, sagt es uns. Wie eine Spinne sitzt die Referenzuhr im Mittelpunkt des Koordinatennetzes; Lichtsignale, ausgesandt und reflektiert, geben uns alle Informationen über Ort und Zeit der Ereignisse um uns herum.

In der völligen Abwesenheit jeglicher Massen, jeglicher Gravitationsquellen, jeglicher Schwerkraft haben wir es mit der flachen Raumzeit zu tun, der Raumzeit der speziellen Relativitätstheorie. Die Radarkoordinaten sind abstandstreue Koordinaten dieser Raumzeit: Für »zeitliche Abstände« zwischen Ereignissen, die an ein und demselben Ort A stattfinden, ist die Zeitkoordinatendifferenz gleich dem relativistischen Abstand zwischen den Ereignissen, sprich: gleich der Zeit, die auf einer am Ort A ruhenden Kopie unserer Ur-Uhr zwischen den beiden Ereignissen vergeht. Für räumliche Abstände, etwa für zwei Orte auf der x-Achse, die sich nur durch ihre x-Koordinatenwerte unterscheiden, ist die Koordinatendifferenz gleich dem mit Kopien des Ur-Meters gemessenen Abstand. Die Geometrie des Raums ist euklidisch – Parallelen schneiden sich nicht, für rechtwinklige Dreiecke gilt der Satz des Pythagoras. (Befinden wir uns nicht im völlig gravitationsfreien Raum, sondern nur, wie im Falle unserer hypothetischen Raumstationen, fern aller Gravitationsquellen, gelten alle diese Aussagen freilich nur näherungsweise.)

Aus dieser flachen vierdimensionalen Raumzeit lassen sich verzerrte Raumzeiten ableiten. Für die Anschauung ist es günstig, zu Koordinatenlinien überzugehen, wie wir sie bereits im Falle von Oberflächen verwendet haben. An die Stelle des Gummituches mit aufgemalten kartesischen Koordinatenlinien tritt hier allerdings ein weit schwerer vorstellbares Gebilde, so etwas wie ein virtueller dreidimensionaler Gummikörper, der den gesamten Raum ausfüllt. Er ist von Koordinatenlinien durchzogen, die man sich als ein rechtwinkliges, raumfüllendes Gitter veranschaulichen kann. Hier, perspektivisch gezeichnet, ein Ausschnitt, der ein paar ausgewählte Koordinatenlinien enthält:

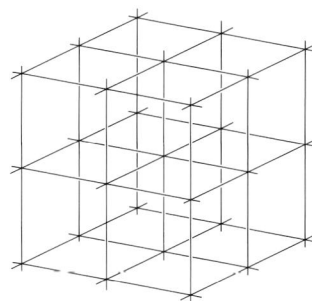

Deutlich sind die drei verschiedenen Scharen paralleler Linien zu sehen, entsprechend den drei unabhängigen Richtungen im Raum: parallele Linien, die direkt von oben nach unten laufen, und solche, die aus dem Vordergrund nach links beziehungsweise nach rechts hinten laufen. An jedem Raumpunkt schneiden sich drei Linien, wodurch ihm drei Raumkoordinaten x, y, z zugeordnet sind.[7] Außerdem denken wir uns an jedem Raumpunkt eine eigene Kopie der Ur-Uhr angebracht, die über Lichtstrahlen mit dem Original synchronisiert ist. Wie

im Falle der zweidimensionalen Koordinatenlinien lassen sich damit die Raumzeitkoordinaten eines Ereignisses lokal ablesen: Man bestimmt die Ortskoordinaten aus den drei Koordinatenlinien, die sich am Ort des Ereignisses schneiden, und liest seinen Zeitpunkt an der dort befindlichen Koordinatenuhr ab.

Wie wir das Gummituch beim Anschmiegen an die Landschaftsoberfläche verzerren mussten, damit es die Hügel und Täler ohne Zwischenraum bedeckte, muss auch, wenn wir mit vierdimensionalen Gummikoordinaten eine allgemeine Raumzeit beschreiben wollen, der Gummikörper samt den darin befindlichen Koordinatenuhren angepasst werden. Die Koordinatenlinien im Gummikörper verschieben und verbiegen sich dabei – an dieser Stelle wird komprimiert, an jener etwas gedehnt – und die vorher exakt geraden Ortskoordinatenlinien sind nach der Verzerrung schief und krumm, laufen vielleicht an einem Ort etwas auseinander und kommen sich an einem anderen Ort näher. Am einfachsten kann man sich das wieder anhand eines dreidimensionalen Gitters veranschaulichen, wenn man sich vorstellt, die Gitterlinien (etwa die im kleinen Ausschnitt links sichtbaren Linienabschnitte) seien verzerrt, hier gedehnt, dort zusammengezogen, an anderer Stelle verbogen. Hinzu kommt eine Zeitverzerrung: Winzige Ganggeschwindigkeitsregulatoren sorgen dafür, dass die Koordinatenuhren in einigen Regionen langsamer, in anderen Regionen schneller gehen. Noch verrückter: Im Allgemeinen verändert sich die Ganggeschwindigkeit – kleine Mikroprozessoren machen es möglich – sogar mit der Zeit, die eine Uhr wird mit der Zeit schneller, die andere langsamer.

Im Ergebnis haben wir recht sonderbare Koordinaten t, x, y, z, um unsere Raumzeit zu beschreiben. Die allgemeineren Koordinaten sind zwar nach wie vor gute Koordinaten in dem Sinne, dass wei-

7 Etwas komplizierter als im zweidimensionalen Fall ist dabei, dass nicht, wie man zunächst denken könnte, jeder Linie einer der drei Werte entspricht. Stattdessen entspricht eine der Linienscharen allen Orten mit konstantem y- und z-Wert, die zweite Orten mit konstantem x- und y-Wert, die dritte Orten mit konstantem x- und z-Wert. Trotz dieses komplizierteren Namensschemas gilt: Jeder Schnittpunkt dreier Linien entspricht einer eindeutig definierten Dreierkombination x, y, z.

terhin jedem Ereignis eine Koordinatenzeit und ein Tripel von Ortskoordinatenwerten zugeordnet werden kann, anhand derer sich das Ereignis eindeutig beschreiben lässt. Genauso waren die verzerrten Koordinaten, die sich ergaben, als wir unser Gummituch an die Felsoberfläche schmiegten, gute, nützliche Koordinaten. In beiden Fällen verlieren sie allerdings durch die Verzerrung ihre Abstandstreue. Reichten vorher allein die Koordinaten aus, um die Geometrie zu beschreiben, benötigt man bei verzerrten Objekten, seien es Flächen, Räume oder Raumzeiten, zusätzliche Abstandsangaben, nämlich die Metrik. Auch die Raumzeit, an die wir unsere vierdimensionalen Gummikoordinaten angepasst haben, ist erst dann vollständig beschrieben, wenn wir eine Raumzeitmetrik angegeben haben, in der alle Informationen über relativistische Abstände gesammelt sind. Insbesondere ist darin alle Information über zeitartige Abstände gesammelt, über die Ganggeschwindigkeit von Kopien der Ur-Uhr, die wir an allen möglichen Orten bei konstanten Raumkoordinatenwerten ruhen oder auch sich bewegen lassen, entsprechend dem, was ich einen *zeitartigen* relativistischen Abstand genannt habe. Ebenfalls enthalten sind alle Informationen darüber, wie sich das Licht in der Raumzeit bewegt, entsprechend *lichtartigen* relativistischen Abständen.

Von der Standardbeschreibung einer Riemannschen Mannigfaltigkeit mit vier *Raum*richtungen unterscheidet sich die vierdimensionale Raumzeit formal nur durch ein Detail – ein Minuszeichen muss man in der Metrik-Definition für einen Riemannschen Raum ändern, um zu einer *Raumzeit* zu gelangen. Die Formeln, mit denen man aus dieser Metrik Geodäten und Krümmungsgrößen berechnet, sind in beiden Fällen dieselben. Neu ist, dass diese Größen nun auch eine physikalische Interpretation haben.

Die verzerrte Raumzeit entspricht dem, was ein Beobachter im Weltraum um sich herum sieht, und der Umstand, dass sie verzerrt ist, hängt mit der Gravitation zusammen. Die Wirkung der Verzerrung kann man ausloten, wenn man die geradestmöglichen Linien in der Raumzeit untersucht, die Geo-

däten. Mathematisch gesehen, gibt es drei Arten von Geodäten, entsprechend den drei Möglichkeiten für relativistische Abstände. Da sind zum einen die *zeitartigen Geodäten*, die Weltlinien entsprechen, auf denen sich Uhren durch die Raumzeit bewegen können und deren relativistische Länge der auf diesen Uhren gemessenen Zeit entspricht. Zum anderen gibt es *lichtartige Geodäten*, bei denen jeder Längenabschnitt die relativistische Länge null hat. Weniger interessant sind die *raumartigen Geodäten*, die geodätischen Linien, deren relativistische Länge einem räumlichen Abstand entspricht.

An den zeitartigen Geodäten zeigt sich eine Besonderheit, die die Raumzeitmetrik von einer herkömmlichen Raummetrik unterscheidet. Im Raum ist die kürzeste Verbindung zwischen zwei Raumpunkten automatisch eine Geodäte. Auch zeitartige Geodäten sind mit Extremata der Länge verbunden, allerdings geht es hier nicht um die kürzeste, sondern um die längste relativistische Länge: Diejenigen zeitartigen Weltlinien, für die auf einer solcherart bewegten Uhr die *meiste* Zeit vergeht, sind Geodäten, in der folgenden Abbildung etwa die grüne Linie:

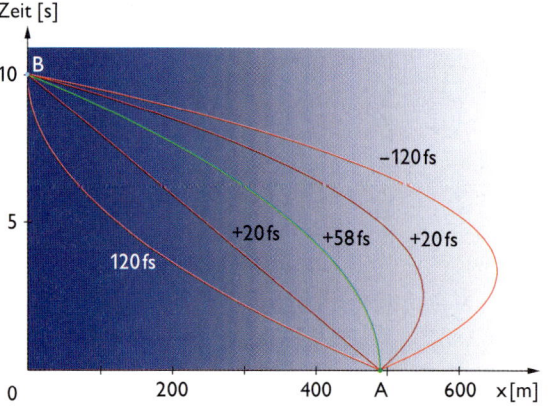

Die Abbildung und die Wichtigkeit der zeitraubendsten Weltlinien sollten Ihnen bekannt vorkommen. Offenbar sind alle Weltlinien von frei fallenden Körpern, die dem Trödelprinzip folgen, das heißt, die Weltlinien, entlang denen maximal viel Zeit vergeht, Geodäten! Umgekehrt ergibt sich eine einfache geometrische Vorschrift dazu, wie die Verzerrung der Raumzeit, die, wie gesagt, mit der Gravitation zusammenhängt, die Bahnen von Testkörpern beeinflusst. Die Weltlinien frei fallender Testkörper in verzerrter Raumzeit sind zeitartige Geodäten. In unverzerrter, gravitationsfreier Raumzeit dagegen sind sie Raumzeitgeraden, wie in der speziellen Relativitätstheorie. Die Verzerrung ändert die Geometrie, und dadurch werden auch die Geodäten modifiziert. Für einfachste Verzerrung, entsprechend einer Newtonschen Gravitationskraft, gibt es immer ein Koordinatensystem, in dem der Raum brav, unverzerrt, euklidisch ist, während die Zeit von Ort zu Ort unterschiedlich schnell vergeht. Die allgemeinere Einsteinsche Gravitation dagegen kann sich durch alle Arten der Verzerrung bemerkbar machen – auch durch eine Verzerrung der Raumgeometrie oder durch eine Verzerrung, die Raum und Zeit in schwer vorstellbarer Weise ineinander verdreht.

Die lichtartigen Geodäten tragen ihren Namen zu Recht. In der gravitationsfreien Raumzeit der speziellen Relativitätstheorie waren die Lichtweltlinien Raumzeitgeraden; wenn man das, was ich im Licht-Fahrstuhl-Experiment auf Seite 110f. geschildert habe, in die neue mathematische Sprache übersetzt, dann sind die verbogenen Lichtlinien, auf die wir dort gestoßen sind, gerade die lichtartigen Geodäten der Raumzeit mit der ortsabhängigen Zeitgeschwindigkeit. Die Verallgemeinerung drängt sich auf: Auch für die kompliziertere Raumzeit sind die Weltlinien von Lichtsignalen gerade die lichtartigen Geodäten. Dass Geodäten etwas verbogen sind und somit auch das Licht von der Gravitation beeinflusst wird, ist in dieser Beschreibung unausweichlich. Die Licht-Raumzeitgeraden in der speziellen Relativitätstheorie offenbaren die Konstanz der Lichtgeschwindigkeit. In den allgemeinen Raumzeitkoordinaten ausgedrückt, den vierdimensionalen Gummikoordinaten, ist die Lichtgeschwindigkeit nicht mehr konstant – manchmal verlaufen die Lichtweltlinien etwas steiler, entsprechend langsamerem Licht, manchmal etwas flacher. Nur lokal, wenn man mit der Skalenlupe schaut und das Gummi-Koordinatensystem so hinzerrt, dass der betrachtete Raumzeitausschnitt einem Aus-

schnitt aus der speziellen Relativitätstheorie gleicht – alternativ: für einen frei fallenden Beobachter in einer kleinen Fahrstuhlkabine –, hat die Lichtgeschwindigkeit weiterhin den aus der speziellen Relativitätstheorie bekannten Wert c. Es gilt weiterhin das schon im Rahmen des Licht-Fahrstuhl-Experiments eingeführte Bild, die geometrische Umsetzung des Tempolimits:

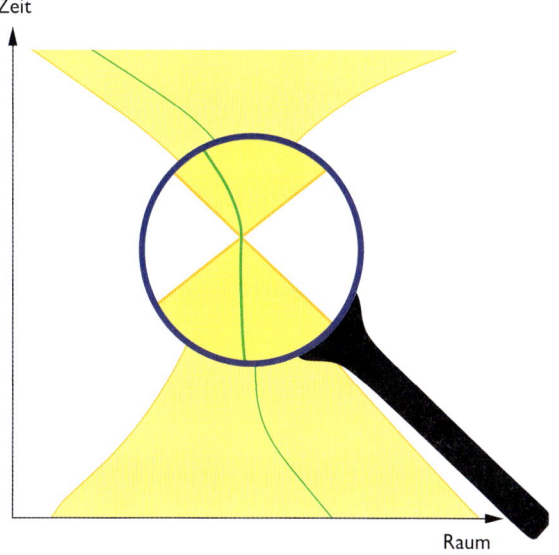

Zu jedem Raumzeitpunkt auf der Weltlinie eines Teilchens kann man einen Lichtkegel konstruieren, der in diesem Punkt seinen Anfang nimmt. Global betrachtet, ist die in den gewählten Raumzeitkoordinaten ausgedrückte Lichtgeschwindigkeit ortsabhängig: Die Weltlinien des Lichtkegels sind beispielsweise im Bild oben rechts etwas zur Seite gebogen, entsprechend einer Beschleunigung. Lokal, also in der direkten Umgebung des Raumzeitpunktes, gilt weiterhin, dass die Weltlinie des Teilchens innerhalb des Lichtkegels verläuft – das Teilchen kann direkt neben ihm loslaufendes Licht weder ein- noch überholen.

So viel zu den grundlegenden Phänomenen, anhand derer man die Auswirkungen des Gravitationsfeldes beobachten kann. Wer diese Auswirkungen mathematisch beschreiben will, kommt allerdings nicht umhin, ein Koordinatensystem zu wählen, und auch dazu gibt es etwas zu sagen.

Bereits in der speziellen Relativitätstheorie hatten wir unendlich viele verschiedene mögliche Beobachter, die ein- und derselben Situation Raumzeitkoordinaten zuordnen konnten. Das waren die verschiedenen Inertialbeobachter, die sich relativ zueinander frei bewegen, im letzten Kapitel dargestellt durch aneinander vorbeifliegende Raumstationen. Wenn wir das Gummi-Koordinatennetz an eine verzerrte Raumzeit anpassen, ergeben sich daraus noch viel mehr Möglichkeiten, verschiedene Raumzeitkoordinaten einzuführen. Das überrascht insofern nicht, als es schon im Falle der inneren Geometrie verzerrter Oberflächen unendlich viele verschiedene Koordinatensysteme gab, nämlich unendlich viele Möglichkeiten, das Gummituch samt seinen Koordinatenlinien an die Felsoberfläche zu schmiegen. Jeder Anschmiegung an die Raumzeit entspricht eine Horde aus nunmehr raketengetriebenen Raumstationen im Formationsflug, recht gleichmäßig über den Raum verteilt wie ein (freilich sehr koordinierter) Schwarm Mücken im Sommer. Jede der Raumstationen hat zwar eine exakte Kopie unserer Ur-Uhr an Bord und folgt bei der Vermessung ihrer unmittelbaren Umgebung unserem Radarkoordinatenrezept. Trotzdem ergibt sich insgesamt ein verzerrtes Koordinatensystem, denn die Raumstationen sind gegeneinander in Bewegung – freilich jede relativ zu ihren unmittelbaren Nachbarn nur sehr langsam – und zünden gelegentlich ihre Triebwerke, beschleunigen etwas, ändern die Richtung ein wenig oder bremsen ab, so dass die Längen und Zeiten, die sie messen, allein schon durch Effekte wie Längenkontraktion und Zeitdehnung voneinander abweichen. Jede Raumstation kartografiert ihre unmittelbare Umgebung, und wenn man die verschiedenen Kartenausschnitte zusammenfügt, kann man die gesamte Raumzeit beschreiben, genauso, wie sich aus den vielen Teilparallelogrammen des verzerrten Gummituchs die gesamte Oberfläche rekonstruieren ließ. Die unendlich vielen Möglichkeiten, Raumstationenschwärme durch den Raum fliegen zu lassen, entsprechen den unendlich vielen Möglichkeiten, die Raumzeit mit Koordinaten zu überziehen.

In der speziellen Relativitätstheorie gab es eine spezielle Klasse von Beobachtern, eine spezielle Klasse von Raumzeitkoordinatensystemen. Das waren die Inertialbeobachter, die Inertialsysteme, und die namensgebende Relativität führte dazu, dass alle diese Inertialbeobachter untereinander gleichberechtigt waren: Es gab keinen physikalischen Grund, einen der Beobachter gegenüber den anderen als maßgeblich zu betrachten. In der neuen Situation einer verzerrten Raumzeit ist es notwendig, die physikalischen Gesetze geometrisch zu formulieren. Für die Bewegung von Testkörpern und Licht haben wir dies bereits getan – dass die Weltlinien von Testkörpern zeitartige, die von Licht lichtartige Geodäten der Raumzeit sind, ist eine rein geometrische Feststellung. Sehr wichtig ist in diesem Zusammenhang, dass in der Riemannschen Geometrie alle möglichen Koordinatensysteme in Bezug auf solche geometrischen Aussagen gleichberechtigt sind. Die Riemannschen Formeln, mit denen man aus Koordinaten und metrischen Koeffizienten den Verlauf von Geodäten oder die Komponenten des Krümmungstensors berechnen kann, lassen sich in einer allgemeinen, für alle Koordinatensysteme gültigen Form niederschreiben. Dasselbe gilt für alle Formeln, die angeben, wie sich geometrisch-physikalische Gesetze in Beziehungen der Koordinaten und metrischen Koeffizienten übersetzen, beispielsweise wie die Raum- und Zeitkoordinaten der Weltlinie eines frei fallenden Teilchens miteinander zusammenhängen. Es gibt kein festes Koordinatensystem, das zur Beschreibung beliebiger verzerrter Raumzeiten besonders geeignet wäre. Gilt ein auf Riemannsche Weise ausformuliertes geometrisch-physikalisches Gesetz in einem Koordinatensystem, so gilt es in allen anderen. In Bezug auf diese physikalischen Gesetze sind alle Koordinatensysteme, alle Schwärme von raketengetriebenen Raumstationen, gleichberechtigt, und es gibt keinen prinzipiellen Unterschied zwischen ihnen. Aus der speziellen Relativität, der Gleichberechtigung aller Inertialsysteme, ist eine allgemeine Relativität geworden, eine Gleichberechtigung beliebiger Koordinatensysteme.

Die Verzerrung der Raumzeit hängt direkt mit der Gravitation zusammen. Allerdings sind beide

Phänomene, Verzerrung wie Gravitation, gar nicht so leicht zu fassen. Verzerrung ist zumindest zum Teil eine Frage des Koordinatensystems. Im Falle einer verzerrten Oberfläche etwa gilt: Selbst eine perfekte Ebene kann man mit einem verzerrten Koordinatensystem überziehen (wie wir auf Seite 131 gesehen haben), und in solchem Fall lässt sich die Verzerrung allein durch eine günstigere Koordinatenwahl wieder beseitigen. Analog macht selbst die gravitationsfreie Raumzeit, von einem Schwarm leicht unterschiedlich beschleunigter Raumstationen vermessen, einen unregelmäßigen Eindruck, und die Beobachter auf den Raumstationen spüren Beschleunigungskräfte, die Körper im Stationsinneren in derselben Weise zu Boden fallen lassen wie ein Schwerefeld. Durch eine günstige Koordinatenwahl – das Koordinatensystem eines einzigen Inertialbeobachters oder, äquivalent dazu, ein Schwarm von frei dahintreibenden Raumstationen, die sich relativ zueinander nicht bewegen – lässt sich zeigen, dass es sich großräumig um eine gravitationsfreie Situation handelt, um die Raumzeit der speziellen Relativitätstheorie.

In allgemeinen Situationen kann man Verzerrung ebenso wie Gravitation zumindest lokal zum Verschwinden bringen. Auf der Felsoberfläche konnten wir es durch Anwendung der Skalenlupe und ein leichtes Zurechtziehen des Gummituches immer so einrichten, dass die Koordinatenlinien in einem winzigen Teil des Tuches senkrecht aufeinander standen und so aussahen wie ein Ausschnitt aus einem abstandstreuen kartesischen Koordinatensystem. Im Schwarm der kleinen Raumstationen entspricht das der Möglichkeit, eine von ihnen frei im Gravitationsfeld fallen zu lassen – und die Bahnen der anderen so anzupassen, dass der gesamte Schwarm die Raumzeit weiterhin lückenlos beschreibt. Mindestens für die frei fallende Raumstation gilt dabei, dass sie die Auswirkungen des Gravitationsfeldes im Rahmen ihrer Messgenauigkeit gar nicht mehr wahrnimmt – vorausgesetzt, wir haben die Raumstationen von Anfang an klein genug gewählt und beschränken den Beobachter auf einen begrenzten Beobachtungszeitraum. Das war gerade die Aussage des Äquivalenzprinzips. In

dieser Raumstation gilt dann näherungsweise die spezielle Relativitätstheorie. Wenn wir allerdings versuchen, deren Geltungsbereich auszuweiten, indem wir auch die umliegenden Raumstationen mit geeigneten Anfangsgeschwindigkeiten in den freien Fall übergehen lassen, stoßen wir im Allgemeinen auf Probleme – zumindest dann, wenn ein echtes Gravitationsfeld vorliegt und Gezeitenkräfte die Raumstationen leicht beschleunigt aufeinander zu- oder voneinander wegdriften lassen. Das entspricht der Unmöglichkeit, eine allgemeine Felsoberfläche, beispielsweise eine Hügelkuppe, mit gleich großen Quadraten lückenlos zu parkettieren.

Echte Verzerrung lässt sich nicht zum Verschwinden bringen – und das Maß dafür, wann dies der Fall ist, ist die Krümmung: Verschwindet diese Krümmung überall, haben wir es bei Oberfläche, Raum oder Raumzeit mit einem einfachen, flachen Objekt zu tun, so verzerrt es durch ungünstige Koordinatenwahl auch aussehen mag. Krümmung verbiegt die Geodäten relativ zueinander und sorgt dafür, dass sie zumindest einige der Eigenschaften einfacher Geraden verlieren. In der Raumzeit hat die Restgravitation sehr ähnliche Eigenschaften. Die Gezeitenkräfte verschwinden selbst dann nicht, wenn wir uns in einen frei fallenden Fahrstuhl begeben, und sie sorgen dafür, dass die Weltlinien etwas gegeneinander verbogen werden, dass sich Testkörper auch im freien Fall ein wenig aufeinander zu- oder voneinander wegbewegen. Fehlen die Gezeitenkräfte gänzlich, dann haben wir es mit einer flachen Raumzeit zu tun, der Raumzeit der speziellen Relativitätstheorie, so verzerrt sie durch ungünstige Koordinatenwahl auch aussehen mag. Es liegt nahe, die beiden Größen zusammenzubringen: Restgravitation ist so etwas wie Raumzeitkrümmung.

Bislang haben wir im Wesentlichen über die Auswirkungen der Gravitation gesprochen, aber nicht darüber, wie sie erzeugt wird – wie es überhaupt zu Verzerrungen der Raumzeit kommt. Bei Newton erzeugt jede Masse ein Gravitationsfeld. Bereits die spezielle Relativitätstheorie legt nahe, dass zusätzlich zur Masse auch alle anderen Arten von Energie eine Rolle spielen sollten – dort sind Masse und Energie schließlich äquivalent, und wenn Masse Gravitation erzeugt, dann sollte jede andere Form von Energie dasselbe tun. Wenn man die Energie relativistisch beschreiben will, muss man allerdings noch weitere Größen berücksichtigen. Da ist zum einen der Impuls, der zur Energie eines Teilchens genauso untrennbar gehört, wie sich Raum und Zeit zur Raumzeit verbinden. Will man zusätzlich auch die Energie beispielsweise des elektromagnetischen Feldes beschreiben, muss man ein Sammelobjekt definieren, den so genannten *Energie-Impuls-Tensor*, dessen Wert, wie bei der Metrik und dem Riemannschen Krümmungstensor, an jedem Ort durch mehrere Zahlenangaben definiert ist. Er umfasst außer Energie und Masse noch den Impuls, so etwas wie den inneren Druck, aber auch innere Spannungen der Materie. Wer Masse beziehungsweise Energie in ein geometrisch-relativistisches Naturgesetz einbauen will, das in jedem Koordinatensystem dieselbe Form hat, kommt nicht umhin, gleich den ganzen Energie-Impuls-Tensor zu betrachten.

In Newtons Kraftgesetz steht auf der einen Seite die Masse, auf der anderen die von der Masse erzeugte Kraft. Um auszudrücken, wie die Anwesenheit von Masse, Energie und den untrennbar damit verbundenen weiteren Größen wie Druck und Impuls zur Raumzeitkrümmung führt, sollte man eine Gleichung aufstellen, auf deren einer Seite der Energie-Impuls-Tensor steht und auf der anderen Seite – was? Irgendeine Größe, die die Raumzeitkrümmung beschreibt, doch davon gibt es, wie oben schon kurz angedeutet, eine ganze Reihe.

Einstein hat sich sehr schwer damit getan, den genauen Zusammenhang zwischen Raumzeitkrümmung und Materieeigenschaften herauszufinden. Um voranzukommen, musste er tief in den ihm unvertrauten Formalismus der Riemannschen Geometrie eintauchen. Einsteins Stärke lag darin, aus einfachen physikalischen Überlegungen verblüffend weit reichende Schlüsse zu ziehen – für diese Art von Forschung besaß er ein immenses Gespür, und so hatten ihn ja auch das Äquivalenzprinzip, Betrachtungen zur Energie und zur Newtonschen Gravitation zur gekrümmten Raumzeit geführt.

Mit dem abstrakten Dschungel der Riemannschen Krümmungsgrößen, durch den er sich anschließend ohne klare physikalische Wegweiser einen mühsamen Weg bahnen musste, kam Einstein weit weniger gut zurecht. Rund vier Jahre der Irrungen, Wirrungen, Fehlschlüsse, kleinen Fortschritte, gelegentlichen Rückschritte, gefundenen, verworfenen und doch wieder rehabilitierten Lösungsbausteine hat es ihn gekostet, bis er eine endgültige und tragfähige Version der Gleichungen aufgeschrieben hatte, die zeigen, wie Materie die Raumzeit beeinflusst – in seinen eigenen Worten ein »ahnungsvolle[s], Jahre währende[s] Suchen im Dunkeln mit seiner gespannten Sehnsucht, seiner Abwechslung von Zuversicht und Ermattung und seinem endlichen Durchbrechen zur Wahrheit, das [nur kennt], wer es selbst erlebt hat«.

Hinterher ist es immer leicht, alles besser zu wissen, und aus heutiger Sicht ist der Weg von den Eigenschaften der Gravitation, die wir gesammelt haben, zu der gesuchten Quellengleichung vergleichsweise direkt. Um ihn nachzuvollziehen, müssen wir zum einen zu einer Eigenschaft der Gezeitenkräfte zurückkommen, die wir in unseren geometrischen Analogiebetrachtungen noch nicht wieder aufgegriffen haben. Es ging um das Verhalten von Testoberflächen, etwa von frei fallenden Testkugeln, und insbesondere darum, dass diese Testoberflächen ihr Volumen genau dann verkleinern, wenn in ihrem Innern eine Masse eingeschlossen ist:

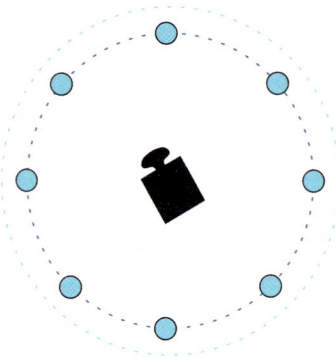

während sie sich sonst im Gravitationsfeld zwar im Allgemeinen verformen, etwa so:

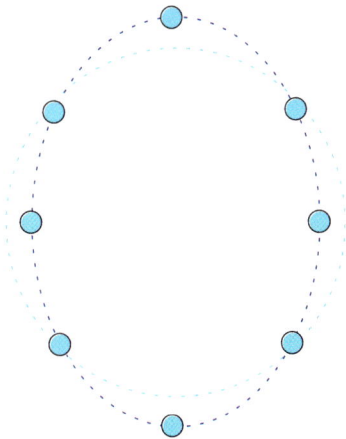

aber ihr Volumen beibehalten. In der allgemeinen Relativitätstheorie sind die Weltlinien der Testkugeln Geodäten. Der Umstand, dass diese Weltlinien aufeinander zu- oder voneinander weggebogen werden, ist Folge der Raumzeitkrümmung. Nun kann man aber in der Riemannschen Geometrie exakt auseinander halten, welche Anteile der Krümmung zu volumenerhaltenden Geodätenverbiegungen führen und welche zu volumenändernden Verbiegungen. Für die volumenändernden Verbiegungen ist der so genannte *Ricci-Tensor* zuständig, und der ist ganz offensichtlich direkt mit der Anwesenheit von Masse verbunden, allgemeiner: mit dem Energie-Impuls-Tensor. Berücksichtigt man, dass Energie und Impuls Erhaltungsgrößen sind und dass beispielsweise selbst in einer kleinen Raumregion in verzerrter Raumzeit Energie nicht einfach verschwinden oder entstehen darf, dann zeigt sich, dass man eine Variante des Ricci-Tensors verwenden muss, die heute allgemein Einstein-Tensor heißt. Nach all diesen Vorbereitungen lässt sich das, was heutzutage als Einsteinsche Feldgleichungen oder, kürzer, als Einstein-Gleichungen bekannt ist, schnell hinschreiben. In moderner Schreibweise lauten die Gleichungen, kurz und knapp zu einer einzigen geometrischen Gleichung zusammengefasst,

$$G = \frac{8\pi G}{c^4} T.$$

G und **T** sind vom mathematischen Charakter her Tensoren, Gebilde mit mehreren Komponenten, und zwar ist **G** der Einstein-Tensor, **T** der Energie-Impuls-Tensor. Zerlegt man diese Gleichung in die einzelnen Komponenten, dann entspricht sie einem Gleichungssystem mit zehn unabhängigen Gleichungen für herkömmliche Funktionen. Ob man von den Einstein-Gleichungen, Plural, redet, weil man an dieses Gleichungssystem denkt, oder von der Einstein-Gleichung, Singular, weil man die obige kompakte Form bevorzugt, bleibt sich gleich. **G** wie **T** sind orts- und zeitabhängige Größen. Wertet man **T** an einem bestimmten Raumzeitpunkt aus, so enthalten seine Komponenten Informationen über die Masse, die Energie, den Impuls und den Druck der Materie, die sich an diesem Raumzeitpunkt befindet. *G* ist die Newtonsche Gravitationskonstante, c^4 die vierte Potenz der Lichtgeschwindigkeit, der Faktor 8π eine Frage der Konvention. Auf der linken Seite steht reine Geometrie, eben der Einstein-Tensor **G**, ein recht spezielles Maß für die Abweichung der Raumzeit vom flachen, speziell-relativistischen Spezialfall. Verkürzt formuliert: Die Materie krümmt die Raumzeit. Das ist das Kernstück von Einsteins allgemeiner Relativitätstheorie.

Was sich ergibt, ist ein kosmischer Reigen. Lassen wir weitere Kräfte wie den Elektromagnetismus unberücksichtigt und betrachten eine Schar von Teilchen, die sich gegenseitig allein über die Gravitation beeinflussen, so gilt: Die Verteilung der Massen, Energien, Impulse, die mit einer gegebenen Teilchenkonfiguration einhergeht, bewirkt eine Verzerrung der Raumzeit. Diese Verzerrung bewirkt, wie sich die Teilchen weiterbewegen – sie folgen Geodäten, die von der Raumzeitgeometrie abhängen. Dadurch aber ändert sich die Lage der Teilchen ein wenig, und auch die Geometrie, die die Teilchen der Raumzeit aufprägen, wird eine etwas andere. Diese leicht veränderte Geometrie bestimmt die weitere Bewegung der Teilchen; die dadurch veränderten Teilchenorte führen zu einer wiederum leicht veränderten Geometrie, und so entwickelt sich das Universum weiter, im steten Wechselspiel von Geometrie und Materie.

Das ist Einsteins geometrisches Bild der Gravitation. Die Newtonsche Gravitation ist darin als Spezialfall enthalten – immer dann, wenn sich in einer Situation nur die Zeitverzerrung bemerkbar macht, haben wir es mit so etwas wie einem Newtonschen Kraftfeld zu tun, in dem sich die Testteilchen auf ihren Geodäten ähnlich verhalten wie in der Newtonschen Mechanik. Diese Art von Gravitationswirkung wird auch bei Einstein vorwiegend von Masse und Energie erzeugt. Allerdings geht Einsteins Gravitation im Ganzen deutlich über diesen Spezialfall hinaus. Als Quelle erweisen sich dort nicht nur Masse und Energie, sondern auch Impuls, Druck und innere Spannungen. Das kann zum Beispiel wichtig werden, wenn wir das Schwerefeld eines hochmassiven Sterns beschreiben wollen – auch der enorme innere Druck solch eines Sterns wirkt dann als beachtenswerte Gravitationsquelle. Ebenso sind in Einsteins Theorie die Auswirkungen vielfältiger als bei Newton. Zur Newtonschen Gravitation, die als reine Zeitverzerrung aufgefasst werden kann, tritt beispielsweise eine Raumverzerrung, und generell macht sich Gravitation durch Verzerrung der Raumzeit als Ganzer bemerkbar. Solche Raumverzerrungen werden im Folgenden noch wichtig werden: Sowohl bei Gravitationswellen (Kapitel 7) als auch in kosmologischen Modellen (Kapitel 10) spielen zeitabhängige Abstandsänderungen eine zentrale Rolle.

DIE VERALLGEMEINERUNG DER PHYSIK

Bislang haben wir im Rahmen der allgemeinen Relativitätstheorie lediglich die Gravitation und ihre Wirkung auf Testteilchen beschrieben. Natürlich lassen sich auch weite Teile der sonstigen Physik in diesen Rahmen einpassen: die Dynamik von Flüssigkeiten, das Verhalten der Gase, die Gesetze der Elektrodynamik – für sie alle gibt es eine auf verzerrte Raumzeiten verallgemeinerte Fassung.

Hilfreich beim Auffinden geeigneter derartiger Verallgemeinerungen ist das Äquivalenzprinzip, das bereits eine wichtige Eigenschaft festlegt: Wenn ich

beispielsweise eine allgemein-relativistische Gastheorie formuliere, muss sie für einen Beobachter in einer kleinen, frei fallenden Fahrstuhlkabine in guter Näherung so aussehen wie die Gastheorie der *speziellen* Relativitätstheorie. Ein wichtiges Gesetz haben wir auf diese Weise ja auch bereits abgeleitet: Lokal gilt die kosmische Geschwindigkeitsbeschränkung, mit der Lichtgeschwindigkeit als oberster Grenzgeschwindigkeit, auch weiterhin. Kein Materiekörper, kein Teilchen, kein Signal kann direkt neben ihm entlangfliegendes Licht ein- oder gar überholen. Die Rolle des Lichts als Hüter der kausalen Struktur, der bestimmt, welche Raumzeitbereiche von welchen anderen Raumzeitbereichen aus beeinflusst werden können und wo ein Einfluss unmöglich ist, bleibt damit erhalten. Mögen die Lichtbahnen in der gekrümmten Raumzeit auch in ungewohnter Weise verbogen sein und keineswegs mehr die Eigenschaften von Geraden aufweisen – die Lichtweltlinien sind dort eben per Definition nicht notwendigerweise Geraden, sondern geradestmögliche Linien: Ihrer Rolle als ordnendes Geflecht, die sie schon in der speziellen Relativitätstheorie innehatten, werden sie nach wie vor gerecht.

Die verallgemeinerten Gesetze für Gase, Flüssigkeiten oder Elektromagnetismus liefern jeweils Informationen über den Energie-Impuls-Tensor der neuen Einwohner der verzerrten Raumzeit, und umgekehrt auch darüber, wie sie von der Raumverzerrung beeinflusst werden. Daraus ergibt sich eine komplexere Version des kosmischen Reigens: Teilchen, Gase, Flüssigkeiten und elektromagnetische Felder verzerren die Geometrie, und die Geometrie wirkt umgekehrt darauf zurück, wie Teilchen fliegen, Gase sich bewegen, verdichten oder verdünnen, Flüssigkeiten sich verformen oder fließen, elektromagnetische Felder sich ausbilden oder ausbreiten.

Ehrlicherweise gilt es zuzugeben, dass sich ein Partner dabei noch nicht komplett in das kosmische Menuett eingereiht hat, und das ist die Quantentheorie, die Grundlage unseres heutigen Verständnisses vom Aufbau der Materie. Sicher, man kann das Verhalten etwa eines Gases in verzerrter Raumzeit beschreiben, bei dem der Zusammenhang von Energie, Volumen und Druck wesentlich durch die Quantentheorie bestimmt wird. Eine wirkliche Vereinigung von allgemeiner Relativitätstheorie und Quantentheorie müsste aber noch wesentlich weiter gehen. Die allgemeine Relativitätstheorie kann die Quantentheorie nicht einfach vereinnahmen, sondern müsste sich ihrerseits anpassen und ihre geometrischen Größen den Quantengesetzen unterwerfen. Mit anderen Worten: eine Theorie der Quantengravitation täte Not, doch wie die aussieht, ist eine Frage, auf die es trotz über eines halben Jahrhunderts harter Denkarbeit bislang keine vollständige Antwort gibt.

BEVOR ES WEITERGEHT

Vielleicht sind Ihnen noch einige der geometrischen Bezüge ungewohnt, aber im Prinzip steht es damit vor Ihnen, das Gebäude der allgemeinen Relativitätstheorie, in seiner ganzen Schönheit und Eleganz: Links, in schlichter Einfachheit und wie aus einem Guss, der hoch aufragende Turm der Geometrie, rechts, etwas weniger einheitlich, der Turm der Materie, an dem Sie deutlich die Stockwerke relativistische Elektrodynamik, relativistische Flüssigkeits- und relativistische Gasdynamik unterscheiden können. Dazwischen als Verbindung der große Mittelbau der Einstein-Gleichungen und, zugegeben, dahinter noch die etwas chaotische Baustelle Quantengravitation, an der eifrig weiter herumgewerkelt wird.

Wieder gilt, dass Sie bei weitem nicht alle Details und neuen Konzepte, die ich in diesem Kapitel vorgestellt habe, im Blick haben müssen, um den Rest des Buches nachvollziehen zu können, aber es wäre günstig, wenn Sie sich einige Schlüsselideen eingeprägt hätten: Gravitation ist bei Einstein so etwas wie Raumzeitverzerrung. Dazu gehört eine »variable Zeitgeschwindigkeit«, die für das verantwortlich ist, was wir an Alltagsgravitation gewohnt sind, dazu gehören aber auch Verzerrungen der Raumgeometrie. Verkürzt gilt: Die Materie sagt der Raumzeit, wie sie sich zu krümmen hat; die Raumzeit sagt der Materie, wie sie sich zu bewegen hat. Koordinaten haben in Situationen der allgemeinen Relativitätstheorie leider im Allgemeinen nicht mehr so eine direkte Bedeutung wie die Radarkoordinaten der speziellen Relativitätstheorie. Stattdessen sollte man bei der Betrachtung von Gravitationsfeldern lieber auf die Weltlinien frei fallender Testkörper schauen und zusätzlich betrachten, wie die Weltlinien des Lichts verlaufen. Die Lichtweltlinien sind besonders interessant, da sie dieselbe Ordnungsfunktion haben wie in der speziellen Relativitätstheorie: Kein Objekt kann direkt neben ihm fliegendes Licht ein- oder gar überholen. Geometrisch ausgedrückt: Die Weltlinien von Objekten verlaufen in der lokalen Umgebung jedes Raumzeitpunktes innerhalb desjenigen Lichtkegels, an dessen Spitze der betreffende Raumzeitpunkt liegt.

Die Eleganz der Einsteinschen Theorie dürfte wohl jedem, der sich mit den geometrischen Hintergründen auskennt, verführerisch erscheinen. »Zu schön, um unwahr zu sein« ist das Motto für Einsteins geometrische Gravitation. Aber für echte Physiker ist natürlich anderes ausschlaggebend. Wie steht es mit den Anwendungen? Mathematische Schönheit hin oder her, was sagt uns die Theorie, was wir nicht schon vorher wussten? Behält sie ihren Charme, wenn man sie aus den Denkstuben der Theoretiker in die schmutzige Praxis zerrt, in die Labore der Experimentatoren, in die Observatorien der Astronomen?

Wäre die Antwort Nein, dann wäre ein Buch wie dieses ziemlich witzlos – die allgemeine Relativitätstheorie wäre eine reine Kopfgeburt. Den Einzelheiten des Ja sind die folgenden vier Kapitel gewidmet. Das erste davon, Kapitel 6, befasst sich mit den schwachen Gravitationsfeldern unserer kosmischen Nachbarschaft. Anschließend geht es in Kapitel 7 erstmals um den roten Faden dieses Buches, die Gravitationswellen, danach um zwei Hauptgebiete der Einsteinschen Theorie, in denen Gravitationswellen eine entscheidende Rolle spielen: Kapitel 8 und 9 sind den starken Gravitationsfeldern gewidmet und beschäftigen sich mit Neutronensternen und Schwarzen Löchern. In Kapitel 10 geht es dann um die Möglichkeiten, die Einsteinsche Theorie auf das Universum als Ganzes anzuwenden, sprich: Kosmologie zu betreiben.

TEIL II

EINSTEINS KOSMOS

KAPITEL 6

IM REICH DER SCHWACHEN FELDER: RELATIVITÄTSTHEORIE IM SONNENSYSTEM

THEORIE, MODELLE UND WIRKLICHKEIT

Die allgemeine Relativitätstheorie schreibt mit den Einstein-Gleichungen den Zusammenhang zwischen Raumzeitgeometrie und Materieinhalt vor. Für ein Universum, das Einsteins Gesetzen folgt, gilt an jedem Punkt: Materie und Raumzeitgeometrie erfüllen die Einstein-Gleichung. In der Sprache der Mathematiker heißt ein Satz von Größen, der eine vorgegebene Gleichung erfüllt, eine *Lösung* der Gleichung: Der Wert $x = 6$ ist eine Lösung der Gleichung $2 \cdot x - 2 = 10$, in Worten: Wenn man in die Gleichung überall dort, wo jetzt noch x steht, 6 einsetzt, dann ist die Gleichung erfüllt. Der Wert $x = 3$ ist eine Lösung für die Gleichung $2 \cdot x^2 - 4 \cdot x = 6$, ebenso der Wert $x = -1$. Dieser Sprachgebrauch lässt sich verallgemeinern. Dass ein hypothetisches Universum mit einer bestimmten Raumzeitgeometrie und einem vorgegebenen Inhalt an Materie den Gesetzen der allgemeinen Relativitätstheorie genügt, heißt: Wenn ich aus dieser Raumzeitgeometrie die linke Seite der Einstein-Gleichung berechne und dann unter Hinzunahme der Eigenschaften der Materie die rechte Seite, dann sind linke und rechte Seite gleich. Ein solches Universum heißt daher auch eine *Lösung der Einstein-Gleichung*.

Exakt prüfen, ob das uns umgebende Universum eine Lösung der Einstein-Gleichung darstellt, können wir nicht – dazu müssten wir alle Details von Raumzeitgeometrie und Materieeigenschaften im gesamten Universum und für jeden beliebigen Zeitpunkt kennen. Die Forscher, die Einsteins Theorie zur Beschreibung der Welt verwenden wollen, konstruieren stattdessen Modelle, hypothetische Universen, die einfach genug sind, um sie mit den zur Verfügung stehenden technisch-mathematischen Mitteln beschreiben zu können, und andererseits komplex genug, um einen Ausschnitt unserer Wirklichkeit in guter Näherung zu beschreiben. Dabei kommen verschiedene Aspekte der Vereinfachung zum Zuge, die ich im Folgenden kurz umreißen möchte: Vergröberung, Isolation und Symmetrisierung.

Vergröberung bedeutet, auf Details zu verzichten. Wir werden ein Paradebeispiel für dieses Vorgehen im Kapitel 10 kennen lernen, wo es darum geht, das Verhalten des Universums als Ganzes zu beschreiben. Anstatt sich in endlose Details zu verlieren und ein Universum mit Galaxien und Sternen zu modellieren, wird dort ein hypothetisches Universum betrachtet, dessen Inhalt völlig homogen ist und keinerlei Detailstruktur besitzt, eine Art Teilchenstaub. Hinsichtlich der großräumigen Eigenschaften, bei denen es nicht auf Details wie Galaxien oder Sterne ankommt, treffen die aus dem vereinfachten Modelluniversum abgeleiteten Vorhersagen erstaunlich genau auf die uns umgebende Wirklichkeit zu.

Isolation ist ein weiteres Erfolgsrezept der Physik. Oftmals genügt es, einen Ausschnitt der Wirklichkeit zu betrachten. Das beginnt bereits in der klassischen, vor-Einsteinschen Mechanik. Wenn ich das Verhalten einer kleinen Bleikugel beschreiben will, die ich ein paar Meter über dem Erdboden senkrecht nach unten fallen lasse, reicht es für die allermeisten Zwecke aus, zur Erklärung allein die Schwerkraft der Erde heranzuziehen. Diese Kraft ist so überaus viel größer als alle anderen Beiträge zusammen – die Schwereanziehung der Sonne, meines Körpers, ferner Sterne –, dass ich in meinem vereinfachten Modell alle bis auf eine der Massen, die auf meine Bleikugel wirken, fortlassen kann. In gewisser Weise baue ich dazu ein Modelluniversum, das nichts enthält als die Erde und meine Bleikugel. Rechne ich in diesem Modelluniversum aus, wie schnell die Kugel zu Boden fällt, dann entspricht das Ergebnis in guter Näherung dem, was ich bei meinem Versuch im wirklichen Universum messe.

Auch in der allgemeinen Relativitätstheorie ist Isolation ein wichtiges Hilfsmittel. Wir werden sehen, dass sich viele Vorhersagen über die relativistischen Effekte in unserem Sonnensystem aus Modelluniversen gewinnen lassen, die die Einstein-Gleichungen erfüllen, aber lediglich einer einsamen Kugelmasse in einem sonst völlig leeren Universum entsprechen. Die Bewegung von künstlichen Satelliten in Umlaufbahnen um die Erde beispielsweise lässt sich hervorragend mit einem Modelluniversum beschreiben, in dem die einzige Masse die Erde ist, während man die Satelliten als das auffasst, was ich im letzten Kapitel Testkörper genannt habe – Körper, die selbst keinen Einfluss auf die Raumzeit ausüben, aber deren Bahn von der Raumzeitverzerrung beeinflusst wird, in diesem Fall: von der Verzerrung aufgrund der Zentralmasse.

Nicht immer wird die Isolation frei Haus geliefert. In weiten Teilen der Physik muss man sie künstlich herbeiführen, und die Kunst in vielen Experimenten besteht darin, ein Stück Welt so zu präparieren, dass ein bestimmter physikalischer Effekt besonders stark hervortritt und der Rest der Welt einen möglichst geringen Einfluss ausübt. Die Vorhersagen des Modelluniversums, das nur den physikalischen Effekt hervortreten lässt und die übrige Welt vernachlässigt, können in diesem präparierten Ausschnitt der Wirklichkeit experimentell geprüft werden. Wir werden in den Kapiteln 11 und 12 mit den Gravitationswellendetektoren Beispiele dafür kennen lernen, wie schwierig diese Art möglichst guter Isolation von der Außenwelt mitunter zu erreichen ist.

Symmetrisierung, mein drittes Stichwort, ist eine besonders machtvolle Vereinfachung. Gehen wir noch einmal zu dem Modelluniversum zurück, das ich genutzt habe, um den Fall der Bleikugel auf die Erde zu beschreiben. Es besteht aus leerem Raum, in dem einsam und allein die Erde schwebt. Ich kann noch weiter vereinfachen, indem ich keine detailgetreue Erde modelliere, sondern schlicht eine homogene Kugel mit derselben Masse wie die Erde. Für die Vorhersage ergibt das keinen großen Unterschied – auch das noch weiter vereinfachte Modell beschreibt den Fall der Kugel, ja, sogar die Bahn des Mondes mit großer Genauigkeit. Gewonnen habe ich dabei eine Symmetrie: Eine Kugel verändert sich nicht, wie auch immer ich sie hindrehe, und sie sieht aus allen Richtungen gleich aus. Das überträgt sich auf die physikalischen Gesetze: Wenn ich die Schwerkraft beschreibe, die eine Kugelmasse ausübt, dann ist zwar zu erwarten, dass die auf meine Bleikugel wirkende Kraft davon abhängt, aus welcher Höhe ich sie auf die Kugeloberfläche fallen lasse, nicht aber davon, an welchem Ort über der Kugeloberfläche ich meinen Versuch durchführe. Der Krafteinfluss der Kugel sollte genauso symmetrisch sein wie ihre Gestalt. Generell gilt, dass eine Symmetrieannahme die mathematischen Gleichungen, mit denen man Modelluniversen beschreibt, erheblich vereinfacht.

Dass sich die Welt überhaupt in solch vereinfachter Weise modellieren lässt, ist zwingende Voraussetzung, um erfolgreich Physik betreiben zu können. Eine hypothetische Welt, in der alles mit allem zusammenhinge, ohne dass sich ein Einfluss besonders stark auswirkte, in der das Verhalten jedes größeren Körpers ganz empfindlich von den Details seiner Struktur abhinge und in der sich kein Wirklichkeitsausschnitt isoliert vom Rest der Welt betrachten ließe, wäre eine Welt, in der so gut wie keine Physik betrieben werden könnte. Festzustellen, ob grundlegende physikalische Naturgesetze gelten, wäre in dieser hypothetischen Welt eine schier unlösbare Aufgabe.

Glücklicherweise ist sie nicht die unsere. Wir können in vielen Fällen, von eleganten Grundgesetzen ausgehend, wie ich sie in den vorangehenden Kapiteln vorgestellt habe, in die Wirklichkeit vordringen – auf dem Umweg über vereinfachte Modelluniversen. Wenn in den folgenden Kapiteln davon die Rede ist, die allgemeine Relativitätstheorie beschreibe die Raumzeit rund um ein Schwarzes Loch oder das Universum als Ganzes, dann sollten Sie immer daran denken: Dahinter steht der Weg von der abstrakten Theorie Einsteins über vereinfachte Modelle zu Ausschnitten des wirklichen Universums.

DIE KUNST DES MODELLBAUS

Wenn im Folgenden von Vorhersagen der allgemeinen Relativitätstheorie die Rede ist, dann liegt dem immer ein vereinfachtes Modelluniversum zugrunde, das es den Physikern erlaubt, einen Teil der Wirklichkeit zu erfassen. Die mathematisch elegantesten Modelle sind so genannte *exakte Lösungen*. Bei den einfachsten von ihnen lässt sich das Modell in ein paar Zeilen mathematischer Formeln ausdrücken. Ein Beispiel aus der klassischen Physik ist das Zweikörperproblem, entsprechend einem leeren Modelluniversum mit lediglich zwei Massekugeln, die sich gegenseitig über die Newtonsche Schwerkraft beeinflussen. Wie sich die Massekugeln relativ zueinander bewegen und wo sie zu einem gegebenen Zeitpunkt zu finden sind, lässt sich mittels einfacher Formeln angeben, die lediglich einfache mathematische Funktionen enthalten – Summen, Brüche, Sinus, Kosinus und ihre Verwandten. Diese Formeln entsprechen in gewisser Weise sogar mehr als einem Modelluniversum. Die Lösungsformeln für das Zweikörperproblem hängen nicht nur von der Zeit ab, sondern von zusätzlichen Parametern, etwa den Massen der beiden Kugeln, und außerdem von Anfangsbedingungen, nämlich den Orten und Geschwindigkeiten der Kugeln zu einem bestimmten Zeitpunkt. Dank dieser freien Parameter beschreibt ein und derselbe Satz von Formeln eine Unendlichkeit möglicher Modelluniversen. Wenn es dann darum geht, eines dieser Modelluniversen zur Modellierung der Wirklichkeit zu verwenden und eine ganz konkrete Situation nachzustellen, dann setzt man für die Parameter konkrete Werte ein, für die Masse, die in den Formeln nur als M_1 vorkommt, beispielsweise die Masse der Erde, für die Masse M_2 die Mondmasse, für die Anfangsbedingungen Ort und Geschwindigkeit von Mond und Erde zu einem bestimmten Zeitpunkt – und schon ist aus der exakten Lösung ein konkretes Modelluniversum geworden, das sich dazu nutzen lässt, die Bewegung des Mondes um die Erde vorherzusagen.

Exakte Lösungen gibt es auch in der allgemeinen Relativitätstheorie. Wir werden im weiteren Verlauf die Lösung für die Raumzeitgeometrie rund um eine Massekugel betrachten, die als freien Parameter M die Masse der Kugel enthält. Wenn man für M die Masse der Erde einsetzt, ergibt sich ein Modelluniversum, in dem sich in guter Näherung das Verhalten von Körpern im Gravitationsfeld nahe der Erde beschreiben lässt, für M gleich der Sonnenmasse ein Modell, in dem wir Planetenbewegungen im Sonnensystem studieren können. Die Formel, mit der die Lösung vollständig definiert ist, passt auf eine Zeile. Allerdings ist es partout nicht einfach, interessante Lösungen der Einstein-Gleichung zu finden, erst recht nicht, wenn dabei Materie ins Spiel kommt, die ihrerseits bestimmte Bewegungsgleichungen erfüllen muss.

Die Lösung einer einfachen linearen Gleichung wird schon Siebtklässlern abverlangt. Eine interessante neue Lösung der Einstein-Gleichung zu finden ist selbst für erfahrene, mit allen mathematischen Wassern gewaschene Wissenschaftler Grund zum Jubel (und oft auch Anlass für eine entsprechende Fachveröffentlichung). Und selbst dann sind die exakten Lösungen nie sehr komplex – die beschreibbaren Situationen weisen eine hohe Symmetrie auf und enthalten in der Regel auch nur sehr einfache, symmetrisch angeordnete Materie.

Die verfügbaren exakten Lösungen reichen daher oft nicht aus, um die Wirklichkeit angemessen zu modellieren. Das gilt bereits in der Newtonschen Mechanik. Schon das allgemeine Verhalten dreier Massen im sonst leeren Universum (»Dreikörperproblem«) lässt sich nicht mehr als expliziter Formelausdruck, als exakte Lösung angeben. Glücklicherweise gibt es einen Trick, um zumindest bestimmte Situationen zu beschreiben, auch ohne dass es eine exakte Lösung dazu gibt. Dieser Trick heißt in der Physik Störungsrechnung, und sein Grundmotto lautet: Man muss Prioritäten setzen. Wenn ich beispielsweise als spezielles Dreikörperproblem zwei Planeten beschreibe, die um die Sonne kreisen, dann ist die Masse der Sonne typischerweise sehr viel größer als die der Planeten. Zum Vergleich: Alle Planeten, Monde, Asteroiden und Meteoriten, die unser Sonnensystem bevölkern, haben zusammen nur 0,1 Prozent der Masse der

Sonne. Beim Bau eines Modelluniversums lässt sich das Problem daher in zwei Stufen zerlegen. Da die Gravitationskraft der Sonne so viel größer ist als die der Planeten untereinander, machen wir nicht allzu viel falsch, wenn wir die Planetenbahnen so beschreiben, als werde jeder der Planeten *nur* von der Sonne angezogen, nicht noch von dem jeweils anderen Planeten. Für diese vereinfachte Situation existieren exakte Lösungen, denn wenn ich jeweils nur die Sonne und einen der Planeten betrachte, ist das ein allgemein lösbares *Zwei*körperproblem. Die Störungsrechnung ist ein Verfahren, das es erlaubt, dieser exakten idealisierten Lösung systematisch und Schritt für Schritt kleine Korrekturen hinzuzufügen, die den zusätzlichen Einfluss der gegenseitigen Schwereanziehung der Planeten berücksichtigt – mit anderen Worten, jenen zusätzlichen Effekt, der die idealisierte Situation stört.

In Bezug auf die Relativitätstheorie sind solche Störungsnäherungen in zweierlei Hinsicht wichtig. Erstens kann man idealisierte Situationen damit wirklichkeitsnäher gestalten, etwa die Raumzeit rund um eine Kugelmasse als Ausgangspunkt wählen und dann ausrechnen, wie die Raumzeit rund um eine leicht verbeulte Kugelmasse aussieht. Zweitens lässt sich so die Brücke zwischen Einsteinscher und Newtonscher Gravitation schlagen: Man kann beispielsweise die Verhältnisse im Sonnensystem idealisiert mit der klassischen Mechanik und der Newtonschen Gravitationskraft beschreiben und dann als kleine Störungen berücksichtigen, dass dort in Wirklichkeit die allgemeine Relativitätstheorie gilt – deren Vorhersagen sich im Sonnensystem fast, aber eben nicht ganz mit denen der Newtonschen Theorie decken. Beide Arten von Anwendungen der Störungsrechnung werden uns gleich im nächsten Kapitel wiederbegegnen.

Allerdings: Auch mit exakten Lösungen plus Störungsrechnung bleiben den Forschern viele interessante physikalische Situationen verschlossen. In solchen Fällen ist es Zeit für eine andere Art der Vereinfachung: numerische Simulationen. In Einsteins mathematischer Beschreibung ist die Raumzeit ein Kontinuum von unendlich vielen Punkten, die zum Teil infinitesimal nahe beieinander liegen. Eine Ver-

einfachung besteht darin, stattdessen ein Raumgitter mit nur endlich vielen Gitterpunkten zu betrachten und mit einer entsprechend angepassten Version der Einstein-Gleichung zu berechnen, wie sich dieser Gitterraum in kleinen Zeitschritten weiterentwickelt. Auf diese Art von Simulation, die sich mit Hilfe von Computern durchführen lässt, will ich am Ende von Kapitel 9 etwas näher eingehen.

Nach diesen sehr grundlegenden Vorüberlegungen fehlt noch ein Warnhinweis, bevor wir unsere Reise ins Sonnensystem und von dort in die Tiefen des Alls beginnen. Wo Lösungen angegeben werden, geschieht das immer unter Benutzung von Koordinaten. Wenn ich darstellen will, dass das Materiegas in einer Region meines Modelluniversums eine bestimmte Dichte hat, dann werde ich das Wo immer durch entsprechende Koordinaten in einem geeigneten Koordinatensystem festlegen.

Das heißt bei der Lektüre von Veröffentlichungen, in denen ein allgemein-relativistisches Modelluniversum verbildlicht wird: Vorsicht! Koordinatenorte sagen noch nichts über die wirklichen Abstände aus. Beim Betrachten einer Abbildung darf man daher nicht ohne weiteres davon ausgehen, dass Punkte, die weiter voneinander entfernt dargestellt sind, auch einen größeren relativistischen Abstand haben.

In einer veränderlichen Situation, etwa wenn zwei Schwarze Löcher kollidieren und verschmelzen, gibt es nicht mehr »die Zeit«, sondern lediglich verschiedene Rezepte dafür, Ereignissen eine Zeitkoordinate zuzuordnen – ohne dass eines der Rezepte für sich in Anspruch nehmen könnte, besser zu sein als die anderen. Das heißt allerdings nur, dass es keine Konstruktionsvorschrift gibt, nach der sich *jeder* Raumzeit die gleiche Art bevorzugter Zeitkoordinate zuordnen ließe, was nicht bedeutet, dass es nicht bestimmte Situationen gäbe, in denen einige Koordinatensysteme nützlicher sind als andere.

Das einfachste Beispiel für ein Modelluniversum mit einer Reihe besonders nützlicher Koordinatensysteme haben wir in den ersten vier Kapiteln betrachtet. Es ist die flache Raumzeit, eine Lösung der Einstein-Gleichung, bei der überhaupt keine Materie anwesend und die Raumzeit verzerrt ist. Dort sind die Radarkoordinaten eine günstige Koordinatenwahl für jeden der vielen gleichberechtigten Inertialbeobachter.

Ein weiteres einfaches Beispiel sind *stationäre* Raumzeiten, in denen, salopp ausgedrückt, mit der Zeit nichts Neues passiert, etwa die Raumzeit rund um einen einsamen, rotierenden Stern in einem sonst leeren Universum. Ein Spezialfall davon sind *statische* Raumzeiten, in denen nicht nur nichts Neues, sondern gar nichts passiert, etwa die Raumzeit rund um eine einsame, nicht rotierende Kugelmasse. In solchen Raumzeiten kann man immer irgendeine Art von Radarkoordinaten konstruieren, indem man Lichtstrahlen hin- und herschickt und zur Messung von Abständen und zum Betrieb von Funkuhren verwendet. Allerdings macht es im Allgemeinen einen Unterschied, wo im Raum man die Ur-Uhr anbringt und auf welchem von unter Umständen mehreren möglichen Wegen die Lichtsignale fliegen, die zu Abstandsmessung und Funkuhrbetrieb verwendet werden.

In noch allgemeineren Fällen ist es leider gar nicht möglich, solche Radarkoordinaten zu definieren. Dann kann man nur den allgemeinen Rat geben, sich nicht zu sehr auf die Koordinaten zu stützen, sondern auf die Eigenschaften zu achten, die koordinatenunabhängig sind. Wer einfach nur betrachtet, wie in einer bestimmten Raumzeit die Lichtweltlinien verlaufen, kann allein daraus vieles über die Eigenschaften der Raumzeit schließen.

Nach dieser Vorwarnung nun zur ersten exakten Lösung – wenn man so will: dem Basismodell ohne Sonderausstattung, der flachen Raumzeit, der speziellen Relativitätstheorie. Als Modelluniversum ist diese Raumzeit sehr nützlich. Wir können sie beispielsweise heranziehen, um Bereiche unseres Alls zu beschreiben, in denen sich keinerlei große Massen befinden und die von den umliegenden Sternen und Galaxien hinreichend weit entfernt sind. Falls wir nicht allzu genau hinschauen, nicht allzu große Raumbereiche betrachten und nicht über allzu große Zeiträume messen, können wir auf diese

Weise beispielsweise beschreiben, was Beobachter wahrnehmen, die auf frei schwebenden Raumstationen aneinander vorbeitreiben.

Zweitens gilt das Äquivalenzprinzip: Auch das Innere einer frei fallenden Kabine lässt sich näherungsweise durch die flache Raumzeit modellieren. Das ist überaus günstig, denn wenn wir beispielsweise einen Satelliten oder ein Raumschiff durch das All fliegen lassen und nur Vorgänge im Innern beschreiben wollen, können wir die Komplikationen der allgemeinen Relativitätstheorie vergessen und direkt die Physik der speziellen Relativitätstheorie verwenden.

Drittens, und das ist für die experimentelle Überprüfung der speziellen Relativitätstheorie entscheidend: Auch für viele Experimente hier auf der Erde spielt die nahezu konstante Schwereanziehung unseres Planeten keine Rolle. Ein Elementarteilchen, das blitzschnell durch einen Teilchenbeschleuniger oder ein Elektronenmikroskop rast, wird dabei durch die Schwerkraft kaum abgelenkt, und dasselbe gilt für Licht, das in einem Experiment auf eine Bahn von nur wenigen Metern Länge geschickt wird. In vielen Fällen lässt sich daher sogar die Physik von Experimenten auf der Oberfläche der Erde allein mit Hilfe der speziellen Relativitätstheorie beschreiben.

Will man jedoch noch bessere Modelluniversen finden, muss man die Basis der flachen Raumzeit hinter sich lassen und nach einer deutlich anderen exakten Lösung suchen.

SCHWARZSCHILDS SYMMETRISCHES VERMÄCHTNIS

Im Hinblick auf die Situationen, die im Sonnensystem von Interesse sind, würde es sich anbieten, ein Modelluniversum zu betrachten, das völlig leer ist, bis auf eine Massenkugel, die im Raum schwebt, der Einfachheit halber ohne zu rotieren. Will man Gravitationseffekte auf der Erde beschreiben, dann kann diese Massenkugel die Erde repräsentieren, für eine Anwendung auf das Sonnensystem als Ganzes die Sonne.

Der junge Astrophysiker Karl Schwarzschild fand bereits im Januar 1916 eine Lösung der Einstein-Gleichung, mit der sich solche Modelluniversen beschreiben lassen, nur wenige Monate, nachdem Einstein selbst der physikalischen Öffentlichkeit die letzten Puzzlestücke seiner Theorie vorgestellt hatte. Schwarzschild ließ sich auf der Suche nach seiner Lösung allerdings von einer etwas anderen Fragestellung leiten. In der Newtonschen Gravitationstheorie ist der einfachste Fall der eines idealisierten Teilchens, dessen Masse an einem einzigen Raumpunkt konzentriert ist. Aus dem Newtonschen Gravitationsgesetz folgt direkt, wie ein solches Punktteilchen beliebige kleine Testteilchen beeinflussen würde, die sich in seiner Nähe befinden, anders gesagt: wie das Gravitationsfeld eines Punktteilchens aussieht. Insbesondere ist der Einfluss eines solchen Punktteilchens vollkommen kugelsymmetrisch. Er hängt allein vom Abstand des Punktteilchens vom Testteilchen ab, aber beispielsweise nicht von der Raumrichtung, in die die Verbindungslinie zwischen den beiden Teilchen zeigt.

Analog dazu fragte sich Schwarzschild, wie in der Einsteinschen Theorie das Gravitationsfeld eines Punktteilchens aussehen würde. Angenommen, das Universum enthielte nur eine einzige, punktförmige Masse und wäre sonst völlig leer – wie sähe die Raumzeitgeometrie eines solchen Universums aus? Es liegt nahe anzunehmen, dass sich diese Raumzeitgeometrie mit der Zeit nicht verändert; schließlich ruht auch das Punktteilchen zeitlich unverändert im Zentrum unseres Szenarios. Zweitens ist diese Situation ebenfalls kugelsymmetrisch: Keine Raumrichtung ist ausgezeichnet, und wenn wir uns vom Punktteilchen fortbewegen, hängt die Raumzeitgeometrie dort, wo wir uns befinden, nur davon ab, wie weit wir uns schon von der Punktmasse entfernt haben, nicht aber, in welche Richtung. Auch für die Metrik, die die Geometrie der betreffenden Raumzeit beschreibt, kann man daher einen kugelsymmetrischen Ansatz wählen, und damit vereinfachen sich die Einstein-Gleichungen ganz erheblich, so weit, dass Schwarzschild ohne allzu großen Aufwand die Lücken in seinem Ansatz füllen und ausrechnen konnte, wie die Geometrie im

Einzelnen von besagtem Abstand zur zentralen Punktmasse abhängt. Die Raumzeit, die er fand, wird heutzutage Schwarzschild-Lösung genannt.

Punktteilchen sind schön und gut, aber in der Newtonschen Theorie sind sie insbesondere deswegen so nützlich, weil sie eine bemerkenswerte Eigenschaft besitzen: Befinde ich mich außerhalb des Erdballs, dann wirkt die Schwerkraft der Erde genau so, als sei die Erdmasse in einem Punktteilchen im Erdmittelpunkt konzentriert. Ganz generell gilt: Von außen ist der Gravitationseinfluss einer homogenen Kugel nicht von dem eines Punktteilchens zu unterscheiden. Die Bewegungen der Planeten um die Sonne lassen sich daher, inklusive der Einflüsse der Planeten aufeinander, in hervorragender Weise beschreiben, wenn man die Planeten durch Punktteilchen derselben Masse ersetzt. Gilt das auch in der allgemeinen Relativitätstheorie? Schwarzschild verfolgte einen weiteren Lösungsansatz, ein Universum, das lediglich eine Kugel aus idealisierter Flüssigkeit und mit konstantem Radius enthält. Die Gleichungen sind nun ein wenig komplizierter, und insbesondere gibt es jetzt zwei unterschiedliche Bereiche, für die man die Gleichungen lösen muss – die Kugel, in deren Innenbereich Energie, Dichte und Druck der Flüssigkeit die rechte Seite der Einstein-Gleichungen beeinflussen, und einen Außenbereich, in dem Vakuum herrscht. Doch Schwarzschild fand auch hier die Lösung und konnte die entsprechende Raumzeit beschreiben. Im Außenbereich der Kugel galten tatsächlich dieselben Verhältnisse wie in seiner Lösung für eine Punktmasse. Für einen äußeren Beobachter hat die Flüssigkeitskugel die gleiche Gravitationswirkung wie ein »Schwarzschild-Punktteilchen« derselben Masse.

Zwar wiesen Schwarzschilds Lösungen auch einige seltsame Eigenschaften auf, die ab einem bestimmten, von der Masse abhängigen Koordinatenabstand vom Zentrum in Erscheinung traten. Schwarzschilds Metrik schien dort mathematisch verrückt zu spielen (ein Koeffizient wurde null, ein anderer unendlich), und für eine Flüssigkeitskugel, deren Radius kleiner war als der erwähnte Abstand, existierte gar keine Lösung der Einstein-Gleichungen mehr, die Schwarzschilds Bedingungen von Kugelsymmetrie und Zeitunabhängigkeit genügte. Dies waren, wie man heute weiß, die ersten Anzeichen dafür, dass Schwarzschilds Vorstellung, seine Lösung beschreibe ein Punktteilchen, falsch war. Stattdessen hat sich gezeigt, dass es in der allgemeinen Relativitätstheorie gar keine Punktteilchen geben kann, die als Gravitationsquelle wirken, sondern dass die Region dicht um den »Mittelpunkt« der Schwarzschild-Lösung ein weit faszinierenderes Gebilde ist, ein so genanntes Schwarzes Loch. Auf Schwarze Löcher werde ich im Kapitel 9 zurückkommen. Hier soll es stattdessen um die unproblematischen Außenbereiche der Schwarzschild-Lösung gehen, denn in einer Hinsicht ist Schwarzschilds Rechnung auch aus heutiger Sicht aufgegangen: Mit Hilfe seiner Lösung lässt sich die Raumzeitgeometrie rund um ganz allgemeine kugelsymmetrische Massen beschreiben, sogar solche, die sich mit der Zeit aufblähen, in sich zusammenfallen oder ihren Radius sonstwie verändern, oder solche, in denen Schichten unterschiedlicher Dichte wie Zwiebelschalen übereinander liegen. Am einfachsten hätte es Schwarzschild so formulieren können: Auch in der allgemeinen Relativitätstheorie verspürt ein Beobachter, der über einer Massenkugel schwebt, dieselbe Gravitation, als gäbe es die Massenkugel gar nicht und an ihrer Stelle im Zentrum des Koordinatensystems säße ein Punktteilchen der gleichen Masse. Aus heutiger Sicht würden wir statt »Punktteilchen« »Schwarzes Loch« sagen, aber die Konsequenz ist die gleiche: Von einem äußeren Beobachter aus betrachtet, wird die Raumzeitgeometrie rund um eine Massenkugel durch die entsprechenden Außenbereiche der Schwarzschild-Lösung beschrieben.

Damit haben wir jetzt schon zwei Methoden kennen gelernt, mit denen sich das Gravitationsfeld der Erde oder das der Sonne allgemein-relativistisch beschreiben lässt – entweder mit leicht nachkorrigierter Newtonscher Gravitation oder mit Hilfe der von Schwarzschild gefundenen Lösung. Es ist an der Zeit, diese Modelluniversen mit der Wirklichkeit zu konfrontieren.

BEIM TRÖDELN ERWISCHT

Der erste Unterschied zwischen Einsteins und Newtons Bild der Schwerkraft ist der folgende: Bei Newton ist Gravitation eine Kraft. Bei Einstein ist diese angebliche Kraft eine Konsequenz der verzerrten Zeit, und die Ablenkung kleiner Testkörper ergibt sich aus dem Trödelprinzip. Wenn wir Lichtsignale verwenden, um die Ganggeschwindigkeit baugleicher Uhren zu vergleichen, von denen einige näher am Erdboden angebracht sind, andere in größerer Höhe, dann sollten wir diese Zeitverzerrung direkt messen können: Die erdnahen Uhren sollten, verglichen mit den erdferneren Uhren, langsamer gehen. Wie überall in der Relativitätstheorie gilt: Wenn hier von Uhren die Rede ist, sind auch alle anderen Prozesse gemeint, die man zur Zeitmessung einsetzen kann. Wer im Verhältnis zur Außenwelt länger jung bleiben will, hat nicht nur die Möglichkeit, per Rakete schnell durch das All zu fliegen. Es reicht, wenn er sich in nächster Nähe eines massiven Objekts häuslich einrichtet. Dort gehen die Uhren langsamer, und nach einer Weile kann er sich den ehemaligen Altersgenossen als Neid erregend Junggebliebener präsentieren.

Vielleicht haben Sie schon von den Versuchen gehört, die Kombination aus schwerkraftbedingter Zeitverzerrung und bewegungsbedingter Zeitdehnung mit Hilfe von Atomuhren zu messen, die in Flugzeugen um die Erde geflogen wurden. Weit präziser war das so genannte Vessot-Levine-Experiment von 1976, dem NASA-Missionsnamen nach auch als »Gravity Probe A« bekannt. Dabei wurde eine Atomuhr per Rakete auf einen knapp zweistündigen Rundflug geschickt, der Uhr und Rakete rund 10 000 Kilometer von der Erde wegführte. Die genaue Bahn der Rakete wurde über Radar verfolgt und der Gang der Borduhr über Signale ständig mit Uhren der Bodenstation verglichen. Die Messdaten entsprachen genau der Einsteinschen Vorhersage.

Die andere Seite der Zeitdehnung ist die *Gravitations-Rotverschiebung*. Man kann sie aus der Zeitverzerrung herleiten, wenn man untersucht, wie die Frequenz ein und derselben Lichtwelle von schneller oder langsamer laufenden Uhren gemessen wird. Als Ergebnis erhält man den erwähnten Rotverschiebungseffekt: Licht, das einen in konstanter Höhe über der Erdoberfläche weilenden Beobachter von unten erreicht, erscheint ihm als zum roten Ende des Spektrums hin verschoben. Mit anderen Worten: Der obere Beobachter misst für ein und dasselbe Licht eine niedrigere Frequenz als ein Beobachter, der weiter unten neben der Lichtquelle steht. Umgekehrt: Licht, das einen Beobachter auf der Erdoberfläche von oben erreicht, kommt dort blauverschoben an. Auf der Erde haben hochpräzise Experimente von Pound, Rebka und Snider diesen Effekt der Gravitations-Rotverschiebung bereits in den sechziger Jahren nachgewiesen.

In jüngerer Zeit hat das Wissen um diese relativistischen Effekte eine praktische Anwendung gefunden: das Global Positioning System (GPS) ermöglicht auf der ganzen Erde exakte, bis auf wenige Meter genaue Positionsbestimmungen. Das Grundprinzip ist dabei recht einfach: Angenommen, wir befänden uns in der flachen Raumzeit der speziellen Relativitätstheorie und wir hier am Boden verfügten über eine Uhr, die mit den Uhren an Bord der verschiedenen GPS-Satelliten, die um die Erde kreisen, perfekt synchron ginge. Die Satelliten senden Radiosignale zu uns, in denen jeweils kodiert ist, wann der Satellit das betreffende Signal abgeschickt hat (ähnlich wie bei den Funkuhren unserer Radarkoordinaten). Aus dem Vergleich der Absendezeit und der Zeit, zu der das Signal bei uns ankommt, ergibt sich die Laufzeit des Signals. Da das Signal mit Lichtgeschwindigkeit gelaufen ist, lässt sich daraus die Entfernung bestimmen, die es überwunden hat, sprich: der Abstand zwischen uns und dem betreffenden Satelliten. Die Umlaufbahnen der Satelliten um die Erde sind mit hoher Genauigkeit bekannt; hat man die eigenen Abstände zu drei verschiedenen Satelliten bestimmt, dann kann man mit Computerhilfe auch die eigene Position auf der Erde präzise ausrechnen.

So weit das Grundprinzip. Die erste Korrektur in Richtung Wirklichkeit ist technischer Natur und ergibt sich daraus, dass ein tragbarer und vor allem hinreichend preiswerter GPS-Empfänger nun einmal keine Atomuhr enthalten kann. Bei genauerer Betrachtung der Geometrie lässt sich aber zeigen, dass die Auswertung von Signalen eines vierten Satelliten es ermöglicht, die genaue Zeit, die zur Abstandsmessung nötig ist, zu erschließen. Uns soll in diesem Zusammenhang vor allem interessieren, dass das Verfahren im Ganzen sehr empfindlich vom präzisen Gang der Satellitenuhren abhängt, so empfindlich, dass die bewegten Satellitenuhren eben doch etwas anders gehen als eine Uhr auf der Erde und die Computer, die aufgrund der Satellitensignale die Position ausrechnen, sowohl die speziell-relativistische Zeitdehnung-durch-Bewegung als auch die allgemein-relativistische Zeitverzerrung-durch-Gravitation berücksichtigen müssen, um ein zutreffendes Ergebnis zu liefern. Die Schiffe oder Flugzeuge, die mit GPS navigieren; der Wanderer, der sich mit dem GPS-Empfänger in der Hand im Gelände orientiert – täglich unzählige Tests von spezieller und allgemeiner Relativitätstheorie.

Ihre Grundlagen sind damit gut abgesichert. Nun kann man weiter hinaus ins Sonnensystem vorstoßen und schauen, was die allgemeine Relativitätstheorie hier für Vorhersagen bereithält.

PLANET AUF ABWEGEN

Wohl der berühmteste klassische Test ist die Bestimmung der so genannten relativistischen Periheldrehung des Merkur. Seit Johannes Kepler im frühen 17. Jahrhundert das veröffentlichte, was heute jeder Physikstudent als die drei Keplerschen Gesetze kennt, wissen wir, dass sich die Planeten auf Ellipsenbahnen um die Sonne bewegen; Letztere steht dabei nicht im Mittelpunkt, sondern etwas verschoben in einem Brennpunkt der Ellipse. Was hinter den Bahneigenschaften der Planeten steckt, habe ich in Kapitel 3 bereits kurz angesprochen: die Grundgesetze der Mechanik und das Newtonsche Gravitationsgesetz.

Um Ellipsenbahnen zu erhalten, nimmt man vereinfachend an, dass sich ein Planet einzig und allein unter dem Einfluss der Sonnenschwerkraft bewegt und dass die Anziehungskraft der anderen Planeten keine Rolle spielt. Wer es genauer wissen will, kann Störungsrechnung betreiben, vom einfachen Bild der Ellipsenbahnen ausgehen und dann kleine Korrekturen einbeziehen, durch die sich die Planetenbahn leicht verändert. Ein Änderungseffekt ist die Periheldrehung, die man sich auf folgende Weise verbildlichen kann.

Hier ist, bei weitem nicht maßstabsgetreu und um einiges langgestreckter als in Wirklichkeit, die Umlaufbahn des Planeten Merkur um die Sonne dargestellt. Sie ist eine Ellipse, und die Sonne befindet sich, wie schon erwähnt, in einem der Brennpunkte, etwas aus dem Mittelpunkt gerückt. Damit hat die Merkurbahn einen sonnennächsten Punkt, der Perihel heißt, und einen sonnenfernsten Punkt, das Aphel, eingezeichnet als P und A.

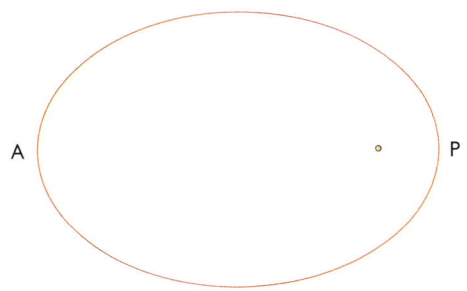

Die Ellipsenbahn ist geschlossen: Nach einem Umlauf kehrt der Planet wieder an seinen Ausgangspunkt zurück und durchläuft dieselbe Bahn erneut. Das ändert sich, wenn der Gravitationseinfluss der anderen Planeten einbezogen wird. Dann sieht die Merkurbahn schematisch so aus, wie der rechts oben abgebildete Bahnausschnitt zeigt, in dem der Abweichungseffekt aus Gründen der Sichtbarkeit über tausendmal größer dargestellt ist als in Wirklichkeit: Nach einem Umlauf kommt der Planet nicht wieder dort an, wo er vorher war, sondern er nimmt einen etwas anderen Weg, der zwar auch dem Ausschnitt einer Ellipse ähnelt, aber gegen die erste Umlaufbahn ein wenig verdreht ist. Insgesamt entsteht eine Art komplizierter Rosette. Die schwarzen Hilfslinien in der Abbildung zeigen, wie sich die Verdrehung messen lässt, nämlich indem man für aufeinander folgende Umläufe die

Lage des Aphels, des sonnenfernsten Bahnpunkts, betrachtet. Bei der Drehung verschiebt sich die Lage des Aphelpunktes bei jedem Umlauf um einen festen Winkel, der als $\Delta\phi$ (»Delta phi«) eingezeichnet ist:

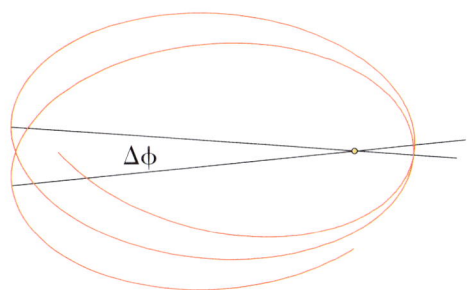

In der Astronomie hat man diese Art der Bahndeformation nicht am Aphel, sondern am Wandern des Perihelpunktes gemessen – der Winkel, den man erhält, ist praktisch derselbe, nur heißt das Phänomen in der Astronomie daher traditionell *Periheldrehung*.

Berücksichtigt man den Einfluss der anderen Planeten, so sollte sich das Perihel der Merkurbahn während der über vierhundert Sonnenumläufe, die Merkur während eines Jahrhunderts ausführt, um nur 13,6 hundertstel Winkelgrad drehen. Tatsächlich fanden die Astronomen, die ab Mitte des 19. Jahrhunderts entsprechende Beobachtungen vornahmen, dass sich das Perihel stattdessen um 14,8 hundertstel Winkelgrad dreht. Woher stammten die zusätzlichen 1,19 hundertstel Winkelgrad oder, um den für Winkelgrade üblichen Sprachgebrauch zu übernehmen, die überschüssigen 43 Bogensekunden? Existierte im Innern der Merkurbahn ein unentdeckter, hitzegebeutelter Himmelskörper? Hatte Merkur einen noch nicht nachgewiesenen Mond oder einen speziellen Ring? War eine Sonnenverformung schuld oder dichter interplanetarischer Staub? Doch keine dieser Erklärungen konnte sich durchsetzen, und die anomalen 43 Bogensekunden blieben ein Rätsel. Bis zum November 1915. Zu dieser Zeit war Einstein noch dabei, an der Endfassung seiner allgemeinen Relativitätstheorie zu basteln, und statt der Schwarzschild-Lösung hatte er nur die Möglichkeit zur Hand, der Newtonschen

Theorie kleine allgemein-relativistische Korrekturen hinzufügen, um seiner Theorie Aussagen zu Planetenbahnen um die Sonne zu entlocken. Doch das reichte aus, und aus der Theorie ergab sich tatsächlich eine Periheldrehung des Merkur, die dem beobachteten Wert entsprach – ohne dass irgendwelche Zusatzannahmen benötigt wurden. Dieses Resultat bescherte Einstein nach eigener Aussage Herzklopfen – nach rund acht Jahren, die er, von vielen Misserfolgen und Irrtümern geplagt, an seiner Theorie herumgetüftelt hatte, war die Erklärung der Anomalie der Merkur-Periheldrehung ein strahlendes Licht am Ende eines langen Tunnels. Am 18. November berichtete Einstein in einer Sitzung der Preußischen Akademie der Wissenschaften von seinem Erfolg; eine Woche später war das Werk vollendet, und die allgemeine Relativitätstheorie hatte ihren Abschluss gefunden. Mit seiner sonnennahen Bahn, die verhältnismäßig weit von der Kreisform abweicht, ist Merkur ein idealer Kandidat für den Nachweis der relativistischen Periheldrehung. Viel später, und dank der Radarmessungen aus den siebziger Jahren mit zunehmender Genauigkeit, konnte eine solche Periheldrehung auch bei anderen Planeten nachgewiesen werden, etwa bei Venus, der Erde, dem Mars oder dem erst 1949 entdeckten Kleinplaneten Icarus. In allen Fällen stimmen die relativistischen Vorhersagen exzellent mit der astronomischen Beobachtung überein.

DIE KRUMMEN TOUREN DES LICHTS

In der allgemeinen Relativitätstheorie unterscheidet sich das Verhalten des Lichts unter Gravitationseinfluss nicht grundlegend von dem massebehafteter Testkörper. Hier wie dort ist die Bewegung durch reine Geometrie bestimmt, durch Geodäten der Raumzeit, und so, wie fallende Teilchen in Anwesenheit eines massiven Körpers abgelenkt werden, verbiegen sich auch Lichtstrahlen.

Zugegeben: Auch in der Newtonschen Gravitationstheorie kann man einen Ablenkungseffekt herbeirechnen, wenn man Licht als ein Teilchenphänomen betrachtet und ihm eine winzige Masse zuschreibt, die sich, sobald man die Beschleunigung im Gravitationsfeld kennt, wieder herauskürzt. Diese Rechnung findet sich in einem 1804 erschienenen Artikel des deutschen Geodäten und Astronomen Johann Georg von Soldner; rund zwanzig Jahre zuvor hatte der britische Naturforscher Henry Cavendish dieselbe Rechnung durchgeführt, sie allerdings nie veröffentlicht. Soldners Artikel geriet schnell wieder in Vergessenheit, was insbesondere daran lag, dass eine Überprüfung durch astronomische Beobachtungen praktisch unmöglich schien.

Anfangs hatte auch Einstein gedacht, diese Lichtablenkung sei praktisch nicht nachweisbar. Doch parallel zu seinem Weg zur Endfassung der Theorie wuchs die Erkenntnis, dass die Lage günstiger war als ursprünglich angenommen. Nach und nach wurde ihm klar, dass sich die Ablenkung in einer bestimmten Situation – bei Sonnenfinsternis – durchaus nachweisen ließ und dass ein solcher Messwert es erlauben sollte, zwischen seiner Theorie und der Newtonschen Rechnung zu unterscheiden – durch den zusätzlichen Beitrag der Raumkrümmung ergibt sich in der allgemeinen Relativitätstheorie eine doppelt so große Lichtablenkung, wie nach Cavendish/von Soldner/Newton zu erwarten wäre.

Wie die Ablenkung für Lichtstrahlen aussieht, die an einem massiven Körper vorbeistreichen, zeigt die Abbildung unten, allerdings für einen weit kompakteren Körper als die Sonne. Für Lichtstrahlen, die genau am Sonnenrand vorbeilaufen, beträgt der Ablenkungswinkel gerade einmal 1,75 Bogensekunden, ein halbes Tausendstel eines Winkelgrades, und wäre in einer maßstabsgetreuen Abbildung unsichtbar.

Die Abbildung zeigt einen Körper, in Gelb dargestellt, der dieselbe Masse besitzt wie die Sonne, aber einen fünftausendmal kleineren Radius. Parallele Lichtstrahlen, der besseren Sichtbarkeit halber in Rot, fallen von links auf den Körper und werden zum Teil absorbiert, zum Teil etwas abgelenkt. Diese Ablenkung ist umso stärker, je näher der Lichtstrahl am Rand des Körpers vorbeiläuft.

Dass die Ablenkung für am Sonnenrand vorbeilaufendes Licht sehr gering ist, habe ich erwähnt.

Und doch ist die Sonne der massereichste Körper, den wir im Sonnensystem zur Verfügung haben. Leider leuchtet sie selbst mit großer Helligkeit. Es gab daher nur eine Möglichkeit, Sternenlicht am Sonnenrand nachzuweisen: eine Sonnenfinsternis. Dann würde die Mondscheibe das Sonnenlicht ausblenden, und es ließen sich fotografische Aufnahmen der Sterne am Sonnenrand anfertigen. Die Lichtablenkung verändert ein ganz klein wenig die Richtung, aus der das Licht des betreffenden Sterns den Beobachter erreicht. Jeder Stern scheint etwas weiter weg vom Sonnenrand zu stehen, als man seiner üblichen Position am Nachthimmel nach erwarten könnte. Im Vergleich mit Kontrollaufnahmen derselben Himmelsregion, auf denen der betreffende Stern ohne den verzerrenden Einfluss der Sonne zu sehen ist, kann man die Positionsänderung und daraus den Ablenkungswinkel bestimmen.

So weit die Theorie. In der praktischen Durchführung erwiesen sich die betreffenden Messungen dagegen als recht diffizil. Eine erste Expedition unter der Leitung des mit Einstein gut bekannten deutschen Astronomen Erwin Freundlich, welche die Sonnenfinsternis vom 21. August 1914 auf der Krim hatte beobachten wollen, scheiterte an der Politik: Freundlich wurde nach Ausbruch des Ersten Weltkriegs in Russland interniert.

Günstiger standen die sonnennahen Sterne für zwei englische Expeditionen, angeregt vom Hofastronomen Sir Frank Dyson, die die Sonnenfinsternis vom 29. Mai 1919 zum einen von Westafrika, zum anderen von Brasilien aus ins Teleskopauge fassten. Die westafrikanische Expedition hatte allerdings im entscheidenden Moment mit Wolken zu kämpfen

und erst gegen Ende der Finsternis klare Sicht; in Brasilien herrschte zwar gutes Wetter, dafür gab es Probleme mit Verzerrungen der Fotoplatten des Hauptinstruments, die letztendlich zugunsten der Aufnahmen des Ersatzfernrohrs von der Auswertung ausgeschlossen wurden. Am Ende ergaben sich Messwerte, die Einsteins Vorhersage entsprachen und damit insbesondere merklich größer waren als der Newtonsche Wert. Die gemeinsame Sitzung von Royal Society und Royal Astronomical Society, bei der diese Ergebnisse vorgestellt wurden, war gleichzeitig so etwas wie der Startschuss zum bis heute anhaltenden Einstein-Rummel – die Nachricht flog von London (»Revolution in science«, »Newtonian ideas overthrown«) über New York (»Einstein theory triumphs«) zurück nach Deutschland (»Eine neue Größe der Weltgeschichte«) und ließ das Bild des genialen Physikers entstehen, das bis heute nachwirkt.

Trotz des weltweiten Echos waren die Messungen der englischen Expeditionen nur bis auf etwa 30 Prozent genau und damit nicht wirklich der Höhepunkt astronomischer Beobachtungstechnik. Auch die nachfolgenden Expeditionen zwischen 1922 und 1973 konnten die Genauigkeit nicht wesentlich verbessern. Das gelang erst mit einer neuen Methode: Beobachtete man den Sonnenrand nicht mit Lichtfernrohren, sondern im Frequenzbereich der Radiowellen, dann ließ sich der Ablenkungseffekt anhand von fernen Radioquellen, den Quasaren, messen, ohne auf die wenigen Minuten Sonnenfinsternisgelegenheit angewiesen zu sein. Solche Beobachtungen mit Radioteleskopen haben die Einsteinsche Vorhersage seit 1970 mit zunehmen-

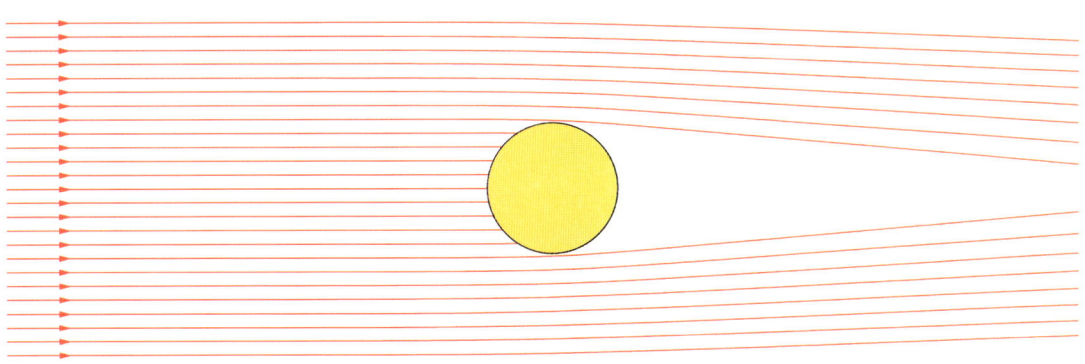

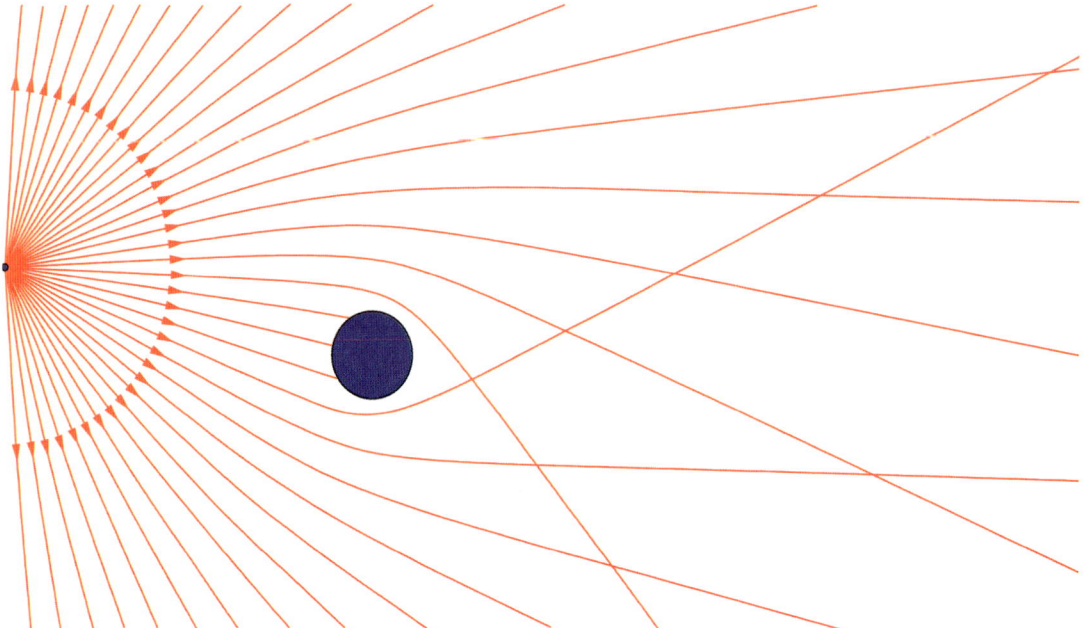

der Genauigkeit bestätigen können, die jüngsten Beobachtungen von 1991, bei denen die Beobachtungen von entfernten Radioteleskopen so koordiniert wurden, dass die Astronomen damit effektiv ein zehntausend Kilometer durchmessendes Teleskop zur Verfügung hatten, mit der beachtlichen Genauigkeit von einem hundertstel Prozent.

Längst ist der Ablenkungseffekt nicht mehr bloßer Prüfstein für die Relativitätstheorie, sondern eine ihrer Anwendungen. Warum, das wird klar, wenn wir anstatt paralleler Lichtstrahlen solche betrachten, die von ein und derselben Quelle ausgehen, und dann schauen, wie sie von einem massereichen Körper abgelenkt werden. Zur Anschauung zeigt die obige Abbildung einen massiven Körper und links davon einen kleinen Körper, der in alle Richtung Licht aussendet. Eine Auswahl der Lichtstrahlen, nämlich jene, die am massiven Körper vorbeiführen und daher mehr oder weniger stark abgelenkt werden, ist in Rot eingezeichnet.

Wieder ist zu sehen, dass das Licht auf den massiven Körper zugebogen wird, und zwar umso stärker, je näher die Lichtbahn am Körper vorbeiführt. Doch die Abbildung zeigt noch ein weiteres Phänomen: dass sich die Lichtstrahlen an einigen Stellen im Raum *kreuzen*. Da nur ausgewählte Lichtstrahlen dargestellt sind, befinden sich rechts vom Objekt auch nur einige wenige Kreuzungspunkte. In Wirklichkeit gibt es einen riesigen Raumbereich rechts vom massiven Körper, in dem *jeder* der unendlich vielen Raumpunkte ein Kreuzungspunkt ist. Einen Beobachter, der sich an einem Kreuzungspunkt in der Abbildung befindet, erreicht das Licht der Quelle aus zwei verschiedenen Richtungen. Er sieht dadurch *zwei verschiedene Bilder desselben Objekts* am Himmel. Nimmt man die dritte Raumdimension hinzu, können bestimmte Beobachter sogar noch mehr Abbildungen sehen; im Extremfall, wenn sich Quelle, ablenkende Masse und Beobachter haargenau hintereinander aufgereiht auf einer Geraden befinden, kann es sogar sein, dass der Beobachter unendlich viele Bilder sieht, in Form eines hellen Rings am Himmel – die Überlagerung aller Lichtstrahlen, die an der Masse vorbeifliegen und am Standpunkt des Beobachters zusammentreffen. Solch ein Phänomen wird wegen seines relativistischen Ursprungs auch Einstein-Ring genannt. Ein schönes Beispiel zeigt die folgende Aufnahme, die 1998 mit dem Hubble-Weltraumteleskop der NASA aufgenommen wurde:

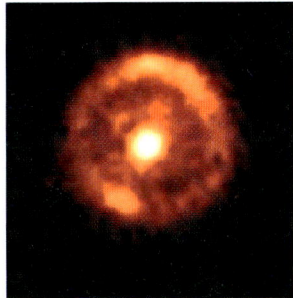

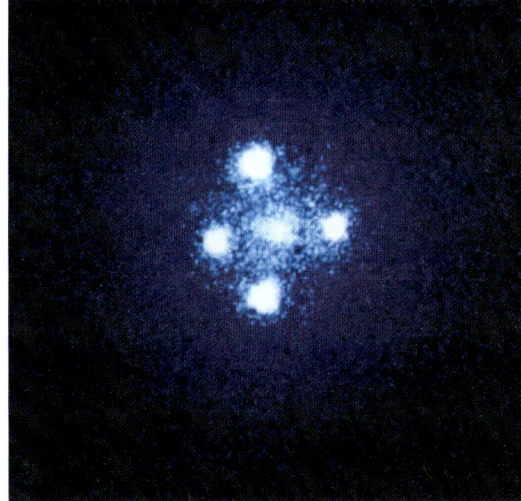

In der Mitte ist als heller Fleck die als Linse dienende Galaxie zu sehen, der äußere sie umgebende Ring ist das Bild einer weit hinter ihr befindlichen zweiten Galaxie.

Bündelungseffekte, bei denen die Lichtablenkung Mehrfachbilder produziert, sind Beispiele für *Gravitationslinseneffekte*, ein Begriff, der in Anlehnung an die herkömmlichere Lichtbündelung mit Linsen aus Glas oder anderem durchsichtigem Material entstanden ist. Einstein hatte sich später noch einmal Gedanken über die Lichtablenkung an fernen Sternen gemacht, war aber in einem 1936 veröffentlichten Artikel zu dem Schluss gekommen, dass Gravitationslinseneffekte zu klein seien, um beobachtet werden zu können. Bereits ein Jahr später zeigte der aus der Schweiz stammende US-Astronom Fritz Zwicky, dass sich Gravitationslinsen sehr wohl beobachten lassen könnten – allerdings nur solche, bei denen die Linsenmasse rund eine Million Sonnenmassen in sich vereinigt, entsprechend einer ganzen Galaxie oder zumindest ihrer Kernregion. Nachgewiesen wurde die erste Gravitationslinse allerdings erst 1979 in Form des so genannten Doppel-Quasars QSO 0957+561, der sich als ein per Gravitationslinse verdoppeltes Bild von ein und demselben Quasar entpuppte. Seither haben die Astronomen Dutzende und Aberdutzende weiterer Gravitationslinsen entdeckt – Einstein-Ringe, Einstein-Bögen und viele weitere Mehrfachbilder mit mehr oder weniger ästhetisch-symmetrischer Anordnung. Ein berühmtes Beispiel ist das »Einstein-Kreuz«, hier eine Aufnahme durch das Hubble-Teleskop mit der Faint Object Camera der Europäischen Weltraumagentur (ESA).

Zu sehen ist im Zentrum der Kern einer Galaxie, deren Ausdehnung weit über den hier gezeigten Bildausschnitt hinausgeht. Dieser Galaxienkern wirkt als Gravitationslinse und produziert die vier kreuzförmig angeordneten Bilder einer dahinter liegenden Galaxie, die das Einstein-Kreuz bilden.

Kommen wir zu Anwendungen dieses kosmischen Linseneffekts. Im Glücksfall zeigt eine Gravitationslinse das vergrößerte und nicht allzu verzerrte Bild eines interessanten fernen Objekts, das ohne diese Art von »kosmischem Teleskop« viel zu schwach und zu weit entfernt wäre, als dass man es von der Erde aus hätte beobachten können. Ein Beispiel zeigt das Bild auf der nächsten Seite.

Es handelt sich um den Galaxienhaufen Abell 2218, der als Gravitationslinse für hinter dem Zentrum des Haufens gelegene, weit entfernte Objekte wirkt. Die in der Abbildung sichtbaren fadenartigen Gebilde (Filamente) sind die verzerrten Bilder dieser Objekte, das orangefarbene Band etwa das Bild einer elliptischen Galaxie, die blauen Bänder die einer Galaxie mit hochaktiven Sternentstehungsgebieten. Interessant sind die dunkelroten Bilder, die extra gekennzeichnet sind. Diese Bilder gehören zu den weitesten Blicken, die Astronomen jemals in die Vergangenheit des Alls haben werfen können. Das Licht der Galaxie, deren Bilder dies sind, war fast 13 Milliarden Jahre zu uns unterwegs, und wir schauen damit direkt in die Kinderstube der Galaxien – nur rund 800 Millionen Jahre sind seit der heißen Geburt unseres Universums vergangen. Der Erforschung dieser Galaxie widmete sich ein Team, das sowohl das Keck-Teleskop der California Association for Research in Astronomy als auch das Hubble-Weltraumteleskop der NASA nutzte, doch trotz des großen Aufwandes an astronomischer Spitzentechnik wären die Beobachtungen ohne die kosmische Hilfestellung durch die Gravitationslinse nicht möglich gewesen.

Eine weitere Anwendung schlägt den Bogen zu Einsteins Stern-Gravitationslinsen oder der Lichtablenkung an noch masseärmeren Objekten. Wenn es an solchen Objekten innerhalb unserer Galaxis zu Linseneffekten kommt, ist die Ablenkung so gering, dass man nicht hoffen kann, deutlich getrennte Mehrfachbilder zu sehen. Hier gibt es allerdings den Effekt, der *Microlensing* genannt wird und selbst auf innergalaktischen Skalen auftreten kann, wenn

ein Beobachter, eine planeten- bis sterngroße Masse und ein fernerer Stern nahezu auf einer Geraden aufgereiht sind. Dann macht sich der Linseneffekt, der das Licht des fernen Sterns auf den Beobachter bündelt, durch eine Verstärkung der Helligkeit bemerkbar. Nachweisen lässt sich das allerdings nur, wenn die normale Helligkeit des Sterns als Vergleichswert zur Verfügung steht. In der Praxis wird daher nach Fällen gesucht, in denen sich das massive Linsenobjekt zwischen Stern und Beobachter vorbeibewegt, denn dann nimmt die Helligkeit des Sterns in ganz charakteristischer Weise zu, erreicht ihr Maximum, wenn alle drei Objekte direkt aufgereiht sind, und nimmt dann wieder ab. Mit der Suche nach solchen (sehr seltenen) Ereignissen und den Schlüssen, die sich aus ihrer Häufigkeit auf das Vorkommen von – anders als durch ihren Linseneffekt gar nicht nachweisbaren – dunklen Objekten in unserer Galaxis ziehen lassen, beschäftigen sich

seit gut fünfzehn Jahren einige Projektgruppen, freilich bislang ohne rechten Erfolg.

Als letzter Lichtablenkungseffekt sei noch erwähnt, dass die Ablenkung im Schwerefeld der Sonne auch die Laufzeit von Lichtsignalen beeinflusst. Um solche Laufzeitunterschiede nachzuweisen, kann man beispielsweise Radarsignale zur Venus schicken, die von dort reflektiert werden. Die Situation ist in der folgenden Abbildung skizziert, in der die Sonne, die Positionen von Venus und Erde zu zwei verschiedenen Zeitpunkten und in Rot der Weg eingezeichnet sind, den das Radarsignal nimmt.

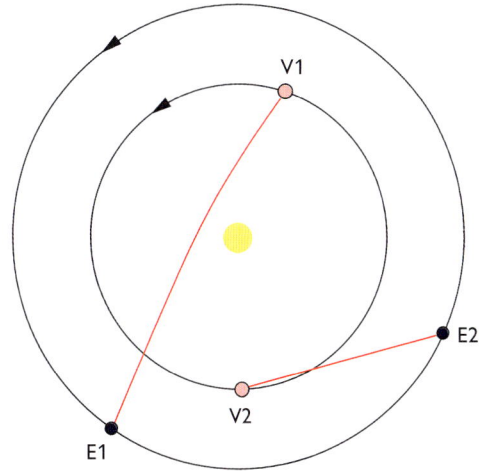

Wie lange diese Radarsignale hin und zurück benötigen, hängt nicht nur davon ab, wie weit Erde und Venus zum betreffenden Zeitpunkt voneinander entfernt sind, sondern auch davon, wie nahe das Signal dabei an der Sonne vorbeifliegen muss und wie sehr seine Bahn dementsprechend verbogen wird. Der Refrain wird manche Leser bereits langweilen: Auch diese Experimente bestätigen die Vorhersagen der Einsteinschen Theorie. Dasselbe gilt für Radarreflexionen an Merkur sowie für deutlich genauere Experimente mit den Raumsonden Mariner 6, 7, 9, Viking, Voyager 2 und aktuell im Juni 2002 mit der Raumsonde Cassin, bei denen es um Signale ging, die nicht reflektiert, sondern von der betreffenden Sonde sofort mit Gegensignalen beantwortet wurden.

KREISEL IM RAUMZEIT-KARUSSELL

Eine letzte Klasse von Messungen fehlt noch, um den Reigen der Einstein-Tests im Sonnensystem abzuschließen. Kreisel, also gleichmäßig um eine Achse rotierende Massen, zeichnen sich durch eine beachtliche Stabilität der Orientierung ihrer Drehachse im Raum aus. Technisch wird das im Luft- wie im Schiffsverkehr zur Navigation ausgenutzt: Im Gegensatz zu Magnetkompassen, die sich am Magnetfeld der Erde orientieren, zeigt ein Kreiselkompass nach Norden, weil die Kreiselachse bei geeigneter Gelegenheit in diese Richtung ausgerichtet wurde und der Kreisel seine Achsenrichtung seither beibehalten hat – mit Hilfe der Gesetze der Mechanik, die diese Stabilität bewirken, unterstützt von ausgeklügelter Lagerung, die die Reibungseffekte stark vermindert und dafür sorgt, dass der Kreisel relativ zu Schiff oder Flugzeug frei beweglich ist. In allgemeinen, gekrümmten Räumen hat dieses Beibehalten der Raumrichtung allerdings ungewohnte Konsequenzen: Die Drehachse eines auf einem geschlossenen Weg durch den Raum fliegenden Kreisels, die während dieser Rundreise ihre Richtung gegenüber »dem Raum«, das heißt konkret: relativ zu den geradesten Linien – den Geodäten – im Raum beibehält, zeigt am Ende der Reise, wenn der Kreisel zu seinem Ausgangspunkt zurückgelangt ist, im Allgemeinen in eine andere Richtung als vor der Reise.

Als zweidimensionales Beispiel können wir wieder einmal eine gekrümmte Kugeloberfläche wie die der Erde nehmen. *In dieser Oberfläche* einen »stabilen Richtungsanzeiger« herumzutransportieren heißt, dass der Zeiger während der Reise seine Richtung zu den Geodäten, in diesem Falle: den Großkreisen, beibehält.[1] Für einen einfachen Rundweg entlang von Großkreisabschnitten zeigt das die folgende Abbildung:

---

1 Das ist *nicht* mehr mit einem realen Kreiselkompass möglich, den wir im dreidimensionalen Raum am Modell einer Kugelfläche entlangführen. Der nämlich behält seine Richtung relativ zum dreidimensionalen Raum bei, in den die Erde eingebettet ist. Uns dagegen interessieren nur die inneren Eigenschaften der Kugelfläche, und für die ist der Einbettungsraum irrelevant.

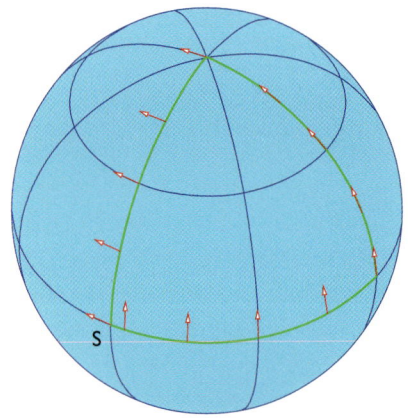

Der Startpunkt ist mit S markiert, und der kleine Pfeil soll der stabile Richtungsanzeiger sein. Bei S auf dem Äquator zeigt der Pfeil direkt nach Westen. Er steht damit senkrecht auf dem ersten Wegstück, das ihn entlang einem Meridian direkt nach Norden führt, und er bleibt – das ist die Richtungsstabilität in der Kugelfläche – auch während der Reise zum Nordpol senkrecht zu dem betreffenden Meridian. Vom Nordpol aus transportieren wir den Zeiger nunmehr nach Süden, und zwar entlang einem Meridian, der gegenüber dem ersten um 90 Längengrade versetzt ist und damit parallel zu unserem Richtungszeiger verläuft. Diese Parallelität wird auf der Reise südwärts getreulich beibehalten. Bei Erreichen des Äquators steht der Richtungszeiger – wie der Meridian selbst – senkrecht auf dem Äquator, und auf dem letzten Reiseabschnitt nach Westen entlang dem Äquator zurück zum Ausgangspunkt wird dieser rechte Winkel beibehalten, und der Richtungszeiger zeigt gen Norden. Wieder bei S angekommen, ist der Richtungszeiger damit gegenüber seiner Ausgangsstellung vor der Reise um 90 Grad nach Norden verdreht. Und doch hat er während der ganzen Reise an jedem Flächenpunkt seine Richtung gegenüber dem zweidimensionalen Raum, gegenüber den Geodäten, stabil beibehalten. Lokale Richtungskonstanz hat am Ende der Rundreise insgesamt zu einer Verdrehung gegenüber der ursprünglichen Richtung geführt!

Diese Richtungsänderung stabiler Richtungszeiger beim Rundtransport auf der Kugelfläche ist eine direkte Konsequenz der Krümmung der Kugelfläche.

Tatsächlich ist die Übertragung dieses Effekts auf allgemeine Räume die Grundlage der mathematischen Definition des in Kapitel 5 kurz angesprochenen Riemannschen Krümmungstensors.

Damit zurück in die vierdimensionale Raumzeit der Wirklichkeit. Auch ein Kreisel, der beispielsweise rund um die Sonne auf einer Kreisbahn läuft, erfährt eine kleine Richtungsänderung durch die Krümmung der Schwarzschild-Raumzeit. Dieser Effekt heißt *geodätische Präzession* oder auch *De-Sitter-Präzession*, nach dem holländischen Astronomen Willem De Sitter, der diese Konsequenz der allgemeinen Relativitätstheorie 1917 als Erster erkannte. Auch dieser allgemein-relativistische Effekt ist sehr klein, aber nachweisbar, wenn man als »Kreisel«, der um die Sonne reist, das System Erde-Mond verwendet: Die Orientierung der Mond-Umlaufbahn im Raum ist wie jede andere Kreiselachse lokal richtungsstabil; eine imaginäre Kreiselachse senkrecht dazu behält ihre Richtung im Raum an jedem Bahnabschnitt bei – und doch kommt es insgesamt zu einer kleinen Richtungsänderung von wenigen Millionstel Grad pro Jahr. Dank eines von den Apollo-Missionen auf dem Mond platzierten Spezialspiegels kann die Mondbahn mit einer Genauigkeit von wenigen Zentimetern (!) vermessen werden; die Beobachtungen gekoppelter Radioteleskope, die den fernen Fixsternhintergrund anpeilen, schaffen so etwas wie ein festes Raumkoordinatensystem, relativ zu dem die Richtungsänderungen der Mondbahn bestimmt werden können. Die Auswertung jahrelanger Messreihen bestätigte die relativistische Vorhersage mit einer Genauigkeit von zwei Prozent (Messgenauigkeit: 100 Milliardstel Grad).

Der so genannte *Lense-Thirring-Effekt*, der ebenfalls die Orientierung von Kreiselachsen betrifft und der zustande kommt, wenn ein rotierender Körper den Raum um sich herum in gewisser Weise zum Mitrotieren bringt, schließt die Reihe der möglichen Tests von Einsteins Theorie im Sonnensystem ab. Ihn nachzuweisen ist Ziel der *Gravity Probe-B*-Mission der NASA, die, während ich dies Ende 2004 schreibe, gerade dabei ist, mit Hilfe einer kreiselnden Metallkugel im All die zur Prüfung nötigen Daten zu sammeln.

KAPITEL 7

RAUMZEITLICHE RUHESTÖRUNG: GRAVITATIONSWELLEN

Eine radikal neue Vorhersage der Einsteinschen Theorie, im klassischen Universum undenkbar, betrifft die Art und Weise, wie sich Störungen des Raumzeitgefüges ausbreiten können – als eine Art Wellen im Nichts, als die in der Einleitung bereits erwähnten *Gravitationswellen*. In den späteren Kapiteln dieses Buches werden diese Wellen überall dort auftauchen, wo es relativistisch-astrophysikalisch besonders interessant wird, vom Innern der Neutronensterne bis zur Frühzeit des Universums. In diesem Kapitel soll es um ihre grundlegenden Eigenschaften gehen, und will man denen auf die Schliche zu kommen, dann lohnt sich ein kleiner Umweg.

ZWISCHENSPIEL MIT JAMES CLERK MAXWELL

Die Experimentalergebnisse und Teilhypothesen von Jahrzehnten in eine Hand voll simpler Gleichungen zu kondensieren und damit die einfache Struktur durchscheinen zu lassen, die hinter Hunderten von Einzelmessungen und einigen Dutzend halb ausgegorener Erklärungsansätze verborgen lag – solche Spitzenleistungen gehören zu den Höhepunkten der Physikgeschichte, und es gibt nur ganz wenige davon. Eine haben wir mit Newtons Mechanik in Kapitel 3 kennen gelernt. Eine weitere gelang dem schottischen Mathematiker und Physiker James Clerk Maxwell in der Mitte des 19. Jahrhunderts: Aus rund zweihundert Jahren Forschung, während deren eine Vielzahl von Forschern die diversen Phänomene entdeckten und beschrieben, die mit Elektrizität und Magnetismus zusammenhängen, destillierte er die vier heute nach ihm benannten Grundgleichungen des Elektromagnetismus. Diese Gleichungen und die mit ihnen verbundenen Wel-

lenphänomene sind ein sinnvoller erster Schritt auf dem Weg zum Verständnis von Gravitationswellen: Einige allgemeine Eigenschaften elektromagnetischer Wellen lassen sich auf die Gravitationswellen eins zu eins übertragen, andere lassen sich reizvoll kontrastieren. Wundern Sie sich daher bitte nicht, wenn auf den folgenden Seiten nicht von Einstein die Rede ist, sondern von seinem schottischen Vorreiter. Vorhang auf für das Zwischenspiel mit James Clerk Maxwell!

Die Maxwell-Gleichungen sind Aussagen über die Eigenschaften elektrischer und magnetischer Felder; ein »Feld« ist dabei eine Möglichkeit, den elektrischen oder magnetischen Einfluss zu beschreiben, den ein Objekt auf seine Umgebung ausübt. Gehen wir vom einfachsten Fall aus, einer elektrisch positiv geladenen Metallkugel inmitten des sonst leeren Raums. Das elektrische Feld dieser Metallkugel ist zunächst eine etwas abstrakte Ansammlung von Informationen über mögliche elektrische Einflüsse der Metallkugel auf andere Objekte. Man kann es sich als Sammlung von unendlich vielen Hinweisschildern vorstellen, an jedem Raumpunkt in der Kugelumgebung eines, und jedes Hinweisschild sieht ungefähr so aus:

> Achtung: Befände sich an diesem Ort ein Teilchen mit der elektrischen Ladung 1 Coulomb, so würde es eine Kraft der Stärke 2,629 Newton in diese Richtung erfahren!

»Coulomb« ist die Maßeinheit der elektrischen Ladung, »Newton« die der Kraft; der konkrete Wert von 2,629 Newton, der die Stärke der Kraft angibt, ist natürlich nur ein Beispiel – welcher Wert dort im Einzelnen steht und auch, in welche Richtung das Schild zeigt, ist im Allgemeinen von Ort zu Ort verschieden. Mit der Information auf den Schildern kann man für jedes elektrisch geladene Teilchen, das sich in der Umgebung der Metallkugel befindet, sofort angeben, welche Kraft die Metallkugel darauf ausübt: Man nimmt ganz einfach den Standardkraftwert, der an dem Ort, an dem sich das Teilchen befindet, auf dem Hinweisschild steht, und multipliziert ihn mit der Ladung des Teilchens; auf ein Teilchen der positiven Ladung 2 Coulomb wirkt beispielsweise eine doppelt so große Kraft wie auf das Teilchen mit der Ladung 1 Coulomb, am Ort des obigen Beispielsschildes also 5,258 Newton. Eine kleine Komplikation kommt dabei durch das Ladungsvorzeichen ins Spiel. Es gibt positive und negative elektrische Ladungen, und es gilt: Positiv geladene Teilchen stoßen andere positiv geladene Teilchen ab, ziehen aber negativ geladene Teilchen an, während negativ geladene Teilchen positiv geladene Teilchen anziehen und andere negativ geladene Teilchen abstoßen. Für unsere geladene Metallkugel müssen wir daher noch berücksichtigen: Wenn auf ein Teilchen der (positiven) Ladung 1 Coulomb eine bestimmte Kraft wirkt, dann wirkt auf ein negativ geladenes Teilchen, ein Teilchen mit der Ladung *minus* 1 Coulomb, eine Kraft derselben Stärke, aber exakt in die Gegenrichtung. Für unsere Feld-Hinweisschilder muss man daher noch zusätzlich wissen: Im Falle negativ geladener Teilchen wirkt die resultierende Kraft genau *entgegen* der Pfeilrichtung des Schilds. Aber dieser letzte Schritt – das Multiplizieren mit der Teilchenladung – ist leicht durchzuführen; alle anderen Informationen, etwa, wie sich Richtung und Stärke der Kraft von Ort zu Ort, in komplizierteren Fällen auch von Zeit zu Zeit ändern, sind auf den Hinweisschildern enthalten.

Sobald klar ist, dass alle diese Schilder elektrische Kräfte auf ein Testteilchen mit 1 Coulomb Ladung beschreiben, ist es freilich unnötig, diesen Hinweis auf jedem Schild noch einmal festzuhalten. Interessant sind dann in Bezug auf jedes einzelne Schild nur noch zwei Informationen: die Richtung, in die das Schild zeigt, und die Stärke der Kraft, die auf das Referenzteilchen wirkt. Beide Informationen lassen sich zu einem so genannten *Vektorpfeil* zusammenfassen, einem Pfeil, der von dem betreffenden Ort ausgehend in eine bestimm-

te Richtung zeigt, in dieselbe Richtung wie das Hinweisschild, und dessen Länge die Stärke der Kraft ausdrückt (doppelte Länge, doppelt so starke Kraft). Mit diesen Vektorpfeilen kann man zum Beispiel das elektrische Feld rund um eine geladene Kugel anschaulich darstellen.

1 mN

In Zahlen: Die Kugel trägt eine Ladung von 2 Coulomb und hat einen Durchmesser von 16 Zentimetern; als Maßstab für die Vektorpfeillängen ist unten die Länge eingezeichnet, die einer Kraft von einem Tausendstel Newton (mN) entspricht. Die per Pfeil eingezeichnete Kraft gilt jeweils für ein Teilchen, das sich am Ausgangspunkt des Vektorpfeils befindet. Es ist deutlich zu sehen, wie das Feld mit zunehmender Entfernung schnell an Stärke verliert – die grafische Umsetzung der Formel »eins durch Abstandsquadrat«, die regelt, wie die Stärke der elektrostatischen Kraft rund um eine geladene Kugel mit zunehmender Entfernung immer schwächer wird. Im Hinblick auf die vorangehenden Kapitel sei angemerkt, dass sich auch für die Newtonsche Gravitationskraft ein solches Feld definieren lässt. Es zeigt Richtung und Stärke der Gravitationskraft an, die in der Umgebung einer Masse auf einen kleinen Testkörper der Masse eins wirkt (in den üblichen Einheiten: der Masse 1 Kilogramm).

Da die Newtonsche Kraft genauso mit dem Quadrat des Abstandes schwächer wird wie die hier dargestellte elektrostatische Kraft, sieht das Feldbild sehr ähnlich aus. Allerdings definiert man die Feldpfeile so, dass sie generell zur Zentralmasse hinzeigen, entsprechend dem anziehenden Charakter der Gravitation. Solch ein Gravitationsfeldbild ist das Umschlagmotiv dieses Buches.

In wirklichen Rechnungen dienen solche Bilder allenfalls der Anschaulichkeit – zum Rechnen verwenden die Physiker (oder Ingenieure) entweder explizite Formelausdrücke für die Feldvektoren oder simulieren die Feldkonfigurationen direkt im Computer; bei solchen Simulationen wird dann beispielsweise der Raum durch ein dreidimensionales Gitter modelliert, und für jeden Gitterpunkt werden Zahlenwerte gespeichert, die Stärke und Richtung des Feldes beschreiben.

Das Magnetfeld ist weniger anschaulich, da es nur indirekt, auf einem Umweg, mit der auf ein gegebenes Teilchen ausgeübten Kraft zusammenhängt. Magnetfelder lenken nur diejenigen elektrisch geladenen Teilchen ab, die sich im Feld bewegen, mit anderen Worten: elektrische Ströme. Auch das Rezept, um aus Magnetfeld und Stromrichtung die Richtung der Kraft zu bestimmen, ist etwas komplizierter, und ich will hier nicht näher darauf eingehen. Trotz der anderen Kraftwirkung lässt sich auch ein Magnetfeld als Schar von Vektorpfeilen verbildlichen. Aus der Länge und der Richtung eines Vektorpfeils ist dann direkt ersehbar, welche Magnetkraft auf ein vorbeifliegendes Teilchen wirkt. Beschränkt man sich nicht auf elementare Teilchen, sondern bezieht zusammengesetzte Objekte wie Eisenspäne in die Überlegungen ein, ist das Magnetfeld sogar deutlich anschaulicher als das elektrische Feld. In einem einfachen Versuch, bei dem man Eisenspäne auf einer dünnen Plastikplatte verteilt und unter diese Platte einen Stabmagneten setzt, werden die Späne ein wenig magnetisiert, bekommen einen magnetischen Nord- und Südpol und richten sich dann automatisch entlang den kleinen Vektorpfeilen des magnetischen Feldes aus. Das macht zwar nicht die Längen der Vektorpfeile sichtbar, aber immerhin für jeden Raumpunkt die Vektorrichtung (wenn auch nicht, an welchem Ende des Vektors die Pfeilspitze sitzt). Ein Beispiel zeigt die folgende Abbildung:

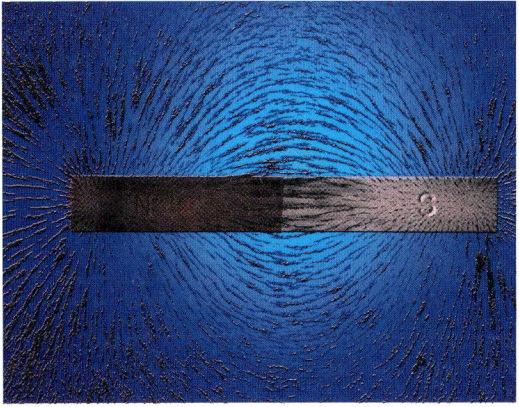

Die Vektoren des Magnetfeldes zeigen in dieser Abbildung entlang den Linien, die dank der Ausrichtung der Eisenspäne erkennbar sind und die Feldlinien heißen.

Die vier Maxwell-Gleichungen verknüpfen elektrisches und magnetisches Feld mit den Ladungen und Strömen im Raum. Eine der Gleichungen verknüpft die Anwesenheit elektrischer Kräfte mit der Anwesenheit von elektrischen Ladungen: Überall dort, wo Ladungen auftreten, existiert ein wohldefiniertes elektrisches Feld. Eine zweite Gleichung sagt aus, dass es kein »magnetostatisches« Feld gibt, das zum elektrischen Feld rund um eine Ladung oder zum Newtonschen Gravitationsfeld einer Masse exakt analog wäre. Eine dritte Gleichung besagt, dass ein elektrischer Strom ein Magnetfeld erzeugt und dass andererseits auch ein mit der Zeit veränderliches elektrisches Feld ein Magnetfeld hervorruft. Das Pendant zu diesem letzten Umstand bildet die vierte Gleichung, nach der umgekehrt auch ein zeitlich veränderliches Magnetfeld ein elektrisches Feld erzeugt. Hinzu kommen zwei Kraftgesetze, die angeben, welche Kräfte auf geladene Teilchen wirken, die sich in elektrischen und magnetischen Feldern befinden – sie entsprechen der Wirkung, anhand deren ich die elektrischen und magnetischen Felder am Kapitelanfang eingeführt habe: Auf elektrisch geladene Teilchen wirkt je nach Ladung

eine durch die Feldstärke gegebene Kraft in oder
entgegen der Feldrichtung, und auf bewegte Teilchen wirkt eine Kraft, die sich aus Stärke und Richtung des Magnetfelds und der Geschwindigkeit des
Teilchens herleiten lässt.

In diesen vier Gleichungen und zwei Kraftgesetzen sind alle Grundlagen der Elektrodynamik
enthalten. In konkreten Situationen sind zwar noch
weitere Informationen über die
Materieeigenschaften vonnöten,
wenn die Grundgleichungen angewandt werden sollen, aber damit sind dann auch alle Informationen zusammengetragen, um
beliebige Situationen, in denen
Elektromagnetismus eine Rolle
spielt, physikalisch zu beschreiben: Die Verteilung der Ladungen bestimmt, welche elektrischen und Magnetfelder auftreten; die Felder wiederum üben Kräfte
auf die Ladungen aus und können sie dadurch verschieben; die verschobenen Ladungen erzeugen
nun etwas andere Felder als vorher, die dementsprechend etwas andere Kräfte auf die Ladungen
wirken lassen, und so, im ständigen Ineinandergreifen von Maxwell-Gleichungen, Kraftgesetzen
und Materieeigenschaften, ergibt sich die Dynamik
elektromagnetischer Phänomene.

Man könnte angesichts dieses Wechselspiels von
Ladungen und Feldern meinen, in einem Modelluniversum ohne Ladungen und elektrische Ströme
gäbe es auch keine von null verschiedenen Felder.
Das aber trifft erstaunlicherweise nicht zu. Selbst
wenn wir alle Ladungen und Ströme beiseite lassen, sind dort beispielsweise immer noch die Maxwell-Gleichungen, nach denen ein zeitlich verändertes Magnetfeld in genau definierter Weise ein
elektrisches Feld und ein zeitabhängiges elektrisches Feld ein Magnetfeld hervorruft. Man kann
daher ein einfaches Modelluniversum betrachten,
das völlig leer ist, bis auf Magnetfelder und elektrische Felder, die sich gegenseitig anregen und damit
ein periodisches Feldmuster erzeugen, das sich durch
den Raum bewegt und – ein ganz entscheidender
Aspekt – sogar Energie transportiert.

Ein Ausschnitt aus der einfachsten Modellsituation sei hier skizziert – abgebildet sind der Übersichtlichkeit halber nur die Feldvektoren entlang
der (fast) waagerechten Achse; zudem zeigt die Figur nur einen Schnappschuss: Mit der Zeit bewegt
sich das dargestellte Wellenmuster mit konstanter
Geschwindigkeit in Richtung der waagerechten
Achse, wie es der gelbe Pfeil andeutet.

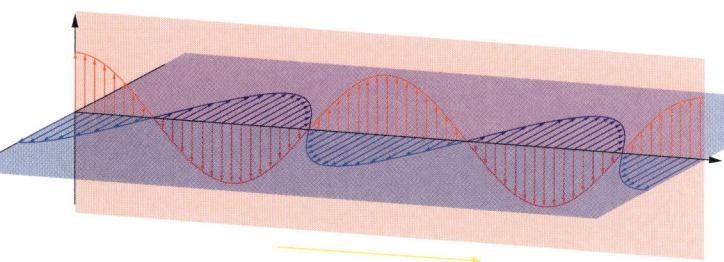

Als Erstes fällt die Wellenstruktur auf, die Magnet-
und elektrisches Feld jedes für sich aufweisen. An
einem Beobachter auf der waagerechten Achse ziehen in Richtung des gelben Pfeils in steter, regelmä
ßiger Folge Maxima und Minima von elektrischem
Feld (rot) und Magnetfeld (blau) vorbei. Die Konfiguration ist eine *elektromagnetische Welle*.

Weiter fällt auf, dass elektrischer und magnetischer Feldvektor ein und desselben Punkts keineswegs in dieselbe Richtung zeigen – im Gegenteil,
die elektrischen Feldvektoren liegen sämtlich in der
rötlich schattierten senkrechten Ebene, die magnetischen Feldvektoren in der waagerechten bläulichen Ebene. Die magnetischen und elektrischen
Feldvektoren stehen in jedem Punkt senkrecht aufeinander – eine allgemeine Eigenschaft elektromagnetischer Wellen, die direkt aus den Maxwell-Gleichungen folgt. Eine ebenso allgemeine Eigenschaft
ist, dass alle Feldvektoren senkrecht zur (gelben)
Ausbreitungsrichtung stehen. Letzteres macht die
Welle im Jargon der Physiker zu einer *transversalen* Welle.

Im obigen Bild habe ich nur die Feldvektoren
entlang einer einzigen Linie dargestellt. Wenn Sie
die Feldvektoren an anderen Orten im Raum interessieren, müssen Sie lediglich in Gedanken die hier
dargestellte Linie parallel verschieben. Bei jeder an-

deren parallelen Linie liegen die Maxima und Minima von elektrischem und magnetischem Feld auf der gleichen Höhe wie bei der eingezeichneten Linie. Wenn wir daher im Raum beispielsweise diejenigen Punkte markieren, an denen elektrisches und magnetisches Feld null werden, dann liegen all diese Punkte auf Ebenen, die parallel zueinander im Raum angeordnet sind:

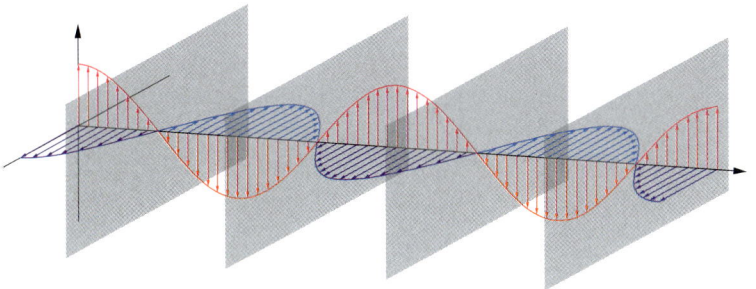

Ebenso liegen alle Maxima des elektrischen oder des magnetischen Feldes auf solchen parallelen Ebenen, alle Punkte, an denen das elektrische oder magnetische Feld gerade die Hälfte des Maximalwerts erreicht haben, ja, ganz allgemein: An jedem Raumpunkt einer Ebene, die parallel zu den eingezeichneten Ebenen im Raum liegt, haben das elektrische und das magnetische Feld denselben Wert. Eine solche einfache Welle heißt dementsprechend *ebene Welle*, und all diese Ebenen wandern mit derselben Geschwindigkeit nach schräg rechts vorn, in die Ausbreitungsrichtung der Welle.

Die Ausbreitungsgeschwindigkeit elektromagnetischer Wellen folgt direkt aus den Maxwell-Gleichungen. Im Vakuum breiten sich solche Wellen mit einer Geschwindigkeit von rund 300 000 Kilometern pro Sekunde aus – mit anderen Worten: genau so schnell wie das Licht! Maxwell selbst hat sehr bald vermutet, dass dies kein Zufall ist und dass Licht nichts anderes ist als ein elektromagnetisches Wellenphänomen. Er hat Recht behalten und damit noch einen weiteren Coup gelandet: Die Maxwell-Gleichungen regieren nicht nur das weit verzweigte Reich von Elektrizität und Magnetismus – auch das altehrwürdige Gebiet der Optik erweist sich als Teilprovinz ihres Herrschaftsbereichs. Und damit nicht genug – noch ganz andere Arten

von Strahlung haben sich als elektromagnetische Wellenphänomene erwiesen: die Infrarot- oder Wärmestrahlung, die Mikrowellen, die Radiowellen, die Röntgenstrahlung, die Gammastrahlung: alles elektromagnetische Wellen!

Aus den Maxwell-Gleichungen lässt sich auch ableiten, wie elektromagnetische Wellen erzeugt werden können: Sie entstehen überall dort, wo elektrische Ladungen *beschleunigt* werden. Es gelang erstmals 1880 dem Hamburger Physiker Heinrich Hertz, auf diese Weise gezielt langwellige elektromagnetische Wellen zu erzeugen (in moderner Sprechweise: Radiowellen). Heute ist die Welt um uns herum geradezu gesättigt mit solchermaßen künstlich produzierten Radiowellen, beispielsweise jenen der Funkstationen, die uns auf diesem Wege Radio- und Fernsehsendungen ins Haus bringen – in der Antenne von Radio- oder Fernsehgerät wird der Prozess dann wieder umgekehrt, die elektromagnetische Strahlung beschleunigt die in der Antenne befindlichen Elektronen und ruft dadurch in der Antenne zeitlich veränderliche Ströme und Spannungen hervor, die ausgelesen und in Ton- und Bilddaten umgesetzt werden.

Ein einfaches Experiment, bei dem beschleunigte Ladungen elektromagnetische Wellen erzeugen, ist in fast jedem Haushalt durchführbar. Sie benötigen dazu nur ein Radio und ein hinreichend leistungsstarkes elektrisches Gerät, das Sie an- und ausschalten können, etwa eine Lampe. Stellen Sie das Radio so ein, dass es keine Rundfunkstation, sondern nur möglichst leises Rauschen empfängt. Wenn Sie jetzt die Lampe an- und ausschalten, sollten Sie in den Lautsprechern ein leises Knacken hören. Dann ist Folgendes passiert: Bei angeschalteter Lampe fließt ein Wechselstromballett von Elektronen hin und her und hin und her durch Stromkabel und Glühdraht. Auch diese Elektronen sind beschleunigt und wären im Radio als Brummen zu hören, würden die Rundfunkgeräte diese in jedem Haushalt vorhandene Störfrequenz nicht standardmäßig herausfiltern. Die unregelmäßigen Beschleunigungen, mit denen das Wechselstromballett beim Einschalten der Lampe in Gang gesetzt oder beim Ausschalten zur Ruhe gebracht wird, lassen sich dagegen nicht so einfach ausfiltern – sie werden im Radiogerät genauso in Schall umgesetzt wie die elektromagnetischen Wellen einer Rundfunkstation, und so kommt es zu dem erwähnten Knacken. Ich weise vorsichtshalber darauf hin, dass weder Verlag noch Autor die Haftung für Glühbirnen übernehmen, die Ihnen bei diesem Experiment durchbrennen.

Schließlich möchte ich noch auf einige allgemeine Merkmale eingehen, anhand deren sich Wellen charakterisieren lassen. Dass wir elektromagnetische Wellen je nach Frequenz Radiowellen, Licht oder auch Röntgenstrahlung nennen, habe ich bereits angesprochen. Die Frequenz bezieht sich auf einen Beobachter, an dem die Welle vorbeiläuft. Fliegen an ihm pro Sekunde zwei Maxima des elektrischen Felds vorbei – zwei Wellenberge im Bild auf Seite 168 –, dann hat die Welle die Frequenz »2 pro Sekunde«, in der Physikersprache »2 Hertz«, sind es drei Maxima pro Sekunde, »3 Hertz« und so weiter. Die Frequenz hängt direkt mit der Wellenlänge zusammen, dem räumlichen Abstand zweier

Wellenberge in einem Schnappschuss wie auf Seite 168, und dieser Zusammenhang ist so grundlegend, dass ich Sie ermutigen möchte, sich selbst zu überzeugen. Das Bild unten zeigt einen Schnappschuss eines Ausschnittes aus zwei einfachen Wellen – waagerecht verläuft die Raumrichtung, in die sich die Welle ausbreitet, senkrecht aufgetragen ist die Größe, die bei der Wellenausbreitung schwingt – für elektromagnetische Wellen beispielsweise die Stärke des elektrischen oder auch des magnetischen Feldes, für Schallwellen der Luftdruck, für Wasserwellen die Auslenkung der Wasseroberfläche.

Gehen Sie jetzt bitte zu einer freien Fläche, etwa einer Tischplatte, und legen Sie das Buch darauf, auf dieser Seite aufgeschlagen. Ziehen Sie es anschließend mit konstanter Geschwindigkeit nach rechts – das entspricht der Ausbreitung der Wellen durch den Raum; Wellenberge und -täler wandern mit konstanter Geschwindigkeit. Legen Sie jetzt irgendeine gerade Kante an den senkrechten blauen Strich an, ein Lineal etwa. Halten Sie das Lineal mit der linken Hand und ziehen Sie nun das Buch mit konstanter Geschwindigkeit unter dem Lineal durch. Das Lineal markiert damit einen Ort, an dem die Welle vorbeistreicht, und die Schwingung,

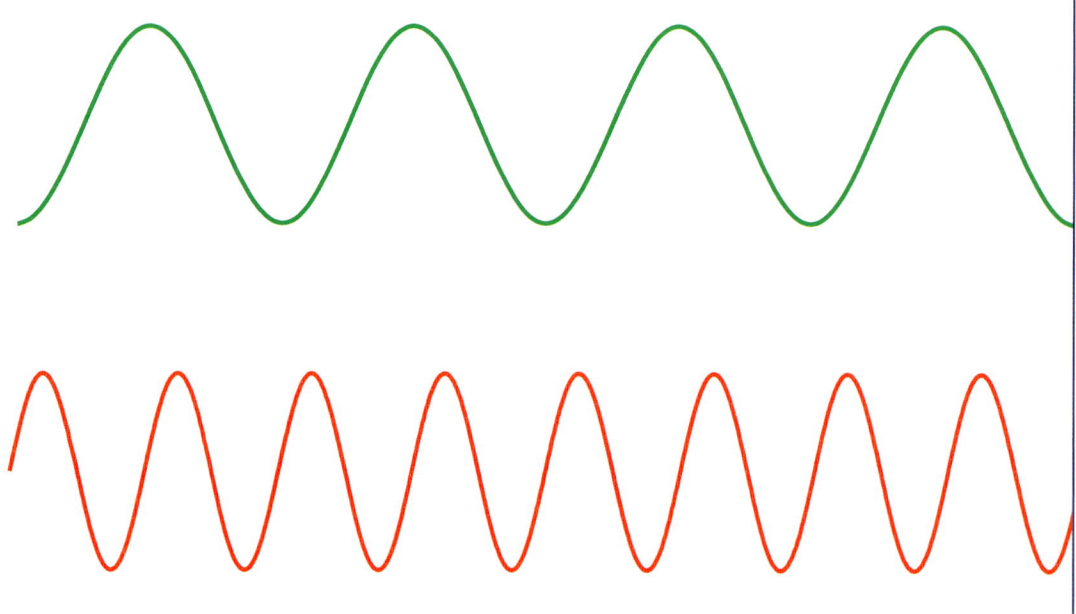

die an diesem Ort stattfindet, können Sie an den Schnittpunkten der roten und grünen Wellenlinie mit dem Lineal ablesen. Wenn Sie das Buch vorbeiziehen, wandert der Schnittpunkt mehrmals auf und ab, Wellenberg, Wellental und so weiter.

Die Wellenlänge der roten Wellenlinie ist erheblich kleiner als die der grünen. Wenn Sie die Schwingungsdauern beim Vorbeilaufen des Buches am Lineal vergleichen, werden Sie feststellen, dass die Schwingungsfrequenz für die rote Wellenlinie deutlich höher ist als für die grüne – in jedem Zeitabschnitt wandern mehr rote als grüne Wellenberge unter dem Lineal hindurch, läuft der Schnittpunkt mit der roten Wellenlinie häufiger auf und nieder. Andererseits hängt die Schwingungsfrequenz natürlich davon ab, wie schnell Sie das Buch vorbeiziehen – je schneller Sie ziehen, umso schneller tanzen der rote und der grüne Schnittpunkt auf und ab, und umso höher sind die betreffenden Schwingungsfrequenzen. Tatsächlich ist die Formel so einfach, wie das Experiment mit Buch und Lineal nahe legt: Es gilt

$$\text{Frequenz} = \frac{\text{Ausbreitungsgeschwindigkeit}}{\text{Wellenlänge}}$$

Je größer die Wellenlänge, umso niedriger die Frequenz; je größer die Geschwindigkeit, umso höher die Frequenz. Für elektromagnetische Wellen im Vakuum ist die Ausbreitungsgeschwindigkeit konstant, nämlich gleich der Lichtgeschwindigkeit. Man kann sich folglich aussuchen, ob man Frequenz oder Wellenlänge verwenden will, um eine elektromagnetische Welle zu charakterisieren; ist eine der beiden Größen angegeben, liegt die jeweils andere automatisch fest.

Die verschiedenen Arten elektromagnetischer Strahlung, für die die Physik eigene Namen kennt, unterscheiden sich gerade durch ihre Frequenz beziehungsweise Wellenlänge: Elektromagnetische Wellen, die weniger als einige hundert Millionen Mal pro Sekunde schwingen, mit entsprechenden Wellenlängen von mehr als einem Meter, sind Radiowellen. Bei höheren Frequenzen (entsprechend kleineren Wellenlängen) schließen sich die Mikro-

wellen an, und ab etwa einer Billion Schwingungen pro Sekunde (einem Millimeter Wellenlänge) folgt der Infrarotbereich. Von dort bringt uns die Reise durch immer höhere Frequenzen in den Bereich jener Wellen, die wir mit dem bloßen Auge wahrnehmen können, das sichtbare Spektrum, das ich hier skizziert habe:

Die niedrigen Frequenzen beginnen links im roten Bereich, entsprechend Wellenlängen von 800 Milliardstel Metern, in der Sprache der Physiker 800 Nanometern, und so erscheinen alle weiteren Farben des Regenbogens bis zum rechten Rand mit Wellenlängen von nur noch 400 Nanometern. Die entsprechenden Frequenzen liegen im Bereich von einigen hundert Billionen Schwingungen pro Sekunde, einigen hundert Billionen Hertz. Weiter zu höheren Frequenzen folgen das teintfördernde UV-Licht und von rund einer Trillion Hertz an, entsprechend Wellenlängen von einigen hundert Billionstel Metern, Röntgen- und Gammastrahlung.

Die Wellenlänge legt fest, wie dicht die Wellenberge aneinander gereiht sind. Zur vollständigen Beschreibung der Welle gehört zusätzlich die Angabe, wie hoch ihre Wellenberge (und wie tief ihre Wellentäler) sind, wie stark beispielsweise bei der elektromagnetischen Welle die Maxima von elektrischem und magnetischem Feld vom Nullwert abweichen. Diese Angabe heißt *Amplitude* der Welle. Das Quadrat dieser Amplitude gibt übrigens an, welche Energie das elektromagnetische Wellenmuster transportiert. Wenn man berechnen will, wie viel sich ein Körper durch Absorption von Infrarotstrahlung oder im Mikrowellenherd erwärmt oder wie viel elektrische Energie in einer sonnenbestrahlten Solarzelle erzeugt wird, ist dabei immer das Quadrat der Amplitude im Spiel.

Die Welle in der Abbildung auf Seite 168 ist ein einfacher Sonderfall, bei dem Frequenz und Amplitude konstant sind. Bei komplizierteren Wellen können sich beide Größen mit der Zeit und von Ort zu Ort ändern. Bei einer elektromagnetischen Kugelwelle etwa, die von einer Quelle aus in alle Raumrichtungen läuft, wird die Amplitude mit der Entfernung von der Quelle immer mehr abnehmen, entsprechend dem Umstand, dass sich die von der Welle transportierte Energie auf einen immer größeren Raumbereich verteilt. Wenn zum Beispiel durch Funk Informationen übertragen werden, geschieht dies ebenfalls durch kleine Veränderungen von Frequenz oder Amplitude, die einer einfachen elektromagnetischen Welle aufgeprägt werden.

Mit Amplitude und Wellenlänge (oder Frequenz) sind bereits wichtige Welleneigenschaften beschrieben, aber selbst für die einfache Welle auf Seite 168 gilt: Zu einer vollständigen Beschreibung werden zusätzliche Angaben benötigt. Die Feldvektoren zeigen dort schließlich in bestimmte Richtungen, im Bild: nach oben oder unten (elektrisches Feld) oder nach rechts hinten beziehungsweise links vorn (magnetisches Feld). Dass die elektrischen und magnetischen Feldvektoren an jedem Fußpunkt senkrecht aufeinander stehen, ist, wie schon erwähnt, eine notwendige Eigenschaft elektromagnetischer Wellen. Dass das elektrische Feld ausgerechnet in die Oben-unten-Richtung zeigt, ist dagegen nur eine von vielen Möglichkeiten. Seine Vektoren könnten ebenso gut schräg nach linksoben-rechtsunten zeigen oder direkt waagerecht oder in irgendeine der Richtungen dazwischen. Und das schöpft nur einen Teil der Möglichkeiten aus – es gibt etwas andere einfache elektromagnetische Wellen, bei denen die elektrischen Feldvektoren wie die Stufen einer Wendeltreppe gegeneinander verdreht sind. Elektrische und magnetische Feldvektoren liegen dann nicht, wie in unserer Abbildung, in starren Ebenen, sondern jedes Feld liegt auf einer Art verdrehter Spiralfläche. Zu Amplitude und Frequenz muss daher bei Vektorwellen noch eine Information über die Orientierung im Raum treten, über die so genannte *Polarisation* der Welle. In unserer Abbildung mit ihren konstanten Richtungen für jedes der Felder handelt es sich um eine *linear polarisierte Welle*. Hier legt die Angabe der Raumrichtung der elektrischen Feldvektoren die Polarisation vollständig fest. Das wendeltreppenartig verdrehte Beispiel wäre eine *elliptisch polarisierte Welle*.

VON MAXWELL ZU EINSTEIN

Vielleicht sind Ihnen im vorangehenden Abschnitt bereits formale Gemeinsamkeiten zwischen Maxwellscher Elektrodynamik und allgemeiner Relativitätstheorie aufgefallen. Beide Theorien verknüpfen Materieeigenschaften mit einer Art von Feld, das heißt, mit etwas, das überall im Raum definiert ist. In der Maxwellschen Theorie folgt aus den elektrischen Ladungen und ihrer Bewegung, welche Magnet- und elektrischen Felder den Raum erfüllen. Bei Einstein beeinflusst die anwesende Materie »geometrische Felder«, nämlich diejenigen Größen, die die Geometrie der Raumzeit bestimmen. Die elektrische Ladung entspricht dabei all jenen Materieeigenschaften, die zur Raumzeitverzerrung beitragen, also Masse, Energie, Impuls und so weiter. Verkürzt können wir sagen: Masse ist Gravitationsladung. In beiden Theorien gibt es eine Art Kraftgesetz, das die Rückwirkung der betreffenden Felder auf die Materie beschreibt – bei Maxwell durch die Angabe, wie elektrische und magnetische Felder auf Ladungen einwirken, bei Einstein beispielsweise durch die Aussage, dass sich frei fallende Teilchen auf Geodäten bewegen. In beiden Theorien ergibt sich ein Wechselspiel von Feldern und Materie, hier die Ladungen, die Felder erzeugen und deren Bewegung durch Felder bestimmt wird, dort die Materie, die die Raumzeit verzerrt und sich nach den Maßgaben eben dieser verzerrten Raumzeit weiterbewegt.

In einer Situation, in der nur vergleichsweise schwache Gravitationseinflüsse eine Rolle spielen, entsprechend einer verhältnismäßig geringen Abweichung von der Geometrie der flachen Raumzeit, geht die Analogie sogar noch wesentlich weiter. Dort lässt sich eine vereinfachte Version der allgemeinen Relativitätstheorie verwenden, die *linearisierte Gravitation* heißt und in der die Einstein-Gleichungen tatsächlich in eine Variante der Maxwell-Gleichungen übergehen. Für die Raumzeit rund um eine Punktmasse ergibt die linearisierte Gravitation beispielsweise Zeitverzerrungen, die genau dem Newtonschen Gravitationsfeld entsprechen, und ich habe schon erwähnt, dass dieses Feld genauso mit der Entfernung schwächer wird wie das elektrische Kraftfeld. Doch die Analogie geht über Newton hinaus: Der am Ende von Kapitel 6 kurz erwähnte Effekt, dass das Gravitationsfeld eines rotierenden Körpers die umgebende Raumzeit, sich darin bewegende Teilchen und insbesondere Kreisel beeinflusst, verhält sich zum Newtonschen Gravitationsfeld genauso wie ein Magnetfeld, das bewegte Teilchen ablenkt, zum elektrischen Feld einer geladenen Kugel.

Neben den Gemeinsamkeiten von Gravitation und Elektromagnetismus gibt es allerdings auch deutliche Unterschiede. Es gibt beispielsweise zwei Arten von elektrischer Ladung, die je nach Konfiguration zu Anziehung und Abstoßung führen können. Die Gravitation kennt nur eine Art von Ladung, und alle Materie zieht sich gegenseitig an. Das führt dazu, dass sich die Gravitation nicht so abschirmen lässt, wie es beim Elektromagnetismus gang und gäbe ist. Gemessen am Elektromagnetismus ist die Gravitationsanziehung etwa zwischen einem Atomkern und einem Elektron extrem schwach. Dass in der Welt der uns umgebenden Atomkerne und Elektronen trotzdem auf großen Skalen die Gravitation dominiert, liegt daran, wie sich Ladungen kompensieren: In einem herkömmlichen Atom ist die positive Ladung des Atomkerns genauso groß wie die negative Ladung der Hüllenelektronen, und nach außen hin unterscheidet sich das Gesamtatom daher nicht sehr von einem elektrisch neutralen Teilchen. Wenn sich Atomkerne und Elektronen zu einem Körper wie unserem Planeten zusammenfinden, sind die elektrischen und magnetischen Kräfte zwischen seinen Bestandteilen daher sehr klein. Zur Gravitationsladung gibt es keine solche Abschirmung, keine Aufhebung durch elementare Gegenladungen, und die Gravitationskräfte der Atome summieren sich zur beträchtlichen Gravitation des Erdballs.

Ähnlichkeiten, Unterschiede – und dann ist da noch eine Gemeinsamkeit, die die Kapitelüberschrift längst angekündigt hat und ohne die dieses Buch sich in eine ganz andere Richtung entwickeln müsste: In der Maxwellschen Theorie gibt es Wellenphänomene – die gegenseitige Anregung von elektrischem und Magnetfeld, dank deren sich elektromagnetische Wellen durch den Raum ausbreiten. Auch in der Einsteinschen Theorie gibt es Störungen der Geometrie, deren periodische Verzerrungen durch den Raum laufen wie Zittern durch einen Wackelpudding. Das sind die *Gravitationswellen*, Störungen, bei denen der Raum selbst Wellen schlägt.

DAS EINSTEIN-MANDALA

Der einfachste Rahmen, in dem sich Gravitationswellen beschreiben lassen, ist das erwähnte vereinfachte Modell der linearisierten Gravitation. Auf dieser Grundlage hat Einstein selbst die wichtigsten Eigenschaften solcher Wellen abgeleitet und 1916 in einem Artikel veröffentlicht. Der Durchgang einer Gravitationswelle bewirkt, dass das metrische Feld selbst, dass einige jener metrischen Koeffizienten, die die lokalen Abstandsverhältnisse beschreiben, zu schwingen beginnen. Wie machen sich solche Schwingungen bemerkbar? Wir begeben uns einmal mehr in unsere weit von allen Gravitationsquellen entfernte Raumstation. In ein paar Tagen, so haben wir aus der Beobachtung ferner Sterne erschlossen, wird dort eine sehr einfache Gravitationswelle vorbeilaufen. Wir wissen auch bereits, aus welcher Richtung sie eintreffen wird, nämlich von dort, wo sich momentan unsere Raumstation befindet. Dementsprechend haben wir auf dem Boden unseres notorisch chaotischen Laboratoriumstraktes einen Bereich freigeräumt, und dort sind jetzt eifrig unsere neuesten Mitarbeiter am Werk – tibetanische Mönche, die aus farbigem Sand ein einfaches kreisförmiges Mandala erschaffen. Das Muster, das die Mönche dort – fast Sandkorn für Sandkorn! – zusammensetzen, unterscheidet sich allerdings deutlich von den Symbolen herkömmlicher Sandmandalas. Was dort entsteht, ist ein eher abendländisches Motiv, Variation einer berühmten Zeichnung Leonardo da Vincis:

endlos scheinende halbe Stunde, und zu unserem Verdruss versucht der Chefingenieur, die Langeweile durch technische Anekdoten aufzulockern: Er erzählt von der komplizierten Elektronik, die dafür sorgt, dass der Bildschirm vor uns tatsächlich so etwas wie eine abstandstreue Momentaufnahme des Mandalas zeigt, und davon, dass er neulich, als er nicht schlafen konnte, einfach mal den Massenschwerpunkt der Raumstation ausgerechnet hat – der befände sich gerade dort, wo die Mönche das Mandala angelegt hätten. Was für ein drolliger Zufall!

Alle sind froh, als endlich der große Moment herangerückt ist: Die Gravitationswelle hat uns erreicht. Unser Blick ist direkt auf das Mandala gerichtet; die Gravitationswelle kommt uns beziehungsweise der Kamera direkt entgegen. Die folgenden Abbildungen geben die Abstandsverhältnisse zwischen den frei schwebenden Teilchen, aus denen das Mandala besteht, maßstabsgerecht wieder. Nach einer Sekunde ist das Mandala bereits ein wenig verzerrt:

Schon auf der Erde ist die Vergänglichkeit des Sandmandalas ein mächtiges Symbol – der kleinste Windhauch kann die verästelten Muster zerstören. Hier in der Raumstation ist das Mandala noch weit empfindlicher. Auf der Erde wirkte immerhin die Schwerkraft und hielt die Sandteilchen am Boden. Die Sandteilchen des Einstein-Mandalas dagegen schweben im Raum, ebenso wie alle anderen unbefestigten Objekte in unserer Raumstation. Unsere Mönche müssen daher beim Erschaffen des Mandalas einiges dazulernen – sorgt man nicht dafür, dass ein Sandkorn exakt in Ruhe ist, nachdem man es an seinen Zielort im Mandala bugsiert hat, so driftet es schwerelos einfach immer weiter, dem ersten Grundgesetz der Mechanik folgend. Unser Mandala ist damit höchst störungsanfällig, eine Wolke frei fliegender, unzusammenhängender Teilchen, und der geringste Lufthauch kann es zunichte machen.[1] Längst schon sind alle außer den Mönchen aus dem Labor verbannt und verfolgen den langsamen, behutsamen Tanz, mit dem die Mönche letzte Hand an das Kunstwerk legen, nur noch per Videoübertragung. Dann ist das Mandala fertig, auch die Mönche ziehen sich nun zurück, die Labortür wird sanft verschlossen, und das Warten auf die Gravitationswelle beginnt. Aller Augen fixieren die Ansammlung frei fliegender Sandkörnchen auf dem Bildschirm, welche die Proportionen eines idealisierten Einstein nachbilden. Eine schier

Wie Sie sehen, sehen Sie nichts. Das liegt daran, dass die Verzerrungen winzig klein sind – die Abstände zwischen den Teilchen verändern sich höchstens um Bruchteile von wenigen Milliardstel Milliardsteln. Selbst Teilchen, die tausend Kilometer voneinander entfernt sind – entsprechend dem Abstand zwischen Garmisch-Partenkirchen und Flensburg –, rücken bei einer typischen Gravitationswelle nicht um mehr als einen Atomkerndurchmesser

1 Die Gravitationsanziehung der Sandteilchen untereinander will ich dabei der Einfachheit halber vernachlässigen.

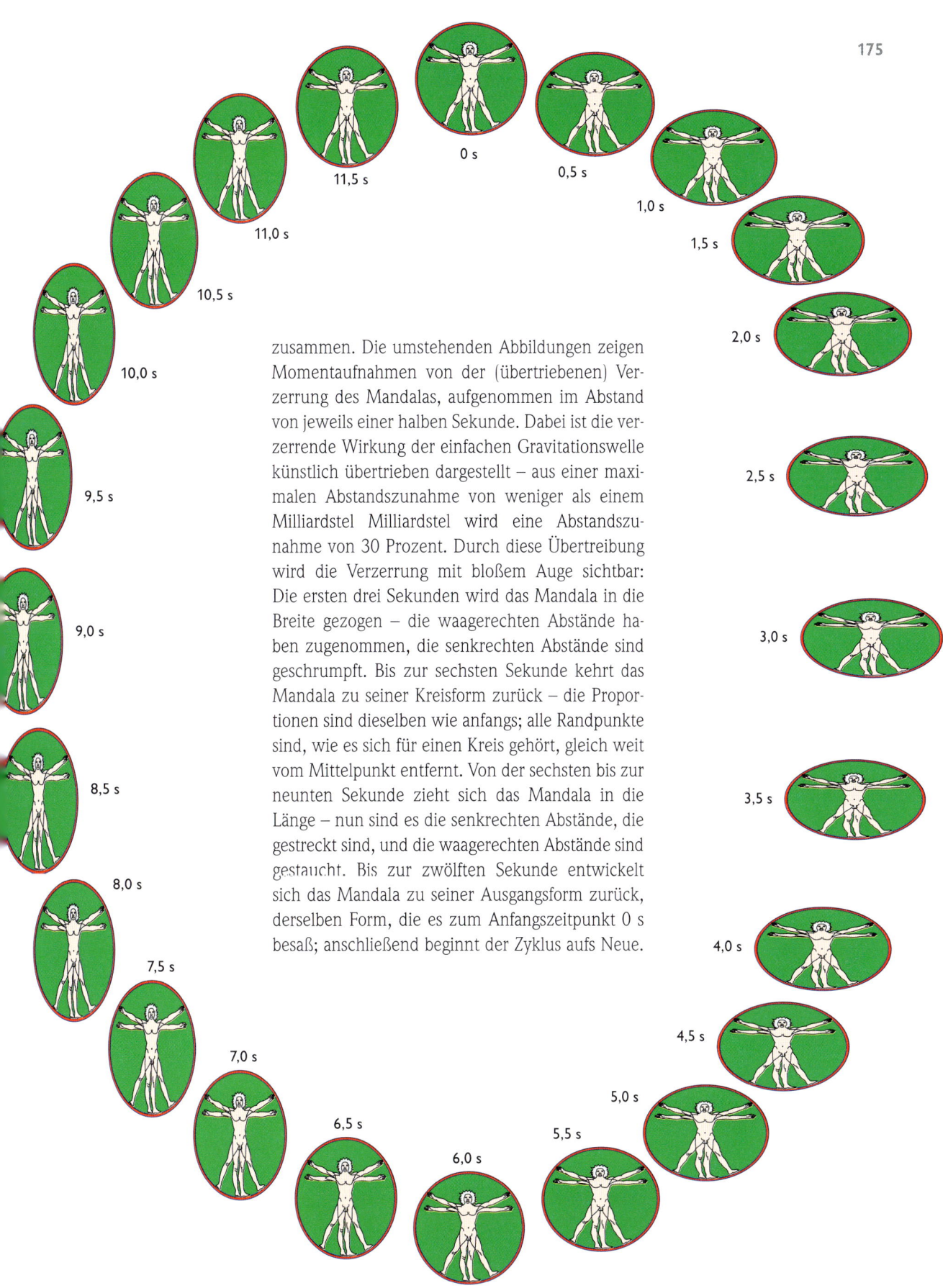

0 s

0,5 s

1,0 s

1,5 s

2,0 s

2,5 s

3,0 s

3,5 s

4,0 s

4,5 s

5,0 s

5,5 s

6,0 s

6,5 s

7,0 s

7,5 s

8,0 s

8,5 s

9,0 s

9,5 s

10,0 s

10,5 s

11,0 s

11,5 s

zusammen. Die umstehenden Abbildungen zeigen Momentaufnahmen von der (übertriebenen) Verzerrung des Mandalas, aufgenommen im Abstand von jeweils einer halben Sekunde. Dabei ist die verzerrende Wirkung der einfachen Gravitationswelle künstlich übertrieben dargestellt – aus einer maximalen Abstandszunahme von weniger als einem Milliardstel Milliardstel wird eine Abstandszunahme von 30 Prozent. Durch diese Übertreibung wird die Verzerrung mit bloßem Auge sichtbar: Die ersten drei Sekunden wird das Mandala in die Breite gezogen – die waagerechten Abstände haben zugenommen, die senkrechten Abstände sind geschrumpft. Bis zur sechsten Sekunde kehrt das Mandala zu seiner Kreisform zurück – die Proportionen sind dieselben wie anfangs; alle Randpunkte sind, wie es sich für einen Kreis gehört, gleich weit vom Mittelpunkt entfernt. Von der sechsten bis zur neunten Sekunde zieht sich das Mandala in die Länge – nun sind es die senkrechten Abstände, die gestreckt sind, und die waagerechten Abstände sind gestaucht. Bis zur zwölften Sekunde entwickelt sich das Mandala zu seiner Ausgangsform zurück, derselben Form, die es zum Anfangszeitpunkt 0 s besaß; anschließend beginnt der Zyklus aufs Neue.

Der Durchgang der Gravitationswelle, die unsere Raumstation durcheilt, bewirkt eine periodische Verzerrung mit einer Periode von zwölf Sekunden. Anders ausgedrückt: Die Gravitationswelle hat eine Frequenz von 1/12 Hertz.

Die Abstände senkrecht zur Abbildungsebene ändern sich beim Durchgang der Gravitationswelle überhaupt nicht – ein Sandteilchen, das einen Millimeter über der Mandalaebene schwebte, tut dies auch während des ganzen Wellenzyklus. Auch die Zeit bleibt unbeeinflusst – hätten wir einige der Mandalasandkörner durch Uhren ersetzt, dann würden diese auf den Momentaufnahmen, die unsere Kamera liefert, jeweils alle dieselbe Zeit anzeigen. Allein die räumlichen Abstände senkrecht zur Ausbreitungsrichtung der Gravitationswelle sind von der Verzerrung betroffen.

In einer Hinsicht muss man bei den Abbildungen auf der vorangegangenen Seite allerdings vorsichtig sein. Man könnte nämlich auf den Gedanken kommen, es sei dargestellt, wie alle Sandteilchen ihre Abstände zum zentralen Bauchnabel-Sandteilchen im Zentrum des Mandalas ändern, und dieses Sandteilchen sei daher etwas ganz Besonderes. Das wäre allerdings ein Fehlschluss: Vor der Gravitationswelle sind alle Sandteilchen gleichberechtigt, und jeder Beobachter, der sich auf ein Sandkorn setzt, würde für die Sandkörner in seiner Nachbarschaft dasselbe Muster von Streckung und Stauchung von Abständen wahrnehmen. Die Gravitationswelle bewirkt nicht, dass sich die Teilchen in Bezug auf einen bestimmten Raumpunkt hin- oder herbewegen – sie verändern direkt die *relativen* Abstände zwischen all den frei schwebenden Teilchen. Charakteristisch für eine solche Verzerrung, bei der alle Teilchen gleichberechtigt sind, ist, dass sich beispielsweise die Abstände in waagerechter und senkrechter Richtung jeweils um einen *Faktor* verzerren. Das bedeutet: Je weiter zwei Sandteilchen bereits voneinander entfernt sind, umso größer die Änderung ihres Abstandes. Ein fiktives Zahlenbeispiel zur Verdeutlichung: Angenommen, zwei Sandteilchen schwebten in zwei Millimeter Entfernung voneinander. Vergrößert sich ihr Abstand um den Faktor 1,5 (eine »Abstandszunahme um 50 Pro-

zent«), dann führt das zu einem neuen Abstand von drei Millimetern – der Abstand hat sich um einen Millimeter vergrößert. Bei zwei anderen Teilchen, die zwei *Zenti*meter voneinander entfernt schweben, bewirkt derselbe Faktor, dass der Abstand von zwei auf drei Zentimeter wächst – der Abstand hat sich um einen Zentimeter vergrößert, also um eine zehnmal längere Strecke als im ersten Fall. Je größer eine Strecke bereits ist, umso größer die Abstandsdifferenz. Wir werden einer solchen Abstandsänderung um einen Faktor, bei der keines der frei schwebenden Teilchen vor den anderen ausgezeichnet ist, im Kapitel 10 noch einmal begegnen, wenn es um die Expansion des Universums geht.

Ein anderer wichtiger Aspekt ist, dass sich der Flächeninhalt des Mandalas beim Durchgang der Gravitationswelle nicht geändert hat. Das ist eine allgemeine Eigenschaft einfacher Gravitationswellen und folgt direkt aus einer Eigenschaft von Einsteins Gravitationstheorie, die ich im vorigen Kapitel auf den Seiten 108 und 142f. erwähnt habe: Die Gravitation verändert das Volumen im Innern einer aus frei fallenden Teilchen gebildeten Testoberfläche nur dann, wenn diese Oberfläche eine Gravitationsquelle einschließt.

An dieser Stelle wäre es günstig, wenn Sie das Einstein-Mandala von Seite 175 im Geiste mit dem Bild der elektromagnetischen Welle von Seite 168 in Verbindung bringen könnten. Im Falle des Einstein-Mandalas auf seiner Buchseite zeigt die Ausbreitungsrichtung der Welle aus dem Buch heraus direkt auf Sie zu. Wie ihre elektromagnetischen Vettern sind Gravitationswellen *transversal*: Alle Wellenwirkungen – bei den Gravitationswellen: die Verzerrungen – finden in einer Ebene senkrecht zur Ausbreitungsrichtung statt. Ein Beispiel für eine solche Ebene ist gerade die Buchseite, auf die das Einstein-Mandala gedruckt ist, und während sich die Wellenberge und -täler durch die Buchseite hindurch auf Sie zubewegen, kommt es am Ort des Einstein-Mandalas zu Verzerrungen – den größten Dehnungen in die waagerechte und den größten Stauchungen in die senkrechte Richtung beispielsweise, wenn gerade ein Wellenberg die Seite passiert, den größten Stauchungen in die waagerechte und Dehnungen in die senkrechte Richtung, wenn es ein Wellental ist. Wenn die Welle am Ort der Buchseite einen Nulldurchgang genau zwischen Berg und Tal hat, ist das Mandala in diesem Moment gar nicht verzerrt. Während die Gravitationswelle auf Sie zuläuft, läuft mit schöner Regelmäßigkeit Berg auf Tal auf Berg auf Tal durch die Buchseite, entsprechend der sich wiederholenden Verzerrung, die in den Schnappschüssen auf Seite 175 dargestellt ist. Die Frequenz der Gravitationswelle beschreibt, wie schnell sich das Verzerrungsmuster wiederholt – im abgebildeten Fall geschieht das alle zwölf Sekunden, entsprechend einer Frequenz von 1/12 Hertz. Die Amplitude ist das Maß für die maximale Verzerrung, die die Welle hervorruft – im Beispiel werden horizontale und vertikale Abstände höchstens um dreißig Prozent verkürzt oder verlängert, entsprechend einer Amplitude von 30/100 = 0,3. Die Polarisation ist die Orientierung der Verzerrungen in der Ebene – im Beispiel die Aussage, dass die Dehnungen und Stauchungen auf der Buchseite abwechselnd in Links-rechts- und in Oben-unten-Richtung stattfinden. Berge, Täler, Frequenz, Amplitude, Polarisation – damit ist die einfache Gravitationswelle des Einstein-Mandalas vollständig in die Begriffswelt der Wellenphänomene eingeordnet, die ich anhand der elektromagnetischen Wellen eingeführt hatte.

VOM MANDALA ZUM FESTKÖRPER

Bislang habe ich nur den Einfluss der Gravitationswelle auf eine Schar frei schwebender Teilchen beschrieben. Was ist mit dem Raumschiff selbst, mit der Kamera, mit uns? Ändern sich auch dort die Abstände der Atome relativ zueinander, so dass sich alles im Takt zusammenzieht und streckt? Der Unterschied zur vorigen Situation besteht darin, dass die Teilchen, die man hier betrachtet, nicht mehr frei schweben, sondern dass Kräfte zwischen ihnen wirken, beispielsweise die elektromagnetischen Kräfte, die Atome zusammenhalten. Um eine solche Situation zu verstehen, ist ein etwas anderer

Blickwinkel günstig, und zwar, dass wir uns noch einmal in einen Beobachter in einer frei fallenden Fahrstuhlkabine versetzen, der das Mandala beobachtet. Wie in Kapitel 5 besprochen, bemerkt ein solcher Beobachter sehr wenig von den Gravitationskräften – er sieht um sich herum die schwerelose Raumzeit der speziellen Relativitätstheorie; die Gravitation macht sich darin allenfalls in Form von Gezeitenkräften bemerkbar, des dort ebenfalls erwähnten »Restes an Gravitation« und auch Gravitationswellen nimmt unser Beobachter als winzige, periodisch veränderliche Gezeitenkräfte wahr. In einer Phase etwa, in der die Gravitationswelle ein Mandala aus frei fallenden Teilchen in senkrechter Richtung zusammenzieht und in waagerechter Richtung streckt,

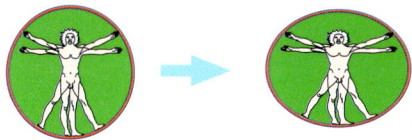

führt unser Beobachter die Abstandsänderungen auf Gezeitenkräfte zurück, die auf die äußeren Sandteilchen des Mandalas wirken und bemüht sind, sie etwas zu verschieben, und zwar je nach Lage des Teilchens in unterschiedliche Richtungen, die im folgenden Diagramm dargestellt sind:

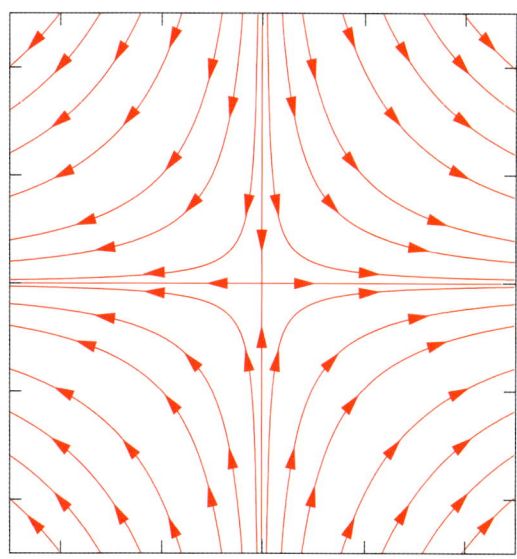

In diesem Kräftebild kann man sehen, wie die Verformung aus der Sicht des Zentrumsteilchens zustande kommt: Die Teilchen direkt links und rechts von ihm werden nach außen gezogen, die Teilchen direkt oben und unten von ihm nach innen, die Teilchen im Quadranten rechts oben werden entlang der gebogenen Linie nach unten rechts gezogen und so weiter, und insgesamt entsteht die senkrecht gestauchte, waagerecht gestreckte Ellipse. Die Stärke der Kräfte ändert sich mit der Zeit, und nach Erreichen der maximal in die Breite gezogenen Verformung kehrt sich der Prozess um. Die Kräfte wirken nun, verglichen mit vorher, exakt in die umgekehrten Richtungen, den Pfeilrichtungen in obiger Abbildung entgegen. Diesen Kräften folgend, zieht sich die Ellipse wieder zu einem Kreis zusammen und dann weiter zu einer liegende Ellipse. Anschließend kehrt sich das Kraftbild noch einmal um, die liegende Ellipse bekommt ihre Kreisform wieder, und der ganze Verformungsprozess beginnt von Neuem.

Mit Hilfe der Gezeitenkräfte kann unser Beobachter auch verstehen, was mit Teilchen in einem Festkörper geschieht, die durch elektromagnetische Kräfte aneinander gebunden sind. Es entbrennt eine Art Tauziehen zwischen den Bindungskräften und den Gezeitenkräften der Gravitationswellen, und wer gewinnt, hängt von der Situation ab. Ich habe in Kapitel 5 erwähnt, dass Gezeitenkräfte umso stärker sind, je größer die Entfernung der Teilchen ist, die wir betrachten. Bei den Gravitationswellen kommt hinzu, dass ihre Gezeitenkräfte umso stärker sind, je höher die Frequenz der Welle ist. Daraus ergibt sich: Betrachtet man vergleichsweise kleine Festkörper und sehr langsam schwingende Wellen, dann behalten Festkörper ihre Ausmaße auch bei Durchgang einer Gravitationswelle stabil bei, ohne dass sich etwa ihre Länge messbar ändern würde. Das gilt beispielsweise für das Labor im Innern der Raumstation, die Kamera und die Beobachter im Mandala-Beispiel, das ich tatsächlich guten Gewissens so beschreiben kann, als verschöben sich nur die Mandalateilchen, ohne dass die Beobachter, das Labor oder die Kamera gleichermaßen beeinflusst würden. Für sehr hochfrequen-

te Wellen kann es dagegen sein, dass die Endpunkte eines recht ausgedehnten Festkörpers ihren Abstand in derselben Weise ändern wie frei fallende Teilchen – gerade so, als würden die Bindungskräfte nicht existieren. Die Antwort auf die Frage, wie Gravitationswellen Festkörper beeinflussen, muss daher lauten: Es kommt darauf an.

Aus diesen Überlegungen lässt sich eine ganz entscheidende Eigenschaft der Gravitationswellen herleiten. Angenommen, ich lasse meine Testteilchen nicht im Vakuum schweben, sondern betrachte kleine Perlen, die auf einen kurzen Stab gefädelt sind; die Gesamtanordnung schwebt im Weltraum:

Der Stab ist klein genug und wird durch die Atombindungen fest genug zusammengehalten, dass er seine Länge beim Durchgang der Gravitationswelle des Mandala-Beispiels so gut wie nicht verändert. Die Perlen dagegen sind relativ zum Stab fast frei verschiebbar und reagieren auf die Gezeitenkräfte der Gravitationswelle fast so wie frei schwebende Teilchen – sie rücken etwas näher aneinander oder etwas weiter auseinander und verschieben sich dabei gegenüber dem Stab. Dabei kommt es zu kleinen Reibungseffekten, die Stab und Perlen ein wenig erwärmen, und wenn die Gravitationswelle vorbeigelaufen ist, dann hat sich die Temperatur des Systems »Stab plus Perlen« ein wenig erhöht. Zusätzliche Wärmeenergie kann nicht aus dem Nichts entstehen, sondern diese Menge an Energie muss von der Gravitationswelle herbeitransportiert und an Stab und Perlen abgegeben worden sein, und das Gedankenexperiment zeigt: Gravitationswellen sind eine Form von *Strahlung*, das heißt ein Wanderphänomen, das Energie durch den Raum transportiert!

WELLENBAUKASTEN

Bislang habe ich nur einfache Wellen betrachtet, deren Eigenschaften auf Sinusfunktionen basieren. Einige Leser werden sich dieser Funktionen aus

Schultagen erinnern. Ihr Verlauf sei hier noch einmal vor Augen geführt:

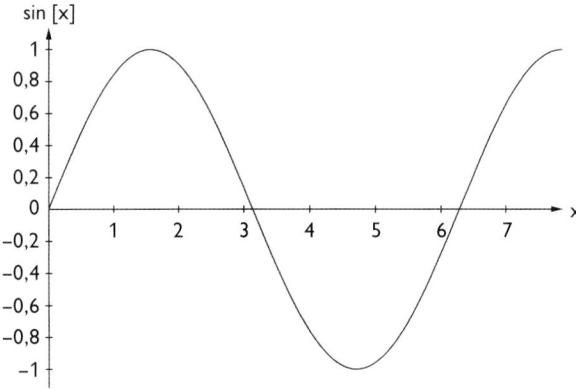

In Abhängigkeit von der Variablen x, deren Werte auf der waagerechten Achse aufgetragen sind, wächst der Wert der Sinusfunktion $\sin(x)$ von null auf eins, um dann wieder auf null zu fallen, anschließend den Funktionswert minus eins zu erreichen und wieder zu null zurückzukehren. Nach links und rechts setzt sich dieses Berg-und-Tal-Muster unendlich weit fort, in ewiger Wiederholung. Wenn in diesem Buch von »einfachen« Wellen die Rede ist, sind immer Wellen gemeint, die auf dieser Sinusstruktur basieren, Wellen mit einer festen Frequenz und konstanter Amplitude. Beispiele haben Sie auf den Seiten 168 und 170 bereits gesehen, und auch die Gravitationswelle, deren Durchgang das Mandala so, wie auf Seite 175 dargestellt, verzerrt, ist eine einfache Sinuswelle.

Aber was ist mit komplizierteren Wellen? Wellen, die ihre Gestalt mit der Zeit verändern, anstatt nur streng periodisch Wellenberg auf Wellental auf gleich hohen Wellenberg und gleich tiefes Wellental folgen zu lassen. Auch solche Wellen gibt es, sowohl in der Elektrodynamik als auch in Einsteins allgemeiner Relativitätstheorie. Zumindest in der linearisierten Version von Einsteins Theorie lassen sie sich ebenso wie in der Elektrodynamik mit Hilfe eines übersichtlichen Baukastens beschreiben: Jede Wellenform, wie kompliziert auch immer sie sein mag, lässt sich als Summe von einfachen Sinuswellen auffassen, wie wir sie oben betrachtet haben. In Bezug auf Gravitationswellen der linearisierten Ein-

stein-Theorie heißt das: Jede Gravitationswelle ist dadurch definiert, dass sie die Abstandsverhältnisse im Raum zu jedem Zeitpunkt in bestimmter Weise verzerrt, entsprechend bestimmten Faktoren, die angeben, um welchen Bereich die Abstände in x-Richtung oder in y-Richtung maximal verlängert oder verkürzt werden, wenn die Welle vorbeistreicht. Für diese Faktoren gilt: Zählt man sie bei zwei Wellen paarweise zusammen, bildet also etwa aus dem Faktor der ersten Welle, der festlegt, wie sich Abstände in x-Richtung verändern, und dem entsprechenden Faktor der zweiten Welle die Summe und interpretiert sie als neuen Faktor für die Verzerrung von x-Richtungsabständen, dann ist das Ergebnis ebenfalls eine zulässige Gravitationswelle.

Das mag sich zunächst nicht recht spektakulär anhören. Eine langweilige Sinuswelle, addiert zu einer zweiten Sinuswelle – kann dabei irgendetwas Interessantes herauskommen? Die Antwort geht zurück auf die 1822 erschienene *Théorie analytique de la chaleur* des Franzosen Jean-Baptiste Joseph Fourier. In der »Analytischen Theorie der Wärme« geht es zwar vor allem um Wärme, aber die Differentialgleichung, die beschreibt, wie Wärme übertragen wird, ist der Wellengleichung mathematisch-formal sehr ähnlich. Hier ist ein Schattenriss, der das Profil des Forschers zeigt:

Drehen wir dieses Profil einmal auf die Seite:

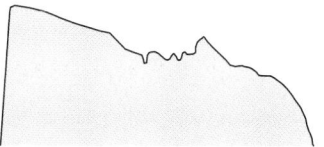

Die schwarze Linie, die die in Grau eingezeichnete Profilfläche nach oben hin begrenzt, entspricht einem recht komplizierten Kurvenverlauf. Und doch lässt sich diese Kurve als Summe ganz bestimmter Sinusfunktionen konstruieren. Einige Schritte dazu sind in der folgenden Abbildung skizziert:

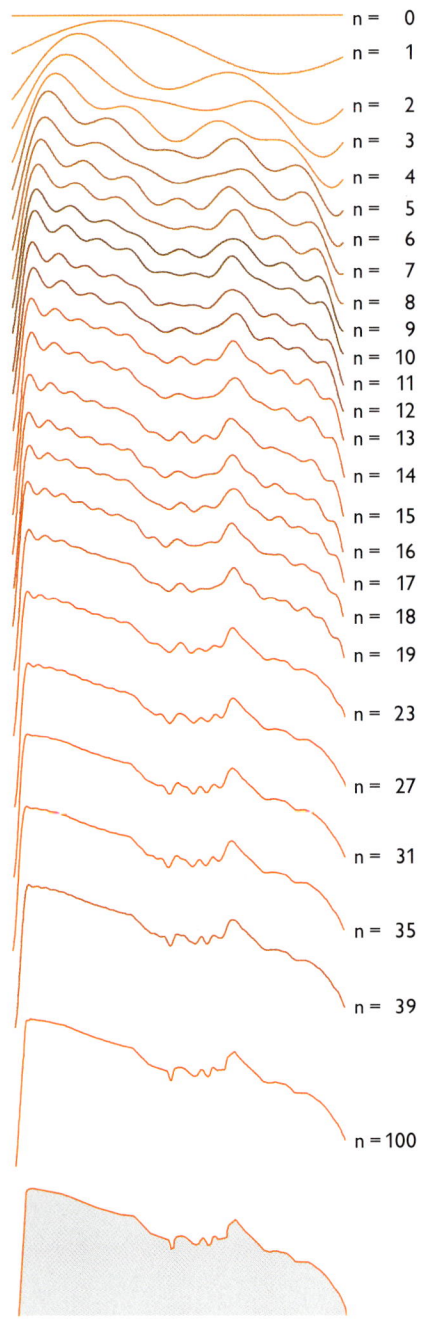

Die oberste Linie zeigt einen Geradenabschnitt. Darunter, auf der Linie $n=1$, ist zu dieser Geraden eine bestimmte Sinusfunktion addiert, deren Wellenstruktur exakt so lang ist wie der Geradenabschnitt, und bei $n=2$ ist eine bestimmte halb so lange Sinusfunktion addiert, deren Berg-und-Tal-Kombination zweimal auf den Abschnitt passt. Die Addition wird für jeden Punkt einzeln vorgenommen: Hat die erste Sinusfunktion an einem bestimmten Punkt den Wert 0,5 und die zweite den Wert 0,1, dann hat die Summe dort den Wert 0,6. Interessant sind hier allerdings nicht die exakten Funktionswerte, sondern lediglich der Funktionsverlauf, das Auf und Ab der Kurve. Ich habe mir daher die Freiheit genommen, die Kurven so nach oben und unten zu verschieben, dass ihr Verlauf möglichst gut sichtbar ist. Bei $n=3$ ist ein Sinus hinzugekommen, bei dem schon drei Wellenberge und -täler auf den gewählten Geradenabschnitt passen, bei $n=4$ sind es vier, und so weiter. Sie sehen, wie sich die Kurve durch die Addition immer weiterer Sinusschwingungen immer mehr dem Profil Fouriers annähert. Bei $n=100$ besteht kaum noch ein Unterschied zwischen der Sinussumme und dem Original.

Selbst ein so kompliziertes Profil inklusive markanter Nase lässt sich als Summe von Sinusschwingungen darstellen, und das hat System: Fourier hat den Physikern ein Baukastenprinzip gezeigt, wie sich aus einfachen Sinuskurven beliebige Kurven zusammensetzen lassen, seien es Profile, Pulse oder Stufen. Für nebenstehendes Beispiel legt dieses Baukastenprinzip fest, wie groß wir die Amplituden der einzelnen Wellenbeiträge wählen müssen und wo auf dem Geradenabschnitt ihre Maxima oder Minima liegen, damit am Ende tatsächlich das gewünschte Profil herauskommt.

Dasselbe Baukastenprinzip lässt sich auf lineare Phänomene wie elektromagnetische Wellen oder die einfachen Gravitationswellen übertragen, die wir betrachtet haben. Aus einfachen Wellen lassen sich komplizierte formen, und jedes komplizierte Muster lässt sich in einfache Wellen zerlegen. Was die elektromagnetischen Wellen angeht, so nutze ich täglich eine elektronische Variante des Zerlegungsprinzips: wenn das Radio auf dem Küchentisch aus der höllisch komplizierten Überlagerung elektromagnetischer Wellen diejenigen mit Frequenzen nahe 90,2 Millionen Hertz herausfiltert, die mir die morgendlichen Radionachrichten bescheren.

ERZEUGUNG VON GRAVITATIONSWELLEN?

Nach der Beschreibung dieser diversen Eigenschaften einfacher Gravitationswellen nun zur nächsten Frage, wieder direkt analog zu unserer Erkundung des Elektromagnetismus: Wie lassen sich Gravitationswellen erzeugen? Besteht die Hoffnung, Gravitationswellen künstlich herzustellen, oder kommen solche Erzeugungsprozesse in der Natur vor?

Auch hier kann die linearisierte Theorie weiterhelfen, und auch hier besteht eine Analogie zur Elektrodynamik. Dort entsteht elektromagnetische Strahlung überall, wo elektrische Ladungen beschleunigt werden. Die gute Nachricht: Ähnlich verhält es sich auch mit den Gravitationswellen – auch sie erweisen sich als sehr allgemeines Phänomen, das mit der Beschleunigung von Massen zusammenhängt, wenn der Zusammenhang auch im Einzelnen etwas anders ist als beim Elektromagnetismus. Die schlechte Nachricht: Für die beschleunigten Massen, die wir in unserer engeren kosmischen Umgebung kennen, sind die Gravitationswellen so schwach, dass keine Hoffnung besteht, sie direkt nachzuweisen.

Beginnen wir bei Prozessen, die gar keine Gravitationswellen erzeugen. Sind die Anordnung und die Bewegungen der Materie strikt kugelsymmetrisch, entstehen keinerlei Gravitationswellen – beim kugelsymmetrischen Kollaps eines Sterns etwa mögen noch so große Materiemengen beschleunigt verschoben werden, Gravitationsstrahlung resultiert daraus nicht. Dasselbe gilt für einige perfekt rotationssymmetrische Situationen, etwa für Kugeln oder Ellipsoide, die starr um ihre Symmetrieachse rotieren. Anders ist es bei dem folgenden grundlegenden Prozess, der an die Art und Weise erinnert, wie Elektronen in der Funkantenne beschleunigt auf

und ab rauschen und dabei Radiowellen erzeugen. Er lässt sich durch zwei mit einer Feder verbundene Kugeln modellieren, die sich in der Schwerelosigkeit befinden, von der Feder zusammengezogen werden, dadurch genügend Schwung gewinnen, um sich einander über die Ruhelage der Feder hinaus anzunähern, dann von der gestauchten Feder zurückgetrieben werden, daraus genügend Schwung gewinnen, um sich bis über die Ruhelage hinaus zu entfernen, und so weiter in stetiger periodischer Schwingung, entsprechend den folgenden Momentaufnahmen:

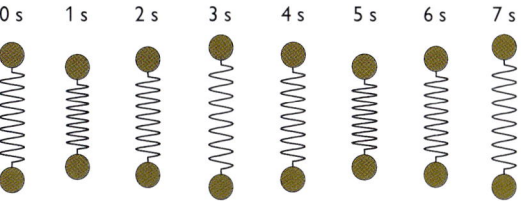

Nun werden wir in freier Natur keine mit Federn verbundenen Massenkugeln finden. Bestimmte Schwingungen, die die Gaskugel eines Sterns in Längsrichtung verzerren, können allerdings auf ähnliche Weise Gravitationswellen erzeugen wie die schwingenden Kugeln. Auch der unsymmetrische Kollaps eines Sterns führt zu einer ähnlichen Art von Abstrahlung – er entspricht in gewisser Weise jenem Abschnitt der Schwingung, in der die Kugeln sich aufeinander zubewegen, allerdings ohne dass die Schwingung anschließend weiterliefe.

Eine andere, recht einfache Situation, in der Gravitationswellen erzeugt werden, kommt im All sehr viel häufiger vor: zwei Körper, die einander umkreisen. Ich habe im vorigen Kapitel erwähnt, wie schwer es ist, exakte Lösungen der Einstein-Gleichungen zu finden. Ein schönes Beispiel: Noch niemandem ist es gelungen, im Rahmen der allgemeinen Relativitätstheorie das Zweikörperproblem zu lösen, also ein Modelluniversum zu definieren, das völlig leer ist, bis auf zwei massive Körper, die sich unter dem Einfluss der gegenseitigen Gravitation umkreisen. Hintergrund ist, dass dieses kreisende Körperpaar eben nicht einfach so einsam seine Bahnen ziehen würde wie in Newtons Gravitationstheorie, sondern dass es zur Abstrahlung von Gravitationswellen käme. Durch die ausgesandte Energie würde sich dann die Bahn der Körper umeinander ändern, und schon wird das Problem extrem kompliziert. Mit Hilfe der linearisierten allgemeinen Relativitätstheorie kann man wenigstens eine nützliche Näherungsformel finden, die angibt, welche Art von einfachen Gravitationswellen ein solches Körperpaar abstrahlen sollte. Wie sich das auf die Bahn der Körper auswirkt, lässt sich dann zusätzlich berücksichtigen, und insgesamt erhält man ein Modell für diese Art von rotierender Gravitationswellenquelle, das für eine ganze Anzahl astrophysikalischer Situationen durchaus brauchbare Vorhersagen liefert. Eine Verbildlichung dieser Gravitationswellen liefert die folgende Abbildung:

Sie veranschaulicht farblich ausgewählte Aspekte der Raumzeitverzerrung rund um zwei kreisende Massen. Im oberen Teil des dargestellten Würfels ist die Farbgebung, die Verzerrungen anzeigt, fortgelassen, so dass man im Querschnitt deutlich die Ebene sieht, in der sich die Körper umeinander bewegen. Dabei laufen, in Orange, Verzerrungsmaxima nach außen wie von einem Quirl erzeugte Wasserwellen. Bei einem am Bildrand postierten Beobachter kommen diese Maxima (und entsprechende Minima) als periodische Verzerrungen einer einfachen Gravitationswelle mit einer einzigen, wohldefinierten Frequenz an, wie im Beispiel des Einstein-Mandalas. Solche Umkreisungen sind in unserer kosmischen Nachbarschaft durchaus häufig, von Körpern in unserem Sonnensystem bis hin zu Doppelsternen. Die Stärke der Raumverzerrung

aufgrund der Gravitationswellen, die dabei entstehen, ist umso größer, je massiver die kreisenden Objekte sind und je schneller sie sich umkreisen. Entscheidend für einen Nachweis ist dann die Stärke der Raumverzerrung dort, wo wir uns als Beobachter befinden, und diese Stärke nimmt proportional zur Entfernung ab, die zwischen uns und dem kreisenden Ensemble liegt.

Einige fiktive Beispiele sollen einen Eindruck von den Größenordnungen verschaffen, die hier im Spiel sind. Gibt es eine Möglichkeit, mit irdischen Mitteln hinreichend starke Gravitationswellen zu erzeugen? Wir könnten zum Beispiel, finanziell gefördert von einem spendierfreudigen und gravitationswellenunkundigen Forschungsministerium, zwei Stahlkugeln von je zwanzig Meter Durchmesser herstellen, jede davon zweieinhalbmal so schwer wie das derzeit größte Kreuzfahrtschiff, die »Queen Mary 2«. Unter Aufbietung aller Ingenieurskunst verbinden wir die beiden Kugeln mit einer fünfzig Meter langen Stahlstange, bauen drumherum einen riesigen Vakuumtank und lassen unsere Riesenhantel immer schneller rotieren. Selbst wenn wir sie bis auf eine Frequenz von tausend Umdrehungen pro Sekunde bringen könnten – weit jenseits aller realistischen Grenzen für die Zugfestigkeit des Stahls –, wäre die Gravitationswellenausbeute minimal. Die Gravitationswellenleistung unserer Anordnung betrüge ein klägliches Hunderttausendstel Watt: Eine funzlige Dreißig-Watt-Glühbirne sendet pro Sekunde über eine Million mal mehr Energie in Form von Licht aus als unsere Hantel in Form von Gravitationswellen. Selbst für einen Beobachter in ihrer unmittelbaren Nähe verzerren sich Abstände um weniger als ein Millionstel Milliardstel Milliardstel.

Solchermaßen enttäuscht, begeben wir uns wieder einmal in unsere ferne Raumstation. Im Gepäck haben wir zwei naturgetreue Nachbildungen des Erdmondes, die wir in einiger Entfernung von der Raumstation dazu bringen, einander zu umkreisen. Genauer gesagt: Um die Gravitationsstrahlung zu optimieren, lassen wir die beiden Mondkopien in minimalem Abstand kreisen, so, dass sich ihre Oberflächen fast berühren. Doch selbst für den Fall, dass wir uns mit der Raumstation so nahe an den Doppelmond heranwagen, wie wir können, ohne von den kreisenden Monden erschlagen zu werden, sagt die Näherungsformel Abstandsänderungen von weniger als einem Zehntel Milliardstel Milliardstel Prozent voraus. Allerdings sind wir dem strahlenden Doppelmond sehr nahe auf die Pelle gerückt – schon wenn wir uns auf den realen Erde-Mond-Abstand zurückziehen, ist die Verzerrung um einen Faktor hundert kleiner. Insgesamt beträgt die Gravitationswellenleistung unseres Doppelmonds weniger als ein halbes Watt – es wird pro Sekunde weniger als zwei Prozent so viel Energie in Form von Gravitationswellen abgestrahlt, wie die schon erwähnte Dreißig-Watt-Glühbirne in Form von Licht abstrahlt.

Gehen wir zu noch massereicheren Objekten über und betrachten einen Doppelstern, bestehend aus zwei Kopien unserer Sonne, die sich im Minimalabstand – Oberfläche an Oberfläche – im Laufe von fünfeinhalb Stunden einmal umkreisen. Jetzt endlich sind die Energien, die in Form von Gravitationswellen abgestrahlt werden, im wahrsten Sinne des Wortes astronomisch: knapp eine Million Milliarden Milliarden Watt. Für irdische Verhältnisse ist das enorm viel: Ließe sich all diese Leistung auffangen, dann wäre binnen weniger als einer Tausendstelsekunde der gesamte Energiebedarf der Erde für ein ganzes Jahr gedeckt. Astronomisch gesehen ist die Leistung dagegen nicht sehr groß: Sie entspricht nicht mehr als einem Fünfhundertstel dessen, was unsere Sonne in Form elektromagnetischer Strahlung aussendet. Für einen Beobachter, der zu diesem Doppelstern dieselbe Distanz hält wie der Mond zur Erde, sind die Raumverzerrungen nun zwar wesentlich größer als bei den Doppelmonden, aber immer noch vergleichsweise klein – um gerade mal ein Tausendstel Milliardstel verändern sich die Abstände beim Durchgang der Gravitationswelle. Hinzu kommt, dass unsere Sonne nun einmal kein Zwillingsstern ist. Wir werden also ein solches Doppelsternsystem allenfalls aus der Ferne beobachten können, und die Raumverzerrung, die es hier auf der Erde hervorruft, ist entsprechend gering. Befände sich das Doppelsternsystem so weit von uns entfernt wie der erdnächste Stern Alpha

Centauri, so würden sich die lokalen Abstände aufgrund der Gravitationswellen um immerhin ein Zehntel Milliardstel Millardstel verändern. Das ist rund hundertmal stärker als in unmittelbarer Nähe des fiktiven Doppelmonds, aber absolut gesehen immer noch ein winziger Wert.

Zusätzlich lässt sich die Leistung mit noch massiveren, noch schneller kreisenden Objekten steigern, und angesichts der mechanischen Bahngesetze heißt das: mit sehr kompakten Objekten, die eine riesige Masse besitzen und einander dank geringer Größe sehr eng und schnell umrunden können. Für solche Objekte kann die in Form von Gravitationswellen ausgesandte Energie alle anderen Arten von Energieabstrahlung weit hinter sich lassen. Das wiederum ist aus astronomischer Sicht höchst interessant, denn über eine Reihe dieser Objekte würden die Astrophysiker liebend gern Näheres erfahren – wenn uns Gravitationswellen Informationen über sie liefern, wäre das hochwillkommen. Den wichtigsten solcher Objekte, Neutronensternen und Schwarzen Löchern, sind die beiden nächsten Kapitel gewidmet, einer noch abenteuerlicheren Gravitationswellenquelle, nämlich der stürmischen Kindheit unseres Universums, das Kapitel 10. Allerdings gilt auch dort: Entscheidend ist, was bei uns auf der Erde ankommt, und das ist auch im Falle extrem kompakter Massen, die andererseits deutlich weiter von der Erde entfernt sind als das uns nächste Doppelsternsystem, nicht allzu viel. Die Gravitationswellen, mit denen wir realistischerweise rechnen können, entsprechen Abstandsänderungen um ein Tausendstel Milliardstel Milliardstel – in der Sprechweise der Physiker 10^{-21}, 0,000 000 000 000 000 000 001 mit insgesamt 21 Nullen. Wer Gravitationswellen hier auf der Erde nachweisen will, sollte mit einigen messtechnischen Herausforderungen rechnen.

DAS TRANSPARENTE UNIVERSUM

Dass sich die Suche trotzdem lohnt, hängt unter anderem mit einigen weiteren Unterschieden zwischen Gravitations- und elektromagnetischen Wellen zusammen, die sich daraus ergeben, wie diese Wellen erzeugt werden.

Elektromagnetische Strahlung wird im Universum quasi an jeder Straßenecke produziert. Jedes einzelne Atom oder Molekül kann seine eigene Strahlung aussenden, und die Myriaden verschiedener Beiträge führen zu einem im wahrsten Sinne des Wortes bunten Gemisch unzusammenhängender Licht-, Radio- oder sonstiger Wellen, die uns hier auf der Erde erreichen. Gravitationswellen, die stark genug sind, um überhaupt nachgewiesen werden zu können, werden auf weit größeren Skalen erzeugt – ganze Planeten, Sterne oder noch massereichere Gebilde müssen sich in Bewegung setzen, soll eine auf der Erde messbare Gravitationswelle entstehen. Statt vieler kleiner Strahlungsbeiträge erreicht uns bei den Gravitationswellen, wenn überhaupt, ein koordiniertes Signal, das von großräumigen Verschiebungen riesiger Massen kündet.

Die Größenunterschiede bei der Erzeugung von Wellen schlagen sich zum einen in ihrer Frequenz nieder, der Schnelligkeit, mit der Wellenberge und Wellentäler der elektromagnetischen Felder beziehungsweise die Phasen maximaler und minimaler Raumverzerrung aufeinander folgen. Anschaulich gesprochen: Riesige Massenansammlungen benötigen mehr Zeit, um einander zu umkreisen oder hin- und herzuschwingen, als subatomare Teilchen. Ihnen werden bei meiner Beschreibung der elektromagnetischen Wellen die unvorstellbar hohen Frequenzen aufgefallen sein. Von Millionen bis Trilliarden Schwingungen pro Sekunde reicht derjenige Teil des elektromagnetischen Spektrums, den die Astronomen nutzen; das astronomisch interessante Frequenzspektrum der Gravitationswellen dagegen fängt in dem Frequenzbereich an, in dem auch die hörbaren Schallwellen liegen, bei einigen zehntausend Schwingungen pro Sekunde. Eine Abschätzung für die Obergrenze ergibt sich, wenn man die kompaktesten Objekte, die die allgemeine Relativitätstheorie zulässt, mit der maximalen möglichen Geschwindigkeit umeinander kreisen lässt – die Objekte werden wir im Kapitel 9 kennen lernen, die höchstmögliche Geschwindigkeit ist die

Lichtgeschwindigkeit. Nach unten hin gibt es keine natürliche Begrenzung – selbst über Gravitationswellen, die Hunderte von Millionen Jahren benötigen, um eine einzige Schwingung zu vollenden, machen sich einige Astrophysiker Gedanken.

Dass Gravitationswellen eine Gemeinschaftsanstrengung sind, das Ergebnis großräumiger, kollektiver Massenbewegungen, hat noch eine weitere Konsequenz. Von den unzähligen Atomen einer Galaxie erreichen uns viele verschiedene elektromagnetische Wellen, die Informationen über ihre Struktur tragen und aus denen Astronomen ein Bild von ihr und den Einzelheiten ihrer verschiedenen Regionen und Substrukturen rekonstruieren können. Eine Gravitationswelle ist im Vergleich dazu eher wie ein Klang, der zwar wichtige Informationen über die Gesamteigenschaften des Musikinstruments enthält, das ihn erzeugt hat, aber kein Bild von seinen Details zeichnet. Genaue Bilder der Quellenstruktur darf man daher von einer Gravitationswellenastronomie nicht erwarten; durch das Einstein-Fenster erreicht uns, wenn man so will, leise Musik, deren Analyse uns zwar verraten kann, wo am Himmel sich das betreffende kosmische Instrument befindet und wie es schwingt, aber nicht, wie es im Einzelnen aussieht.

Eine weitere wichtige Folgerung aus den Erzeugungsprozessen betrifft die Frage, wie leicht Wellen aus den Fernen des Alls zu uns gelangen können. Zwischen der Aussendung und der Erzeugung von Wellen besteht eine deutliche Ähnlichkeit, hinter der sich eine grundlegende Eigenschaft vieler Naturgesetze verbirgt, die so genannte Zeitumkehrsymmetrie. Sie gilt sowohl für die Elektrodynamik als auch für die allgemeine Relativitätstheorie, und sie besagt: Zu jedem physikalischen Prozess, der sich im Rahmen dieser Theorien beschreiben lässt, ist im Prinzip als Gegenstück ein Prozess mit dem umgekehrten zeitlichen Verlauf möglich, so, als ließe man ein und denselben Film einmal vorwärts, einmal rückwärts laufen. Ist ein Prozess mit den Naturgesetzen vereinbar, gilt dasselbe für sein zeitumgekehrtes Gegenstück. Wenn etwa die Gesetze der Elektrodynamik Situationen beschreiben, in denen Elektronen in einer Antenne beschleunigt werden und dabei elektromagnetische Wellen entstehen, dann erlauben sie auch die umgekehrte Situation, bei der elektromagnetische Wellen auf eine Antenne treffen, darin befindliche Elektronen in Bewegung versetzen und dabei absorbiert werden. Eine weitere Folgerung: Dass jedes Atom elektromagnetische Wellen aussenden kann, bedeutet umgekehrt, dass auch jedes Atom elektromagnetische Strahlung des entsprechenden Frequenzbereiches absorbieren oder, allgemeiner, *streuen* kann. Wir kennen das vom Licht: Schon das dünne Material eines Sonnenschirms reicht aus, es zum großen Teil zu absorbieren. Es wird dann zum Teil als Licht anderer Farbzusammenstellung, zum Teil in Form von Wärmestrahlung wieder abgegeben, aber entscheidende Informationen über die Licht aussendende Sonne gehen dabei verloren: Ein Spezialfernrohr mag aus dem Sonnenlicht ein detailliertes Bild der Sonnenoberfläche gewinnen können; wird das Licht dagegen vorher durch das leicht durchscheinende Material eines Sonnenschirms gestreut, dann kann selbst das Spezialfernrohr aus dem übrig gebliebenen Licht kein deutliches Bild der Sonne rekonstruieren. In der Alltagssprache sagen wir, stark streuende Objekte seien undurchsichtig, und drücken damit aus, dass wir uns kein Bild davon machen können, was hinter ihnen vorgeht. Das ist in den Tiefen des Alls nicht anders. Auch dort versperren uns Gas- oder Staubansammlungen die Sicht auf dahinter liegende Regionen, und schon das Licht, das uns von der Sonne erreicht, trägt lediglich Informationen über deren obere Schichten – in die tieferen Sonnengefilde erhalten wir keinen direkten Einblick.

Auch für Gravitationswellen gilt: Ebenso, wie sie erzeugt werden, können sie auch wieder absorbiert werden. Das hat einen Nachteil und einen Vorteil: Zum einen bedeutet es, dass hier auf der Erde Versuche, eine Massenkonfiguration Gravitationswellen absorbieren zu lassen, von ähnlich geringer Effektivität sein werden wie Versuche, künstliche Gravitationswellen zu erzeugen. Allein schon aus dieser Überlegung heraus ist der Nachweis von Gravitationswellen eine technische Herausforderung sondergleichen. Der Vorteil: Das Weltall enthält nun einmal keine Regionen voller dicht gedrängter, rotierender, massiver Sternsysteme oder kompakter, per Federn verbundener Massekugeln. Ist irgendwo im Universum einmal eine Gravitationswelle erzeugt worden, hat daher der Teil von ihr, der in Richtung Erde davonfliegt, beste Chancen, ohne nennenswerte Streuung und Absorption bei uns anzukommen. Mit anderen Worten: Das Universum ist weitgehend durchsichtig für Gravitationswellen, und solche Wellen können uns Informationen aus Gebieten zutragen, die elektromagnetischer Beobachtung absolut unzugänglich sind. Dementsprechend besteht die Hoffnung, mit Hilfe von Gravitationswellen im wahrsten Sinne tiefe Einblicke in Gebiete und in Vorgänge zu erhalten, die Fernrohren, Röntgensatelliten und Radioteleskopen verborgen bleiben. Ein neues Fenster zum All.

ZURÜCK IN DIE WIRKLICHKEIT

Bislang haben sich meine Ausführungen über die Eigenschaften von Gravitationswellen im Wesentlichen auf die linearisierten Einstein-Gleichungen gestützt. Allerdings hat sich dabei schon angedeutet, dass ein Näherungsmodell, das nur für schwache Gravitationsfelder Gültigkeit beanspruchen kann, nicht ausreichen wird, wenn wir die Physik der Gravitationswellen verstehen wollen. Schließlich haben uns die Überlegungen, von welcher Art von Himmelskörpern starke Wellen zu erwarten wären, direkt zu möglichst kompakten Objekten geführt, und je kompakter ein Objekt, umso stärker das Gravitationsfeld beziehungsweise die Raumzeitverzerrung in seiner nächsten Nähe. Eine genauere Betrachtung der Gravitationswellen, ihrer Rolle im Universum und der Gültigkeit der Aussagen des vereinfacht-linearisierten Modells ergibt das folgende Bild: In Regionen rund um die stärksten Gravitationswellenquellen, etwa rund um ein Paar sehr kompakter Objekte, die sich umkreisen, ist es unumgänglich, über die linearisierte Beschreibung hinauszugehen. Dort ist es größtenteils überhaupt nicht eindeutig möglich, anhand der Raumzeitgeometrie Gravitationswellen von anderen Arten der

Verzerrung zu unterscheiden. Die Situation ähnelt der von Wasserwellen: Leichte Kräuselungen der Wasseroberfläche sind leicht als Wellen zu identifizieren, als klar definierbare Abweichungen vom Normalzustand des flachen Wasserspiegels. Inmitten des Tosens eines Sturms weit draußen auf dem Ozean ist es dagegen sehr schwierig festzustellen, ob die Wasseroberfläche an einem bestimmten Punkt höher oder tiefer liegt als bei flachem Wasserspiegel. Wenn sich in der stark verzerrten Raumzeit dann doch eine Art von Gravitationswellen definieren lässt, dann laufen diese nicht einfach durch den Raum, sondern werden an der verzerrten Geometrie abgelenkt oder gar reflektiert. Wenn zwei solche Wellen aufeinander treffen, summieren sie sich nicht auf wie in der linearen Theorie, sondern kommen einander in die Quere und treten in komplizierte Wechselwirkung.

Dies ist ein grundlegender, bislang nicht erwähnter Unterschied zu den Maxwellschen Gleichungen: In der Elektrodynamik fliegen elektromagnetische Wellen durch einander hindurch, ohne sich gegenseitig zu stören. Die Einstein-Gleichungen sagen, sobald die Gravitationswirkungen stärker werden und die lineare Näherung ihre Gültigkeit verliert, voraus, dass sich Gravitationswellen gegenseitig beeinflussen. Für starke Gravitationswellen lässt sich das Fouriersche Baukastenprinzip nicht mehr anwenden.

Solche Situationen jenseits der linearen Näherung zu berechnen ist äußerst schwierig. Ich werde am Ende von Kapitel 9 noch auf die Computersimulationen eingehen, mit denen sich derartige Berechnungen wenigstens einigermaßen in den Griff bekommen lassen. Die gute Nachricht: Auch aus den genaueren Rechnungen ergibt sich das Bild von Gravitationswellen, die aus den komplizierten Wechselwirkungsregionen rund um hochkompakte Objekte nach außen fliegen, und wenn sich diese Wellen weit genug im Raum ausgebreitet haben, ihre Energie entsprechend verdünnt ist und die Wellenamplituden klein sind, dann lassen sie sich wieder im Rahmen der linearen Näherung beschreiben. Damit behält die Folgerung, dass das Universum für Gravitationswellen so gut wie durchsichtig ist, ihre Gültigkeit, und auch zur Beschreibung der schwachen Wellenausläufer, die uns hier auf der Erde erreichen, können wir guten Gewissens das einfache, lineare Modell und das Baukastenprinzip verwenden. Für alle praktischen Anwendungen, etwa bei den Überlegungen zu Gravitationswellendetektoren, lässt sich die Gravitationsstrahlung als Fouriersche Summe aus einfachen Wellen betrachten, wie wir sie beim Einstein-Mandala kennen gelernt haben. Ein weiteres Beispiel für den Erfolg des physikalischen Modellbaus: Zusammen ergeben ein Modelluniversum, das lediglich die Ereignisse rund um eine kompakte Wellenquelle beschreibt, und ein Modelluniversum, in dem die linearisierten Einstein-Gleichungen gelten, ein Bild der Welt, das einerseits hinreichend realistisch ist, andererseits aber einfach genug, um den Rechentechniken der Physiker zugänglich zu sein.

KAPITEL 8

STERNKOLLAPS UND DIE BLAUWALE IM STECKNADELKOPF: NEUTRONENSTERNE

DAS LEBEN DER STERNE

Zwei Dinge erfüllen das Gemüt mit immer neuer und zunehmender Bewunderung und Ehrfurcht, je öfter und anhaltender sich das Nachdenken damit beschäftigt: *Der bestirnte Himmel über mir, und das moralische Gesetz in mir.*

Immanuel Kant, *Kritik der praktischen Vernunft*, Beschluss

»Der Weltraum«, so heißt es dort »ist groß. Richtig groß. Du wirst einfach nicht glauben, wie wahnsinnig riesig unvorstellbar groß er ist. Ich meine, du denkst vielleicht, dass schon der Weg zur Apotheke an der Ecke lang ist, aber das ist ein Fliegendreck, verglichen mit dem Weltraum. Hör mal zu: …«, und so weiter und so fort.

Douglas Adams, *The Hitch Hiker's Guide to the Galaxy*

Aus dem Alltag bin ich es gewohnt, den Sternenhimmel durch einen Grauschleier zu betrachten, der zudem durch die sprichwörtlichen Lichter der Großstadt von unten angestrahlt wird. Umso mehr genieße ich sternenfreundlichere Umgebungen, etwa ein abgelegenes Bergdorf, weit und breit weder Straßenlaterne noch Wolke, und über mir die große Dunkelheit, durchbrochen von Tausenden und Abertausenden winziger Lichter. Aber selbst unter so günstigen Bedingungen habe ich große Schwierigkeiten, gegenüber den Sternen eine halbwegs angemessene Perspektive zu finden. Der Himmel erscheint mir dann einfach als eine über den Erdboden gestülpte große, dunkle Schüssel mit kleinen Lichtpunkten, nicht ausgedehnter als beispielsweise das Bergpanorama, das ich bei Tage sehen würde. Aber das Bergpanorama kann ich binnen einiger Wochen erwandern; um auch nur zum erdnächsten Stern zu gelangen, zur Sonne, wäre ich selbst in einer Concorde knapp acht Jahre unterwegs, zum darauf folgenden Stern Proxima Centauri rund zwei Millionen Jahre. Mein Gehirn weiß das, aber ein angemessenes Entfernungsgefühl will sich trotzdem nicht

recht einstellen. Nur – wie im Kant-Zitat – mit einigem Nachdenken und dem bewussten Versuch, das abstrakte Wissen um die Größenverhältnisse und die etwas anschaulicheren Aussagen von Abbildungen, die den Größenvergleich maßstabgetreu wiedergeben, auf das zu übertragen, was meine Augen sehen, kann ich bisweilen einen Teilerfolg verbuchen: Dann stellt sich wenigstens ein ungefähres Gefühl ein, wow, das da draußen sind Abertausende von Welten, jeder Lichtpunkt größer als die gesamte Erde, und ich komme mir – ohne dem moralischen Gesetz in mir zu nahe treten zu wollen – samt der mich umgebenden Menschheit sehr, sehr klein vor.

Um einen Lichtpunkt am Nachthimmel zu erzeugen, ist nicht allzu viel an Zutaten vonnöten. Es genügt, wenn in einer Region des Universums hinreichend Gas und Staub vorhanden ist. Auf solch ein Materiegemisch wirken zwei Kräfte: Zum einen fliegen die Gasmoleküle durcheinander, kollidieren dabei miteinander, fliegen weiter, kollidieren erneut und stoßen auch mal an die Staubteilchen. Wie groß die mittlere Energie dieser Durcheinanderfliegens ist, stellt in der Physik das Maß für die *Temperatur* des Gasgemisches dar, und allgemein gilt: Durch das Durcheinanderflitzen entsteht in der Materiewolke ein innerer Druck –, umso größer, je größer die Dichte und Temperatur einer Wolkenregion sind –, der sich bemüht, die Wolke auseinander zu treiben, auszudehnen, zu verdünnen. Andererseits besitzen Gasmoleküle und Staubteilchen Masse und üben aufeinander Schwerkräfte aus, die bestrebt sind, die Wolke zusammenzuziehen, zu verkleinern, zu verdichten. Ob Druck oder ob Schwerkraft die Oberhand gewinnt, hängt von der Temperatur, der Dichte und der Ausdehnung der Wolke ab. Typische Stern-Kinderstuben in unserer Milchstraße sind nicht sehr dicht – auf einen Kubikkilometer Raum kommt gerade mal ein Hundertstel eines Millionstel Gramm Masse – und nicht sehr warm – kälter als minus zweihundert Grad Celsius. Unter solchen Bedingungen überwiegt in Wolken, die Tausende bis Zehntausende Mal so viel Masse besitzen wie unsere Sonne, die Schwerkraft, und die Wolke beginnt zu kollabieren. Dabei wirkt sich aus, dass die Wolkenmasse nicht völlig homogen verteilt ist, dass es Regionen niedrigerer und höherer Dichte gibt. Letztere entwickeln sich zu Ballungszentren, die besonders viel weiteres Gas auf sich ziehen, dadurch noch dichter werden und noch attraktiver für das umliegende Gas – Kollapskerne, deren Dichte weiter und weiter zunimmt. Die Grundidee der Stern- und Planetenentstehung aus kollabierenden Wolken geht übrigens, hier schließt sich der Kreis zum Eingangszitat, auf Kant zurück.

Beim Kollaps verdichtet sich die Materie im betreffenden Raumgebiet nicht nur, sie heizt sich auch stark auf: Die Gaspartikel gewinnen im Fall Energie, die sie bei Kollisionen an andere Gaspartikel weitergeben. Dadurch erhöht sich die mittlere Energie des wilden Durcheinanders der Gaspartikel, mit anderen Worten: die Temperatur des Gases. Genau wie erhitztes Metall zunächst dunkelrot glüht, dann mit höherer Temperatur immer heller bis zur Weißglut, gibt heiße Materie ganz allgemein in Abhängigkeit von ihrer Temperatur elektromagnetische Strahlung ab – verteilt auf ein Spektrum von Radiowellen über Infrarot, sichtbares Licht und Ultraviolett bis hin zu harter Röntgenstrahlung, wobei die genaue Verteilung direkt von der Temperatur abhängt und durch das so genannte Plancksche Strahlungsgesetz bestimmt wird. Das Resultat ist eine Teufelsküche, in der die Strahlung zum Teil nach außen entweicht, zum Teil durch Staubhüllen absorbiert wird. Die interstellaren Wolken, die wir in unserer Milchstraße nachweisen können, bestehen überwiegend aus Wasserstoff. Dichte und Temperatur der Kollapskerne wachsen: Schon früh werden etwaige Wasserstoffmoleküle in Atome gespalten, später bildet sich aus den Atomen ein Plasma, in denen die Wasserstoffatomkerne – einzelne Protonen – und die dazugehörigen Elektronen frei durcheinander schwirren. Überschreiten Dichte und Tempera-

tur bestimmte Grenzwerte, dann tritt ein fundamentaler Wandel ein. Was in der kollabierten Wolke bislang an thermischer Energie entstand, war der Gravitation geschuldet. Nun beginnen Kernfusionsreaktionen, bei denen die Wasserstoffkerne zu Heliumkernen verschmelzen, wobei Energie frei wird. Aus der kollabierenden Wolke ist dann innerhalb von rund zehn Millionen Jahren ein durch Gravitation zusammengehaltener Fusionsreaktor geworden – ein Stern. Kommt dagegen nicht genügend Masse zusammen, um den gewaltigen Fusionsreaktor zu zünden, entsteht lediglich ein verhinderter Stern, ein so genannter Brauner Zwerg.

Bei den Kollapskernen, die es geschafft haben, setzt eine Kette von Kernfusionsreaktionen ein, die ich im Folgenden skizzieren möchte. Ausgangspunkt der Reaktion sind die bereits erwähnten Wasserstoffatomkerne, deren jeder nur aus einem einzigen Proton besteht. Protonen sind positiv geladen, und zwei Protonen stoßen sich daher elektrisch ab. Bei geeigneten Druck- und Temperaturverhältnissen kann diese Abstoßung allerdings überwunden werden, die Wasserstoffkerne (Symbol H) binden sich aneinander, einer davon zerfällt in ein elektrisch neutrales Neutron, und das Resultat ist ein Atomkern, bestehend aus einem Proton und einem Neutron, eine schwere Variante des Wasserstoffs, die Deuterium (D) heißt. Bei der Reaktion freigesetzt wird ein so genanntes Positron (e^+), ein dem Elektron sehr ähnliches, aber im Gegensatz zu diesem elektrisch positiv geladenes Teilchen, das die positive elektrische Ladung des nun zum Neutron zerfallenen Protons davonträgt. Ebenso freigesetzt wird ein so genanntes Elektron-Neutrino (ν_e), ein sehr leichtes, elektrisch neutrales Teilchen. Die Reaktion ist schematisch in der folgenden Abbildung dargestellt:

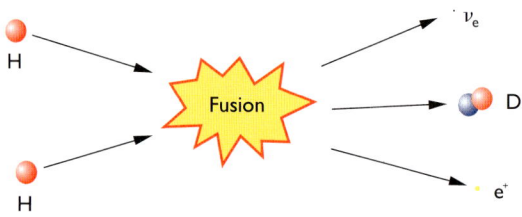

Unter denselben Bedingungen kommt es zu einer weiteren Art von Reaktion, bei der ein Deuteriumkern (D) und ein weiterer Wasserstoffkern (H) zu Helium 3 (^{3}He) verschmelzen können, einem Heliumkern, der aus zwei Protonen und einem Neutron besteht. Dabei wird hochenergetische elektromagnetische Strahlung emittiert, so genannte Gamma-Strahlung (γ):

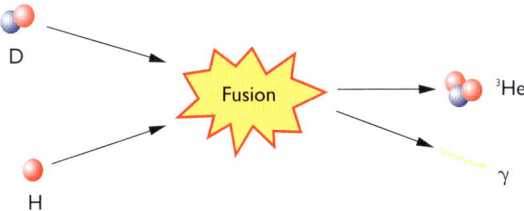

Sind auf diese Weise genügend Helium-3-Kerne entstanden, können je zwei davon miteinander verschmelzen, und es entstehen ein Helium-4-Kern (^{4}He) aus zwei Protonen und zwei Neutronen plus zwei Wasserstoffkerne:

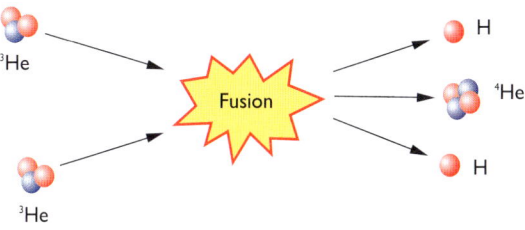

In dieser Weise verschmelzen jeweils vier Wasserstoffkerne zu einem Helium-4-Kern. In massereicheren Sternen, in deren Kernen höhere Temperaturen herrschen als beispielsweise in unserer Sonne, kommt ein weiterer Verschmelzungszyklus hinzu: der etwas kompliziertere CNO- oder Bethe-Weizsäcker-Zyklus mit Kohlenstoff (C) als Katalysator für eine Reaktion, in der vier Protonen zu Helium-4 verschmelzen.

Hat die Kernfusion einmal eingesetzt, dann folgt eine Art pubertärer Phase der Sternentwicklung – der junge Stern durchläuft temperamentvolle Energieausbrüche und stößt Materie in gewaltigen Fontänen von sich, während andererseits weitere

umgebende Materie nach innen fällt. Die folgende Abbildung zeigt eine Stern-Kinderstube im so genannten Adler-Nebel (Astronomen auch als M16 bekannt), eine dunkle Molekülwolke mit jungen Sternen, deren Strahlung gerade erst die umgebende Wolkenhülle beiseite fegt. Dem Bild liegen drei Aufnahmen zugrunde, die 1995 mit der Wide Field and Planetary Camera 2 des Hubble-Weltraumteleskops angefertigt wurden: Der Blauanteil entspricht Licht in jenem engen Frequenzbereich, in dem zweifach ionisierte Sauerstoffatome strahlen, der Rotanteil zeigt das Licht von einfach ionisierten Schwefelatomen, und der Grünanteil die für Wasserstoff charakteristische Strahlung.

Nach einiger Zeit hat der Stern ein stabiles Gleichgewicht gefunden, in dem sich die zusammenziehende Gravitationskraft und der innere Druck durch die kernfusionsbedingte Aufheizung in jeder Sternregion die Waage halten. Ab wann sich dieses Gleichgewicht einstellt, hängt von der Gesamtmasse des Sterns ab; für einen Stern wie unsere Sonne ist der stabile Zustand nach etwa zehn bis zwanzig Millionen Jahren erreicht.

Der Stern köchelt nun vor sich hin, eine Idylle, die nur von kleineren Unregelmäßigkeiten unterbrochen wird. Das ist für uns sehr vorteilhaft, denn einer der Sterne in dieser Lebensphase ist unsere Sonne, und bei höherer Aktivität könnte es für uns

auf der Erde sehr unangenehm werden. Das folgende Bild zeigt die Sonne im Licht einer für das Element Helium typischen Wellenlänge. Es wurde 1997
mit dem Extreme Ultraviolet Imaging Telescope des
von der NASA und der europäischen Raumfahrtagentur ESA betriebenen Beobachtungssatelliten
SOHO aufgenommen.

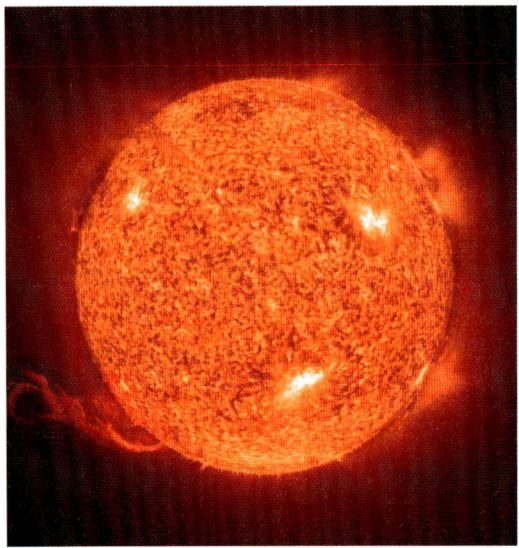

Deutlich zu sehen sind die kleinen Unregelmäßigkeiten auf der Sonnenoberfläche, bei denen es sich
um eine Konvektionserscheinung handelt, um kleine
Zellen, in deren Zentrum heißes Sonnengas nach
oben strömt, während an den Rändern etwas küh-
leres Gas absackt. Ebenfalls gut erkennbar ist ein
vorübergehendes Phänomen links unten im Bild,
eine Protuberanz – ein dünner Faden kühleren Gases, nur einige tausend Grad Celsius heiß, das in die
oberen Regionen der Sonnenatmosphäre geschleudert worden ist.

Diese Phase, in der die Zentralregion des Sterns
als gigantischer Wasserstoff-Fusionsofen fungiert,
heißt bei den Astronomen auch *Wasserstoffbrennen*.
Ein recht anschaulicher Ausdruck, solange man
sich klar macht, dass es sich eben nicht um das
durch chemische Reaktionen getriebene Brennen
handelt, das wir aus dem Alltag kennen, sondern
um ein nukleares Brennen aufgrund von Kernreaktionen. In der Phase des Wasserstoffbrennens hängt

die Leuchtkraft eines Sterns im Wesentlichen von
seiner Masse ab: Je größer die Masse ist – die Varia-
tionsbreite reicht von einigen Prozent bis zum
Sechzigfachen der Sonnenmasse, eventuell sogar
zu noch größeren Massen –, umso extremer sind die
Druck- und Temperaturverhältnisse in ihrer Zentralregion, umso intensiver ist das Wasserstoffbrennen und umso heller strahlt der Stern. Da die
größere Leuchtkraft mit einer wesentlich höheren
Fusionsrate einhergeht, setzt ein massereicher Stern
seinen Wasserstoffvorrat wesentlich schneller in
Helium um als seine weniger massiven Vettern. Ein
paar Millionen Jahre dauert die Phase des zentralen
Wasserstoffbrennens für einen Stern mit 25 Sonnenmassen, bei einem Stern wie unserer Sonne
sind es bereits zehn Milliarden Jahre – die Sonne
hat knapp die Hälfte dieser Zeit hinter sich – und
für einen Stern mit weniger als einer halben Sonnenmasse sogar einige hundert Milliarden Jahre.

Ist der Wasserstoff im Sternkern verbraucht,
setzt dort die nächste Brennphase ein, bei der die
nunmehr reichlich vertretenen Heliumkerne zu
Kohlenstoff- und Sauerstoffkernen verschmolzen
werden. Außerhalb des Sternkernes setzt sich das
Wasserstoffbrennen in einer Kugelschale fort. Wie
es zum Einsetzen des Heliumbrennens kommt, ist
für massereiche und massearme Sterne recht unterschiedlich. In unserem kurzen Streifzug durch
die Sternevolution soll uns nur interessieren, dass
in beiden Entwicklungsvariationen letztlich so viel
Energie freigesetzt wird, dass die äußeren Regionen
des Sterns gewaltig expandieren und dabei abkühlen. Der Stern entwickelt sich binnen einer Milliarde Jahren zu einem Roten Riesen. Wenn unsere
Sonne dieses Stadium erreicht hat, ist ihr Radius
auf das Zweihundertfache des jetzigen Wertes an-
gewachsen und reicht damit ziemlich genau bis zur
Erdbahn.

Die Heliumfusion setzt pro einzelner Ver-
schmelzungsreaktion wesentlich weniger Energie
frei als das Wasserstoffbrennen und erschöpft sich
schon nach höchstens einigen Millionen Jahren.
Für massearme Sterne – bis zu rund zehn Sonnenmassen – geht es danach nur noch bergab. Das
Fusionsfeuer im Kern erlischt, während sich Kugel-

schalen aus verschmelzendem Wasserstoff und Helium weiter nach außen fressen, bis dann schließlich auch die letzte Heliumverschmelzung zum Erliegen kommt – typischerweise mit einem beachtenswerten letzten Aufbäumen, das bis zu zehn Prozent der Sternatmosphäre ins All schleudert und dadurch einen so genannten planetarischen Nebel erzeugt (der trotz seines Namens nicht das Geringste mit irgendwelchen Planeten zu tun hat). Durch die weitere Strahlung des Sternrestes zum Leuchten angeregt, gehören solche planetarischen Nebel zu den hübschesten Beobachtungsobjekten am Himmel. Ein bekanntes Beispiel, den Ringnebel M57 im Sternbild Leier, aufgenommen im Oktober 1998 mit der Wide Field and Planetary Camera 2 des Weltraumteleskops Hubble, zeigt die folgende Abbildung.

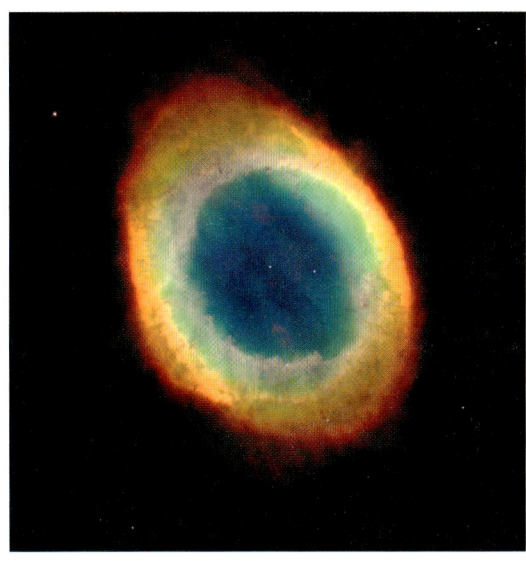

Der Sternrest, nun ohne Fusionsenergiequelle, ist ein weißer Zwergstern, der mit der Zeit immer weiter abkühlt. Ein typischer *Weißer Zwerg* ist dabei nicht viel größer als die Erde. Die Abbildung rechts oben zeigt, zum Vergleich, einen Ausschnitt der Sonne, darauf links einen Weißen Zwerg und rechts die Erde.

Trotz dieser geringen Größe kann solch ein Stern aber noch etwas über eine Sonnenmasse besitzen. Das führt zu einer beachtlichen Dichte von rund tausend Kilogramm pro Kubikzentimeter, etwa so, als würde man ein Kreuzfahrtschiff wie die gigantische »Queen Mary 2« auf einen Würfel mit gut fünfzig Zentimetern Seitenlänge komprimieren oder einen Mercedes der S-Klasse auf die Größe eines herkömmlichen Spielwürfels. Unter diesen Verhältnissen bewahrt nur noch die Quantenmechanik die Sternmaterie vor weiterem Kollaps. Zum einen gilt für die Elektronen das so genannte *Pauli-Prinzip,* dem zufolge, vereinfacht gesagt, zwei Elektronen sich nicht exakt am selben Ort aufhalten können, zum anderen folgt aus der *Heisenbergschen Unschärferelation*, dass mit einer genauen Lokalisierung eines Materieteilchens, das im Innern des Weißen Zwergs von seinen Kollegen eingezwängt wird, ein gewisser Druck einhergeht, der weiterer Kompression entgegenwirkt. Dank dieser Effekte bildet sich im Weißen Zwerg ein stabiles Elektronengas, dessen Druck der Schwerkraft die Waage halten kann.

Die Stärke der Schwerkraft an der Oberfläche des kompakten Weißen Zwergs ist so groß, dass sich der relativistische Effekt der Schwerkraft-Rotverschiebung, den wir in Kapitel 6 angesprochen haben, direkt nachmessen lässt. Für das Licht, das ein Weißer Zwerg abstrahlt, gibt es – wie bei anderen Sternen auch – charakteristische Frequenzen, bei denen besonders viel oder besonders wenig Licht abgestrahlt wird, so genannte Spektrallinien, deren Frequenzen lediglich von den atomaren Eigenschaften des Sterngases abhängen. Die Spektrallinien Weißer Zwerge sind allerdings, verglichen mit Labormessungen an denselben Gasen, insgesamt zum roten Ende des Spektrums hin verschoben, und zwar in genau dem Maße, das die allgemeine Relativitätstheorie für Schwerkraft-Rotverschiebung aufgrund der Masse des Weißen Zwergs vorhersagt.

EXPLOSIVES ENDE

Das betuliche Dasein als Weißer Zwerg ist, »no mass, no fun«, massearmen Sternen vorbehalten. Ist die magische Grenze von rund zehn Sonnenmassen überschritten, erwartet den Stern ein weit spektakuläreres Schicksal. Zunächst einmal gibt es für solche Sterne ein Leben nach dem Heliumbrennen. Schrittweise kann es dort zu Kernreaktionen kommen, bei denen zunächst Kohlenstoff zu schwereren Elementen verschmilzt, später zu einer Phase des Sauerstoff- und am Ende sogar des Siliziumbrennens. Die Wartezeiten bis zum Zünden der jeweils nächsten Kernreaktion nehmen dabei stetig ab, von der Million Jahren des Heliumbrennens bis zu bloßen Tagen für das Silizium. Ist der für eine bestimmte Kernreaktion benötigte Brennstoff im Sternzentrum verbraucht und hat die nachfolgende Reaktion gezündet, so kann sich jede der Fusionsvarianten in Richtung Oberfläche weiterfressen. Der Stern bekommt dadurch nach und nach eine Art Zwiebelstruktur, wobei jede Schale einem Gebiet entspricht, in dem eine charakteristische Fusionsreaktion stattfindet. Selbst ganz am Ende der Reaktionskette findet ganz außen immer noch die Verschmelzung von Wasserstoffkernen statt, etwas weiter innen liegt eine Schale verschmelzenden Heliums, noch weiter innen die Fusion von Kohlenstoff … bis dann irgendwann einmal der Sternkern fast nur noch aus Eisen besteht.

Ob bei einer Verschmelzung Energie freigesetzt wird, hängt von den Atomkernen ab, die daran teilnehmen. Bei einer Fusion von sehr leichten Atomkernen wird beachtliche Energie frei; bei etwas schwereren etwas weniger; beim Eisen ist gerade die Grenze erreicht, von der an weitere Verschmelzung keinen Energiegewinn mit sich bringt. Wenn der Sternkern fast nur noch aus Eisen besteht, dann, so könnte man denken, ist der Fusionsofen aus. In Wirklichkeit wird es an dieser Stelle äußerst turbulent. Nach den derzeitigen Vorstellungen entfaltet sich nämlich das folgende Sternendrama. Der Kern des Sterns ist zu diesem Zeitpunkt eine Art eiserne Variante eines Weißen Zwergs, der durch den quantenmechanischen Druck seiner Elektronen stabilisiert wird. Durch die Kernfusion in den darüber liegenden Sternregionen wird diesem Kernzwerg so weit weitere Masse zugeführt, bis die Chandrasekhar-Grenze erreicht ist, eine kritische Masse, die nach dem indischen Astrophysiker Subrahmanyan Chandrasekhar (gesprochen Tschandra-

scheekar) benannt ist. Salopp ausgedrückt: Der Quantendruck kommt zustande, weil eingesperrte Elektronen laut Quantenmechanik zwangsläufig eine gewisse Energie besitzen, die sich in einem wilden Umherflitzen und damit in einem Gegendruck äußert und umso größer ist, je enger das Elektron mit anderen Elektronen zusammengepfercht wird. Bei einer Kompression nimmt diese Energie zu, und damit erhöht sich auch der Gegendruck. Wie weit er sich erhöht, hängt allerdings entscheidend davon ab, wie schnell die Elektronen bereits durcheinander schwirren. Das ergibt sich direkt aus den mechanischen Gesetzen, die regeln, wie Energie, Masse und Geschwindigkeit eines Teilchens zusammenhängen: Für langsame Elektronen gelten in guter Näherung die Gesetze der klassischen Mechanik. Wird den Elektronen Energie zugeführt, werden sie schneller, und das wiederum schlägt sich in einem höheren Druck nieder. Für Elektronen nahe der Lichtgeschwindigkeit dagegen wird die Mechanik der speziellen Relativitätstheorie wichtig. Bei ihnen erhöht eine Energiezufuhr zwar weiterhin die träge Masse, aber das bewirkt, je näher die Elektronen der Lichtgeschwindigkeit kommen, eine immer geringere Geschwindigkeitszunahme – die Lichtgeschwindigkeit selbst ist für die Elektronen wie für alle anderen Materieteilchen unerreichbar. Der Druck nimmt zwar bei weiterer Kompression des Elektronengases auch für relativistische Elektronen zu, aber aufgrund der immer kleineren Geschwindigkeitszuwächse längst nicht so effektiv wie bei langsamen Elektronen.

Diese relativistische Schwächung des Widerstands, den die Sternmaterie weiterer Kompression entgegensetzt, hat katastrophale Folgen. Von einer bestimmten Sternmasse an ist die Anziehungskraft der Kernregion des Sterns so groß, dass der relativistisch verminderte Gegendruck nicht mehr ausreicht, um einen Kollaps zu verhindern. Der Kern beginnt daher, sich weiter zusammenzuziehen, und nach einer leichten Kontraktion sind die Energie-, Temperatur- und Dichteverhältnisse in seinem Innern so geartet, dass zwei weitere Phänomene wichtig werden und den Fortgang der Ereignisse bestimmen: Erstens nimmt die Temperatur in der

Zentralregion während des Kollapses immer weiter zu. Nicht, weil dort neue Fusionsreaktionen anliefen – der nötige Kernbrennstoff ist ja erschöpft –, sondern als direkte Folge des Zusammenfallens: Kollaps bedeutet, dass die Materie der Zentralregion auf immer geringerem Raum zusammengedrängt wird, und bei solcher Kompression heizen sich Gase unweigerlich auf. Nun habe ich bereits die elektromagnetische Wärmestrahlung erwähnt, die ein heißes Teilchengemisch aussendet. Im kollabierenden Stern nimmt die Temperatur so weit zu, dass diese Strahlung ihrerseits genügend hohe Energien erreicht, um die Fusionsprodukte des Sterns, die massereicheren Atomkerne, wieder zerspalten zu können, das Eisen etwa in Heliumkerne und einzelne Neutronen und Protonen. Bei diesem Prozess, der so genannten Photodissoziation, wird die Strahlung absorbiert und dem Sterninneren damit Wärmeenergie entzogen. Dass sich die Teilchen dabei automatisch weniger hochenergetisch durcheinander bewegen, entspricht einem verminderten Druck, und der Sternkern hat den anziehenden Gravitationskräften, die sich bemühen, den Kollaps zu beschleunigen, nun noch weniger entgegenzusetzen.

Und noch eine zweite Umwandlungsreaktion macht sich nun zunehmend bemerkbar: Immer mehr der elektrisch negativ geladenen Elektronen und der positiven Protonen der Atomkerne verbinden sich zu elektrisch neutralen Neutronen – unter Aussendung einer weiteren Sorte von Elementarteilchen, die uns bereits kurz über den Weg gelaufen ist, den (elektrisch neutralen) Neutrinos. Eine charakteristische Eigenschaft der Neutrinos ist, dass sie selbst im dichtesten Materiegedränge nur sehr selten mit anderen Teilchen wechselwirken. Ein Beispiel: Unsere Erde wird pro Sekunde von Tausenden Milliarden Milliarden Neutrinos bombardiert, die bei den Fusionsreaktionen im Sonneninneren entstehen. Für jede Billion Neutrinos, die auf der Erde eintreffen, besteht eine Chance von rund fünfzig Prozent, dass auch nur ein einziges von ihnen mit der Erdmaterie in Wechselwirkung tritt. Alle anderen Neutrinos durchqueren die Erde, als wäre sie gar nicht vorhanden. Und die allermeisten der im Sternkern entstehenden Neutrinos fliegen nicht

nur ungestört ins All und entführen damit weitere Energie aus der Kernregion. Viel schlimmer noch: Dem Elektronengas, dessen Gegendruck das Sterninnere stabilisiert, werden mehr und mehr Elektronen entzogen, die sich mit Protonen zu Neutronen verbinden. Je mehr Elektronen verloren gehen, umso weniger Druck kann der Zentralbereich dem äußeren Druck der umgebenden Sternschichten und der Gravitation entgegensetzen, und der Kollaps beschleunigt sich. Schon scheint alles verloren, doch dann kommt ein neuer Aspekt hinzu.

Etwa eine Zehntelsekunde nach Beginn des Kernkollapses ist in den innersten Regionen die Dichte so hoch wie im Innern eines Atomkerns. Das führt zu einem so genannten Phasenübergang, bei dem die Materie ihre Eigenschaften dramatisch ändert. Aus dem Alltag kennen wir solche Übergänge beispielsweise vom Wasser: Wenn wir es immer weiter abkühlen, verändern sich seine Eigenschaften recht wenig, bis der Gefrierpunkt erreicht ist – dort wird das flüssige Wasser zu Eis und bekommt damit völlig andere physikalische Eigenschaften. Bei der Sternkernmaterie nimmt, sobald ein kritischer Dichtewert erreicht ist, insbesondere der Druck, mit dem die Materie einer weiteren Kompression entgegenwirkt, plötzlich stark zu. Reine Kernmaterie, etwa ein Atomkern, setzt sich allein aufgrund der Eigenschaften der Kernkräfte sehr stark gegen äußere Kompression zur Wehr. Der Kollaps, der in der Zwischenzeit gehörig an Schwung gewonnen hat, stößt damit auf ein unerwartetes Hindernis. Auf einmal bildet sich eine Region aus, die sich kaum weiter zusammendrücken lässt, und der erhöhte innere Druck ist so stark, dass er den Kollaps tatsächlich aufhalten kann, ja, ihn sogar umkehren lässt. Diese Region ist der Vorläufer eines Neutronensterns (dazu später mehr), und um sie herum fliegt die Materie der innersten Regionen auf einmal wieder nach außen!

Als mechanische Entsprechung können Sie sich vorstellen, Sie würden zwischen Ihren Händen eine Sprungfeder zusammendrücken. Sie müssen bereits alle Ihre Kräfte aufwenden, um die Feder noch weiter zusammenzupressen, doch sobald Sie dabei eine bestimmte Grenze überschreiten, verwandelt

sie sich urplötzlich in eine dreimal stärkere Feder –
der Ihre Muskeln kaum etwas entgegenzusetzen
haben und die Ihre Hände daher blitzschnell auseinander fliegen lässt.

Die auseinander fliegenden Regionen des Sternkerns treffen bei ihrer Ausdehnung auf jene Teile des
Sterninneren, die in den seit Beginn des Kollapses
vergangenen Sekundenbruchteilen noch gar keine
Gelegenheit hatten, auf die geänderten Verhältnisse zu reagieren. Eine Stoßwelle bildet sich aus,
die durch die Sternmaterie nach außen läuft.

Die Stoßfront erhöhter Dichte und Temperatur
fegt durch die äußeren Regionen des Sternkerns und
bewirkt dabei weitere Dissoziationsreaktionen, bei
denen die schwereren Atomkerne in leichtere Kerne aufgespalten werden. Dafür ist Energie nötig, die
der Stoßfront entzogen wird, und die Front würde
sich bereits tief im Sterninneren totlaufen, käme
nicht noch ein weiterer Effekt hinzu. Ich habe bereits erzählt, wie mühelos Neutrinos Materie durchqueren. Es gibt allerdings Ausnahmen, und so extrem dichte Materie, wie sie direkt hinter der
Stoßfront entstehen kann, können auch Neutrinos
nicht ungestört durchdringen. Wirklich undurch-
lässig wird die Region dabei zwar nicht: Gerade
mal ein Prozent der Neutrinos, die weiterhin en
masse entstehen, wird dort absorbiert. Aber angesichts der unerhört großen Neutrinozahl und der
riesigen Energiemenge, die die Neutrinos davontragen, führt selbst diese Absorptionsrate der Region
direkt hinter der Stoßfront gewaltige Energien zu
und bewirkt eine Aufheizung, die die Stoßfront
weiter nach außen treibt.

Der Durchmarsch der Stoßfront stört das Gleichgewicht der unterschiedlich dichten Sternschalen
empfindlich. Immer wieder bewirkt er, dass eine
Schicht von etwas höherer Dichte oberhalb einer
Schicht geringerer Dichte zu liegen kommt. In
solch einer Situation findet generell eine turbulente
Durchmischung statt, und das gilt auch für die
Materie der betroffenen Sternregionen. Die neben-
stehenden Abbildungen, Simulationen von Wissenschaftlern des Max-Planck-Instituts für Astrophysik, veranschaulichen, wie die Stoßfront durch die
Heliumschale des Sterns läuft.

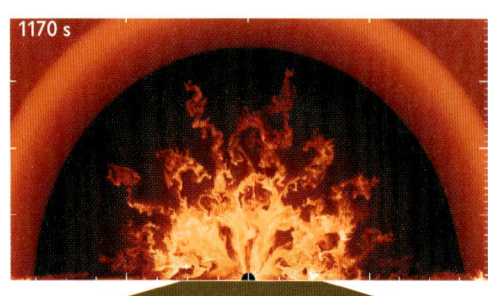

3,2 Millionen km

1,4 Millionen km

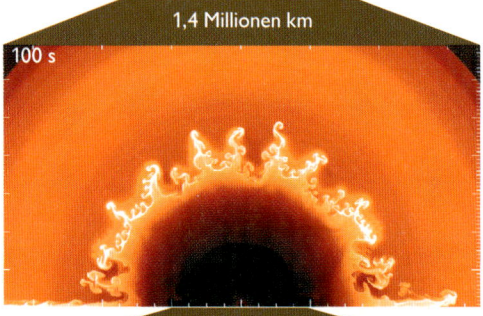

40 000 km

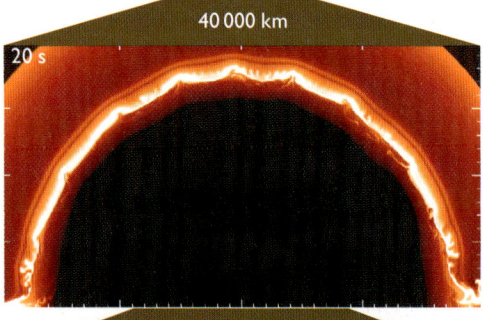

180 000 km

Gezeigt sind, von unten nach oben zu betrachten, Ausschnitte aus der Dichteverteilung des explodierenden Sterns zu verschiedenen Zeitpunkten. Die seit Beginn der Explosion vergangene Zeit ist in jedem Bild links oben eingetragen. Um die rasante Expansion der Stoßfront einzufangen, muss der Abbildungsmaßstab von Bild zu Bild angepasst werden; die Verbindungsflächen mit Längenangabe zeigen jeweils an, welcher Breite im nächstoberen Bild die Gesamtbreite des unteren Bildes entspricht und wie viele Kilometer diese Breite ausmacht. Auch die Dichteskala variiert von Bild zu Bild. Immer jedoch gilt: Je heller eine Region, umso dichter die darin enthaltene Materie. Die Schockfront ist jeweils der äußerste gerade noch sichtbare Halbkreis, in den unteren drei Bildern der Übergang von der rotorangen zur äußeren schwarzen Region, in den oberen die äußerste Grenze von hellerem zu dunklerem Orange. Interessant sind vor allem die Durchmischungsvorgänge hinter der Schockfront, etwa die sich ausbildenden pilzförmigen Ausstülpungen.

Einige Stunden, vielleicht sogar erst einen Tag nach Beginn des inneren Auseinanderfliegens hat die Stoßwelle die Oberfläche erreicht. In einer Explosion, die einmal mehr menschliche Vorstellungskraft übersteigt, einer *Supernova*, wird die Sternhülle nach außen geschleudert, und es werden in Form von elektromagnetischer Strahlung und Neutrinos unvorstellbare Energiemengen freigesetzt. In den ersten Wochen kann der Lichtausstoß einer Supernova durchaus mit dem einer ganzen Galaxie wie unserer Milchstraße mithalten, und die Neutrinos tragen noch einmal hundertmal so viel an Energie davon wie die Strahlung.

Ein Beispiel für den Effekt einer Supernova am Nachthimmel zeigen die folgenden Aufnahmen des Anglo-Australian Observatory. Zu sehen ist eine Region der Magellanschen Wolke, links vor, rechts (bei ungünstigeren Atmosphärenbedingungen und daher etwas unschärfer) direkt nach Ausbruch der Supernova 1987 A. Der Pfeil im linken Bild weist auf den Vorläuferstern.

In unserer Galaxis, der Milchstraße mit ihren Milliarden von Sternen, ereignet sich schätzungsweise alle fünfzig Jahre eine solche Explosion.

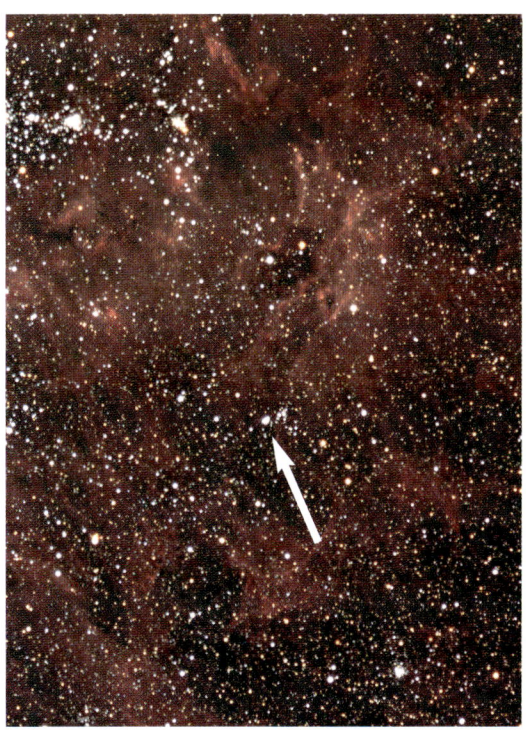

Das Herausschleudern so großer Mengen an Sternmaterie macht Supernovae nicht nur zu sehr dramatischen Ereignissen, sondern ist im wahrsten Sinne des Wortes lebensnotwendig. Zumindest für Leben der Art, wie wir es kennen: Bevor sich die ersten, verhältnismäßig schweren Sterne bildeten, gab es im All nur sehr leichte chemische Elemente: viel Wasserstoff, einiges Helium, ein wenig Lithium. Die ersten Sterne folgten dem Pfad, den wir bereits allgemein für massereiche Sterne nachgezeichnet haben. Sie erbrüteten jenseits von Helium chemische Elemente wie Kohlen- und Sauerstoff bis hin zu Eisen und endeten in einer Supernova-Explosion. Zwei wichtige Folgen sind zu nennen: Erstens ergeben sich beim Kollaps massereicher Sternkerne Bedingungen, unter denen schwerere Elemente jenseits des Eisens entstehen können. Zweitens schleudert eine solche Explosion die Sternmaterie weit ins Weltall hinaus; die ersten Sterne »düngten« ihre kosmische Umgebung sozusagen mit den im Stern erzeugten chemischen Elementen. Die nächste Generation Sterne bildete sich daher bereits aus Gaswolken, in denen außer Wasserstoff auch Spuren von Elementen wie Kohlenstoff, Sauerstoff und Eisen enthalten waren, Supernova sei Dank. Insbesondere auch die Planeten, die sich aus derselben Materiewolke formen wie ihre jeweiligen Sterne, enthielten diese Elemente, und auf Planeten sind beispielsweise Sauerstoff und Kohlenstoff unabdingbare Voraussetzungen für Leben, wie wir es kennen. Ohne Sternexplosionen keine Menschheit. Oder, wie ich vor einiger Zeit auf dem T-Shirt eines Astronomiestudenten las: »Ich war eine Supernova«.

EXPLOSION UND GRAVITATIONSWELLEN

Neutrinos und Licht sind allerdings nicht die einzigen Produkte, die eine Supernova ins All hinausschickt. Computersimulationen zeigen, dass eine Supernova kein kugelsymmetrischer Prozess ist, bei dem sich perfekte kugelschalenförmige Materieschichten zusammenziehen und ausdehnen –

dann würde sie, wie in Kapitel 7 kurz erwähnt, keinerlei Gravitationswellen aussenden –, sondern dass Abweichungen von der Kugelsymmetrie in Supernovae weit eher die Regel als die Ausnahme sein dürften.

Eine besonders wichtige Rolle scheint dabei die Rotation von Sternen zu spielen. Im Gegensatz zu einem komplett kugelsymmetrischen Kollaps führt nämlich das Zusammenfallen eines rotierenden – und durch die damit einhergehenden Zentrifugalkräfte verformten – Sterns durchaus zu jenen Massenverschiebungen, die zur Erzeugung von Gravitationswellen führen.

Eine andere Art von Abweichung von der gravitationswellenfeindlichen Kugelsymmetrie ergibt sich, wenn sich kleine Unregelmäßigkeiten in der Materieverteilung so aufschaukeln, dass die Explosion als Ganzes sehr unsymmetrisch verläuft und in einige Richtungen mehr, in andere weniger Materie geschleudert wird. Auch solche Unregelmäßigkeiten sind zu erwarten, wie die Abbildungen auf der gegenüberliegenden Seite zeigen. Es handelt sich um Ergebnisse von Simulationen, ausgeführt unter anderem durch Wissenschaftler des Max-Planck-Instituts für Astrophysik in Garching, genauer gesagt: um Schnappschüsse der Zentralregionen verschiedener Supernovae, rund eine Sekunde nach Einsetzen der Explosion.

Dargestellt ist jeweils die Materiedichte (je heller eine Region des Plots, umso dichter die darin enthaltene Materie). Dass sich die Materieverteilung um die waagerechte Achse spiegelsymmetrisch anordnet, ist eine künstliche Annahme, durch die sich die Rechnungen wesentlich vereinfachen lassen. Die deutlich asymmetrischen Explosionen erklären zum einen astronomische Beobachtungen, nach denen eine Reihe von *Neutronensternen* mit gehöriger Geschwindigkeit von einigen hundert bis über tausend Kilometer pro Sekunde durch die Reste der Supernova fliegen – der Rückstoß schießt sie geradezu ins All hinaus. Zum anderen zeigen sie eine weitere Form der Asymmetrie auf, die zur Aussendung von Gravitationswellen führen sollte.

Eine solchermaßen asymmetrische Explosion hätte noch eine weitere Konsequenz. Auch die Neu-

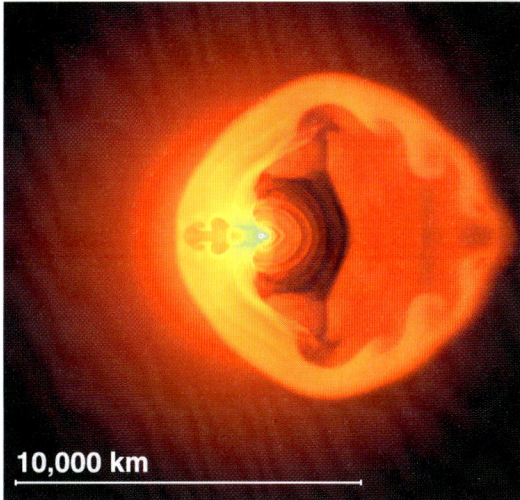

10,000 km

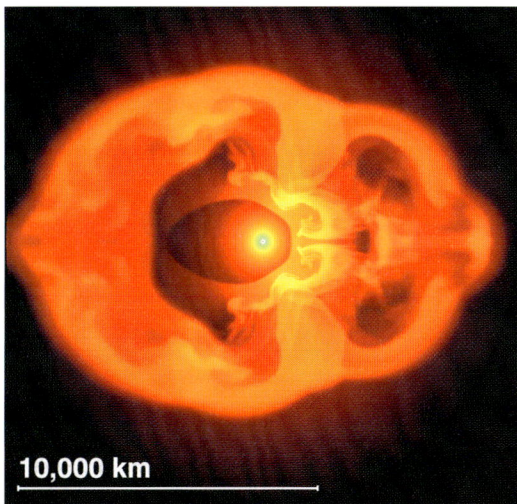

10,000 km

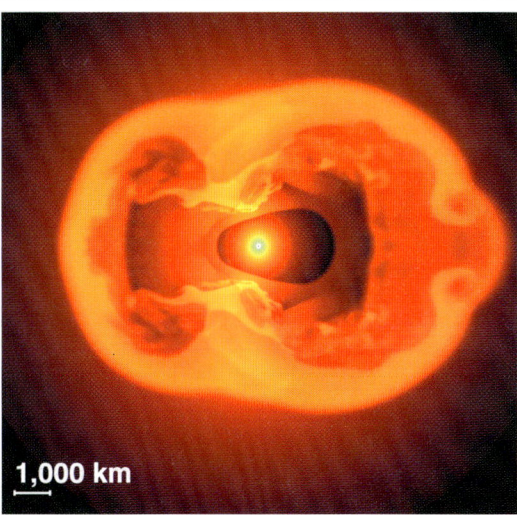

1,000 km

trinos, die, wie schon erwähnt, in ihrer Gesamtheit eine riesige Menge Energie davontragen, sind eine potenzielle Gravitationswellenquelle. Würden sie perfekt kugelsymmetrisch abgestrahlt, entstünde dabei keinerlei Gravitationsstrahlung. Bei einer asymmetrischen Explosion mit asymmetrischer Neutrinoaussendung könnten dagegen allein aufgrund der davonfliegenden Neutrinos beachtliche Gravitationswellen entstehen.

Zu diesen großräumigen Asymmetrien gesellt sich noch eine eher lokale, nämlich das Brodeln direkt hinter der von Neutrinos angetriebenen Stoßfront, bei dem sich wiederum große Materiemengen in turbulenter Bewegung befinden. Etwa eine Sekunde lang werden dabei Gravitationswellen abgestrahlt, bis die Wellenproduktion aufgrund der zunehmenden Verdünnung der Sternmaterie endet.

Zusammenfassend ergeben sich bereits aus der Explosion selbst – auf die dabei entstehenden Neutronensterne werden wir noch zurückkommen – eine Reihe vielversprechender Möglichkeiten für die Erzeugung von Gravitationswellen.

CODA ODER EINE ZWEITE CHANCE

Zum Abschluss der Supernova-Schilderungen noch etwas Versöhnliches: Auch einige massearme Sterne haben Aussicht auf ein spektakuläres Supernova-Ende. Das jedenfalls ist die derzeit wahrscheinlichste Erklärung für so genannte Supernovae vom Typ Ia, die sich von den oben geschilderten Supernovae durch Eigenschaften des Lichtspektrums, durch noch höhere Leuchtkraft und durch die Abklingkurve unterscheiden, entlang der die erhöhte Leuchtkraft mit der Zeit nachlässt. Wir haben gesehen, dass massearme Sterne als Weiße Zwerge enden. Solange sich ein Weißer Zwerg allein auf weiter Flur befindet, ist damit das Ende der Fahnenstange erreicht – der Stern zieht sich mit der Zeit allmählich immer weiter zusammen, strahlt die dadurch gewonnene Energie in Form von Licht aus, und irgendwann ist auch diese letzte Energiequelle erschöpft, der Stern bleibt dunkel und ist dann ein »Schwarzer Zwerg« geworden. Anders sieht die Sache aus, wenn der kompakte Weiße Zwerg als Teil eines Doppelsternsystems um einen Begleiter kreist. Dann kann er per Schwerkraft weitere Materie anziehen, entweder aus der umgebenden Wolke oder parasitisch von seinem Partner, und entsprechend wächst seine Masse. Ist die schon erwähnte Chandrasekhar-Grenzmasse erreicht, die bei etwa 1,4 Sonnenmassen liegt, dann ist es um die Stabilität des Sterns geschehen: Der Weiße Zwerg zieht sich zusammen, heizt sich dabei auf, erste Fusionsreaktionen von Atomkernen wie Kohlenstoff oder Sauerstoff, die im massearmen Vorläuferstern nicht anlaufen konnten, beginnen und setzen Energie frei, die den Weißen Zwerg noch weiter aufheizen. Für einige Tage bis Wochen köchelt der Weiße Zwerg in dieser Weise vor sich hin, das gegenseitige Aufschaukeln von Aufheizung und zunehmenden Fusionsreaktionen gewinnt immer mehr an Tempo, und schließlich kommt es zu einer gewaltigen thermonuklearen Explosion, einer »Supernova vom Typ Ia«, die den Weißen Zwerg binnen einer Sekunde auseinander reißt. Übrig bleibt ein verwaister Doppelsternpartner, der ins All hinausfliegt, und vielleicht noch ein diffuser Gasnebel, der den Ort des explodierten Weißen Zwergs anzeigt.

BLAUWALE IM STECKNADEL-KOPF

Vom Supernova-Spektakel zurück zum Kern der Sache. Bleibt die Masse des kollabierenden Kerns unterhalb von zirka drei Sonnenmassen – das dürfte für Sterne der Fall sein, die insgesamt zwanzig bis vierzig Sonnenmassen in sich vereinigen –, dann erreicht die zentrale Kernmaterie einen neuen Zustand und bildet ein Ensemble dicht gepackter Neutronen, nach demselben Grundprinzip quantenmechanisch stabilisiert wie die Elektronen eines Weißen Zwergs: einen Neutronenstern.

Bereits die Weißen Zwerge waren im Verhältnis zu Sternen wie unserer Sonne sehr klein; die Neutronensterne sind noch wesentlich kleiner: Ihr Radius liegt im Bereich von ganzen zehn Kilometern. Im Vergleich mit anderen Sternen ist das eine verschwindend kleine Größe. In der Abbildung auf Seite 191, mit der Sonne als Vergleichsmaßstab, wäre der Neutronenstern mit bloßem Auge nicht zu erkennen, und selbst im Verhältnis zur Erde oder einem Weißen Zwerg ist er winzig. Die folgende Abbildung zeigt Berlin, eingezeichnet sind schematisch die beiden Flughäfen im Stadtgebiet sowie Wannsee und Müggelsee, außerdem der Neutronenstern, dessen Querschnitt sich bequem im Stadtgebiet unterbringen lässt.

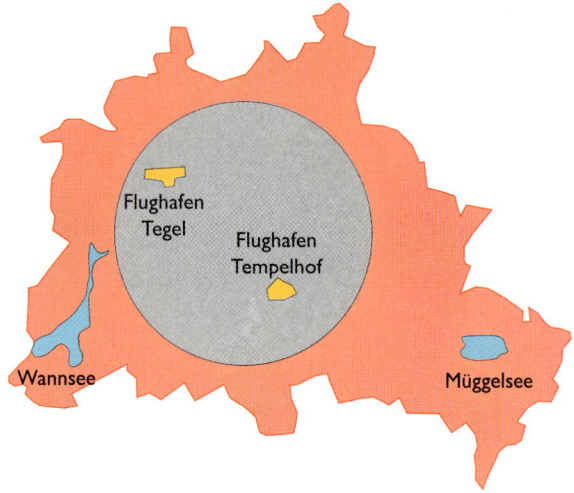

In einem solchen aus astronomischer Sicht mikroskopischen Volumen vereint ein Neutronenstern um die anderthalb Sonnenmassen. Waren bereits die Weißen Zwerge von kaum fassbarer Dichte (man denke an den auf Spielwürfelgröße komprimierten Mercedes der S-Klasse), die Neutronensterne sind im Mittel noch bis zu einhundert Millionen Mal dichter. Um dieselbe durchschnittliche Dichte zu erreichen, kann man wahlweise alle sechs Milliarden Erdbewohner auf ein Durchschnittsgewicht von achtzig Kilo mästen und dann auf einen Würfel mit knapp zwei Zentimetern Seitenlänge zusammenstauchen, oder man fängt viertausend Blauwale und komprimiert sie auf das Volumen eines Stecknadelkopfes (Tierfreunde können statt der Blauwale auch sechs nachgebaute Kopien des Luxusliners »Titanic« verwenden). Vergleichbare Dichten herrschen in Atomkernen, und das ist, wie wir gesehen haben, kein Zufall: Bei der Supernova-Explosion schwerer Sterne wird das Sterninnere so weit komprimiert, dass sich die Protonen der Atomkerne mit Elektronen zu Neutronen verbinden. Das Ergebnis ist tatsächlich so etwas wie ein gigantischer Ball aus Kernmaterie.

Die ersten Phasen der Entstehung von Neutronensternen haben wir im vorigen Abschnitt bereits Revue passieren lassen: den Kollaps des Sternzentrums, die Druck- und Dichteverhältnisse, bei denen selbst ein Elektronengas dem Zusammenbruch nicht entgegenwirken kann, und schließlich die Stabilisierung als Ball aus Neutronenmaterie inklusive der für diesen Zustand nötigen Umwandlungen von Protonen in Neutronen. Die dabei freigesetzten Neutrinos spielen nicht nur eine entscheidende Rolle beim Zünden der Supernova-Explosion. In den ersten zehn bis zwanzig Sekunden seines Daseins heizen sie auch den Neutronenstern auf, bevor mehr und mehr von ihnen entkommen und der Neutronenstern in eine Phase stetiger Abkühlung eintritt.

Eine wichtige Eigenschaft von Neutronensternen ist, dass sie im Allgemeinen sehr schnell rotieren. Wie kommt das zustande? Ich habe in Kapitel 4 kurz die Energie als Beispiel für eine Buchhaltergröße erwähnt – die Summe der Teilenergien eines geschlossenen Systems ändert sich nicht mit der Zeit, sondern bleibt konstant. Eine weitere solche Erhaltungsgröße ist der Drehimpuls, grob gesprochen das Produkt aus der Drehgeschwindigkeit eines Körpers und seiner »Drehträgheit«, von den Physikern »Trägheitsmoment« genannt: dem Widerstand, der zu überwinden ist, um den Körper in Drehung zu versetzen. Das Trägheitsmoment ist zum einen umso größer, je größer die Masse des betreffenden Objekts ist. Andererseits hängt es davon ab, ob die Masse nahe der Drehachse liegt oder weit davon entfernt. Ein Beispiel zeigt die folgende Abbildung:

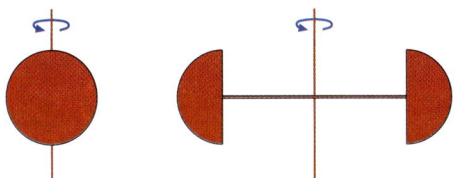

Die Kugel lässt sich zehnmal leichter in Drehung um die eingezeichnete Achse versetzen als die Hantel, bei der die Hälften derselben Kugel durch einen eingesetzten Stab voneinander und von der Drehachse entfernt worden sind.

Ein Paradebeispiel für die Erhaltung des Drehimpulses ist der Eiskunstlauf:

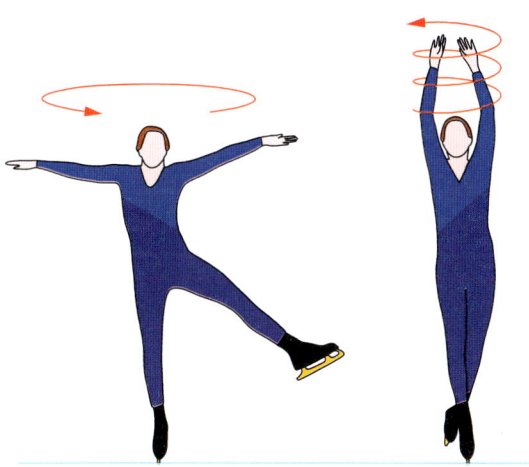

Um eine Pirouette zu vollführen, ist es für einen Eiskunstläufer günstig, sich zunächst in eine langsame Drehung zu versetzen, bei der er die Arme und vielleicht sogar noch ein Bein ausgestreckt hält. Zieht er anschließend Arme und Bein an, dreht er sich automatisch wesentlich schneller – ein Musterbeispiel für die Drehimpulserhaltung: Das Trägheitsmoment des Eiskunstläufers ist bei ausgestreckten Armen wesentlich größer, als wenn er sie anlegt. Damit das Produkt aus Trägheitsmoment und Drehgeschwindigkeit konstant bleibt, muss das Kleinerwerden des Trägheitsmoments von einem entsprechenden Anwachsen der Drehgeschwindigkeit begleitet sein. Auch der Gasball eines Sterns dreht sich typischerweise etwas um die eigene Achse. Kollabiert das Sternzentrum zu einem Neutronenstern, so entspricht das dem Eiskunstläufer, der die Arme anzieht und sich dadurch schneller dreht – nur sind das relative Zusammenziehen und die damit verbundene Verkleinerung des Trägheitsmoments im Fall des Sterns viel extremer, und genauso extrem ist die Zunahme der Drehgeschwindigkeit, die die Erhaltung des Drehimpulses gewährleistet: Aus einem langsam rotierenden Stern, der sich, wie unsere Sonne, im Laufe eines Monats einmal um sich selbst dreht, kann ein Neutronenstern werden, der pro Sekunde mehrere hundert Umdrehungen ausführt.

Die frühen Stadien der Neutronensternbildung sind gerade in Bezug auf Gravitationswellen von großem Interesse. Selbst bei einem perfekt kugelsymmetrischen Kollaps kann es zur Wellenaussendung kommen: Die Energie im Neutronenstern ist in der ersten Zehntelsekunde seines Lebens so ungleich verteilt, dass Konvektionsprozesse einsetzen sollten, das heißt, dass die heiße Materie aus dem Neutronensterninneren wie in einem brodelnden Kochtopf an die Oberfläche steigt, dort abkühlt und wieder zurücksinkt. Bei diesem Brodeln werden, man denke an die große Dichte der Neutronenmaterie, große Massenmengen verschoben, und zwar in keineswegs kugel- oder auch nur axialsymmetrischer Weise: Die Materialblasen, die aufsteigen oder ins Sterninnere sinken, überziehen die Oberfläche des Sterns mit einem unregelmäßigen, chaotischen Muster, ähnlich, wie es auf dem Foto der Sonnenoberfläche auf Seite 190 zu sehen war. Diese Materialverschiebungen sollten rund eine Sekunde lang starke Gravitationswellen erzeugen, bis die Temperatur des Sterns so gleichmäßig geworden ist, dass das Brodeln ein Ende findet.

Ist die Rotation des Sterninneren so stark, dass der kollabierende Bereich stark abgeflacht wird, könnte noch ein weiteres gravitationswellenrelevantes Phänomen auftreten. Je nachdem, wie Druck, innere Reibung, Temperatur und Dichte von Neutronensternen zusammenhängen, und je nachdem, ob es möglich ist, dass die inneren Sternschichten während der Supernova genügend Drehimpuls auf den Proto-Neutronenstern übertragen, könnte dieser spontan seine Form verändern. Er würde dabei von einem abgeflachten Ellipsoid zu einem baguetteähnlichen Balken, der sich wie ein Propeller dreht. Bei seiner Drehung würde solch ein Balken starke Gravitationswellen erzeugen, ähnlich denen zweier Massen, die einander umkreisen. Die Abstrahlung der Gravitationswellen, aber auch die Wech-

selwirkung an der umgebenden Sternhülle, die der Balken wie ein Quirl verrührt, wirken bremsend und führen letztendlich zu einer Rückkehr zur Ellipsoidform. Bis es so weit ist, wirkt der rotierende Balken als beachtliche Gravitationswellenquelle. In vereinfachten Neutronensternmodellen lässt sich dieses Phänomen nachweisen; wie weit es beim Übergang zu immer realistischeren Modellen erhalten bleibt, muss sich zeigen.

Nach einigen Minuten ist die turbulente Kindheit des Neutronensterns vorbei, und er setzt sich als rotierender, etwas ellipsoid verformter Ball zur Ruhe. Mehr und mehr der Neutrinos, die sich im Sterninneren gebildet haben, gelingt die Flucht. Rund eine Minute nach dem Kollaps war das Innere des Neutronensterns noch einige Milliarden Grad heiß. Durch stetige Neutrinoaussendung kühlt er immer weiter ab. Nach einigen Jahrzehnten setzen weitere Kühlungseffekte ein, so genannte Urca-Prozesse. Dabei zerfällt jeweils ein Neutron in ein Proton, ein Elektron und ein (Anti-)Neutrino, und anschließend wandelt sich das Proton wieder in ein Neutron um und sendet dabei ein Positron und ein Neutrino aus, und der Prozess kann von Neuem beginnen. Bei jedem der Zerfälle in diesem Hin und Her verliert der Stern Energie, die durch die frei werdenden Neutrinos davongetragen wird. Nicht ohne Grund sind die Urca-Prozesse nach einem berühmten Spielkasino benannt, das in dem gleichnamigen Stadtteil von Rio de Janeiro angesiedelt war. Nach einigen hundert Jahren verschlechtern sich die Ausgangsbedingungen für die Urca-Kühlung, und die Abkühlung findet nun – die Neutronensternoberfläche ist immer noch rund fünfzigmal heißer als die der Sonne – hauptsächlich über Röntgenstrahlung statt, die der Stern aussendet. Nach und nach verebbt seine Abstrahlung, bis er schließlich als inaktive Kugel aus kalter Neutronenmaterie durch den Weltraum treibt.

Nach diesem Abriss der Neutronensternentwicklung ein Blick auf die innere Struktur eines Neutronensterns, der seine stürmische Jugend bereits hinter sich hat:

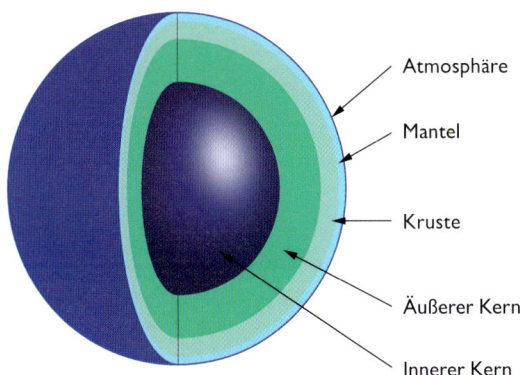

Atmosphäre

Mantel

Kruste

Äußerer Kern

Innerer Kern

Je weiter man ins Innere vordringt, umso exotischer der Zustand der Sternmaterie. Den harmlosen Anfang machen die nur einige Millimeter dicke Atmosphäre und der rund hundert Meter dicke Mantel aus Silizium- und Eisenkernen. Diese Schichten sind wichtig, da sie die Strahlung bestimmen, die der Stern aufgrund seiner Temperatur aussendet. Die Außenregionen von Neutronensternen sind sehr heiß, einige hunderttausend bis Millionen Grad (zum Vergleich: die Temperatur der Sonnenoberfläche beträgt nur einige tausend Grad). Für derart heiße Körper liegt die ausgesandte Strahlung im hochenergetischen Röntgenbereich – wobei die Energieverteilung allerdings durch die Absorptionseigenschaften der hauchdünnen Atmosphäre beeinflusst wird. Als nächsttiefere Schicht folgt die Kruste, rund zwei Kilometer dick und ebenfalls aus Atomkernen aufgebaut, die zunächst in einer Art solidem Kristallgitter gebunden sind. Je tiefer man sich in die Kruste vorarbeitet, umso neutronenreicher werden die dort vorhandenen Atomkerne. Nähern wir uns rund einen Kilometer unter der Oberfläche den äußeren Regionen des Sternkerns, ist die Dichte so groß, dass die Neutronen den Atomkernen entkommen können. Sie bilden eine Art Flüssigkeit, mit großer Wahrscheinlichkeit sogar eine so genannte *Supraflüssigkeit*, die aufgrund von Quanteneffekten keine innere Zähigkeit (Viskosität) besitzt und außerdem eine extrem hohe Wärmeleitfähigkeit aufweist, die in diesen Bereichen zu einem so gut wie perfekten Temperaturausgleich führen würde. Auch eine Region mit supraflüssigen Protonen ist zu erwarten. Diese Flüssigkeit wäre zudem

ein *Supraleiter*, in dem elektrische Ströme ohne jeglichen Widerstand fließen könnten, und dürfte wichtig für die Magnetfelder des Neutronensterns sein, auf die ich im folgenden Abschnitt etwas näher eingehen werde. In der Flüssigkeit (oder Supraflüssigkeit) treiben die Atomkerne herum wie Fleischklößchen in Soße. Das ist der Anfang dessen, was unter Fachleuten als die »nukleare Pasta-Sequenz« bekannt ist und ungefähr die innersten fünfzig Meter der Kruste betrifft: Mit zunehmender Tiefe werden die Atomkerne durch den zunehmenden Druck zunächst zu dünnen Zylindern verformt (Spaghetti), dann zu platten Zylindern, getrennt durch Flüssigkeitsschichten (Lasagne). Noch tiefer überwiegt die Kernmaterie, zunächst mit zylindrischen Höhlen voll Neutronenflüssigkeit (Ziti), dann mit runderen Löchern, ebenfalls voll Flüssigkeit (Ravioli oder, pastafremder, aber anschaulicher: Schweizer Käse), und schließlich gelangt man in die etwa zehn Kilometer dicke Schicht des äußeren Neutronensternkerns, ein strukturloses Plasma aus Protonen, Neutronen und Elektronen – eine Suppe aus Kernmaterie, im Pasta-Jargon: Soße. Darunter liegen möglicherweise noch exotischere Regionen, ein innerer Kern mit einem Radius im Kilometerbereich. Welche Formen die Materie dort annimmt, lässt sich nur vermuten. Handelt es sich um ein extrem niederenergetisches Kondensat von Kernteilchen wie Pionen oder Kaonen? Geht dort alle Materie in eine andere, auf der Erde nur aus Teilchenbeschleunigern bekannte Art schwerer Elementarteilchen über, in so genannte Seltsame Teilchen? Ist der Druck so hoch, dass von einer bestimmten Tiefe an gar keine Kernteilchen mehr vorhanden sind, sondern nur ein undifferenziertes Gemisch aus den Quarks, aus denen laut Standardmodell der Elementarteilchenphysik Neutronen und Protonen bestehen?

Glücklicherweise sind nicht alle Eigenschaften der Neutronensterne so gut verborgen wie ihr geheimnisvolles Innerstes. Einige drängen sich dem geneigten Beobachter geradezu auf.

KOSMISCHE LEUCHTTÜRME

Auf die schnelle Rotation von Neutronensternen, die auf die Erhaltung des Drehimpulses zurückzuführen ist, habe ich bereits hingewiesen. Hinzu kommt eine weitere, weit weniger anschauliche Buchhaltergröße, die die Stärke des Sternmagnetfelds beschreibt. Der Kollaps führt zu einem überproportional großen Magnetfeld des entstehenden Neutronensterns, das, mit irdischen Feldern verglichen, von gigantischer Stärke sein kann, zehn Billionen Mal stärker als das Erdmagnetfeld.

Starkes Magnetfeld und rasche Rotation haben zusammengenommen eine auffällige Konsequenz: Sie machen den Neutronenstern zu einem Pulsar. Die Beschleunigung von Elektronen entlang den mitrotierenden magnetischen Feldlinien – die Einzelheiten dieses Mechanismus werden unter Astrophysikern allerdings höchst kontrovers diskutiert – führt zur Aussendung von eng gebündelter elektomagnetischer Strahlung, insbesondere von Radiowellen; als wäre an jedem der beiden magnetischen Pole ein starker (Radio-)Scheinwerfer angebracht, sendet der Pulsar in entgegengesetzte Richtungen zwei Bündel intensiver Strahlung aus.

Ebenso wie bei der Erde der magnetische Nordpol und der geografische Nordpol (der »Durchstichpunkt« der Erdachse durch die Erdoberfläche) nicht exakt am selben Ort liegen, weicht die Drehachsenrichtung bei Neutronensternen in der Regel von der Richtung der Strahlenbündel ab, die von den beiden magnetischen Polen ausgehen, wie in nebenstehender Skizze dargestellt, die den Neutronenstern, seine Drehachse sowie Teile seiner magnetischen Feldlinien und der beiden Strahlenbündel zeigt.

Der Neutronenstern ist damit eine Art kosmischer Leuchtturm: Genauso wie der rotierende Lichtstrahl, den ein irdischer Leuchtturm aussendet, rotieren die beiden Strahlenbündel des Neutronensterns; genauso, wie Seeleute auf einem Schiff den Umstand, dass der Lichtstrahl des Leuchtturms es bei jeder seiner Umdrehungen einmal überstreicht, als ein regelmäßiges Blinken wahrnehmen, sieht ein Beobachter, der sich im Zielbereich des rotierenden Strahlenbündels befindet, ein regelmäßiges Radioblinken, während das Strahlenbündel ihn wieder und wieder trifft. Dass das Blinken auf die Rotation des Pulsars zurückgeht, führt zu einer hoch präzisen Regelmäßigkeit, die irdische Leuchttürme nicht annähernd erreichen. Ein massives Objekt setzt nicht nur Kräften, die seine Geschwindigkeit bremsen oder erhöhen, einen großen Trägheitswiderstand entgegen, sondern auch Änderungen seines Rotationszustands. Pulsare sind extrem massive, solide Kugeln, und äußere Einflüsse haben von vornherein schlechte Karten, wenn es darum geht, die Pulsarrotation zu stören.

Diese Regelmäßigkeit des Signals brachte denn auch Jocelyn Bell, die 1967 als Doktorandin des Astronomen Antony Hewish Daten des Radioteleskops der Cambridge University auswertete, auf den Gedanken, dass die Reihe von Strahlungspulsen, die sie in dem Material entdeckte, systematischer Natur waren, Signale eines kosmischen Objekts, das auf den Namen »Pulsar« getauft wurde. Als bei gezielter Suche mehr und mehr solcher Pulsare gefunden wurden – einige im Radiobereich, andere, die Pulse im Bereich des sichtbaren Lichts aussenden, und sogar Röntgen-Pulsare –, begann das Puzzle eine erkennbare Form anzunehmen. Über Neutro-

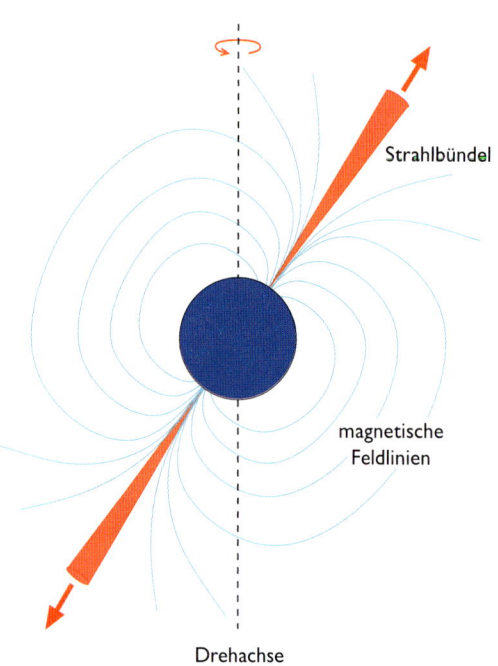

Strahlbündel

magnetische
Feldlinien

Drehachse

nensterne als Supernovareste hatten die Astronomen Fritz Zwicky und Walter Baade bereits Mitte der dreißiger Jahre Vermutungen angestellt. Nun verdichteten sich die Hinweise, dass mit den Pulsaren erstmals konkrete Spuren der bis dahin eher hypothetischen Neutronensterne gefunden worden waren, denn insbesondere die hoch präzise Regelmäßigkeit der Pulse stellt höchste Anforderungen an physikalische Erklärungsmodelle. Dass es sich um leuchtturmartige oder solche Weiße Zwerge handeln könnte, die sich als Ganzes ausdehnen und zusammenziehen, schloss die Entdeckung schnell rotierender Pulsare wie die des so genannten Krebs-Pulsars aus, der eine Pulsperiode von nur 33 tausendstel Sekunden besitzt. Ein derart schnell rotie-

render Weißer Zwerg würde durch Zentrifugalkräfte auseinander gerissen, und auch durch Schwingungen könnte er solche Pulsfrequenzen nicht erreichen. Hinzu kam, dass sich die Rotation des Krebs-Pulsars ganz, ganz allmählich verlangsamt – auch dies eine allgemeine Eigenschaft von Pulsaren. Solch eine stetige Verlangsamung ist durch eine Sternschwingung, deren Schwingungsperiode im Wesentlichen von unveränderlichen Materialeigenschaften abhängt, nicht zu erklären. Es musste sich also tatsächlich um äußerst kompakte Objekte wie Neutronensterne handeln, und die weiteren Erkenntnisse bestätigten diesen Schluss. Es gab sogar Hinweise auf die Entstehung der Neutronensternpulsare in Supernovae. Schon die Position des Krebs-Pulsars am Nachthimmel liefert dafür einen Anhaltspunkt: Er befindet sich im so genannten Krebs-Nebel (M1) im Sternbild Stier, auf der Vorseite zu sehen in einer Aufnahme des Very Large Telescope der Europäischen Südsternwarte (ESO) vom November 1999.

Der Nebel ist der Überrest einer Supernova, die am 4. Juli des Jahres 1054 von chinesischen Astronomen beobachtet wurde. Ihren sorgfältigen Aufzeichnungen zufolge muss der neue Stern bei seinem plötzlichen Erscheinen rund viermal heller gewesen sein als der Planet Venus und war 23 Tage lang sogar bei Tageslicht am Himmel sichtbar. Dieses Datum passt vorzüglich zu zwei Altersabschätzungen, die sich aus heutigen Beobachtungsdaten ergeben. Zum einen dehnt sich der Krebs-Nebel nachweisbar immer weiter aus. Verfolgt man diese Ausdehnung rechnerisch zurück bis zu jenem Zeitpunkt, an dem alle Nebelmaterie an ein und demselben Ort konzentriert war, so stimmt das Ergebnis gut mit dem historisch verbürgten Datum der Supernova überein. Zum anderen lässt sich das Alter des Krebs-Pulsars daran abschätzen, wie seine Rotation allmählich langsamer wird. Je weiter man in die Vergangenheit zurückgeht, umso schneller rotiert der Pulsar, und irgendwann ist ein Zeitpunkt erreicht, an dem er sich unendlich schnell hätte drehen müssen. Das ermöglicht es, eine Obergrenze des Pulsaralters abzuschätzen – in Wirklichkeit muss der Pulsar *nach* diesem hypothetischen Zeitpunkt unendlich schneller Rotation geboren worden sein. Auch diese Obergrenze stimmt in guter Näherung mit dem physikalischen Alter des Krebs-Nebels und dem historischen Datum der Supernova überein. Die Energie, die der Pulsar durch seine Verlangsamung verliert, entspricht zudem genau der Energiemenge, die nötig ist, um die anhaltende Strahlung des Krebs-Nebels zu erklären. Neueste Beobachtungen zeigen sogar direkt, wie der Pulsar im Zentrum der Nebelaktivität sitzt und seine Energie an die Umgebung abgibt. Die folgende Aufnahme des NASA-Röntgensatelliten Chandra vom August 1999 zeigt den Kernbereich des Krebs-Nebels, einen etwas weniger als halb so großen Himmelsbereich wie das Bild auf Seite 203.

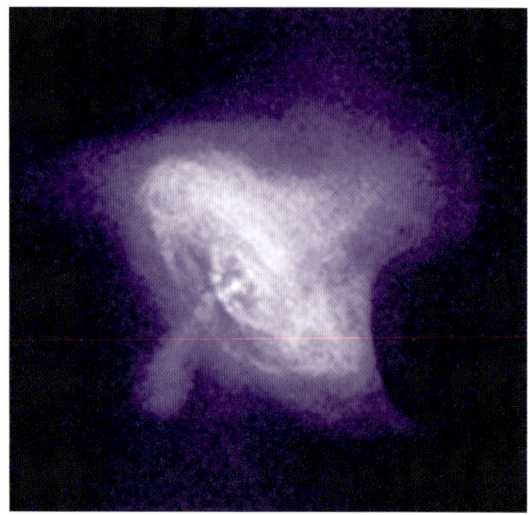

Deutlich zu sehen ist ein Ring aus Gas und Staub rund um den im weißen Mittelpunkt angesiedelten Neutronenstern sowie ein Jet von Material, der aus dem Zentrum in die Weiten der Wolke geschleudert wurde. Alle Anzeichen deuten darauf hin, dass der Krebs-Pulsar und der Krebs-Nebel gemeinsam in ein und derselben Supernova-Explosion entstanden sind.

Zu guter Letzt sei noch angemerkt, dass das Langsamerwerden der Pulsarrotation gelegentlich durch so genannte Ausrutscher, »Glitches«, unterbrochen wird, nach denen sich der Pulsar recht plötzlich wieder schneller dreht. Dafür ist nach heutigem Wissensstand eine recht komplizierte Wechselwirkung zwischen der Kruste und der darunter liegenden (Supra-)Flüssigkeit verantwortlich, wobei Letztere zunächst nicht an der Abbremsung teilnimmt und es später zu einer Angleichung der Drehgeschwindigkeiten kommt – die Flüssigkeit wird dann abgebremst, die Kruste dreht sich etwas schneller als vorher.

ROTIERENDE NEUTRONENSTERNE UND GRAVITATIONSWELLEN

Einige mögliche Arten, wie es während der Entstehung eines Neutronensterns zur Aussendung von Gravitationswellen kommen kann, habe ich bereits erwähnt – das Konvektionsbrodeln etwa oder die Verformung des jungen Neutronensterns zu einem rotierenden Propeller. Auch bei einem ausgewachsenen Neutronenstern kann die rasche Rotation zusammen mit der extremen Materialdichte auf verschiedene Arten und Weisen Gravitationswellen hervorrufen. Die Rotation allein genügt allerdings nicht, denn ein starres, perfekt achsensymmetrisches Objekt sendet, wie in Kapitel 7 angesprochen, keinerlei Gravitationswellen aus, und so ist auch von einem symmetrischen Neutronenstern, mag er noch so schnell rotieren, keinerlei Gravitationsstrahlung zu erwarten. Dagegen wirkt schon die geringste Unregelmäßigkeit, sei es ein millimetergroßer Hügel auf der Sternoberfläche oder eine geringe asymmetrische Verformung des gesamten Sterns, als starke Gravitationswellenquelle.

Eine weitere Möglichkeit besteht darin, dass die Symmetrieachse des Sternellipsoids gegenüber seiner Rotationsachse leicht verschoben ist, wie in der folgenden Abbildung skizziert:

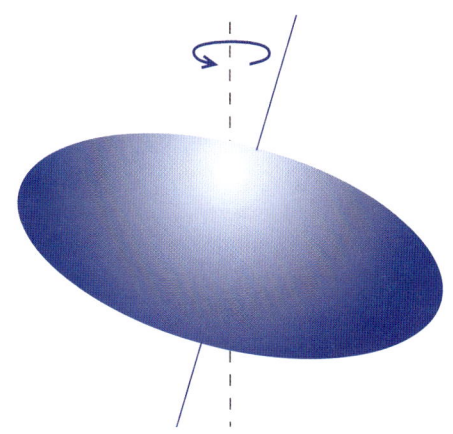

Die Symmetrieachse, als blaue Linie eingezeichnet, hat eine etwas andere Richtung als die schwarze, unterbrochene Linie, die Drehachse. Der Winkel zwischen den Achsen ist dabei der Anschaulichkeit halber unrealistisch groß gewählt, für wirkliche Neutronensterne dürfte er nicht größer als einige wenige Winkelgrad sein. Das Ergebnis ist eine Art taumelnder Pulsar, dessen Drehachse eine zusätzliche kleine periodische Richtungsänderung ausführt, die *Präzession* genannt wird. Tatsächlich gibt es

mindestens einen Pulsar, bei dem Radiobeobachtungen auf eine Präzessionsbewegung hinweisen und der daher als Kandidat für diese spezielle Art von Gravitationswellenerzeugung in Frage kommt.

Verformungen des Sterns, die von der Drehachsensymmetrie abweichen, könnten beispielsweise aufgrund der starken Magnetfelder in den supraleitenden Regionen des äußeren Kerns entstehen, mit denen ein gewaltiger Druck einhergeht. Sind diese inneren Magnetfelder ein wenig gegenüber der Rotationsachse des Sterns verschoben – für *äußere* Magnetfelder haben wir solch eine Verschiebung als Hintergrund des Pulsarphänomens kennen gelernt –, dann dürften auch die von ihnen verursachten leichten Verformungen von der Drehachsensymmetrie abweichen.

Welche Erzeugungsmechanismen in der Praxis eine Rolle spielen, ist weitgehend ungeklärt. Sowohl für die Hintergründe der Deformationen als auch für weitere Quellprozesse – etwa Gravitationswellen durch instabile Materieströme im Sterninneren – existieren Modelle, mit denen sich allerdings bislang keine verlässlichen Vorhersagen treffen lassen, was für Gravitationswellen uns von deformierten oder instabilen Neutronensternen erreichen sollten.

GESELLIGE NEUTRONENSTERNE

Bereits die letzte Abbildung des Krebs-Neutronensterns zeigte ein Beispiel für einen Neutronenstern, der in intensiver Wechselwirkung mit seiner Umgebung steht. Eine andere Form der Geselligkeit liegt vor, wenn der Neutronenstern Teil eines Doppelsterns ist, und solche Konfigurationen sind astrophysikalisch hochinteressant. Zum einen, weil sie Chancen eröffnen, aus astronomischen Beobachtungen die Masse der Doppelsternpartner zu bestimmen und in einigen Fällen auch den Radius des Neutronensterns abzuschätzen – beides wichtige Größen, anhand derer sich die Vorhersagen der gängigen Modelle für Massen- und Größenbereiche der Neutronensterne überprüfen lassen. Zum anderen … Aber ich will dem Höhepunkt dieses Abschnitts nicht vorgreifen, gehen wir der Reihe nach vor.

Beginnen wir mit einem System, in dem sich ein Neutronenstern und ein sonnenähnlicher Partnerstern oder ein Riesenstern umkreisen. Sind sie sich nahe genug, kommt es zu einer recht ungleichen Beziehung des Gebens und Nehmens, wie sie im Folgenden schematisch abgebildet ist:

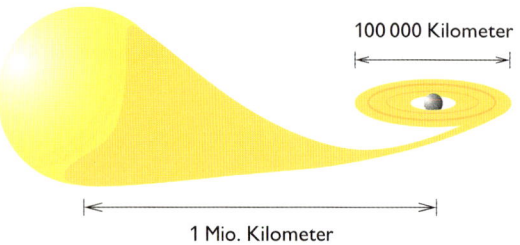

100 000 Kilometer

1 Mio. Kilometer

Vom Begleiterstern wird durch die Schwerkraftwirkung des Neutronensterns ständig Hüllengas abgezogen, das in einer so genannten Akkretionsscheibe auf den Neutronenstern zustrudelt. Typische Werte für die Entfernung der Doppelsternpartner und für die Ausdehnung der Akkretionsscheibe sind in der Abbildung angegeben; der Neutronenstern selbst misst, wie schon erwähnt, rund zwanzig Kilometer im Durchmesser.

In einer solchen Situation können mehrere interessante Phänomene auftreten. Wenn Materie auf ein kompaktes Objekt fällt, werden dabei enorme Mengen an Energie freigesetzt. Ein Kilogramm Materie, das aus der Ferne auf die Oberfläche eines Neutronensterns stürzt, gewinnt dabei rund zehn Billiarden Joule an Bewegungsenergie. Das entspricht der Energie des jährlichen Stromverbrauchs einer Großstadt wie Hamburg oder Berlin. Ein großer Teil dieser Bewegungsenergie wird in ungeordnete Bewegung umgesetzt, wenn die Teilchen, die auf den Neutronenstern fallen, zusammenstoßen und voneinander abprallen. Diese ungeordnete Bewegung entspricht einer gewaltigen Erwärmung der Materie, die sich in der Akkretionsscheibe sammelt. Bei so hohen Temperaturen senden Objekte hochenergetische Röntgenstrahlen aus, und Doppelsterne mit Akkretionsscheibe gehören zu den hellsten Röntgenquellen am Himmel. Dem Partnerstern kann die große Strahlungsleistung in ungünstigen Fällen zum Verhängnis werden – ein Bei-

spiel ist der »Schwarze-Witwen-Pulsar«, dessen Strahlung bereits einen erheblichen Anteil der Sternatmosphäre seines Partners ins All hinausgeblasen hat.

Wichtig ist, dass uns von einigen der Neutronensterne, die solchermaßen Materie an sich ziehen, höchst regelmäßige Pulse von Röntgenlicht erreichen – es handelt sich um so genannte *Röntgenpulsare*. Hintergrund dieses Phänomens dürfte ein starkes Magnetfeld sein, mit dem solche Sterne den Materiefluss von der Akkretionsscheibe auf ihre Oberfläche entscheidend beeinflussen. Die per Schwerkraft angezogene Materie trifft dann nicht beliebig auf die Neutronensternoberfläche, sondern wird zu den magnetischen Polen des Sterns gelenkt. Die Pole heizen sich aufgrund des Materiebombardements auf und senden dann besonders viel Röntgenstrahlung aus. Früher dachten die Astrophysiker, in einer solchen Situation komme es, sofern das Magnetfeld gegenüber der Rotationsachse des Sterns verschoben ist, einmal mehr zu einem einfachen Leuchtturmeffekt, diesmal im Röntgenbereich: Für uns als Beobachter auf der Erde wäre der »heiße Fleck« am Magnetpol zeitweilig sichtbar, er verschwinde dann während jeder Umdrehung einmal auf die uns abgewandte Seite des Neutronensterns und tauche anschließend wieder auf. Modernere Untersuchungen deuten stattdessen darauf hin, dass relativistische Lichtablenkungseffekte eine wichtige Rolle spielen dürften, wenn es darum geht, die deutlichen, hellen Pulse der Röntgenpulsare zu erklären. Einer Modellvorstellung zufolge könnte es beispielsweise zu einem Gravitationslinseneffekt kommen, bei dem der kompakte Neutronenstern das Licht des Materiebombardements auf dem dem Beobachter *abgewandten* Pol bündelt und auf diese Weise ein Helligkeitsmaximum erzeugt – bei Gravitationslinsen kann das Licht eines leuchtenden Objekts, das, vom Beobachter aus betrachtet, hinter der Linsenmasse steht, schließlich so gebündelt werden, dass das Bild, das er sieht, heller ist, als wenn er das Objekt direkt sähe. Dass die Pulse mit der einfallenden Materie und ihre Regelmäßigkeit mit der Rotation des Neutronensterns zu tun haben, ist unzweifelhaft. Was die Details angeht, hat sich allerdings bislang noch kein Erklärungsmodell allgemein durchsetzen können.

Für Pulsare mit starken Magnetfeldern kommt es durch deren Vermittlung zu komplizierten Wechselwirkungen zwischen Pulsar und Akkretionsscheibe, bei denen die Rotation des Pulsars beschleunigt, aber auch gebremst werden kann. Für Pulsare mit sehr schwachem Magnetfeld ist die Situation etwas einfacher: Dort wird die Materie, die auf den Pulsar stürzt, nicht durch ein Magnetfeld abgelenkt, sondern fällt recht flach auf die Oberfläche, wie in der folgenden Abbildung skizziert, die, sehr vereinfacht, Pulsar (blau) und Akkretionsscheibe (gelb) von oben zeigt:

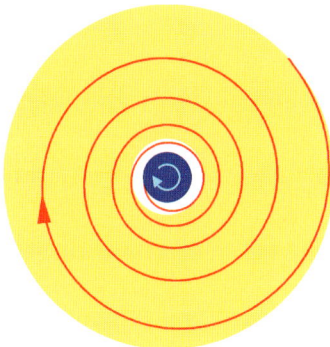

Materie, die sich in der Akkretionsscheibe auf den Pulsar zubewegt (rote Linie), fällt auf einer Spiralbahn und wird dabei immer schneller, je näher sie dem Zentralkörper kommt und je enger sie dabei ihre Kreise zieht. Wenn sie am inneren Scheibenrand angelangt ist, sind Geschwindigkeitswerte bis zu rund der halben Lichtgeschwindigkeit möglich! Die flach aufprallende Materie versetzt den Pulsar in dem hellblau eingezeichneten Drehsinn in immer schnellere Rotation. Ein solcher Prozess gilt als Erklärung für die Eigenschaften der so genannten Millisekundenpulsare mit ihren sehr kurzen Rotationsperioden im, der Name sagt es, Millisekundenbereich – recycelte Pulsare sozusagen, deren verlangsamte Rotation durch die Kopplung an ihre Umgebung neuen Schwung erhalten hat. Eine wichtige Rolle spielen gesellige Pulsare bei der Bestimmung der Massen und Durchmesser von Neutronensternen.

Ein Beispiel sind so genannte Röntgenausbrüche. Sie treten bei alten Neutronensternen mit sehr schwachem Magnetfeld auf, bei denen sich das vom Begleiter abgezogene Sterngas, vorwiegend Wasserstoff, direkt um den Neutronenstern ansammelt. Erreicht diese Gashülle eine kritische Masse, dann kommt es zu einer thermonuklearen Explosion, die sich als plötzliches Hellerwerden vor allem im Röntgenbereich zeigt, dem erwähnten Röntgenausbruch oder »X-Ray Burst«. Anschließend sammelt sich weiterer Wasserstoff um den Neutronenstern, und der Prozess wiederholt sich. Einerseits ermöglicht ein vereinfachtes Modell, das die (mit Röntgenteleskopen messbare) Temperatur und Strahlungsleistung des Ausbruchs mit der Größe der Wasserstoffschale und der Strahlungsleistung verknüpft, eine Abschätzung der Größe des Neutronensterns, den die Schale umgibt.[1] Andererseits ist es 2002 erstmals gelungen, in Beobachtungsdaten des XMM-Newton-Röntgenteleskops der ESA bestimmte Spektrallinien eines Röntgenausbruchs zu bestimmen. Diese Linien sind durch die Gravitation des Neutronensterns stark rotverschoben. Aus der Größe dieser Rotverschiebung lässt sich direkt das Verhältnis der Masse des Neutronensterns zu seinem Radius ableiten.

Die Massenbestimmung von Doppelsternen hat in der Astronomie eine lange Tradition. Sie nutzt den Umstand, dass die Umlaufbahn zweier Sterne umeinander wohlbekannten Gesetzen folgt: Wenn sich aus den Beobachtungsdaten eines Doppelsternsystems genügend Informationen über die Umlaufbahn ableiten lassen, folgen daraus die Gesamtmasse der beiden Sternpartner oder sogar die einzelnen Massen der beiden Körper. Das ist allerdings, ob mit oder ohne Neutronenstern, nur unter besonders vorteilhaften Umständen der Fall. Eine solch günstige Situation kann beispielsweise vorliegen, wenn der Begleiter eines Röntgenpulsars ein für Teleskope sichtbarer Stern ist und wenn wir das System

1 Genau genommen muss dazu auch noch die Entfernung des Neutronensterns bekannt sein, um aus der auf der Erde ankommenden Strahlung auf die Strahlungsleistung des Ausbruchs selbst schließen zu können. Glücklicherweise befinden sich viele der Systeme, die solche Röntgenausbrüche zeigen, in Kugelsternhaufen, deren Entfernung zur Erde sich bestimmen lässt.

von der Erde aus direkt von der Seite betrachten (so dass der Begleiter den Pulsar bei jedem Umlauf einmal bedeckt). Die Information über die Bahngeschwindigkeiten des Systems ist zum einen in der Doppler-Verschiebung des sichtbaren Sternenlichts kodiert – genau wie das Tatü-Tata des Polizeiwagens, das höher klingt, wenn sich der Wagen nähert, und tiefer, wenn er sich vom Zuhörer entfernt, zeigt eine Verschiebung des Lichts hin zu höheren und niedrigeren Frequenzen die Bewegung des Sternbegleiters an. Umgekehrt brauchen die Pulse des Röntgenpulsars je nachdem, wo er sich auf seiner Bahn befindet, etwas mehr oder etwas weniger Zeit, uns zu erreichen. Zusammen enthalten all diese Informationen genügend Daten, um die Sternbahn zu rekonstruieren und aus den klassischen Bahngesetzen die Massen der beiden Sternpartner zu bestimmen, in der Praxis mit akzeptabler, aber nicht sehr hoher Genauigkeit.

Sehr viel genauere Massenbestimmungen sind möglich, wenn sich die Sternpartner so eng und schnell umkreisen, dass die Newtonsche Beschreibung ihrer Bahnen nicht mehr ausreicht und relativistische Effekte eine spürbare Rolle spielen. Das kann der Fall sein, wenn das Sternenpaar aus einem Neutronenstern und einem Weißen Zwerg besteht, manchmal sogar, wenn der andere Sternpartner ein »normaler« Stern wie unsere Sonne ist.

Einige dieser Effekte haben wir bereits kennen gelernt, beispielsweise die Periheldrehung aus Kapitel 6, die bei einem schnell kreisenden Sternenpaar mit kompakten Objekten auf langgestreckter Ellipsenbahn gut und gern einige tausend Male größer sein kann als beim Merkur. Auch der Shapiro-Effekt der Zeitverzögerung von Lichtsignalen, die nahe an massereichen Körpern vorbeistreichen, beeinflusst, wie schnell uns die vom Pulsar ausgesandten Radiopulse erreichen. Hinzu kommen die Auswirkungen einer Kombination aus der Ortsabhängigkeit der Zeit, aus geschwindigkeitsabhängiger Zeitdehnung und dem Doppler-Effekt.

Alle diese relativistischen Effekte beeinflussen die Form der Verzögerungskurve in charakteristischer Weise – hier eine Abflachung, dort ein etwas steilerer Verlauf –, und bei genauer Analyse der Kurvenform ist es tatsächlich möglich, die verschiedenen Effekte auseinander zu halten, quantitativ zu beschreiben und entsprechende Rückschlüsse auf die Massen der umlaufenden Partner zu ziehen. Den Astronomen sind rund fünfzig potenziell relativistische Doppelsterne bekannt, in denen der Neutronenstern ein Radiopulsar ist, dessen Pulsraten sich mit höchster Genauigkeit messen lassen.

Einen weiteren relativistischen Effekt habe ich bislang noch verschwiegen: die Art und Weise, wie die Umlaufzeit der Doppelsternpartner umeinander mit der Zeit abnimmt, die beiden Sterne also immer schneller umeinander kreisen. Bei diesem Effekt handelt es sich um weit mehr als nur ein weiteres Puzzlestück für die Massenbestimmung von Neutronensternen. Es handelt sich um nichts weniger als den ersten indirekten Nachweis für die Existenz von Gravitationswellen, für den die US-amerikanischen Astrophysiker Russell Hulse und Joseph Taylor 1993 mit dem Physik-Nobelpreis ausgezeichnet wurden.

Im Jahre 1974 hatten Taylor, damals Professor an der University of Massachussetts in Amherst, und sein Doktorand Hulse mit dem Dreihundert-Meter-Radioteleskop von Arecibo (Puerto Rico) einen sehr ungewöhnlichen Pulsar mit einer Pulsperiode von rund sechs hundertstel Sekunden entdeckt, den sie, den üblichen Namenskonventionen folgend, PSR 1913+16 tauften. (PSR steht naheliegenderweise für Pulsar, 1913+16 bezeichnet die Position des Pulsars am Himmel, bezogen auf ein bestimmtes astronomisches Koordinatensystem.) Den Beobachtungen der Pulskurve nach war es ein Doppelsternsystem, dessen Partner einander binnen sieben Stunden und 45 Minuten einmal umkreisen. Was sich aus der Verzögerung der Pulse über die Bahndaten erschließen ließ, deutete darauf hin, dass der Partnerstern ungefähr die gleiche Masse haben müsse wie der Pulsar, sprich: dass es sich um ein System aus zwei Neutronensternen handelte.

Taylor und seine Mitarbeiter setzten die Beobachtungen von PSR 1913+16 über Jahre hinweg fort. Sie verfolgten die Veränderungen der Pulsrate lange genug, um mit Hilfe der erwähnten relati-

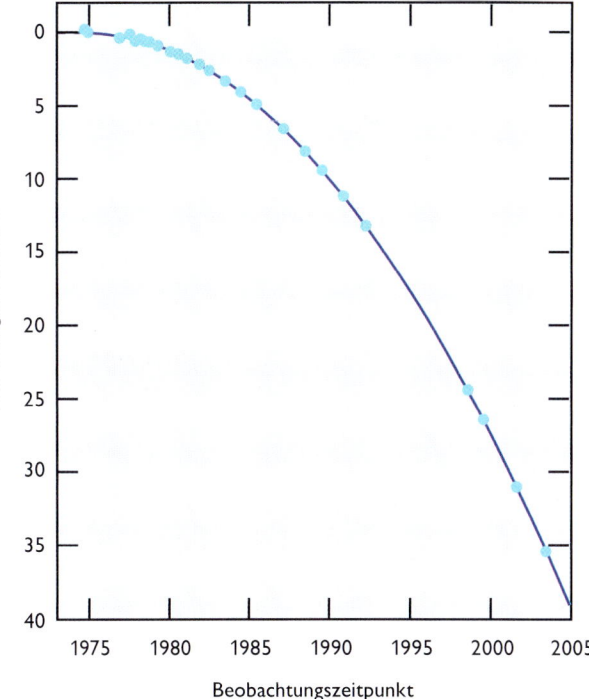

lung abgibt. Die Folgen aber sind deutlich: Den Bahngesetzen folgend, rücken die beiden Doppelsternpartner durch den laufenden Energieverlust immer näher aneinander heran – bei jedem Umlauf rund drei Millimeter –, und ihre Umlaufzeit verkürzt sich entsprechend. Mit anderen Worten: Für einen Beobachter, dar die Umkreisung für streng periodisch hält, vollenden die Sterne jede Umkreisung etwas früher als erwartet, und die Verfrühung nimmt mit der Zeit immer weiter zu. In welcher Weise sich die Umlaufzeit eines Doppelsterns aufgrund der Abstrahlung von Gravitationswellen verringern sollte, lässt sich direkt ausrechnen, sobald die Umlaufzeit, die Elliptizität der Bahn und die Massen der beiden Sterne bekannt sind. Wie die nebenstehende Abbildung zeigt, stimmt die Vorhersage genau mit den gemessenen Werten überein: PSR 1913+16 verhält sich exakt so, wie es zu erwarten ist, wenn er in der von Einsteins Theorie vorhergesagten Weise Gravitationswellen abstrahlt.

Doppelsternpaare mit kompakten, massereichen Partnern gehören zu den vielversprechendsten Gravitationswellenquellen im Universum. Sie können eine beachtliche Strahlungsleistung erreichen, und der Umstand, dass solche Quellen über längere Zeit ein regelmäßiges Signal mit relativ konstanter Frequenz aussenden, schafft gute Voraussetzungen dafür, sie in den Beobachtungsdaten der Gravitationswellendetektoren zu identifizieren. Der Mechanismus der Aussendung, nämlich die Gravitationswellenabstrahlung umeinander rotierender Massen, deren Bewegung den bekannten Umlaufbahngesetzen folgt, ist Physikern gut bekannt; sie wissen demnach sehr genau, wonach sie in ihren Daten Ausschau halten müssen.

Dass die Sternpartner immer näher zusammenrücken und immer schneller umeinander kreisen, kann auf lange Sicht nicht gut gehen: Würden wir das System PSR 1913+16 noch weitere hundert Millionen Jahre beobachten, so könnten wir nachvollziehen, wie sie dichter und dichter mit wachsender Geschwindigkeit wie die kosmischen Derwische umeinander tanzen, auf ein furioses Finale zu, in dem sie einander so nahe gekommen sind, dass sie kollidieren und verschmelzen. Berechnet

vistischen Effekte immer genauere Angaben über die Massen der beiden Sterne machen zu können. Beide haben mit rund 1,4 Sonnenmassen eine für Neutronensterne typische Masse. Außerdem konnten die Astronomen beobachten, wie die Umlaufzeit, mit der sich die beiden Neutronensterne umkreisen, mit den Jahren kontinuierlich abnahm. Exakt das sagt die allgemeine Relativitätstheorie vorher: Die beiden Sterne sind ein Paradebeispiel für eine Gravitationswellenquelle, wie wir sie in Kapitel 7 kennen gelernt haben. Ich hatte dort erwähnt, dass die Energie, die ein solches System in einem gegebenen Zeitraum abstrahlt, umso größer ist, je größer die Massen und je schneller die Umlaufbewegungen der kreisenden Objekte sind. Die Sterne von PSR 1913+16 haben ansehnliche, aber im Vergleich zu anderen Sternen nicht allzu große Massen, allerdings ist ihre Umlaufzeit sehr kurz, und sie laufen entsprechend schnell umeinander um, und das sorgt für vergleichsweise starke Wellenabstrahlung. Diese entzieht dem System zwar nur rund zwei Promille der Energie, die die Sonne in derselben Zeit in Form elektromagnetischer Strahman die Gravitationswellensignatur eines solchen Ereignisses, dann ergibt sich ein charakteristisches »Zirpen«, das sich nicht nur im Bild darstellen, sondern auch in ein Geräusch umsetzen lässt. Der betreffende Frequenzbereich ist nämlich zufällig der einer ganz anderen Art von Wellen, der Schallwellen, die wir hören können. Wenn die Gravitationswellenforscher eine Schallwelle generieren, deren Frequenz sich mit der Zeit in der gleichen Weise verändert wie die Frequenz dieser speziellen Gravitationswelle, dann kommt dabei eine Art Zwitschern heraus, dessen Tonhöhe gegen Ende hin immer rascher ansteigt. Dabei nimmt die Stärke der ausgesandten Gravitationswellen gegen Ende des Zirpens noch einmal kräftig zu. Ein Beispiel zeigt die folgende Grafik. Aufgetragen ist die Stärke der Raumverzerrung, die die Gravitationswelle bewirkt, gegen die Zeit.

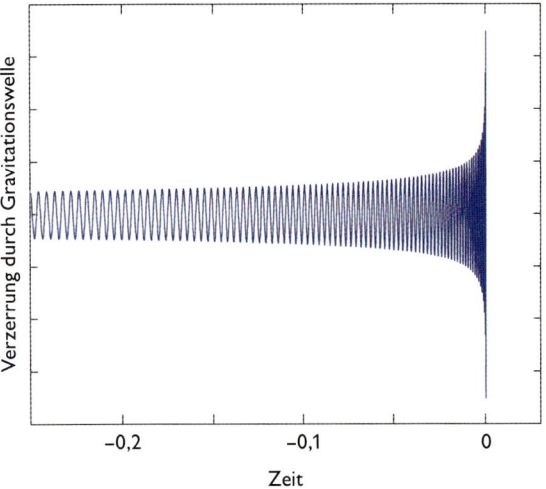

Die Zeit ist in Sekunden vor dem Verschmelzungsereignis angegeben; das Bild zeigt die letzte Viertelsekunde. Deutlich ist zu sehen, wie die Frequenz immer weiter zunimmt – die Maxima rücken immer enger zusammen –, während die Verzerrung erst langsam und dann in einem letzten Aufbäumen ganz gewaltig anwächst.

Eine genaue Untersuchung des zeitlichen Verlaufs dieses Anwachsens bis hin zum Verschmelzen liefert Informationen über die Massen der sich umkreisenden Objekte und auch über die Amplitude der beim Ineinanderspiralen abgestrahlten Gravitationswellen. Letzteres ist hoch interessant, da es im Vergleich zu der Amplitude, mit der die Gravitationswellen dann tatsächlich bei uns ankommen, Rückschlüsse auf die Entfernung des Ereignisses zulässt – je weiter der Weg, umso abgeschwächter, was uns an Gravitationswellen erreicht. In der Astronomie, wo Entfernungen in der Regel nur auf Umwegen bestimmbar sind, ist solche direkte Abstandsmessung ein unschätzbarer Vorteil.

OFFENE FRAGEN

Die Physik der Neutronensterne und angrenzender Gebiete wie der Supernovae ist ein hoch aktiver Forschungszweig. Die letzten Jahrzehnte haben den Wissenschaftlern eine Fülle an neuen Daten beschert: Satellitengestützte Röntgenteleskope wie der NASA-Satellit »Chandra« (benannt nach dem bereits erwähnten Physiker Chandrasekhar) oder das XMM-Newton der ESA liefern immer genauere Daten über die Ausstrahlung heißer Neutronensternoberflächen und die hoch energetischen Interaktionen dieser kompakten Objekte mit der umgebenden Materie. Systematische Suchprogramme in Radio- und anderen Frequenzbereichen haben die Zahl der bekannten Pulsare mittlerweile auf über tausend erhöht. Besondere Erwähnung verdient einmal mehr die Supernova 1987 A, die die Chance bot, erstmals in moderner Zeit den Verlauf einer Supernova-Explosion mit Präzisionsinstrumenten in verschiedenen Frequenzbereichen zu verfolgen. Dabei gelang es auch, ebenfalls erstmals, die für den Supernova-Verlauf so wichtigen Neutrinos mit Detektoren direkt nachzuweisen und so eine zentrale Voraussetzung der Supernova-Modelle zu bestätigen.

Vom anderen Ende her mehren sich die Daten über das Verhalten von Kernmaterie unter extremen Bedingungen: In Teilchenbeschleunigern am europäischen Kernforschungszentrum CERN, im amerikanischen Brookhaven oder bei der Darmstädter Gesellschaft für Schwerionenforschung (GSI) werden immer schwerere Atomkerne mit immer höheren Energien zur Kollision gebracht, und die Modelle der Kern- und Teilchenphysiker, die das Verhalten solcher Kernmaterie beschreiben, werden immer weiter verfeinert. Von dort aus kann man sich bemühen, die Materieeigenschaften bis hin zu den Temperatur- und Druckverhältnissen im Innern von Neutronensternen – dort ist es gemeinhin ähnlich dicht, aber weit kälter als bei einer Atomkernkollision im Teilchenbeschleuniger – zu extrapolieren und so wichtige Lücken im Wissen um die physikalischen Grundlagen des Sternmaterials zu schließen.

Diesen Daten aus Astronomie und Teilchenphysik stehen Weiterentwicklungen der astrophysikalischen Modelle gegenüber. Die Eckpfeiler, etwa der grobe Verlauf der Entstehung der Neutronensterne, ihre Größe und Masse oder das Leuchtturmmodell der Pulsare, sind mit den verfügbaren Daten recht gut abgesichert. In den Details besteht allerdings noch gehöriger Forschungsbedarf. Zum Teil geht es dabei um komplexe Situationen, in denen beispielsweise die bisherigen Computersimulationen an ihre Grenzen stoßen – etwa die komplizierte Wechselwirkung des Neutronensterns mit seinem Magnetfeld. Zum Teil geben die Computersimulationen sogar neue Rätsel auf – all denen eine Lehre, die Wissenschaft für einen geradlinigen Fortschrittsprozess halten: In den bislang detailliertesten Supernova-Simulationen, wie sie 2003 am Garchinger Max-Planck-Institut für Astrophysik durchgeführt wurden, will der modellierte Stern partout nicht explodieren. Ein klares Zeichen, dass entweder die Simulationen oder aber eben die Modellvorstellungen der Astrophysiker noch einiger Verbesserung bedürfen.

Gerade was die Neutronensterne angeht, besteht zudem noch einige Unsicherheit bezüglich sehr grundlegender Fragen: Wie, im Detail, hängen Energie, Temperatur, Volumen und Druck von Neutronensternmaterie zusammen? Wie unterscheidet sich in dieser Hinsicht beispielsweise ein Gemisch, das etwas mehr *Protonen* enthält, von einem mit etwas weniger Protonen? Für den Zusammenhang zwischen Masse und Radius von Neutronensternen ist wichtig: Wie hängen Dichte und innerer Druck der Neutronensternmaterie zusammen; mit

einem Fachbegriff: Was ist die *Zustandsgleichung* der Kernmaterie? Von der Antwort auf diese Frage hängt die endgültige Form der modernen Neutronensternmodelle ab. Sie bestimmt Ausdehnung und Eigenschaften der verschiedenen Kernmaterieformen im Neutronenstern und damit die Einzelheiten des Sternaufbaus, der Modelle für Verlangsamung und »Ausrutscher«, des Verhaltens der Kernmaterie in Supernovae. Zu der Frage, wie die richtige Zustandsgleichung aussieht, gibt es mehrere Vorschläge. Allerdings reichen die bislang verfügbaren Daten nicht aus, um zu entscheiden, welchem der Vorzug zu geben ist. Jegliche weitere Information über die Eigenschaften der Zustandsgleichung ist daher von zentraler Bedeutung für die zukünftige Entwicklung des Forschungsgebiets.

VOLKSZÄHLUNGEN UND DER BLICK INS INNERE

Einige Puzzleteile kann man sich von herkömmlichen astronomischen Beobachtungen erhoffen. Wie schnell beispielsweise neue Neutronensterne abkühlen, hängt direkt von den Eigenschaften der Sternmaterie ab. Das typische Abkühlungsverhalten bestimmt seinerseits die Ergebnisse einer galaktischen Volkszählung, die die Temperaturen von möglichst vielen Neutronensternen erfasst. Vereinfacht gesagt: Wenn Neutronensterne sehr schnell abkühlen, müsste eine Volkszählung sehr viele bereits kalte Neutronensterne ergeben; kühlen Neutronensterne dagegen sehr langsam ab, sollten wir mehr gerade im Abkühlen befindliche und noch vergleichsweise warme Neutronensterne sehen. Verfolgt man diese Schlusskette zurück, ergeben sich aus der Volkszählung Hinweise auf die Eigenschaften der Neutronensternmaterie.

Im Hinblick auf die Gravitationswellen sind vor allem die Beobachtungsdaten einer anderen Art von Volkszählung interessant: die Informationen dazu, wie schnell sich die schnellsten Neutronensterne drehen. Die Millisekundenpulsare, die von der auf sie fallenden Materie zu immer schnellerer Rotation getrieben werden, habe ich bereits angesprochen.

Eine natürliche Obergrenze ist erreicht, wenn sich der Neutronenstern rund 1400 Mal pro Sekunde um sich selbst dreht. Dann nämlich sollten die Fliehkräfte, die auf die Sternmaterie wirken, so groß sein, dass der Stern geradezu auseinander gerissen wird. Tatsächlich weisen die Beobachtungen darauf hin, dass die schnellsten Neutronensterne deutlich langsamer sind – sie drehen sich pro Sekunde nicht mehr als rund 650 Mal um die eigene Achse. Offenbar ist dort ein Bremsmechanismus am Werk, der ein schnelleres Drehen verhindert, und ein guter Kandidat dafür ist die Abstrahlung von Gravitationswellen. Ist diese Abstrahlung tatsächlich für die Abbremsung verantwortlich, dann sollten Millisekundenpulsare beachtliche Mengen an Gravitationsstrahlung aussenden, und die hellste Quelle für Röntgenstrahlung am Himmel – das Objekt X-1 im Sternbild Skorpion – wäre gleichzeitig die stärkste Gravitationswellenquelle. Wenn sich diese Gravitationswellen hier auf der Erde nachweisen ließen, würde sich zudem klären, wie sie erzeugt werden. Je nach Erzeugungsmechanismus variiert das Verhältnis ihrer Schwingungsdauer zur Umlaufzeit des Neutronensterns; ist die Schwingungsdauer halb so lang wie die Umlaufzeit, spricht dies für einen deformierten Neutronenstern, beträgt sie drei Viertel der Umlaufzeit, sind die kurz erwähnten Instabilitäten im Neutronensterninnern verantwortlich. Das wiederum hieße, dass eine direkte Beobachtung der Gravitationswellen von solchen Sternen Rückschlüsse auf das Neutronensterninnere erlaubten: Wenn sich herausstellt, dass innere Instabilitäten für das Abbremsen schnell rotierender Neutronensterne verantwortlich sind, könnte man daraus einiges an Informationen über die Zusammensetzung, die Zustandsgleichung und den Grad der Zähflüssigkeit – der Viskosität – der Neutronensternmaterie ableiten.

Gravitationswellen könnten noch eine weitere Information über die Zustandsgleichung liefern, dann nämlich, wenn man die Gravitationswellen beobachtete, die bei der Verschmelzung eines Neutronensterns mit einem Schwarzen Loch entstehen – einem der kompakten geometrischen Gebilde, die wir im nachfolgenden Kapitel kennen lernen werden. Wenn sich ein Schwarzes Loch und ein Neutronenstern umkreisen, werden dabei genau wie bei anderen Doppelsternen Gravitationswellen abgestrahlt, der Abstand der beiden Objekte nimmt immer weiter ab, und die Rotation wird immer schneller. Wie bei jedem anderen kompakten Objekt nimmt auch beim Schwarzen Loch die Anziehungskraft zu, je näher man ihm kommt. Auf die dem Schwarzen Loch näheren Regionen des Neutronensterns wirkt deshalb eine stärkere Gravitationskraft als auf die ferneren, was schließlich dazu führt, dass er von diesem Unterschied der Kräfte regelrecht auseinander gerissen wird. Wann dies geschieht, hängt von den Massen von Neutronenstern und Schwarzem Loch sowie vom Radius des Neutronensterns ab. Eine genaue Beobachtung der dabei entstehenden Gravitationswellen erlaubt Rückschlüsse auf alle drei Größen. Sind genügend Masse-Radius-Messwerte bekannt, lässt sich daraus wiederum auf die Zustandsgleichung der Neutronensternmaterie schließen.

Über die Volkszählungsanwendungen hinaus haben Gravitationswellen den großen Vorteil, dass sie einen direkten Blick ins Innere interessanter astronomischer Vorgänge erlauben. Sie enthalten Informationen über die Neutronensternentstehung, die »Kochphase« des jungen Neutronensterns oder über die Verformungsinstabilität, bei der er zum länglichen Balken wird. Der Traum der meisten Astrophysiker, die Neutronensterne erforschen, dürfte denn wohl auch sein: Alle Gravitationswellen- und Neutrinodetektoren auf der Erde einsatzbereit, und dann eine Supernova innerhalb unserer eigenen Galaxis – früh genug entdeckt, so dass die irdischen Teleskope aller Frequenzbereiche das Zielgebiet anvisieren können und keine Minute des kosmischen Geschehens versäumen. So weit entfernt, das versteht sich von selbst, dass das Überleben der Menschheit und insbesondere die guten Arbeitsbedingungen für Astrophysiker nicht gefährdet sind, aber andererseits nahe genug, um mit Hilfe der Neutrinodetektoren genügend Neutrinos nachweisen und daraus wiederum auf die Energieverteilung und den zeitlichen Verlauf der Abstrahlung schließen zu können. Nahe genug auch für die Gravitationswellendetektoren, damit sie deutliche Signale auffangen und eine Art Live-Übertragung aus dem Innern der gigantischen Explosion liefern. Man kann den Gravitationswellenjägern nur die Daumen drücken, dass es möglichst bald, nachdem die Detektoren empfangsbereit sind, wieder einmal zu einer Supernova in der Milchstraße kommt.

Last but not least gibt es da noch ein echtes astronomisches Rätsel, zu dessen Lösung die Gravitationswellen beitragen könnten – die so genannten Gammastrahlenausbrüche, plötzliche, gewaltige Strahlungsausbrüche im Bereich extrem hochenergetischer elektromagnetischer Wellen, die den Astronomen seit den siebziger Jahren bekannt sind.

Hinter zumindest einigen dieser Ereignisse, so die Vermutung, könnte sich die Verschmelzung zweier Neutronensterne oder aber eine Hypernova, der Kollaps eines extrem massereichen Sterns, verbergen. Mit Hilfe von Gravitationswellen sollte sich entscheiden lassen, ob diese Erklärungen zutreffen – oder ob sich noch etwas ganz anderes hinter den Gammastrahlenausbrüchen verbirgt.

All diese Beispiele zeigen: So befriedigend allein schon der direkte Nachweis der Gravitationswellen für Freunde der Relativitätstheorie sein mag – die wirklich spannenden Dinge geschehen, sobald sich mit den Detektoren ernsthafte Gravitationswellenastronomie betreiben lässt.

KAPITEL 9

KOSMISCHE EINBAHNSTRASSEN: SCHWARZE LÖCHER

Gravitation beeinflusst die Lichtausbreitung. Das habe ich bereits an einigen Beispielen in Kapitel 6 gezeigt: der Lichtablenkung am Sonnenrand (Seite 159) und dem Gravitationslinseneffekt (Seite 160f.). Die Ablenkungseffekte sind umso größer, je mehr Masse das ablenkende Objekt besitzt und je näher das Licht diesem Objekt kommt. Fasst man beide Merkmale zusammen, bedeutet dies, dass extrem kompakte Objekte die Lichtausbreitung besonders effektiv beeinflussen können: Je geringer die Ausdehnung eines Objekts gegebener Masse ist, umso näher können vorbeifliegende Lichtstrahlen der Masse kommen und abgelenkt werden, ohne von dem betreffenden Objekt absorbiert oder anderweitig aufgehalten zu werden.

Die beiden Abbildungen auf der gegenüberliegenden Seite, Computersimulationen des Astrophysikers Werner Benger, vermitteln einen Eindruck von den extremen optischen Verzerrungen in der Umgebung einer extrem kompakten Zentralmasse. Dargestellt ist eine Fantasiesituation mit diversen geometrischen Objekten, angeordnet rund um einen Ball mit einem Meter Durchmesser, in dessen Innern allerdings eine gewaltige Masse enthalten ist, 56 Mal so groß wie die der Erde. Das obere Bild zeigt die Situation, wie sie in einem Universum aussähe, das den Newtonschen Gesetzen folgt und in dem es keine schwerkraftbedingte Lichtablenkung gibt.

Wir sehen – ein Meer. Darüber schwebt, 25 Meter von uns entfernt, die erwähnte Kugel, leicht erkennbar am Schachbrettmuster ihrer Oberfläche. Die Auswölbung des per Schwerkraft angezogenen Wassers ist freilich nur ein künstlerischer Touch; in Wirklichkeit würde die Massekugel das Wasser geradezu in sich hineinsaugen. Aber hier geht es nicht um die Anziehungskraft, die die diversen Objekte erfahren, sondern nur um optische Effekte.

Links von der Kugel steht eine gemusterte Säule mit zwei abgeflachten Goldkugeln, rechts davon auf einem Tisch ein Ikosaeder, ein regelmäßiger Zwanzigflächner, der oranges Licht aussendet. Im Hintergrund befindet sich eine Art Marmorzylinder. Wie gesagt, in dieser Abbildung gibt es keine Lichtablenkung, und sie bietet uns daher einen guten Überblick über die Verteilung der verschiedenen Objekte im Raum.

Solch ein Überblick ist dringend nötig, um das untere Bild einigermaßen verstehen zu können. Es zeigt den allgemein-relativistischen Einfluss der zentralen Masse auf die Lichtausbreitung.[1] Das Bild bietet eine Sammlung von Beispielen für den in Kapitel 6 eingeführten Gravitationslinseneffekt, bei dem das Licht ein und desselben Objekts den Beobachter auf mehreren verschiedenen Wegen erreicht. Nehmen wir die Säule mit den flachen Goldkugeln. Ihr Licht erreicht uns auf zwei Wegen, die hier aus der Vogelperspektive skizziert sind:

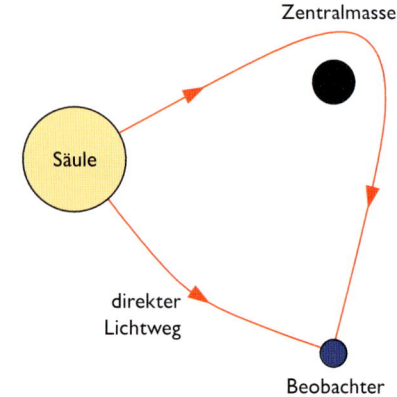

1 Das Bild ist in mehrerlei Hinsicht vereinfacht. Dargestellt wird nur, wie die Zentralmasse die Bahnen der Lichtsignale verbiegt, die uns von den gezeigten Objekten erreichen; nicht eingerechnet sind zusätzliche Effekte wie die Gravitationsrotverschiebung, Helligkeitsveränderungen durch Bündelung und Zerstreuung sowie Ablenkungen, die das Licht auf dem Weg von der fernen Lichtquelle, die die Szene von links oben anstrahlt, zu den dargestellten Objekten erfahren würde.

Zum einen kommt das Licht direkt zu uns, und wir sehen daher links ein – etwas verzerrtes – Bild der Säule. Aber auch Licht, das die Säule nach schräg hinten ausgesendet hat, erreicht uns: Dieses Licht ist von der Zentralmasse so weit abgelenkt worden, dass es hinter der Masse wieder auf uns zuläuft. Es erzeugt das auf den Kopf gestellte Bild der Säule rechts neben der Zentralmasse. Ein weiteres Beispiel für diesen Effekt bietet der Himmel, den wir sowohl oberhalb als auch unterhalb der Zentralmasse sehen. Der Marmorzylinder bildet aus unserer Perspektive sogar einen Einstein-Ring rund um die Zentralmasse, denn sein Licht läuft oben, unten, links und rechts an der Masse vorbei und wird auf uns zugelenkt.

Ein interessante Variation des Effekts betrifft die schachbrettartige Oberfläche der Kugelmasse selbst. Im Vergleich zum Newtonschen Bild erscheint sie größer, und das liegt zum Teil daran, dass wir nun auch Bereiche auf der Rückseite der Kugel sehen können. Im Einsteinschen Universum werden zumindest die Bahnen einiger der hinter der Kugel reflektierten Lichtstrahlen durch die Schwerkraft so weit verbogen, dass sie Beobachter wie uns erreichen – ja, wenn es möglich wäre, ganz genau hinzuschauen, würde man in dem am Rand des Kugelbilds befindlichen Ring winzige verzerrte Bilder der gesamten Oberfläche erkennen können, die sich immer weiter wiederholen: Licht, das mehrmals um das Schwarze Loch herumgelaufen ist, bevor es uns erreicht. Eine weitere Art der Lichtablenkung könnten wir übrigens wahrnehmen, wenn wir uns dem Zentralobjekt bis auf einen Dreiviertelmeter nähern würden. Dort wird das Licht gar auf eine Kreisbahn gezwungen, und ein Beobachter könnte, wenn auch sehr verzerrt, Teile seines eigenen Hinterkopfes sehen.

Lichtablenkung hat entscheidende Konsequenzen, und das liegt einmal mehr an der zentralen Rolle, die das Licht und die Lichtgeschwindigkeit in der Relativitätstheorie spielen. Die Lichtgeschwindigkeit ist nun einmal das absolute kosmische Tempolimit. Von jedem Ereignis geht, wie wir wissen, ein Lichtkegel aus, der die Raumzeit in erlaubte und verbotene, erreichbare und unerreichbare Regionen teilt. Alles, was die Lichtausbreitung beeinflusst, wirkt sich auf diese Lichtkegelstruktur aus, letztendlich auch darauf, wie sich Materie in der Umgebung einer Masse bewegen kann und wie nicht.

DER WEG ZUM HORIZONT

Nehmen wir in Gedanken eine Massenkugel her, die in einem sonst völlig leeren Universum ruht. Geben wir ihr eine so geringe Größe, dass die Ablenkungseffekte, die im vorangehenden Abschnitt illustriert wurden, deutlich sichtbar sind.

Solche Ablenkungseffekte betreffen nicht nur das Licht, das an der Kugel vorbeifliegt, sondern auch Licht, das direkt radial, also senkrecht zur Kugeloberfläche, von der Kugel zu einem in konstantem Abstand weit über der Kugeloberfläche schwebenden Beobachter läuft. Solch ein Beobachter kann, wie wir es in Kapitel 1 getan haben, Lichtsignale verwenden, um Raum und Zeit mit einem Koordinatensystem zu überziehen, in dem die Messung von Abständen und die Festlegung von Zeitpunkten durch das Hin- und Herschicken von Lichtsignalen bewerkstelligt werden. Relativ zu dem Bezugssystem eines solchen Beobachters wird die Geschwindigkeit von Licht, das radial nach außen läuft, durch die Anwesenheit der Masse verringert – für ihn entsteht der Eindruck, als würde dieses Licht bei seinem Versuch, dem immensen Gravitationsfeld der Kugel zu entkommen, gebremst.

Denken wir uns jetzt eine noch kleinere Kugel derselben Masse. Die Ablenkungseffekte verstärken sich. Denken wir uns jetzt eine noch kleinere Kugel und dann eine *noch* kleinere. Bei jeder dieser Kugeln ist die Lichtablenkung in unmittelbarer Nähe der Kugeloberfläche stärker als bei der vorigen, und immer langsamer erscheint unserem äußeren Beobachter das Licht, das sich von dort zu ihm emporarbeitet. Bei einer bestimmten Größe ist eine fundamentale Grenze erreicht, bei der das Licht so stark abgebremst wird, dass es ein bestimmtes Gebiet rund um die Kugel überhaupt nicht mehr verlassen kann. Für einen äußeren Beobachter ist die Kugel dementsprechend nicht mehr sichtbar – sehen kann er die Kugel schließlich nur, wenn Licht von der Kugeloberfläche zu seinen Augen gelangt. Doch wenn es für Licht kein Entrinnen aus dem betreffenden Gebiet gibt, dann gilt das für alle andere Materie ebenso: Materie, die von der Kugeloberfläche nach außen strebt, kann einen Lichtstrahl, der ebenfalls nach außen fliegt, nicht überholen.

Der Raum ist damit in zwei Regionen aufgeteilt. Da ist zum einen ein äußerer Raum, der zwar durch starke Gravitationskräfte verzerrt ist, in dem wir aber mit Hilfe von hin- und hergesandten Lichtstrahlen jede beliebige Raumregion erkunden und beobachten können. In der Mitte haben wir dagegen eine kosmische Einbahnstraße: eine kugelförmige Region, aus der nichts, das jemals hineingelangt ist, jemals wieder herauskommen kann. Die Grenze, die beide Raumregionen voneinander trennt – die Oberfläche der Region ohne Wiederkehr – heißt *Ereignishorizont* oder kurz *Horizont*. Die Region ohne Wiederkehr samt ihrem Horizont ist ein so genanntes *Schwarzes Loch*. Ein recht angemessener Name für eine Region, in der Objekte auf Nimmerwiedersehen verschwinden und aus der uns nicht das geringste Licht erreicht.

Die Größe der Horizontfläche hängt direkt von der Masse der gedachten kompakten Kugel ab. Statt von dieser Fläche hat es sich unter den Physikern eingebürgert, im Zusammenhang mit Schwarzen Löchern vom *Schwarzschild-Radius* zu sprechen, der direkt proportional zur Masse des Schwarzen Loches ist. Der Zusammenhang zwischen der Horizontfläche und diesem Radius ist derselbe wie für eine normale Kugel im dreidimensionalen Alltagsraum, nämlich »Kugelfläche = 4 mal π mal Radiusquadrat«. Allerdings hat der Kugelradius im Alltag auch noch eine weit konkretere Bedeutung: Er ist der Abstand vom Kugelmittelpunkt zur Kugeloberfläche. Diese Bedeutung hat der Schwarzschild-Radius ausdrücklich *nicht*. Hinter der Horizontfläche, im Innern des Schwarzen Lochs, ist die Raumzeitgeometrie extrem stark verzerrt. Von außen mag das Schwarze Loch durch eine Art Kugelfläche begrenzt sein; in seinem Innern weist es keinerlei Ähnlich-

keit mit einer Kugel auf und lässt insbesondere keinerlei Deutung des Schwarzschild-Radius etwa als »Abstand vom Mittelpunkt der Schwarzen Lochs zum Horizont« zu. Wann immer im Zusammenhang mit Schwarzen Löchern von einem Radius die Rede ist, sollte man sich darüber im Klaren sein, dass dieser Radius lediglich eine Größe ist, um das betreffende Objekt von außen zu beschreiben, definiert über den Flächeninhalt seiner Oberfläche.

Mit solchen indirekt definierten Radien lässt sich sehr direkt ausdrücken, wo die magische Kompaktheitsgrenze liegt, bei der ein kugelförmiger Körper zum Schwarzen Loch wird, genau dann nämlich, wenn sein Radius kleiner ist als der seiner Masse entsprechende Schwarzschild-Radius. Für die Objekte unserer engeren kosmischen Nachbarschaft ergeben sich aus diesem Kriterium gigantische Dichtewerte, wollte man sie so weit komprimieren, dass ein Schwarzes Loch entstünde. Die Sonne müsste man auf eine Kugel mit einem Radius von knapp drei Kilometern zusammenpressen, den Riesenplaneten Jupiter auf knapp drei Meter und unsere Erde gar zu einer Kugel mit einem Radius von etwas weniger als einem Zentimeter. Die mittleren Dichten, die dabei überschritten werden müssen, sind um einiges größer als die der Neutronenmaterie, die wir im vorigen Kapitel kennen gelernt haben. Daraus zu schließen, dass Schwarze Löcher generell mit sehr hohen Dichtewerten einhergehen, ist allerdings falsch. Je größer eine Masse, umso geringer die Dichte, zu der man sie zusammenpressen muss, um ein Schwarzes Loch zu erzeugen. Für Schwarze Löcher mit sehr großer Masse, etwa gigantische Schwarze Löcher, die Millionen von Sonnenmassen vereinigen, beträgt die kritische Dichte, zu der man Materie komprimieren müsste, nur noch einige Gramm bis Kilogramm pro Kubikmeter. Das sind keineswegs extreme Dichten – die Obergrenze, zwei Dutzend Kilogramm pro Kubikmeter, entspricht in etwa der Dichte von Styropor; der Dichtebereich von rund einem Kilogramm bis rund einem Gramm pro Kubikmeter entspricht der Variation der Luftdichte in der Erdatmosphäre, vom Boden bis in die oberen Atmosphärenschichten. All diese Dichten sind immer noch wesentlich höher als die mittlere Dichte einer typischen Galaxie, rund ein Zehnmillionstel Milliardstel (10^{-16}) Gramm pro Kubikmeter, aber weit entfernt von den extremen Kernmateriedichten der Neutronensterne.

Eine wichtige Eigenschaft von Materiekugeln, die so kompakt sind, dass sich ein Schwarzes Loch bildet, ist, dass sie für einen äußeren Beobachter jegliche Individualität verlieren. Ob ich mir eine Goldkugel vorstelle oder eine Bleikugel, eine Holzkugel oder aber eine komplexe Zwiebelstruktur, bei der die Abfolge von Platin- und Lithium-Schichten einer Morsealphabetversion von Goethes *Faust* entspricht – solange die Kugeln dieselbe Masse haben und solange ihr Radius kleiner ist als der ihrer Masse entsprechende Schwarzschild-Radius, bietet sich einem äußeren Beobachter immer dasselbe Schwarze Loch, das die Raumzeit in haargenau derselben Weise verzerrt, unabhängig von den Einzelheiten seines für ihn unzugänglichen und unsichtbaren Inneren.

DER WEG ZUM HORIZONT: RAUMZEITDIAGRAMME

Für diejenigen Leser, die ein gutes räumliches Vorstellungsvermögen und Sympathien für Raumzeitdiagramme haben, dürfte es sich lohnen nachzuvollziehen, wie das Raumzeitdiagramm der Eigenschaften eines Schwarzen Lochs aussieht. Wem das zu viel des Guten ist, der kann aber auch direkt zur Seite 221 springen.

Wir beginnen mit einer zweidimensionalen Raumzeit, in der keinerlei Masse vorhanden ist. Zeit- und Raumachse sind alte Bekannte aus Kapitel 2, das Koordinatensystem als Maß von Raum und Zeit ist so gewählt, wie wir es in Kapitel 1 verwendet haben, und die Einheiten so, dass Lichtweltlinien exakt diagonal laufen, 45 Grad von der *x*- wie von der *t*-Achse weggeneigt.

Zwei dieser exakt diagonalen Lichtweltlinien, LWL1 und LWL2, sind in der Abbildung zu sehen. Ebenfalls eingezeichnet ist eine ganze Reihe ausgewählter lokaler Lichtkegel, bestehend aus jeweils zwei kurzen Lichtweltlinienabschnitten, sowie in

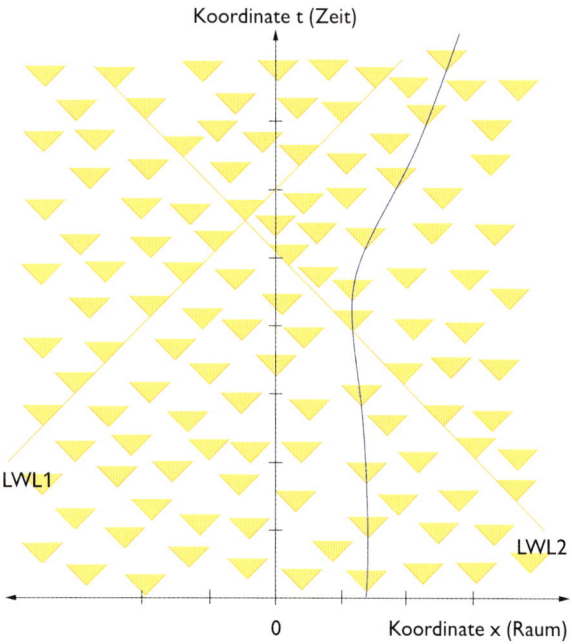

Blau die Weltlinie eines Materieteilchens. Sie verläuft im Innern der Lichtkegel auf ihrem Weg, so, wie es sich gehört: Das Teilchen hält sich ans kosmische Tempolimit und bewegt sich an keiner Stelle seiner Weltlinie schneller als das Licht.

Nun verbildlichen wir, was wir uns im letzten Abschnitt lediglich vorgestellt haben, nämlich eine Massekugel, die in diese sonst leere Raumzeit gesetzt wird. Wir platzieren sie so, dass ihr Mittelpunkt im Nullpunkt unseres Raumkoordinatensystems liegt:

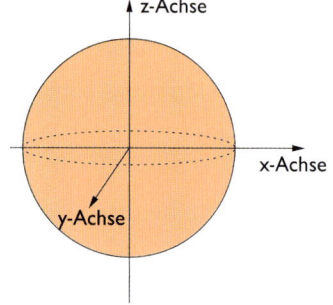

Das vierdimensionale Raumzeitdiagramm, in dem wir die Raumzeit rund um die räumlich dreidimensionale Kugel darstellen könnten, übersteigt einmal mehr mein und höchstwahrscheinlich auch Ihr Vorstellungsvermögen. Glücklicherweise spielt sich die Lichtausbreitung, die im Hinblick auf Schwarze Löcher interessant ist, in einer einzigen Raumdimension ab: Das Licht, das von der Oberfläche des Sterns radial zu einem äußeren Beobachter läuft, bewegt sich auf einer einzigen Linie im Raum, die den Kugelmittelpunkt, den Beobachter und denjenigen Punkt der Kugeloberfläche verbindet, von dem das Licht ausgesandt wird. Betrachten wir beispielsweise Licht, das sich direkt entlang der x-Achse auf die Massekugel zu- oder von ihr wegbewegt. Seinen Verlauf können wir in einem zweidimensionalen Raumzeitdiagramm abbilden.

Eine Komplikation ergibt sich noch. In der massefreien Raumzeit der speziellen Relativitätstheorie, wie sie das obige Raumzeitdiagramm zeigt, bot es sich an, unsere guten alten Radarkoordinaten aus Kapitel 1 zu wählen. Im Hinblick auf die Erkundung Schwarzer Löcher ist es günstig, in Anwesenheit einer Zentralmasse etwas andere Koordinaten zu wählen, die die Eigenschaft haben, dass die Weltlinien von Licht, das sich auf den Zentralkörper zubewegt, weiterhin diagonale Geraden im Winkel von 45 Grad zu Raum- und Zeitachse sind. An den Weltlinien des Lichts, das nach außen läuft, zeigt sich dagegen die Gravitationswirkung der Zentralmasse – sie sind deutlich steiler, entsprechend einer langsameren Bewegung. Die Raumkoordinate wählen wir so, dass sie einen direkten Vergleich mit den Schwarzschild-Radien verschiedener Zentralmassen ermöglicht – genau dann, wenn der x-Koordinatenwert der Kugeloberfläche kleiner wird als der Schwarzschild-Radius, haben wir es mit einem Schwarzen Loch zu tun.

Nach diesen Vorbemerkungen nun in der Abbildung rechts oben das Raumzeitdiagramm selbst. Der breite braune Streifen in der Mitte ist der Teil der Kugel, der auf der x-Achse liegt. Die dunkelbraunen Begrenzungslinien links und rechts, gleich weit entfernt vom Raumnullpunkt, sind die Weltlinien der Punkte, an denen die x-Achse die Kugeloberfläche durchstößt. Sie sind senkrecht, entsprechend dem Umstand, dass die Kugel relativ zu

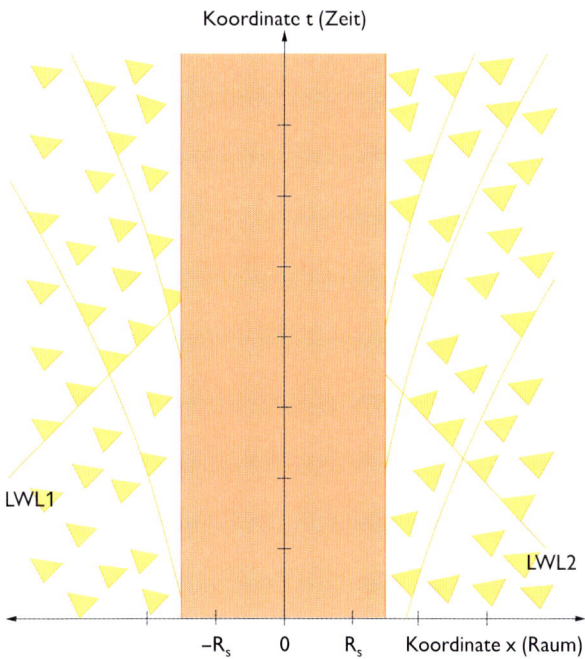

unserem Raumkoordinatensystem ruht. Der x-Koordinatenwert, der dem Schwarzschild-Radius der Zentralmasse entspricht, ist als R_S angegeben. Unsere Massekugel ist demnach zwar größer, aber nur wenig größer als ein Schwarzes Loch derselben Masse.

Eingezeichnet sind zudem zwei Weltlinien von einfallendem Licht, die erwähnten 45-Grad-Geraden, sowie Weltlinien von Licht, das sich vom Zentralkörper entfernt. Letztere sind umso steiler, je weiter innen sich das Licht befindet, entsprechend einer mit der Nähe zum Zentralkörper zunehmenden Abbremsung. Diese zeigt sich auch bei den vielen eingezeichneten kleinen Lichtkegeln. Deren innere Begrenzung ist, so haben wir unsere Koordinaten definiert, eine 45-Grad-Gerade. Die äußere Begrenzung ist umso steiler, je näher der Lichtkegel an der Zentralmasse ist.

Nun zum nächsten Schritt. Wir stellen uns eine Materiekugel vor, die zwar dieselbe Masse besitzt wie im vorigen Beispiel, aber keinerlei innere Stabilität. Diese Materiekugel fällt aufgrund der Schwereanziehung in sich zusammen und unterschreitet dabei schon bald die magische Grenze, den ihrer Masse entsprechenden Schwarzschild-Radius:

Die dunkelbraune Weltlinie ist diesmal nach

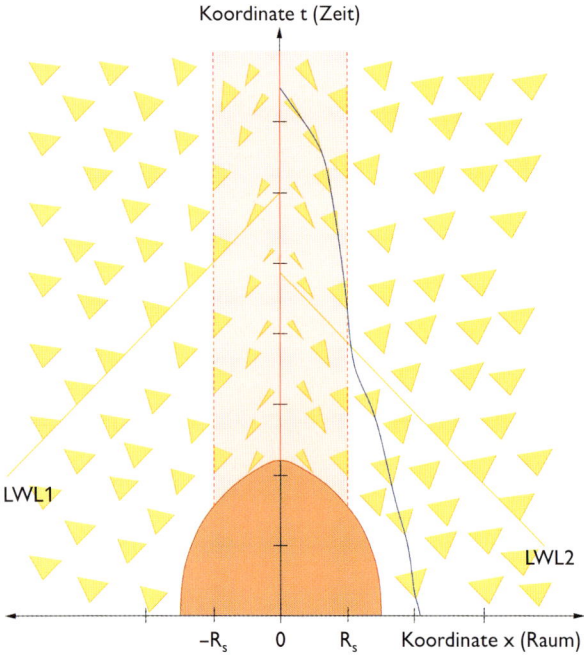

innen gebogen: Entsprechend dem Kollaps der Massekugel wandern die Raumpunkte, welche die Lage der Kugeloberfläche anzeigen, mit der Zeit zu immer kleineren x-Koordinatenwerten. Nach einiger Zeit, so scheint es, ist der Kollaps komplett und die Masse in einem einzigen Punkt konzentriert, angezeigt durch die rote, senkrechte Linie beim x-Koordinatenwert Null.

Allerdings ist das nicht alles. Betrachten wir die Lichtkegel. Sie zeigen, wie im vorigen Diagramm, den Einfluss der Gravitation auf die Lichtbewegung an. Die Weltlinien des einfallenden Lichts sind koordinatenbedingt einmal mehr 45-Grad-Geraden. Bei den Weltlinien des nach außen laufenden Lichts dagegen, dort, wo sich die Bremswirkung der Zentralmasse bemerkbar macht, passiert etwas geradezu Unerhörtes. In dem Moment, wo die Zentralmasse kleiner wird als ihr Schwarzschild-Radius, bildet sich – als senkrechte Linien aus roten Punkten eingezeichnet – der Horizont des Schwarzen Lochs. Dort ist das nominell nach außen laufende Licht so stark abgebremst, dass es auf der Stelle tritt: Bezüglich der gewählten Koordinaten sind die äußeren Ränder der Lichtkegel senkrecht; Licht, das versucht, nach außen zu laufen, kommt nicht vom Fleck und

verharrt bei einem festen x-Koordinatenwert. Dahinter, im rötlich schattierten Bereich, zeigt selbst die äußere Kante der Lichtkegel nach innen, entsprechend einer Bewegung auf die Zentralmasse zu. Dort hat das Licht keine Möglichkeit, sich von der Zentralmasse wegzubewegen. Dieser Zwang überträgt sich auf alle materiellen Körper, für die schließlich das kosmische Tempolimit der Lichtgeschwindigkeit gilt. Als Beispiel ist in Blau die Weltlinie eines solchen Körpers eingezeichnet, samt einiger Lichtkegel entlang ihrem Verlauf. Wie das Tempolimit vorschreibt, liegt die Weltlinie an jedem Ort innerhalb des jeweiligen lokalen Lichtkegels. Für den Körper bedeutet das: In dem Moment, wo seine Weltlinie die senkrechte gestrichelte Linie kreuzt, gibt es keine Möglichkeit mehr, sich von der Zentralmasse weiter zu entfernen. Alle erlaubten Bewegungsarten, die innerhalb des Lichtkegels liegen, führen den Körper weiter in Richtung Zentralmasse.

Das Raumzeitdiagramm zeigt die Struktur des Schwarzen Lochs: eine innere Region, begrenzt von einer Horizontfläche. Außerhalb ein Raumzeitbereich mit denselben Eigenschaften wie in der Umgebung einer sehr kompakten Materiekugel – Testobjekte können sich auf die Kugel zu- oder von der Kugel wegbewegen, Licht und materielle Testkörper werden von der Schwerkraft auf die Kugel zugelenkt. Innerhalb des Ereignishorizonts dagegen gibt es für Licht wie für materielle Körper nur noch eine Bewegungsrichtung: immer weiter ins Innere. Wer auch immer dorthin gerät, muss alle Hoffnung fahren lassen. Egal, wie leistungsstark seine Raketentriebwerke sind, er wird die Kugelfläche des Horizonts nie wieder verlassen können.

Das Raumzeitdiagramm deutet außerdem an, wie verkorkst die Raumzeitgeometrie im Innern des Schwarzen Lochs ist. Am deutlichsten wird dies an der roten Linie, die entlang der Zeitachse verläuft. Vor Vollendung des Kollapses war die Zeitachse der Ort des Mittelpunkts der Massekugel, und entsprechend könnte man denken, danach sei sie die Weltlinie der Punktmasse, zu der die instabile Massekugel kollabiert ist. Aber das kann nicht hinkommen: Die Weltlinie einer punktförmigen Masse muss auf alle Fälle innerhalb der lokalen Lichtkegel liegen, denn diese Masse kann sich, ebenso wie alle andere Materie, nicht schneller bewegen als das Licht. Doch bereits im direkten Umfeld der roten Linie sind die eingezeichneten Lichtkegel so stark nach innen geneigt, dass die senkrechte Linie sie nicht berühren kann. Was auch immer die rote Linie bedeutet – es kann nicht die Weltlinie einer zentralen Punktmasse sein. Noch merkwürdiger ist der folgende Umstand: Nähern wir uns der roten Linie in unserem Raumzeitdiagramm von links, so sind die lokalen Lichtkegel umso stärker nach rechts geneigt, je näher wir der roten Linie kommen. Nähern wir uns von rechts, ist es gerade umgekehrt. Dort sind die Lichtkegel bei Annäherung an die rote Linie immer stärker nach links geneigt. Was passiert auf der roten Linie selbst? Klappen die Lichtkegel dort ganz plötzlich von links nach rechts und von rechts nach links um? Was heißt solch ein Sprung physikalisch? Tatsächlich kann die allgemeine Relativitätstheorie keine vernünftige Antwort auf diese Fragen geben. Die rote Linie stellt so etwas wie eine Grenze der Gültigkeit der geometrischen Beschreibung dar, auf der Einsteins Gravitationstheorie beruht – einen zutiefst irregulären Rand der Raumzeit. Diese Art Rand wird *Raumzeitsingularität* oder schlicht *Singularität* genannt. Wir werden später noch einmal auf die Singularität im Innern Schwarzer Löcher zurückkommen. Vorher werden wir das Schwarze Loch noch einmal von außen betrachten, aus der Sicht eines Beobachters, dessen Blicken die Singularität – wie das ganze Innere des Schwarzen Lochs – gnädigerweise entzogen ist.

ZEITLUPE UND ASTRONAUTEN-SPAGHETTI

Wie ein Schwarzes Loch die Lichtbahnen in seiner näheren Umgebung verbiegt, haben wir bereits gesehen: Die Gravitationsquelle in den beiden Abbildungen am Kapitelanfang, dort noch vage als »Zentralmasse« beschrieben, ist ein Schwarzes Loch, und die karierte Oberfläche markiert die Lage des Horizonts. Einige Effekte waren dort allerdings nicht berücksichtigt. Erstens täuscht das Idyll der Gegenstände, die dort neben dem Schwarzen Loch platziert sind. Dinge, die sich nur einige Meter vom Horizont dieses kleinen Schwarzen Lochs entfernt befinden, werden extrem stark angezogen: Was auch immer Lampe, Zylinder und Säule an ihrem Platz hält, muss der zehn- bis hundertbillionenfachen Erdbeschleunigung entgegenwirken. Außerdem fehlten die Gravitationsrotverschiebung und Helligkeitsveränderungen des Lichts. Um diese Effekte näher zu erkunden, setzen wir uns in ein Forschungsraumschiff der fernen Zukunft und fliegen zu einem hypothetischen Schwarzen Loch, das dieselbe Masse hat wie die Sonne. Von außen gesehen hat sein Horizont den Flächeninhalt einer Kugeloberfläche mit einem Radius von knapp drei Kilometern. Wir parken unser Raumschiff in konstanter Höhe 500 000 Kilometer über dem Horizont (ein Dreihundertstel des Abstandes der Erde von der Sonne). Selbst in dieser Höhe müssen unsere superstarken Raketenmotoren gewaltig arbeiten, um sich gegen die Anziehungskraft des Loches zu stemmen. Die Beschleunigung, die uns gen Raumschiffboden presst, ist ganz enorm – über fünfzigmal so groß wie die Erdbeschleunigung. Fünfzigmal so schwer zu sein wie auf der Erde ist lebensgefährlich: Schon bei drei- bis vierfacher Erdbeschleunigung setzen bei Menschen Bewegungsschwierigkeiten ein, und der Blutdruck sinkt auf bedenkliche Werte. Ab fünffacher Erdbeschleunigung kommt es denn auch zur Bewusstlosigkeit. Ein Überleben in unserem Raumschiff ist, schwebend über dem Schwarzen Loch, nur möglich, wenn wir den heutigen Stand der Technik hinter uns lassen und uns ins Reich der Science-Fiction begeben.

Aus dieser Entfernung sieht das Schwarze Loch sehr unspektakulär aus. Wir sehen nur in der Mitte des Bildes, wo sonst wie überall die Lichtpunkte ferner Sterne recht gleichmäßig über den Himmel gesprenkelt wären, eine schwarze Scheibe und darum herum einige Verzerrungseffekte – wäre da nicht zufällig eine Galaxie, die durch das Schwarze Loch zu einem Hauch von Einsteinring verzerrt wird, wir könnten das Loch glatt übersehen.

Wahrlich kein umwerfender Anblick. Dann ist es Zeit für unser Experiment. Unsere Ingenieure haben eine Sonde mit einer extrem stabilen, extrem hellen Ultraviolettlampe gebaut, die wir jetzt in das Schwarze Loch fallen lassen. Die Lampe zeigt direkt nach oben, also zurück in Richtung Raumschiff. Einem Computerprogramm folgend, unterbricht die Sonde ihren Fall in das Schwarze Loch von Zeit zu Zeit, setzt kraftvolle Triebwerke in Gang, bis sie in konstantem Abstand vom Schwarzen Loch schweben bleibt, und dann sendet die UV-Lampe eine Folge von Pulsen – nach der von ihr mitgeführten Uhr gemessen: jede Zehntel-sekunde einen Puls – zurück zum Raumschiff. Zunächst geschieht nichts Ungewöhnliches. Immer wieder einmal erreichen uns die UV-Pulsfolgen, die wir erwarten. Doch bald zeigen sich die ersten rela-tivistischen Abweichungen. Zunächst fallen sie nur dem Bordingenieur auf, der meldet – die Lampe schwebt dank des Schubs ihrer Triebwerke 150 Kilometer über dem Horizont –, dass sich die Fre-quenz des UV-Lichts um ein Prozent verändert hat. Je näher die Lampe dem Horizont kommt, umso deutlicher machen sich die Veränderungen bemerkbar. Während sie 150 Meter über dem Horizont wartet, hat sich die Frequenz des Signals, das sie aussendet, so weit in Richtung auf niedrige-re Frequenzen verschoben, dass es uns als dunkel-

violettes sichtbares Licht erreicht. Hinzu kommt, dass die Lampe ihre Pulse aus unserer Sicht wesentlich langsamer aussendet als erwartet: Statt in jeder Zehntelsekunde empfangen wir nur alle vier Sekunden einen Puls.

Beide Effekte sind nicht unerwartet. Die Verän-derung der Frequenz ist nichts anderes als die Gra-vitationsrotverschiebung, die wir in Kapitel 6 ken-nen gelernt haben: Elektromagnetische Strahlung, die bestrebt ist, einem Gravitationsfeld zu entkom-men, wird dabei in Richtung auf niedrigere Fre-quenzen verschoben, in diesem Falle so weit, dass aus UV-Licht erheblich niederenergetischeres sicht-bares Licht geworden ist. Die Rotverschiebung ist Ausdruck des allgemeineren Phänomens, das sich auch in der Verlangsamung der Pulsaussendung zeigt: Uhren tiefer im Gravitationsfeld, näher an der Gravitationsquelle, gehen langsamer als Uhren, die sich weiter von der Gravitationsquelle entfernt befinden. Diese »ortsabhängige Zeitgeschwindig-keit« war in Kapitel 5 der Ausgangspunkt unserer Überlegungen zur allgemeinen Relativitätstheorie; hier, in der Nähe des Schwarzen Lochs, ist sie di-rekt zu beobachten.

Während sich die Lampensonde schrittweise dem Horizont nähert, werden Frequenzverschie-bung und Zeitdehnung immer ausgeprägter. Nächs-ter Stopp: hundert Meter über dem Horizont. Das Signal der Sonde ist nunmehr gelbes sichtbares Licht, und nur noch jede Minute erreicht uns ein neuer Puls. Fünfzig Meter über dem Horizont: Das Signal der Sonde ist in den Bereich der Wärmestrah-lung verschoben und nur noch mit einem Infrarot-detektor nachzuweisen. Nur noch alle zwei Minu-ten erreicht uns ein Puls. Sechzig Zentimeter über dem Horizont geht das Signal der Sonde in den Mikrowellenbereich über, bei einigen Millimetern Abstand erreicht es uns in Form von Radiowellen. Allerdings nimmt die Leuchtkraft der UV-Lampe dabei ebenfalls sehr schnell sehr stark ab, so dass wir uns arg bemühen müssen, um den Übergang in den Radiobereich überhaupt zu messen. Recht bald ist die Leuchtkraft so abgeschwächt, dass selbst mit den empfindlichsten Messinstrumenten keine elektro-magnetische Strahlung mehr nachzuweisen ist.

Nun brechen wir das Experiment ab. Anstatt unter Aufbietung aller Kräfte über dem Horizont zu verharren, soll die Sonde jetzt ihr Triebwerk abschalten und sich ins Loch fallen lassen. Dabei hat die Zeitverlangsamung allerdings eine unerwartete Konsequenz. Falls wir sie trotz der abnehmenden Leuchtkraft noch sehen könnten, wie sie sich dem Horizont bis auf einen Millimeter nähert, würden wir feststellen, dass sie, anstatt in das Loch zu fallen, immer langsamer wird. Wenn sie in dieser Weise weiter abbremst, wird sie den Horizont niemals erreichen und niemals in das Schwarze Loch fallen.

Aber wehe dem Astronauten, der sich aufgrund dieser Beobachtung in Sicherheit wiegt und beschließt, über dem Schwarzen Loch abzuspringen. Aus seiner Sicht liefe Folgendes ab: Zunächst einmal große Erleichterung – eben noch im Raumschiff mit der schier unerträglichen Schwere, die einen zu Boden presst, und nun freier Fall, entspannender schwereloser Fall. Allerdings gibt es auch im freien Fall bestimmte Resteinflüsse der Gravitation, die Gezeitenkräfte, die wir gegen Ende des Kapitels 5 am Beispiel der zwei Bälle im Fahrstuhl kennen gelernt haben. Wir können sie am Beispiel des Astronauten noch einmal veranschaulichen, am besten anhand eines extrem kleinen Schwarzen Loches:

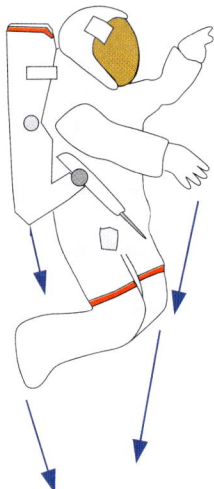

Die Kräfte, die an den einzelnen Körperregionen des Astronauten zerren, zeigen nicht alle haargenau in dieselbe Richtung. Sie zeigen alle in Richtung Zentrum des Schwarzen Lochs, und das bedeutet in der Abbildung: Die Kraft am Tornister zerrt ein wenig nach rechts, die Kraft am Fuß ebenfalls, die an Hand und Knie dagegen etwas nach links. Durch seinen freien Fall gibt der Astronaut der Kraft nach, die ihn direkt nach unten zieht – das ist die Hauptkomponente aller Kräfte, die sich seiner Körperregionen bemächtigen. Von dieser Kraft merkt der Astronaut im freien Fall nichts; die Kraftanteile, die seine Hand etwas nach links, seinen Tornister etwas nach rechts ziehen, spürt er dagegen sehr wohl. Das Ergebnis ist, dass er sich in Links-rechts-Richtung etwas zusammengestaucht fühlt. Hinzu kommt ein zweiter Effekt, der in der Abbildung nicht eingezeichnet ist. Ebenso wie im Falle der Newtonschen Gravitationskraft nimmt die Schwereanziehung umso weiter zu, je näher man dem Schwarzen Loch kommt. Nun sind die Füße des Astronauten dem Schwarzen Loch näher als sein Kopf und erfahren daher eine etwas stärkere Anziehungskraft nach unten. Auch diesen Unterschied zwischen den Kräften, die auf seine oberen, und denen, die auf seine unteren Regionen einwirken, merkt der Astronaut trotz seines freien Falls. Er wird nicht nur seitlich zusammengestaucht – die Gezeitenkräfte ziehen ihn zusätzlich in senkrechter Richtung in die Länge.

Je näher der Astronaut dem Schwarzen Loch kommt, umso stärker werden die Gezeitenkräfte. Ungefähr zweihundert Kilometer über dem Ereignishorizont halten auch die stärksten Muskeln und Knochen den Gezeitenkräften nicht mehr stand, und der Astronaut verwandelt sich in einem Prozess, bei dessen Betrachtung auch abgefeimte Horrorfilmenthusiasten schlucken müssten, in Astronautenspaghetti – senkrecht auseinander gezogen, seitlich zusammengepresst. Aber nehmen wir einmal an, unser Astronaut hätte diese Verformung auf abenteuerliche Weise überstanden. (Das wäre einfacher, wenn er anstatt in ein Loch mit einer Sonnenmasse in eines geflogen wäre, das Milliarden von Sonnenmassen in sich vereinigt. Bei solchen großen Schwarzen Löchern sind die Gezeitenkräfte außerhalb des

Horizonts geringer, hinter dem Horizont werden sie allerdings umso stärker.)

Während seines Falls merkt der Astronaut, dass der für ihn sichtbare Sternenhimmel schrumpft, die vor ihm befindliche schwarze Fläche dagegen langsam größer wird. Dann erreicht der Astronaut den Horizont und fällt hindurch – nachdem auf seiner mitgeführten Uhr gerade mal achtzehn Minuten vergangen sind. Nicht, dass im Moment der Horizontüberquerung irgendetwas Besonders passieren würde. Ohne aufwändige Positionsbestimmung könnte der Astronaut nicht einmal feststellen, dass er den Horizont überquert hat und dass es jetzt kein Zurück mehr gibt. Von nun an geht es immer weiter nach innen. Selbst der wohlwollendste Gedankenexperimentator wird einsehen müssen, dass der Astronaut die zunehmenden Gezeitenkräfte nicht intakt, geschweige denn lebend überstehen kann. Er wird in seine Einzelteile, seine Atome zerlegt, die Atome in Kern und Elektronen, und von einem bestimmten Zeitpunkt an erinnert nur noch ein Gemisch aus Elementarteilchen an den leichtsinnigen Raumfahrer. Gäbe es unter diesen Verhältnissen eine noch funktionierende Uhr, dann wäre laut allgemeiner Relativitätstheorie nur wenige Millionstel Sekunden später das absolute Ende erreicht: ein Bereich unendlich großer Raumkrümmung, ein Raumzeitrand, an dem selbst die geometrische Beschreibung der Relativitätstheorie versagt. Das ist die Raumzeitsingularität, jenes pathologische Gebilde, das uns bereits im Zusammenhang mit dem Raumzeitdiagramm eines Schwarzen Lochs heimgesucht hat. Das Schwarze Loch erweist sich als ultimativer Albtraum jedes kosmischen Verkehrsteilnehmers: eine Einbahnstraße, die zugleich eine Sackgasse ist.

Ich habe bewusst vorsichtig formuliert, das Ende »wäre laut allgemeiner Relativitätstheorie« erreicht. In Wirklichkeit ist nicht zu erwarten, dass die allgemeine Relativitätstheorie die Raumzeit in unmittelbarer Nähe der Singularität zutreffend beschreiben kann. Dort spielen extrem kleine Größenskalen eine Rolle – die höherdimensionalen Analoga dessen, was für zweidimensionale gekrümmte Flächen die Krümmungsradien waren, werden dort erst mikro-

skopisch und schließlich unendlich klein. Bei so kleinen Größenskalen – das sagt uns alle experimentelle Erfahrung der Physiker – spielt die Quantentheorie eine entscheidende Rolle. Die allgemeine Relativitätstheorie ist dagegen ihrer Formulierung nach eine klassische Theorie, in der Quanteneffekte keine Rolle spielen. Um die Umgebung der Singularität angemessen zu beschreiben, benötigt man eine Theorie, die allgemeine Relativitätstheorie und Quantentheorie in geeigneter Weise zusammenführt, kurz: eine Theorie der *Quantengravitation*. Einfacher gesagt als gerechnet: Wie eine Theorie der Quantengravitation aussieht, gehört auch heute noch, fast ein Jahrhundert nach der Geburt von Relativitätstheorien und Quantentheorie, zu den großen offenen Fragen der Physik. Nicht aus Mangel an Interesse – im Gegenteil, Hunderte und Aberhunderte von Physikern forschen seit Jahrzehnten an diesem Thema und haben auch deutliche Fortschritte zu verzeichnen. Ansätze wie die Stringtheorie oder die Schleifen-Quantengravitation haben sich als durchaus vielversprechend erwiesen. Trotzdem: Die Frage, was, wenn nicht eine klassische Raumzeitsingularität, im Innersten von Schwarzen Löchern schlummert, ist mit heutigem Wissen nicht zu beantworten. Wir wenden uns stattdessen wieder den Angelegenheiten außerhalb des Horizonts zu.

Da wäre zunächst der scheinbare Widerspruch zwischen dem, was der Astronaut erlebt, und dem, was ein äußerer Beobachter sieht. Der Umstand, dass die Sonde und auch der Astronaut aus der Sicht des äußeren Beobachters unendlich lange Zeit brauchen, den Horizont zu erreichen, zeigt allerdings lediglich auf, wie vorsichtig ein Beobachter sein muss, wenn er die Lichtsignale, die ihn aus extrem verzerrten Raumzeitregionen erreichen, auswertet und auf der Basis dieser Daten versucht, jedem wahrgenommenen Ereignis Orts- und Zeitkoordinaten zuzuordnen. Ein Beispiel ist die Zeitkoordinate, mit deren Hilfe Schwarzschild die ursprüngliche Form seiner Lösung formulierte. Sie ist über das Einsteinsche Synchronisationsverfahren definiert, angewandt von einem Beobachter, der von der Zentralmasse so weit entfernt ist, dass die Auswirkungen der Schwerkraft in seiner näheren

Umgebung vernachlässigbar klein sind. Ein solcher Beobachter hat seine eigene Ur-Uhr und steuert damit näher an der Zentralmasse gelegene Funkuhren, genau so, wie wir in Kapitel 1 die Radarkoordinaten eingeführt haben: Für jeden Ort im Raum bestimmt er mittels eines reflektierten Lichtsignals den Abstand zur Ur-Uhr. Diesen Abstand verwendet dann die dort aufgestellte Funkuhr, um aus dem Zeitsignal der Ur-Uhr die lokale Zeit auszurechnen. Das Problem ist nur, dass dies mit Uhren innerhalb des Horizonts nicht funktionieren kann. Solche Uhren können kein antwortendes Lichtsignal zurückschicken. Schwarzschilds Zeitkoordinate ist daher nur außerhalb des Horizonts sinnvoll definiert. Dass ein nach innen fallendes Teilchen den Horizont aus der Sicht des äußeren Beobachters, der diese Zeitkoordinate verwendet, niemals ganz erreicht, ist eine Konsequenz ungünstiger Koordinatenwahl.

Viele der Physiker, die sich erstmals mit Schwarzen Löchern beschäftigten, hat dieser Effekt übrigens eine ganze Weile genarrt. Eine Zeit lang hielt sich bei ihnen die Vorstellung vom »gefrorenen Stern« – geprägt von dem Umstand, dass ein zum Schwarzen Loch kollabierender Stern aus der Perspektive eines äußeren Beobachters ebenso wie Sonde und Astronaut an der Horizontfläche zu verharren scheint. Endgültige Klärung ergab sich erst in der Blütezeit der Schwarze-Loch-Forschung ab Mitte der sechziger Jahre, als Pioniere wie Werner Israel, Brandon Carter, Stephen Hawking und ihre Kollegen das moderne Bild dieser bizarren Objekte schufen.

VARIATIONEN IN SCHWARZ ODER DER KOSMISCHE FRISIERSALON

Das moderne Bild der einfachsten Art von Schwarzem Loch haben wir in den letzten Abschnitten kennen gelernt – ein perfekt kugelsymmetrisches Gebilde, das sich mit der Zeit nicht im Geringsten verändert, mit einem Horizont und einer Innenregion ohne Wiederkehr. Mathematisch beschrieben wird diese Raumzeit übrigens durch die bereits in Kapitel 6 erwähnte Schwarzschild-Lösung, die ihr

Erfinder fälschlich für die Raumzeit rund um ein Punktteilchen hielt – in Wirklichkeit schrieb er bereits 1916 die mathematische Formel für eine Schwarzloch-Raumzeit nieder, freilich ohne ihre Konsequenzen zu begreifen.

Eine weitere interessante Lösung fand der neuseeländische Mathematiker Roy P. Kerr im Jahre 1963. Sie stellte sich als eine Raumzeit mit einem *rotierenden* Schwarzen Loch heraus, das einen konstanten Drehimpuls besitzt. Ein solches Schwarzes Loch animiert auch die Materie in seiner Umgebung, mit ihm zu rotieren. Der Satellit Gravity Probe B, der sich, während ich diese Zeile schreibe, gerade auf dem Weg in den Weltraum befindet, soll unter anderem diese Art von Mitdrehungseffekt, von ansteckender Rotation, im Schwerefeld unserer Erde nachweisen.

Je näher man dem Horizont des rotierenden Schwarzen Lochs kommt – dessen Lage in diesem Fall nicht nur von der Masse, sondern auch vom Drehimpuls des Lochs abhängt –, umso nachdrücklicher ist die Aufforderung zum Mitrotieren. Kommt man dem Horizont nahe, dann ist es von einer gewissen Entfernung an gar nicht mehr möglich, *nicht* um das Schwarze Loch zu kreisen. Dieses zwanghafte Mitdrehen definiert die so genannte *Ergosphäre*. So, wie die Verformung der Lichtkegel am Horizont alle Materie dazu zwingt, dem Schwarzen Loch von dort an nur noch näher zu kommen, sorgt eine rotationsbedingte Neigung der Lichtkegel in der Ergosphäre dafür, dass sich die dort befindliche Materie der Rotation nicht entziehen kann. Zunächst gibt es dabei eine gewisse Freiheit – innerhalb eines bestimmten Geschwindigkeitsbereiches wäre es zum Beispiel mit Hilfe einer Rakete möglich, etwas langsamer oder etwas schneller um das Schwarze Loch zu kreisen. Je näher man allerdings dem Horizont kommt, umso eingeschränkter sind die Möglichkeiten. Am Horizont selbst muss alle Materie ein und dieselbe Rotationsgeschwindigkeit annehmen. Diese wird auch die Rotationsgeschwindigkeit des Schwarzen Lochs genannt.

Der Horizont des rotierenden Schwarzen Lochs ist eine ebenso strikte kosmische Einbahnstraße wie der des Schwarzschild-Lochs. Was einmal hineingefallen ist, kann auch das Kerr-Loch niemals mehr verlassen. Dass man dem Kerr-Loch mittels eines trickreichen Verfahrens trotzdem in begrenztem Maße Energie entziehen kann, hat der englische Mathematiker Roger Penrose zeigen können. Der so genannte *Penrose-Prozess* ist in der folgenden Abbildung skizziert:

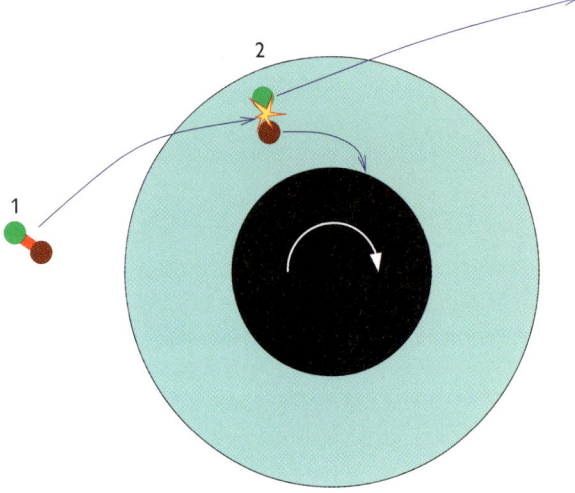

Dabei passiert in der Umgebung des rotierenden Schwarzen Lochs – hier so als Schwarze Kreisfläche angedeutet, als könnte man einfach eine Art »Querschnitt« zeichnen – Folgendes: Ein hantelartiges Objekt fliegt auf das Schwarze Loch zu (1). Es besteht aus einer grünen und einer braunen Punktmasse sowie aus einer rot eingezeichneten Verbindung, die eine Sprengladung trägt. Das Objekt tritt in die Ergosphäre (hellblauer Bereich) ein, wo es zum Mitrotieren gezwungen wird. Dort explodiert die Sprengladung (2) und treibt die beiden Kugeln auseinander: Die braune fällt in das Schwarze Loch, die grüne hingegen kann die Ergosphäre wieder verlassen und fliegt davon (3). Sind Einschusswinkel und Sprengladung geeignet gewählt, dann, so konnte Penrose zeigen, trägt die grüne Kugel mehr Energie davon, als die ursprüngliche Hantel besaß. Die gewonnene Energie – und damit auch gemäß $E = m \cdot c^2$ ein bisschen Masse – ist dem Schwarzen Loch entzogen worden.

Zwar kommen in der Natur keine sprengstoffbestückten Hanteln vor. Dafür gibt es aber Prozesse,

bei denen ein Teilchen in mehrere andere Teilchen zerfallen kann. Passiert dies unter günstigen Bedingungen in der Ergosphäre eines Schwarzen Lochs, dann kann dieses als eine Art kosmischer Teilchenbeschleuniger funktionieren. Auch für elektromagnetische Wellen existiert ein Analogon des Penrose-Prozesses, die so genannte *Superradianz*, bei der beispielsweise Lichtwellen, die im richtigen Winkel in die Ergosphäre fliegen, zum Teil absorbiert werden, zum Teil mit erhöhter Energie weiterfliegen.

So viel zu den rotierenden Schwarzen Löchern. Man könnte meinen, dies sei der erste Schritt und es gäbe nun noch viele andere Arten Schwarzer Löcher zu entdecken. Elliptisch verformte Löcher? Würfelförmige Löcher – zumindest als theoretisches Konstrukt? Löcher, die elektrische Ladung besitzen, oder Löcher, die von einem Magnetfeld umgeben sind? Löcher mit kleinen Ausbeulungen der Horizontfläche oder mit Dellen? Vielleicht Löcher, deren Horizontfläche oszilliert und einmal größer, dann wieder kleiner wird?

Tatsächlich existiert eine recht allgemeine Definition für Schwarze Löcher, die den gesamten hypothetischen Zoo dieser Objekte zusammenfasst. Sie verwendet eine mathematische Erweiterung des Horizontbegriffs, die die anschauliche Vorstellung unserer bisherigen Beschreibungen präzisiert: Ein Schwarzes Loch ist eine Raumregion wie in der Abbildung auf Seite 220, in der selbst die Lichtstrahlen, die eigentlich nach außen fliegen sollten, nach innen verbogen sind – und demnach alle Objekte, die in diese Region hineingeraten, dazu verdammt sind, sie niemals wieder zu verlassen.

Legt man diese allgemeine Definition zugrunde, gibt es tatsächlich eine unendliche Vielfalt Schwarzer Löcher. Betrachtet man dagegen langfristig stabile Lösungen, Schwarze Löcher sozusagen, die für die Ewigkeit gebaut sind, dann schrumpft diese Vielfalt auf verschwindend wenige Möglichkeiten zusammen – und die verformten, verbeulten, ihre Größe verändernden Schwarzen Löcher gehören nicht dazu. Langfristig beständig sind beispielsweise die Lösungen, die wir schon kennen: Schwarzschilds kugelsymmetrische Lösung und Kerrs rotierende Lösungen. Hinzu kommt noch die so genannte

Reissner-Nordström-Lösung, die ein Schwarzes Loch mit elektrischer Ladung beschreibt, sowie die Kombination dieser Eigenschaften, die *Kerr-Newman-Lösung* eines rotierenden, elektrisch geladenen Schwarzen Lochs (in der Schwarzschild-, Kerr- und Reissner-Nordström-Lösung als Grenzfälle enthalten sind). Aber das ist schon alles – zumindest, wenn man sich auf herkömmliche, bekannte Materie und Kräfte beschränkt. Ein langfristig beständiges Schwarzes Loch ist durch seine Masse, seinen Drehimpuls und seine elektrische Ladung vollständig definiert. Es besitzt keine weiteren Eigenschaften, keine besonderen Kennzeichen. Anders ausgedrückt in Form der saloppen Kurzfassung, die sich unter den Physikern eingebürgert hat: Schwarze Löcher haben keine Haare (ein Diktum, das auch als »Glatzensatz« bekannt ist).

Alle sonstigen Schwarzlochvariationen sind vergänglich. Ein kollabierender Stern mit Magnetfeld wird langfristig nicht zu einem magnetischen Schwarzen Loch – stattdessen wird das Magnetfeld in Form elektromagnetischer Wellen abgestrahlt, und zurück bleibt ein herkömmliches Schwarzes Loch gemäß der Kerr-Newman-Lösung. Eine außerirdische Hochkultur mag sich noch so große Mühe geben, einen perfekt würfelförmigen Materieklumpen so weit zu komprimieren, dass ein Schwarzes Loch entsteht – auf lange Sicht entwickelt sich das so geschaffene Gebilde zu einem Standardloch der Kerr-Newman-Klasse. Dieser Umstand ist im Zusammenhang mit dem roten Faden dieses Buches von großem Interesse. Magnetfelder verflüchtigen sich mit Hilfe elektromagnetischer Wellen und lassen ein nichtmagnetisches Loch zurück. Abweichungen von der Kugelsymmetrie oder, im Falle rotierender Löcher, von der Achsensymmetrie führen dagegen zu *Gravitationswellen*, mit denen die Unregelmäßigkeiten der Form quasi abgestrahlt werden. Das macht Schwarze Löcher zu aussichtsreichen Kandidaten für Gravitationswellenquellen: Wann immer ein Gebilde in nicht perfekt achsen- oder kugelsymmetrischer Weise zum Schwarzen Loch kollabiert (und was in der Natur ist schon perfekt symmetrisch?), ist Gravitationsstrahlung zu erwarten.

FLÄCHENSATZ UND SCHAMGEFÜHL

Die Theorie der Schwarzen Löcher ist von großer mathematischer Eleganz. Sicher, auch dort besteht ein großen Teil der Arbeit darin, spezielle Lösungen der Einstein-Gleichungen zu erkunden und deren Eigenschaften zu studieren. Eine Reihe von Aussagen lässt sich dagegen recht allgemein beweisen, legt man die allgemeine Definition von Schwarzen Löchern zugrunde. Das Werkzeug ist in solchen Fällen die so genannte *globale Geometrie*, eine von Roger Penrose erfundene Methode, die sehr allgemeine Aussagen über relativistische Raumzeiten ermöglicht. Die im vorigen Abschnitt angedeutete allgemeine Definition eines Schwarzen Lochs gehört in diesen Zusammenhang, und über solche Schwarzen Löcher lassen sich im Rahmen der globalen Geometrie einige weitreichende Aussagen beweisen. Dabei wird nicht auf konkrete Lösungen der Einstein-Gleichungen zurückgegriffen, nicht auf vereinfachte Modelle, sondern nur auf allgemeine Eigenschaften von Scharen von Lichtweltlinien, auf die Kausalitätsbedingung, dass Materieweltlinien ihre lokalen Lichtkegel niemals verlassen können, und auf eine universelle Eigenschaft der Gravitation: Die Schwerkraft herkömmlicher Materie ist immer anziehend, niemals abstoßend.

Eine sehr allgemeine Aussage ist der so genannte *Flächensatz*, den Stephen Hawking beweisen konnte. Was auch immer einem Schwarzen Loch widerfährt, der Flächeninhalt seines Horizonts kann nur zunehmen, niemals aber schrumpfen. Für Ensembles von Schwarzen Löchern gilt dies analog für die Summe der Horizontflächen. Dieser Satz hat eine äußerst praktische Anwendung, dann nämlich, wenn es darum geht, eine Obergrenze für die Energie zu bestimmen, die in Form von Gravitationswellen frei werden kann, wenn zwei Schwarze Löcher miteinander zu einem größeren Schwarzen Loch verschmelzen. Nehmen wir an, wir haben zwei nahezu kugelsymmetrische Schwarze Löcher mit je einer Sonnenmasse und daher einem Schwarzschild-Radius von rund drei Kilometern. Aus dem Schwarzschild-Radius folgt – die Formel für eine

Kugelfläche ist Fläche gleich vier mal Pi mal Radiusquadrat – für jedes der Löcher eine Horizontfläche von 113 Quadratkilometern. Wie kompliziert auch immer die Verschmelzung im Einzelnen ablaufen mag, wir wissen aus Hawkings Flächensatz, dass die Gesamtfläche des resultierenden Schwarzen Lochs mindestens 226 Quadratkilometer betragen muss. Für ein kugelsymmetrisches Loch entspricht das einem Schwarzschild-Radius von 4,2 Kilometern und damit nur rund 1,4 Sonnenmassen. In Form von Gravitationswellen kann daher nicht mehr als eine Energie abgestrahlt werden, die den restlichen 0,6 Sonnenmassen entspricht – freilich immer noch eine gewaltige Energiemenge. In Wirklichkeit ist die Abschätzung zwar etwas komplizierter, da auch ein rotierendes Endprodukt berücksichtigt werden muss, doch die entscheidende Information liefert hier wie dort Hawkings Flächensatz.

Ein anderes wichtiges Ergebnis der globalen Geometrie sind die *Singularitätentheoreme* von Roger Penrose und Stephen Hawking, die aus den Grundprinzipien der allgemeinen Relativitätstheorie ableiten, dass sich im Innern von Schwarzen Löchern immer eine Raumzeitsingularität befindet. Das pathologische Innere der Schwarzen Löcher ist zumindest im Rahmen der klassischen Einsteinschen Gravitationstheorie eine universelle Eigenschaft dieser Objekte. Wenigstens scheint es so, als verberge die Natur solche Pathologien schamhaft hinter Horizonten, aus denen keine Information über die Singularität nach außen dringen kann. Einen exakten Beweis für diese *Hypothese der kosmischen Zensur*, die einmal mehr auf Roger Penrose zurückgeht, gibt es allerdings bislang nicht – dieser Eckstein der klassischen Theorie der Schwarzen Löcher fehlt den Physikern noch. Es gäbe zu den Eigenschaften der verschiedenen Schwarzlochlösungen noch einiges zu berichten. Von den sonderbaren Brücken zu Paralleluniversen etwa, die im Innern eines idealisierten Kerr-Newman-Loches lauern, oder der überraschenden Analogie zwischen den allgemeinen Gesetzen, denen Schwarze Löcher folgen, und einem scheinbar ganz anderen Gebiet der Physik, der Thermodynamik. Für die Gravitationswellenforschung sind diese Erkenntnisse allerdings wenig bedeutsam. Wir wollen uns daher lieber auf den Weg in die astrophysikalische Praxis machen: Theorie der Schwarzen Löcher schön und gut, aber in welchen Formen kommen diese seltsamen Gebilde in der Natur wirklich vor? Und wie kommt es dazu?

JENSEITS DER NEUTRONEN-STERNE

Wir haben uns schon im vorigen Kapitel mit dem Schicksal kollabierender massereicher Sterne beschäftigt, vor allem solcher, die als Neutronensterne enden. Die ersten konkreten Rechnungen zu einem Endstadium jenseits des Neutronensterndaseins veröffentlichten der US-amerikanische Physiker Robert Oppenheimer und sein Student Hartland Snyder bereits 1939, zwei Jahre bevor Oppenheimer für das Manhattan-Projekt und damit für eine erdnähere Anwendung seiner kernphysikalischen Expertise angeworben wurde: die Konstruktion der ersten Atombombe. Seither sind die Rechnungen verfeinert worden, neuere Erkenntnisse über die Zustandsgleichung der Kernmaterie sind eingeflossen, Computersimulationen haben es ermöglicht, auch chaotischere Kollapsprozesse nachzuvollziehen. Das grundlegende Ergebnis von Oppenheimer und Snyder gilt nach wie vor: Bei mehr als rund drei Sonnenmassen kann auch der quantenmechanische Druck der Neutronen den Kollaps nicht mehr aufhalten. Der Stern fällt weiter in sich zusammen und erreicht schließlich eine so geringe Ausdehnung, dass eine Horizontfläche entsteht. Das ist die Geburt eines *stellaren Schwarzen Lochs*.

Wie es im Einzelnen zu diesem ultimativen Zusammenbruch kommt, ist eine Frage, auf die es im Rahmen der gängigen Modelle – mit ihren ausgefeilten Simulationen, aber auch mit den in Kapitel 8 angesprochenen Unsicherheiten – mehrere Antworten gibt. Zum einen besteht die Möglichkeit, dass im Verlauf der Supernova-Explosion genügend Materie auf den gerade entstehenden Neutronenstern zurückfällt, um den Kollaps zum Schwarzen Loch auszulösen. Zum anderen zieht sich der werdende Neutronenstern zusammen und kühlt ab, während ihm immer mehr Elektronen und Neutrinos entkommen. Führt die Schrumpfung das entscheidende bisschen zu weit, kann ein Schwarzes Loch entstehen. Es gibt auch Anzeichen, dass sehr massereiche Sterne ganz ohne Supernova direkt zu einem Schwarzen Loch kollabieren können.

Man könnte meinen, die Natur der Schwarzen Löcher mache sie zu wenig geeigneten Kandidaten für astronomische Beobachtungen. Ein einsames Schwarzes Loch direkt beobachten zu wollen, kompakt, klein, ohne eigene Strahlungsaussendung, ist tatsächlich aussichtslos – die Abbildung auf Seite 222 hat uns gezeigt, dass solch ein Loch selbst für astronomisch gesehen äußerst nahe Beobachter ein recht unauffälliges Gebilde ist. Allerdings offenbart ein Schwarzes Loch seine Anwesenheit dadurch, wie es seine Umgebung beeinflusst – als graue oder eben schwarze Eminenz, die im Hintergrund ihre Gravitationsfäden zieht und die Materiepuppen in der näheren Umgebung tanzen lässt.

Im vorigen Kapitel sind uns gesellige Neutronensterne begegnet, Partner in einem Doppelsternsystem, die ihrem jeweiligen Begleiter Materie abziehen, welche in einer Akkretionsscheibe auf den Neutronenstern zukreist. In solchen Doppelsternsystemen kann statt des einen Neutronensterns auch ein Schwarzes Loch die Materie anziehen. Auch dabei wird beim Einfallen der Materie extrem effektiv Energie freigesetzt, und auch die Akkretionsscheiben Schwarzer Löcher sind so stark erhitzt, dass sie im Röntgenbereich hell leuchten. Das Problem besteht darin, für eine gegebene Röntgenquelle mit hinreichender Sicherheit zu entscheiden, ob man es mit einem Schwarzen Loch zu tun hat oder mit einem Neutronenstern. Genauer: In einigen Fällen ist es leicht möglich nachzuweisen, dass es sich um einen Neutronenstern handelt. Die stetigen Pulse eines Radiopulsars, die Erhitzungseffekte, die entstehen, wenn Materie auf das Zentralobjekt trifft, oder die schon erwähnten Gammastrahlenausbrüche sind eindeutige Zeichen, um ein Schwarzes Loch als Zentralobjekt auszuschließen. Umgekehrt ist es dagegen sehr schwer zu zeigen, dass sich im Kern der Akkretionsscheibe tatsächlich ein Schwarzen Loch befindet.

Ein Verfahren besteht darin, die Masse des Zentralobjekts zu bestimmen und zu zeigen, dass sie deutlich über der höchstmöglichen Masse von Neutronensternen liegt. Solche Massenbestimmungen sind zwar, wie wir am Beispiel der Neutronensterne gesehen haben, nicht einfach, und auf die höchst regelmäßigen Pulse, die sich dort als nützliches Hilfsmittel erwiesen, müssen wir im Falle Schwarzer Löcher ganz verzichten. Dennoch gibt es die Möglichkeit, Massen abzuschätzen, und einige vielversprechende Kandidaten, die ihren Massen nach Schwarze Löcher sein müssten.

Das vielleicht bekannteste Beispiel ist Cygnus X-1, ein System, dessen Name bereits wiedergibt, dass es sich um die erste Röntgenquelle (auf Englisch sind Röntgenstrahlen »X-rays«) handelt, die im Sternbild Schwan gefunden wurde. Der Doppelsternpartner in diesem System ist ein so genannter Blauer Überriese, ein sehr massereicher Stern, der trotz seiner Aufblähung zum Riesenstern eine sehr hohe Hüllentemperatur aufweist. Die Doppler-Verschiebung, die aus der Bahnbewegung dieses Sterns resultiert, liefert uns zwar wichtige, aber nicht genügend Informationen, um die Masse des kompakten Objekts zu bestimmen. Astronomen haben daher ein ausgefeiltes Modell entwickelt, das die folgenden Effekte beschreiben soll: Die Anwesenheit des kompakten Objekts zieht den Riesenstern etwas in die Länge, er ist keine perfekte Kugel, sondern ein auf das kompakte Objekt hin ausgerichtetes Ellipsoid. Während die Sterne einander umlaufen, dreht sich das Ellipsoid mit. Das hat zwei Auswirkungen. Zum einen sieht ein Beobachter einmal die schmalere Längsseite und einmal die größere Breitseite des Ellipsoids, in der umseitigen Abbildung die Situationen (a) und (b).

Für einen nahen Beobachter erschiene der Partnerstern so mit der Zeit regelmäßig etwas größer, wie in Stellung (a), und etwas kleiner, wie in Stellung (b). Für uns ferne Beobachter auf der Erde ist das Sternscheibchen freilich von einem Lichtpunkt nicht zu unterscheiden; wir sehen nur, dass wir von ihm manchmal etwas mehr, manchmal etwas weniger Licht empfangen. Zum anderen bewirkt die Kopplung von Umlauf und Eigenrotation des Ellip-

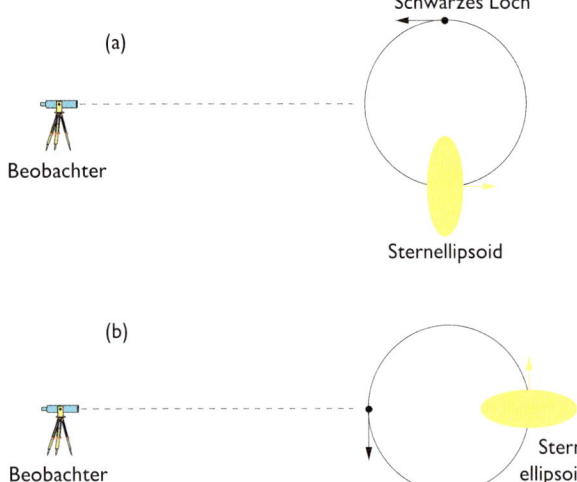

(a)

Schwarzes Loch

Beobachter

Sternellipsoid

(b)

Beobachter

Stern-
ellipsoid

soids, dass sich seine inneren Regionen insgesamt etwas langsamer bewegen als die äußeren – Letztere haben während einer Rotation einen größeren Weg zurückzulegen. Das führt zu einer leichten Variation der Doppler-Verschiebungen zwischen den beiden Sternregionen. Gemeinsam bieten Beobachtungen der Helligkeitsveränderungen und der unterschiedlichen Doppler-Verschiebungen genügend Information über die Umlaufbahn, um die Massen der beiden Partner abzuschätzen. Das Ergebnis ist, dass das kompakte Objekt mindestens die siebenfache Sonnenmasse besitzt, wahrscheinlicher aber sogar sechzehn Sonnenmassen. Damit ist es wesentlich massereicher als ein Neutronenstern und allem Anschein nach ein Schwarzes Loch.

Eine ganze Weile galt Cygnus X-1 als sicherster Schwarzlochkandidat. Inzwischen scheint eine andere Klasse von Doppelsternsystemen aussichtsreicher, in denen der Begleiter des vermuteten Schwarzen Lochs eine geringere Masse hat. Bei diesen Systemen kommt es nur recht selten – alle zehn bis fünfzig Jahre – zu mehrmonatigen Phasen starker Röntgenaktivität. Dahinter stecken die vertrackten Details der Akkretionsscheibenphysik: Unter bestimmten Umständen kommt es dazu, dass das Schwarze Loch die Akkretionsscheibe fast leersaugt, während sich zwischenzeitlich wieder eine größere und damit wesentlich hellere Scheibe aufbauen kann. In den Ruhephasen ist die Röntgen-

strahlung der Akkretionsscheibe sehr schwach, und das ermöglicht genaue, ungestörte Beobachtungen des Partnersterns im optischen Bereich. Wieder ist dann durch die Kombination der Doppler-Informationen über die Bahn und durch die Modellierung der elliptischen Verformung eine Bestimmung der Massen beider Partner möglich. Derzeit sicherster Kandidat ist das System V404 Cygni, ebenfalls im Sternbild Schwan, in dem sich ein Schwarzes Loch mit zehn bis vierzehn Sonnenmassen befinden dürfte.

Insgesamt konnten die Astronomen auf diese Weise bisher zehn kompakte Objekte identifizieren, die mit hoher Wahrscheinlichkeit stellare Schwarze Löcher sind. Immerhin etwas, andererseits auch keine sehr große Ausbeute, wenn man bedenkt, dass allein unsere eigene Galaxie zehn bis hundert Millionen solcher Schwarzen Löcher enthalten sollte. Es gibt allerdings Bestrebungen, einigen dieser Schwarzen Löcher noch auf andere Weise auf die Schliche zu kommen als über die Massenbestimmung.

Einer der eingeschlagenen Pfade betrifft die Vorgänge in der Akkretionsscheibe. Ich habe bereits erwähnt, dass sich bei Objekten wie V404 Cygni längere Ruhephasen und kürzere Perioden höherer Aktivität abwechseln. In den Ruhephasen, so das derzeit favorisierte Modell, fällt die Materie der Akkretionsscheibe recht direkt in das Schwarze Loch und nimmt dabei auch die im freien Fall angesammelte Bewegungsenergie mit, die andernfalls die Aussendung von Röntgenstrahlung anregen würde. Ein so komplettes Verschwinden von Materie und Energie ist nur möglich, wenn das Zentralobjekt wirklich ein Schwarzes Loch ist. Astrophysiker haben Gedankengänge dieser Art mit Computerunterstützung zu komplexen Modellen ausgebaut und versucht, solche und ähnliche Kriterien zu finden, anhand derer sich die Akkretionsscheiben von Schwarzen Löchern von denen beispielsweise um Neutronensterne unterscheiden. Das ergibt einige weitere Hinweise, dass es sich zum Beispiel bei V404 Cygni wirklich um ein Schwarzes Loch handelt. Ganz ausgereift ist diese Identifikationstechnik allerdings noch nicht.

Eine andere Möglichkeit bestünde darin, selbstleuchtende Materie zu verfolgen, die in das Schwarze Loch fällt. In Akkretionsscheiben gibt es gelegentlich Gasballungen, die heller strahlen als das umliegende Material. Eine solche Gasballung kann mit der Zeit an den inneren Rand der Akkretionsscheibe geraten, wo keine stabile Kreisbahn mehr möglich ist, sondern nur noch eine Todesspirale, die unweigerlich in den Ereignishorizont führt. Für derartige Gasballungen, wie ganz allgemein für leuchtende Objekte, die in ein Schwarzes Loch spiralen, macht sich eine Vielzahl relativistischer Effekte bemerkbar. Erstens ist das Licht, das das Objekt aussendet, umso stärker Gravitations-rotverschoben, je näher dieses dem Horizont des Schwarzen Lochs kommt, und alle das Objekt betreffenden Zeitabläufe erscheinen aus der Sicht eines äußeren Beobachters verlangsamt. Das sind die Phänomene, die wir uns in unserem Gedankenexperiment mit dem Raumschiff und der UV-Lampe vor Augen geführt haben. Zweitens bewegt sich das Objekt auf einer Spiralbahn, der Gravitationswirkung des Schwarzen Lochs folgend, und mit dieser Bewegung gehen ein relativistischer Doppler-Effekt und eine Zeitdehnung einher, wie wir sie im Kapitel über die spezielle Relativitätstheorie kennen gelernt haben – bewegte Uhren gehen aus der Sicht eines äußeren Beobachters langsamer. Drittens wird das vom Objekt ausgesandte Licht abgelenkt, und es kommt zu Gravitationslinseneffekten. Rechnet man alle diese Effekte zusammen, dann ergibt sich, dass ein äußerer Beobachter von dem einfallenden Objekt ein Lichtsignal mit periodischen Helligkeitsmaxima wahrnehmen sollte, wobei diese Maxima immer rascher aufeinander folgen und die Helligkeit insgesamt von Maximum zu Maximum abnimmt. In den Daten der Beobachtungen im UV-Bereich, die mit dem Hubble-Weltraumteleskop an Cygnus X-1 vorgenommen wurden, konnten tatsächlich zwei Kurven gefunden werden, die den zu erwartenden Helligkeitsverlauf aufwiesen – gerade so, als verließen dort Gasballungen binnen bloßer Zehntelsekunden die Akkretionsscheibe und flögen spiralförmig zum Ereignishorizont. Bislang sind dies allerdings noch zu wenige Kandidatenereignisse, um auszuschließen,

dass es sich nicht um eine zufällige Ähnlichkeit handelt. In Zukunft könnten systematische Studien dieser Art aber handfestere und direkte Nachweise des Ereignishorizonts Schwarzer Löcher ermöglichen.

Es gibt noch andere Arten Schwarzer Löcher als die stellaren. Vorhang auf für die Schwergewichte: die supermassiven Schwarzen Löcher.

DAS DUNKLE HERZ DER GALAXIS

Als die Astronomen nach dem Zweiten Weltkrieg das Radiofenster zum Kosmos aufstießen – die technische Entwicklung von Radargeräten und das nach Kriegsende ausgemusterte Material trugen das ihrige zu diesem Schritt bei –, bot sich ihnen der Anblick eines überraschend stürmischen Universums. Bei einigen Objekten, die durch optische Teleskope betrachtet recht friedlich aussahen, zeigte sich bei Beobachtungen im Radiowellenbereich, dass sie hochenergetische Materieströme in den Raum schießen, so genannte *Jets*. Die folgende Abbildung zeigt eine solche Radiogalaxie, die zwei Jets in entgegengesetzte Richtungen ausstößt:

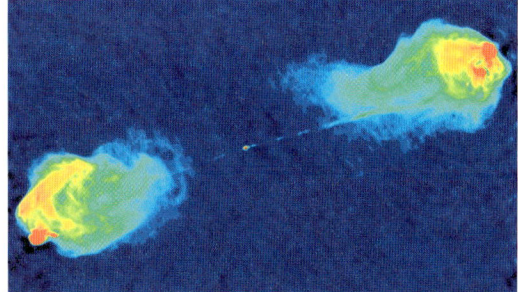

Die Aufnahme, in der Falschfarben die Radiohelligkeiten wiedergeben, wurde 1983 mit dem Very Large Array des US-amerikanischen National Radio Astronomy Observatory gemacht, einer Anlage von 27 zusammengeschalteten Radioteleskopen in der Wüste von New Mexico. Sie zeigt die Radiogalaxie Cygnus A, wiederum im Sternbild des Schwans gelegen. Deutlich zu sehen ist das sehr kleine Zentrum, von dem in beide Richtungen hochenergetische Teilchenstrahlen ausgehen, die an ihren Endpunkten das dünne intergalaktische Gas weiträumig zum Leuchten anregen. Der Durchmesser des gesamten Gebildes beträgt 500 000 Lichtjahre, und seine gewaltige Helligkeit lässt sich daran ermessen, dass es sich, obwohl 600 Millionen Lichtjahre von uns entfernt, um die – nach der Sonne – hellste Radioquelle handelt, die wir von der Erde aus beobachten können.

Anfang der sechziger Jahre folgte dann die Entdeckung der Quasare. Der Begriff ist eine Zusammenziehung von »quasistellare Radioquelle« und zeigt an, dass diese Objekte am Himmel genauso punktförmig erscheinen wie Sterne. Trotz dieser geringen Ausdehnung handelt es sich um äußerst helle Objekte. Wie hell, das zeigte sich, als klar wurde, dass die Quasare sich nicht etwa innerhalb unserer Galaxis befinden, sondern im intergalaktischen Raum: Mit diesen Objekten war ein Energieausstoß

Aufnahmen des National Radio Astronomy Observatory. Obere Reihe von links nach rechts: Radiogalaxie 3C353. Radioemissionen der Galaxie M87. Die Seyfert-Galaxie 3C120 (linker heller Punkt) sendet einen Radiojet aus. Untere Reihe: Jets des sich drehenden Quasars PKS B2300-189. Überlagerte Aufnahmen der Galaxie Fornax A im sichtbaren Licht (blauweiß) und im Radiobereich (rot). Durch den intergalaktischen »Fahrtwind« verformte Jets der schnell bewegten Radiogalaxie 3C83.1.

verbunden, der den von herkömmlichen Galaxien, also von Ansammlungen von Milliarden und Abermilliarden Sternen, um ein Vielfaches überstieg.

Im Endeffekt hatten die Astronomen ein ganzes Sammelsurium hochenergetischer Objekte entdeckt, die sie zusammenfassend als *aktive Galaxien* bezeichneten. Sie haben alle eines gemeinsam: eine hochaktive Kernregion, einen *aktiven Galaxienkern*, in dem eine kompakte, extrem ergiebige Energiequelle steckt. Bei diesen Energiequellen, so stellte sich heraus, handelt es sich um *supermassive Schwarze Löcher*, die im Zentralbereich von Galaxien sitzen und von einer Akkretionsscheibe einfallender Materie umgeben sind. Je nach den konkreten Umständen kann die Einfallrate der Materie höher oder niedriger sein. Im ersten Fall sind Temperatur und Strahlungsleistung entsprechend hoch, die Akkretionsscheibe leuchtet heller als alle Sterne der umgebenden Galaxie zusammen. Ist die Einfallrate dagegen geringer, ist die Akkretionsscheibe gegenüber dem Rest der Galaxie eher unauffällig. Je nach Situation und je nachdem, wie das Objekt relativ zu uns orientiert ist, ändert sich sein Erscheinungsbild: Gibt es Jet-Phänomene? Sehen wir die Akkretionsscheibe von der Seite? Von oben? Kommt uns gar ein Jet direkt in Beobachtungsrichtung entgegen? Bei einer ganzen Reihe von Objekten, denen die beobachtenden Astronomen unterschiedliche Namen gegeben haben – Quasare,

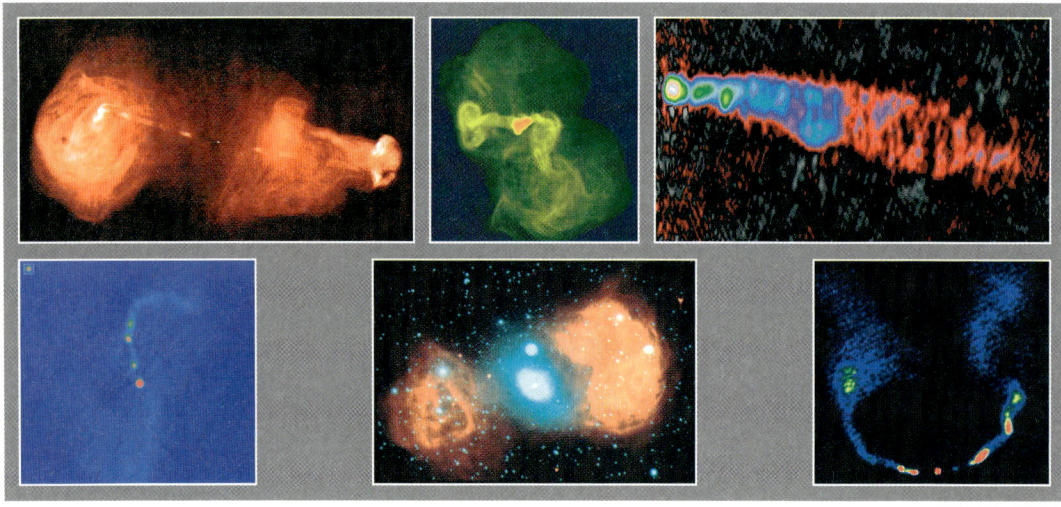

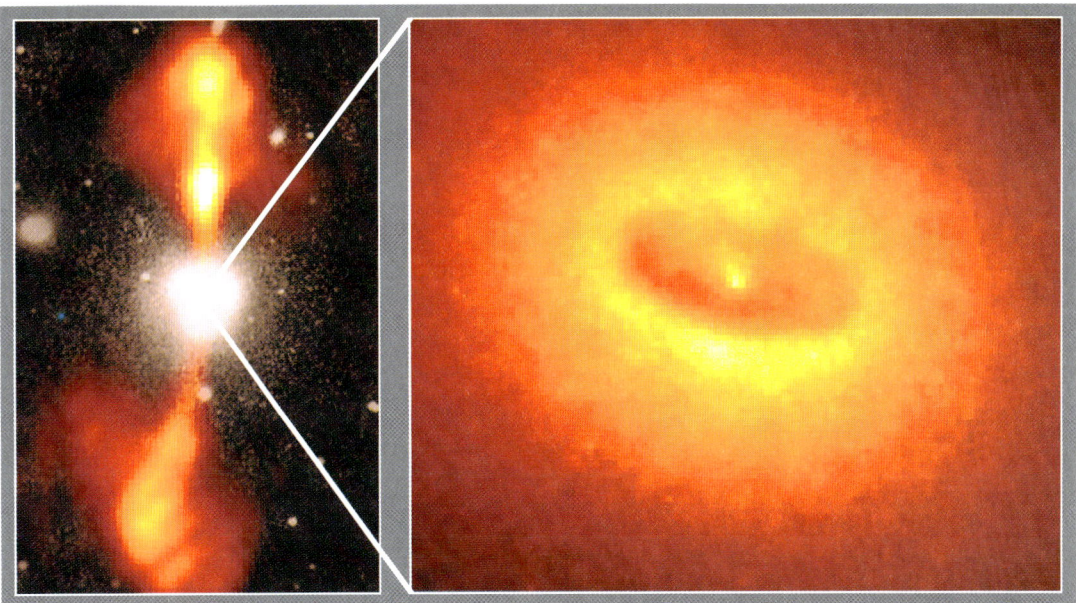

Seyfert-Galaxien, Blasare, Radiogalaxien –, dürfte es sich um Galaxien mit aktiver Kernregion handeln, deren Zentrum ein supermassives Schwarzes Loch bildet.

Supermassive Schwarze Löcher haben sich nicht nur als so gut wie konkurrenzlose Kandidaten für den Mechanismus der aktiven Galaxienkerne erwiesen, es gibt auch einige direktere Abschätzungen der Dimensionen des Zentralobjekts, die auf die Anwesenheit eines Schwarzen Lochs hindeuten.

Ein wichtiger Anhaltspunkt sind unregelmäßige Fluktuationen der Helligkeit der aktiven Galaxienkerne, aus denen man auf die Größe der Energie erzeugenden Region schließen kann. Die Abschätzung ist die folgende: Wenn sich bei diesen Fluktuationen die Helligkeit der Kernregion im Ganzen stark ändert, dann müssen daran weite Teile der das kompakte Objekt umgebenden Gasmassen beteiligt sein. Zum anderen kann sich die Wirkung eines jeden Mechanismus, der solche Änderungen hervorruft, höchstens mit Lichtgeschwindigkeit von einer Objektregion zur anderen ausbreiten – eine praktische Anwendung des kosmischen Tempolimits der Relativitätstheorie. Multipliziert man die Lichtgeschwindigkeit mit der Dauer der beobachteten Fluktuationen, erhält man daher eine

Obergrenze für die Ausdehnung des Zentralobjekts. Bei einigen der aktiven Galaxienkerne zeigen sich beachtliche Strahlungsfluktuationen binnen weniger Stunden. Die entsprechenden Abschätzungen, kombiniert mit den erwähnten Rückschlüssen auf die Energie erzeugenden Massen, liefern überzeugende Hinweise darauf, dass es sich bei diesen Zentralobjekten um Schwarze Löcher handelt.

In den letzten Jahren haben die Astronomen immer tiefere Einblicke in das Innere der aktiven Regionen nehmen können. Die obigen zwei Abbildungen zeigen die Galaxie NGC 4261 im Virgo-Haufen, einem großen Galaxienhaufen, rund 45 Millionen Lichtjahre von uns entfernt.

Links eine Kombinationsaufnahme, die das großräumige Erscheinungsbild der Galaxie im optischen Bereich (weiß) und im Radiobereich (orange) zeigt. Ein weiteres Beispiel für Materiejets, die in entgegengesetzte Richtungen ausgestoßen werden und dort große Bereiche interstellaren Gases zum Leuchten anregen. Die angeregten Bereiche eingeschlossen, misst das Gebilde von einem Ende zum anderen fast 100 000 Lichtjahre. Das rechte Bild wurde mit dem Hubble-Weltraumteleskop aufgenommen und zeigt die Zentralregion, den aktiven Galaxienkern, nur rund 800 Lichtjahre im Durchmesser. Der hellere Fleck inmitten der inneren dunkleren Region, einer äußeren Staubscheibe, ist die eigentliche Akkretionsscheibe.

Bei Neutronensternen und stellaren Schwarzen Löchern haben wir Verfahren zur Massenbestimmung kennen gelernt, bei denen die Beobachtung von Doppelsternpartnern und die Umlaufbahngesetze die Hauptrolle spielten. Bei Galaxienkernen wie dem von NGC 4261 ist die Situation ein wenig anders. Statt eines Sternpartners sind es hier Tausende und Abertausende, deren Bewegung durch die Zentralmasse beeinflusst wird, samt dem um sie herumströmenden Gas. Die Bewegung der Materie rund um das Zentralobjekt lässt sich wiederum bestimmen, indem man die Doppler-Verschiebung der Strahlung misst, die uns aus der Umgebung des Zentrums erreicht. Das so gemessene Bewegungsprofil kann man dann mit Modellen der Schwerkraftverhältnisse im Zentralbereich vergleichen. Beobachtungen zur Verteilung der Massen der Sterne innerhalb der umgebenden Galaxie liefern Anhaltspunkte, welcher Einfluss von diesem Teil des Systems zu erwarten ist; auch die Wirkung der Scheibe lässt sich einschätzen. Solche Modelle zeigen, dass diese Einflüsse das Geschwindigkeitsprofil der inneren Materieregionen nicht erklären können – nur eine große Zentralmasse kann es hervorrufen, im Falle von NGC 4261 mit ungefähr zehn bis hundert Millionen Sonnenmassen, die in einem Bereich von nicht mehr als einem Lichtjahr Ausdehnung sitzt. Diese Bedingungen kann von den heute bekannten Objekten nur ein Schwarzes Loch erfüllen.

Die genauesten dynamischen Beobachtungen und somit die gesichertsten Hinweise auf ein supermassives Schwarzes Loch haben die Astronomen allerdings nicht von fernen, aktiven Galaxienkernen, sondern aus unserer nächsten kosmischen Nachbarschaft. Die folgende Abbildung fasst Beobachtungen zusammen, die Astronomen des Max-Planck-Instituts für Extraterrestrische Physik in München zwischen 1992 und 2004 vorgenommen haben.

Den Hintergrund bildet die Region rund um das Zentrum unserer Milchstraße, das von der Erde aus gesehen im Sternbild Schütze (Sagittarius) liegt und rund 25 000 Lichtjahre von uns entfernt ist. Es

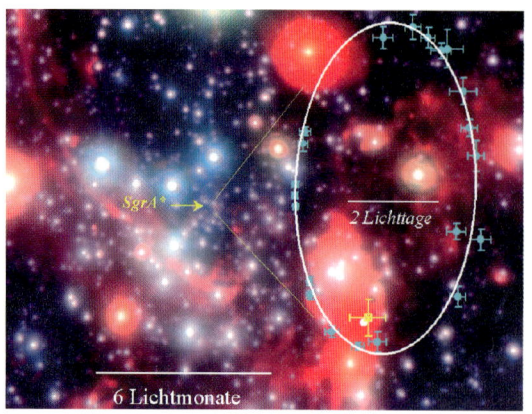

handelt sich um ein Falschfarbenbild, dem Beobachtungen im Infrarotbereich zugrunde liegen, durchgeführt mit dem Very Large Telescope der Europäischen Südsternwarte (ESO). Der untere Maßstabbalken zeigt einen Abstand von sechs Lichtmonaten an; der Pfeil markiert die Position von »Sagittarius A*«, einer kompakten Radioquelle. Rechts im Vordergrund ist ein stark vergrößerter Ausschnitt zu sehen: Zum einen, weiter unten als gelbes Quadrat, die durch Beobachtungen im Radiobereich bestimmte Position von Sagittarius A*. Die nach links, rechts, oben und unten von dem Quadrat ausgehenden Balken zeigen die Unsicherheit der Positionsbestimmung an. Die blauen Datenpunkte, jeder davon seinerseits mit Unsicherheitsbalken versehen, zeigen die Positionen eines Sterns, dessen Bewegung rund um Sagittarius A* die Astronomen über zwölf Jahre hinweg mit Hilfe des New Technology Telescope der ESO verfolgt haben. Aus den Beobachtungen lässt sich mit großer Zuverlässigkeit die Umlaufbahn des Sterns (weiße Ellipse) um ein Objekt konstruieren, dessen Position als weißer Punkt links unten beim gelben Quadrat eingezeichnet ist und im Rahmen der Genauigkeit der Beobachtungen mit der Position von Sagittarius A* zusammenfällt. Aus diesen und weiteren Beobachtungen von rund drei Dutzend individueller Sterne rund um Sagittarius A* lässt sich konstruieren, dass das Zentralobjekt die Masse von 3,6 Millionen Sonnen in sich vereinigt. Aus der in der Abbildung eingezeichneten Bahn ergibt sich zugleich eine sehr genaue obere Grenze für die Ausdehnung des Objekts – um in die Umlaufbahn des Sterns zu passen, muss es einen kleineren Radius als siebzehn Lichtstunden haben. Neuere radio-astronomische Messungen haben sogar eine noch kleinere Ausdehnung von rund zwanzig Licht-*minuten* ergeben, ein Wert in der Größenordnung der Ausdehnung der Erdbahn um die Sonne. Masse und Ausdehnung führen zu einer mittleren Dichte des Objekts, die nur auf eine Art zu erklären ist: Es handelt sich um ein Schwarzes Loch im Zentrum unserer eigenen Galaxis. Die Radioquelle Sagittarius A* dürfte auf Elektronen zurückgehen, die in einem starken Magnetfeld in unmittelbarer Nähe des Schwarzen Lochs beschleunigt werden – ein energiearmer Verwandter der Jets in bestimmten aktiven Galaxienkernen, wobei die Einzelheiten allerdings hier wie dort noch nicht recht verstanden sind. Neuere Messungen könnten sogar zeigen, wie schnell das Schwarze Loch im Herzen unserer Milchstraße rotiert, dann nämlich, wenn es sich bei Flackererscheinungen aus der Richtung von Sagittarius A* um das Todesspiralenflackern selbstleuchtender Materie handelt, das ich im Zusammenhang mit stellaren Schwarzen Löchern beschrieben habe (Seite 231). Bei dieser Interpretation ließe sich aus der Schnelligkeit des Flackerns ableiten, dass das zentrale Schwarze Loch unserer Galaxie sogar sehr schnell rotiert, mit etwa der Hälfte des maximalen Schwungs, der laut allgemeiner Relativitätstheorie für ein Schwarzes Loch überhaupt möglich ist.

Diese und weitere Messungen zeichnen ein Bild, in dem Schwarze Löcher in Galaxienkernen die Regel und nicht die Ausnahme sind – sowohl in aktiven Galaxien als auch in solchen, die wie unsere Milchstraße eher ruhig sind. Anscheinend kommt es bei der Entstehung von Galaxien ganz generell zur Bildung eines zentralen, supermassiven Schwarzen Lochs. Wie das vonstatten geht – ob das zentrale Loch zusammen mit der Galaxie entsteht oder erst später, sei es durch den Kollaps von Sternhaufen, den Zusammenschluss der Kollapsprodukte sehr alter, sehr massereicher Sterne oder auf andere Weise –, liegt allerdings noch im Dunkeln.

Mit stellarer und supermassiver Variante habe ich die beiden »klassischen« Grundformen der Schwar-

zen Löcher beschrieben, die nach heutigem Wissen die große Mehrheit der Schwarzlochbevölkerung unseres Universums ausmachen. Darüber hinaus gibt es Anzeichen für mittelschwere Schwarze Löcher mit einigen hundert bis einigen hunderttausend Sonnenmassen, die so etwas wie eine Zwischenstufe auf dem Weg zur Entstehung supermassiver Löcher darstellen könnten. Gerade kürzlich, im November 2004, ging durch die Gazetten, dass Beobachtungen auf die Existenz eines knapp über tausend Sonnenmassen schweren Schwarzen Lochs im Zentrum unserer Galaxis hindeuten, nur wenige Lichtjahre vom supermassiven Schwarzen Loch entfernt. Auf eine weitere Möglichkeit, die so genannten primordialen Schwarzen Löcher, werde ich kurz im folgenden Kapitel eingehen. Jetzt soll es erst einmal um das Thema gehen, das den Schwarzen Löchern in jedem Buch über Gravitationswellen einen Ehrenplatz sichert.

SCHWARZE LÖCHER UND GRAVITATIONSWELLEN

Schwarze Löcher bringen alle Voraussetzungen mit, die man von vorzüglichen Gravitationswellenlieferanten erwarten kann: Sie sind äußerst kompakt, und sie haben, wie schon erwähnt, eine eingebaute Tendenz, sich mit Hilfe von Gravitationswellen in Richtung sehr einfacher, stabiler Endzustände zu entwickeln. Tatsächlich sollten schon stellare Schwarze Löcher in mehrerlei Umständen maßgeblich an der Produktion von Gravitationswellen beteiligt sein. Das Endstadium zweier umeinander rotierender und dann verschmelzender Neutronensterne ist mit großer Wahrscheinlichkeit ein Schwarzes Loch, das seine Verformungen in Gestalt von Gravitationswellen abstrahlt.

Von großem Interesse sind auch Doppel»sterne«, in denen ein Neutronenstern und ein Schwarzes Loch umeinander kreisen. Auch solch eine Konfiguration erzeugt zunächst einmal ein regelmäßiges Gravitationswellensignal der umlaufenden Massen. Genau wie bei den Doppelneutronensternen führt der mit dieser Abstrahlung einhergehende Energieverlust allerdings zu einer Verschnellerung des Umlaufs und einer Verkleinerung der Umlaufbahn – und letztendlich zu einer Verschmelzung der beiden Objekte, in diesem Falle: dazu, dass der Neutronenstern in das Schwarze Loch fällt. Ist das Schwarze Loch klein genug, sind die Gezeitenkräfte bereits außerhalb des Horizonts sehr stark, und der Neutronenstern wird von ihnen regelrecht zerrissen, kurz bevor er auf Nimmerwiedersehen hinter den Horizont verschwindet. Ich hatte bereits in Kapitel 8 erwähnt, dass der Ablauf dieser natürlichen Prüfung der Materialfestigkeit von den genauen Eigenschaften der Neutronensterne abhängt, und dass die Gravitationswellensignatur im Vergleich mit Modellrechnungen wichtige Hinweise auf die Zustandsgleichung dieser ungewöhnlichen Materieform liefern könnte. Diese Art von Verschmelzung ist übrigens ein weiterer Kandidat für die im vorigen Kapitel erwähnten starken Gammastrahlenausbrüche, und auch hier kann das Gravitationswellensignal bei der Entscheidung helfen, welche Prozesse wirklich hinter diesem energiereichen Phänomen stecken.

Schließlich sind da noch die Systeme, in denen zwei stellare Schwarze Löcher einander umkreisen. Eine hochinteressante Erkenntnis aus den Messungen der Gravitationswellendetektoren wäre eine umfassende Volkszählung solcher Objekte, die uns vollständigere Informationen über die Häufigkeit und Verteilung dieser Art von Schwarzem Loch liefern sollten als die seltenen Sichtungen ihrer Spuren mit herkömmlichen Teleskopen. Mit dem Datenmaterial einer Zählung dieser Art könnten wir gewissermaßen unsere kosmischen Bilanzrechnungen überprüfen und sehen, wie realistisch unsere Vorstellungen davon sind, wie viele Sterne mit welchen Massen in unserer Galaxis entstehen und vergehen und in welcher Art kompakter Objekte sie enden.

Auch solche Systeme verlieren durch ihre Gravitationswellenabstrahlung Energie, und es kommt schließlich zur Verschmelzung. Bei der Beschreibung solcher Vorgänge spielen keine möglicherweise unbekannten Materialeigenschaften eine Rolle – der Ablauf richtet sich allein nach den Regeln der allgemeinen Relativitätstheorie. Tests im Sonnensystem: schön und gut – aber die Nagelprobe der Theorie

bestehet darin, wie gut sie die Phänomene im Bereich extrem starker Gravitationsfelder beschreibt. Zwei kollidierende Schwarze Löcher, zwei Gebilde sozusagen aus reiner Raumzeitgeometrie im Zusammenstoß, sind dazu das ideale Laboratorium. Das immer schneller werdende Umkreisen, der komplexe Verschmelzungsprozess und dann ein Abklingen, bei dem das neue, größere Schwarze Loch seine »Haare« abwirft, seine Verformungen abstrahlt – hier eine genaue Übereinstimmung von Modellrechnungen und Beobachtungsdaten zu finden wäre der ultimative Triumph für Einsteins Vorstellungen von der geometrischen Gravitation.

Auch die supermassiven Schwarzen Löcher versprechen charakteristische Gravitationssignale. Zum einen könnte die Gravitationswellenastronomie Informationen über die Entstehung dieser Objekte beitragen. Sowohl der bislang noch nicht sehr gut verstandene Kollaps supermassiver Sterne im Zentrum einer Galaxie als auch die stufenweise Verschmelzung von masseärmeren zu immer massereicheren Schwarzen Löchern könnten sich über Gravitationswellen nachweisen lassen.

Zum anderen bieten supermassive Schwarze Löcher die Möglichkeit zu einer günstigen Testsituation. Bei der Entwicklung der allgemeinen Relativitätstheorie in Kapitel 5 war die Rede von kleinen Testkörpern, anhand derer man in Gedanken die Auswirkungen einer wesentlich größeren Masse auf die Raumzeitgeometrie nachvollziehen kann. Für supermassive Schwarze Löcher kann dieses Gedankenexperiment Wirklichkeit werden, wenn die Massen von realen »Testkörpern« – zwischen einer und tausend Sonnenmassen – sehr klein sind gegenüber der Masse des supermassiven Schwarzen Lochs, in das sie fallen. Mit dem Gravitationswellensignal eines solchen Testkörpers, der in einer immer enger werdenden Spiralbahn um das zentrale Schwarze Loch einer Galaxie läuft und schließlich hineinfällt, könnten sich die mit dem Loch verbundenen Raumzeitverformungen mit hoher Genauigkeit vermessen lassen. Dabei könnte man beispielsweise prüfen, ob das Schwarze Loch tatsächlich die verhältnismäßig einfache Form angenommen hat, die das »Keine Haare«-Theorem vorhersagt, oder ob es vielleicht doch irgendwelche unregelmäßigen Verformungen aufweist. Allerdings gibt es zwei ungünstige Eigenschaften, die die Identifikation solcher Signale sehr erschweren könnten. Zum einen dürften die Bahnen der Objekte, die so weit in die Nähe des Schwarzen Lochs abgelenkt werden, dass sie schließlich hineinfallen, stark von der idealen Kreisform abweichen. Zum anderen ist es gut möglich, dass sich zu jedem Zeitpunkt gleich eine ganze Reihe verschiedener Objekte in solch einem Spiralfall befinden.

Geradezu enorm und insofern sehr vielversprechend ist die Gravitationswellenausbeute im Falle zweier supermassiver Schwarzer Löcher, die umeinander kreisen und miteinander verschmelzen. Die folgende Abbildung zeigt ein solches Doppelloch, aufgenommen mit dem NASA-Röntgensatelliten Chandra; die Farben stehen für Röntgenstrahlung unterschiedlicher Energie, die Helligkeit für die Intensität dieser Röntgenstrahlung.

Zu sehen ist die Galaxie NGC6240, etwa dreihundert Millionen Lichtjahre von uns entfernt. Sie

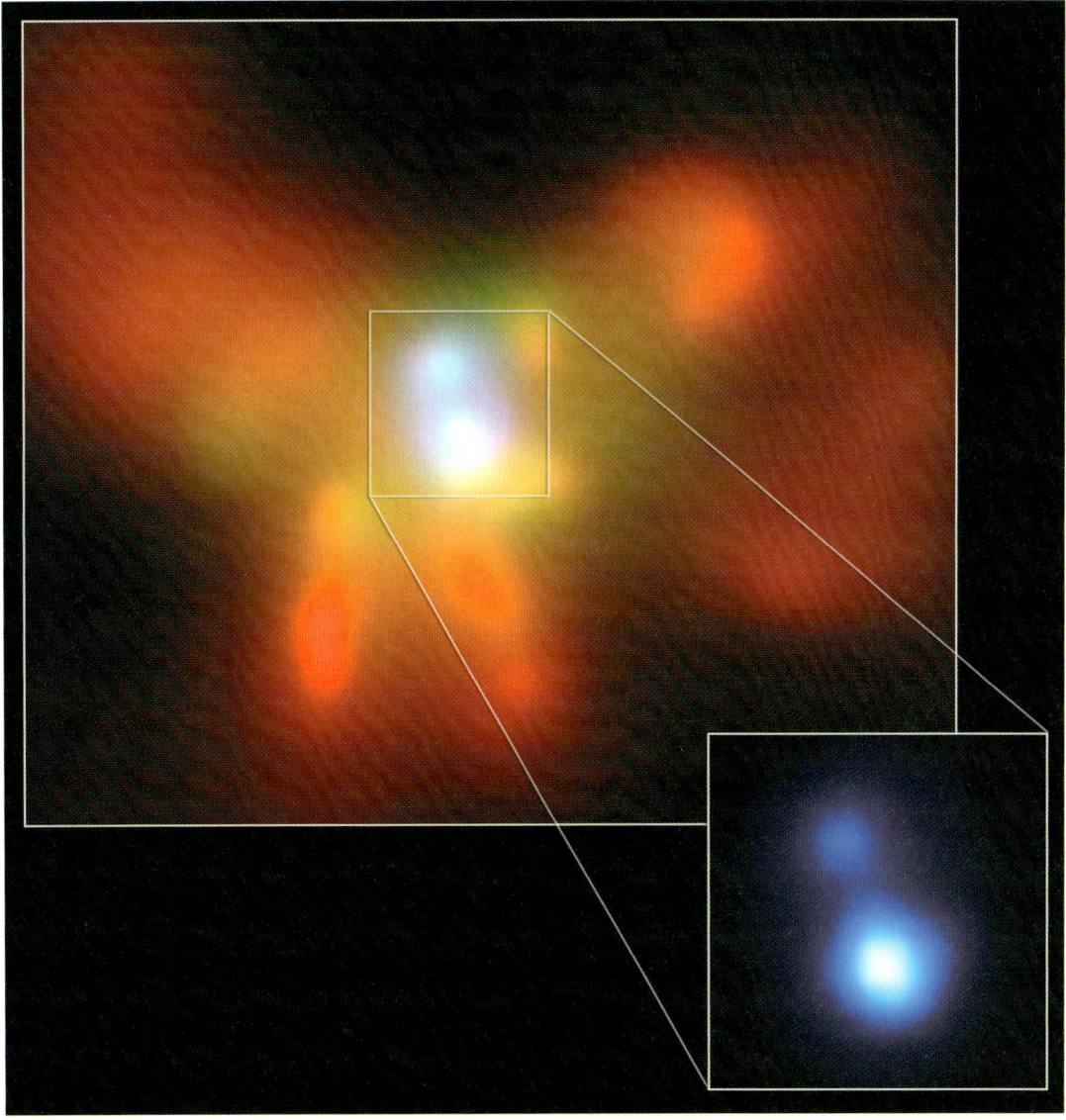

ist offenbar durch den Zusammenstoß und die Verschmelzung zweier Vorläufergalaxien entstanden, und in der Mitte (und im vergrößerten Ausschnitt) sind die beiden zentralen Schwarzen Löcher dieser Vorläufer zu sehen, die noch rund 2500 Lichtjahre voneinander entfernt sind.

Aus der Sicht der Gravitationswellenjäger sind allerdings vor allem Doppellöcher interessant, die sich sehr viel näher stehen als in diesem Beispiel, einander im Laufe von Stunden, Minuten oder gar noch schneller umkreisen und nicht mehr weit vom Moment des Verschmelzens entfernt sind. Bei solchen Lochpaaren sollten sich aus der Wellenform der Gravitationswellensignale, die beim Aufeinander-zu-Spiralen erzeugt werden, die beiden Massen der Schwarzen Löcher mit einer Genauigkeit im Zehntelpromille-Bereich bestimmen lassen, die Abstände immerhin mit Prozentgenauigkeit. Zudem sollte es aufgrund der hohen Signalstärke möglich sein, auch sehr weit entfernte Kollisionen dieser Art zu beobachten – so weit entfernt wie die fernsten Objekte, die sich im Bereich elektromagnetischer Wellen nachweisen lassen, und noch weiter. Aufgrund der endlichen Lichtgeschwindigkeit ist ein Blick in die Ferne immer ein Blick in die Vergangenheit – das Licht von der Sonne sagt uns, was vor acht Minuten auf diesem Himmelskörper vorging, das Licht der zwei Millionen Lichtjahre entfernten Andromeda-Galaxie zeigt uns, wie diese Galaxie vor zwei Millionen Jahren aussah. Die ebenfalls lichtschnellen Gravitationswellen extrem weit entfernter Galaxien (und Galaxienvorläufer?) sollten uns daher wichtige Informationen über die ferne Vergangenheit liefern, in der Galaxien und ihre supermassiven Schwarzen Löcher entstanden.

Alles in allem: Gravitationswellen würden uns erlauben, den Schwarzen Löchern erstmals direkt zuzuhören, anstatt nur Berichte aus zweiter Hand – Beobachtungen der Materie in ihrer Umgebung – auszuwerten. Vorherzuberechnen, was für Gravitationswellen die irdischen Beobachter erwarten, ist freilich keine leichte Aufgabe, und das bringt uns zum letzten Abschnitt des Kapitels.

SCHWARZE LÖCHER IM COMPUTER

Ich habe in Kapitel 6 erwähnt, dass es sehr schwierig ist, exakte Lösungen der Einstein-Gleichungen zu finden – Modelluniversen, die sich allein durch die Angabe einiger mathematischer Formelausdrücke vollständig definieren lassen. Insbesondere ist leider, wie erwähnt, keine exakte Lösung des Zweikörperproblems bekannt, keine explizite Beschreibung eines Modelluniversums, in dem in völliger Leere zwei Massen umeinander kreisen. Will man die Verschmelzung Schwarzer Löcher beschreiben, ist daher eine andere Herangehensweise nötig, und die Physiker müssen einmal mehr ihre Modellbaukünste spielen lassen. Eine wichtige Technik ist die *Simulation* der Kollision auf dem Computer: Statt den ganzen Raum betrachtet man nur eine Raumregion rund um die kollidierenden Löcher und darin nicht alle unendlich vielen Raumpunkte, sondern beispielsweise nur die endlich vielen Knotenpunkte eines Gitters im Raum:

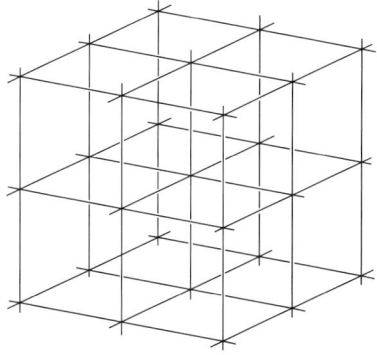

Der Computer speichert für jeden Gitterpunkt eine Reihe von Zahlenangaben, die Informationen über den relativistischen Abstand des Gitterpunkts zu jedem seiner Nachbarn enthalten – das modelliert die Geometrie des Raums, und in diesen Angaben sind seine Verzerrung oder Krümmung kodiert. Auch die Zeit zerteilt man in endlich lange Intervalle, und mit Hilfe einer an das Gitter angepassten Version der Einstein-Gleichungen wird Zeitpunkt für Zeitpunkt nachvollzogen, wie sich die geome trischen Verzerrungen mit der Zeit entwickeln. Die praktische Umsetzung bringt allerdings nicht zu unterschätzende Herausforderungen mit sich. Beispielsweise ist es gar nicht so einfach, die Ränder des simulierten Raumgitters angemessen zu behandeln – dort kann es in heutigen Simulationen passieren, dass in der Zentralregion erzeugte Gravitationswellen nicht einfach »aus dem Bild« laufen, sondern am Rand reflektiert und ins Innere des Würfels zurückgeworfen werden.

Generell sind solche Raumzeitsimulationen sehr rechenaufwändig: Wenn zwei Schwarze Löcher miteinander verschmelzen und dabei Gravitationswellen aussenden, dann interessiert zum einen die Quellregion mit der Verschmelzung, zum anderen, welche Gravitationswellen von dieser Quellregion aus in die Ferne laufen. Daher sollte eine hinreichend große Umgebung der Gravitationsquelle simuliert werden, die, sagen wir, mindestens zwanzigmal so ausgedehnt ist wie die Quelle selbst. Nimmt man als absolute Untergrenze einen Gitterpunktabstand an, bei dem die Quelle in jede Richtung vier Gitterpunkte Ausdehnung besitzt – großartige Feinstrukturen lassen sich damit freilich nicht erkennen –, dann müsste der simulierte Raum bereits ein Würfelgitter mit der Kantenlänge 160 Gitterpunkte sein, also insgesamt 160 mal 160 mal 160 oder rund vier Millionen Gitterpunkte umfassen. Um die Abstrahlung der Gravitationswellen hinreichend genau nachvollziehen zu können, sind bei der vorgegebenen Gitterfeinheit mindestens 1600 Zeitschritte vonnöten. Um zu sehen, wie sich die Geometrie rund um einen Gitterpunkt bei einem gegebenen Zeitschritt gemäß den Einstein-Gleichungen verändert, sind rund 100 000 elementare Rechenoperationen des Computers (»floating point operations« oder »flops«) notwendig. Die gesamte Simulation käme damit auf 100 Billionen solcher Operationen. Die Anzahl »flops«, die die fortgeschrittensten der derzeit handelsüblichen Computerchips pro Sekunde ausführen können, liegt in der Größenordnung von einer Milliarde, woraus sich eine Gesamtrechenzeit von rund dreißig Stunden ergibt. Bei doppelt so großer Feinheit des Gitters wären daraus schon zwanzig Tage Rechenzeit

geworden. Das ist ein nicht zu unterschätzender Zeitaufwand.

Hinzu kommen Simulationsschwierigkeiten, die sich direkt aus der relativistischen Physik ergeben, wenn die Gittergeometrie Schwarze Löcher beschreiben soll. Wir haben bereits verfolgt, was mit einem Astronauten geschieht, der in ein Schwarzes Loch fällt, hinter dem Horizont unweigerlich immer weiter nach innen gezogen wird und schließlich in der unendlich stark gekrümmten Raumzeitsingularität verschwindet. Den Gitterpunkten der Simulationsprogramme kann es ganz ähnlich ergehen: Immer mehr Punkte werden vom Schwarzen Loch »verschlungen«. Die immensen Gezeitenkräfte im Innern des Schwarzen Lochs entsprechen gewaltigen Änderungen der Geometrie von einem Gitterpunkt zum nächsten, die sich auf dem Gitter nur noch sehr ungenau modellieren lassen. Damit ist vorprogrammiert, dass sich solche Simulationen mit der Zeit immer weiter von der physikalischen Wirklichkeit entfernen. Die heutzutage durchführbaren Simulationen werden mit der Zeit zwangsläufig in dieser Weise »instabil«.

Diese Aufzählung gibt einen ungefähren Eindruck davon, mit welchen Problemen die Forscher zu kämpfen haben, die an relativistischen Simulationen arbeiten. Dementsprechend eifrig wird nach Lösungen gesucht. Die betreffenden Vorschläge – zum Teil bereits umgesetzt, zum Teil im Planungsstadium – reichen von günstigen Möglichkeiten, Raumkoordinaten zu wählen, bis zu Gittern, die sich von Region zu Region verfeinern oder vergröbern, je nach dem aktuellen Verlauf des simulierten Geschehens; von Verfahren, die Rechenschritte möglichst effektiv auf viele verschiedene Computer zu verteilen (»paralleles Rechnen«), bis zu eleganten Vorschlägen, die unendlichen Weiten des Universums in geschickter Weise auf einen endlichen Raumbereich abzubilden und so in ihrer Gesamtheit der numerischen Simulation zugänglich zu machen.

Numerische Simulationen haben bereits eine Reihe interessanter Resultate erbracht, und auch bei den Vorarbeiten für die Gravitationswellensuche, bei den Simulationen der Abstrahlungen verschmelzender Schwarzer Löcher, sind Fortschritte

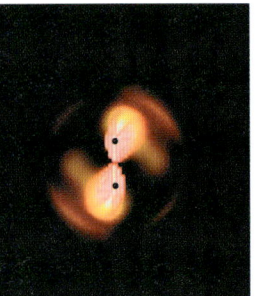  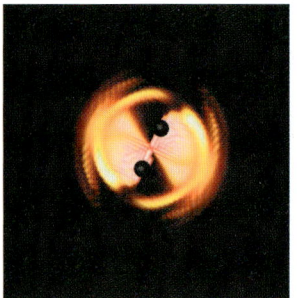 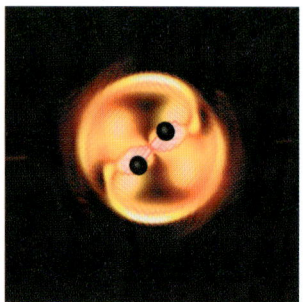

zu verzeichnen. Die umlaufende Bildfolge zeigt eine Simulation der Numerik-Gruppe des Albert-Einstein-Instituts (Max-Planck-Institut für Gravitationsphysik), für die 32 Prozessoren des Peyote-Computerverbunds des Instituts rund anderthalb Tage lang gerechnet haben. Aus der Vogelperspektive ist die letzte Viertelumdrehung zweier Schwarzer Löcher zu sehen, die miteinander verschmelzen. Der Horizont[2] der einzelnen Löcher und am Ende des großen Schwarzen Lochs ist in Schwarz dargestellt. Darum herum kodiert die Farbe eines Raumpunktes Eigenschaften der durch die Gravitationswelle bewirkten Raumverzerrung. Die Dauer des abgebildeten Prozesses ist von der Masse der beteiligten Löcher abhängig; für zwei Schwarze Löcher mit jeweils einer Sonnenmasse beträgt sie weniger als eine tausendstel Sekunde. Die körnigen Strukturen sind Artefakte der Visualisierung, während die eckigen Strukturen im letzten Bild anzeigen, wie die Simulation buchstäblich an ihre Grenzen stößt: Sie zeigen die Randeffekte der quaderförmigen, aus rund 30 Millionen Punkten bestehenden Gitterregion. Der interessante Effekt sind die hellen Ringabschnitte, die vom dritten Bild an zu sehen sind: die entstehenden Gravitationswellen, die sich nach außen ausbreiten.

Zurzeit lassen sich bei Neutronensternen etwa vier bis fünf Umläufe vor der Verschmelzung simulieren, ohne dass die Simulation instabil wird, bei den deutlich schwieriger zu simulierenden Schwarzen Löchern ist es aktueller Stand der Technik (August 2004), rund einen Umlauf berechnen zu

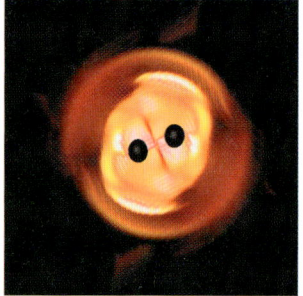

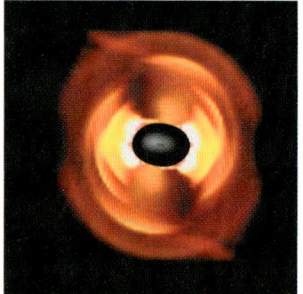

2 Es ist streng genommen ein *scheinbarer Horizont*, nicht der Horizont der globalen Geometrie; eine Unterscheidung, die Nicht-Fachleute unter den Lesern dieses Buches tunlichst ignorieren sollten.

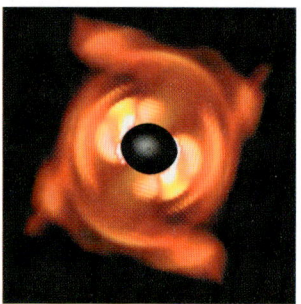

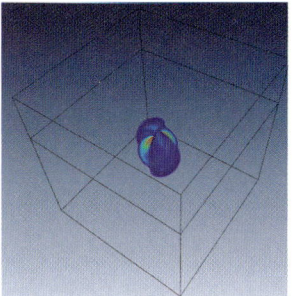 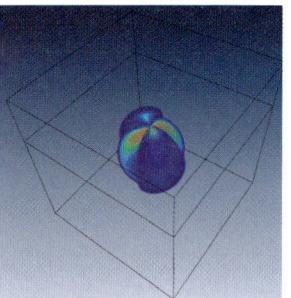 

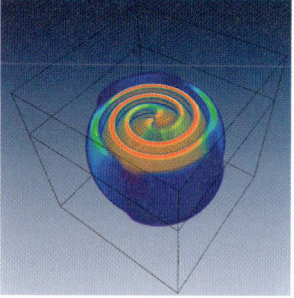

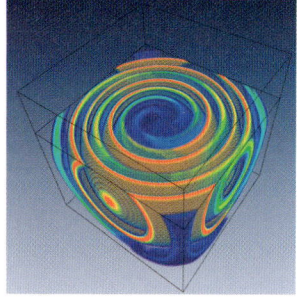

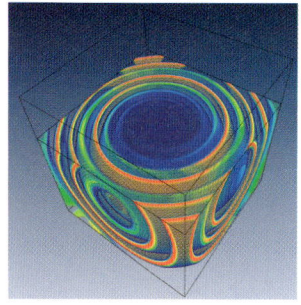

können. Von ihrem Endziel, die Gravitationswellenausbreitung vollständig zu simulieren, sind die dreidimensionalen Gitterrechnungen damit noch ein ganzes Stück entfernt – bislang brechen sie noch zu früh ab, um alle gewünschten Informationen über die Wellenform zu erhalten, die Behandlung der Randbedingungen lässt Spielraum für Verbesserungen, und auch eine größere Genauigkeit steht auf der Wunschliste der numerischen Relativisten. Aber auch die heutigen Ergebnisse lassen sich durchaus nutzen, wenn man sie mit anderen Varianten des physikalischen Modellbaus kombiniert. Dabei ist es günstig, das Geschehen in verschiedene Phasen aufzuteilen. Solange die Schwarzen Löcher sich noch nicht allzu nahe gekommen sind, ist es nützlich, eine Näherungsversion der allgemeinen Relativitätstheorie zu verwenden, wie wir sie in Kapitel 7 benutzt haben, um die Gravitationswellenabstrahlung umeinander kreisender Massen zu berechnen. In diesem Rahmen erhält man ein recht akkurates Bild von Schwarzen Löchern, die spiralförmig in immer engerer Bahn aufeinander zukreisen. Wenn sich die Schwarzen Löcher zu nahe kommen, verliert diese Näherung allerdings ihre Gültigkeit – sie gilt für schwache Gravitationsfelder, und wenn sich die Löcher nahe kommen, spürt jedes von ihnen die sehr starken Raumzeitverzerrungen in direkter Umgebung des anderen Lochs. Dann hilft nur noch die Simulation auf dem Computer, um den letzten Umläufen der beiden Objekte umeinander und den gewaltigen Gravitationseinflüssen auf die Spur zu kommen, mit denen sie aneinander zerren – und die Näherungsrechnung zum Ineinanderspiralen gibt Informationen darüber, wie die Ausgangssituation aussieht, deren

Zeitentwicklung man mit Computerhilfe weiterverfolgen will. Dort, wo die Simulation instabil wird, bewährt sich als letzte Phase ein weiteres Näherungsmodell: Grundlage des betreffenden Modelluniversums ist die Raumzeit rund um ein einziges rotierendes Schwarzes Loch, für die, wie erwähnt, eine exakte Lösung existiert. Dieser exakten Lösung fügt man dann kleine verformende Störungen hinzu, die berücksichtigen, dass es sich eben doch (noch) nicht ganz um ein schön symmetrisches Schwarzes Loch handelt, sondern um das unregelmäßige Verschmelzungsprodukt zweier Löcher, manchmal sogar um zwei dicht beieinander liegende, aber noch nicht verschmolzene Löcher. Ein Beispiel für diesen letzten Schritt zeigt die Bilderreihe des »Lazarus-Projekts« auf der Vorseite.

Im Bild oben links sind die Daten zu sehen, die aus der vollständigen Simulation übernommen wurden. Abgebildet ist jeweils ein würfelförmiger Ausschnitt des Raums, zusammengesetzt aus 48 000 einzelnen Raumregionen. Das verformte Schwarze Loch ist, verglichen mit dem Abbildungsmaßstab, winzig klein und befindet sich im Zentrum des Würfels. Die Farbe eines Raumpunktes kodiert wiederum Eigenschaften der durch die Gravitationswelle bewirkten Raumverzerrung. Wie vor allem in den späten Phasen deutlich zu sehen ist, wurden die Verzerrungsdaten im oberen Drittel des Raumwürfels ausgeblendet: Das erlaubt Einblick ins Innere der kugelförmigen Wellenzone und zeigt das charakteristische Spiralmuster der rotierenden Strahlungsquelle. Die Bildfolge zeigt, wie sich die Gravitationsstrahlung nach der Verschmelzung ausbreitet. Nachdem ein Puls starker Raumverzerrung (orangefarbene Bereiche) nach außen gelaufen ist, kommt das Schwarze Loch langsam zur Ruhe (blauer Innenbereich am Ende der Sequenz). Wie schnell sich dieser Prozess vollzieht, ist abhängig von der Gesamtmasse der beteiligten Schwarzen Löcher; für typische Werte von zwanzig bis dreißig Sonnenmassen vergehen zwischen dem ersten und dem letzten Bild nur einige hundertstel Sekunden. Das Ergebnis zählt zu den bislang realistischsten Vorhersagen dafür, welche Gravitationswellen von Verschmelzungsereignissen zu erwarten sind – dank der geschickten Kombination verschiedener Modellbauverfahren –, und mit diesem hoffnungsfrohen Gravitationswellenakkord möchte ich mein Kapitel über Schwarze Löcher ausklingen lassen. Jetzt ist es Zeit, ein paar Nummern größer zu denken. Viel größer. So groß wie irgend möglich, wenn man es genau nimmt.

KAPITEL 10

EINSTEINS GUMMIVERSUM: KOSMOLOGIE

SCHNITT ZU: INNENRAUM PRAXISZIMMER – TAGESLICHT

Alvy, ein kleiner Junge, sitzt mit seiner Mutter auf dem Sofa im altertümlichen, voll gestopften Untersuchungsraum eines Arztes. Dieser steht daneben, eine Zigarette in der Hand, und hört zu.
MUTTER (zum Doktor): Er ist deprimiert. Auf einmal ist nichts mehr mit ihm anzufangen.
DOKTOR (nickt): Warum bist du deprimiert, Alvy?
MUTTER (stößt Alvy an): Sag's Dr. Flicker. (Der junge Alvy sitzt mit gesenktem Kopf. Seine Mutter antwortet für ihn.) Er hat da was gelesen.
DOKTOR (zieht an seiner Zigarette und nickt): Aha? Gelesen?
ALVY (mit gesenktem Kopf): Das Universum expandiert.

Woody Allen und Marshall Brickmann, *Annie Hall* (Der Stadt-neurotiker), 1977.

AUFS GANZE GEHEN

Jede Lösung der Einstein-Gleichungen beschreibt ein ganzes Universum für sich. In den meisten Lösungen, die wir bislang kennen gelernt haben, ging es allerdings darum, lediglich einen Teilaspekt des wirklichen Weltalls herauszugreifen und zu modellieren – zur Beschreibung der Raumzeit rund um ein Schwarzes Loch diente beispielsweise das Modelluniversum der Schwarzschild-Lösung, das einen bis auf ein einziges Schwarzes Loch völlig leeren Kosmos beschreibt. In diesem Kapitel werden wir die Gleichsetzung »Lösung der Einstein-Gleichungen = Universum« dagegen ernst nehmen und tatsächlich versuchen, das Weltall als Ganzes zu beschreiben, anders ausgedrückt: Kosmologie zu betreiben.

Die Materie sagt der Raumzeit, wie sie sich zu krümmen hat. Bevor man sich daranmacht, eine kosmologische Lösung zu finden, gilt es daher zuerst festzustellen, wie denn die Materie im Universum verteilt ist. Auf den Größenskalen unseres Alltags ist die Welt sehr inhomogen: Wenn ich den Raum meines Arbeitszimmers in lauter Würfel von, sagen wir, einem Zentimeter Kantenlänge teile und die Masse der in jedem der Würfel enthaltenen Materie durch das Würfelvolumen teile, dann erhalte ich, je nachdem, wo ich mich befinde, sehr unterschiedliche Dichtewerte. Befindet sich ein Würfel im Innern eines der Bücher, die auf meinem Schreibtisch liegen, dann ergeben sich Dichtewerte von rund einem Gramm pro Kubikzentimeter, erfasst ein Würfel dagegen die Luft darüber, enthält er nur noch einige tausendstel Gramm Materie. Auf diesen Größenskalen betrachtet, ist mein Arbeitszimmer inhomogen, und die Inhomogenitäten setzen sich auf größeren Skalen fort: Bei einer Aufteilung in Würfel mit eintausend Kilometern Kantenlänge ergeben sich hohe Werte für Würfel, die Teile des Erdinneren umschließen, niedrige Werte für Würfel oberhalb der Erdatmosphäre. Eine Aufteilung mit Millionen Kilometern Kantenlänge? Hohe Dichten, falls der Würfel einen Stern enthält, niedrige Dichten sonst. Tausende von Lichtjahren Würfelseitenlänge? Hohe Dichten, falls der Würfel eine Galaxie enthält, niedrige Dichten sonst.

Im Prinzip könnte das Spiel auf allen Größenskalen in dieser Weise weitergehen, und wir könnten auf jeder Skala auf inhomogene Strukturen mit Ballungsgebieten und Leerräumen stoßen, egal, wie grob wir die Raumwürfelaufteilung wählen, anhand derer wir mittlere Dichten vergleichen. Glücklicherweise ist das in unserem Universum nicht der Fall. Wählt man eine Aufteilung des Raums in Würfel mit Seitenlängen von einigen hundert Millionen Lichtjahren, dann haben die Unregelmäßigkeiten ein Ende. In jedem dieser Würfel befindet sich ungefähr gleich viel Materie, bei einer Seitenlänge von 500 Millionen Lichtjahren beispielsweise die Masse von rund einer Million Milchstraßen, und die mittlere Dichte jedes der Würfel ist daher in guter Näherung dieselbe. Mit solch grobem Raster betrachtet, ist das Universum homogen und isotrop: An welchen Ort wir auch gehen, die Materieeigenschaften sind dieselben (Homogenität), und in welche Richtung wir auch schauen, es bietet sich immer derselbe Anblick (Isotropie). Was die Materieverteilung angeht, so ist unsere kosmische Nachbarschaft anscheinend nichts Besonderes – die Materiedichte in »unserem« Riesenwürfel unterscheidet sich nicht nennenswert von der Dichte der anderen Würfel. Es liegt nahe, diese Beobachtung zum Prinzip zu erheben und anzunehmen, dass unsere Stellung im Kosmos auch in jeder anderen Hinsicht nichts Besonderes ist und dass *jeder* Beobachter im Universum, egal, wo er sich befinden mag, im Großen und Ganzen das Gleiche beobachtet wie wir: ein – mit grobem Raster betrachtet – homogenes Weltall, das in alle Richtungen den gleichen Anblick bietet. Dieses *kosmologische Prinzip* lässt sich in seiner Allgemeinheit nicht beweisen. Es stimmt allerdings sehr gut mit den Beobachtungsdaten überein, und noch mehr: Es erweist sich als äußerst fruchtbarer Ausgangspunkt, wenn es darum geht, Modelle des Universums zu konstruieren.

Um kosmologische Lösungen der Einstein-Gleichungen aufzustellen, kann man nämlich, die Gültigkeit des kosmologischen Prinzips vorausgesetzt, den folgenden Weg einschlagen: Zunächst sucht man sich Lösungen, die Universen mit perfekter Homogenität und Isotropie beschreiben. Solche Lösungen sollten das großräumige Verhalten unseres eigenen Universums hinreichend gut wiedergeben. Anschließend muss man betrachten, inwieweit der Umstand, dass unser Weltall auf kleineren Größenskalen recht inhomogen ist, die Beschreibung beeinflusst.

Ein homogenes und isotropes Weltall ist ein Weltall mit einem hohen Maß an Symmetrie. Egal, an welchen Ort sich ein Beobachter begibt, egal, in welche Richtung er sich wendet, der Anblick ist derselbe. Auch die Raumzeitgeometrie eines solchen Weltalls sollte diese Symmetrien widerspiegeln, und das schränkt die Struktur der möglichen Lösungen bereits so stark ein, dass sich die Einstein-Gleichungen erheblich vereinfachen. Die allgemeinen Lösungen der vereinfachten Gleichungen heißen nach

den Wissenschaftlern, die zu ihrer Formulierung und Erforschung beigetragen haben, Friedmann-Lemaître-Robertson-Walker-Lösungen, kurz: FLRW-Lösungen. Ihre Eigenschaften wollen wir in den folgenden Abschnitten näher erkunden.

DAS MODELLUNIVERSUM

Bauen wir uns also ein erstes, vorläufiges Modelluniversum, indem wir vom kosmologischen Prinzip ausgehen und ein einfaches Bild der Materie einführen. Wir stellen uns vor, das Universum sei mit Galaxien gefüllt wie mit einer Art Staub – die Galaxien schweben oder fallen frei nebeneinander her, ohne sich in die Quere zu kommen. Die innere Struktur einzelner Galaxien interessiert uns dabei nicht. Ferner soll das Universum homogen und isotrop sein, die Galaxien gleichmäßig im Raum verteilt. Aus Anschaulichkeitsgründen ist es günstig, sich ein sehr reguläres Universum vorzustellen, so wie in der folgenden Abbildung, die einen kleinen Ausschnitt einer gleichmäßigen und zumindest auf großen Skalen[1] isotropen Verteilung von Galaxien zeigt:

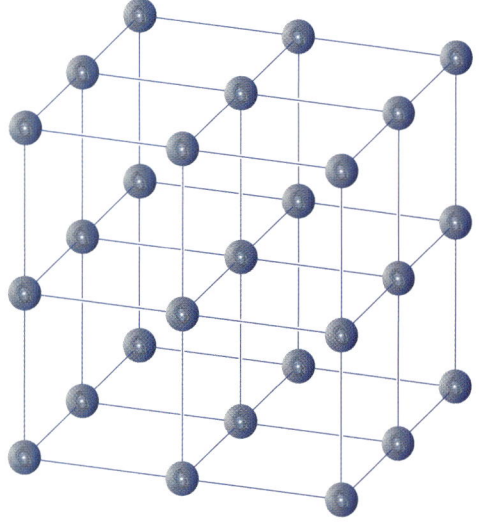

1 Im Detail ist diese Verteilung nicht isotrop – die drei Achsenrichtungen des Raumgitters mit den auf ihm angeordneten Galaxien sind vor allen anderen Richtungen ausgezeichnet. Ein Beobachter, der auszählt, wie viele Galaxien eine ferne, hinreichend große Raumregion enthält, wird dagegen im Mittel auf denselben Wert kommen, unabhängig davon, in welcher Richtung die betreffende Region von ihm aus gesehen liegt.

Um Raumkoordinaten zu definieren, können wir die Galaxien so durchnummerieren wie Punkte im kartesischen Raum. Wir zeichnen willkürlich eine aus, vielleicht die im dargestellten Ausschnitt vorne unten links, und weisen dann jeder der anderen Galaxien eine Positionsangabe relativ zur Referenzgalaxie zu. Die Galaxie, die sich im Ausschnitt ganz hinten rechts oben befindet, hätte beispielsweise die Position (2, 2, –2), da sie sich zwei Kästchen weiter rechts befindet als die Referenzgalaxie (die erste 2 in der Positionsangabe), zwei Kästchen weiter oben (die zweite 2) und zwei Ebenen weiter hinten (die –2). Dann wählen wir eine Zeitkoordinate. Wir installieren in jeder Galaxie eine unserer Standarduhren und synchronisieren diese Uhren so, dass sie in der Momentaufnahme, mit deren Hilfe wir unser Modelluniversum definiert haben, alle dieselbe Zeit anzeigen. Die so definierten Koordinaten, die vorzüglich an die Aufgabe angepasst sind, ein homogenes Universum zu beschreiben, heißen *kosmische Koordinaten*, die Zeitkoordinate ist die *kosmische Zeit*. Nur zur Erinnerung sei angemerkt, dass die vorstehende Abbildung nicht die wahren Abstandsverhältnisse zwischen den einzelnen Galaxien wiedergibt. Sie definiert lediglich ein Koordinatensystem. Die Funktion, die uns verraten würde, wie weit die Galaxien voneinander entfernt sind, die Metrik nämlich, muss erst errechnet werden.

Das ist der nächste Schritt: In diesen Koordinaten und mit der gegebenen homogenen Materieverteilung kann man die Einstein-Gleichungen lösen. Die Eigenschaften der Lösung, so zeigt sich, hängen von der Dichte des Universums ab. Allen Lösungen ist gemeinsam, dass sich das Universum mit der Zeit verändert. Entweder die Abstände zwischen unseren frei fliegenden Galaxien nehmen mit der Zeit zu, oder sie nehmen ab. Es gibt keinen Grenzfall, in dem die Galaxien einfach in konstantem Abstand voneinander schweben bleiben, ohne Veränderung der Verhältnisse, bis in alle Ewigkeit.

Etwas genauer: Man lege einen Referenzpunkt der kosmischen Zeit fest, zu dem man die Dichte des Universums bestimmt. In der Kosmologie ist es üblich, als Referenzdatum unsere heutige Zeit zu wählen – das ist schließlich der Zeitpunkt, zu dem die Astronomen ins Universum hinausblicken. Dass sich der »Jetzt«-Punkt mit den Jahren und Jahrzehnten immer ein wenig verschiebt, ist dabei ohne Belang, denn im Vergleich mit den typischen Zeitskalen der kosmologischen Modelle sind Jahrzehnte und auch Jahrtausende verschwindend kurz, und die Verschiebung des Jetzt-Zeitpunktes bleibt ohne Auswirkungen. Zu diesem Zeitpunkt gibt es eine so genannte *kritische Dichte*, die bestimmt, wie sich ein Universum weiterentwickelt: Ist die aktuelle Materiedichte im Universum kleiner oder gleich der kritischen Dichte, dann dehnt sich das Universum mit der Zeit immer weiter aus. Ist die Dichte größer, dann handelt es sich um ein Universum, das sich zuerst ausdehnt und nach einer Weile wieder zusammenzieht.

Außerdem bestimmt die Dichte die Raumgeometrie. Ein homogenes Universum entspricht der dreidimensionalen Verallgemeinerung der drei Möglichkeiten für gleichmäßig gekrümmte Flächen, die wir in Kapitel 5 kennen gelernt haben. Sie seien hier noch einmal zusammengestellt:

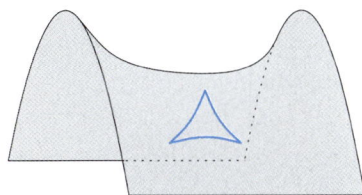

Sattelfläche: hyperbolische Geometrie

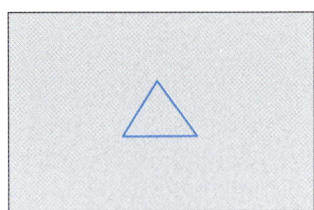

Ebene: ebene (euklidische) Geometrie

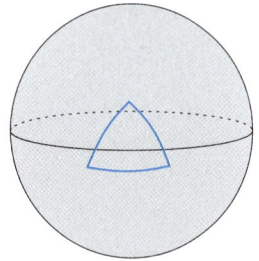

Kugel: sphärische Geometrie

Unterhalb der kritischen Dichte ist der Raum hyperbolisch. Jede Raumregion sieht so aus wie das dreidimensionale Analogon eines Ausschnitts aus einer zweidimensionalen Sattelfläche. In solch einem Raum ist die Winkelsumme von geodätischen Dreiecken immer kleiner als 180 Grad. Exakt bei der kritischen Dichte sieht jede Raumregion so aus wie ein Teil des dreidimensionalen euklidischen Raums, in dem als Winkelsumme von Dreiecken immer exakt 180 Grad zusammenkommen. Über der kritischen Dichte ist die Geometrie sphärisch, und die Winkelsumme von Dreiecken beträgt über 180 Grad. Dass ich dabei vorsichtig (und etwas umständlich) formuliert habe, jede *Raumregion* habe eine bestimmte Geometrie, hat einen Grund. Die Einstein-Gleichungen legen lediglich die lokale Geometrie fest, nicht die großräumigen Strukturen des betreffenden Raums. Der Raum in einem Universum mit kritischer Dichte kann entweder tatsächlich der dreidimensionale euklidische Raum sein, den wir aus dem Alltag kennen. Er könnte aber beispielsweise auch ein Drei-Torus sein, das dreidimensionale Analogon der zweidimensionalen Oberfläche eines Fahrradschlauchs oder eines Schwimmrings, wie er hier skizziert ist …

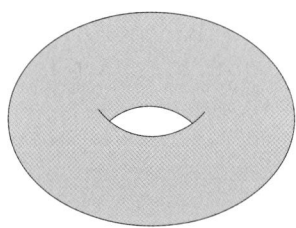

… oder eine von sechzehn anderen endlich oder unendlich ausgedehnten Raumvarianten, die im Kleinen nicht vom flachen Alltagsraum zu unterscheiden sind. Lokal ist beispielsweise ein zweidimensionaler Torus nicht vom zweidimensionalen euklidischen Raum zu unterscheiden – jeder Ausschnitt aus der Torusfläche hat die Geometrie eines Ausschnitts aus der flachen Ebene. Die globalen Unterschiede, etwa dass der zweidimensionale Torus einen endlichen Flächeninhalt hat, die zweidimensionale Ebene dagegen nicht, gehen in die Einstein-Gleichungen nicht ein. Das ist von einiger

Bedeutung, wenn man sich fragt, ob unser Universum räumlich unendlich weit ausgedehnt ist oder ob es ähnliche globale Eigenschaften besitzt wie der zweidimensionale Torus – ein Gebilde endlicher Ausdehnung, in sich geschlossen, ohne Rand. Solange die Dichte des Universums nicht größer ist als die kritische Dichte, lassen die Einstein-Gleichungen beide Möglichkeiten zu; oberhalb der kritischen Dichte dagegen ist das Universum auf alle Fälle von endlicher Ausdehnung.

In unserem Universum liegt die Dichte so nahe beim kritischen Wert, dass anhand der heute verfügbaren Beobachtungsdaten keine Abweichung festzustellen ist. Vom Standpunkt der Anschaulichkeit ist dieser Umstand sehr günstig. Die geometrischen Eigenschaften einer Momentaufnahme des Universums sind dieselben, wie wir sie vom Raum unserer Alltagsanschauung gewohnt sind. In der Abbildung auf Seite 244 haben Rechtecke die gewohnten Eigenschaften, Geraden sind die kürzesten Verbindungen zwischen zwei Punkten, und die Abstandsverhältnisse der dort dargestellten Galaxien sind so, wie unsere Sehgewohnheiten es uns suggerieren.

BLICK INS GUMMIVERSUM

Nach dem bisher Gesagten ist zu erwarten, dass unser Universum entweder in sich zusammenfällt oder sich ausdehnt. Beschränken wir uns gleich auf den Fall, der unser Weltall beschreibt: ein sich ausdehnendes Universum, in dem sich die Abstände aller Körper, die im Kosmos frei fallen – also insbesondere unserer Galaxien – in derselben Weise mit der Zeit vergrößern. Die Effekte, die sich dabei ergeben, lassen sich einfacher verstehen, wenn wir nicht den ganzen dreidimensionalen Raum betrachten, sondern eine zweidimensionale Schnittfläche: einen Ausschnitt aus einer Ebene, in der gitterförmig angeordnete Galaxien sitzen. Als vereinfachtes Beispiel zeigt die folgende Abbildung ein und dieselbe Region der Schnittfläche, links zu einem gegebenen Zeitpunkt, rechts deutlich später; die Koordinaten des Bildes mögen abstandstreu sein, so dass

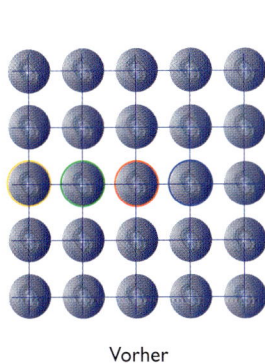

Vorher

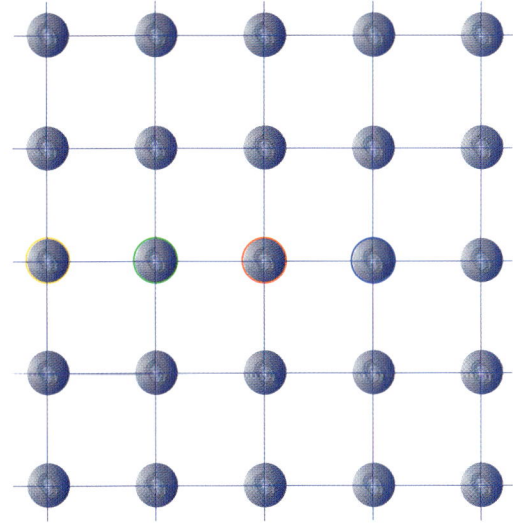

Nachher

man vom einen zum anderen Bild verfolgen kann, wie sich die räumlichen Abstände zwischen den Galaxien verändern. Es ist oft einfacher, von konkreten Zahlenwerten zu reden; sagen wir daher völlig willkürlich, die Abstände von Mittelpunkt zu Mittelpunkt jeder der eingezeichneten Galaxien zu ihren direkten Nachbarn links, rechts, oben und unten seien jeweils eine Billion Kilometer, und zwischen dem linken und dem rechten Bild möge ein Jahrhundert vergangen sein. Dass diese Zahlenwerte komplett fiktiv sind, ist nebensächlich – hier soll lediglich das Prinzip erläutert werden.

Es ist, als seien die Galaxien auf einem Gummituch festgeklebt, dessen sämtliche Kanten auseinander gezogen werden: Vorher wie nachher sind die Galaxien gleichmäßig auf der Fläche verteilt, wie es unseren Annahmen über das Modelluniversum entspricht. Im Vergleich von linkem und rechtem Bild ist anschaulich klar, dass das Universum in der Zwischenzeit expandiert ist – dieselben 25 Galaxien wie im linken Bild sind im rechten nunmehr über eine viel größere Fläche verteilt. Alle Abstände in der Abbildung haben sich verdoppelt. Welche der Galaxien man auch auswählt, um ihre Abstände nachzumessen – im rechten Bild ergibt sich immer ein doppelt so großer Wert wie im linken.

Betrachten wir dieselbe Situation jetzt einmal vom Standpunkt eines Beobachters aus, der sich in einer der Galaxien befindet, beispielsweise in der, die ich durch einen roten Kreis markiert habe und die genau in der Mitte des dargestellten Weltallausschnitts liegt. In der linken Abbildung ist die grün umrandete Galaxie eine Billion Kilometer von unserem roten Beobachter entfernt, in der rechten Abbildung, ein Jahrhundert später, bereits zwei Billionen Kilometer. Der Beobachter schließt: Die grüne Galaxie bewegt sich von mir fort, und zwar mit einer Geschwindigkeit von 2 − 1 = 1 Billion Kilometer pro Jahrhundert. Ein ähnliches Ergebnis erhält er, wenn er die blau umrandete Galaxie betrachtet. Auch diese bewegt sich mit einer Geschwindigkeit von einer Billion Kilometern pro Jahrhundert von ihm fort – aber in die entgegengesetzte Richtung wie die grüne. Nächstes Beobachtungsobjekt des roten Beobachters ist die Galaxie mit der gelben Umrandung. Schon im linken Bild ist sie zwei Billionen Kilometer von ihm entfernt, im rechten Bild hat sich der Abstand verdoppelt und beträgt nun vier Billionen Kilometer. Der rote Beobachter schließt daraus: Die gelbe Galaxie bewegt sich von mir fort, und zwar mit einer Geschwindigkeit von 4 − 2 = 2 Billionen Kilometer pro Jahrhundert – doppelt so schnell wie die grüne oder die blaue Galaxie. Dieselben Betrachtungen kann man für die noch weiter entfernten Galaxien anstellen, die in unserem Ausschnitt nicht mehr abgebildet sind. Der Trend hält an: Je weiter eine Galaxie vorher von unserem roten Beobachter entfernt war, umso größer die Geschwindigkeit, mit der sie im Laufe des besagten Jahrhunderts von der roten Galaxie fortgeflogen zu sein scheint. Entfernung und Fluchtgeschwindigkeit sind zu jedem festen Zeitpunkt direkt proportional. Dies ist in der Kosmologie als *Hubble-Beziehung* (auch *Hubble-Gesetz* oder *Hubble-Effekt*) bekannt. Die entsprechende Proportionalitätskonstante heißt auch *Hubble-Konstante*. Benannt sind sie allesamt nach dem US-amerikanischen Astronomen Edwin Hubble, der dem Expansionseffekt in den zwanziger Jahren durch systematische Beobachtungen auf die Schliche kam.

EXPANSION ODER EXPLOSION?

Es ist verlockend, sich die Expansion wie eine Art Explosion vorzustellen: Wir hier auf der Erde sitzen im Explosionszentrum, und alle anderen Galaxien fliegen von uns weg. Solch eine Vorstellung ist aber in entscheidender Hinsicht falsch. Bei einer herkömmlichen Explosion gibt es tatsächlich ein Zentrum, von dem sich alle Bruchstücke oder sonstige Teilchen entfernen. Bei der speziellen Expansion, bei der *alle* Abstände in gleicher Weise zunehmen, sind dagegen alle Galaxien gleichberechtigt, wie es sich für ein homogenes Universum gehört. Ein Beobachter, der in der Abbildung auf Seite 247 auf der blauen Galaxie sitzt anstatt auf der roten, kommt bei der Beobachtung seiner Nachbarschaft zu genau denselben Schlüssen. Im Vergleich von linkem und rechtem Bild hat sich die rote Galaxie eine Billion Kilometer fortbewegt, die grüne zwei Billionen Kilometer, entsprechend demselben Hubble-Gesetz, das auch der Beobachter auf der roten Galaxie feststellen konnte. Will man die Expansion bildlich darstellen, so wird man zwangsläufig eine Galaxie als Bezugspunkt wählen und darum herum auftragen, wie sich die Abstände der anderen Galaxien relativ zu diesem Bezugspunkt ändern, aber man darf nicht vergessen, dass diese Wahl willkür-

lich ist: Jeder andere Bezugspunkt ergäbe genau dasselbe Muster systematischer Abstandsänderungen, und alle Galaxien sind gleichberechtigt. Wichtig sind allein die *relativen* Abstandsänderungen.

Die relativistische Beschreibung legt nahe, die Ausdehnung nicht als die Auswirkung von Galaxienbewegungen durch den Raum anzusehen, sondern als Eigenschaft der Metrik. Wir haben in Kapitel 5 eine Beschreibungsweise kennen gelernt, in der der Abstand zwischen zwei Objekten A und B von zweierlei Größen abhing: zum einen von den Orten A und B, ausgedrückt durch Koordinaten, zum anderen von den Koeffizienten der Metrik. Damit kann sich ein Abstand auf zweierlei Weise vergrößern: zum einen dadurch, dass sich A und B voneinander fortbewegen, entsprechend einer Änderung ihrer Raumkoordinaten mit der Zeit; zum anderen, wenn die betreffenden Koeffizienten der Metrik mit der Zeit »wachsen«, entsprechend einer Veränderung der Geometrie.

In meinem Hausnummernbeispiel auf Seite 114 entspräche das dem Fall, dass alle Häuser auf einem gigantischen Gummituch stünden, das mit der Zeit auseinander gezogen würde: Die Hausnummer jedes Hauses bliebe dieselbe, aber die metrischen Vorfaktoren, mit deren Hilfe sich Koordinatendifferenzen in Abstände umrechnen lassen, würden mit der Zeit immer größer. Ähnlich die Verhältnisse im kosmologischen Koordinatensystem: Darin sind alle Abstände zwischen den frei schwebenden Galaxien proportional zu ein und demselben Faktor, der *Skalenfaktor* genannt wird. Verändert sich dieser Faktor, dann verändern sich alle Abstände gleichermaßen – verdoppelt sich der Skalenfaktor, dann sind anschließend alle Abstände doppelt so groß wie vorher, vervierfacht er sich, werden alle Abstände viermal so groß. Wächst der Skalenfaktor mit der Zeit, dann wachsen auch alle Abstände: Das Universum als Ganzes expandiert, wie ein dreidimensionaler Gummikörper, der in alle Richtungen gleichmäßig auseinander gezogen wird.

Bei der Feststellung, das Universum expandiere als Ganzes, liegt eine weitere Frage recht nahe. Das Universum expandiert, die Entfernungen zwischen den Galaxien vergrößern sich. Wird unsere eigene

Galaxie, die Milchstraße, immer größer? Expandiert unser Sonnensystem? Nimmt das Volumen jedes einzelnen Menschen zu? Dehnt sich jedes einzelne Atom aus?

Die Antwort ist glücklicherweise ein Nein. Zunächst zu den Atomen und den Menschen. Es gibt in der Einsteinschen Theorie keinen absoluten Raum, der expandiert und alles darin Befindliche zum Mitexpandieren zwingt wie ein Gummituch, bei dem sich, zieht man es auseinander, auch alle darauf gemalten Bilder ausdehnen. Eher schon trifft die Vorstellung zu, die Galaxien seien feste, auf das Gummituch geklebte Scheibchen, die beim Auseinanderziehen ihre Größe behalten. Wie die Geometrie auf die im Universum befindlichen Körper zurückwirkt, haben wir in Kapitel 5 gesehen: Testkörper im freien Fall folgen den geradestmöglichen Bahnen, den Raumzeitgeodäten. Auch die Galaxien in unserem Modell vom Universum, die frei nebeneinanderher fallen und miteinander nur per Schwerkraft wechselwirken, folgen den Geodäten der expandierenden Raumzeit. Alle Abstände zwischen solchen frei fallenden Objekten werden aufgrund der Expansion in der angegebenen Weise größer. Bei Atomen, Molekülen, Zellen, Menschen, Planeten ist das anders. Für den Zusammenhalt dieser Objekte sind elektromagnetische Kräfte verantwortlich. Die Atome, aus denen ich bestehe, befinden sich nicht im freien Fall, sondern sind an ihre direkten Nachbarn gebunden. Auf solche gebundenen Systeme, so zeigen entsprechende Rechnungen, hat die kosmische Expansion so gut wie keinen Einfluss — sie reagieren genauso wenig auf die Expansion, wie das Buch, das vor mir auf dem Tisch liegt und von der elektrischen Abstoßung der Buch- und Tischplattenatome gehalten wird, auf die Wirkung der irdischen Schwerkraft reagiert.

Etwas anders muss man bei unserem Sonnensystem, den Galaxien oder Galaxienhaufen argumentieren, deren Zusammenhalt von der Schwerkraft bestimmt ist. Hier zeigen sich die Grenzen unseres vollkommen homogenen Modells, denn nun gilt es zu klären: Was ändert sich, wenn es innerhalb unseres im Großen und Ganzen homogenen Universums auf kleineren Größenskalen Inhomogenitäten

gibt? Die Antwort ist wiederum ermutigend. Die lokalen Schwerkrafteffekte, die etwa eine Region mit leicht überdurchschnittlicher Dichte zusammenzuhalten suchen, können sich gegenüber der kosmischen Expansion behaupten, und die Größe solcher Regionen bleibt unverändert. Auch im Rahmen eines expandierenden Universums gilt in der Umgebung unseres Sonnensystems die Schwarzschild-Metrik, die die Planeten ihre Bahnen in konstanter Ausdehnung um das Zentralgestirn ziehen lässt. »Lokal zusammenhalten, global expandieren« ist das Motto eines im Kleinen inhomogenen Universums wie des unsrigen. Oder, um auf das Drehbuchzitat am Kapitelanfang zurückzukommen: Wenn sich Alvy um das expandierende Universum sorgt (und darob sogar seine Hausaufgaben vernachlässigt), dann hat seine Mutter mit ihrer Antwort ganz Recht: »Du bist hier in Brooklyn, und Brooklyn expandiert nicht.«

Vielleicht erinnern Sie sich an die Ausführungen in Kapitel 7 zu den grundlegenden Eigenschaften der Gravitationswellen, wo ich bereits ganz ähnlich argumentiert habe: Bei Gravitationswellen hingen die Abstandsänderungen zwischen frei fallenden Teilchen von einem gemeinsamen Verzerrungsfaktor ab, im expandierenden Universum sind es die Abstände selbst. Wichtig sind in beiden Fällen nur relative Abstände; hält man den Vorgang im Bild fest, ist die Wahl des Bezugspunktes willkürlich. Da es sich um einen Faktor handelt, folgte daraus für die Gravitationswellen, dass sie umso größere Abstandsänderungen bewirken, je größer der betrachtete Abstand ist; verdoppelt sich ein Abstand von einem Millimeter auf zwei Millimeter, entspricht das einer Verlängerung um einen Millimeter, bei der Verdoppelung eines Abstandes von einem Zentimeter auf zwei beträgt die Verlängerung bereits einen ganzen Zentimeter. Mit ganz analogen Argumenten kann man aus der Existenz des kosmischen Skalenfaktors das Hubble-Gesetz ableiten, nämlich dass sich eine ferne Galaxie in einem gegebenen Zeitraum umso schneller von uns entfernt, je weiter sie bereits entfernt ist. Und hier wie dort gilt: Wenn gesagt wird, »der Raum« expandiere oder verzerre sich, sind zunächst einmal Abstände zwischen frei fallenden Körpern gemeint. Die Frage, was mit Festkörpern geschieht, war bei Gravitationswellen etwas komplizierter, und die Antwort hing von der Wellenfrequenz ab. Im Falle der kosmischen Expansion ist die Antwort weit einfacher: Die Kräfte, die beispielsweise Atome zusammenhalten, können die Expansion spielend aufhalten, so dass Festkörper ihre Abmessungen effektiv beibehalten, auch die Masseanziehung der Sonne ist stark genug, um die Expansion unseres Planetensystems zu verhindern, und dasselbe gilt für Galaxien. Erst auf größeren Skalen, bei Systemen, deren mittlere Dichte nicht merklich größer ist als die des Universums im Großen, macht sich die Expansionsbewegung bemerkbar.

DIE FARBE DER EXPANSION

Leider sind die astronomischen Methoden zur Bestimmung von Entfernungen nicht genau genug, um die Expansionsbewegung durch Beobachtung der vergleichsweise winzigen Veränderungen der Distanzen zu fernen Galaxien nachzuweisen, die sich im Laufe von Jahren oder Jahrzehnten ergeben. Dafür zeigen sich aber die Effekte der Expansion glücklicherweise in den Eigenschaften der Lichtsignale, die uns von den betreffenden Galaxien erreichen.

Der Abstand zu anderen Galaxien nimmt, wie wir gesehen haben, umso schneller zu, je weiter diese Galaxien von uns entfernt sind. Auch wissen wir, wie sich zunehmende Entfernung zu einem Objekt auf das von diesem Objekt ausgesandte Licht auswirkt: Der Doppler-Effekt führt zu einer Rotverschiebung, einer Erniedrigung der Lichtfrequenzen. Um die Hubble-Beziehung zwischen Entfernung und Fluchtgeschwindigkeit zu bestimmen, muss man daher nicht mühsam über unmenschlich lange Zeiträume verfolgen, wie sich eine Galaxie von uns entfernt. Es reicht aus, hier und jetzt den Abstand zwischen uns und der Galaxie und die Rotverschiebung des von ihr ausgesandten Lichts zu bestimmen.

Aus solchen Beobachtungen, vorgenommen in den zwanziger Jahren durch den bereits erwähnten

Edwin Hubble, ist unser modernes Bild von einem expandierenden Universum überhaupt erst hervorgegangen. Hubbles Messungen waren zwar vergleichsweise unzuverlässig[2], aber gut genug, um den überraschenden direkten Zusammenhang zwischen Entfernung und Rotverschiebung zu zeigen, der heute Hubble-Beziehung heißt. In moderneren Beobachtungen ist der Effekt weit deutlicher, etwa in dem folgenden Beispiel:

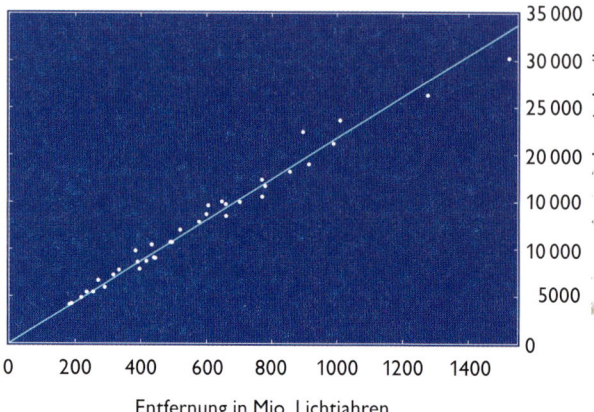

Entfernung in Mio. Lichtjahren

In dieser Grafik, die auf modernen Messungen US-amerikanischer und chilenischer Astronomen beruht, sind die Entfernungen und Fluchtgeschwindigkeiten von 36 Galaxien gegeneinander aufgetragen; jedem der weißen Punkte entspricht eine Galaxie. Je weiter rechts der Punkt im Diagramm liegt, umso größer der Abstand der Galaxie, je weiter oben der Punkt liegt, umso größer ihre Fluchtgeschwindigkeit. Dass die Punkte in guter Näherung auf ein und derselben, in Hellblau eingezeichneten Geraden liegen, ist der grafische Ausdruck der Hubble-Beziehung: Die Fluchtgeschwindigkeit ist proportional zur Entfernung, und der Proportionalitätsfaktor ist für alle Galaxien derselbe.

So anschaulich die Erklärung der kosmologischen Rotverschiebung als Doppler-Effekt ist, sie hat klare Grenzen. Die haben einmal mehr mit dem Unter-

---

2 Bereits für den Abstand zu nahen Galaxien ging Hubble von einem aus heutiger Sicht falschen Wert aus, der die darauf aufbauenden Abschätzungen für größere Abstände verzerrte. Diese Abschätzungen selbst gingen zudem von der sehr vereinfachten Annahme aus, alle Galaxien seien an sich gleich hell, und wenn wir eine davon am Himmel als dunkler wahrnähmen, hieße das direkt, sie wäre weiter von uns entfernt.

schied zwischen einer Explosion, in der sich Galaxien durch den Raum von uns fortbewegen, und einer Raumexpansion zu tun. Ein Alltagsbeispiel kann den Unterschied deutlich machen. Betrachten wir zunächst einfache Bewegung, analog zu einer Galaxie, die durch den Raum von uns wegfliegt. Wieder lassen wir die Galaxie in gleichen Zeitabständen Lichtpulse aussenden. Wir stellen die Situation mit den folgenden Hilfsmitteln nach: Die wegfliegende Galaxie ist ein Spielzeugauto, das dank eines eingebauten Motors mit der konstanten Geschwindigkeit von einem Viertelzentimeter pro Sekunde langsam von uns wegfährt. Anstatt Lichtsignale auszusenden, hat das Auto hinten eine automatisierte Klappe, die alle zehn Sekunden eine Ameise freilässt. Dort, wo wir selbst uns befinden, haben wir einen kleinen Strauch Ameisenminze aufgestellt (ein ferner Verwandter der bekannteren Katzenmin-

ze), so dass jede der Klappe entkommene Ameise direkt zu uns zurückläuft, und das, so haben wir die possierlichen Tierchen trainiert, mit konstanter Geschwindigkeit, 0,75 Zentimetern pro Sekunde. Oben ist die Situation im Querschnitt zu sehen, unten links das zugehörige Raumzeitdiagramm, beginnend zu dem Zeitpunkt, wo das Spielzeugauto gerade fünf Zentimeter von uns entfernt ist.

Die Zeit ist dabei in Sekunden gemessen, als Längeneinheit sind Zentimeter angegeben, und wir haben die eine Raumdimension, in der sich die Bewegungen abspielen, einmal mehr als x-Achse verwendet. Im Raumnullpunkt in Grün ist die senkrechte Weltlinie der Ameisenminze, unseres Beobachtungsstandpunkts. Nach rechts geneigt, wie es sich für einen mit 0,25 Zentimetern pro Sekunde bewegtes Objekt gehört, die rote Weltlinie des Spielzeugautos. Alle zehn Sekunden – die zwei waagerechten, gepunkteten Hilfslinien erlauben einen direkten Vergleich mit der Zeitachse – verlässt eine Ameise das Spielzeugauto und bewegt sich, wie es ihre geneigte braune Weltlinie anzeigt, mit der genannten Geschwindigkeit von 0,75 Zentimetern pro Sekunde in Richtung Ameisenminze. Wenn Sie sich die Schnittpunkte der Ameisenweltlinien mit der grünen Minzeweltlinie anschauen, werden Sie sehen, dass die Ameisen in einem Abstand von merklich mehr als zehn Sekunden beim Beobachter eintrudeln. (Nachmessen zeigt: Von einer Ameise bis zur nächsten vergehen dreizehn Sekunden.) Diese Verlängerung des Ankunfts-Zeitintervalls im Vergleich zum Aufbruchs-Zeitintervall ist haargenau der Doppler-Effekt, wie ich ihn auf Seite 53ff. eingeführt habe, uns sie lässt sich auf die gleiche Weise erklären: Für jede Ameise hat sich der Startpunkt, das Spielzeugauto, im Verhältnis zur Vorgängerin etwas weiter vom Ziel entfernt, und sie braucht daher etwas mehr Zeit, um die Strecke zurückzulegen. Bislang also nichts Neues.

Nun aber präparieren wir unseren Versuch etwas anders. Wir legen ein schmales, langes Gummi-

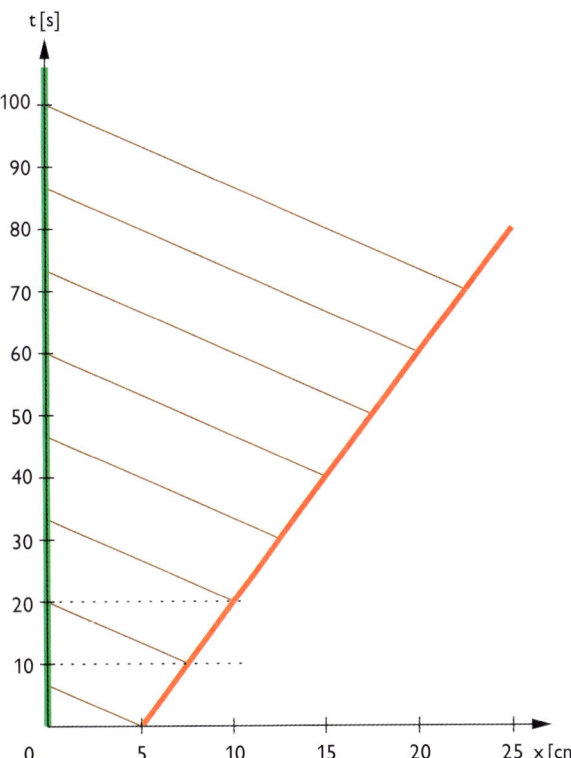

tuch aus, dessen eine schmale Kante wir am Boden festnageln. Direkt an diese Kante stellen wir die Ameisenminze, und fünf Zentimeter davon entfernt bocken wir das Spielzeugauto so auf, dass es sich relativ zur Gummiunterlage nicht mehr bewegen kann. Die andere schmale Kante des Gummituchs wickeln wir auf eine Rolle, die von einem Elektromotor angetrieben wird (siehe oben).[3]

Das Gummituch, auf der einen Seite festgenagelt, auf der anderen stetig aufgewickelt, wird immer weiter gedehnt. Wir wählen die Wickelgeschwindigkeit so, dass der Abstand von Spielzeugauto und Ameisenminze genauso schnell zunimmt wie in unserem Beispiel mit fahrendem Auto. Wieder lassen wir aus der Heckklappe des Wagens alle zehn Sekunden eine Ameise entkommen, die sich in Richtung lockender Minze auf den Weg macht und sich dabei mit derselben konstanten Geschwindigkeit auf dem Gummituch bewegt wie vorher auf dem Fußboden. Der entscheidende Unterschied zum vorigen Beispiel: Dort lief die Ameise auf dem Boden entlang, und immer, wenn sie ein Wegstück zurückgelegt hatte, war ihr Abstand zur Ameisenminze um eben dieses Wegstück kürzer geworden. In diesem zweiten Beispiel wirken dagegen zwei Effekte gegeneinander: Wenn sich die Ameise auf dem Gummituch bewegt, dann verkürzt sich ihr Abstand zur Ameisenminze. Im selben Zeitraum aber wird das Gummituch weiter gedehnt, was dazu führt, dass sich der Abstand zwischen Ameise und Ameisenminze vergrößert. Die Ameise wandert auf die Ameisenminze zu; gleichzeitig wird das Gummituch unter ihr von der Ameisenminze weggezogen. Dadurch ist das Vorankommen der Ameise in Richtung Minze langsamer als im vorigen Fall. Das nebenstehende Raumzeitdiagramm zeigt die Einzelheiten.

Aufgetragen sind wieder die Zeit als t-Koordinate, der Abstand zur Ameisenminze als x-Koordinate.

Die Weltlinien von Ameisenminze und Spielzeugauto sind genau die gleichen wie im vorigen Beispiel, entsprechend unserer Wahl der Wickelgeschwindigkeit. Braun eingezeichnet sind die Weltlinien der verschiedenen Ameisen und zum Vergleich in Hellbraun die Weltlinien der Ameisen im Fall des fahrenden Spielzeugautos. Der Dehnungseffekt behindert die Ameisen deutlich, und sie kommen jeweils später an als beim fahrenden Auto. Der Unterschied ist umso deutlicher, je weiter entfernt von der Minze die Ameise ihre Reise beginnt. Das Ergebnis ist eine noch stärkere Rotverschiebung. Die zwei spätesten Ameisen beispielsweise erreichen die Minze im Abstand von knapp über vierzehn Sekunden.

Wichtig ist, dass das Beispiel den Unterschied zwischen einem herkömmlichen Auseinanderfliegen (fahrendes Auto) und einer Expansion des Raums (gedehntes Gummituch) zeigt. Im ersten Fall macht

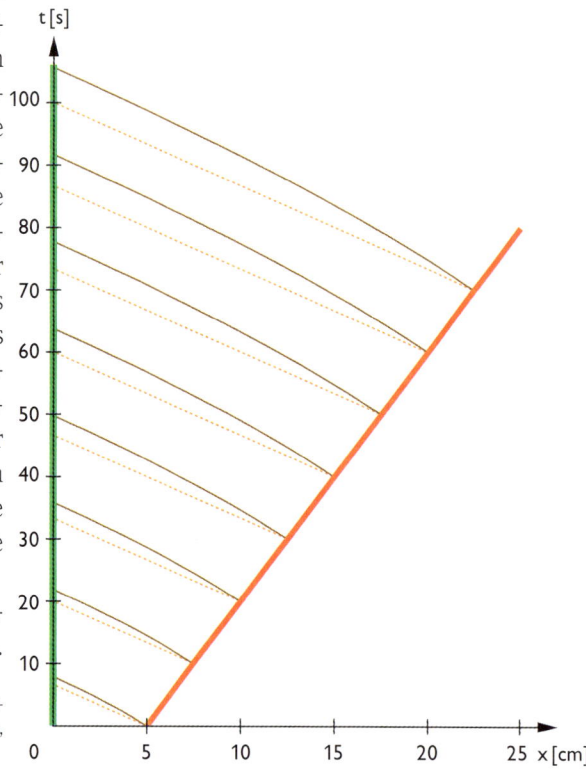

3 Zwischen den gewellten Linien, die Fußboden und Gummituch unterbrechen, liegen weitere Meter über Meter Fußboden und Gummituch, die ich aus Platzgründen weggelassen habe.

sich an Signalen, die uns von fernen Quellen erreichen und mit konstanter Geschwindigkeit durch den Raum fliegen, der herkömmliche Doppler-Effekt bemerkbar: Aufeinander folgende Pulse (oder auch: Wellenberge) kommen mit leichter Verzögerung an, wenn sich die Quelle wegbewegt; das Ergebnis ist eine leichte Dehnung der Periode (oder auch: Erniedrigung der Frequenz). Im zweiten Fall dagegen haben Signale auf dem Weg mit der Raumexpansion zu kämpfen: Während sie mit konstanter Geschwindigkeit voraneilen, dehnt sich der Raum zwischen ihnen und ihrem Ziel gleichzeitig ein wenig aus. Das gilt für die Ameisen auf dem Gummituch ebenso wie für Licht, das uns von fernen Galaxien erreicht, und solche Lichtweltlinien sind genauso gekrümmt wie die Ameisenweltlinien in unserem letzten Raumzeitdiagramm. Das Ergebnis ist auch in diesem Fall eine Rotverschiebung, die nicht als reiner Doppler-Effekt erklärt werden kann (obwohl sie sich auf vergleichsweise kurze Distanzen, siehe etwa die untersten eingezeichneten Ameisenweltlinien, nicht sehr von der Doppler-Rotverschiebung unterscheidet). Anstatt von einer kosmologischen Doppler-Verschiebung sollte man daher am besten gleich allgemeiner von einer kosmologischen Rotverschiebung sprechen, dabei immer im Hinterkopf behalten, dass diese auf Expansionseffekte zurückgeht, und allen Versuchungen widerstehen, sich die Expansion als bloße Bewegung der Galaxien vorzustellen.

STÜRMISCHE JUGEND UND HEISSE PHASE

Nachdem wir uns ausführlich mit den allgemeinen Eigenschaften und Auswirkungen eines expandierenden Raums beschäftigt haben, werden wir nun etwas konkreter und betrachten, wie die Expansion in den FLRW-Modellen genau verläuft, sprich: wie sich der Skalenfaktor mit der kosmischen Zeit verändert. Ich hatte schon angesprochen, dass die kosmische Evolution in diesen Modellen von der Dichte des Universums abhängt. Für ein expandierendes Galaxienstaubuniversum wie in unserer

Modellvorstellung gibt es drei grundlegende Möglichkeiten der Evolution, entsprechend einer Dichte über, unter oder exakt bei dem kritischen Wert:

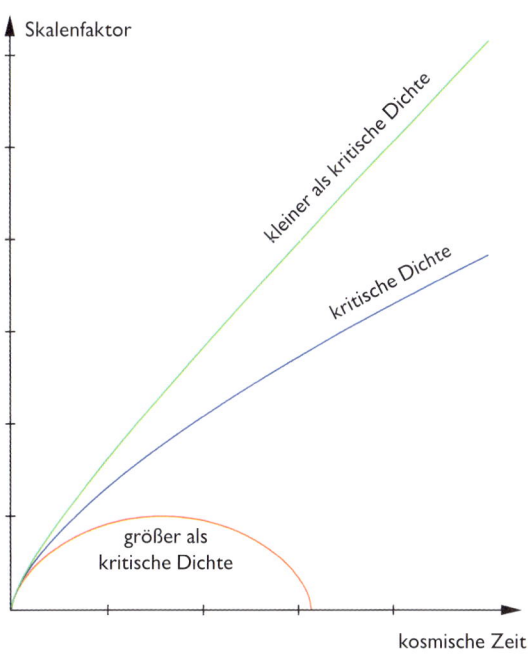

Allen drei Möglichkeiten ist gemeinsam, dass der Skalenfaktor zu einem sehr frühen kosmischen Zeitpunkt sehr klein, ja, sogar null war. Es ergibt sich das Bild von einem Universum, das zu Beginn sehr, sehr klein ist, aber so etwas wie einen anfänglichen Expansionsschwung besitzt. Die Energie der im Universum enthaltenen Materie ist allerdings bestrebt, die Expansion zu bremsen – genau wie Sonne und Planeten ziehen sich auch die nebeneinander schwebenden Galaxien unseres Modelluniversums gegenseitig an, und das wirkt der Expansionsentwicklung entgegen. Freilich nimmt diese gegenseitige Anziehung der Galaxien mit der Zeit ab, und zwar umso stärker, je weiter sich die Galaxien voneinander entfernen. Damit sind letztendlich mehrere Möglichkeiten gegeben. Entweder ist der ursprüngliche Ausdehnungsschwung stark genug, um die Galaxien so weit auseinander zu treiben, dass ihre mit zunehmendem Abstand immer schwächer werdenden Anziehungskräfte nicht ausreichen, um die Expansion zu stoppen. Oder aber

die Anziehungskräfte sind stark genug, um die Ausdehnung deutlich zu verlangsamen. Mit der Verlangsamung wachsen auch die Entfernungen zwischen den Galaxien nicht mehr so schnell, und die
Anziehungskräfte haben genügend Zeit, die Expansion noch weiter zu verlangsamen, bis der anfäng-
liche Schwung schließlich aufgebraucht ist. Dann
sind die Anziehungskräfte der einzige verbleibende
Einfluss, und sie beginnen, das Universum wieder
zusammenzuziehen. Der Parameter, der die Stärke
der gegenseitigen Anziehungskräfte bestimmt, ist die
mittlere Materiedichte des Alls. Die kritische Dichte
ist jener Wert, bei dem der Schwung gerade noch
für eine immer weiter fortgesetzte Expansion ausreicht. Bei größeren Dichtewerten fällt das Universum, wie in der Abbildung gezeigt, nach einiger Zeit
wieder in sich zusammen.

Die Situation ähnelt – bis hin zu den mathematischen Gleichungen – einem etwas alltagsnäheren
Vorgang, nämlich dem Verhalten eines Steins, der
von der Erde aus senkrecht in die Luft geworfen
wird. Seine Höhe über dem Erdboden entspricht
dabei dem Wert des Skalenfaktors, seine Anfangsgeschwindigkeit dem anfänglichen Ausdehnungsschwung des Universums und die Gravitationskraft
der Erde, die darauf ausgerichtet ist, den Stein zu-
rückzuholen, der gegenseitigen Schwereanziehung
der Materie, die darauf hinwirkt, die Expansion des
Universums anzuhalten und umzukehren. Ebenso,
wie die expansionshemmende Schwerkraft umso
schwächer wird, je weiter das Universum sich bereits ausgedehnt hat, ist auch die Anziehungskraft
der Erde umso schwächer, je mehr der Stein bereits
an Höhe gewinnen konnte. Auch für den Stein gibt
es verschiedene Möglichkeiten: Entweder sein An-
fangsschwung reicht nicht aus, und er fällt zurück
auf den Boden – entsprechend einem Universum,
das sich nach anfänglicher Ausdehnung wieder zusammenzieht. Oder aber der Schwung reicht aus,
um den Stein immer weiterfliegen zu lassen, entsprechend einem stetig expandierenden Weltall.
Nimmt man als dritte Möglichkeit den Grenzfall
hinzu, in dem der Stein mit der so genannten
Fluchtgeschwindigkeit der Erde losfliegt und dem
Zurückfallen gerade noch entkommt, hat man die

Entsprechungen der drei prinzipiell möglichen Zeit-
entwicklungen des expandierenden Staubuniver-
sums unterhalb, oberhalb und genau bei der kritischen Dichte.

Allen drei möglichen Fällen ist dabei eines gemeinsam: Für ein Universum, das sich in einer Ex-
pansionsphase befindet, war der Skalenfaktor in der
Vergangenheit viel, viel kleiner und die darin enthaltene Materie auf wesentlich engerem Raum komprimiert, auf so engem Raum, dass unser Bild von
den frei nebeneinanderher schwebenden Galaxien
in ferner Vergangenheit mit Sicherheit nicht mehr
zutrifft: Verfolgen wir diese Galaxien in der Zeit
zurück, so rücken sie sich immer näher, stoßen
schließlich zusammen, bei noch kleineren Abständen werden selbst die einzelnen Sterne der Galaxien aufeinander geschoben, und das ganze Universum ist ein einziges dichtes und, den für diese
Art der Kompression geltenden Gesetzen der Thermodynamik folgend, auch sehr heißes Gas.

Geht man genügend weit zurück, dann wird der
Skalenfaktor sogar gleich null, entsprechend einem
Zustand unendlich hoher Dichte, unendlich hoher
Temperatur und unendlich hoher Raumzeitkrümmung. Dieser Anfangspunkt ist eine Raumzeitsingularität, ein Raumzeitrand, wie wir ihn bereits
im Innern Schwarzer Löcher gefunden haben – mit
dem Unterschied, dass die dortige Singularität eine
Art Ende der Zeit war, an der die Weltlinien der in
das Loch fallenden Körper abrupt abbrachen, während wir es hier mit einer Art Anfang der Zeit zu tun
haben, an dem die Weltlinien aller Körper des
Universums beginnen. Dieser Anfang wird auch
als *Urknallsingularität* oder kurz als *Urknall* bezeichnet.

Der Urknall der FLRW-Modelle definiert in natürlicher Weise einen Ausgangspunkt für die kosmische Zeitkoordinate. Es ist üblich, das Universum
dieser Modelle mit dem Urknall zur kosmischen
Zeit null beginnen zu lassen; entsprechend gibt die
kosmische Zeit an, wie viel Zeit seit dem Urknall
vergangen ist, und wird deshalb auch *Weltalter*
genannt. In einiger Hinsicht ist dieser Sprachgebrauch allerdings sehr irreführend. Der Urknall
selbst, das werden wir noch sehen, ist ein sehr

merkwürdiges »Ereignis«, und es ist sehr wahrscheinlich, dass die Geschichte des Universums in den ersten Sekundenbruchteilen nach – und vielleicht auch in der Zeit vor – dem Zeitpunkt, an dem laut FLRW-Modellen der Urknall stattfand, ganz anders verlaufen ist, als man es auf Basis der allgemeinen Relativitätstheorie erwarten sollte. Trotz dieser Unsicherheit ist die kosmische Zeitkoordinate, deren Nullpunkt dort liegt, wo laut den FLRW-Modellen der Urknall stattfindet, sehr nützlich und hat sich in der Kosmologie allgemein durchgesetzt. Es ist aber wegen der die ferne Vergangenheit unseres Alls betreffenden Unsicherheit wichtig, die Nullpunktwahl nicht allzu ernst zu nehmen. Es wäre grundfalsch zu schließen, dass ein Kosmologe, der von Ereignissen »eine Stunde nach dem Urknall« redet, automatisch die Meinung vertritt, das Universum habe im singulären Urknall der FLRW-Modelle begonnen – ebenso falsch, wie mit Aussagen, in denen herkömmliche Jahreszahlen enthalten sind, automatisch ein Glaubensbekenntnis des Sprechers zu verbinden, Gott sei am Ausgangspunkt unserer Zeitrechnung, dem 1.1.0001, als Mensch auf der Erde geboren worden.

Zurück zur Physik: Um ein Universum zu beschreiben, das sich aus einem heißen, dichten Frühstadium heraus entwickelt, haben Astrophysiker und Kosmologen die so genannten *Urknallmodelle* entwickelt. Grundlage ist dieselbe Art homogener Lösungen der Einstein-Gleichungen, die wir bereits betrachtet haben, allerdings wird nun die im Universum enthaltene Materie anders modelliert. In solchen Modellen ist das frühe Universum ein heißes, dichtes, mit elektromagnetischer Strahlung durchsetztes Gas, und erst später, wenn Dichte- und Temperaturwert weit genug gefallen sind, hat die Materie jene Eigenschaften, die wir für unseren Staub aus nebeneinanderher schwebenden Galaxien postuliert haben. Setzt man die neuen Materieeigenschaften in die Einstein-Gleichungen

ein, dann führt das zu einer etwas anderen Zeitentwicklung für den kosmischen Skalenfaktor als für bloßen Galaxienstaub.

Im Rahmen der Urknallmodelle, die auch *Standardmodelle der Kosmologie* genannt werden, ist die Entwicklung des Universums von der Frühzeit bis heute so verlaufen, wie in der folgenden Abbildung schematisch (aber beileibe nicht maßstabsgetreu) dargestellt.

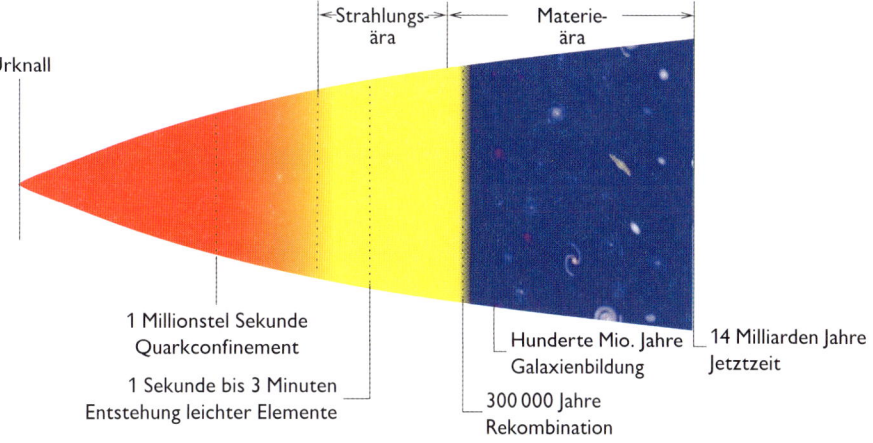

Wir setzen dabei nicht ganz links an – über den Urknall selbst und die früheste millionstel Sekunde der Entwicklung danach ist verhältnismäßig wenig bekannt. So lassen wir sie zunächst beiseite und beginnen unsere Geschichte des Universums bei der kosmischen Zeit eine millionstel Sekunde. Direkt zuvor hatte das Universum noch aus einem hochenergetischen, Billionen Grad heißen Gemisch diverser Elementarteilchen bestanden, das die Physiker durch ein nicht minder wildes Gemisch von Fachbegriffen bändigen: zum einen aus Elektronen, ihren massereicheren Verwandten und diversen Sorten Neutrinos – zusammen werden diese Teilchen *Leptonen* genannt –, zum anderen aus Teilchen, die in den Kontext der Atomkerne gehören, sogenannten *Hadronen*. Atomkerne bestehen aus Protonen und Neutronen und diese wiederum aus verschiedenen Sorten Quarks. Solche Quarks bewegten sich bei den zu diesem Zeitpunkt herrschenden Temperatur- und Dichteverhältnissen frei durch das Universum. Um die Suppe noch komplizierter zu machen, gibt es zu jeder Teilchenart eine Art Spiegelbild, so genannte Antiteilchen, wie am Ende von Kapitel 4 erwähnt (Seite 94). Trifft ein Teilchen auf ein entsprechendes Antiteilchen, etwa ein Elektron auf ein Antielektron, dann vernichten sich die beiden zu reiner Energie in Form elektromagnetischer Strahlung. Umgekehrt können aus elektromagnetischer Strahlung sehr hoher Energie Teilchen-Antiteilchen-Paare entstehen. Vor der erwähnten tausendstel Sekunde kosmischer Zeit sind die Temperaturen so hoch, dass Quarks und Antiquarks aus der thermischen Strahlung entstehen, sich wieder in Strahlung vernichten, wieder entstehen, ein unvorstellbares Inferno.

Nach diesem Vorspann aber endlich zum Ausgangspunkt unserer Geschichte, dem Ende der ersten millionstel Sekunde. Zu diesem Zeitpunkt hat sich das Universum so weit ausgedehnt und dabei so weit abgekühlt, dass sich die Hadronen und ihre Antiteilchen vernichten, die dabei entstehende elektromagnetische Strahlung aber nicht mehr energiereich genug ist, um neue Hadron-Antihadron-Paare zu erzeugen. Günstigerweise – die fundamentalen Kräfte behandeln Antiteilchen ein klein wenig anders als Teilchen – haben dabei letztendlich mehr Quarks als Antiquarks überlebt, und diese weiterhin vorhandenen Quarks verbinden sich jetzt zu Teilchen wie Protonen und Neutronen. Wenigstens ein erster Teil an Normalität ist damit hergestellt – in unserer heutigen Umwelt gibt es keine frei laufenden Quarks; alle Quarks befinden sich brav in zusammengesetzten Teilchen wie den Protonen und Neutronen der Atomkerne.

Nach der großen Quark-Antiquark-Vernichtung tanzen jetzt nur noch die Leptonen und ihre Antiteilchen zusammen mit der Strahlung einen fortgesetzten Reigen von Teilchenerzeugung und Teilchenzerstrahlung. Dann ist die Temperatur des Universums auch dafür nicht mehr hoch genug, die Leptonen und ihre jeweiligen Antiteilchen vernichten sich gegenseitig, und aus der dabei freigesetzten elektromagnetischen Strahlung entstehen keine weiteren Lepton-Antilepton-Paare. Wieder überlebt ein kleiner Leptonenüberschuss die Zerstörungsorgie, und das ist gut so. Aus den überlebenden Leptonen und den Protonen und Neutronen, die aus den übrig gebliebenen Quarks entstanden sind, bestehen alle Atome unseres heutigen Universums.

Das Universum ist zu diesem Zeitpunkt ein Plasma aus Protonen, Neutronen und geladenen Leptonen, von Letzteren überwiegend die leichteste Variante, die Elektronen. Die meiste Energie steckt allerdings in der elektromagnetischen Strahlung, die bei den Teilchen-Antiteilchen-Vernichtungen stark zugenommen hat und nach der diese Phase der kosmischen Geschichte daher auch benannt ist: Wir haben die *Strahlungsära* erreicht. Dann kommt es – das Weltalter beträgt gerade mal eine Sekunde, die Temperatur ist auf eine runde Milliarde Grad gefallen – zu einem weiteren Ereignis: Einige der Protonen und Neutronen beginnen, zu leichten Atomkernen zu verschmelzen, nämlich zu den Atomkernen von schwerem Wasserstoff (Deuterium), zu Heliumkernen und auch einigen Lithiumkernen. Ein nukleares Treiben, das ungefähr zur kosmischen Zeit drei Minuten wieder zur Ruhe kommt. Während das Universum weiter expandiert, erreicht seine mittlere Dichte nun die von Wasser, dann die von Luft. Von Luft unterscheidet sich das Plasma, mit dem das Universum angefüllt ist, allerdings ganz gewaltig. Die herkömmliche Materie aus Atomen, die wir aus dem Alltag kennen, würde durch die energiereiche Strahlung sofort in ihre Bestandteile, Elektronen und Atomkerne, zerrissen.

In der gerade beschriebenen Strahlungsära bestimmt vor allem die Dichte der Strahlung, wie sich das Universum weiter ausdehnt, ohne merklichen Beitrag der weit geringeren Dichte der Materieteilchen. Die Vorherrschaft der Strahlung ist allerdings nicht von Dauer, denn durch die Expansion wird die Energie, mit der sie zur Dichte des Universums beiträgt, rascher verdünnt als die Dichte des Gemischs aus Materieteilchen: Bei der Strahlung wie bei der Materie nimmt die Dichte mit wachsender Expansion ab, da sich die gleiche Menge von Strahlung/Materie über ein immer größeres Raumvolumen verteilt. Bei der Strahlung kommt allerdings noch die kosmische Rotverschiebung hinzu, die die

Frequenz der elektromagnetischen Wellen erniedrigt, und das, so ein allgemeines Ergebnis, bedeutet eine Verringerung der Strahlungsenergie. Dieser zusätzliche Beitrag führt dazu, dass die Energiedichte der Strahlung mit der kosmischen Expansion rascher abnimmt als die Dichte der Materie. Nach rund 30 000 Jahren der Expansion hat die Energiedichte denselben Wert wie die Materiedichte, und fortan bestimmt vor allem die Materie den weiteren Expansionsverlauf: Die Strahlungsära geht in die *Materieära* über.

Auch nach diesem Machtwechsel sieht das Universum freilich noch sehr ungewohnt aus. Für einen hypothetischen Beobachter in diesen fernen Zeiten wäre es nach wie vor mit einem Gemisch von Atomkernen, Elektronen und Strahlung angefüllt, die eifrigst miteinander wechselwirken – mal fängt sich ein Atomkern ein Elektron ein, und dabei wird Strahlung frei, dann wieder kommt etwas Strahlung angeflogen, bricht die Bindung auf und wird dabei absorbiert; nicht derselbe Reigen wie bei Teilchen und Antiteilchen, aber immer noch ein gewaltiges Hin und Her, in dem weder Materie noch Strahlung zur Ruhe kommen. So, wie eine Milchglasscheibe das durch sie fallende Licht in alle Richtungen zerstreut und dabei die Bildinformationen, die das Licht über dahinter liegende Objekte tragen mag, bis zur Unkenntlichkeit durcheinander mischt, würde das von hypothetischen fernen Objekten kommende Licht in diesem Chaos elektrisch geladener Kernteilchen, Atomkerne und Elektronen so oft absorbiert und wieder ausgesandt werden, dass alle Bildinformationen unwiederbringlich verloren gegangen wären, lange bevor sie den Beobachter erreicht hätten.

Die Undurchsichtigkeit beginnt sich erst aufzulösen, wenn das Universum das Alter von rund 300 000 Jahren erreicht. Zwar konnten sich auch vorher schon Elektronen und Atomkerne kurzfristig zu Atomen vereinen, doch gab es immer noch genügend Strahlung von so hoher Energie, dass die gerade entstandenen Atome sofort wieder in freie Elektronen und einsame Atomkerne aufgespalten wurden. Das ändert sich, wenn die Temperatur mit zunehmender Expansion rund 10 000 Grad unterschreitet. Die Wärmestrahlung ist dann nicht mehr energiereich genug, um Atome zu spalten, und in dieser Phase der *Rekombination*[4] finden sich nach und nach so gut wie alle Kerne und Elektronen zu Atomen zusammen. Die Wärmestrahlung nimmt von nun an nicht mehr maßgeblich am kosmischen Geschehen teil. Sie begleitet fortan den Verlauf der Geschichte als geisterhafter Hintergrund, der mit der weiteren Expansion kühler und kühler wird.

Mit der Rekombination sind auch die vielen freien elektrischen Ladungen verschwunden. Elektrisch negative Elektronen und elektrisch positive Protonen sind nunmehr Bestandteile der elektrisch neutralen Atome, die vor allem mittels der Schwerkraft miteinander wechselwirken. Schon kurz vor der Rekombinationsphase war es zu geringen, schwerkraftbedingten Verklumpungen gekommen, und diese nehmen nun zu. Wann der Prozess so weit fortgeschritten ist, dass man von der Entstehung der ersten Protogalaxien oder Galaxien reden kann, ist unsicher; am wahrscheinlichsten scheint nach unserem heutigen Wissen eine kosmische Zeit von einigen hundert Millionen Jahren. Danach entwickelt sich das Universum wirklich ungefähr so, wie wir es in unserem ersten einfachen Modelluniversum angenommen haben, als Ensemble nebeneinanderher schwebender Galaxien (oder zumindest Galaxienhaufen).

Der Rest der Geschichte ist rasch erzählt. Im knapp zehn Milliarden Jahre alten Universum entstand ein Stern, unsere Sonne, binnen einer weiteren Milliarde Jahre war auf einem seiner Planeten Leben entstanden, und bei einem Weltalter von rund vierzehn Milliarden Jahren wurden Menschen wie Einstein, Friedman, Lemaître, Hubble, Baade, Robertson, Hoyle, Fowler, Alpher, Gamow geboren, die es in den letzten Millionstel Prozent der hier beschriebenen Zeitspanne fertig brachten, die ganze lange vorangehende Geschichte aufzurollen und uns eine ungefähre Vorstellung davon zu verschaffen, wie das Universum zu dem wurde, was es heute ist.

4 Ein Fachbegriff mit einer für diesen Vorgang unzutreffenden Etymologie, handelt es sich doch um eine erstmalige Kombination.

MODELL UND BEOBACHTUNG

Wer eine bloße Prosafassung der Urknallmodelle liest wie die vorangehende Schilderung, den könnte der Verdacht beschleichen, es handle sich lediglich um eine schöne Geschichte, ein mit physikalischen Fachbegriffen gewürztes Pendant zu Rudyard Kiplings fantasievoll-welterklärenden »Just So Stories«. Das Schöne an Geschichten ist, dass sie so flexibel sind. Kiplings Geschichten liefern durchaus Erklärungen, zum Beispiel für das charakteristische Aussehen des Leoparden: Sein menschlicher Jagdpartner, ein Äthiopier, hat das Fell des Leoparden mit seinen Fingerspitzen betupft. Aber in einer Welt mit gestreiften oder karierten Leoparden hätte Kipling sicher mit ähnlichem Aufwand an Fantasie eine genauso schöne Erklärungsgeschichte geschrieben.

Das Schöne an den Urknallmodellen ist, dass sie weit weniger flexibel sind. Sicher, man muss die Werte von einigen wenigen Parametern bestimmen, um das Modell an die Beobachtungen anzupassen. Aber wenn diese Parameterwahl einmal erfolgt ist, legt die allgemeine Relativitätstheorie im Verein mit Thermodynamik, Elektrodynamik, Kern- und Hochenergiephysik fest, wie sich die Universen der Urknallmodelle zu entwickeln haben.

Die Beobachtungsdaten – vor allem die Art und Weise, wie die Geschwindigkeit der Galaxien mit der Entfernung zunimmt – sagen den Astronomen, dass wir uns in einem Universum mit annähernd kritischer Dichte befinden und dass die Uhr der kosmischen Zeitkoordinate vierzehn Milliarden Jahre anzeigt. Sind diese und einige andere Parameter empirisch bestimmt, folgen aus den Urknallmodellen weitere Vorhersagen über die Eigenschaften des Universums, die sich mit der Beobachtung konfrontieren lassen.

Die erste Vorhersage klingt fast trivial, bietet aber eine Möglichkeit, das kosmische Modell in akuten Erklärungsnotstand zu bringen. Aus den kosmologischen Beobachtungen folgt, dass zwischen dreizehn und vierzehn Milliarden Jahre vergangen sind, seit der heiße Einheitsbrei des frühen Universums begann, sich zu differenzieren und schließlich die ersten Protosterne und Protogalaxien zu formen.

Folglich darf es im Universum kein kosmisches Objekt höheren Alters geben. Jede vom kosmologischen Modell unabhängige Altersabschätzung stellt in dieser Hinsicht einen kleinen Test dar. Aus den Häufigkeiten bestimmter radioaktiver Elemente, die durch die Gesetze des radioaktiven Zerfalls so etwas wie natürliche Uhren darstellen, lässt sich beispielsweise schließen, dass die Entstehung von Elementen in Sternen vor zwölf bis zwanzig Milliarden Jahren eingesetzt hat. Eine andere Art Abschätzung kombiniert Modelle für die Sternentwicklung mit der Beobachtung von so genannten Kugelsternhaufen, die zu den ältesten Objekten unseres Milchstraßensystems zählen, und erhält für die ältesten von ihnen ein Alter von rund zwölf Milliarden Jahren. Ein Modell, das beispielsweise ein Weltalter von acht Milliarden Jahren postuliert, hätte mit Objekten diesen Altersa arge Schwierigkeiten. Die gängigen Urknallmodelle bestehen den Test.

Der systematische Zusammenhang von Abstand und Rotverschiebung bestimmter Galaxien, der sich aus Hubbles Messungen in den zwanziger Jahren ergab, war historisch gesehen keine Vorhersage der Urknallmodelle, sondern eine Beobachtung, durch die überhaupt erst die Konstruktion solcher expandierender Modelle motiviert wurde. Doch sobald die Urknallmodelle einmal entwickelt sind, ergibt sich die Vorhersage, dass auch für weitere Messungen an immer ferneren Galaxien ein direkter Zusammenhang zwischen Abstand und Rotverschiebung bestehen sollte: Diese beiden Größen sollten im Rahmen der Beobachtungsgenauigkeit auf einer einzigen Kurve liegen (wie dem Geradenabschnitt in der Abbildung auf S. 250) und nicht etwa eine große Punktwolke oder eine verzweigte Verteilung aus verschiedenen Kurvenästen bilden. Eine weitere Vorhersage, die sich bestätigt hat, bis hin zu Entfernungen, von denen Hubble nur träumen konnte.

Die Expansion macht sich noch an anderer Stelle bemerkbar, und zwar bei den Gravitationslinsen, die ich im Kapitel 6 beschrieben habe. Wie Lichtquelle, Linsenmasse und wir als Beobachter relativ zueinander angeordnet sind, lässt sich bestimmen, wenn man das Erscheinungsbild des Linsenphänomens auswertet: Wie viele Bilder sehen wir, wie sind sie angeordnet und verzerrt? Im Allgemeinen wird sich dabei ergeben, dass die Wege, auf denen uns das Licht der verschiedenen Bilder erreicht, unterschiedlich lang sind. Das deutet sich schon in der Abbildung auf Seite 160 an: Wählt man sich dort einen Schnittpunkt zweier der eingezeichneten Lichtstrahlen aus (ein Ort, an dem der Beobachter entlang jedem der beiden Strahlen ein Bild der Lichtquelle sehen kann), dann sind die zwei Lichtwege, die von dort zur Lichtquelle zurückführen, in der Regel verschieden lang. Der Unterschied wirkt sich aus, wenn sich die Helligkeit der Lichtquelle mit der Zeit ändert. Sendet die Quelle beispielsweise einen kurzen Lichtblitz aus, dann erreicht uns der Teil des Blitzlichts, der den kürzeren der beiden Wege entlangläuft, etwas eher als der Teil, der den längeren Weg nimmt. Im einen Bild des Quellobjekts ist der Blitz damit etwas früher zu sehen, im zweiten etwas später. Anhand von Helligkeitsfluktuationen, deren kompliziertes Muster sich erst bei einem Bild zeigt und etwas später bei einem anderen Bild genauso wiederholt, haben Astronomen tatsächlich für einige Gravitationslinsen solche Zeitverzögerungen messen können. Aller-

dings ergeben diese sich bei genauerer Betrachtung nicht nur aus der Linsengeometrie. Das Licht einer Gravitationslinse, das von einer fernen Galaxie losläuft, an einer anderen Galaxie abgelenkt wird und uns schließlich erreicht, ist so lange unterwegs, dass sich das Universum während dieser Zeit merklich ausdehnt. Kombiniert man die Rekonstruktion der Linsenanordnung mit Messungen der Zeitverzögerung, lässt sich daraus die Expansionsrate des Universums berechnen. Dabei sollte sich, wenn denn die Urknallmodelle richtig sind, der gleiche Wert für die Expansionsrate ergeben wie aus den anderen kosmologischen Beobachtungen, und das ist tatsächlich der Fall.

Weitere Vorhersagen der Urknallmodelle betreffen die Häufigkeitsverteilung unterschiedlich weit entfernter Objekte am Himmel. Ein fast alltägliches Beispiel zeigt, worum es geht. Nehmen wir als zweidimensionales Analogon zum Kosmos einen Strand, auf dem außer dem Beobachter auf seinem Handtuch noch Hunderte anderer Sonnenanbeter liegen, unsystematisch, kreuz und quer und im Mittel gleichmäßig über die Strandfläche verteilt wie in diesem Bild aus der Vogelperspektive:

Die ebenfalls sichtbaren dunkleren und helleren konzentrischen Ringe im Sand sind Vorboten der Beobachtungen, die der im Zentrum auf einem rotweiß gestreiften Handtuch liegende Tourist anstellt – eine Übung in beobachtender Touristonomie: Dieser Beobachter versucht festzustellen, wie die im Sonnenlicht badenden Strandbesucher um ihn herum verteilt sind. Dazu zählt er ab, wie viele Touristen sich ungefähr in zwei Meter Abstand von ihm befinden (sprich: im innersten der eingezeichneten Ringe), wie viele in ungefähr vier Meter Abstand (zweiter Ring), in sechs Meter Abstand und so weiter.[5] Das sind unsere Beobachtungsdaten.

Außerdem können wir eine theoretische Vorhersage treffen. Die Flächendichte der Sonnenanbeter am Strand ist im Mittel konstant. Auf einen Touristen kommen ziemlich genau fünf Quadratmeter Strand, umgekehrt ausgedrückt: die Dichte beträgt 1/5 Sonnenanbeter pro Quadratmeter. Die Fläche einer gegebenen Entfernungszone lässt sich ebenso leicht errechnen. Sie ist gleich dem Umfang des Kreises, um den herum die Zone definiert ist, mal der Breite des Zonenstreifens, beispielsweise für den zweiten Ring, die Entfernungszone »vier Meter«, der Umfang eines Kreises von vier Metern mal die zwei Meter Streifenbreite. Fläche mal Flächendichte ergibt die Anzahl der Strandbesucher in der Entfernungszone. Da der Kreisumfang proportional zur Entfernung zunimmt, wird auch die Fläche der äußeren Entfernungszonen immer größer und damit die Anzahl der in der jeweiligen Zone liegenden Touristen.

Die folgende Grafik zeigt die theoretische Vorhersage (durchgezogene Gerade) im Vergleich mit den Datenpunkten für die eingezeichneten Entfernungszonen, die darstellen, wie viele Touristen wir in jeder Zone tatsächlich gezählt haben (schwarze Punkte):

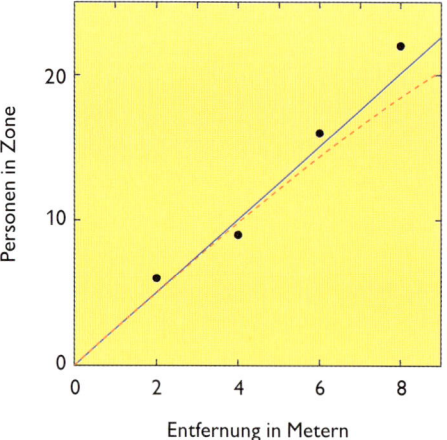

Die Übereinstimmung ist nicht nur augenfällig, sondern hält auch einer strengeren mathematischen Prüfung stand. Die einzigen Annahmen, die in unsere Modellüberlegungen zur theoretischen Vorhersage eingehen, sind die konstante Dichte und, bei genauerem Hinsehen, die Geometrie des Raums, denn schließlich müssen wir bei der Berechnung der Entfernungszonenfläche den Ausdruck Kreisumfang = $2 \cdot \pi \cdot$ Kreisradius verwenden. Für einen Strandabschnitt, der auf einem Hügel liegt, hätte diese Formel nicht gegolten – dort ist, wie wir in Kapitel 5 gesehen haben, der Umfang eines Kreises kleiner als $2 \cdot \pi \cdot$ Kreisradius. Entscheidend ist, dass wir diesen Umstand bei der Auszählung unserer Häufigkeitsverteilung bemerken können: Die Datenpunkte lägen dann bei größeren Abständen unterhalb der Vorhersage für einen flachen Strand. Ein Beispiel dafür ist in der obigen Abbildung als durchbrochene Linie eingezeichnet: die Häufigkeitsverteilung, die zu erwarten wäre, säße unser Beobachter mitten auf einem Hügel mit zwanzig Metern Durchmesser und einer Höhe von sechs Metern, wie er hier im Querschnitt gezeichnet ist.[6]

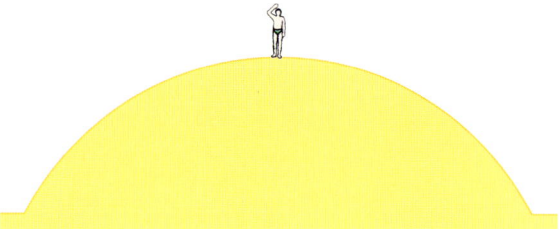

5 Genauer: Jeder Tourist, der mehr als halb in die jeweilige Entfernungszone hineinragt, wird mitgezählt.
6 Die Oberfläche des Hügels ist ein Ausschnitt aus der Oberfläche einer Kugel mit 11,3 Metern Radius.

In der Strandsituation sind es nur einige wenige Datenpunkte, und die Aussagekraft ist entsprechend begrenzt. Unser Beobachter kann zwar anhand seiner Beobachtungsdaten den hier als Beispiel gewählten Hügel ausschließen, doch er tut sich recht schwer, zwischen einem deutlich niedrigeren Hügel und dem flachen Strand zu differenzieren. Wichtig ist aber die Grundaussage: Aus Häufigkeitsverteilungen lassen sich Rückschlüsse auf die Geometrie ziehen!

Damit können wir den Bogen zurück zur beobachtenden Astronomie schlagen. Dort haben wir es mit einer Dimension mehr zu tun – die Häufigkeitsverteilung betrifft Objekte, die im dreidimensionalen Raum unterschiedlich weit von uns entfernt sind. Das Prinzip ist dasselbe, selbst wenn die Entfernungszonen hier keine Kreisstreifen, sondern leicht verbreiterte Kugelschalen sind – die Häufigkeitsverteilung in den Schalen gibt Aufschluss über die Geometrie des Raums. Allerdings wird die Lage etwas komplizierter, da das Universum ja zeitlich veränderlich ist und sich beständig ausdehnt. Noch einmal sei daran erinnert, dass aufgrund der endlichen Lichtgeschwindigkeit ein Blick in die Ferne immer ein Blick in die Vergangenheit ist. Das Licht, das uns jetzt gerade von der drei Millionen Lichtjahre entfernten Andromeda-Galaxie erreicht, ist drei Millionen Jahre von dort zu uns gelaufen und zeigt uns die Galaxie daher so, wie sie vor drei Millionen Jahren aussah. Auch dieser Effekt beeinflusst die zu erwartende Häufigkeitsverteilung: In einer fernen Entfernungszone sehen wir das Universum in einem längst vergangenen Zustand. Da das Universum expandiert, bedeutet das vor allem: In dieser Zone in der Vergangenheit war die Galaxiendichte höher als jetzt. Diese höhere Galaxiendichte beeinflusst natürlich unser Zählergebnis – wir finden in der betreffenden Zone etwas mehr Galaxien, als ohne Expansion zu erwarten wäre.

Sind die Parameter eines Moduluniversums einmal festgelegt, so ergeben sich konkrete Vorhersagen für dreidimensionale Geometrie und Expansionsentwicklung, und daraus lassen sich prüfbare Angaben für die Häufigkeitsverteilung ferner Objekte ableiten. Es ist sinnvoll, diese Vorhersagen so umzuformulieren, dass sie direkt beobachtbare Größen betreffen und etwa aussagen, bei astronomischen Beobachtungen seien in der und der Region soundso viele Galaxien einer bestimmten Rotverschiebung oder einer bestimmten scheinbaren Helligkeit zu erwarten. Bei dieser Umformulierung sitzen noch etliche Teufel im praktischen Detail, doch auch bei Berücksichtigung aller Unsicherheiten ergeben sich im Vergleich von Beobachtungsdaten und Vorhersage einige weitere Tests, die das für unser Universum gültige Urknallmodell mit fliegenden Fahnen besteht.

Die Gravitationswellenastronomie könnte diesen Häufigkeitstests weitere Variationen hinzufügen. Wichtiges Werkzeug ist das auf Seite 209f. erwähnte charakteristische Zirpen, das der Verschmelzung kompakter Objekte vorausgeht und eine Abschätzung ermöglicht, wie stark die Gravitationswellen sind, die bei der Verschmelzung freigesetzt werden, so dass sich durch den Vergleich mit dem, was davon bei uns auf der Erde ankommt, der Abstand zum Verschmelzungsereignis bestimmen lässt.

In diesem Zusammenhang ergibt sich auch eine potenzielle kosmologische Anwendung der Gravitationswellenastronomie. Wenn die Rotverschiebung jenen kosmologischen Ursprung hat, den wir oben anhand des Raumzeitdiagramms gesehen haben, dann sollte sie für beliebige Signale gelten – auch für die Gravitationswellen, die uns von fernen Objekten erreichen, und insbesondere für die Signale einer sehr vielversprechenden Klasse von Gravitationswellenquellen verschmelzenden Neutronensternen. Das charakteristische Zirpen, bei dem die Frequenz der Gravitationswelle kurz vor der Verschmelzung höher wird, hängt von den Massen der verschmelzenden Objekte ab, die bei Neutronensternen in recht engen Grenzen liegen, bei rund 1,4 Sonnenmassen. Zum anderen unterliegt das Zirpsignal, das aus der Ferne zu uns dringt, der expansionsbedingten kosmologischen Rotverschiebung: Je größer diese ist, umso »tiefer klingt« der »Chirp« einer Verschmelzung. Andererseits hängt die Stärke des Gravitationswellensignals, das wir auf der Erde empfangen, von der Entfernung ab, in der die Verschmelzung stattfindet: Je größer die Distanz, umso schwächer das Signal. Eine statistische Auswertung der Gravitationswellensignale vieler Verschmelzungsereignisse verspricht einen unabhängigen Test des kosmologischen Ursprungs der Rotverschiebung und eine weitere Möglichkeit, die Expansionsrate unseres Universums zu messen.

Das aber ist Zukunftsmusik – viel wichtiger ist, dass Testmöglichkeiten existieren, die sich aus der Physik der heißen Phase unseres Universums ergeben und mit deren Hilfe man den Urknallmodellen bereits anhand heutiger Beobachtungsdaten auf den Zahn fühlen kann. Sind die Modellparameter nämlich erst einmal gewählt, so lässt sich zurückrechnen, wie das Weltall vor sehr langer Zeit aussah, etwa um die erste Sekunde kosmischer Zeit herum. Wie schon kurz erwähnt, ist dies die Zeit, in der günstige Bedingungen für die Verschmelzung von Protonen und Neutronen zu leichten Atomkernen herrschen. *Wie* günstig sie sind (und wie lange sie es bleiben) und wie viele leichte Atomkerne der verschiedenen Sorten sich daher in dieser Frühphase bilden, hängt im Wesentlichen von einem einzigen zusätzlichen Parameter ab – der Dichte der Kernteilchen (Protonen und Neutronen) in jener Phase des Universums. Aus dem Wert dieses einen Parameters ergeben sich vier Vorhersagen, nämlich die Häufigkeit der Kernarten schwerer Wasserstoff (bestehend aus einem Proton und einem Neutron), Helium-3 (zwei Protonen, ein Neutron), Helium-4 (zwei von jeder Sorte) und Lithium-7 (drei Protonen, vier Neutronen). Anschließend kann man sich daranmachen, die Häufigkeit der betreffenden Elemente im beobachtbaren Universum zu messen. Ehe man daraus eine Aussage über die Häufigkeitsverhältnisse im frühen Universum ableiten kann, muss man freilich zunächst abschätzen, ein wie großer Anteil der im Weltall beobachteten Häufigkeit der jeweiligen Atomkerne auf Kernreaktionen in Sternen zurückgeht. Ist dieser Beitrag berücksichtigt, kann man Messwerte und Vorhersagen vergleichen. Einen dieser Vergleiche muss man benutzen, um den Wert des noch unbestimmten freien Parameters abzuleiten, die Kernteilchendichte im frühen Universum. Für die verbleibenden drei Ele-

menthäufigkeiten ist der Vergleich mit der Beobachtung ein Test der Urknallmodelle – bei dem diese ganz vorzüglich abschneiden.

Eine prinzipielle Vorhersage zur Entwicklung des Universums, wie ich sie oben nacherzählt habe, ergibt sich aus der Rekombinationsphase. Zu jenem Zeitpunkt war, wie schon erwähnt, die Dichte der elektromagnetischen Strahlung, die das All in der Strahlungsära dominiert hatte, durch die Ausdehnung so weit abgesunken, dass diese Strahlung fortan kaum noch mit der Materie wechselwirkte, sondern ohne besonderen Einfluss auf das kosmische Geschehen weiter abkühlte. Auch im heutigen Universum sollte sie als eine Art elektromagnetischer Nachhall der stürmischen Vergangenheit des Alls nachweisbar sein. Das sagten Ralph Alpher und Robert Herman bereits 1948 voraus und machten darüber hinaus konkrete Angaben über die Eigenschaften dieser Hintergrundstrahlung: Ihre Spektralverteilung – die Aufteilung der Energie auf die einzelnen Frequenzen – sollte die einer Wärmestrahlung sein und dementsprechend dem so genannten Planckschen Strahlungsgesetz folgen. So gehört es sich für elektromagnetische Strahlung, die sich, bis ihr Geschick sich von dem der Materie löste, im Wärmegleichgewicht mit einem heißen Materiegemisch befand. Die Plancksche Spektralverteilung hängt lediglich von einem einzigen Parameter ab, einer charakteristischen Temperatur. Bei den im vorigen Absatz erwähnten Untersuchungen lassen sich sowohl die kosmische Zeit als auch die Temperatur der Elemententstehung bestimmen. Davon ausgehend kann man abschätzen, welche Temperatur die Hintergrundstrahlung, die in der Zwischenzeit mit der Expansion des Universums gewaltig abgekühlt ist, heutzutage haben sollte. Alpher und Herman kamen auf eine Temperatur von nur rund fünf Grad über dem absoluten Nullpunkt (entsprechend minus 268 Grad Celsius).

Sechzehn Jahre später, im Jahre 1964, wurde die Hintergrundstrahlung erstmals per Radioantenne nachgewiesen. Dabei hatten die beiden bei den Bell-Laboratorien beschäftigten Radioastronomen Arno Penzias und Robert Wilson gar nicht gezielt danach gesucht. Im Gegenteil, sie hatten noch nie von dieser Vorhersage der Urknallmodelle gehört und etwas ganz anderes vorgehabt: Wer radioastronomische Beobachtungen anstellt, sollte wissen, welcher Anteil der empfangenen Radiostrahlung auf das beobachtete Objekt zurückgeht und welcher Anteil durch Einflüsse wie etwa die Strahlung der Erdatmosphäre, aber auch mögliche Störquellen am Beobachtungsinstrument selbst, zustande kommt. Diese zusätzlichen Einflüsse hatten Penzias und Wilson genau klären wollen. Sie stießen dabei auf eine rätselhafte Reststrahlung, die bestehen blieb, selbst wenn alle bekannten Strahlungsbeiträge berücksichtigt wurden, und die einer Wärmestrahlung der charakteristischen Temperatur drei Kelvin entsprach. Erst über einen Kollegen erfuhren die beiden vom möglichen kosmologischen Ursprung dieser Strahlung, und sie veröffentlichten ihre Messergebnisse. Vierzehn Jahre später erhielten sie dafür den Physik-Nobelpreis.

Seit den ersten Messungen haben zunächst erdgebundene Radioteleskope, später vor allem der Satellit Cosmic Background Explorer (COBE), die ballongestützten Beobachtungen von MAXIMA und BOOMERANG und jüngst die Wilkinson Microwave Anisotropy Probe (WMAP) die Hintergrundstrahlung mit immer größerer Genauigkeit vermessen und ihre Wärmestrahlungseigenschaften mit beachtlicher Präzision bestätigt. Die neuesten Werte entsprechen einer charakteristischen Temperatur des kosmischen Hintergrunds von 2,73 Grad über dem absoluten Nullpunkt.

Die Hintergrundstrahlung ist beeindruckend isotrop – schauen wir in verschiedene Richtungen und messen die Temperatur der Hintergrundstrahlung, die uns aus den betreffenden Regionen der Himmelskugel erreicht, dann erhalten wir jedes Mal den gleichen Wert. Das zeigt uns deutlicher als alle anderen Beobachtungen, dass das Universum, wie wir es in unseren Modellen vorausgesetzt haben, äußerst homogen und isotrop ist – wären einige Regionen im frühen Universum dichter und heißer gewesen, so hätte dies auch die Hintergrundstrahlung beeinflusst, und wir müssten darin deutliche Temperaturunterschiede messen können. Winzige

Temperaturfluktuationen weist die Hintergrundstrahlung freilich schon auf – hier eine Region am Himmel, die ein zehntausendstel Grad heißer, dort eine, wo die Strahlung ein hunderttausendstel Grad kälter ist, und so weiter. Die folgende Abbildung zeigt diese Fluktuationen, aufgenommen mit dem satellitengestützten Mikrowellenteleskop WMAP.[7]

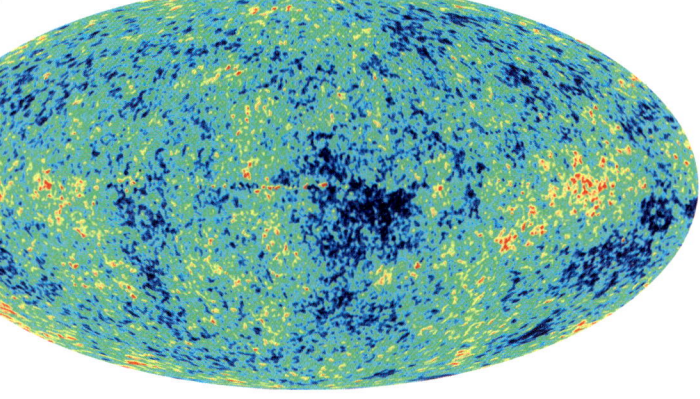

Das Bild zeigt die gesamte Himmelskugel von innen, in ein Oval projiziert wie die Oberfläche der Erde auf eine Weltkarte. Die verschiedenen Farben stehen für verschiedene Temperaturen: Kühlere Abweichungen von der türkisen Durchschnittstemperatur erscheinen in Blau, wärmere Regionen in Gelb oder gar Rot. Dass bei genereller Isotropie trotzdem kleine Fluktuationen existieren, ist nicht etwa ein Ärgernis, sondern sogar ein großer Vorteil. Irgendwie müssen die Kosmologen schließlich erklären, wie sich aus einem durchgehend homogenen Universum schließlich jene Materieballungen wie Galaxien und Galaxienhaufen entwickelt haben. Die Temperaturfluktuationen sind so etwas wie die frühesten Spuren all derjenigen Strukturen, die wir in unserer näheren kosmischen Umgebung beobachten. Besonders interessant sind sie, weil sie zudem Spuren

7 Zwei Störeinflüsse sind dabei bereits herausgerechnet: erstens die Abstrahlung unserer Milchstraße im Mikrowellenbereich, die sich der Hintergrundstrahlung in der Rohfassung der hier gezeigten Aufnahme wie ein unregelmäßiges, waagerechtes, leuchtendes Band überlagert, zweitens eine Doppler-Verschiebung aufgrund des Umstandes, dass sich die Sonde (ebenso wie die Erde, die Milchstraße und unsere kosmische Nachbarschaft) relativ zum kosmologischen Koordinatensystem und damit relativ zur Hintergrundstrahlung mit einigen hundert Kilometern pro Sekunde bewegt.

vieler interessanter Phänomene aus dem frühen Kosmos tragen.

Die Fluktuationen haben noch eine weitere wichtige Eigenschaft. Je nachdem, ob die Raumgeometrie flach, sattelförmig oder kugelartig ist, sind Lichtstrahlen, die uns aus verschiedenen Himmelsregionen erreichen, gerade, etwas auseinander oder etwas aufeinander zu gebogen, wie die Seiten der Dreiecke in der Abbildung auf Seite 245. Das Fluktuationsbild erscheint uns entsprechend wie durch eine Glasscheibe, durch eine Zerstreuungslinse oder eine bündelnde Linse betrachtet und erlaubt direkte Rückschlüsse auf die Geometrie des Raums. Die Beobachtungen von WMAP liefern in dieser Weise die bislang überzeugendsten Hinweise, dass unser Kosmos tatsächlich flach ist, entsprechend einer Materiedichte, die gerade beim kritischen Wert liegt.

Ein Verwandter der kosmischen Hintergrundstrahlung ist der kosmische Neutrinohintergrund – eine Suppe der leichten, elektrisch neutralen Verwandten der Elektronen, die wir in Kapitel 8 kennen gelernt haben und die bereits bei einer Sekunde kosmischer Zeit aufgehört haben sollte, mit dem Rest des Universums zu interagieren. Zwar liegt ihr direkter Nachweis weit jenseits der heutigen experimentellen Möglichkeiten, doch seine bloße Existenz hat zu einer erfolgreichen Vorhersage geführt: Gäbe es zu viele verschiedene Sorten von Neutrinos, dann hätte der Einfluss des Neutrinohintergrundes auf die Raumexpansion die bereits beschriebene Entstehung der leichten Elemente empfindlich gestört. Die Kosmologen konnten daher schon in den siebziger Jahren vorhersagen, dass es allerhöchstens vier verschiedene Sorten von Neutrinos geben konnte – die Teilchenphysiker bestätigten das in den neunziger Jahren, als Messungen am Teilchenbeschleuniger LEP die Zahl der Neutrinosorten auf drei festlegten.

Galaktische Volkszählungen, Rotverschiebungsmessungen, Elemententstehung, Hintergrundstrahlung: Die Grundzüge der Urknallmodelle sind damit gut abgesichert. Bedenkt man, dass diese Modelle Aussagen über das gesamte uns bekannte Universum machen, ist es recht beeindruckend, dass sich ihre Vorhersagen überhaupt so rigoros überprüfen

lassen. Allerdings ist das noch nicht das Ende der Reise. Auch die moderne Kosmologie hat im wahrsten Sinne des Wortes dunkle Ecken, in denen sehr grundlegende offene Fragen lauern.

DUNKLE MATERIE

Die erste dunkle Ecke betrifft die Materie, die unser Universum bevölkert. Gilt für das beobachtbare Weltall der Slogan »What you see is what you get«? Ist das, was wir in Form von Sternen, Nebeln, Galaxien, leuchtendem Staub und Gasen sehen, im Wesentlichen auch schon alles, was dort draußen an Materie herumfliegt?

Die ersten Anzeichen für ein Nein ergaben sich bereits von den dreißiger Jahren an aus Untersuchungen des Astronomen Fritz Zwicky, die einmal mehr ausnutzten, dass sich aus der Bahnbewegung von Körpern im gegenseitigen Gravitationsfeld auf ihre Massen schließen lässt. Zwicky wandte dieses Verfahren auf ganze Galaxien an, Teile riesiger Galaxienhaufen. Für solche Galaxien kann man zum einen aufgrund ihrer Bewegung ihre Gesamtmasse bestimmen, zum anderen durch Messungen ihrer Helligkeit abschätzen, wie viel dieser Masse in ihren leuchtenden Sternen enthalten ist – die wichtigsten Zusammenhänge zwischen Masse und Leuchtkraft eines Sterns sind bekannt. Später, als Röntgenteleskope den Blick auf die heißen inner- und intergalaktischen Gase ermöglichten, konnten die Astronomen auch diese zusätzliche leuchtende Materie verbuchen, doch selbst dann kommt man zu einem überraschenden Ergebnis: Die über Helligkeitsmessungen erschlossene Masse beträgt nur fünfzehn Prozent der aus der Galaxienbewegung im Galaxienhaufen abgeleiteten Masse! Anders ausgedrückt: fünfundachtzig Prozent der Galaxienmasse liegt in Form von *dunkler Materie* vor, Materie, die sich der Wahrnehmung auf allen messbaren Frequenzen entzieht.

In dieselbe Richtung weisen seit den siebziger Jahren Untersuchungen, die die kinematische Massenbestimmung – den Schluss von der Umlaufbahn auf die Masse – auf Sterne anwenden, die sich in einem bestimmten Typ von Galaxien finden, den so genannten Spiralgalaxien. Als Beispiel zeigt die folgende Abbildung den Spiralnebel NGC 3949 im Sternbild Großer Bär, aufgenommen mit dem Hubble-Weltraumteleskop:

In Spiralgalaxien laufen Milliarden und Abermilliarden Sterne in trauter Eintracht um ein gemeinsames galaktisches Zentrum. Näherungsweise ist die Galaxie ein abgeflachtes Ellipsoid aus Sternen und Gas, unter Massen- und Geschwindigkeitsverhältnissen, bei denen sich Sternbewegungen völlig hinreichend mit Hilfe der klassischen, vorrelativistischen Mechanik beschreiben lassen. Ihr zufolge hängt die Umlaufbahn eines Sterns in solch einer Situation lediglich von den innerhalb seiner Bahn befindlichen Massen ab, während die Gravitationseinflüsse der äußeren Massen sich gegenseitig aufheben. Die folgende Skizze zeigt das Geschehen von oben: Die Bewegung des eingezeichneten Sterns wird von den Massen im grünen Bereich beeinflusst, nicht aber von denen im roten:

Wenn man die Bahndaten einer großen Anzahl von Sternen bestimmen könnte, die vom galaktischen Zentrum unterschiedlich weit entfernt sind, ließe sich damit sehr genau berechnen, wie die Masse innerhalb der Galaxie verteilt ist. In Wirklichkeit kann man zwar nicht die kompletten Bahndaten bestimmen, wohl aber die so genannte *Rotationskurve* – die Bahngeschwindigkeit ihrer Sterne in Abhängigkeit von deren Abstand vom Zentrum. Über die Bahngeschwindigkeiten geben Beobachtungen der Doppler-Verschiebungen des Sternenlichts Aufschluss. Wertet man solche Rotationskurven aus, so zeigt sich allerdings keineswegs das Bild, das man hätte erwarten können, nämlich dass in Bereichen der Galaxie, in denen mehr leuchtende Sterne zu sehen sind, auch eine größere Masse konzentriert ist. Stattdessen deuten die Messungen auf eine Art dunklen Halo hin, der nicht durch sein Leuchten, aber durch seine Massenwirkung nachgewiesen werden kann und der einen beachtlichen Anteil an der Gesamtmasse der Galaxie besitzt.

Eine sehr moderne Technik, die Verteilung der dunklen Materie sichtbar zu machen, beruht direkt auf einem Effekt der allgemeinen Relativitätstheorie. Wir haben in Kapitel 6 die Lichtablenkung im Schwerefeld und den daraus folgenden Gravitationslinseneffekt kennen gelernt, und ich habe erwähnt, dass die genaue Beobachtung solcher Gravitationslinsen Rückschlüsse auf die Verteilung der Masse erlaubt, die dort als Linse wirkt. Eine Gruppe von Astronomen aus Europa und den USA hat diesen Effekt im großen Stil ausgenutzt, um ein Bild von der Verteilung der dunklen Materie im Galaxienhaufen Cl0024+1654 zu erhalten. Das Licht dieses Haufens hat vier Milliarden Jahre benötigt, um uns zu erreichen, und der Haufen befindet sich im Sternbild Fische, wo er etwa so viel Platz am Nachthimmel einnimmt wie der Vollmond. Mit Hilfe des Hubble-Weltraumteleskops (und hoch entwickelter Bildverarbeitungsprogramme) konnten die Astronomen auf rund 7000 Aufnahmen Galaxien identifizieren, die in großer Entfernung *hinter* dem Haufen liegen und von denen wir aufgrund der lichtablenkenden Wirkung der Materie in Cl0024+1654 jeweils mehrere verschiedene verzerrte Bilder sehen. Verfüttert man diese Verzerrungsdaten an ein entsprechendes Computerprogramm, kann man ein Modell für die Dichteverteilung der lichtablenkenden Materie innerhalb des Galaxienhaufens konstruieren, das die beobachteten Gravitationslinseneffekte gut reproduziert. Berücksichtigt man die leuchtende Materie des Haufens, so erhält man eine recht genaue Abschätzung für die Verteilung der dunklen Materie. Diese Abschätzung ist in der folgenden Abbildung dargestellt – die orangen Lichtpunkte entstammen einer

Vergleichsaufnahme im infrarotnahen optischen Bereich, aufgenommen mit dem Canada-France-Hawaii Telescope auf dem Berg Mauna Kea/Hawaii, und in Blau bis Weiß ist die aus den Linseneffekten erschlossene Dichteverteilung der (in jedem wirklichen Foto unsichtbaren) dunklen Materie im Galaxienhaufen aufgetragen, je heller, desto dichter.

Deutlich erkennbar ist, wie sich die dunkle Materie im Haufenzentrum konzentriert, dort, wo auch die meisten leuchtenden Galaxien sitzen. Das entspricht der galaxiengebundenen dunklen Mate-

rie, auf die auch die in den vorigen Abschnitten erwähnten Massenvergleiche hinwiesen. Zusätzlich zeigt das Bild auch zwischen den Galaxien des Haufens dunkle Materie, die wie eine Art Kitt hilft, den Haufen zusammenzuhalten.

So weit, so gut – ein Großteil der in Galaxien und Galaxienhaufen enthaltenen Materie bleibt den Teleskopen verborgen. Zum Teil mag das einfach daran liegen, dass wir es mit herkömmlicher Materie zu tun haben, die lediglich in schwer nachweisbarer Form vorliegt. Neutronensterne, von denen uns kein Pulsarstrahl trifft, Schwarze Löcher, Weiße Zwerge oder auch Braune Zwerge, bei denen nicht genügend Masse zusammengekommen ist, um ein Sternenfeuer zu zünden, auf Englisch zusammengefasst MACHOs oder »Massive Compact Halo Objects«, zu Deutsch etwa: massive, kompakte Objekte in den Außenbereichen von Galaxien.

Aber das kann nicht alles sein. Die Angelegenheit wird noch weit rätselhafter, insbesondere dann, wenn kosmologische Überlegungen hinzukommen. Für die Massen von Sternen, Planeten, Menschen und all den Dingen, die wir im Alltag um uns herum finden können, sind die Protonen und Neutronen der Atomkerne verantwortlich. (Die Massen der Elektronen sind so klein, dass man sie vernachlässigen kann.) Ein großer Teil der dunklen Materie dagegen scheint nicht aus solchen herkömmlichen Kernteilchen zu bestehen, sondern aus andersartiger Materie, die weder Licht aussendet noch sonderlich in anderer Weise mit Kernteilchen wechselwirkt. Beispielsweise ist die Nicht-Kernmaterie ein nötiger Bestandteil der Modellrechnungen, mit denen Kosmologen nachvollziehen wollen, wie sich aus dem homogenen frühen Universum die Strukturen gebildet haben, die wir sehen. Ohne die zusätzliche Materiesorte, so die Ergebnisse, sähe die Verteilung der Galaxien und Galaxienhaufen um uns herum deutlich anders aus, als es die Astronomen beobachten.

Worum handelt es sich aber dann, wenn nicht um herkömmliche Kernmaterie besteht? Es gibt eine Reihe von Kandidaten, einige mehr, einige weniger exotisch; einige wahrscheinlicher, einige sehr unwahrscheinlich, und es gibt eine Reihe von Eigen-

schaften, die dunkle Materie erfüllen muss, um die astronomischen Beobachtungen zufrieden stellend erklären zu können, aber eine letztgültige Antwort auf die Frage, wie dunkle Materie beschaffen ist, kann die heutige Astrophysik noch nicht bieten.

So bleibt die ernüchternde Erkenntnis, dass uns rund 85 Prozent der Materie, aus der das Universum besteht, bislang noch ein Rätsel ist. Aber damit ist das Ausmaß unseres Unwissens über die Massen und Energien, die unser Universum enthält, noch längst nicht abgesteckt.

DIE RÜCKKEHR DER ESELEI

Der Fachartikel, in dem Einstein 1917 erstmals zeigte, wie sich seine allgemeine Relativitätstheorie nutzen lässt, um kosmologische Modelle zu entwickeln, stellt eine große Leistung, andererseits aber auch eine verpasste Chance dar. Einstein schuf darin ein Modelluniversum konstanter Dichte, bei dem der Raum grenzenlos, aber nur von endlicher Ausdehnung war – wie das dreidimensionale Analogon einer zweidimensionalen Kugeloberfläche. Andererseits merkte er, dass er im Rahmen seiner allgemeinen Relativitätstheorie das Modell, das ihm vorschwebte, gar nicht konstruieren konnte. Einstein war bei seinen Überlegungen ganz selbstverständlich davon ausgegangen, dass das Universum im Großen und Ganzen zeitunabhängig und unveränderlich sei – eine Vorstellung, die er mit der überwältigenden Mehrzahl der Physiker seiner und früherer Zeit teilte. Doch solch ein Universum ließ sich mit den Feldgleichungen seiner Theorie nicht vereinbaren. Freilich fand er einen Ausweg. Ihm fiel auf, dass sich die Gleichungen, die die Raumzeitgeometrie mit den Eigenschaften der Materie verknüpfen, wie wir sie im Kapitel 5 als Einstein-Gleichungen kennen gelernt haben, in ganz bestimmter Weise erweitern lassen: Auf der linken, rein geometrischen Seite der Einstein-Gleichungen lässt sich ein Ausdruck hinzufügen, der einen freien Parameter enthält, eine *kosmologische Konstante*, die den Einfluss des neuen Ausdrucks auf den Rest der Gleichung festlegt. Die neue Version hat recht vorteilhafte Eigenschaften. Erstens verträgt sie sich mit den physikalischen und mathematischen Grundannahmen, von denen sich Einstein bei der Formulierung seiner ursprünglichen Feldgleichungen hatte leiten lassen. Insofern ist es bis zu einem gewissen Grad historischer Zufall, dass er die erweiterte Form seiner Gleichungen erst nachträglich beim Nachdenken über kosmologische Zusammenhänge fand. Zweitens bleiben die erfolgreichen Vorhersagen der Theorie für die Gravitation auf der Erde, im Sonnensystem und beträchtlich darüber hinaus unverändert – zumindest, solange man nicht einen extrem großen (positiven) oder extrem kleinen (negativen) Wert für die kosmologische Konstante wählt. Die Abweichungen der herkömmlichen von der erweiterten Version zeigen sich aber deutlich bei der großräumigen Dynamik des Universums.

Man kann den neu hinzugefügten Ausdruck, der die kosmologische Konstante enthält, noch etwas anders interpretieren. Anstatt der neuen Version der Einstein-Gleichungen, die verkürzt »Krümmung + kosmologische Konstante = Energie/ Impuls« lautet, könnte man durch Hinüberbringen der kosmologischen Konstante auf die rechte Seite eine Gleichung »Krümmung = (Energie/Impuls – kosmologische Konstante)« erhalten und den Ausdruck in Klammern insgesamt als die Energie, die Masse und den Druck betrachten, welche die Krümmung der Raumzeit hervorrufen – wobei im Vergleich zur normalen Materie ein zusätzlicher Beitrag an Energie und Druck hinzukäme. Die Einstein-Gleichungen behielten dann ihre ursprüngliche Form »Krümmung = Energie/Impuls«, und der Beitrag der kosmologischen Konstante ließe sich als eine neue Art der Energie ansehen, die den Kosmos erfüllt und die im heutigen Sprachgebrauch *dunkle Energie* heißt. Die so definierte dunkle Energie hätte freilich sehr merkwürdige Eigenschaften. Sie wäre eine Energie, die bereits dem leeren Raum innewohnt, eine Art Vakuumenergie, und ginge mit einem Druck einher, der je nach Vorzeichen der kosmologischen Konstante bestrebt wäre, den Raum zusammenzuziehen oder aber auszudehnen. Übliche Materie verdünnt sich bei der Raumexpansion – wenn ein Kubikmeter Raum, in dem zwölf Atome

verteilt sind, zu zwei Kubikmetern expandiert, dann sind anschließend für jeden Kubikmeter nur noch sechs Atome vorhanden, und die Dichte hätte abgenommen. Nicht so mit der dunklen Energie: Wenn mit einem Kubikmeter Raum eine bestimmte Menge dunkler Energie verbunden ist, dann hat sich, wenn dieser Kubikmeter auf das doppelte Volumen expandiert, auch die Menge an dunkler Energie verdoppelt.

Dunkle Energie, die den Raum expandieren lässt, kann Einsteins Problem lösen, ein zeitlich unveränderliches Modell des Universums zu bauen. Ich habe schon von der universell anziehenden Wirkung der im All enthaltenen Materie gesprochen, die im Wettstreit mit dem ursprünglichen Expansionsdrang das Schicksal des Universums bestimmt. Eine geeignet gewählte kosmologische Konstante kann nun der Anziehungstendenz der Materie eine exakt ebenso große Ausdehnungstendenz des leeren Raums entgegensetzen. Dann kann man den ursprünglichen Expansionsschwung fortlassen und erhält im empfindlichen Gleichgewicht der beiden Tendenzen einen Kosmos, der zeitlich unveränderlich ist, so, wie ihn sich Einstein erhoffte.

Die verpasste Chance? Auch im Rahmen der erweiterten Einstein-Gleichungen ist das zeitlich unveränderliche Universum die absolute Ausnahme, nur möglich, wenn kosmologische Konstante und Materiedichte exakt ausbalanciert sind. Für die ungleich größere Zahl denkbarer Universen mit unterschiedlichen Werten für Materiedichte und kosmologische Konstante ist das Weltall in steter Bewegung, sei es, dass es sich ausdehnt, sei es, dass es in sich zusammenfällt. Hätte Einstein die Unveränderlichkeit des Universums nicht einfach vorausgesetzt, sondern sich von Folgerungen aus seiner Relativitätstheorie leiten lassen, so wäre er zumindest auf die Möglichkeit eines expandierenden Universums gestoßen – und hätte damit eine der revolutionärsten Vorhersagen in der Geschichte der Wissenschaft treffen können.

Als mit Hubbles Entdeckung zwölf Jahre nach Erscheinen von Einsteins kosmologischem Fachartikel klar wurde, dass unser Weltall expandiert und Einsteins Beharren auf einem unveränderlichen

Kosmos gar nicht nötig gewesen wäre, sondern im Gegenteil eine grundlegende Vorhersage der Relativitätstheorie aus seinem Blickfeld gerückt hatte, bezeichnete er die kosmologische Konstante als die größte Dummheit – in anderen Schilderungen etwas farbenfroher als die »größte Eselei« – seines Lebens. Die Konstante wurde zunächst zu einem empirisch zu bestimmenden Parameter und dann, als sich in den Beobachtungsdaten kein klarer Hinweis auf einen von null verschiedenen Wert fand, zu einer mathematischen Fußnote.

Das änderte sich Ende der neunziger Jahre. Astronomen waren mit ihren Abstands- und Rotverschiebungsmessungen in so große Entfernungen vorgedrungen, dass sich die Abweichungen von der einfachen Proportionalität von Entfernung und Fluchtgeschwindigkeit, die auf die Änderung der Expansionsgeschwindigkeit mit der Zeit zurückgehen, deutlicher zeigten als je zuvor. Was diese Abweichungen zeigten, war überraschend. Es schien auf lange Sicht nicht zu einer Abbremsung, sondern sogar zu einer *Beschleunigung* der Expansion zu kommen. Das hieß im Rahmen der Urknallmodelle, dass es sehr wohl eine kleine, aber von null verschiedene kosmologische Konstante gibt, die die Evolution des Universums mitbestimmt. Einsteins Eselei war rehabilitiert. In unserem Universum gibt es tatsächlich nicht nur dunkle Materie, sondern auch mit einer kosmologischen Konstanten verbundene dunkle Energie, die das Weltall beschleunigt auseinander zu treiben sucht.

Ein noch deutlicheres Bild ergeben die Untersuchungen der letzten Jahre, die die neuesten Beobachtungsdaten zur kosmischen Hintergrundstrahlung und zur Beziehung von Entfernung und Rotverschiebung genutzt haben, um die verschiedenen Parameter des Urknallmodells, das unser Universum beschreibt, mit nie gekannter Genauigkeit zu bestimmen. Sie zeigen, dass die herkömmliche Materie, die wir aus dem Alltag und von Blicken durch astronomische Fernrohre kennen, lediglich die Spitze des Eisbergs ist: Siebzig Prozent der Masse im Universum entfallen auf die dunkle Energie, rund fünfundzwanzig Prozent trägt die dunkle Materie bei, und nur kümmerliche viereinhalb Prozent entfallen auf die herkömmliche Materie, die alltäglichen Protonen und Neutronen. Wenn Ihnen angesichts dieser Tatsache meine Beschreibung der Eigenschaften der dunklen Energie recht dürftig erscheint und Sie keine klare Vorstellung haben, was sich hinter einer Energie mit so ungewöhnlichen Eigenschaften verbergen könnte, dann sind Sie damit nicht allein. Auch die heutigen Physiker wüssten gern, wie die dunkle Energie beschaffen ist und ob sie sich vielleicht in irgendeiner Form in die heutigen Vorstellungen der Elementarteilchenphysik über den Aufbau der Materie einpassen lässt. Bislang gibt es auf diese Fragen allerdings keine überzeugenden Antworten, und die dunkle Energie bleibt eine Mahnung, dass wir zwar sehr viel über unser Universum wissen – aber noch lange nicht alles.

ZEITREISE INS UNGEWISSE

Weitere Unsicherheiten der Urknallmodelle betreffen die frühen Phasen in der Entwicklung des Universums, die ich in der obigen kurzen Geschichte des Universums wohlweislich ausgespart habe.

Vorher möchte ich allerdings noch auf eine gewisse Sprachverwirrung eingehen. Die Bezeichnung »Urknallmodell(e)« wird oft als Kurzformel für den abgesicherten Teil der kosmologischen Modelle verwendet, etwa von der ersten millionstel Sekunde an, je nach Zusammenhang auch etwas früher beginnend. In Medienberichten, aber leider auch in Pressemitteilungen wissenschaftlicher Institute wird in demselben Sinn sogar oft nur verkürzt vom »Urknall« gesprochen. Bei Fragen wie »Hat der Urknall wirklich stattgefunden?« muss man daher vorsichtig sein. Wenn damit gemeint ist, ob die kosmische Evolution von der ersten millionstel Sekunde an tatsächlich so abgelaufen ist, wie die Urknallmodelle es beschreiben, so fällt die Antwort positiv aus – nach den Beobachtungsdaten, die wir zur Verfügung haben, beschreiben die Urknallmodelle diesen Teil der kosmischen Geschichte sehr gut. Wenn die Frage dagegen auf »den Urknall« im engeren Sinne zielt, auf die Urknallsingularität selbst, ist die Antwort weit weniger klar. Das sollte deutlich werden, wenn wir jetzt langsam rückwärts in der Zeit auf diesen Anfangspunkt der Urknallmodelle zusteuern.

Verfolgen wir den Zustand des Universums immer weiter in die Vergangenheit zurück, zu noch früheren kosmischen Zeiten als eine millionstel Sekunde, dann wird unser physikalisches Wissen immer unsicherer. Bald sind wir bei dieser Reise rückwärts in der Zeit in jenem Energiebereich, für den Modelle der Hochenergiephysiker eine Vereinigung der drei Grundkräfte der Teilchenphysik vorhersagen. Zuerst vereinigen sich elektromagnetische Kraft und die schwache Kernkraft, die bestimmte radioaktive Zerfälle verursacht, zur elektroschwachen Kraft. Der Rahmen für diese Vereinigung ist mathematisch recht gut abgesteckt und durch die Beschleunigerexperimente der Teilchenphysiker hinreichend gesichert. Noch weiter in der Vergangenheit müssten wir auf weniger gut verstandene Phänomene stoßen, etwa auf die von den Theoretikern postulierte Vereinigung der elektroschwachen Kraft mit der starken Kernkraft, die für den Zusammenhalt der Quarks in Protonen und Neutronen und letztendlich auch für den der Protonen und Neutronen in Atomkernen verantwortlich ist. Zur Beschreibung dieser Vereinigung existieren einige Ansätze, aber kein allgemein akzeptiertes Modell und keine konkreten experimentellen Hinweise.

In ungefähr dieselbe Ära dürfte ein weiteres wichtiges Ereignis fallen: die Entstehung der Asymmetrie zwischen Teilchen und Antiteilchen. Wie ich schon erwähnt habe, verdankt alle Materie ihre Existenz dem Umstand, dass es im frühen Universum etwas mehr Teilchen als Antiteilchen gab. Ohne diesen entscheidenden kleinen Unterschied wäre es zu einer völligen gegenseitigen Vernichtung gekommen, und im Universum gäbe es heute wohl nur strukturlose Hintergrundstrahlung. Auch für die Hintergründe dieses rettenden Teilchenüberschusses gibt es teilchenphysikalische Modelle, deren weitere Ausarbeitung Teil der aktuellen Forschung ist.

Aus den vereinheitlichten Modellen ergibt sich eine ganze Reihe ungewöhnlicher Objekte, die als Kandidaten für die dunkle Materie infrage kom-

men, von exotischen Elementarteilchen bis zu eindimensionalen »kosmischen Strings«.

Abschätzungen zu den Dichtefluktuationen im frühen Universum eröffnen noch eine weitere faszinierende Möglichkeit, nämlich dass dabei Materiemengen so weit zusammengedrückt werden, dass *primordiale Schwarze Löcher* entstehen. Genauere Betrachtung zeigt, dass auf diese Weise (und über etwas kompliziertere Mechanismen) mit der Zeit immer größere Schwarze Löcher entstehen könnten – von Zehntausendstel-Gramm-Löchern in den frühesten Augenblicken bis zu Löchern mit zehntausend Sonnenmassen gegen Ende der ersten Sekunde – bis die Bedingungen zur spontanen Bildung dieser Objekte nicht mehr gegeben sind.

Für die masseärmeren dieser Schwarzen Löcher sollte ein Effekt wichtig werden, den ich bislang noch nicht erwähnt habe. Rechnungen, die erstmals Stephen Hawking durchgeführt hat und die zur Beschreibung des Verhaltens der Materie sowohl die gekrümmte Raumzeit als auch die Gesetze der Quantentheorie heranziehen, deuten darauf hin, dass mit Schwarzen Löchern eine Wärmestrahlung assoziiert ist, die umso stärker sein sollte, je weniger Masse das betreffende Schwarze Loch besitzt. Für astrophysikalische Schwarze Löcher mit ihren sehr großen Massen ist die Intensität der Hawking-Strahlung unnachweisbar niedrig, und das ist der Grund, warum ich die Thermodynamik Schwarzer Löcher im Kapitel 9 in einen Nebensatz verbannt habe. Für primordiale Schwarze Löcher mit sehr geringen Massen sollte die Hawking-Strahlung dagegen entscheidende Bedeutung haben. Je kleiner die Masse, umso stärker die Hawking-Strahlung; je stärker die Hawking-Strahlung ist, umso mehr Energie verliert das Schwarze Loch und umso schneller schrumpft entsprechend diesem Energieverlust seine Masse. Bei massearmen Schwarzen Löchern kann dieses Aufschaukeln zu einem energiereichen Zerstrahlungsprozess führen. Das ist eine gute und eine schlechte Nachricht für die Freunde primordialer Schwarzer Löcher. Gut, weil es eine direkte Nachweismöglichkeit eröffnet – durch die Beobachtung eines solchen hoch energetischen Zerstrahlungsereignisses mit charakteristisch ansteigender Intensitätskurve und charakteristischer Verteilung der einzelnen Frequenzanteile ließen sich zerstrahlende Schwarze Löcher verhältnismäßig sicher nachweisen. Schlecht, weil solch ein Nachweis bislang aussteht und weil entsprechende Beobachtungen im Gammastrahlenbereich des elektromagnetischen Spektrums es unwahrscheinlich erscheinen lassen, dass primordiale Schwarze Löcher einen wesentlichen Beitrag zur dunklen Materie leisten.

Bislang haben wir uns mit einer Frühzeit beschäftigt, in der uns zwar die Physik der Materie Rätsel aufgibt, die kosmische Expansion jedoch gemäß den Vorgaben der Urknallmodelle verläuft. Gehen wir noch weiter zurück, bis hin zur kosmischen Zeit eine zehnmillionstel milliardstel milliardstel Sekunde, so gelangen wir in eine Region, für die Teilchenphysiker eine alternative Expansionsentwicklung vorgeschlagen haben, nämlich eine *Inflationsphase*. An ihrem Beginn, so das Modell, steht ein instabiler Zustand, der sich aus quantentheoretischen Überlegungen ergibt und der in einem winzigen Raumbereich dieselben Eigenschaften hat wie ein Universum mit gewaltiger kosmologischer Konstante, die den Raum zur Ausdehnung zwingt. Die kosmologische Konstante ist so immens groß, dass ihr Einfluss den aller anderen Materiebeiträge weit überwiegt. Damit ist ein gigantischer Aufschaukelungsprozess verbunden. Durch die Expansion erhöht sich die Vakuumenergie erheblich. Das Ergebnis ist eine Expansion, deren Schnelligkeit exponentiell zunimmt – je mehr das Universum expandiert, umso schneller wird die Expansion. Am Ende der Inflationsphase hat sich das Universum, vielleicht aber auch nur ein sehr kleiner Teil von ihm, im Vergleich zum Anfang auf die zehnmillionen-milliarden-milliarden-milliarden-milliardenfache Größe aufgeblasen. Nun findet ein Phasenübergang in einen stabileren Zustand statt, bei dem die riesigen Mengen an Energie, die das instabile Vakuum während seiner Expansion angesammelt hat, in andere Energieformen umgewandelt werden – in Strahlung und die Teilchen-Antiteilchen-Suppe, den Materieinhalt des Universums, das sich anschließend so weiterentwickelt, wie es die Urknallmodelle vorhersagen.

Diese vorgeschaltete Inflationsphase hat einige Vorteile. Zum einen ist im Rahmen der herkömmlichen Urknallmodelle nicht erklärbar, warum das Universum zur Zeit der Entstehung der kosmischen Hintergrundstrahlung so hochgradig homogen war. Die Hintergrundstrahlung hat mit großer Genauigkeit überall dieselbe Temperatur, egal, aus welcher Richtung sie uns erreicht. Das könnte ganz einfach eine Eigenschaft der frühesten Phase des Universums sein, über die wir nichts Näheres wissen: Aus uns unbekannten Gründen hat das Universum so begonnen, dass alle Raumbereiche von Anfang an dieselbe Temperatur hatten. Weit befriedigender wäre eine Erklärung, die die gleichmäßige Temperatur auf wohlbekannte physikalische Prozesse zurückführt, beispielsweise darauf, dass sich Körper, die in engem Kontakt zueinander stehen, auf ein Wärmegleichgewicht einpendeln – wenn ich kaltes Wasser in eine heiße Pfanne schütte und lange genug warte, haben schließlich Wasser wie Pfanne dieselbe lauwarme Temperatur angenommen. Das Gleiche könnte mit den verschieden heißen Regionen in der Frühzeit des Universums geschehen sein. In den herkömmlichen Urknallmodellen stößt dieser Erklärungsansatz allerdings auf Probleme. Um ein Wärmegleichgewicht zu erreichen, ist es zwingend nötig, dass die verschiedenen Raumregionen in der Vergangenheit Wärme und Energie austauschen konnten. Schaut man sich aber die Lichtkegelstruktur an, die festlegt, wie sich Signale, Materie oder Einflüsse im Universum bewegen, dann stellt man fest, dass solch ein Austausch unmöglich war. Die betreffenden Regionen waren kausal völlig voneinander getrennt und konnten sich gegenseitig nicht beeinflussen.[8] In Inflationsmodellen besteht dieses Problem nicht; bezieht man die Phase der exponentiellen Inflation mit ein, dann löst sich der Widerspruch auf. Ein sehr kleiner Teil des frühesten Universums hat sich zum gesamten heute beobachtbaren Kosmos ausgedehnt, und die darin enthaltene Materie hatte

8 Leser, die jetzt denken, das könne doch gar nicht sein – war nicht die ganze Welt im Urknall auf einen Punkt zusammengezogen? –, haben damit die Grenzen der einfachen Vorstellung von der Urknallsingularität als einem Punkt entdeckt.

vor dem Aufblasen genügend Zeit, um ins Wärmegleichgewicht zu gelangen.

Von solchen grundsätzlichen Überlegungen abgesehen, gibt es seit Anfang 2003 sogar erste Beobachtungsdaten, die für ein solches Inflationsszenario sprechen. Sie betreffen wieder einmal die Temperaturfluktuationen der kosmischen Hintergrundstrahlung, denn die Inflationstheorie macht einige recht allgemein gültige Aussagen darüber, wie die auf verschiedenen Größenskalen gemessenen Inhomogenitäten miteinander zusammenhängen sollten – wie sich etwa der Mittelwert der Temperaturunterschiede zwischen Regionen, die am Himmel zehn Winkelgrad voneinander entfernt sind, zu denjenigen zwischen Regionen, die nur fünf Winkelgrad auseinander liegen, verhalten müssten und so weiter für diverse andere Winkel. Die Beobachtungsdaten scheinen mit diesen Vorhersagen übereinzustimmen und liefern damit auch die erste Bestätigung der Inflationsmodelle durch direkte Messungen.

Verfolgen wir die Geschichte unseres Weltalls noch weiter zurück, dann sind wir nun schon beinahe am Endpunkt angelangt – anders gesagt: beim Anfangspunkt des Universums. Je näher wir ihm kommen, umso unsicherer wird unser Wissen. In den Urknallmodellen stoßen wir bei kosmischer Zeit null auf die erwähnte Urknallsingularität. Selbst in Raumzeiten, die weniger symmetrisch und einfach sind als die der FLRW-Modelle, existiert, so Stephen Hawking und Roger Penrose, der Einsteinschen Theorie zufolge solch eine Anfangssingularität. Auch in den Inflationsmodellen landen wir in Regionen von extrem hoher Krümmung und hoher Energiedichte. Ebenso wie für das Innere Schwarzer Löcher gibt es aber überzeugende Gründe, sich in solchen Raumzeitregionen nicht auf die klassische Relativitätstheorie oder auf Modelle zu verlassen, die wie das Inflationsszenario von einer klassischen Hintergrundraumzeit ausgehen. Hier wie dort sollten Quanteneffekte eine wesentliche Rolle spielen, und letztendlich brauchen wir eine Theorie der Quantengravitation, um die betreffenden Raumzeitregionen angemessen beschreiben zu können. Einmal mehr sind wir dabei mit dem Problem konfrontiert, dass den Physikern zurzeit noch keine vollständige Theorie der Quantengravitation bekannt ist. Die verschiedenen Ansätze zur Lösung dieses Problems haben durchaus einige Vorschläge für kosmologische Anwendungen hervorgebracht, nur sind diese Vorschläge bislang äußerst spekulativ.

ZWEIFEL UND GEWISSHEIT

Am Ende unseres Streifzuges durch die moderne Kosmologie ergibt sich ein Bild von großen Triumphen, aber auch großen Problemen. Die Urknallmodelle, die die Entwicklung unseres Universums von der ersten millionstel Sekunde kosmischer Zeit bis heute beschreiben, sind ausnehmend erfolgreich. Was den Materieinhalt unseres Universums angeht, zeigt uns die Kosmologie andererseits sehr deutlich, was wir noch *nicht* wissen. Weder für den Teil der dunklen Materie, der nicht aus herkömmlichen Kernteilchen besteht, noch für die dunkle Energie ist derzeit klar, wie sie sich in unsere grundlegenden Theorien zur Struktur der Materie einordnen lassen. Allerdings stehen die Aussichten gut, dass wir in nicht allzu ferner Zukunft mehr wissen werden, etwa, wenn noch genauere Daten zur kosmischen Expansion eine Entscheidung für oder gegen die verschiedenen Erklärungsansätze ermöglichen, die derzeit auf dem Tisch liegen.

Vielleicht die größte Herausforderung stellt die Frage dar, was in den frühesten Phasen unseres Universums geschah. Die ehrliche Antwort lautet derzeit: Wir wissen es nicht. Im Hinblick auf die Entwicklung der letzten Jahrzehnte gibt es allerdings Hoffnung, es müsse genauer heißen: Wir wissen es *noch* nicht genau. Die Schwierigkeiten sind allerdings grundsätzlicher Art. Zum einen stoßen wir unter so extremen Bedingungen, wie der Kosmos sie bietet, ganz einfach an die Grenzen der derzeitigen Theorien. Wie schon erwähnt, ist die Frühzeit des Universums eng verknüpft mit der grundlegenden theoretischen Frage, wie denn eine Quantentheorie der Gravitation aussieht. Solange es den Physikern nicht gelungen ist, eine hinreichend vollständige Theorie der Quantengravitation zu formulieren, fehlt der solide Unterbau, die ferne, höchstenergetische Vergangenheit unseres Weltalls zu beschreiben. Zum anderen liegt es in der Natur der Urknallmodelle selbst, dass die Beobachtung der frühen Phasen extrem schwierig ist. Beobachtung bedeutet, Signale aufzufangen, die Informationen über weit entfernte Objekte enthalten. Für elektromagnetische Wellen, mit denen wir in die Ferne und damit in die Vergangenheit schauen, geben die Urknallmodelle eine strikte Grenze vor. Weiter als in das Jahr 300 000 kosmischer Zeit können wir nicht blicken, denn vor dieser Zeit war der gesamte Kosmos elektromagnetisch undurchsichtig, und die elektromagnetische Strahlung stand in so starker Wechselwirkung mit der Materie, dass jegliche Information, die sie über frühere Zeiten in sich getragen haben mag, bei den darauf folgenden Absorptionen und Wiederaussendungen verloren ging.

Diese Einschränkungen unseres Wissens um die frühen, heißen Phasen des Universums sind höchst bedauerlich, denn gerade dort geht es um die interessantesten, fundamentalsten Fragen: Was war der Anfangszustand des Universums, wenn es denn einen gab – und wie kam es zu solch einem Zustand? War er zwangsläufig so, wie er war, oder nur eine unter vielen Möglichkeiten? Warum wies das Universum an seinem Anfang eine so niedrige Entropie auf? Entropie ist eine mathematische Präzisierung des Begriffs von Ordnung (niedrige Entropie) und Unordnung (hohe Entropie), und die niedrige Entropie zu Beginn des Universums dürfte dafür verantwortlich sein, dass die Zeit, so, wie wir sie wahrnehmen, eine Richtung hat – spontan entwickeln sich die Dinge in Richtung der ursprünglich niedrigeren Unordnung zu höherer Unordnung; eine Teetasse zerspringt zwar auf dem harten Fliesenboden, der umgekehrte Prozess, dass sich Bruchstücke ordnen und zu einer Tasse fügen, wird dagegen nicht beobachtet.

Es müsste eine Möglichkeit geben, mehr Daten über die rätselhafte Frühzeit zu sammeln, den Vorhang der elektromagnetischen Undurchsichtigkeit zu öffnen, einiges von dem zu beobachten, was dahinter verborgen ist. Dazu würde man allerdings eine nicht-elektromagnetische Strahlung benötigen, die

sich von dem optisch undurchdringlichen Gewimmel im frühen Universum nicht beeindrucken lässt.

DEN ELEKTROMAGNETISCHEN VORHANG LÜFTEN

Eine schon erwähnte Eigenschaft der Gravitationswellen ist an dieser Stelle einmal mehr von großer Bedeutung: Es gibt in unserem Universum zwar großflächige, natürliche Abschirmungen für elektromagnetische Strahlung – schon ein Staubnebel genügt, um das sichtbare Licht dahinter liegender Sterne zu verschlucken –, aber nicht für Gravitationswellen. Mag das Brodeln von Elektronen, Protonen und Photonen auch bedeuten, dass uns elektromagnetische Wellen keinerlei Informationen über die Vorgänge vor der kosmischen Zeit 300 000 Jahre liefern können – für Gravitationswellen ist das frühe Weltall durchsichtig, und selbst Wellen, die in der Inflationsphase oder sogar noch früher entstanden sind, erreichen einen irdischen Beobachter nahezu ungestört, kaum beeinflußt durch das brodelnde Inferno des frühen Universums.

Die Vorschläge dazu, was im frühen Universum vor sich gegangen sein könnte, bieten eine Vielfalt von Ereignissen, bei denen Gravitationswellen erzeugt worden sein sollten. Ein Beispiel sind die Inflationsmodelle. Sie sagen nicht nur Dichtefluktuationen in frühester kosmischer Zeit vorher, die sich als Temperaturfluktuationen der Hintergrundstrahlung beobachten lassen, sondern auch Fluktuationen der Metrik, die ein Gemisch von Gravitationswellen vielerlei Frequenz hervorrufen sollten. Auch für die Eigenschaften des Spektrums dieser Gravitationswellen ergeben sich aus den Inflationsmodellen konkrete Vorhersagen.

Noch weit stärkere Gravitationswellen können erzeugt werden, wenn der Übergang vom instabilen zum stabilen Quantenvakuum am Ende der Inflationsphase so ähnlich stattfindet wie der Phasenübergang bei erhitztem Wasser. Bringen wir es in einem Topf zum Kochen, geht es nicht auf einmal im Ganzen von der flüssigen in die gasförmige Phase (Wasserdampf) über, sondern es bilden sich kleine Blasen, die sich mit der Zeit ausdehnen. In ähnlicher Weise könnte auch der Übergang von einem zum anderen Quantenvakuum stattgefunden haben: In einigen Raumregionen geschieht dieser Übergang etwas früher als in anderen, und solche Gebiete (oder »Blasen«), in denen der stabile Quantenvakuumzustand bereits erreicht ist, werden mit der Zeit sehr schnell größer. Unter den geeigneten Bedingungen wächst ihre Größe so rasch an, dass dort, wo verschiedene dieser expandierenden Blasen aufeinander treffen, Änderungen der Raumzeitgeometrie und damit zum einen starke Gravitationswellen, zum anderen turbulente Materieverwirbelungen erzeugt werden, die ihrerseits weitere Gravitationswellen produzieren. Ein ähnliches Spiel kann sich bei anderen Arten von Phasenübergängen im Universum wiederholen, etwa dem, der zur Aufteilung der elektroschwachen Kraft in die elektromagnetische Kraft und die schwache Kernkraft führt. Intensität und Frequenzverteilung der Gravitationswellen hängen dabei unter anderem davon ab, wann (und damit auch: unter welchen Temperaturbedingungen) der Übergang stattfindet.

Weitere Gravitationswellenquellen ergeben sich aus den exotischeren Szenarien für das frühe Universum – kollektive Anregungen bestimmter Skalarfelder in Stringtheorien etwa, die Vibrationen kosmischer Strings oder die möglichen Fluktuationen in einem Universum, das in bestimmter Weise in höherdimensionale Universen eingebettet ist. Jüngst haben die Stringtheoretiker sogar die Möglichkeit äußerst starker Gravitationswellen vorhergesagt – dann nämlich, wenn einige der mikroskopischen Fadenschleifen, der Strings, auf denen ihre Theorie basiert, mit der Inflation zu wahrhaft kosmischer Länge gezogen wurden und sich wie hundert Lichtjahre lange Peitschen durchs Weltall schlängeln, mit starkem Gravitationswellenausstoß bei jedem Peitschenknall.

Insgesamt ergibt sich ein reichhaltiger kosmischer Hintergrund von Gravitationswellen. Im Gegensatz zu den Einzelquellen, die wir in vorangehenden Kapiteln betrachtet haben, lässt sich für diesen Hintergrund nicht mehr unterscheiden, welche Strahlung bei welchem Ereignis in welcher lo-

kalisierten Raumregion entstanden ist. Es handelt sich nicht um einen einsamen Rufer auf dem Berggipfel, der seine Nachricht in die Welt hinausjodelt, sondern eher um jene Geräusche, die wir von einer fernen Cocktailparty empfangen: ein Stimmengewirr, aus dem wir nicht isolieren können, wer da genau was sagt, aber aus dem wir in seiner Gesamtheit wichtige Informationen über Anzahl und Stimmung der Partygäste ziehen können.

Gelänge es, den kosmologischen Gravitationswellenhintergrund genau zu vermessen, könnten wir damit um Größenordnungen weiter in die Vergangenheit sehen (horchen?) als jemals zuvor. Anstatt dass uns lediglich die elektromagnetische kosmische Hintergrundstrahlung zugänglich wäre, entsprechend einem Rückblick bis zur kosmischen Zeit von einigen hunderttausend Jahren, hätten wir direkte Informationen über die Eigenschaften des Universums zu einem kosmischen Zeitpunkt früher als milliardstel milliardstel Sekunden!

Dem kosmischen Geflüster überlagern sich freilich weit weniger grundlegende Signale. Für all die Gravitationswellenklänge, die wir in den letzten Kapiteln kennen gelernt haben, seien es die verschmelzenden Schwarzen Löcher oder Neutronensternpaare, gilt dasselbe wie für jemanden, der die erwähnte Cocktailparty nicht aus der Ferne hört, sondern mitten drin ist: Bei den Gästen in seiner näheren Umgebung kann er verstehen, was sie sagen; bei Gästen ab einer gewissen Entfernung nicht mehr, und aus deren Reden ergibt sich dann der undifferenzierte Geräuschhintergrund. Übertragen auf die Gravitationswellen: Ist die Quelle so weit weg, dass ein bestimmter Detektor sie nicht mehr als einzelnes Signal nachweisen kann, trägt sie dennoch zum Gravitationswellenhintergrund bei. Der Hintergrund, den die Detektoren messen, besteht nicht nur aus den Signalen der kosmischen Frühzeit, sondern ebenso aus denen späterer, aber sehr ferner Einzelquellen. Das Gesamtgemurmel, die Stärke des Gravitationwellenhintergrundes, ist ein Maß dafür, wie groß der Anteil der Gravitationswellen an der gesamten Energie- und Materiedichte ist, und damit schon für sich genommen eine interessante Größe.

Damit ist unsere Reise zu den Gravitationswellenquellen abgeschlossen – von Neutronensternen bis hin zur Kosmologie haben wir jetzt so ziemlich den gesamten Einsteinschen Kosmos betrachtet, inklusive all jener Gegenden, von denen aus Raumverzerrungen ins All hinauslaufen. Zeit, zur nächsten Frage überzugehen: Schön und gut, dass da so viele Gravitationswellen durchs Universum schwappen, aber wie können wir sie nachweisen? Zum einen werden Detektoren gebaut, mit denen wir uns in den letzten beiden Kapiteln befassen werden, aber es gibt auch mehrere Arten von naturgegebenen Nachweismöglichkeiten – etwa die kosmische Hintergrundstrahlung: Ein Gravitationswellenhintergrund sollte, ebenso wie die erwähnten inflationsbedingten Dichtefluktuationen, aber rund hundertmal schwächer, zu winzigen Temperaturunterschieden in der elektromagnetischen Hintergrundstrahlung führen, deren Eigenschaften sich allerdings von denen der Dichtefluktuationen in einiger Hinsicht unterscheiden. Deutlichstes Unterscheidungskriterium ist die Art und Weise, wie Dichtefluktuationen und Gravitationswellenhintergrund die Polarisation der Hintergrundstrahlung (die Ausrichtung der »Schwingungsebenen« von elektrischem und magetischem Feld) von Himmelsregion zu Himmelsregion variieren lassen. Mit genauen Polarisationsmessungen könnte man den Einfluss der Hintergrund-Gravitationswellen nachweisen, und es sollte möglich sein, einige ihrer Eigenschaften zu bestimmen. Sind die vergleichsweise stark, könnte dies schon dem Planck-Satelliten der ESA gelingen, der die Fluktuationen und die Polarisation der Hintergrundstrahlung mit großer Genauigkeit vermessen soll und dessen Start für 2007 geplant ist. Erweist sich der Gravitationswellenhintergrund als schwach, heißt es, auf die noch empfindlicheren Messungen einer Nachfolgeemission zu warten. Grobe Obergrenzen für die Stärke des kosmischen Hintergrundes lassen sich aus den aktuellen Messungen der Temperaturschwankungen schon heute ziehen.

Eine zweite Art von natürlichem Detektor sind die Millisekundenpulsare. Auf sie werde ich im Kapitel 12 näher eingehen.

Eine dritte Art Detektor bestünde in systematischen Messungen der exakten Positionen der Sterne am Nachthimmel. Gravitationswellen mit Schwingungsdauern zwischen einigen Jahren und einigen tausend Jahren, die an der Erde vorbeistreichen, könnten in einer Art dynamischem Gravitationslinseneffekt das Licht aller fernen Sterne in Erdnähe systematisch ablenken, und es sähe dann so aus, als würden sich die Sterne am Himmel in koordinierter Weise ein klein wenig verschieben.

Mit keinem dieser natürlichen Detektoren konnten bislang Gravitationswellen nachgewiesen werden. Dennoch waren die betreffenden Messungen nicht umsonst, denn auch aus einem negativen Ergebnis lässt sich eine Aussage über die Stärke des Gravitationswellenhintergrundes nach folgendem Argumentationsschema ableiten: Wäre der Hintergrund stärker als X, könnte man ihn mit dem Detektor Y nachweisen; man hat ihn aber mit dem Detektor Y nicht nachgewiesen; folglich ist der Hintergrund schwächer als X. Modelle der kosmischen Frühzeit, die einen Hintergrund stärker als X vorhersagen, scheiden damit aus – auch das ist eine Möglichkeit, Wissenschaft zu betreiben. Die bislang strikteste Obergrenze für die Stärke des Gravitationswellenhintergrundes führt uns noch ein letztes Mal zurück ins Herz der Urknallmodelle. Die Entstehung leichter Elemente würde durch einen zu starken Hintergrund empfindlich gestört werden. Aus der Tatsache, dass wir die Häufigkeit von Helium in unserer kosmischen Umgebung vorhersagen können, geht bereits eines hervor: Die Gravitationswellen können nicht mehr als ein Hunderttausendstel zur Gesamtenergie des Universums beitragen. Letztlich sind es immer noch die überraschenden Querverbindungen zwischen dem Nahen und dem Fernen, zwischen dem ganz Kleinen und dem ganz Großen, die auf Einsteins Theorien gegründete Kosmologie so spannend machen.

TEIL III

HORCHPOSTEN AM EINSTEIN-FENSTER

KAPITEL 11

SCHWINGENDE KÖRPER: RESONANZDETEKTOREN

In diesem Kapitel soll es erstmals um den gezielten Nachweis von Gravitationswellen mit Hilfe von eigens für diesen Zweck gebauten Detektoren gehen, genauer gesagt: um eine von zwei Detektorfamilien, die Resonanzdetektoren. Den so genannten interferometrischen Detektoren, denen ein anderes Nachweisprinzip zugrunde liegt, ist das nachfolgende Kapitel 12 gewidmet.

Die Idee zu Resonanzdetektoren geht auf Joseph Weber, den Pionier der Gravitationswellenforschung, zurück, der in den sechziger Jahren auch die ersten Exemplare dieser Detektorgattung konstruierte. Seine Lebensgeschichte hat weit mehr von einem großen Roman als von einer klassischen Wissenschaftlerkarriere. Im Jahre 1919 als Sohn einer jüdischen Einwandererfamilie in der Industriestadt Paterson in New Jersey geboren, schlug Weber zu Beginn seines Werdegangs keineswegs direkt den Weg zur Grundlagenforschung ein, sondern erhielt eine sehr praktische Ausbildung als Kadett der Marineakademie in Annapolis, die er 1940 als Elektroingenieur mit Bachelor-Abschluss und als Fähnrich zur See verließ. Als 1942 der Flugzeugträger *Lexington* versenkt wurde, auf dem er Dienst tat, kam er nur knapp mit dem Leben davon. Es folgte das erste eigene Kommando, ein U-Boot-Jagdschiff, mit dem er Konvois auf dem Atlantik und 1943 auch den Landefahrzeugen der Alliierten bei der Italieninvasion Geleitschutz gab. Nach Kriegsende ergab sich für Weber endlich eine Verwendung, die seinem Interesse für die Elektrotechnik voll und ganz Rechnung trug. Als Abteilungsleiter in der mit der Konstruktion von Schiffen befassten Marinebehörde konnte er sowohl seine Ausbildung als auch seine Erfahrungen als Radioamateur und mit der noch recht neuen technischen Anwendung von Radar einbringen. Wie sehr Weber seine Erfahrungen und Kenntnisse ausbauen konnte, zeigt der Umstand,

dass er, als er 1948 seinen Dienst quittierte, direkt eine Stelle als ordentlicher Professor für Elektrotechnik an der Universität von Maryland antreten konnte – im Alter von 29 Jahren und mit einem bloßen Bachelor-Grad als höchstem akademischen Abschluss.

Weber schwenkte in Richtung Physik um und fertigte seine Doktorarbeit an der nahe gelegenen Catholic University of America an, wo er im Bereich der Atomphysik forschte, genauer: bestimmte Eigenschaften der Spektren von Ammonium untersuchte. Das war das Vorspiel zu Webers erstem großen Coup: Ausgehend von einigen Grundprinzipien der Strahlungsabsorption und -aussendung durch Atome, kam er einem der möglichen Funktionsprinzipien von Lasern auf die Schliche. Allerdings scheint die Idee zu jener Zeit in der Luft gelegen zu haben. Parallel zu Weber kamen eine amerikanische Gruppe unter Charles Townes und eine sowjetische unter Nikolai Basow und Alexandr Prochorow auf eigene Versionen dieses Funktionsprinzips, und diese Teams hatten im Gegensatz zu Weber genügend Mittel, um ihre Erkenntnisse praktisch umzusetzen.

Webers Beitrag geriet in Vergessenheit, obwohl er die früheste Veröffentlichung zu dem Thema war. Der Löwenanteil der Anerkennung und auch die Patente gingen an die Konkurrenz. Das Nobelkomitee muss bisweilen schwierige Entscheidungen treffen, wenn es gilt, aus der Menge der Wissenschaftler, die zu einer Entdeckung beigetragen haben, die preiswürdigsten auszuwählen. In diesem Fall ging der Physik-Nobelpreis an Townes, Basow und Prochorow.

Nach dieser Enttäuschung sah sich Weber nach einem neuen Forschungsthema um. Er beschloss, sich näher mit der allgemeinen Relativitätstheorie zu beschäftigen, und nutzte dafür das Sabbatjahr, das ihm seine Universität für 1955 bewilligte. In den USA war die Erforschung dieser Theorie und ihrer Konsequenzen in jenen Jahren ein recht abseits gelegenes Forschungsgebiet. Allerdings hatte es sich ein paar Jahre zuvor John Archibald Wheeler an der Universität Princeton zur Aufgabe gemacht, die Lage zu ändern und der Relativitätsforschung zu mehr Bedeutung und, ja, Anziehungskraft zu verhelfen. Wheeler, acht Jahre älter als Weber, kam selbst aus der Kernforschung und hatte gerade erst Anfang der fünfziger Jahre begonnen, seine Forschung der Relativitätstheorie zu widmen. Als Gast in Wheelers Gruppe machte sich Weber gründlich mit der Einsteinschen Theorie vertraut, insbesondere mit dem Thema, das ihm als Spezialist für elektromagnetische Wellen ganz besonders lag: den Gravitationswellen. In einer Zeit, in der sich Theoretiker noch Gedanken über die Grundlagen der Energieübertragung durch Gravitationswellen machten, wandte sich Weber den praktischeren Aspekten zu: den Methoden, Gravitationswellen auf der Erde nachzuweisen. Zwischen 1957 und 1959 erdachte er eine Nachweismöglichkeit nach der anderen, füllte über tausend Notizblätter mit Berechnungen und Skizzen und erhielt doch für die meisten Detektorentwürfe enttäuschend geringe Nachweisempfindlichkeiten. Am Ende entschied er sich für das Verfahren, das er für das aussichtsreichste hielt, und fasste eine praktische Umsetzung ins Auge. Um diese Methode zu verstehen, ist zumindest ein ungefähres Bild vom Aufbau fester Körper vonnöten und davon, wie sie in sich schwingen können.

VON DER GLOCKE ZUM DETEKTOR

Beginnen wir mit einem Festkörper, der den meisten Lesern vertrauter sein dürfte als ein Gravitationswellendetektor, nämlich mit einer Glocke. Metallglocken machen, mit bloßem Auge betrachtet, einen sehr soliden Eindruck. Doch dieser Eindruck täuscht. Glocken sind keineswegs perfekt starre Gebilde. Eher schon kann man sie sich so vorstellen, wie in der folgenden Abbildung ange-

deutet – als bestünde der Glockenkörper aus vielen kleinen Kugeln, die in alle Richtungen durch starke Sprungfedern verbunden sind.

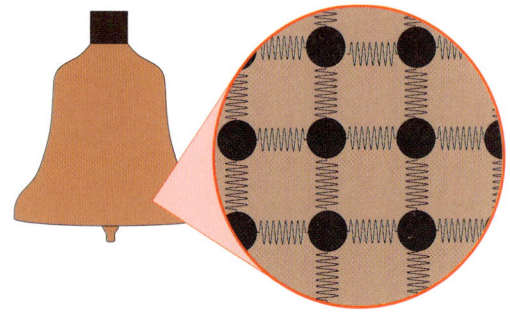

In dem vergrößerten Ausschnitt ist die oberste Schicht der aneinander gekoppelten Kugeln zu sehen; darunter folgen in gleichmäßigen Abständen weitere solcher Schichten, mit Sprungfederverbindungen zwischen den jeweiligen Nachbarschichten, ein dreidimensionales Gitter aus Kugeln und Federn. Die physikalische Wirklichkeit ist von diesem anschaulichen Bild gar nicht allzu weit entfernt – man ersetze die Kugeln durch Kupfer- und Zinnatome und die Federn durch die elektrischen Anziehungskräfte zwischen ihnen, und fertig ist der Kristall. Auf leichte Positionsveränderungen der Atome reagieren die Anziehungskräfte tatsächlich näherungsweise so wie Sprungfedern, die freilich im Vergleich zu handelsüblichen Federn extrem stark sind: Schon auf ein winziges Auseinanderziehen oder Zusammendrücken reagieren sie mit großen Rückstellkräften. Damit ist die Glocke insgesamt sehr formstabil: Ein Mensch, der versucht, den Glockenrand zu verbiegen, müsste eine riesige Menge der kleinen Federn auseinander ziehen oder zusammendrücken, um eine Verformung herbeizuführen. Gegen diese Rückstellkräfte kommt menschliche Stärke nicht an.

Schlägt man die Glocke mit einem Klöppel an, werden einige der Atom-Kugeln recht abrupt verschoben. Dabei verformen sich die entsprechenden Federn und versuchen, die Nachbarkugeln ein wenig mitzuziehen oder fortzudrücken. Die Nachbarkugeln reagieren auf die Federkräfte, indem sie ihrerseits ihren Ort ein wenig verändern, und verformen dabei die Federverbindungen zu weiter entfernten Kugeln. Wie jeder andere Körper, auf den eine Kraft wirkt, besitzen auch die Kugeln eine gewisse Trägheit und benötigen einige Zeit, um sich zu verschieben – mit entsprechender Verzögerung von einigen Zehntausendstelsekunden breitet sich der Klöppelschlag durch die gesamte Glocke aus, und letztendlich sind alle Glockenatome irgendwie mehr oder weniger involviert. In quadrilliarden- und aberquadrilliardenfacher Vervielfältigung wiederholt sich dabei der Reigen einfacher schwingungsfähiger Systeme. Solche Systeme, das einfachste Beispiel ist ein Pendel, haben eine bevorzugte Ruhelage, bei einem Pendel die Lage, in der das Pendelgewicht senkrecht nach unten hängt. Bei jeder Auslenkung kommt eine Rückstellkraft zum Zuge, die das Pendelgewicht zur Ruhelage zurückzuführen sucht, etwa die Schwerkraft, die das ausgelenkte Pendel zurückschwingen lässt. Die Tragik jeder Schwingung offenbart sich beim Pendel in sehr klarer Weise: Ist das Pendelgewicht nach einer Auslenkung, der Schwerkraft folgend, in die Ruhelage zurückgekehrt, hat es bei diesem Prozess zu viel Schwung gewonnen, um einfach dort verweilen zu können. Der Schwung trägt es über die Ruhelage hinaus, und der Rückstellkraft gelingt es nur ganz allmählich, das Überschießen abzubremsen. In dem Augenblick, da das Pendel, nun in die andere Richtung ausgelenkt, zur Ruhe kommt, ist es genauso weit von der Ruhelage entfernt wie bei der ursprünglichen Auslenkung. Wieder macht sich die Rückstellkraft bemerkbar, und wieder kehrt das Pendel zur Ruhelage zurück und schießt dann schwungvoll über sie hinaus. Das Ergebnis ist ein reguläres Hin- und Herschwingen, eben ein *Pendeln*. Was die Glockenatome durchmachen, ist eine Variation dieses einfachen Prozesses mit einer unübersichtlichen Vielfalt von Teilnehmern – der Endzustand ist dabei eine komplizierte Schwingung, in der bestimmte Glockenatome in Bewegung versetzt werden, die bestrebt sind, den Federn folgend in eine Ruhelage mit weniger angespannten beziehungsweise zusammengestauchten Federn zurückzukehren, dabei allerdings an Schwung gewinnen, der sie über die Ruhelage hinausträgt, wodurch es

nun zu Federverformungen in eine andere Richtung kommt und sich der Versuch des Ausgleichs wiederholt.

Glücklicherweise lässt sich diese Schwingung zumindest näherungsweise als Überlagerung von vergleichsweise einfachen Teilschwingungen verstehen, jede davon ein bloßes Hin- und Herschwingen festgelegter Bereiche der Glockenwandung mit einer konstanten Schwingungsfrequenz. Die Überlagerung selbst ist dabei recht direkt: Angenommen, es gebe eine einfache Schwingung A. Wenn die Glocke diese Schwingung ausführt, ist eine bestimmte Atom-Kugel X zu einem bestimmten Zeitpunkt T um einen Zehntelmillimeter nach links verschoben. Außerdem gibt es eine einfache Schwingung B. Wenn die Glocke Schwingung B ausführt, ist die Atomkugel X zum Zeitpunkt T um zwei Zehntelmillimeter nach links verschoben. Wenn die Glocke die *Überlagerung* der Schwingungen A und B ausführt, dann addieren sich die Verschiebungseffekte. Insbesondere wäre die Atom-Kugel X zum Zeitpunkt T um *drei* Zehntelmillimeter nach links verschoben – genau die Summe der Verschiebung aufgrund der Schwingung A und der Verschiebung aufgrund von B. Beim Aufsummieren kann die Auslenkung auch kleiner werden – wenn die Glocke zusätzlich noch Schwingung C ausführt, bei der die Atomkugel X, wäre dies die einzige Schwingung, einen Zehntelmillimeter nach *rechts* verschoben wäre, dann würden sich bei der Kombinationsschwingung A plus B plus C die drei Zehntelmillimeter nach links aufgrund der Schwingungen A plus B mit dem einen Zehntelmillimeter nach rechts aufgrund von Schwingung C zu nun nur noch zwei Zehntelmillimeter nach links aufaddieren – die Bewegung nach rechts hat einen Teil der Bewegung nach links kompensiert. In derselben Weise summieren sich bei komplizierteren Überlagerungen die Beiträge der einzelnen Teilschwingungen zur Verschiebung der einzelnen Atom-Kugeln. *Jede* Schwingung, und sei sie noch so kompliziert, lässt sich durch die Überlagerung einfacher Teilschwingungen zusammensetzen wie eine hochkomplexe Spielzeugburg aus einfachen Bauklötzen.

Die Schwingungsbauklötze heißen *Schwingungsmoden* oder *Eigenschwingungen* der Glocke. Welche Schwingungsmoden es gibt, welche Frequenz jede einzelne Eigenschwingung hat und welche Bereiche des Glockenmantels dabei schwingen, hängt lediglich von der Form und der Beschaffenheit der Glocke ab sowie von der Stärke der Kräfte, die die betreffenden Atome im Kristallverbund zusammenhalten, nicht aber von den Eigenschaften des Klöppelschlages – der Schlag bestimmt dann lediglich, welche der vorgegebenen Teilschwingungen wie stark angeregt werden. Typischerweise entspricht jedem Schwingungsmodus eine Aufteilung des Glockenmantels in hin- und herschwingende Bereiche und stille Regionen, die sich während der Schwingung nicht bewegen und *Schwingungsknoten* heißen. Einige Beispiele für Schwingungsmoden einer kleinen Handglocke zeigt die nachfolgende Abbildung. Durch eine besondere Aufnahmetechnik ist darauf sichtbar gemacht, wie stark Teile der Oberfläche während des Messzeitraums schwingen. Je heller ein Flächenstück im Bild aufscheint, umso weniger ist es innerhalb des Messzeitraums ausgelenkt worden; im hellsten Rot erscheinen daher die Schwingungsknoten; die von ihnen begrenzten Flächen schwingen nach innen und nach außen:

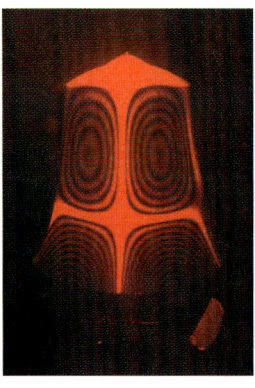

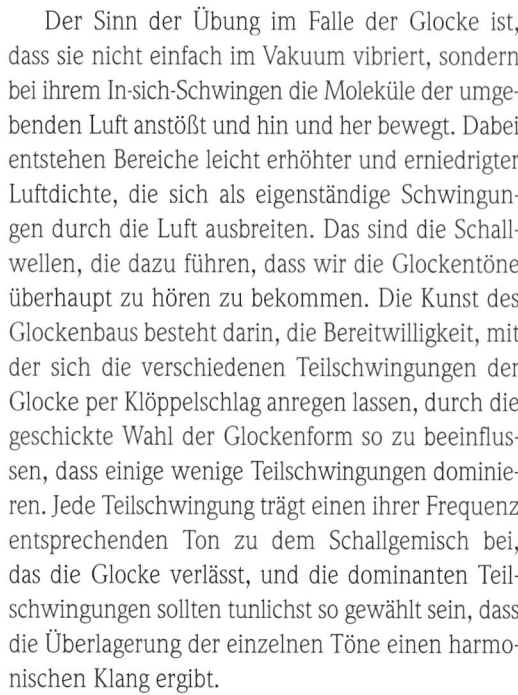

Mal sind die schwingenden Flächen größer, mal kleiner; mal gibt es im Wesentlichen senkrechte Schwingungsknoten, und die Glocke schwingt über ihre ganze Höhe einheitlich; in der Regel schwingt der Ring der Glockenöffnung mit, manchmal allerdings nur sehr schwach.

Der Sinn der Übung im Falle der Glocke ist, dass sie nicht einfach im Vakuum vibriert, sondern bei ihrem In-sich-Schwingen die Moleküle der umgebenden Luft anstößt und hin und her bewegt. Dabei entstehen Bereiche leicht erhöhter und erniedrigter Luftdichte, die sich als eigenständige Schwingungen durch die Luft ausbreiten. Das sind die Schallwellen, die dazu führen, dass wir die Glockentöne überhaupt zu hören zu bekommen. Die Kunst des Glockenbaus besteht darin, die Bereitwilligkeit, mit der sich die verschiedenen Teilschwingungen der Glocke per Klöppelschlag anregen lassen, durch die geschickte Wahl der Glockenform so zu beeinflussen, dass einige wenige Teilschwingungen dominieren. Jede Teilschwingung trägt einen ihrer Frequenz entsprechenden Ton zu dem Schallgemisch bei, das die Glocke verlässt, und die dominanten Teilschwingungen sollten tunlichst so gewählt sein, dass die Überlagerung der einzelnen Töne einen harmonischen Klang ergibt.

Mag auch eine idealisierte Glocke, einmal mit dem Klöppel angeregt, ewig weiterklingen – in der schmutzigen Wirklichkeit gibt es eine Reihe von Effekten, die dafür sorgen, dass selbst ein sehr reiner Glockenton mit der Zeit leiser wird und schließlich verstummt. Zum einen liegt das daran, dass die abgestrahlten Schallwellen der Glockenvibration Energie entziehen. Zum anderen sind die verschiedenen Teilschwingungen, die Schwingungsmoden, die den Physikern die Beschreibung selbst kompliziertester Schwingung als Überlagerung vieler einfacher Prozesse erlauben, in der Realität doch nicht völlig unabhängig, sondern es kann Energie von der einen zur anderen wandern. Ein stark angeregter Schwingungsmodus gibt seine Energie daher mit der Zeit an die anderen, unendlich vielen Schwingungsmöglichkeiten ab. Die anfangs in dem einen Schwingungsmodus konzentrierte Energie verteilt sich auf viele andere Schwingungs-

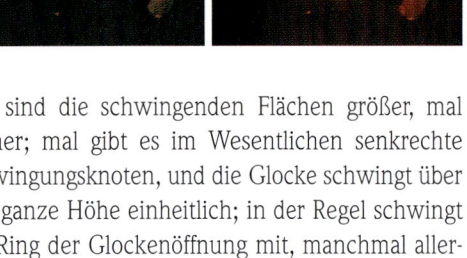
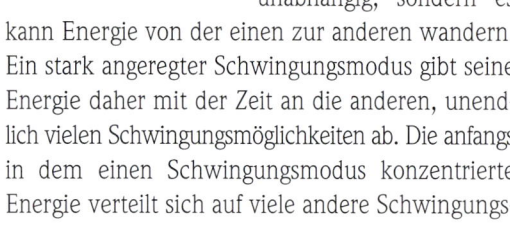

arten, und aus einem lauten, klaren Ton wird letztendlich ein unklares Schwingungsgemisch. Wie unabhängig eine gegebene Teilschwingung von den anderen Schwingungsmoden ist, gibt ihr so genannter *Qualitätsfaktor Q* an: Je größer Q ist, umso isolierter ist die betreffende Teilschwingung und umso länger klingt der betreffende Glockenton, einmal per Klöppelschlag angeregt, nach, ohne an Reinheit und Klarheit zu verlieren.

Zurück zu den Gravitationswellen. Fangen wir mit jenen einfachen Gravitationswellen an, die ich in Kapitel 7 beschrieben und an denen ich gezeigt habe, wie ihr Durchgang eine Schar frei fallender Teilchen beeinflusst, aber auch, wie er sich bei den gebundenen Teilchen eines Festkörpers in winzigen Gezeitenkräften äußert, die bestrebt sind, diese Teilchen ein wenig gegeneinander zu verschieben. Für einfache Gravitationswellen ist das schwächliche Ziehen und Stauchen der Gezeitenkräfte streng periodisch. Was, wenn es sich bei dem Festkörper um ein genauso schwingungsfähiges System handelt wie bei der gerade besprochenen Glocke? Kernstück von Webers Detektorkonzept ist ein massiver Metallzylinder als Testkörper, und eine so geformte Masse hat eine bestimmte Eigenschwingung, die auf den Durchgang einer einfachen Gravitationswelle besonders günstig reagiert. Ich nenne sie im restlichen Kapitel *Nachweisschwingung*. Sie ist in der Abbildung unten links skizziert.

Die Gezeitenkräfte einer einfachen Gravitationswelle variieren – sie legen es darauf an, den Körper in eine Richtung zu stauchen und senkrecht dazu zu strecken, und etwas später ist es genau umgekehrt, und die einst gestauchte Richtung erfährt eine Streckung, analog zur Verzerrung des Einstein-Mandalas in Kapitel 7. Diese Streck-Stauch-Kombination eignet sich vorzüglich dazu, die Nachweisschwingung zu beeinflussen, bei der sich der Zylinder ebenfalls zunächst verkürzt und dabei minimal verdickt, dann wieder zu seiner Zylinderform zurückkehrt, sich noch weiter verlängert und dabei ein klein wenig einschnürt und diesen Ablauf periodisch wiederholt.

RESONANZ UND KLÖPPELSCHLAG

Die Art und Weise, wie die Testmasse auf eine Gravitationswelle reagiert, ergibt sich direkt aus der Physik schwingungsfähiger Systeme. Ein Phänomen, das dabei wichtig wird, ist die *Resonanz*. Wie jede Eigenschwingung hat auch die Nachweisschwingung eine strikt festgelegte Frequenz, die sich aus den Materialeigenschaften und Abmessungen des Zylinders ergibt. Trifft eine einfache Gravitationswelle auf den Zylinder, so hängt es entscheidend von ihrer Frequenz ab, wie effektiv sie den Zylinder zur Nachweisschwingung anregen kann.

Viele Leser dürften sich, wenn auch nicht an das Wort, dann doch an das Prinzip der Resonanz aus ihrer Kindheit erinnern: Angenommen, ich stehe im Garten meiner Eltern hinter einer Schaukel, auf der meine kleine Schwester sitzt. Nun gebe ich ihr einen kleinen Schubs. Die Schaukel samt Schwester

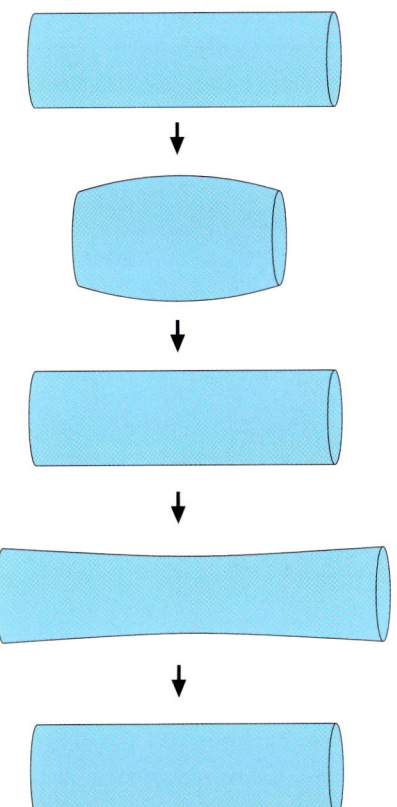

schwingt nach vorn und wieder zurück, mit einer konstanten Schwingungsdauer beziehungsweise Schwingungsfrequenz. Jedes Mal genau in dem Moment, wo Schaukel und Schwester direkt vor mir ganz kurz zum Stehen kommen und sich gerade zum Umkehren anschicken, versetze ich der Schaukel einen weiteren kleinen Schubs. Tue ich dies immer wieder, dann schwingt die Schaukel mit der Zeit höher und höher. Das liegt daran, dass ich meinen Schubsrhythmus genau auf die Schwingungsdauer der Schaukel abgestimmt habe, mit einem Fachbegriff ausgedrückt: dass sich meine wiederholte Anregung und das schwingende System Schaukel in Resonanz befinden. Hätte ich meine Schubse etwas schneller aufeinander folgen lassen, dann hätte ich die Schaukel manchmal beschleunigt, aber andere Male hätte sich die Schaukel im Schubsmoment gerade in Bewegung auf mich zu befunden, und mein Stoß hätte ihren Lauf entsprechend verlangsamt. Nur die perfekte Resonanz – der Umstand, dass ich immer dann schubse, wenn die Schaukel sowieso dabei ist, sich, ihrem eigenen Schwingungsmuster folgend, in die entsprechende Richtung zu wenden – führt dazu, dass ich die Bewegung mit jedem Schubs verstärkte.

Ähnlich bei zylindrischer Testmasse und einfacher Gravitationswelle: Besonders gut angeregt wird die Nachweisschwingung, wenn sie und die einfallende Gravitationswelle exakt dieselbe Frequenz haben. Dann stößt jeder Zyklus der Gezeitenkräfte die Schwingung ein wenig mehr an, und die Anregung schaukelt sich mit der Zeit auf. Dies steckt das erste Einsatzgebiet dieser Art von Detektoren ab: Falls die Frequenz einer zu erwartenden einfachen Gravitationswelle bekannt ist, kann man einen Detektor bauen, dessen charakteristische Frequenz genau der Wellenfrequenz entspricht.

Diese Einsatzmöglichkeit hat freilich sehr enge Grenzen. Mit Sicherheit kann niemand vorhersagen, dass bei einer ganz bestimmten Frequenz besonders starke Gravitationswellen zu erwarten sind, und dass rein zufällig eine einfache Welle mit exakt der richtigen Frequenz den Detektor erreicht, ist mehr als unwahrscheinlich. Allerdings gibt es noch eine weitere Art der Anregung, die wir bereits im Zusammenhang mit der Glocke kennen gelernt haben: Ebenso wie der harmonische Klang einer Glocke nachhallt, regt auch ein plötzlicher Gravitationswellenpuls, wie er beispielsweise von einer Supernova zu erwarten sein sollte, die oben dargestellte Eigenschwingung des Zylinders an. In meiner Abbildung ist die Auslenkung freilich stark übertrieben: Bei metergroßen Zylindern sollte eine Verkürzung von nicht wesentlich mehr als einem milliardstel milliardstel Millimeter zu erwarten sein, rund eine Million Mal kleiner als der Durchmesser eines Atomkerns.

Mathematisch lässt sich etwas präziser fassen, wie gut eine gegebene Eigenschwingung durch einen Puls angeregt wird. Auch hier spielt das Prinzip der Resonanz eine Rolle: Ebenso wie man die Schwingung eines Festkörpers in sich überlagernde Eigenschwingungen zerlegen kann, lässt sich ein Gravitationswellenpuls gedanklich als Summe verschiedener einfacher Gravitationswellen betrachten, jede davon eine Sinusschwingung mit einer festen Frequenz (siehe Seite 179f.). Für jede dieser einfachen Teilwellen gilt das oben Gesagte: Sie kann den Zylinderdetektor umso effektiver anregen, je näher ihre Frequenz der Frequenz der Nachweisschwingung kommt. Vereinfacht ausgedrückt: Den Detektor regen diejenigen Teile des Pulses an, die sich mit der Nachweisschwingung in Resonanz befinden. In beiden Fällen – bei einfacher Gravitationswelle und Puls – spielt die Resonanz eine Schlüsselrolle. Die Detektoren, um die es hier geht, heißen deswegen auch *Resonanzdetektoren*.

SIGNAL UND RAUSCHEN

Damit haben wir die Grundlage von Webers Detektoridee: Er plante, Gravitationswellenpulse nachzuweisen, indem er nachmaß, wie sie die Nachweisschwingung seiner zylinderförmigen Testmassen beeinflussten. Aber mit der Grundidee ist es noch längst nicht getan: Experimentelle Daten sind immer eine trübe Mischung aus dem Effekt, den man messen will, und Schmutzeffekten, die sich ungewollt überlagern, in der Sprache der Signalverarbeitung: aus Signal und Rauschen. In diesem speziellen Fall ergibt sich das Signal aus dem Einfluss der Gravitationswelle, das Rauschen aus diversen Störungen, von Umwelteinflüssen bis zu Effekten im Detektor selbst. Je schwächer ein Signal ist, das man messen will, umso wichtiger ist es, Störungen zu unterdrücken. Die Gravitationswellensignale, von denen wir hoffen können, sie hier auf der Erde nachzuweisen, sind, wie wir gesehen haben, *extrem* schwach. Schon in der »theoretischen Phase« Webers bis Ende der fünfziger Jahre war das entscheidende Auswahlkriterium für die untersuchten Detektortypen das zu erwartende Verhältnis von Signal und Rauschen gewesen. Auch bei seinen anschließenden praktischen Bemühungen, einen funktionierenden Detektor zu bauen, war ein Großteil der Entwicklungsarbeiten dem Ziel gewidmet, den Einfluss der Störeffekte möglichst gering ausfallen zu lassen.

Und Störeffekte gibt es etliche: Da wäre zunächst einmal das thermische Rauschen. Die Atome und Moleküle in Gasen, Flüssigkeiten oder Festkörpern verharren nicht regungslos nebeneinander, sondern befinden sich in vielfältiger Bewegung – Gasmoleküle beispielsweise fliegen hierhin und dorthin, stoßen dabei oft zusammen, woraufhin sie ihre Richtung ändern, und Atome im Festkörperverband führen winzige Schwingungen um ihre Ruhelage aus, das eine in diese, das nächste in jene Richtung. Gemeinsam ist diesen Bewegungen, dass sie völlig ungeordnet sind, ein wildes Durcheinander winziger, unkoordiniert tanzender Atome. Die Gesamtheit all dieses chaotischen Treibens ist die mikroskopische Grundlage der *Wärme*. Dabei entsprechen heftigere Bewegungen höherer *Temperatur*. Genauer gesagt: Die Temperatur ist das Maß für die mittlere Energie all der verschiedenen Bewegungsmöglichkeiten, die zum Wärmewirrwarr beitragen. In einem Festkörper wie der Glocke oder der Testmasse äußert sich die Wärmebewegung darin, dass alle elementaren Eigenschwingungen ein wenig angeregt sind, jede von ihnen im Mittel gleich stark. Das Pendant zu den Zusammenstößen der durcheinander fliegenden Gasmoleküle sind in diesem Fall Fluktuationen, bei denen eine Eigen-

schwingung etwas von ihrer Energie auf die nächste überträgt, so dass die verschiedenen Teilschwingungen mal ein bisschen mehr, mal ein bisschen weniger angeregt sind. Für einen Zylinderdetektor bedeutet dies, dass die Nachweisschwingung, wie jede andere der Eigenschwingungen, auch ohne Gravitationswelleneinfluss immer ein wenig angeregt ist. Thermische Fluktuationen, bei denen Energie von einer der anderen Eigenschwingungen auf die Nachweisschwingung übertragen wird oder umgekehrt, bewirken laufend solche winzigen Änderungen der Nachweisschwingung, durch die sich auch Gravitationswellen verraten würden. Das ergibt einen Rauschuntergrund, der die Empfindlichkeit des Detektors begrenzt; die Störungen lassen sich nur verringern, wenn man den Detektor im Ganzen herunterkühlt. Weber wählte diesen Weg noch nicht, sondern betrieb seine Detektoren bei Raumtemperatur (und nahm das entsprechende Rauschen in Kauf); in moderneren Experimenten ist Kühlung ein wichtiger Faktor.

Um die Schwingungen seines Testzylinders in ein elektrisches Signal umzusetzen, nutzte Weber so genannte Piezokristalle. Wird ein solcher Kristall gestreckt oder zusammengedrückt, baut sich zwischen geeignet gewählten entgegengesetzten Punkten seiner Oberfläche eine kleine elektrische Spannung auf. Einen Piezokristall dürften viele Leser ständig mit sich herumtragen: Kernstück einer Quarzuhr ist ein kleiner piezoelektrischer Kristall, der durch elektrischen Strom zu einer Eigenschwingung angeregt wird; diese hat wie jede Eigenschwingung eine konstante Frequenz und liefert damit den Taktgeber für die Uhr. Weber brachte auf seinen Aluminiumzylindern eine Reihe von kleinen, fest mit der Oberfläche verklebten Piezokristallen an. Eine Schwingung des frei aufgehängten Zylinders würde sie ein wenig verformen, stauchen oder dehnen und dadurch elektrische Spannungen erzeugen. Diese Teilspannungen galt es auszulesen und zu verstärken, um schließlich ein elektrisches Signal messbarer Stärke zu erzeugen.

Leider bringen Auslesen und Verstärkung neues Rauschen mit sich. Elektrischer Strom ist kein kontinuierliches Fließen, sondern die Bewegung einer

Menge einzelner Elektronen, die zudem nicht in Reih und Glied durch elektronische Bauteile marschieren, sondern deren Geschwindigkeit etwas fluktuiert – zu ihrer einheitlichen Bewegung durch den Leiter kommt etwas Wärmebewegung, die sich darin äußert, dass einige Elektronen etwas langsamer, andere etwas schneller dahinrauschen, und auch von den Wärmevibrationen der Atome des elektrischen Leiters, in dem sie wandern, erhalten sie ständig winzige Anstöße. Zum Teil überlagert solches elektrisches Rauschen direkt das Signal, das die Forscher auszulesen versuchen; zum Teil kann es aber auch in die andere Richtung wirken und den Schwingungszustand des Detektors ein wenig stören.

Für einen seiner Detektoren hielt Weber das Rauschen klein, indem er die Elektronik des Verstärkers stark herunterkühlte, was zu einer weniger heftigen Wärmebewegung führt. Allgemeiner nutzte er eine Möglichkeit, einen beachtlichen Teil dieses Rauschens nachträglich herauszufiltern: Die vielen Teilschwingungen der Testmasse, die das thermische Rauschen anregt oder deren Signal das elektronische Rauschen vortäuscht, haben eine Vielzahl verschiedener Frequenzen. Für den Gravitationswellennachweis interessiert aber im Wesentlichen eine einzige Frequenz, nämlich *die der Nachweisschwingung*. Bauteile, die nur Signale innerhalb eines bestimmten Frequenzbereichs durchlassen, so genannte Filter, gehören zu den Standardwerkzeugen der Elektronik, und mit ihrer Hilfe kann man einen Großteil des Rauschens effektiv herausfiltern. Wichtig ist, was am Messverstärker ankommt, und mit einem Filter kann man dafür sorgen, dass ein deutlicher Teil des Rauschens hinten, dort, wo eine Nachweisspannung abgelesen und der Auswertung zugeführt wird, eben nicht mehr eintrifft.

Trotz dieser Tricks ist das Verstärkerrauschen störend genug. Soweit es sich einrichten lässt, sollte man daher dafür sorgen, dass das durch eine Gravitationswelle erzeugte Signal so stark wie möglich ist, *bevor* es auf den Verstärker trifft. An dieser Stelle kommt der Qualitätsfaktor *Q* der Nachweisschwingung ins Spiel, ein Begriff, den ich auf Seite

283 als Maß dafür erwähnt habe, wie lange ein einmal angeschlagener Glockenton laut und rein nachklingt. Der Qualitätsfaktor ist nämlich auch ein direktes Maß dafür, wie stark eine Schwingung auf resonante Anregung reagiert – ist er hoch, beeinflusst ein Gravitationswellenpuls (oder eine einfache Gravitationswelle mit haargenau der richtigen Frequenz) die Nachweisschwingung weit stärker als bei geringem Q-Wert. Um dem Signal zu helfen, das Verstärkerrauschen zu übertönen, ist ein hoher Qualitätsfaktor daher ein probates Mittel.

Weber entschied sich bei der Wahl seines Testmassenmaterials für eine ganz bestimmte geschmiedete Aluminiumlegierung. Die war zwar nicht das Nonplusultra in Sachen Qualitätsfaktor – mit Niob, Quarzglas oder Saphir hätte er noch höhere Q-Werte erreichen können –, stellte aber ein solides Kompromissmaterial dar, das bei vorzüglichem Qualitätsfaktor vergleichsweise preiswert war und ohne aufwändige Fertigungsverfahren in die gewünschte Zylinderform gebracht werden konnte. Mit diesem Q-Wert ging eine Resonanzverstärkung einher, die den Detektor auf Gravitationswellen immerhin mit Längenänderungen von milliardstel milliardstel Metern reagieren ließ.

Bei der Wahl der Abmessungen ließ Weber sich ebenfalls von praktischen Überlegungen leiten und plante Zylinder, die mit rund anderthalb Metern Länge, rund sechzig bis hundert Zentimetern Durchmesser und einer Masse zwischen einer und drei Tonnen gerade noch so groß waren, dass man sie im Laborbetrieb ohne allzu großen Aufwand handhaben konnte. Die Frequenz der Nachweisschwingung liegt für solche Zylinder in der Gegend von tausend Schwingungen pro Sekunde. Geht man vom heutigen Wissen über den zeitlichen Verlauf von Supernova-Explosionen oder der Verschmelzung Schwarzer Löcher aus – Wissen, das Weber in den späten fünfziger, frühen sechziger Jahren freilich nicht zur Verfügung stand –, dann haben die zu erwartenden Gravitationswellenpulse deutliche Teilwellen in diesem Frequenzbereich. Für einen Resonanzdetektor sind solche Frequenzen also keine schlechte Wahl.

Bislang habe ich Rauschquellen in der Testmasse

selbst und den daran angeschlossenen Instrumenten betrachtet. Hinzu kommen externe Störungen. Da sind zum Beispiel die Stöße der Umgebungsluft: Die Luftmoleküle fliegen in wilder Wärmebewegung durcheinander und versetzen einer frei aufgehängten Testmasse oder anderen Detektorkomponenten laufend winzige Stöße. Auch Bewegungen der Luftmoleküle, Schallwellen, könnten sich auf die Testmasse übertragen und sie in Schwingungen versetzen, ebenso Erschütterungen des Erdbodens.

Um den Einfluss solcher äußeren Störungen gering zu halten, gilt es, die Testmasse möglichst effektiv zu isolieren. Ein üblicher erster Schritt besteht darin, sie im Vakuum aufzubewahren, so dass schon einmal keine direkten Stöße der Umgebungsluft stattfinden. Dann ist die Testmasse mit der Außenwelt im Wesentlichen nur noch über ihre Aufhängung verbunden, und die sollte man natürlich so wählen, dass sie möglichst wenig von den äußeren Erschütterungen an die Testmasse überträgt. Die dazu verwendeten Isoliermechanismen machen sich so etwas wie die Kehrseite des Resonanzphänomens zunutze.

Ein Beispiel ist eine Pendelaufhängung, die die Testmasse effektiv von Bewegungen der Aufhängung abschirmt. Sie können das selbst nachvollziehen, wenn Sie sich ein einfaches Pendel bauen – einfach, indem Sie ein hinreichend schweres Objekt an eine Schnur hängen, die Sie in einer Hand halten. Lenken Sie jetzt das Objekt mit der anderen Hand ein wenig aus und lassen es dann frei schwingen. Das verrät Ihnen die natürliche Schwingungsfrequenz Ihres Pendels. Bringen Sie es jetzt zur Ruhe und bewegen Sie nun die Haltehand ein wenig zur Seite, immer hin und her, als regelmäßige seitliche Schwingung des Aufhängepunktes:

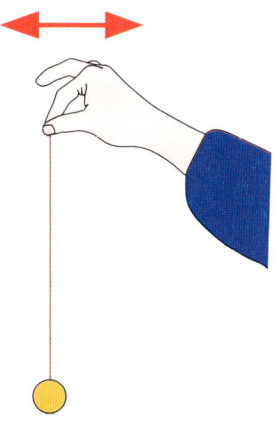

Wenn Sie den Haltepunkt extrem langsam hin- und herbewegen, vielleicht zehn Zentimeter nach links und nach rechts, dann folgt das Pendelgewicht Ihrer Bewegung getreulich nach und bleibt so senkrecht unter Ihrer Hand hängen. Wenn Sie die Frequenz Ihrer Handbewegung erhöhen, sie also schneller hin- und herbewegen, kommt es, sobald Sie sich der natürlichen Schwingungsfrequenz des Pendels annähern, zur Resonanz: Das Pendel schwingt selbst bei geringer Bewegung des Haltepunktes um wenige Zentimeter immer weiter aus, viel weiter, als Sie Ihre Hand oben am Faden bewegen. Wenn Sie dagegen Ihre Hand sehr schnell bewegen, viel schneller als die natürliche Schwingungsfrequenz, werden Sie sehen, dass das Pendel zwar etwas zittert, aber im Wesentlichen an seinem Ausgangsort verbleibt. Auf diese Weise kann man auch einen Testkörper gegenüber seitlichen Bewegungen effektiv isolieren. Weber hängte seine Testzylinder an einer Drahtschlaufe auf, in der der Zylinder balanciert war, wie in der folgenden Skizze gezeigt:

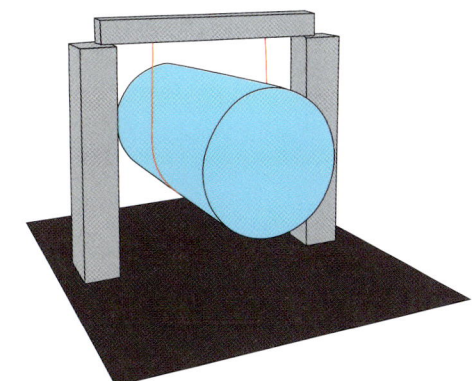

Erschütterungen, die sich von außen auf die grau dargestellte Aufhängung übertragen, entsprechen einer winzigen Hin- und Herbewegung des Aufhängepunkts des Pendels. Konstruiert man die Pendelaufhängung so, dass die Frequenz der Nachweisschwingung im Verhältnis zur Pendelfrequenz sehr groß ist, dann ist die Testmasse gegenüber Erschütterungen im Frequenzbereich der Nachweisschwingung so effektiv isoliert wie die Pendelmasse, mit der Sie gerade experimentiert haben,

gegenüber sehr raschen Bewegungen des Halte-
punkts. Erschütterungen, die eine ähnliche Frequenz haben wie die Nachweisschwingung und
die daher besonders geeignet sind, durch ihr Zittern eine Anregung der Nachweisschwingung zu
bewirken und so ein Gravitationswellensignal vorzutäuschen, wo gar keines ist, werden dadurch nur
in äußerst geringem Maße auf die Testmasse übertragen.

Die folgende Abbildung zeigt Weber um 1969
mit einer späteren, verbesserten Zylinderversion,
153 Zentimeter lang und mit einem Durchmesser
von 96 Zentimetern.

Die rechteckigen Aufsätze am Zylinder, an denen
sich Weber zu schaffen macht, sind die Piezokristalle; mit der rechten Hand drückt er gegen den
Bügel, an dem die Halteschlaufe angebracht ist.

Ergänzt wird der Isolationseffekt der Aufhängung durch so genannte akustische Filter, etwa in
Form eines dämpfenden Fundamentes. Im Laufe der
sechziger Jahre konstruierte Weber eine ganze Reihe
solcher Resonanzdetektoren. In ihrer Nähe brachte

er eine Reihe von Seismometern an, die zumindest
die stärkeren Erderschütterungen direkt messen
und so anzeigen sollten, wann der Detektor auf sie
mit falschem Gravitationswellenalarm reagierte.

Trotz all dieser Maßnahmen zeigten die ersten
Detektoren, die Weber Mitte der sechziger Jahre
in Betrieb nahm, kein klares Signal – was immer
sich dort an winzigen Gravitationswelleneinflüssen
bemerkbar machen mochte, es war nicht von den
diversen Störeinflüssen zu trennen. Um unter solch
ungünstigen Bedingungen trotzdem noch Signal
von Rauschen unterscheiden zu können, wandte
Weber einen weiteren Trick an. Er fertigte ein Zwil-
lingspaar baugleicher Detektoren an, die an verschiedenen Standorten aufgestellt wurden – ein
Zwilling bei Weber in seinem Labor an der University of Maryland, einer im rund tausend Kilometer
entfernten Argonne National Laboratory in Illinois.
Ihre Daten wurden per Telefonleitung direkt miteinander verglichen und zudem mit automatischen
Tintenschreibern auf Papierstreifen festgehalten. Die
lokalen Störungen sollten vom einen zum anderen
Detektor recht verschieden ausfallen. Die Auswirkung einer Gravitationswelle sollte dagegen beide
Detektoren in derselben Weise zum Schwingen anregen. Durch direkten Vergleich der Daten ließe
sich so die Spreu vom Weizen trennen, selbst bei
einer Signalstärke, die nicht größer war als die Stärke der Störeffekte.

WEBERS HEUREKA UND DIE FOLGEN

Seine theoretischen Erkenntnisse zur Nachweisbar-
keit von Gravitationswellen hatte Weber der Fach-
welt bereits Ende der fünfziger Jahre in einigen
Fachartikeln vorgestellt, denen er 1961 ein kurzes
Buch zum Thema allgemeine Relativitätstheorie
und Gravitationswellen folgen ließ. Auch dass er
daran arbeitete, seine Nachweisprinzipien in die
Praxis umzusetzen, war bekannt – aber würde er
auch etwas finden? Jahrelang gab es keine Anzeichen dafür, doch mit verbesserten Detektoren und
der Vergleichsschaltung schien Weber sein ehrgei-

ziges Ziel zu erreichen. Jedenfalls begann sein Versuchsaufbau gleich eine ganze Reihe von Koinzidenzen zu registrieren, Fälle, in denen die beiden Zwillingsdetektoren gleichzeitig in Schwingung gerieten, wie er es eben für ein Gravitationswellensignal erwartete. Im Frühjahr 1969 war sich Weber sicher, genügend Koinzidenzen nachgewiesen zu haben, um mit seiner Entdeckung an die wissenschaftliche Öffentlichkeit gehen zu können. Unter dem Titel »Indizien für die Entdeckung von Gravitationsstrahlung« (»Evidence for discovery of gravitational radiation«) reichte er eine Beschreibung seiner Messungen bei den renommierten *Physical Review Letters* zur Veröffentlichung ein. Der Artikel beschreibt siebzehn Koinzidenzereignisse, zum Teil zwischen den Zwillingsdetektoren, zum Teil mit gleichzeitigem Anschlagen von einem oder sogar zwei der vier anderen Detektoren, die Weber zu jener Zeit betrieb.

Diesmal hatte sich Weber nicht, wie im Falle des Lasers, die Butter vom Brot nehmen lassen, sondern seine theoretische Idee selbst umgesetzt, und das, so schien es, mit großem Erfolg. Eine weitere grundlegende Vorhersage der Einsteinschen Theorie war bestätigt, und es verwundert nicht, dass Webers Ergebnisse beträchtlichen Wirbel erzeugten, unter den Physikern wie auch in der breiteren Öffentlichkeit. Unter den Forschern lösten sie einen regelrechten Run aus: War Weber eben noch der Einzige gewesen, der praktisch am möglichen Nachweis der Gravitationswellen gearbeitet hatte, machten sich nun fast ein Dutzend Gruppen weltweit daran, ihm nachzueifern und eigene Variationen des Weberschen Detektors zu konstruieren – in den USA, Italien, Japan, in Großbritannien, in Moskau und auch am Max-Planck-Institut für Physik und Astrophysik in München.

Weber, für den der Nobelpreis in greifbare Nähe gerückt schien, legte seinerseits nach. Die statistische Auswertung in seinem Artikel war insgesamt recht unbefriedigend gewesen. Er hatte zwar Abschätzungen für die Wahrscheinlichkeit jeder der von ihm festgestellten Koinzidenzen gegeben. Aber ein wirklicher Vergleich zwischen der Zufallserwartung für Koinzidenzen im thermischen Rauschen

der Detektoren, mit dessen Hilfe sich bewerten ließ, wie wahrscheinlich oder unwahrscheinlich es war, die veröffentlichten Messergebnisse allein durch Zufall zu erhalten, fehlte. Das änderte sich, als Weber zu einem Verfahren überging, mit dem sich ohne größere Vorüberlegungen direkt aus den Detektordaten ermitteln ließ, ein wie großer Anteil der festgestellten Koinzidenzen durch Zufall zustande kam. Der Trick besteht darin, dass man die Datenströme der Zwillingsdetektoren nicht nur direkt, sondern außerdem noch die zu verschiedenen Zeitpunkten gehörigen Daten vergleicht – etwa die Daten des einen Detektors mit Daten, die der andere Detektor zwei Sekunden zuvor geliefert hat. Bei zeitversetztem Vergleich sollten zwar einerseits auf die gleiche Art und Weise zufällige Koinzidenzen zustande kommen wie beim Vergleich zum selben Zeitpunkt. Andererseits sind dabei keine Koinzidenzen zu erwarten, die auf einen Gravitationswellenpuls zurückgehen, denn der würde ja die beiden Detektoren nahezu gleichzeitig anregen; ein Vergleich mit Zeitverzögerung registriert dagegen nur, wenn der eine Detektor jetzt angeregt wird, der andere dagegen in unserem Beispiel exakt zwei Sekunden später. Systematisch eingesetzt, erlaubt der Vergleich eine direkte Abschätzung der zufällig zu erwartenden Koinzidenzen und die Feststellung, wann die Zahl der nachgewiesenen Koinzidenzen übermäßig ansteigt – Hinweis auf den Einfluss von Gravitationswellen.

Zusätzlich zu solchen grundlegenden statistischen Überlegungen begann Weber zu erforschen, wie sich die Häufigkeit der überzufälligen Koinzidenzen mit der Zeit veränderte. Die Nachweisempfindlichkeit eines Zylinderdetektors hängt von der Orientierung der Gravitationswelle ab, die ihn durchläuft: Wellen, die so ausgerichtet sind, dass sie den Detektor exakt in Längsrichtung abwechselnd strecken und verkürzen, regen die zum Nachweis verwendete Eigenschwingung (abgebildet auf Seite 283) besonders effektiv an; bei Wellen hingegen, die schräg auf den Zylinder treffen und bei denen die von ihnen hervorgerufenen Verzerrungen des Zylinders daher zum Teil gegeneinander wirken, erfolgt eine geringere Anregung. Von einer astronomischen Gravitationswellenquelle ist daher zu erwarten, dass sich die Stärke des von ihr bewirkten Detektorsignals mit der Zeit regelmäßig verändert, und zwar genau der Drehung (und, in geringerem Maße, der Bahnbewegung) der Erde folgend: Liegt der Zylinder quer zur Richtung, in der die Quelle am Himmel steht, sollte das Signal besonders gut nachgewiesen werden; wenn sich die relative Orientierung von Zylinder und Quelle ändert und damit vom optimalen Wert abweicht, sollte das Signal schwächer werden; hat sich die Erde einmal gedreht und der Detektor seine ursprüngliche Position wieder erreicht, sollte sich der Prozess wiederholen. So hatten die frühen Radioastronomen nachgewiesen, dass die Signale, die ihre Antennen auffingen, nicht irdischen, sondern himmlischen Ursprungs waren, und so argumentierte nun auch Weber. Seine Koinzidenznachweise, so legte er in einer Veröffentlichung dar, wurden mit der Zeit mal seltener und dann wieder häufiger, genau in dem Rhythmus, wie es der Beobachtung von Gravitationswellenquellen im galaktischen Zentrum unserer Milchstraße entsprechen sollte.

Allerdings hatte Webers Entdeckung durchaus rätselhafte Aspekte. Parallel zu seinen experimentellen Arbeiten hatte das theoretische Verständnis der Gravitationswellen und ihrer Quellen große Fortschritte gemacht, und die wollten mit Webers Messungen nicht recht zusammenpassen. Die Gravitationswellen, die Webers Zylinder zu erregen schienen, waren von überraschender Stärke und sorgten für viel größere Raumverzerrungen, als es zu erwarten war. Kämen sie tatsächlich aus dem Zentrum der Milchstraße, dann bedeutete dies, dass dort in jedem Jahr in Form von Gravitationswellen Energie abgestrahlt würde, die der Masse von tausend Sonnen entspricht – eine im Wortsinne unglaubliche Energiemenge, durch herkömmliche Modelle unerklärlich, die zudem in der für die Astronomie sehr kurzen Zeitspanne von einigen hundert Millionen Jahren zur vollständigen Auflösung der Galaxie hätte führen müssen.

Erste Zweifel kamen auf, ob Webers Messdaten wirklich einen Nachweis von Gravitationswellen

darstellten. Rund drei Jahre später berichteten die ersten der Gruppen, die nach seinem Vorbild Resonanzdetektoren gebaut hatten, von ihren Ergebnissen, und die Skeptiker sahen sich bestätigt: Obwohl einige der Detektoren von der Konstruktion her noch empfindlicher auf Gravitationswellensignale ansprechen sollten als die von Weber, hatte keiner von ihnen Hinweise auf Gravitationswellen geliefert.

Die Messungen liefen weiter. Weber identifizierte in seinen Detektorendaten weiterhin überzufällig häufige Koinzidenzen, die anderen Forschergruppen sahen zu denselben Zeitpunkten – nichts. Selbst mit Detektoren, die denen Webers in den Abmessungen, der Form und dem Auslesemechanismus genau nachkonstruiert waren, konnten seine Ergebnisse nicht wiederholt werden. Paradebeispiel sind die zwei Zylinderdetektoren der Münchner Gruppe – vor der Konstruktion war der Leiter der Gruppe, Heinz Billing, zusammen mit seinem Mitarbeiter Walter Winkler für zwei Wochen zu Weber gefahren, um sich dort dessen Experimentaufbau und das Vorgehen bei der Auswertung haarklein auseinander setzen zu lassen. Anschließend hatte die Münchner Gruppe mit Zylindern der gleichen Ausmaße und des gleichen Materials über Jahre hinweg Koinzidenzmessungen von bahnbrechend hoher Empfindlichkeit vorgenommen – ohne positives Ergebnis.

Dabei hatte Weber noch nicht einmal das optimale Verfahren verwendet, um aus seinen Daten auf den Einfluss von Gravitationswellen zu schließen. Er hatte lediglich ein plötzliches Ansteigen der Schwingungsenergie der zum Wellennachweis verwendeten Eigenschwingung als Auswirkung einer Gravitationswelle gewertet, also denjenigen Fall, in dem die Eigenschwingung durch den Einfluss der Gravitationswelle stärker wird. In Wirklichkeit wird der Zylinder, wie erwähnt, bereits vor Eintreffen der Gravitationswelle ein wenig schwingen. Der Effekt der Gravitationswelle könnte dann darin bestehen, die bereits vorhandene Schwingung zu verstärken, aber beispielsweise auch darin, sie zu schwächen oder einfach den Zeitpunkt, zu dem der schwingende Zylinder seine maximale Verlängerung erfährt, ein wenig zu verschieben – im

Sprachgebrauch der Physiker wäre Letzteres eine *Phasenverschiebung*. Wären die Koinzidenzen wirklich so häufig, wie Weber meinte, dann sollte ein Verfahren, das auf alle drei Effekte achtete, sechzehnmal mehr Koinzidenzen nachweisen als Webers Auswertungsprotokoll. Dieses verbesserte Auswertungsverfahren verwendeten beispielsweise die Münchner Gruppe und die IBM-Gruppe, doch auch mit dieser Modifikation: kein Gravitationswellennachweis außer bei Weber.

Verständlich, dass die Physiker nachzuforschen begannen, worin sich denn nun Webers Experimente von denen der anderen Forscher unterscheiden könnten. Nach und nach kristallisierte sich heraus, dass wohl die Auswertung das entscheidende schwache Glied in der Kette war. Festzustellen, wie viele Koinzidenzen allein durch Zufall zu erwarten sind und wie welcher Überschuss an Koinzidenzen daher als Folge eines Gravitationswellensignals gewertet werden sollte, ist kein einfaches Problem – selbst dann nicht, wenn man das oben erwähnte Verfahren verwendet, zeitversetzte Datenreihen miteinander zu vergleichen. Das Ergebnis hängt empfindlich davon ab, wie man eine Koinzidenz definiert, mit anderen Worten: was die exakten Kriterien für Ähnlichkeit und zeitlichen Zusammenhang der beiden Detektorergebnisse sind, nach denen entschieden wird, ob eine Koinzidenz vorliegt oder nicht.

Webers Vorgehen war hier anfangs wenig präzise gewesen – die Auswertung bestand in der Sichtung zweier Papierstreifen, auf denen jeweils per Tintenschreiber die Ausgangssignale der beiden Zylinder aufgezeichnet waren. Bei solchem Vorgehen sind subjektive Einflüsse vorprogrammiert. Später stellte Weber auf eine automatische Auswertung per Computer um, doch auch da kam es zu Problemen. So identifizierten Kritiker in dem Computerprogramm, das Weber benutzte, einen Programmierfehler, und anhand von Originaldaten, die er einigen Kollegen zugänglich gemacht hatte, ließ sich zeigen, dass zumindest für den betreffenden Datensatz der Überschuss an Koinzidenzen, den er ausfindig gemacht hatte, auf diesen Fehler zurückging. Es schien, als könnte Weber durch seine

Analysemethoden auch noch aus den zufälligsten Datenströmen Koinzidenzen und damit Gravitationswellen hervorzaubern. Zumindest macht es den Eindruck – das ergibt sich aus den Erfahrungen der Münchner Gruppe und aus späteren Diskussionsbeiträgen Webers auf einer Konferenz, auf der er sich gegen Kritik an seinen Auswertungen verwahrte –, als habe Weber zumindest zum Teil in seinen Daten »gefischt« und die verschiedenen Möglichkeiten bei der Auswahl der Auswertungsalgorithmen für jeden Datensatz variiert, bis er möglichst viele Koinzidenzen gefunden hatte. Solch ein Vorgehen verfälscht die Wahrscheinlichkeitsabschätzungen, anhand deren sich entscheiden lässt, ob die gefundenen Koinzidenzen Zufall sind oder nicht, erheblich.

Während der Auseinandersetzung um Webers Verfahren kühlte das Klima zwischen ihm und seinen Kollegen deutlich ab. Der Ton der Kritik wurde zum Teil äußerst scharf, Weber entwickelte seinerseits einen gehörigen Widerwillen, seinen Gegnern auch noch Munition zu liefern, und so wurde die Kommunikation zwischen ihm und den anderen Forschungsgruppen immer schwieriger.

Einen deutlichen Hinweis auf die Probleme der Datenauswertung wie des Diskussionsklimas gibt ein Zwischenfall, bei dem Weber Daten des Detektors einer anderen Gruppe erhalten hatte, um im Vergleich prüfen zu können, ob es zwischen den Detektoren der beiden Gruppen zu den inzwischen eher berüchtigten denn berühmten Koinzidenzen kam. Weber ließ verlauten, auch bezüglich dieser Daten weit häufiger Koinzidenzen nachweisen zu können, als zufällige Übereinstimmungen zu erwarten wären. Später kam allerdings heraus, dass dabei ein Umstand übersehen worden war. Die Zeitangaben der beiden Datensätze bezogen sich nicht, wie Weber vorausgesetzt hatte, auf dieselbe Zeitzone – einer der Datensätze bezog seine Zeitangaben auf US-Ostküsten-Sommerzeit, der andere auf Greenwich-Standardzeit (GMT). Die beiden Zeitzonen liegen vier Stunden auseinander. Weber hatte kein gleichzeitiges Zusammentreffen von Signalen errechnet, wie es von einer Gravitationswelle hätte hervorgerufen werden können, sondern Zusammenhänge zwischen den Daten des einen Detektors und dem *um vier Stunden verzögerten* Signal des anderen Detektors, die unmöglich Zeichen von Gravitationswellenpulsen sein konnten. Es handelte sich also gerade um einen zeitverschobenen Vergleich, der, wie oben bereits angesprochen, gar keinen gravitationswellenbedingten Koinzidenzenüberschuss liefern *kann*! Dass Weber von der unbeabsichtigten Zeitverschiebung erst erfuhr, als er bei einer Fachkonferenz in Boston öffentlich damit konfrontiert wurde, trug nicht zur Verbesserung des Diskussionsklimas bei. Richard Garwin von der IBM-Detektorgruppe, verantwortlich für die überraschende Konfrontation, legte in einem nachfolgenden Briefwechsel in *Physics Today* sogar noch nach: Mit einem den Weberschen Auswertevorschriften entsprechenden Verfahren, so berichtete er, hätte er im Rahmen einer Computersimulation selbst aus Reihen von Zufallszahlen noch »Koinzidenzen« herausfiltern können.

Für fast alle Gravitationswellenforscher war mit der fehlenden Wiederholung des Nachweises und den konkreten Vorwürfen gegen Weber nach einer Weile klar, dass die behaupteten Koinzidenzen viel wahrscheinlicher auf Auswertungsartefakte zurückgingen als auf Gravitationswellen. Weber hat diese Schlussfolgerung nie akzeptiert. Er blieb bei seiner Überzeugung, Gravitationswellen nachgewiesen zu haben, seine Zylinderdetektoren liefen bis zu seinem Tod im Jahr 2000, und er kam bei seinen Auswertungen regelmäßig auf eine überzufällige Anzahl von Koinzidenzen. Er veröffentlichte auch weiterhin Fachartikel zu seinen Messungen und deren theoretischen Hintergründen – nur wurden diese Artikel ab einem gewissen Zeitpunkt von der überwiegenden Mehrzahl der Gravitationswellenforscher ignoriert.

Wenn Weber der endgültige Durchbruch mit seinen eigenen Messungen auch nicht vergönnt war – über seine Rolle als Pionier, der das Feld der experimentellen Suche nach Gravitationswellen im Alleingang aus der Taufe gehoben und damit die Entwicklung einer völlig neuen Art der Astronomie angestoßen hat, besteht auch unter den Kritikern seiner Messergebnisse kein Zweifel. Und so spekulativ jegliches historische Was-wäre-wenn sein mag: Das Aufsehen rund um seine Behauptungen, Gravitationswellen nachgewiesen haben, führte direkt dazu, dass von den siebziger Jahren an gleich eine ganze Reihe weiterer Forschungsgruppen begann, sich der experimentellen Gravitationswellenforschung zu widmen. Einige der Gruppen gaben ihre Bemühungen im Zuge der Kontroverse zwar auf, doch von denen, die ihre Arbeit fortsetzten, gingen jene Entwicklungen aus, mit denen der direkte Nachweis von Gravitationswellen heute in greifbare Nähe gerückt scheint.

Anders als beim Laser ist Webers Beitrag zu dieser Entwicklung nie vernachlässigt worden. Aber trotz aller Anerkennung lag auf der anderen Waagschale immer noch die fehlende Akzeptanz der Messergebnisse. Die Revolution, die Weber angestoßen hatte, ließ letztendlich ihren Vater links liegen.

MODERNE ZEITEN

Die experimentellen Gruppen, die ihre Forschungen jenseits der Weber-Kontroverse vorantrieben, schlugen mit der Zeit zwei verschiedene Wege ein. Einer führt zu den so genannten interferometrischen Detektoren, denen das nächste Kapitel gewidmet ist. Mit dem anderen Weg, der Fortentwicklung der Resonanzdetektoren, beschäftigt sich der Rest dieses Kapitels.

Die wichtigsten Störeinflüsse, die bei Detektoren des Weberschen Typs auftreten, habe ich bereits aufgezählt. Um mit ihren Detektoren Gravitationswellen nachzuweisen, sind Webers Erben bemüht, jedes Glied der Signalkette, die vom schwingenden Zylinder bis zur Computerauswertung führt, zu stärken.

Ein erster Schritt betrifft die Art und Weise, wie die Schwingungen der Testmasse ausgelesen werden. Weber hatte einen Gürtel von Piezokristallen verwendet. Bei den moderneren Detektoren hat sich ein Verfahren durchgesetzt, das einmal mehr das Prinzip der Resonanz ausnutzt: Bringt man an der Testmasse eine kleine Auslesemasse an, die eine

Eigenschwingung bei haargenau der Frequenz der Nachweisschwingung hat, kommt es zu einem Resonanzprozess: Die Energie der Nachweisschwingung überträgt sich fast völlig auf die entsprechende Schwingung der Auslesemasse, wird dann wieder zur Testmasse zurückübertragen, und so geht es immer hin und her, im steten Wechsel. Entscheidend ist, dass bereits eine geringe Schwingung einer sehr großen Masse einer sehr hohen Energie entspricht. Wird all diese Energie auf eine kleinere Masse übertragen, führt sie zu einer sehr viel stärkeren Schwingung, etwa zu einem deutlich stärkeren Hin- und Herschwingen der Auslesemasse. Die Schwingung des Auslesekörpers, die damit bereits eine mechanisch verstärkte Version der Testzylinderschwingung darstellt, wird dann in ein elektrisches Signal umgewandelt. Eine Möglichkeit besteht darin, die Auslesemasse ein wenig elektrisch aufzuladen, so dass sie zusammen mit einer weiteren Leiterfläche einen *Kondensator* bildet. Dessen elektrische Spannung hängt empfindlich vom Abstand der beiden Kondensatorflächen ab, und die Abstandsänderungen durch das Schwingen der Auslesemasse führen zu Spannungsänderungen, die sich messen lassen und alle nötigen Informationen über die Schwingungsanregung der Testmasse enthalten. Eine andere Konstruktion verwendet stattdessen eine Magnetspule, die auf die Abstandsänderungen der Ablesemasse reagiert.

Ein großer Fortschritt der neuen Detektoren betrifft die thermischen Störeffekte, das Rauschen aufgrund der ungeordneten Bewegungen der Atome der Testmasse. Das Maß für die Energie der ungeordneten Atombewegung ist, wie erwähnt, die Temperatur: Je geringer die Temperatur, umso weniger heftig die Bewegungen der Atome und umso kleiner die Störeffekte, die ein etwaiges Gravitationswellensignal überlagern. Die niedrigste überhaupt mögliche Temperatur entspricht demjenigen Zustand, in dem sich alle Atome in Ruhe befinden. Das ist der *absolute Temperaturnullpunkt*, der bei −273,15 Grad Celsius liegt und als Ausgangspunkt der Kelvin-Temperaturskala dient.

Um die thermischen Störeffekte klein zu halten, bietet es sich an, die Testmasse möglichst weit

herunterzukühlen. Der absolute Nullpunkt selbst ist, das folgt aus den quantenmechanischen Grundgesetzen der Mikrowelt, unerreichbar. Im Vergleich mit Alltagstemperaturen kommen ihm die heutigen Resonanzdetektoren allerdings beeindruckend nahe. Das zeigt eine gedankliche Reise, die bei Zimmertemperatur ihren Ausgang nimmt, bei zwanzig Grad Celsius, 293 Grad über dem absoluten Nullpunkt oder, abgekürzt, 293 Kelvin. Würde ich die Temperatur in dem Zimmer, in dem ich mich befinde, auf Null Grad Celsius erniedrigen (273 Kelvin), so würde das Wasser, das in einem Glas neben meinem Computer steht, zu Eis gefrieren. Noch weiter in Richtung niedrigerer Temperaturen gelangen wir mit −30 Grad Celsius (243 Kelvin) zur durchschnittlichen Wintertemperatur am Nordpol, und bei noch einmal 50 Grad weniger (−80 Grad Celsius/193 Kelvin) zu den kältesten Wintern Sibiriens und damit so ziemlich zu den kältesten natürlichen Temperaturen, die es auf der Erde gibt. Ungefähr bei dieser Temperatur wird auch das gasförmige Kohlendioxid aus der Atemluft zu Trockeneis. Kühlen wir weiter ab (längst haben wir den Temperaturbereich verlassen, in dem Menschen ungeschützt überleben können) und erreichen −184 Grad Celsius oder 90 Kelvin, dann verflüssigt sich der Sauerstoff aus der Atemluft zu einer leicht bläulichen Flüssigkeit, 13 Grad tiefer auch der Stickstoff. Dann sind wir immer noch bei 77 Kelvin, 77 Grad über dem absoluten Nullpunkt, und noch lange nicht bei der Temperatur, bei der die heutigen Resonanzdetektoren betrieben werden. Nur wenige Grad über dem absoluten Nullpunkt erreichen wir die charakteristische Temperatur der kosmischen Hintergrundstrahlung, von der in Kapitel 10 die Rede war, nämlich rund 3 Kelvin. In diesem Bereich liegen die angestrebten Arbeitstemperaturen der gekühlten Gravitationswellendetektoren: zum Teil wenige Grad darüber, für die so genannten *ultrakalten* Detektoren dagegen sogar nur 0,1 Grad über dem absoluten Nullpunkt. Gut möglich, dass es im Universum nirgends sonst derart kalte massive Objekte gibt.

Solche Temperaturen zu erreichen und stabil aufrechtzuerhalten ist mit gehörigen technischen

Schwierigkeiten verbunden. Solange der Detektor bei rund 4 Kelvin arbeitet, ist eine herkömmliche Art der Kühlung durch verflüssigte Gase möglich, wie sie inzwischen industrielle Routine ist. Die dabei angewandten Verfahren nutzen wohlbekannte thermodynamische Effekte: Gibt man einem komprimierten Gas die Möglichkeit, sich auszudehnen, führt das zu einer Temperatursenkung, während eine Komprimierung zu einer Aufheizung führt. Vereinfacht gilt daher: In einem Zyklus, bei dem Gas komprimiert, die Wärme des komprimierten, aufgeheizten Gases abgeführt und es durch Entspannung abgekühlt wird, kann man es am Ende verflüssigen. Allerdings haben solche Verfahren Grenzen. Die niedrigste Verflüssigungstemperatur hat das Edelgas Helium, und bei dieser Temperatur werden die »normal kalten« Detektoren betrieben. Um mit den ultrakalten Detektoren zu noch niedrigeren Temperaturen, weniger als ein Grad über dem absoluten Nullpunkt zu gelangen, ist ein ungewöhnlicheres Kühlverfahren nötig. Eine Alltagsentsprechung dürften Leser dieses Buches wieder und wieder am eigenen Leibe erfahren: Wenn Wasser verdampft, also von der flüssigen in die gasförmige Phase übergeht, führt das zu einer Abkühlung. Auf diese Weise kühlt der Schweiß, den unser Körper bei hohen Temperaturen an die Hautoberfläche treten lässt, uns ab. Das bei den ultrakalten Detektoren eingesetzte Kühlverfahren beruht auf einem analogen Phänomen, nur wird dort keine Flüssigkeit zum Verdampfen, sondern eine Variante des Elements Helium dazu gebracht, von einer exotischen Phase in eine andere überzugehen und sich und seine Umgebung dabei abzukühlen.

Entsprechend den niedrigen Temperaturen, die herbeigeführt und aufrechterhalten werden sollen, ist bei den gekühlten Detektoren eine hochwirksame Wärmeisolation vonnöten. Die folgende Abbildung zeigt einen Blick in die geöffnete Kühlkammer des italienischen Detektors NAUTILUS.

Deutlich zu sehen ist die Testmasse, sechzig Zentimeter im Durchmesser, ebenso die kleine Auslesemasse an ihrer Vorderseite. Die darum herum erkennbaren Abschirmungen dienen zu einem großen Teil der Temperaturkontrolle.

Die modernen Detektoren verwenden so genannte SQUIDs (Superconducting Quantum Interference Device, wörtlich: supraleitendes Quanteninterferenz-Gerät), hochempfindliche Detektoren, mit denen sich dank quantenmechanischer Effekte selbst winzigste Magnetfelder in deutliche elektronische Signale umsetzen lassen, und auch die schon erwähnten Auslesetechniken per Kondensator oder Magnetspule machen sich die günstigen Eigenschaften supraleitender Materialien zunutze.

Den ersten Vertreter der neuen, tiefgekühlten Detektorgattung entwickelte eine Gruppe unter der Leitung des Physikers William Fairbank an der Universität Stanford in Kalifornien. Als sie 1981 die Daten der ersten Messreihe veröffentlichte, waren ähnliche Detektoren an der Louisiana State University in Baton Rouge und an der Universität Rom bereits im Testbetrieb, und 1986 liefen die drei Detektoren erstmals gleichzeitig, und die Gruppen versuchten, ihre Messgenauigkeit durch Vergleich ihrer Daten zu erhöhen. Allerdings zeigte die Messphase bei allen drei Detektoren technischen Nachbesserungsbedarf, und anschließend wurden sie zu diesem Zweck gemeinsam abgeschaltet. Eine im Nachhinein sehr unglückliche Entscheidung, fand doch im Februar 1987 die bereits in Kapitel 8 erwähnte Supernova 1987 A statt, von der ein vergleichsweise kräftiger Gravitationswellenpuls zu erwarten gewesen wäre. Doch zu diesem Zeitpunkt liefen nur Webers Detektoren und ein ungekühltes Pendant der Rom-Gruppe. Dass Weber von einer Koinzidenzmessung berichtete, die mit dem Supernova-Ereignis korrelieren sollte, sorgte zu jenem Zeitpunkt schon nicht mehr für großes Aufsehen.

Der Resonanzdetektor in Stanford fiel leider dem Erdbeben zum Opfer, das 1989 die Region um San Francisco erschütterte. Die Gruppen in Rom und Louisiana betreiben dagegen auch heute noch Detektoren, und inzwischen sind eine weitere italienische Gruppe und ein australischer Detektor hinzugekommen. Weltweit sind derzeit fünf Vertreter der modernen Generation tiefstgekühlter und aufwändig aufgehängter Zylindermassen im Einsatz:

ALLEGRO ist die Abkürzung für »A Louisiana Low temperature Experiment and Gravitational wave Observatory« (»Ein Niedrigtemperaturexperiment- und Gravitationswellenobservatorium in/aus Louisiana«). Es wird seit 1991 an der Louisiana State University in Baton Rouge betrieben. Kernstück ist ein 2300 Kilogramm schwerer, drei Meter langer Zylinder aus einer Aluminiumlegierung, dessen Resonanzfrequenz etwas oberhalb von 900 Schwingungen pro Sekunde liegt.

Die Gruppe der Universität Rom betreibt zwei Detektoren: zum einen den EXPLORER, der am europäischen Kernforschungszentrum CERN bei Genf angesiedelt ist, zum anderen den ultrakalten NAUTILUS am Kernforschungszentrum von Frascati, sechzig Kilometer östlich von Rom. Die Abmessungen und Resonanzfrequenzen der beiden Detektoren entsprechen denen von ALLEGRO; unten ein Foto des EXPLORER in seinem Kühltank.

Auch die Aluminium-Testmasse des ultrakalten Detektors AURIGA hat die gleichen Abmessungen wie ihre Kollegen. Der Detektor, den das italienische Nationalinstitut für Kernphysik INFN betreibt, ist in der Kleinstadt Legnaro nahe Padua angesiedelt.

Fünfter im Bunde ist NIOBE, ein Resonanzdetektor der University of Western Australia, gelegen in der Nähe von Perth am südwestlichen Zipfel des Kontinents. NIOBEs Testmasse weicht vom Einheitsschema der anderen Detektoren ab: Sie besteht vollständig aus dem Metall Niob, hat eine Masse von »lediglich« 1500 Kilogramm und eine etwas niedrigere Resonanzfrequenz im Bereich von 700 Schwingungen pro Sekunde.

Kurze Gravitationswellenpulse ließen sich mit diesen Detektoren selbst dann messen, wenn sie lediglich Testmassenverformungen von 40 trillionstel Prozent bewirken würden. In den letzten Jahren ist damit zwar nicht der Nachweis von Gravitationswellen gelungen, aber immerhin konnte NAUTILUS die Auswirkungen der Teilchenstrahlung registrieren, die uns kontinuierlich aus dem Weltraum erreicht und die Testmasse zu winzigen Schwingungen anregt.

Eine Konsequenz der Weber-Kontroverse ist, dass alle Beteiligten sehr vorsichtig geworden sind, wenn es darum geht, aus Koinzidenzen direkt auf Gravitationswellen zu schließen. Zum einen achten die Forscher sehr auf die statistischen Auswertungsmethoden und darauf, dass die Entscheidung, was als Pulssignal gelten soll und was nicht, eindeutig im Vorfeld getroffen wird, unbeeinflusst von den auszuwertenden Daten. Zum anderen hat sich die Auffassung durchgesetzt, dass ein überzeugender Nachweis auf mehr beruhen muss als auf bloßer Koinzidenz. Relative Signalstärken der richtungsabhängigen Detektoren, die auf eine eindeutige Position der vermuteten Gravitationswellenquelle am Himmel hinwiesen, wären ein weitergehendes Indiz, ebenso die deutliche Korrelation des Gravitationswellensignals mit einem anderweitig feststellbaren astronomischen Ereignis. Den möglichen Zusammenhang bestimmter Gammastrahlenausbrüche mit der Erzeugung von Gravitationswellen habe ich bereits erwähnt; entsprechend ist danach gesucht worden, ob die Daten der Resonanzdetektoren vielleicht Korrelationen mit den Messergebnissen von auf diesen Strahlungsbereich spezialisierten Satellitenobservatorien aufweisen. Ein weiteres Puzzlestück wäre der Nachweis winziger Zeitverzögerungen zwischen dem Ansprechen der verschiedenen Detektoren. Die Front einer lichtschnellen Gravitationswelle aus (messbar) gegebener Richtung würde einige der an unterschiedlichen Orten befindlichen Detektoren früher, andere ein paar tausendstel Sekunden später erreichen. Stimmten errechnete und gemessene Verzögerungen überein, wäre das ein wertvolles Indiz dafür, dass man es tatsächlich mit einer Gravitationswelle zu tun hat.

Aus den bislang veröffentlichten zusammengefassten Daten lässt sich kein direkter Nachweis von Gravitationswellen ableiten. Ob eine Auswertung von Koinzidenzen zwischen den 2001 mit den Detektoren EXPLORER und NAUTILUS gesammelten Daten eine leicht überzufällige Häufung aufweist oder nicht, wird bislang noch kontrovers diskutiert. Die gesicherten Ergebnisse betreffen bislang lediglich Obergrenzen für die Stärke der Gravitationswellen im detektortypischen Frequenzbereich, die uns hier auf der Erde erreichen. Auch das ist ein physikalisch wichtiges Ergebnis, aber natürlich lange nicht so spektakulär wie ein direkter Nachweis.

Die Resonanzdetektoren werden laufend weiterentwickelt. Irgendwann einmal hoffen die Forscher dabei so empfindlich zu werden, dass sich die Effekte der Quantentheorie bemerkbar machen – derjenigen Theorie, die die Geschehnisse der Mikrowelt bestimmt, die Theorie der Atome und Elementarteilchen. Dann wäre zumindest für herkömmliche Messungen die absolute Empfindlichkeitsgrenze erreicht. Andererseits geht die Entwicklung hin zu grundlegenderen Verbesserungen. Konstruktionen, in denen die Testmasse deutlich größer ist und bis

zu 100 Tonnen betragen kann, sind in der Planung, und es gibt heute schon erste Prototypen für Detektoren beispielsweise mit kugelförmiger Testmasse – eine Form, die generell empfindlicher auf Gravitationswellen reagiert als ein Zylinder, deren Schwingungen aber auch deutlich schwieriger auszulesen sind. Die vorstehende Abbildung zeigt die Testmasse von MiniGRAIL im niederländischen Leiden, eine Kugel aus einer Kupfer-Aluminium-Legierung, 65 Zentimeter im Durchmesser.

Trotz aller Weiterentwicklungen haben Resonanzdetektoren mit einem grundlegenden Nachteil zu kämpfen. Er betrifft die Schwierigkeit, die zeitliche Entwicklung von Gravitationswellensignalen zu verfolgen. Für die Gravitationswellenastronomie ist ja nicht nur die Tatsache interessant, *dass* ein Gravitationswellenpuls hier auf der Erde eintrifft, sondern auch, wie sich die Gravitationswellen mit der Zeit entwickeln. Die Astrophysiker möchten zum Beispiel möglichst genau verfolgen können, wie das fast-periodische Signal von einander umkreisenden Schwarzen Löchern an Frequenz gewinnt, von einem komplizierten Verschmelzungssignal abgelöst wird und dann in eine Abklingphase übergeht. Für diesen Zweck lassen sich Resonanzdetektoren allerdings nur sehr begrenzt verwenden. Ich habe erwähnt, dass der Weg, der beim Resonanzdetektor von der Gravitationswelle zum Ausgangssignal des Detektors führt, einen Frequenzfilter enthält, der benötigt wird, um das Rauschen beispielsweise des Verstärkers hinreichend zu unterdrücken, und der nur Signalanteile rund um die Frequenz der Nachweisschwingung durchlässt.

Hinzu kommt, dass auch die Auslesemasse, auf die die Testmasse ihre Schwingungsenergie per Resonanz überträgt, als eine Art Frequenzfilter wirkt. Nun gibt es aber eine allgemeine Erkenntnis über Signalfilter, die besagt, dass bei einer Frequenzfilterung zwangsläufig Informationen über die zeitliche Entwicklung des Signals verloren gehen. Durch einen Frequenzfilter betrachtet, kann aus einer spitzen Signalzacke ein sanfter Hügel werden, aus einer scharfen Kante eine Wölbung, und generell gilt: Je begrenzter der Frequenzbereich ist, umso verschwommener werden die Informationen über den zeitlichen Verlauf des Signals, die den Filter passieren können. Mit den zur Rauschunterdrückung notwendigen sehr engen Frequenzfiltern liefern die Resonanzdetektoren zwangsläufig nur sehr ungefähre Informationen darüber, wie sich Gravitationswellensignale mit der Zeit verändern.

Dieser Nachteil und grundlegende Überlegungen zu der mit verschiedenen Arten von Detektoren erreichbaren Empfindlichkeit haben dazu geführt, dass sich seit den siebziger Jahren mehr und mehr Forscher den interferometrischen Detektoren zugewandt haben. Deren Funktionsprinzip verspricht die Möglichkeit, die Einzelheiten der Entwicklung von Gravitationswellenformen weit genauer und detailgetreuer vermessen zu können, ohne automatisch Abstriche bei der Empfindlichkeit hinnehmen zu müssen. Zudem lassen die heutigen technischen Möglichkeiten es zu, eine insgesamt höhere Nachweisempfindlichkeit zu erreichen als mit den Resonanzdetektoren. Es ist daher zu erwarten, dass der erste Nachweis von Gravitationswellen den Vertretern dieser Detektorgattung gelingen wird.

KAPITEL 12

MICHELSONS ERBEN:
INTERFEROMETRISCHE DETEKTOREN

PULSARE ALS DETEKTOREN

Um das Grundprinzip der interferometrischen Detektoren zu verstehen, ist es günstig, an scheinbar ganz anderer Stelle zu beginnen, weit entfernt von rein irdischen Experimenten: bei den Pulsaren. Einige astronomische Anwendungen der beeindruckenden Regelmäßigkeit der Strahlungspulse, die uns von diesen Objekten erreichen, habe ich bereits beschrieben. Um eine weitere Anwendung soll es jetzt gehen: die Versuche, die Pulsarsignale zum direkten Nachweis von Gravitationswellen zu nutzen.

Nehmen wir als einfaches Modell an, unsere Erde schwebte frei im Weltraum, und in konstantem Abstand zu ihr schwebte ebenso frei ein Millisekundenpulsar – die Regelmäßigkeit der Pulse ist bei diesem Pulsartyp besonders groß. Die Situation ist in der folgenden Abbildung skizziert: links der Pulsar, rechts die Erde, dazwischen als kleiner Auschnitt der gesamten Pulsarstrahlung die regelmäßigen Pulse, die uns auf der Erde erreichen.

 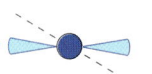

Im Schnappschuss zeigt sich die Regelmäßigkeit der Pulse daran, wie die eingezeichneten Strahlungspakete im exakt gleichen Abstand hintereinander her auf die Erde zufliegen.

Angenommen nun, eine einfache Gravitationswelle würde von unten nach oben durch das Bild fliegen – genau jene Art einfacher Welle, wie wir sie im Kapitel 7 auf die Sandteilchen des Einstein-Mandalas hatten wirken sehen. Der Abstand zwischen Erde und Pulsar würde sich dadurch abwechselnd vergrößern und verringern, wie bei gegenüberliegenden Sandteilchen des Mandalas, ein rhythmisches Hin und Her. Wichtig ist, dass die Gravitationswelle nicht nur abstrakt den Abstand zwischen Erde und Pulsar beeinflusst, sondern auch die Ankunftszeit der Pulse auf der Erde. Ein Beispiel für solch einen Einfluss von Abstandsänderungen auf Signale hatte ich bereits im Kosmologie-Kapitel 10 vorgestellt. Dort hatte die Raumexpansion zur kosmischen Rotverschiebung geführt – Lichtwellenberge von fernen Galaxien trafen in etwas größerem zeitlichem Abstand bei irdischen Beobachtern ein, als es ohne Raumexpansion der Fall gewesen wäre. Haargenau dasselbe gilt für Pulsarpulse, die in einem Zeitraum vom Pulsar zur Erde fliegen, während dessen eine Gravitationswelle für eine Abstandsvergrößerung zwischen den beiden frei fallenden Körpern sorgt. Für einen Beobachter auf der Erde sind die Zeitintervalle zwischen den ach so regelmäßig aufeinander folgenden Pulsen nun etwas größer als erwartet. Für eine Phase, in der die Gravitationswelle den Abstand zwischen Pulsar und Erde schrumpfen lässt, macht sich ein entgegengesetzter Effekt bemerkbar: In diesem Fall ist die Zeit, die zwischen aufeinander folgenden Pulsen vergeht, geringer als ohne Gravitationswelle. Durch genaue Messung der Pulsrate kann ein irdischer Beobachter direkte Auswirkungen der Gravitationswelle nachweisen!

Im Fall der kosmologischen Expansion hatte ich erzählt, dass sich die Rotverschiebung zum Teil als Doppler-Verschiebung deuten lässt, und Ähnliches gilt auch in dieser Situation: Aus der Sicht des Beobachters auf der Erde lässt sich der Umstand, dass sich der Abstand zum Pulsar vergrößert oder verringert, als eine Bewegung des Pulsars von der Erde weg oder auf sie zu auffassen. Mit der Annäherung des Pulsars geht automatisch eine Doppler-Blauverschiebung einher, entsprechend kürzeren Zeitintervallen zwischen den Pulsen, mit einem sich entfernenden Pulsar eine Doppler-Rotverschiebung mit längeren Zeitintervallen. Doch das ist – ebenso wie bei der Kosmologie – noch nicht alles. So, wie die kosmische Expansion nicht nur die Abstände zwischen Galaxien betrifft, sondern auch direkt das Licht beeinflusst, wirken sich die gravitationswellenbedingten Abstandsänderungen auch direkt auf die Bewegung der Pulse aus. Im Falle der Kosmologie hatte das Raumzeitdiagramme des hypothetischen Ameisenexperiments (Seite 252) gezeigt, was wirklich passiert, und auch für Pulsar und Erde ist es nützlich, ein Raumzeitdiagramm zu betrachten, um den Einfluss der Gravitationswelle zu verstehen.

Die Zeit wird durch den Durchgang einer Gravitationswelle nicht beeinflusst; wir können somit die Zeitkoordinate so wählen, dass sie der Anzeige von Standarduhren entspricht, die wir vor Auftreten der Gravitationsstörung mit Hilfe des Einsteinschen Verfahrens synchronisiert haben. Alle interessanten Ereignisse finden auf der Verbindungsstrecke Pulsar – Erde statt, und wir können uns daher einmal mehr auf eine einzige Raumdimension beschränken, die x-Richtung. Die x-Koordinate wählen wir so, dass sie ihren Nullpunkt im Erdmittelpunkt hat und dass sie Abstände getreu wiedergibt, mit anderen Worten: Raumpunkte, deren x-Koordinatenwerte sich um den Wert zwei Lichtsekunden unterscheiden, sind tatsächlich zwei Lichtsekunden voneinander entfernt. Ohne die Gravitationswelle ergäbe sich damit für Pulsar, Pulse und Erde das folgende Raumzeitdiagramm:

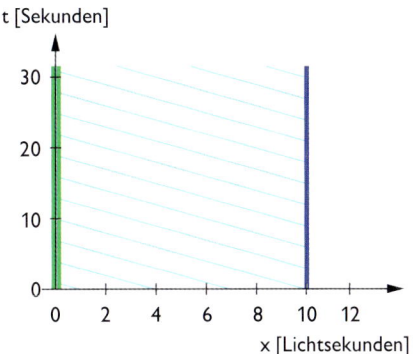

Die Erde ist dargestellt durch die dicke, grüne Weltlinie links im Bild. Der Abstand zwischen der Erde und dem Pulsar, dem die etwas dünnere dunkelblaue Weltlinie rechts außen entspricht, ist konstant. Die Pulsarweltlinie ist daher aus der Sicht dieses erdbezogenen Koordinatensystems eine senkrechte Gerade. Alle drei Sekunden sendet der Pulsar einen Puls zur Erde, und da der Pulsar (unrealistischerweise und der besseren Anschauung halber) zehn Lichtsekunden von der Erde entfernt ist und sich der Puls mit Lichtgeschwindigkeit bewegt, trifft solch ein Puls zehn Sekunden später auf der Erde ein. Wir vernachlässigen die Gravitationswirkung von Erde und Pulsar auf die Lichtpulse. Das Licht breitet sich damit so aus wie in Abwesenheit jeglicher Gravitation, also: wie in der speziellen Relativitätstheorie, nämlich auf Raumzeitgeraden, mit der konstanten Geschwindigkeit c, genau wie in den Raumzeitdiagrammen in den Kapiteln 2 und 4. Die Weltlinien der Pulsarpulse sind genau solche Lichtgeraden. Allerdings ist die Längeneinheit Lichtsekunde im gezeigten Diagramm länger dargestellt als die Zeiteinheit Sekunde. Daher verlaufen die Lichtweltlinien der Pulse nicht in dem aus früheren Kapiteln gewohnten Winkel von 45 Grad zu Raum- und Zeitachse, sondern deutlich flacher. Dass die Pulse mit großer Regelmäßigkeit auf der Erde eintreffen, kann man am Raumzeitdiagramm ablesen: Die senkrechten Abstände zwischen den Schnittpunkten der Pulsweltlinien und der Erdweltlinie sind gleich. Auf der Zeitachse kann man nachmessen, dass zwischen dem Eintreffen zweier Pulse jeweils drei Sekunden vergehen.

Nun die gleiche Situation von frei fallender Erde und Pulsar – aber jetzt läuft zusätzlich noch eine Gravitationswelle durch das Bild, die den Abstand zwischen Erde und Pulsar periodisch anwachsen und schrumpfen lässt, konkret (und, wieder der Anschaulichkeit des Bildes zuliebe, mit unrealistischen Zahlenwerten): Ein Schwingungszyklus dauert bei der hier dargestellten Welle vierzig Sekunden. Während dieser Zeit dehnen sich Abstände in der x-Richtung zunächst auf das Eineinviertelfache des ursprünglichen Wertes aus, ziehen sich dann auf drei Viertel des ursprünglichen Wertes zusammen, dehnen sich wieder bis zum ursprünglichen Zustand aus und wiederholen dann ihr Spiel des Ausdehnens und Zusammenziehens, immer wieder. Wie das die Pulse beeinflusst, die vom Pulsar zur Erde laufen, zeigt die nachfolgende Abbildung:

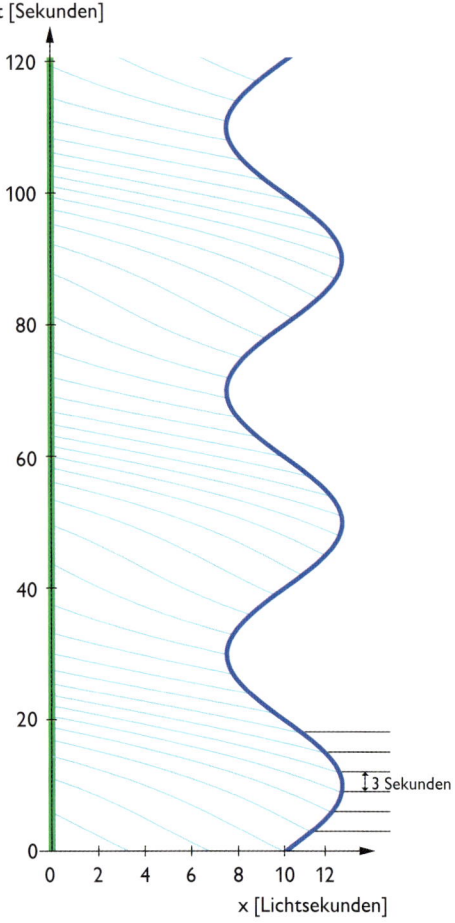

Gehen wir der Reihe nach vor. Die dicke Weltlinie der Erde ist nach wie vor gerade und senkrecht. Das verwundert nicht, haben wir doch den Nullpunkt unseres Koordinatensystems so definiert, dass er im Erdmittelpunkt liegt. Die dicke Weltlinie des Pulsars ist im Gegensatz zum vorigen Diagramm eine Sinuskurve. Auch das ist nicht verwunderlich, denn sie gibt wieder, wie der Abstand von Erde und Pulsar beim Durchgang der Gravitationswelle periodisch zu- und abnimmt.

Noch immer schickt der Pulsar mit großer Regelmäßigkeit alle drei Sekunden einen Puls Richtung Erde – die Aussendungsereignisse sind die Schnitt-

punkte der hellblauen Pulsweltlinien mit der dicken blauen Pulsarlinie. Die senkrechten (und damit zeitlichen) Abstände zwischen diesen Schnittpunkten sind konstant, entsprechend einer regelmäßigen Aussendung. Das ist besser zu sehen, wenn man, wie unten im Diagramm für die ersten dargestellten Pulsaussendungen, waagerechte Hilfslinien einzeichnet, an denen sich der senkrechte, zeitliche Abstand zwischen den aufeinander folgenden Pulsen direkt ablesen lässt.

So regelmäßig sie abgeschickt worden sind – auf der Erde kommen diese Pulse nicht in gleich bleibendem zeitlichem Abstand an. Das ist deutlich zu sehen, wenn man die Schnittpunkte der hellblauen Pulsweltlinien mit der grünen Weltlinie der Erde betrachtet: Ihre senkrechten Abstände rücken einmal näher zusammen, etwa um die Zeit $t = 20$ Sekunden, und sind dann wieder weiter voneinander entfernt, etwa rund um den Zeitpunkt $t = 40$ Sekunden. Die Raumverzerrung aufgrund der Gravitationswelle äußert sich darin, dass die auf der Erde empfangene Pulsfolge einmal schneller wird, dann wieder etwas größere Zeitintervalle zwischen den Pulsen liegen, dann wieder etwas kleinere.

Die Pulsweltlinien selbst zeigen, dass die veränderten Ankunftszeiten der Pulse nicht nur darauf zurückgehen, dass sich unter Einfluss der Gravitationswelle der Abstand Pulsar–Erde ändert – das wäre ein reiner Doppler-Effekt. Stattdessen beeinflusst die Welle auch die Fortbewegung der Pulse. In den von uns gewählten Koordinaten betrachtet, werden die Pulse je nach Phase der Gravitationswelle ein wenig beschleunigt (flachere Weltlinie) oder verlangsamt (steilere Weltlinie).

Damit haben wir ein weiteres Nachweisprinzip für Gravitationswellen kennen gelernt: systematische Verschiebungen in der Ankunftszeit regelmäßiger Pulse, die eine frei fallende Masse zu einer anderen frei fallenden Masse sendet. Zwar ist die Wirklichkeit, wen wundert's, komplizierter als mein einfaches Beispiel. Die ungleich größeren Abstandsverhältnisse (Entfernungen von einigen bis einigen tausend Lichtjahren), weniger einfache Wellenformen für die Gravitationswellen, der Umstand, dass die Erde um die Sonne kreist, Lichtablenkungseffekte im Schwerefeld etwa der Sonne – all das macht die wirkliche Analyse schwieriger, ändert aber nichts am Prinzip: Gravitationswellen beeinflussen die Ankunftszeiten von Pulsarpulsen, und die genaue Beobachtung solcher Pulse kann zum Nachweis der Wellen dienen. In der Praxis nutzen die Astronomen dazu eine »Pulsar Timing Array« genannte Sammlung von einem guten Dutzend Millisekundenpulsaren, die sie über Jahre hinweg genau beobachtet haben, um mögliche systematische Veränderungen der Pulsankunftszeiten nachweisen zu können. Das Array ist eine kosmische, dreidimensionale Riesenversion des Einstein-Mandalas, in dessen Mitte wir Beobachter hier auf der Erde sitzen. Unter dem Einfluss von Gravitationswellen zieht es sich in einigen Richtungen zusammen und dehnt sich in andere Richtungen aus, und entsprechend verändern sich die Pulsankunftszeiten der einzelnen Pulsare in charakteristischer, aufeinander abgestimmter Weise. Bislang ist mit solchen Messungen noch kein Nachweis von Gravitationswellen gelungen – lediglich eine Obergrenze für die Stärke des Gravitationswellenhintergrunds lässt sich aus den Beobachtungen ableiten.

VON PULSAREN ZU RAUM-SONDEN

In Bezug auf die Pulsare sind wir, wie bei allen fernen kosmischen Objekten, passive Beobachter. Einiges an Kontrolle über die Beobachtungsbedingungen lässt sich gewinnen, indem man nicht ferne Pulsare als Pulsgeber verwendet, sondern menschengemachte Objekte, deren Verhalten sich – zumindest in begrenztem Maße – manipulieren lässt. Das Interesse der Gravitationswellenforscher richtet sich daher nicht nur auf Pulsare, sondern auch auf eine Reihe von Himmelskörpern, die irdische Weltraumbehörden – allen voran die amerikanische NASA – ins Sonnensystem hinausgeschickt haben.

Deren Hauptzweck ist zwar nicht der Nachweis von Gravitationswellen, sondern in der Regel die Erforschung unseres Sonnensystems: Die Voyager-Sonden stießen so weit zu den äußeren Gas-

planeten vor wie nie zuvor und lieferten spektakuläres Datenmaterial über Jupiter, Saturn, Uranus und Neptun. Während der Mars Observer nie dazu kam, seine eigentliche Mission auszuführen – der Kontakt zu ihm brach 1993 beim Einschwenken in die Mars-Umlaufbahn ab –, ist der Mars Global Surveyor heil an seinem Ziel angekommen und liefert seit 1998 Daten. Ulysses erforscht die Wechselwirkung des Teilchenwindes, den die Sonne aussendet, mit den umliegenden, stark verdünnten Gasen, die unser Sonnensystem durchziehen. Die Sonde Galileo hat den Jupiter erforscht (und ist Ende 2003 planmäßig in dessen Atmosphäre verglüht), und Cassini hat im Sommer 2004 den Saturn erreicht.

Den genannten Missionen ist gemeinsam, dass sie zwischenzeitlich auch zur Suche nach Gravitationswellen eingespannt worden sind – erstmals die Voyager-Missionen 1980 und als jüngstes Beispiel die Cassini-Mission, bei der die Datenauswertung noch andauert. Das Prinzip ist dasselbe wie bei den Pulsaren. An die Stelle der Pulse treten Radiosignale, die von der Erde aus zu den Sonden und von dort wieder zurückgesendet werden – bei Cassini erstmals mit einem direkt für diesen Zweck eingebauten Transponder, bei den anderen Sonden über die herkömmlichen Funkanlagen. Etwas genauer: Die Rolle der Pulse spielen dabei die regelmäßigen Wellenberge und -täler der jeweiligen Radiosignale, jene Maxima und Minima des elektrischen beziehungsweise des magnetischen Wellenfelds, die eine einfache Radiowelle charakterisieren – auf Seite 168ff. habe ich solche einfachen Wellen beschrieben. Der Durchgang einer Gravitationswelle würde sowohl den Abstand von der Erde zur Sonde verändern als auch die Wellenberge und -täler auf ihrem Weg zur Sonde oder zurück zur Erde ein wenig zusammenstauchen oder auseinander ziehen. Wie nahe Wellenberge und -täler beieinander liegen, ist ein Maß für die Frequenz der Welle, und systematische Frequenzverschiebungen bei den betreffenden Sonden wären ein Hinweis auf die Anwesenheit von Gravitationswellen. Allerdings, um den Refrain der bisherigen Gravitationswellenforschung noch einmal zu wiederholen: Bislang haben auch die Raumsondenmessungen keinen direkten

Nachweis von Gravitationswellen erbracht, sondern lediglich eine Obergrenze für die Stärke des Gravitationswellenhintergrunds. Auch hier bemühen sich die Forscher freilich durch rauschärmere Antennen, genauere Vergleichsuhren und möglichst gute Korrekturen der Störungen, die beim Durchgang des Signals durch die Erdatmosphäre entstehen, um höhere Empfindlichkeit, mit der vielleicht auch ein direkter Nachweis gelingen könnte.

VOM WELTRAUM INS LABOR

Zumindest in der näheren Zukunft liegen die größten Chancen auf den ersten direkten Nachweis nicht im Weltraum, sondern bei den Forschern, die sich eine Variation des Prinzips der Pulsar- und Sondenmessungen hier auf der Erde zunutze machen, in der weit besser kontrollierbaren Umgebung von Labors. Allerdings: Im Pulsarbeispiel waren Erde und Pulsar in guter Näherung frei fallende Körper, deren Abstand durch eine Gravitationswelle genauso beeinflusst wird wie die Abstände der frei fallenden Sandteilchen des Einstein-Mandalas. Man könnte denken, dass auf der Erde alles ganz anders ist – müssen wir einen gigantischen Fallturm bauen und Laser und Photodetektor dort nebeneinanderher fallen lassen? Die Antwort ergibt sich aus den Überlegungen, die wir in Kapitel 7 zu Gravitationswellen und Festkörpern angestellt haben:

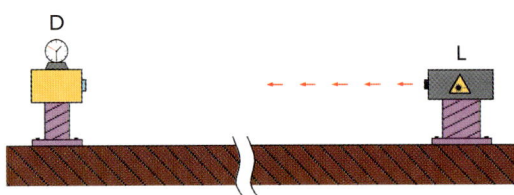

Die Fundamente von Laserquelle und Detektor, in großer Entfernung voneinander im Erdboden verankert, sind ein gutes Beispiel für Endpunkte eines ausgedehnten, durch nicht zu starke Kräfte zusammengehaltenen Körpers, bei dem sich die Abstände der Endpunkte praktisch genauso ändern wie bei freien Teilchen – zumindest für diejenigen vergleichsweise hochfrequenten Gravitationswellen

mit etwa zehn bis tausend Schwingungen pro Sekunde, die Forscher mit erdgestützten Detektoren nachzuweisen hoffen. Ein Übriges tut es, dass man Laser und Photodetektor zur Isolation von Umgebungserschütterungen auf alle Fälle als Pendel aufhängen sollte:

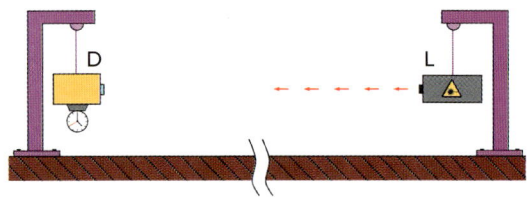

Denn selbst falls das Fundament doch ein winziges bisschen anders auf die hochfrequente Gravitationswelle reagieren sollte als die frei hängenden Pendelmassen, das Ergebnis wäre lediglich ein schnelles Ruckeln an den Aufhängepunkten, das sich ebensowenig auf die Pendelmassen übertrüge wie die schnelle Hin- und Herbewegung im Pendelversuch auf Seite 287. Auf diese Weise lässt sich das Nachweisprinzip ins Labor holen – allerdings mit der Einschränkung, dass sich so nur entsprechend hochfrequente Gravitationswellen messen lassen.

Allerdings sind die Abstandsänderungen, die in solch einer Anordnung realistischerweise zu erwarten sind, extrem klein – selbst wenn Laser und Photodetektor Kilometer voneinander entfernt aufgehängt sind, dürfte sich ihr Abstand beim Durchgang einer typischen Gravitationswelle nur um einen Längenbetrag ändern, der einem Bruchteil eines Atomkerndurchmessers entspricht. Mit Laser und uhrenbestücktem Photodetektor lassen sich die entsprechend winzigen Laufzeitunterschiede nicht nachweisen. Wir benötigen einen weiteren Baustein, bevor das Detektorprinzip vollständig ist – eine Technik, um selbst winzigsten Abstandsänderungen auf die Schliche zu kommen. Das Zauberwort ist bereits gefallen: Interferometrie. Genauer gesagt: Wer mit Hilfe von Licht Gravitationswellen nachweisen will, sollte wissen, wie so genannte Michelson-Interferometer funktionieren.

MEINE WELLE, DEINE WELLE: INTERFERENZ

Licht ist ein Wellenphänomen. Das heißt zum einen, dass wir, wie im Zusammenhang mit den Planetensonden angesprochen, anstatt einzelner Lichtpulse die regelmäßig aufeinander folgenden Wellenberge und -täler einer einfachen Lichtwelle betrachten können – die Wirkung einer Gravitationswelle äußert sich dann darin, dass der Abstand zwischen den Wellenbergen etwas größer oder kleiner wird. Zum anderen gilt für Wellen, dass *Interferenzphänomene* auftreten können. Sie werden in den hier betrachteten Detektoren weidlich ausgenutzt, und es lohnt sich, sie etwas näher zu betrachten.

Angenommen, wir erzeugen gleichzeitig an verschiedenen Orten zwei Wellen – seien es elektromagnetische Wellen, seien es Schallwellen, seien es Wasserwellen auf einem Teich –, die sich in alle Richtungen ausbreiten. Was passiert dort, wo sich die beiden in die Quere kommen? Wenn Sie einen Stein an der einen Stelle in den Teich werfen, läuft vom Auftreffpunkt aus eine Kreiswelle auf der Wasseroberfläche nach außen. Wenn Sie jetzt warten, bis diese Kreiswelle abgeklungen ist, und einen Stein an einer anderen Stelle in den Teich werfen, so entsteht eine neue Kreiswelle, deren Mittelpunkt die neue Einwurfstelle ist. Was passiert, wenn Sie beide Steine gleichzeitig werfen?

Für sehr einfache Wellen ist auch die Antwort auf diese Frage einfach. Das neue Wellenmuster ist eine direkte Überlagerung der beiden Teilwellen. Für den Fall der Wasseroberfläche heißt das: Betrachten wir einen bestimmten Ort auf der Wasseroberfläche zu einem gegebenen Zeitpunkt. Der Durchgang der Wasserwelle bewirkt, dass der Wasserspiegel in einigen Regionen ansteigt (Wellenberg), in anderen Regionen absinkt (Wellental). Wäre nur der erste Stein geworfen worden, dann würde die resultierende Kreiswelle am gegebenen Ort und Zeitpunkt zu einer Auslenkung von, sagen wir: A_1 Zentimetern führen (A_1 ist eine positive Zahl, wenn die Auslenkung den lokalen Wasserstand anhebt, negativ, wenn der Wasserstand dort niedriger ist als ohne Welle). Wäre nur der zweite Stein geworfen worden, so läge stattdessen dort zu jenem Zeitpunkt eine Auslenkung von A_2 Zentimetern vor. Sind beide Steine geworfen, so ist die Auslenkung aufgrund der nunmehr überlagerten Kreiswellen bei einfacher Überlagerung A_1+A_2. Das ist das Überlagerungsprinzip für einfache Wellen. Es gilt für elektromagnetische Wellen ebenso wie für nicht allzu hohe Wasserwellen, und wir haben es im vorigen Kapitel bereits kennen gelernt, als es darum ging, die komplexen Schwingungen eines Festkörpers als Summe einfacher Teilschwingungen zu betrachten. Das Überlagerungsprinzip gilt auch für die sehr, sehr schwachen Gravitationswellen, die uns aus den Tiefen des Weltraums erreichen.

Kehren wir zum einfachen Beispiel des Teichs zurück und betrachten einen Schnappschuss, der einen Querschnitt durch die Wasseroberfläche zeigt, in dem die regelmäßigen Berge und Täler der Wasserwelle gut zu sehen sind. Das oberste Bild zeigt den betreffenden Querschnitt der Wasseroberfläche, wie er aussehen würde, wenn wir nur den ersten Stein geworfen hätten, sagen wir: zehn Sekunden

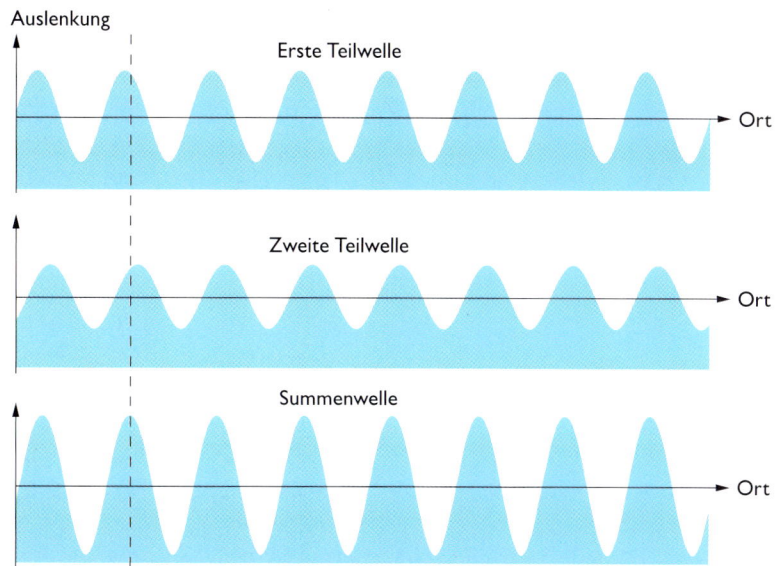

nach dem Auftreffen des Steins auf der Oberfläche. Das zweite Bild zeigt die Wasseroberfläche, wie sie aussehen würde, wenn wir nur den zweiten Stein geworfen hätten, und zwar wiederum zehn Sekunden nach dessen Auftreffen auf dem Wasser. Das unterste Bild stellt die Überlagerung zum selben Zeitpunkt dar. Die waagerechten Achsen zeigen jeweils an, wo sich der Wasserspiegel des gänzlich ungestörten Sees befände.

An dieser Abbildung könnte man jetzt mit dem Lineal nachmessen: Tatsache, die Teilauslenkungen aus den oberen beiden Darstellungen addieren sich zur unteren. Die Gipfel der Wellenberge haben sich dadurch etwas verschoben, wie der Vergleich entlang der gestrichelten Linie zeigt: Die Gipfel der obersten Welle lagen etwas weiter links, die der mittleren etwas weiter rechts als die Summengipfel.

Aufschlussreicher sind, wie so häufig, bestimmte Spezialfälle. Eingedenk des Umstandes, dass die Überlegungen nicht nur für kleine Wasserwellen, sondern weit allgemeiner gelten, reden wir dabei nicht mehr von der Welle, die erzeugt worden wäre, wenn wir nur den ersten – oder zweiten – Stein geworfen hätten, sondern kürzer von der »ersten (zweiten) Teilwelle«; beide Teilwellen überlagern sich zur Summenwelle. Ebenso zeichnen wir nicht mehr das Wasser und seine Oberfläche ein, sondern nur noch die Oberflächenlinie oder, allgemeiner, die »Auslenkung«, die bei anderen Wellenarten für Änderungen der Luftdichte, der Stärke einer Komponente des elektrischen oder magnetischen Feldes oder vieler anderer möglicher Wellengrößen stehen kann. Zum Beispiel könnten die beiden Teilwellen, die es zu addieren gilt, exakt in Phase sein – wo die eine in einem gegebenen Schnappschuss einen Wellenberg hat, soll auch die andere einen Wellenberg besitzen; wo bei der ersten ein Wellental klafft, da auch bei der zweiten. Das Ergebnis ist, wenig überraschend, in der folgenden Abbildung zu sehen:

Auslenkung

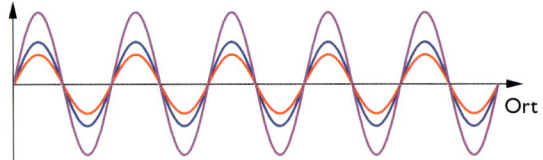

Ort

Alle Wellen sind dabei, um den Vergleich zu erleichtern, in ein und dasselbe Diagramm eingezeichnet, die erste Teilwelle in Blau, die zweite in Rot und die Summenwelle aus den beiden in Lila. Wellenberg und Wellenberg verstärken sich, ebenso Wellental und Wellental, und das Ergebnis ist eine Welle, deren Maxima und Minima an genau den gleichen Stellen liegen wie bei den Teilwellen, deren Amplitude aber erheblich größer ist. Mit anderen Worten: Die Wellentäler sind deutlich tiefer, die Wellenberge deutlich höher als bei jeder der Teilwellen. Das Phänomen, dass sich Wellen beim Aufeinandertreffen solchermaßen verstärken, heißt unter Physikern *konstruktive Interferenz*.

Ganz anders, wenn die Wellen gegeneinander so phasenverschoben sind, dass die Wellenberge der einen Teilwelle gerade dort zu liegen kommen, wo sich die Täler der anderen befinden, und umgekehrt. Dann trifft folgendes Geschehen ein:

Auslenkung

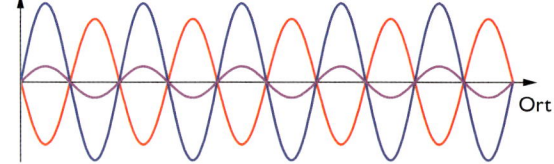

Ort

Wieder ist die eine Teilwelle in Rot eingezeichnet, die andere in Blau, und die Summenwelle in Lila. Wellenberg trifft auf Wellental – die positive Auslenkung der einen Welle addiert sich zur entgegengesetzten, negativen Auslenkung der anderen. Berg und Tal heben sich zumindest teilweise auf, und übrig bleibt die Differenz. Welle plus Welle ergibt hier eine kleinere Welle, und dieses vermindernde Sich-in-die-Quere-Kommen heißt denn auch *destruktive Interferenz*. Wären die Amplituden der beiden Wellen gleich, so würden sie sich sogar vollkommen auslöschen. Ein Wellenberg und ein Wellental, das ebenso tief ist wie der Wellenberg hoch, heben sich gegenseitig auf. Eine Welle plus eine Welle wäre in diesem Falle – keine Welle.

Zwischen diesen beiden Extremfällen liegt ein Kontinuum von Situationen, in denen beispielsweise die Wellenberge der einen gegenüber denen der anderen Teilwelle nur ein wenig verschoben sind, ohne dass dabei gleich Wellenberg auf Wellental trifft. Dann kommt es, wie im ersten hier betrachteten Beispiel mit den Wasserwellen (Abbildung auf Seite 303), zu einer Summenwelle, deren Wellenberge gegenüber denen der Teilwelle leicht verschoben und je nach relativer Lage der Teilwellen etwas verstärkt oder abgeschwächt sind.

Es gibt allgemeinere Verhältnisse, in denen sich das Interferenzphänomen in komplizierterer Weise äußert. Wir können uns hier auf das einfachste Beispiel beschränken. Wichtig ist für uns: Bei der Überlagerung zweier Teilwellen kommt es zur Verstärkung, wenn Wellenberg auf Wellenberg trifft und zur Abschwächung, wenn Wellenberg auf Wellental trifft, und zu einer mit Verstärkung oder Abschwächung verbundenen Verschiebung der Wellenberge und -täler in allen anderen Fällen.

MICHELSONS INTERFEROMETER

Die gerade besprochenen Interferenzphänomene spielten eine entscheidende Rolle, als es galt, der Wellennatur des Lichts überhaupt erst einmal auf die Schliche zu kommen. Sie lassen sich außerdem als experimentelles Werkzeug einsetzen, etwa in der folgenden Anordnung, die auf den deutschstämmigen, US-amerikanischen Physiker Albert A. Michelson zurückgeht:

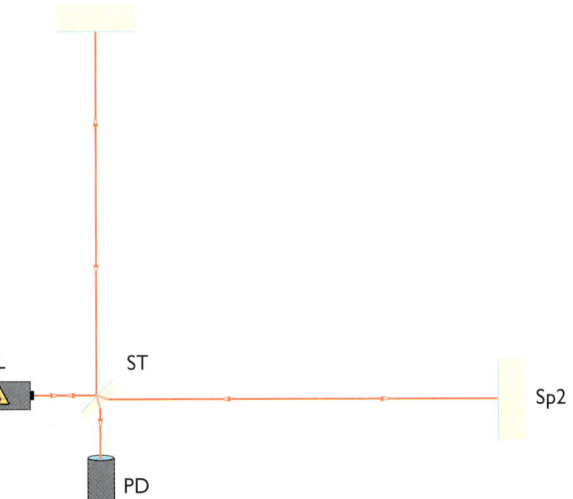

L ist eine Lichtquelle, die einfache Lichtwellen konstanter Frequenz aussendet. Heute würde man dafür einen Laser verwenden. Das Laserlicht, rot eingezeichnet, trifft anschließend auf den Strahlteiler ST, der so beschaffen ist, dass er die Hälfte des Lichts durchlässt, die andere Hälfte dagegen reflektiert, in diesem Falle nach oben. Spiegel und Strahlteiler bestehen jeweils aus einem Substrat, beispielsweise Quarzglas, hier hellgelb eingezeichnet, und einer aufgedampften Reflexionsschicht, hier hellblau, der eigentlichen Spiegelfläche. Das reflektierte Licht läuft direkt nach oben zu einem Spiegel Sp1, wird dort zurückgeworfen und landet erneut am Strahlteiler ST. Dort wird die eine Hälfte zur Quelle L reflektiert, während die andere geradeaus weiterläuft und auf den Photodetektor PD trifft. Das Licht, das auf seinem Weg von der Lichtquelle L auf den Strahlteiler getroffen und sich von dort ungestört weiter geradeaus bewegt hat, trifft dagegen auf den anderen Spiegel Sp2, wird dort reflektiert, läuft zurück zum Strahlteiler und wird dort zum Teil geradeaus zur Lichtquelle L durchgelassen, zum Teil zum Photodetektor PD reflektiert.

Am Photodetektor PD kommen demnach zwei Teilwellen an, eine, die durch den ersten »Arm« des Interferometers gelaufen ist, von ST bis Sp1 und zurück, die andere, die sich durch den zweiten Arm bewegt, also den Weg ST → Sp2 → ST genommen hat, bevor sie zum Photodetektor weitergeleitet wurde. Zwei Arme, zwei mögliche Lichtwege von der Lichtquelle zum Photodetektor. Zwei Teilwellen, die sich überlagern, so dass es zu der im vorigen Abschnitt beschriebenen Interferenz kommt. Ob diese konstruktiv oder destruktiv ist, hängt ganz entscheidend von der relativen Länge der beiden Interferometerarme ab – das ist direkt einsehbar: Stellen wir uns vor, das Interferometer sei so abgestimmt, dass es am Photodetektor zu konstruktiver Interferenz käme. Das Laserlicht eilt zum Strahlteiler, wird dort geteilt, die Berge und Täler der einen Teilwelle laufen zum Spiegel Sp1 und zurück, die der zweiten statten Sp2 einen Besuch ab, und ganz am Ende, bei der kombinierten Welle, die vom Strahlteiler zum Photodetektor geliefert wird, liegt Teilwellenberg über Teilwellenberg, Tal über Tal.

Wenn wir allerdings jetzt den einen Interferometerarm etwas verlängern, etwa den Spiegel Sp1 ein klein wenig nach hinten rücken, sieht die Interferenzsituation unter Umständen ganz anders aus: Diejenigen Teilwellenberge, die über den Spiegel Sp1 laufen, haben nun etwas mehr Distanz zu überwinden und brauchen dementsprechend ein klein wenig länger, um auf dem Umweg über Sp1 zum Detektor zu gelangen. Das Zusammentreffen der Berge und Täler der beiden Teilwellen wird durch diese Laufzeitverzögerung gestört – wo vorher Wellenberg auf Wellenberg traf, kann es nun, da die Wellenberge der einen Teilwelle etwas später ankommen als vorher, durchaus geschehen, dass Wellenberg auf Wellental trifft und perfekte destruktive Interferenz eintritt. Schon eine winzige Verlängerung eines der Arme, eine Verschiebung eines der Spiegel um ein Tausendstel eines Haardurchmessers, reicht dabei aus, um Lichtverstärkung in völlige Lichtauslöschung umschlagen zu lassen, konstruktive in destruktive Interferenz.

Maß für die Empfindlichkeit des Interferometers ist die Wellenlänge der Lichtwellen. Sie gibt an, wie weit aufeinander folgende Wellenberge und -täler auseinander liegen, wie es in der folgenden Abbildung noch einmal dargestellt ist:

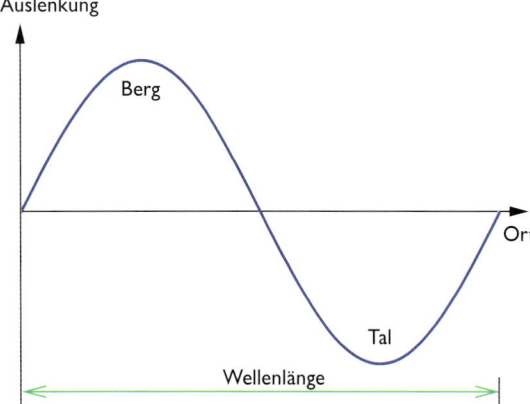

Wenn man diesen Ausschnitt aus einer einfachen Welle um die halbe Wellenlänge nach rechts verschiebt, kommt dort, wo vorher das Wellental war, der Wellenberg zu liegen. Für eine Teilwelle, deren Berge und Täler vorher mit denen der zweiten Teilwelle übereinstimmten, treffen nach einer solchen Verschiebung ihre Berge auf die Täler der anderen und umgekehrt, entsprechend dem Übergang von maximaler Verstärkung zu totaler Auslöschung. Diese Verschiebung tritt ein, wenn die Strecke, die die jeweilige Teilwelle zurücklegen muss, gerade um eine halbe Wellenlänge länger wird. Das entspricht einer Verschiebung des betreffenden Spiegels um eine viertel Wellenlänge – solch eine Verschiebung führt dazu, dass sich sowohl der Hin- als auch der Rückweg der betreffenden Teilwelle um eine viertel Wellenlänge vergrößert, der Gesamtweg also um eine halbe Wellenlänge. Für sichtbares Laserlicht entspricht eine viertel Wellenlänge ungefähr einem zehntausendstel Millimeter – solche winzigen Verschiebungen äußern sich bereits durch ein vollständiges Umklappen der Interferenzverhältnisse! Mit einem empfindlichen Photodetektor sind allerdings noch ungleich genauere Messungen möglich. Sobald sich nicht nur hell von dunkel unterscheiden lässt, sondern geringere Helligkeitsunterschiede gemessen werden können, entsprechend Bruchteilen einer Verschiebung der Teilwellen gegeneinander, lassen sich damit entsprechend kleinere Längenänderungen nachweisen.

Michelson und sein Kollege Edward Morley hatten für das Interferometer ursprünglich eine Anwendung im Sinn, die nichts mit einer Änderung der Armlänge zu tun hatte. Sie wollten die Vorhersagen einiger vor-Einsteinscher Theorien prüfen, nach denen die Geschwindigkeit des Lichts in den Interferometerarmen von der Bewegung der Erde durch ein hypothetisches Lichtmedium abhängen sollte, nachweisbar mit Hilfe der Interferenz der wiedervereinigten Teilwellen. Dass diese Verschiebung nicht messbar war, ist im Einsteinschen Bild der Welt keine Überraschung. Im Gegenteil, gerade die Konstanz der Geschwindigkeit, mit der sich das Licht im Interferometer ausbreitet, führt zu dem direkten Zusammenhang zwischen Änderungen der Armlänge und der Interferenz am Photodetektor. Damit haben wir auch schon die für die Konstruktion eines *interferometrischen Gravitationswellendetektors* wichtigen Grundideen. Man nehme ein Michelson-Interferometer und hänge

Strahlteiler und Spiegel als Pendel auf, wie in der folgenden Abbildung skizziert:

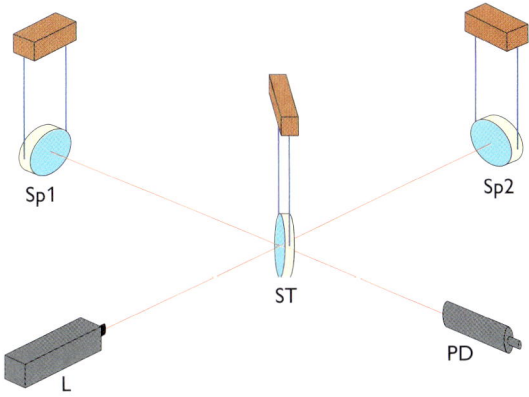

Angenommen nun, es laufe die gleiche einfache Gravitationswelle von oben nach unten durch dieses Interferometer, die wir im Zusammenhang mit dem Einstein-Mandala auf Seite 175 betrachtet haben, im günstigen Falle so orientiert, dass die maximalen Stauchungen und Dehnungen der Abstände in Richtung der beiden Interferometerarme stattfinden, dann ändern die Pendelmassen bei ihrem Durchgang ihre Abstände so wie die frei schwebenden Sandkörner des Einstein-Mandalas: Abwechselnd nimmt der Abstand zwischen ST und Sp1 zu, während er sich zwischen ST und Sp2 verkleinert, dann wieder ist es umgekehrt, und der Abstand zwischen T und Sp2 wächst, der zwischen ST und Sp1 zieht sich zusammen, bevor sich der Zyklus wiederholt. Das sind aber gerade jene Armlängenänderungen, auf die das Michelson-Interferometer so hochempfindlich reagiert: Entsprechend der Abstandsänderung verändern sich auch die Lichtlaufzeiten auf den entsprechenden Lichtwegen, die Wellenberge und -täler der einen Teilwelle verschieben sich gegen das Wellenmuster der anderen, und das Interferenzbild am Photodetektor PD verändert sich entsprechend: Durch genaue Beobachtung der Veränderung des Interferenzbildes lässt sich der Einfluss der Gravitationswelle auf die Armlängen nachweisen!

Von den Zeitverschiebungen der Pulsarpulse, auf die ich zu Anfang dieses Kapitels eingegangen

bin, wissen wir, dass die Situation noch ein wenig komplizierter ist. Nicht nur die Abstände der Spiegel voneinander verändern sich beim Durchgang der Gravitationswelle, sondern auch die Abstände der Wellenberge des Lichts voneinander werden gestaucht oder gestreckt. Für jeden Arm ergibt sich dabei das gleiche Muster von Streckung und Stauchung, wie es im Raumzeitdiagramm der Pulsarpulse zu sehen ist. Dass Licht-Wellenberge im Gegensatz zu den Pulsarpulsen nicht in eine einzige Richtung, sondern hin- und zurücklaufen, macht dabei keinen grundlegenden Unterschied. Weiterhin gilt: Die Berge und Täler der Teilwellen verschieben sich aufgrund des Durchgangs der Gravitationswelle gegeneinander, und der Einfluss der Gravitationswelle lässt sich daran nachweisen, wie sich die Interferenz zwischen ihnen verändert.

GEO, LIGO UND CO.

Erste Ideen zu interferometrischen Detektoren kamen bereits in der Aufbruchsphase des Forschungsfeldes auf. Früheste Erwähnung fand das Konzept in einem 1962 erschienenen Fachartikel der sowjetischen Physiker Michail E. Gertsenstein und W. I. Pustowoit, einer Antwort auf Webers erste Veröffentlichungen zum Nachweis von Gravitationswellen, zu einem Zeitpunkt, als das Interesse an diesem Spezialthema noch sehr gering war. Entsprechend blieb der Artikel so gut wie unbekannt, und selbst Weber scheint ihn nicht wahrgenommen zu haben, obwohl er und sein Doktorand Robert Forward einige Jahre später selbst Überlegungen zu diesem Nachweisprinzip anstellten. Erst als der Experimentalphysiker Rai Weiss vom Massachussetts Institute of Technology es ein drittes Mal neu entdeckte, wurde es in konkrete Experimente umgesetzt. Forward war nach seiner Arbeit bei Weber zu Hughes Research gewechselt, einer Firma, die Forschungs- und Entwicklungsarbeiten für die Industrie sowie für diverse US-Regierungsstellen ausführt, ihren Wissenschaftlern aber durchaus Freiheiten gibt, eigene Projekte zu verfolgen. Durch Weiss angeregt, machte er sich an die Konstruktion eines Interferometers-Prototyps mit zwei Metern Armlänge. Parallel dazu begann auch Weiss mit experimentellen Vorarbeiten zu der neuen Detektorgeneration.

Mit der Enttäuschung über die Nichtreproduzierbarkeit von Webers Gravitationswellensignalen schwenkten in den siebziger Jahren zwei weitere Forschungsgruppen von Resonanzdetektoren auf den neuen Detektortyp um. Zum einen begann die im letzten Kapitel schon kurz erwähnte Gruppe um Heinz Billing am Münchner Max-Planck-Institut für Physik und Astrophysik mit dem Aufbau eines eigenen Test-Interferometers. Sie ist unter den Gravitationswellenjägern als »Garchinger Gruppe« bekannt, da sie relativ bald auf den Max-Planck-Campus in Garching bei München umzog und dort – der etwas andere Marsch durch die Institutionen – zunächst am Max-Planck-Institut für Physik, dann am neu gegründeten Max-Planck-Institut für Astrophysik und anschließend beim Max-Planck-Institut für Quantenoptik eine Heimat fand. Zum anderen begann die Gruppe der Universität Glasgow unter Ronald Drever, sich mit der Entwicklung interferometrischer Detektoren zu beschäftigen. Etwas später kam noch eine weitere Gruppe hinzu, angesiedelt am Caltech. Deren Gründung hatte der Relativist Kip Thorne angeregt, der sich bis dahin vor allem der Erforschung der theoretischen Hintergründe der Erzeugung, der Ausbreitung und des Nachweises von Gravitationswellen gewidmet hatte; als Leiter der Gruppe konnte Thorne Ron Drever gewinnen, der von nun an zwischen dem kalifornischen Caltech und seiner Glasgower Gruppe pendelte. Heute, eine gehörige Zahl von technischen Durchbrüchen und Prototypen später, haben sich die Forschungen der ursprünglichen Gruppen zu zwei größeren Projekten gebündelt: dem Laser Interferometer Gravitational Wave Observatory LIGO und dem Projekt GEO 600.

LIGO, das Verschmelzungsprodukt der Gruppen am Caltech und am MIT, ist bislang das mit Abstand aufwändigste der Forschungsprojekte zum Nachweis von Gravitationswellen. Dass es überhaupt realisiert werden konnte, ist eine beachtliche politische Leistung. Die Entwicklungs- und Baukosten von über dreihundert Millionen Dollar mögen sich gegenüber den Investitionen der USA beispielsweise in die bemannte Raumfahrt recht bescheiden ausnehmen – zum Vergleich: Allein für das Jahr 2004 sah das NASA-Budget für den laufenden Betrieb der International Space Station 1,5 Milliarden Dollar und damit das Fünffache der LIGO-Baukosten vor. Andererseits handelte es sich aber um das teuerste wissenschaftliche Vorhaben, das die amerikanische National Science Foundation (NSF) jemals finanziert hat. Die Widerstände einer Reihe von Astronomen, die solches Geld lieber in Teleskope für elektromagnetische Strahlung angelegt wissen wollten, waren beträchtlich, und bis die Mittel bewilligt waren, musste gehörige Überzeugungsarbeit geleistet werden. Das Ergebnis kann sich sehen lassen. Das folgende Bild zeigt eine Außenansicht eines der beiden LIGO-Observatorien, LIGO-Livingston in Louisiana:

Zu sehen sind das Zentralgebäude, die Überdachung eines der beiden Detektorarme und der Ansatz der Überdachung des anderen Arms, der nach rechts aus dem Bild läuft. Darin aufgebaut ist ein Interferometer mit vier Kilometer Armlänge. Ein zweites befindet sich am LIGO-Observatorium in Hanford im Bundesstaat Washington, wo direkt am größeren auch ein etwas kleineres Interferometer mit zwei Kilometer Armlänge installiert ist. Mit dem Horchen begonnen hat LIGO Anfang 2002, nach etwas über anderthalb Jahren Testbetrieb.

GEO 600 dagegen ist das Kind der Gruppen aus Garching und Glasgow. Die Zahl 600 steht dabei für die Armlänge von sechshundert Metern, und GEO ist – für ein physikalisches Großexperiment ungewöhnlich, aber wahr – kein Akronym, sondern einfach ein wohlklingender Name für diesen erdgebundenen Detektor. Eigentlich hätte auch er kilometerlange Arme bekommen sollen, doch als die Finanzierung dafür nicht zustande kam, einigten sich die Forscher ersatzweise auf eine kleinere Version, eben GEO 600. Karsten Danzmann, der 1990 die Leitung der Garchinger Gruppe und des GEO-Projektes übernommen hatte, war 1993 ein Lehrstuhl für Atom- und Molekülphysik an der Universität Hannover angeboten worden, und so wurde auch das Projekt GEO 600 schließlich in Ruthe angesiedelt, 25 Kilometer südlich von Hannover. Seit 2002 hat die Gruppe eine zusätzliche organisatorische Bindung: Sie fungiert als experimentelle Sektion des Albert-Einstein-Instituts, des Max-Planck-Instituts für Gravitationsphysik. Das Bild unten zeigt die ländliche Außenansicht des Detektors, der 2000 fertig gestellt wurde und 2002 – parallel zu den LIGO-Interferometern – eine erste Messphase absolviert hat.

Finanziell gesehen war GEO 600 von Anfang an ein sehr sparsames Projekt. Gemessen an dem Aufwand des reichen Onkels LIGO aus Amerika sind seine Baukosten von sechs Millionen Euro, die aus

einer Vielzahl öffentlicher Finanztöpfe zusammengekratzt werden mussten, bescheiden. Dieser Unterschied zeigt sich sehr deutlich, wenn man die Entstehung der LIGO-Anlagen mit dem Aufbau von GEO 600 vergleicht. Ausschachtungsarbeiten, das Legen der Fundamente und den Rohbau der Gebäude haben auch in Ruthe professionelle Baufirmen besorgt. Bei all den darüber hinausgehenden Arbeiten, die LIGO ebenfalls an externe Firmen vergeben konnte – von der Einrichtung staubfreier Reinräume bis zur Verlegung der Kabel, vom Einziehen der Innenwände bis hin zum Grundaufbau der Optik und ihrer Hilfssysteme –, haben bei GEO 600 im Wesentlichen die eigenen Mitarbeiter und Studenten Hand angelegt.

Um den Nachteil der deutlich kürzeren Armlänge auszugleichen, hat GEO 600 von Anfang an darauf gesetzt, die technischen Möglichkeiten – von der Spiegelaufhängung bis zum Verfahren des Signalrecycling, auf das ich später noch zurückkommen werde – so weit wie möglich auszureizen. Auch das ist ein Kontrast zu LIGO, wo man bemüht war, die Risiken, die die Verwendung unerprobter Technologien mit sich bringt, möglichst gering zu halten, um einen zügigen Fortgang des Projekts zu gewährleisten. Die Innovationsfreudigkeit hat sich ausgezahlt: Im Endeffekt liegt die Empfindlichkeit von GEO 600 dank der überlegenen Technik nur um einen Faktor von drei bis fünf unter der der LIGO-Interferometer, und in einigen engen Frequenzbereichen kann der kleinere Detektor die Empfindlichkeit der großen Vettern sogar fast ganz erreichen. Für die nächste LIGO-Erweiterungsphase ist denn auch geplant, die derzeit bei GEO 600 so erfolgreich eingesetzten technischen Verbesserungen auf die größeren LIGO-Interferometer zu übertragen und deren Nachweisempfindlichkeit auf diese Weise deutlich zu steigern.

Zu diesen beiden direkten Nachkommen der Interferometerpioniere haben sich zwei weitere Projekte gesellt, die größere Interferometer betreiben. Kleinster im Bunde ist der japanische Detektor TAMA 300, dessen Interferometer mit dreihundert Metern Armlänge vor allem als Prototyp für ein zukünftiges japanisches Interferometer mit kilometerlangen Armen dienen soll. Dafür ist es der erste unter den derzeit laufenden größeren Detektoren, der den Messbetrieb aufgenommen hat: Bereits 1999 wurde dort das erste Mal sieben Stunden lang kontinuierlich ins All gelauscht.

Deutlich größer, fast so groß wie die Vierkilometerdetektoren von LIGO, ist VIRGO, ein italienisch-französisches Kooperationsprojekt, das auf die unermüdliche Lobbyarbeit des – ursprünglich aus der Elementarteilchenphysik kommenden – Physikers Adalberto Giazotto und des französischen Interferometriespezialisten Alain Brillet zurückgeht. Finanziert und betrieben wird es von zwei nationalen Forschungsbehörden, dem italienischen Istituto Nazionale di Fisica Nucleare (INFN) und dem französischen Centre National de la Recherche Scientifique (CNRS). Das Interferometer ist bei Cascina aufgebaut, einer kleinen Ortschaft in der Nähe von Pisa, und hat eine Armlänge von drei Kilometern. Die Konstruktionsarbeiten haben Mitte 2003 ihren Abschluss gefunden, und die Anlage befindet sich derzeit (Ende 2004) noch im Testbetrieb. Benannt ist der Detektor nach dem Virgo-Galaxienhaufen, der so etwas wie einen kosmischen Meilenstein darstellt: Er ist der nächste Nachbar der Lokalen Gruppe, des kleinen Galaxienhaufens, zu dem unsere Milchstraße gehört. Jedem Detektor, der empfindlich genug ist, um die typischen Gravitationswellen von Supernovae und verschmelzenden kompakten Objekten nicht nur in unserer engeren kosmischen Nachbarschaft nachzuweisen, sondern auch für Ereignisse in bis zu rund siebzig Millionen Lichtjahren Entfernung, eröffnet sich damit auf einen Schlag ein weites Feld an potenziellen Gravitationswellenquellen, denn der Virgo-Haufen besteht aus rund zweitausend Galaxien. Supernovae und Verschmelzungen finden darin entsprechend häufiger statt als in unserer ungleich kleineren, nur siebzehn Galaxien zählenden Lokalen Gruppe.

Vom einfachen Michelson-Interferometer zum hochgezüchteten interferometrischen Gravitationswellendetektor ist es ein weiter technischer Weg, dessen verschiedene Stationen ich hier zumindest andeuten möchte. Alle technischen Verbesserungen haben im Wesentlichen zwei Ziele: das Interfe-

rometer gegenüber dem Einfluss einer Gravitationswelle so empfindlich wie möglich zu gestalten (»Signal verstärken«) und alle möglichen Störeinflüsse, die das Gravitationswellensignal überlagern könnten, so klein wie möglich halten (»Rauschen unterdrücken«).

JENSEITS VON MICHELSON

Den Grundriss eines einfachen Michelson-Interferometers habe ich bereits abgebildet. Die nebenstehende Skizze zeigt das Schema eines modernen interferometrischen Detektors, orientiert an GEO 600, der uns in den nächsten Abschnitten als konkretes Beispiel dienen soll.

In Rot läuft der Laserstrahl durch die Spiegelanordnung; wie dick er gezeichnet ist, deutet an, wie viel Laserenergie die betreffende Lichtlaufstrecke pro Zeiteinheit durchläuft – bei dünn gezeichnetem Strahl weniger, bei dickem Strahl mehr. Die Pfeile zeigen, in welche Richtung das Laserlicht läuft – in einigen Teilen des Aufbaus ist das nur eine einzige Richtung, auf anderen Wegen dagegen bewegt sich das Laserlicht, wie schon im einfachen Michelson-Interferometer, hin und zurück. Obwohl nur schematisch die wichtigsten Elemente skizziert sind, sieht das Diagramm bereits merklich komplizierter aus. Es lässt sich aber Schritt für Schritt verstehen. Lassen wir den braun-rot unterlegten Kasten »Laser« und den bläulichen Kasten »Modenfilter« einmal fort. Was übrig bleibt, das eigentliche, gelb unterlegte Interferometer, erinnert noch sehr an den einfachen Michelson-Aufbau der Abbildung von Seite 305: In der Mitte ist ein Strahlteiler ST zu sehen, durch den das von links kommende Laserlicht läuft; Teilwellen eilen weiter zu zwei Spiegeln Sp1 und Sp2, und am Ende landet eine Kombination aus zwei Teilwellen am Photodetektor PD. Das Diagramm ist bei weitem nicht maßstabsgetreu; die Armlänge, die bei GEO 600 zwischen Strahlteiler und Außenspiegeln Sp1 beziehungsweise Sp2 liegt, beträgt sechshundert Meter, der Durchmesser dieser Spiegel liegt bei achtzehn Zentimetern, und sie sind zehn Zentimeter dick. So viel zu den Gemein-

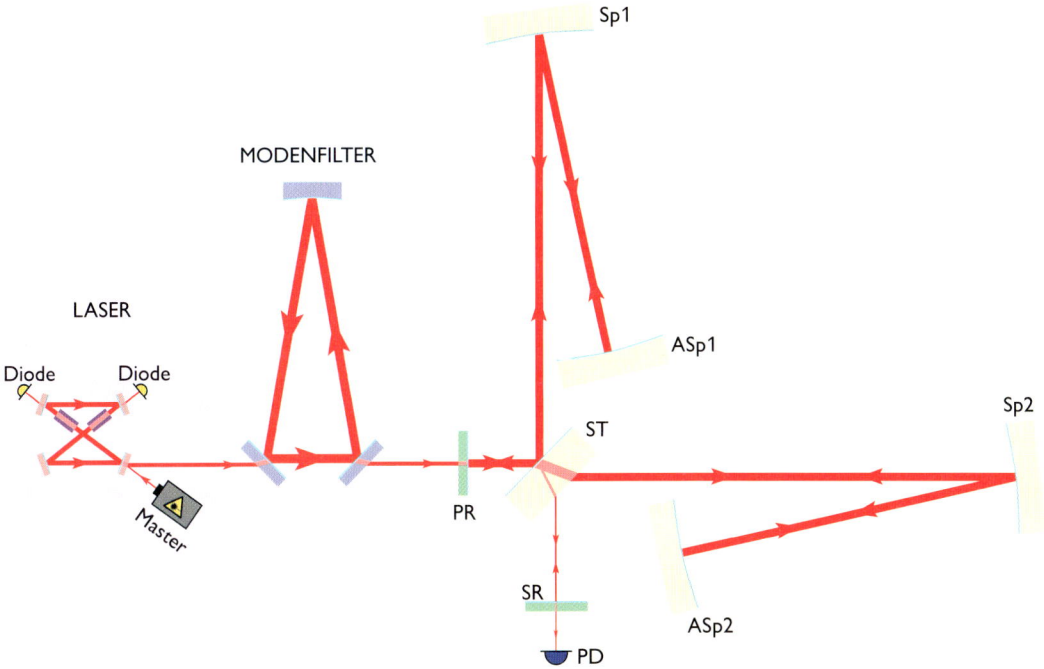

samkeiten mit Michelsons ursprünglichem Aufbau. Nun zu den Unterschieden.

Beginnen wir mit den zusätzlichen Spiegeln ASp1 und ASp2, die genau wie Strahlteiler, Spiegel Sp1 und Spiegel Sp2 als Pendel aufgehängt sind. Ihr Zweck ist es, den Lichtweg zu verlängern: Laserlicht, das vom Strahlteiler zu Sp1 läuft, kehrt von dort nicht sofort wieder zurück, sondern wird zunächst zu ASp1 abgelenkt. Erst dort wird es direkt zurückgespiegelt und folgt dann dem umgekehrten Weg, über Sp1 zurück zum Strahlteiler. Der Lichtweg wird dadurch effektiv verdoppelt. Das ist von Vorteil, da eine gegebene Gravitationswelle die Abstandsverhältnisse zwischen den Pendelmassen um einen bestimmten *Faktor* streckt oder staucht. Je länger der Abstand, umso größer die absolute Längenänderung. Ein Rechenbeispiel mit Alltagswerten: Bei einer Dehnung um den Faktor 1,5 wächst eine Strecke von einem Millimeter auf 1,5 Millimeter an, eine Strecke von einem Zentimeter auf 1,5 Zentimeter. Der absolute Längenzuwachs beträgt im ersten Fall nur einen halben Millimeter, im zweiten dagegen einen halben Zentimeter. Wer

nur ein herkömmliches Lineal zur Verfügung hat, wird die Längenänderung im zweiten Fall problemlos messen können, könnte aber im ersten Schwierigkeiten bekommen, die Änderung nachzuweisen. Ebenso, wenn auch mit ungleich geringerer Streckung, bei den interferometrischen Detektoren: Je länger der Weg, den das Licht zurückzulegen hat, umso größer der Längenzuwachs beim Durchgang einer Gravitationswelle und umso größer die Chance, diese Längenänderung messen zu können.

Diese einfache Rechnung ist nicht streng gültig. Gravitationswellen sind periodisch – einmal strecken sie, dann wieder stauchen sie Abstände –, und bei extrem langen Armen könnte es dazu kommen, dass ein Lichtwellenberg so lange im Interferometerarm unterwegs ist, dass er während eines Teils seiner Laufzeit von der Streckung beeinflusst wird und in der restlichen Zeit von der Abstandsschrumpfung und dass sich die beiden Einflüsse gegenseitig aufheben. Rechnet man genauer nach, wann sich die große Armlänge in dieser Weise ungünstig bemerkbar macht, dann ergibt sich, dass die Armlänge eines interferometrischen Detektors nicht wesentlich länger sein sollte als die halbe Wellenlänge der Gravitationswellen, die man nachweisen möchte. Die kürzesten Wellen, auf deren Nachweis hin LIGO und GEO 600 geplant sind, haben eine Wellenlänge von um die hundert Kilometer. Bei einer Armlänge von sechshundert Metern oder vier Kilometern ist es daher durchaus sinnvoll, den Lichtweg durch Umlenken zu vergrößern – »bigger is better« –, und die zusätzlichen Spiegel ASp1 und ASp2 erhöhen die Empfindlichkeit des Detektors.

Zur Lichtwegverlängerung durch zusätzliches Hin- und Herschicken des Lichts gibt es eine weniger anschauliche, aber sehr effektive Variation. Für den waagerechten Interferometerarm würde man dazu Spiegel Sp2 und ASp2 etwa so anordnen:

Spiegel ASp2 ist dabei, ähnlich wie der Strahlteiler, teildurchlässig: Ein großer Teil des Lichts, das aus Richtung Sp2 auf ASp2 fällt, wird reflektiert, ein kleiner Teil wird durchgelassen. Vereinfacht kann man sich vorstellen, dass die Welle, die links in den Spiegelzwischenraum eintrat, zu Sp2 fliegt und dort reflektiert wird. Trifft sie danach wieder auf ASp2, so wird der größte Teil der Welle noch einmal reflektiert und macht sich erneut auf den Weg zu Sp2 und zurück; ein kleiner Bruchteil dagegen verlässt den Arm durch den Spiegel ASp2 und läuft zurück zum Strahlteiler. Die Dicke der Laserlinien deutet an, wie viel mehr Licht zwischen den Spiegeln gefangen ist, im Vergleich zu der Lichtmenge, die hinein- oder hinausläuft. Ein großer Teil der Wellenenergie läuft in dieser Weise mehrmals hin und her, ehe er dem Reflexionsgefängnis entkommt. Auch solches mehrmaliges Hin- und Herfliegen entspricht einer Lichtwegverlängerung; insgesamt, so kann man ausrechnen, reagiert das Spiegelgefängnis auf eine durchgehende Gravitationswelle so wie ein deutlich verlängerter Interferometerarm. Die drei Kilometer langen Arme von VIRGO etwa sollen durch diesen Trick so empfindlich werden

wie 120 Kilometer lange Arme. Wichtig ist dabei allerdings, dass man wieder einmal die Interferenz berücksichtigen muss: Die zwischen den Spiegeln hin- und herlaufenden Teilwellen überlagern sich, und es gilt, den Spiegelabstand exakt bei einem Wert zu halten, in dem sich alle diese Teilwellen gegenseitig verstärken. Auch das ist ein Resonanzphänomen – Spiegelabstand und Wellenlänge müssen genau zueinander passen. Solche Spiegelgefängnisse für interferierendes Licht heißen in der Physik *Fabry-Perot-Interferometer*, und VIRGO, aber auch die LIGO-Interferometer und TAMA 300 nutzen diesen Trick der effektiven Armverlängerung.

SELEKTIVE UMWEGE

Zurück zum Detektordiagramm auf Seite 311. Vielleicht ist Ihnen ja schon aufgefallen, dass die rote Linie, die vom Strahlteiler ST in Richtung Photodetektor läuft, sehr dünn gezeichnet ist, entsprechend sehr wenig Laserenergie. Das hat Methode, denn die Optik des interferometrischen Detektors wird üblicherweise so abgestimmt, dass hinter dem Strahlteiler fast vollständige destruktive Interferenz eintritt – ohne den verzerrenden Einfluss einer Gravitationswelle trifft dort ein Berg der Teilwelle, die den einen Arm entlanggelaufen ist, auf ein Wellental aus dem anderen Arm, Berge und Täler heben sich fast vollständig auf, und es herrscht dort fast völlige Dunkelheit. Das ist aus einem technischen Grunde günstig, denn es ist wesentlich einfacher, einen hoch empfindlichen Photodetektor zu bauen, der nahe der völligen Dunkelheit winzige Helligkeiten messen und noch winzigere Helligkeitsunterschiede nachweisen kann, als einen Detektor für Helligkeitsunterschiede bei sehr hellem Licht. Es führt außerdem dazu, dass bei dem teildurchlässigen Spiegel SR, der zwischen Strahlteiler und Photodetektor in den Lichtweg eingebracht wird, gerade dann mehr Licht ankommt, wenn sich die Interferenz, wie es für den Durchgang einer Gravitationswelle zu erwarten ist, verschoben hat. Dieses Licht wird jetzt noch einmal in den Detektor zurückgeschickt, und für Gravitationswellen eines bestimmten Frequenzbereichs kommt es dabei, vereinfacht gesagt, zu konstruktiver Interferenz zwischen all den Lichtwellen, die bereits von der Gravitationswelle beeinflusst worden sind. Unter dem Schnitt kommt durch dieses *Signalrecycling* hinter dem Spiegel SR ein deutlicheres Gravitationswellensignal heraus als ohne – allerdings, das ist der Nachteil, nur für Gravitationswellen in einem bestimmten, durch Positionierung und Reflexionsgrad von SR festgelegten Frequenzbereich, während die Detektorempfindlichkeit außerhalb dieses engen Bereichs merklich schlechter wird. Je nach den Erfordernissen des Beobachtungsprogramms muss man daher entscheiden, ob man seinen Detektor im frequenztoleranteren Modus betreibt oder seine Empfindlichkeit mittels Signalrecycling in einem bestimmten Frequenzbereich erhöht, außerhalb dieses Bereichs dagegen verringert. Bislang wird dieses in der Glasgower Gruppe entwickelte Verfahren nur bei GEO 600 eingesetzt.

PHOTONENGEPRASSEL

Die Nützlichkeit des ebenfalls ein wenig durchlässigen Spiegels, der in der Abbildung auf Seite 311 mit PR bezeichnet ist, besteht darin, einen Störeffekt klein zu halten, der auf den grundlegenden Quanteneigenschaften des Lichts beruht. Genau betrachtet besteht Licht aus diskreten Energiepaketen, den Lichtquanten oder Photonen, und seine für die Interferometrie so wichtigen Welleneigenschaften gewinnt es durch das Verhalten, das die Quantentheorie den Photonen vorschreibt. Typisch für die Quantentheorie ist es, dass sie Wahrscheinlichkeitsaussagen liefert: Mag die klassische Mechanik vorhersagen, bei bestimmen Ausgangsbedingungen sei ein Teilchen mit Sicherheit zum Zeitpunkt T am Ort XY anzutreffen, so ist diese Sicherheit der Quantentheorie fremd; ihr lässt sich in solch einer Situation nur entlocken, dass die *Wahrscheinlichkeit*, das Teilchen zur Zeit T am Ort XY anzutreffen, einen bestimmten Wert hat. Wahrscheinlichkeit im Verein mit großen Zahlen ergibt Häufigkeit: Sind die Wahrscheinlichkeiten, mit ei-

ner Münze »Kopf« oder »Zahl« zu werfen, jeweils 1/2, dann werden von 1000 Münzen, die ich in die Luft werfe, nach der Landung ungefähr die Hälfte »Kopf«, die andere Hälfte »Zahl« zeigen. Wenn umgekehrt die abstrakten Wellengrößen, die das Verhalten der Photonen bestimmen, vorhersagen, die Wahrscheinlichkeit, ein auf den Strahlteiler treffendes Photon würde in die eine Richtung abgelenkt, betrage 48 Prozent, die für Ablenkung in die andere Richtung 52 Prozent, dann bedeutet das: Treffen Milliarden von Milliarden Photonen auf den Strahlteiler, dann werden rund 48 Prozent davon in die erste, rund 52 Prozent in die zweite Richtung weiterfliegen – wieder wäre eine Wahrscheinlichkeit zu einer Häufigkeitsaussage geworden. Leider gehen mit diesem Übergang von der Wahrscheinlichkeit zur Häufigkeit zwangsläufig gewisse Schwankungen einher. Bei den 1000 Münzen, die ich in die Luft werfe, werden nach der Landung nicht exakt 500 Kopf zeigen und 500 Zahl, sondern manchmal werden es 509 Kopf-Münzen sein, beim nächsten Wurfversuch nur 487, dann wieder 516 und so weiter.

Solche Schwankungen beeinträchtigen auch die Gravitationswellenjäger. Um den Einfluss einer Gravitationswelle auf ihren Detektor festzustellen, beobachten sie schließlich Helligkeitsveränderungen des Lichts, das am Photodetektor PD eintrifft. Aus der Sicht der Quantentheorie heißt das: Sie zählen, wie viele Photonen am Detektor ankommen. Diese Photonenzahl hängt zum einen von den quantenmechanischen Wahrscheinlichkeiten ab – diese würden sich beim Durchgang einer Gravitationswelle ändern –, zum anderen aber gibt es, wie beim Münzwurf, zufällige Schwankungen. Das Ergebnis ist der so genannte *Schroteffekt*, dessen Name anschaulich wiedergibt, dass die Photonen wie einzelne Schrotkörner auf den Detektor treffen und nicht als kontinuierliche Welle, ein unregelmäßiges Prasseln, einmal ein paar mehr Photonen, dann wieder ein paar weniger. Konsequenz ist das so genannte *Schrotrauschen*, und um nicht genarrt zu werden und für das Signal einer Gravitationswelle zu halten, was in Wirklichkeit Schrotrauschen darstellt, ist es wichtig, dieses Rauschen relativ zu den Intensitätsveränderungen, die eine Gravitationswelle bewirken würde, möglichst minimal zu halten. Die Lösung ergibt sich aus der Statistik: Je größer die Gesamtzahl der Photonen oder der Münzwürfe, umso geringer die zu erwartende Abweichung der Häufigkeit von der Wahrscheinlichkeit. Für die interferometrischen Detektoren heißt das: Wer die Empfindlichkeit erhöhen will, muss die Photonenzahl erhöhen. Je mehr Photonen das Interferometer enthält, umso weniger fällt das Schrotrauschen ins Gewicht.

Der erste Schritt ist folgerichtig ein leistungsstarker Laser. Laser bestehen im Wesentlichen aus einem »aktiven Material« mit besonders günstigen Eigenschaften und einer Möglichkeit, diesem Lasermaterial Energie zuzuführen (»pumpen«). Quantenmechanische Effekte sorgen dafür, dass Atome des Lasermaterials, die durch die zugeführte Energie in einen höherenergetischen Zustand übergegangen sind, nicht holterdipolter, sondern koordiniert in den nächsterreichbaren niederenergetischen Zustand übergehen und die Energiedifferenz in Form von Photonen aussenden. Die quantenmechanische Koordination bewirkt, dass das so erzeugte Licht hochgradig kohärent ist, das heißt: kein Wellengemisch, sondern eine einzige einfache Welle mit regelmäßigen Wellenbergen und -tälern.

Für die heutigen Interferometer wird ein sehr effektives Lasermaterial verwendet. Nd:YAG, mit vollem Namen Neodym-dotierter Yttrium-Aluminium-Granat, ist ein lilafarbener Kristall, der bei Anregung Laserlicht im nahen Infrarotbereich (und damit für das menschliche Auge unsichtbar) aussendet. Um hohe Leistung bei hochgradig konstanter Frequenz zu erreichen, wird dabei eine Art Zweistufensystem verwendet – bereits die Energiezufuhr übernehmen kleine Laserdioden, bei deren Strahlungsfrequenz das Lasermaterial des Hauptlasers besonders gut Energie aufnehmen kann. Für Qualität sorgt ein weiterer kleiner »Meister-Laser«, der der leistungsstärkeren Anordnung seine hochkonstante Frequenz (sowie die Umlaufrichtung zwischen den Spiegeln) aufprägt. Das ist der Hintergrund des Spiegelsystems, das in der Skizze auf Seite 311 mit »Laser« bezeichnet war:

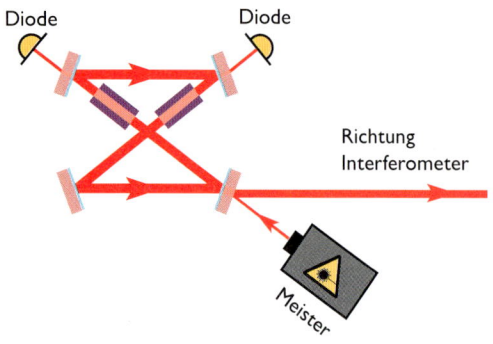

Rechts unten der kleine Meister-Laser, oben zwei Laserdioden und in Lila eingezeichnet zwei Laserkristalle, die zum Strahlen angeregt werden. Die in dieser Weise erreichbare Laserleistung reicht allerdings bei weitem nicht aus, um den Einfluss des Schrotrauschens hinreichend zu schwächen. Stattdessen kommen wir zu dem lange vernachlässigten Spiegel PR zurück, der in der Abbildung auf Seite 311 links vom Strahlteiler sitzt. PR steht für »Power-Recycling«, für das Recycling von Laserleistung. Ich habe bereits erwähnt, dass interferometrische Detektoren im Dunkelheitsmodus betrieben werden – ohne störenden Einfluss einer Gravitationswelle ist die Optik so justiert, dass es am Photodetektor zu fast völliger Auslöschung der Teilwellen kommt. Das bedeutet auch, dass die allermeiste in das Interferometer eingebrachte Laserstrahlung den einzigen verbleibenden Ausweg nimmt und die Interferometeranordnung über den Strahlteiler nach links verlässt. Spiegel PR spiegelt einen Großteil dieser Leistung, die sonst verloren wäre, wieder ins Interferometer zurück. (Allerdings entspricht auch das einer Überlagerung von Wellen, nämlich jenes Lichts, das sich auf den Spiegel zubewegt, und des zurückgespiegelten Lichts, und man muss durch genaue Positionierung von PR dafür sorgen, dass es nicht zur Auslöschung kommt, sondern zur gewünschten Verstärkung.) Die Wirkung des Power-Recycling ist die gleiche, als würde man einen weit leistungsstärkeren Laser verwenden: Aus den zehn bis zwanzig Watt des Eingangslasers werden im Interferometer Tausende oder Zehntausende Watt, genug, um die Auswirkungen des Schroteffekts auf ein erträgliches Maß zu reduzieren.

... UND DER GANZE REST

Zu den erwähnten grundlegenden Techniken von Armverlängerung bis Power-Recycling kommt eine Vielzahl weiterer praktischer Vorkehrungen und technischer Tricks, von denen ich hier nur kurz die wichtigsten anreißen kann. Da wären zunächst weitere Techniken zur Einflussnahme auf den Laserstrahl. In der Schemazeichnung auf Seite 311 ist stellvertretend ein Modenfilter eingezeichnet, eine Erfindung der Garchinger Gruppe, um dem Laserstrahl die gewünschte Geometrie zu geben – die entscheidenden Interferenzeffekte treten schließlich nur dann so deutlich auf wie in meiner einfachen Darstellung beschrieben, wenn die Lichtwellen klar definierte Wellenberge und -täler haben, die sich beim Zusammentreffen von Teilwellen perfekt überlagern. Auch das optische Umfeld muss stimmen: Würde das Laserlicht durch ein Gas laufen, ergäben sich bei der Absorption und Wiederaussendung aufgrund der wild hin und her flitzenden Gasmoleküle Verschiebungen der Wellenberge und -täler, die die außerordentlich genauen Messungen des Interferenzzustandes am Photodetektor unmöglich machen würden. Ein hochwertiges Vakuum ist daher ebenso nötig wie exakter Schliff, damit kein Photon abhanden kommt, weil es nicht genau dahin reflektiert wurde, wo es hingehört. Spiegel höchster Qualität müssen eingesetzt werden, Spezialanfertigungen mit hochreflektierender Beschichtung, denn jedes Photon, das von einem Spiegel nicht reflektiert, sondern absorbiert wird, geht nicht nur der Strahlungsleistung verloren, sondern trägt zu wärmebedingten Verformungen des Spiegels bei. Um die Verunreinigung der Optik durch Staub zu vermeiden, wird ihr Auf- und Umbau in einer Reinraumatmosphäre vorgenommen, die weniger als ein Tausendstel so viele Staubteilchen enthält wie normale Zimmerluft. Hinzu kommt ein beachtlicher technischer Aufwand, um die Testmassen von äußeren Erschütterungen zu isolieren. Die effektivste Isolation geht, wie bei den Resonanzdetektoren, auf Pendelaufhängungen zurück. Die folgende Abbildung zeigt ein vergleichsweise einfaches Beispiel, den Spiegel PR (rechts im Bild) von GEO 600:

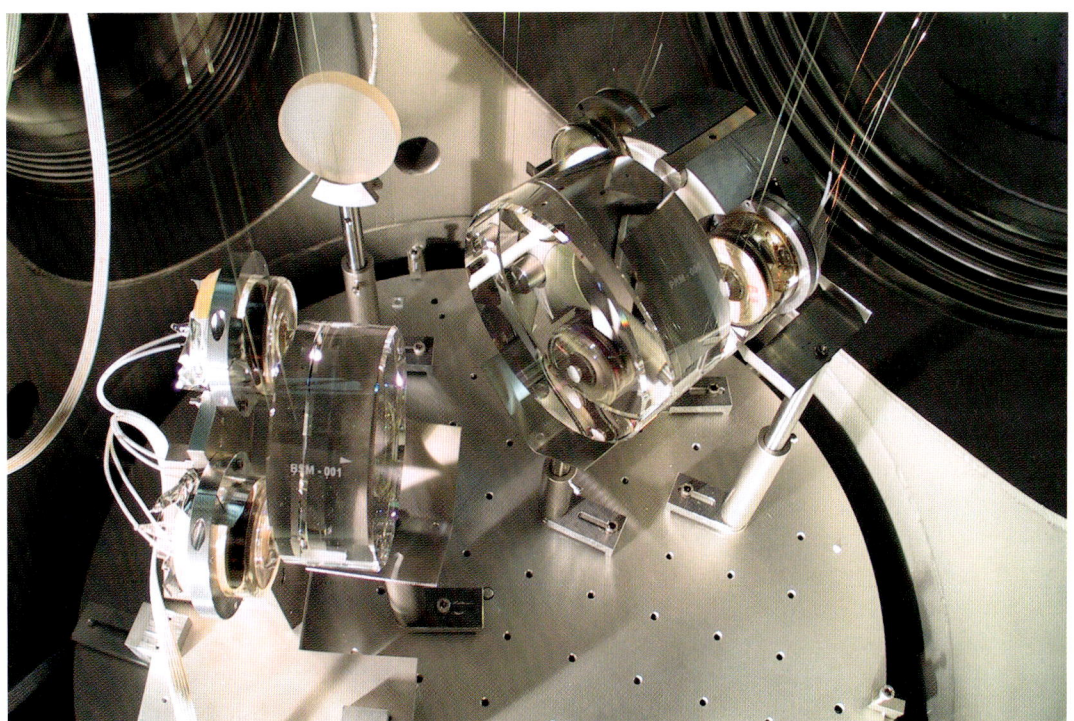

Die eigentlichen Testmassen sind mit Hilfe einer Kombination mehrerer Stufen von Blattfedern (Bewegungen nach oben/unten) und Pendeln (Hin- und Herbewegungen) noch weit aufwändiger aufgehängt – beim Detektor VIRGO, der in den Frequenzbereich zwischen einer und zehn Schwingungen pro Sekunde vordringen will, in dem sich Erschütterungen besonders stark bemerkbar machen, sind es ganze sechs Pendel-Blattfeder-Stufen in einem neun Meter hohen Turm.

Hinter dem rechten Spiegel im Bild sind drei im Dreieck angeordnete Scheiben sichtbar, die untere davon durch das Spiegelglas. Sie stehen hier stellvertretend für viele weitere hochpräzise »Aktuatoren«, an blitzschnelle Kontrollkreise gekoppelt, mit denen die exakte Positionierung und Orientierung bestimmter Spiegel laufend nachgeregelt wird. In diesem Falle wird durch leichtes magnetisches Drücken oder Ziehen des Power-Recycling-Spiegels relativ zu dem dahinter hängenden Aluminiumring die Orientierung des Spiegels justiert. Vergleichbare Aktuatoren an den Spiegeln ASp1 und ASp2 spielen eine ganz grundlegende Rolle: Sie sind in einen Regelkreis geschaltet, der sicherstellt, dass dort, wo das Licht den Strahlteiler Richtung Photodetektor verlassen würde, fast völlige Dunkelheit herrscht – sobald sich die Spiegel durch Störeinflüsse etwas verschieben, die Teilwellen sich daher etwas anders überlagern und Licht auf den Photodetektor PD fällt, steuert das System gegen und verschiebt die Spiegel ganz sanft so, dass die Dunkelheit wiederhergestellt ist, bis auf milliardstel Millimeter genau. Eine ganze Reihe von Störeinflüssen lässt sich auf diese Art und Weise aktiv ausschalten: Wenn etwa die Nordseewellen auf breiter Küstenfront an den Strand schlagen und damit ein winziges periodisches Erzittern des Erdbodens im fernen Hannover bewirken, dann regelt der Schaltkreis von GEO 600 entsprechend nach. Auch eine andere Art von Störung wird so ausgeglichen, so genannte Störfelder: die Gravitationswirkungen der diversen beweglichen Massen im Umkreis des Detektors. Ob es nun ein Wissenschaftler im Labor ist, ein Bauer, der im ländlichen Ruthe nach seinen Feldern sieht, der Traktor des Bauern oder die Regen-

wolke über ihm – all dies zieht die Testmassen des Interferometers, die Spiegel und den Strahlteiler, per Schwerkraft ein wenig an. Im Allgemeinen werden die einzelnen Testmassen des Interferometers dabei leider etwas unterschiedlich angezogen – der Spiegel, der dem Traktor ein paar hundert Meter näher ist, etwas stärker, der Strahlteiler etwas schwächer – und diese Gezeitenkräfte führen zu ungewollten Längenänderungen des Arms. Auch diese Längenänderungen werden von der Kontrollelektronik durch kleine Korrekturkräfte, die auf die Testmassen wirken, ausgeglichen, ebenso übrigens die Längenänderungen aufgrund von Gravitationswellen mit weniger als hundert Schwingungen pro Sekunde – ihr Einfluss lässt sich dementsprechend nicht an Helligkeitsschwankungen am Photodetektor ablesen, sondern an den winzigen Stromveränderungen des Regelkreises.

Zu den äußeren Störungen treten die inneren, allen voran das thermische Rauschen, die wärmebedingten inneren Schwingungen der Bestandteile des optischen Detektors – hier ist es die geschickte Wahl von Material und Abmessungen, mit denen die Forscher dafür sorgen, dass die thermischen Fluktuationen die Messungen möglichst wenig stören. Und dann sind da noch eine Unzahl weiterer möglicher Störquellen, denn potenziell könnten Tausende von elektronischen Bauteilen, die den Detektor mit seinen rund zweihundert verschiedenen Regelkreisen am Laufen halten, eigene kleine Störsignale einspeisen. Die allermeisten lassen sich durch geschicktes Vorausplanen und sorgfältige Konstruktion vermeiden, doch einige unvorhergesehene Störungen sind bei einer solch komplexen Maschine unvermeidbar. Während ich dies schreibe (also Ende 2004), ähnelt die Arbeit der Forscher bei LIGO wie bei GEO 600 jener der Ingenieure und Techniker der Formel-1-Rennställe, die durch kleine Veränderungen – hier eine Schraubendrehung und da ein neues Bauteil – immer noch etwas mehr Leistung aus ihren Motoren herauszuholen versuchen: Hier noch eine Störquelle aufgespürt und ausgeglichen, da ein Wackeln abgestellt, dort die Hunderte von Justierungsparametern unter Berücksichtigung der Tausende von Zustandsdaten, die das Instrument liefert, noch etwas feiner aufeinander abgestimmt, auf diesem mühsamen Weg wird die Empfindlichkeit derzeit immer weiter verbessert. Ende 2005 oder im Jahr 2006, so das Ziel, soll die Empfindlichkeit beispielsweise von GEO 600 in etwa so aussehen wie in der folgenden Grafik dargestellt: Auf der waagerechten Achse ist die Frequenz aufgetragen, senkrecht ein Maß für die Stärke des Rauschens,[1] so dass man verfolgen kann, wie stark die verschiedenen Sorten von Rauschen in den einzelnen Frequenzbereichen sind. Je schwächer das Rauschen, umso empfindlicher ist der Detektor für Gravitationswellen der betreffenden Frequenz.

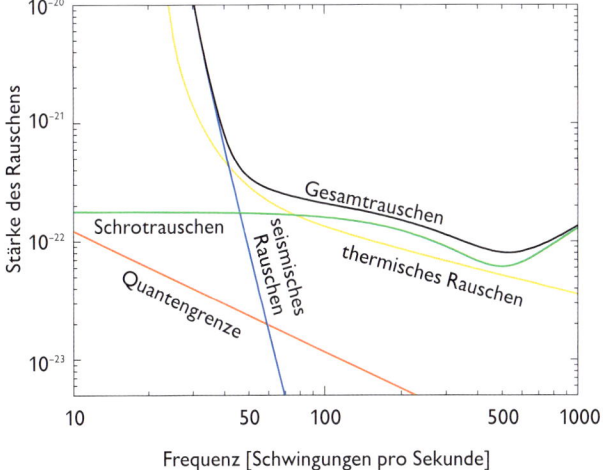

Deutlich ist zu sehen, dass bei höheren Frequenzen insbesondere das Schrotrauschen die Empfindlichkeit begrenzt – dort bestimmt es den Verlauf der kombinierten Kurve für das Gesamtrauschen im Detektor. Bei niedrigen Frequenzen stellen dagegen die seismischen Störungen die Hauptstörquelle dar. Die Kuhle der Rauschkurve rechts im Bild im Frequenzbereich rund um fünfhundert Schwingungen pro Sekunde, entsprechend einem Minimum des Schrotrauschens, ist eine Folge des Signalrecycling, das den Detektor für Gravitationssignale bei diesen Frequenzen besonders empfind-

1 Beide Male findet eine so genannte logarithmische Skala Verwendung, auf der beispielsweise die Frequenz 10 Hertz genauso weit entfernt von 100 Hertz eingezeichnet ist wie 100 Hertz von 1000 Hertz.

lich macht. Auf die als »Quantengrenze« eingezeichnete Kurve werde ich weiter unten noch kurz eingehen. Ist die Soll-Empfindlichkeit erreicht, ist das bereits eine ganz gewaltige Leistung – und die heutigen Detektoren sind an ihrem ersten Ziel angelangt, nämlich zu zeigen, dass eine solch ungeheure Empfindlichkeit, ein Messen so winziger Längenänderungen wie nie zuvor in der Physik, praktisch möglich ist. Dann wäre man außerdem in einem Bereich, in dem sich im Rauschen mit viel Geschick und einigem Glück eine regelmäßige Melodie ausmachen lassen könnte – vielleicht die Erkennungsmelodie verschmelzender Neutronensterne oder Schwarzer Löcher. Mit solch einem Nachweis wäre das zweite Ziel der ersten Generation interferometrischer Detektoren erreicht.

DIE NÄCHSTE GENERATION

Die eigentliche Gravitationswellenastronomie ist das Ziel der zweiten Ausbaustufe. Dazu gehört insbesondere *Advanced LIGO* (wörtlich etwa: fortgeschrittenes LIGO), ein Kooperationsprojekt des amerikanischen LIGO-Teams und der deutschen und britischen GEO 600-Gruppen. Die bisherigen LIGO-Anlagen in Livingston und Hanford sollen dafür ab 2007 technisch aufgerüstet werden, insbesondere eben mit der fortgeschrittenen Aufhängungs- und Lasertechnik, die an GEO 600 erprobt worden ist. Hinzu kommt eine ganze Reihe weiterer Verbesserungen: eine Steigerung der ins Interferometer eingespeisten Laserleistung von 10 auf 180 Watt und höhere Stabilität der Lichtfrequenz; schwerere Testmassen aus Saphir, das noch vorteilhaftere thermische Eigenschaften hat als Quarzglas; eine thermisch günstigere Aufhängung nicht an Stahlsaiten wie beim jetzigen LIGO, sondern nach GEO-Art an mit den Testmassen verschmolzenen Quarzglasfasern; eine verbesserte Spiegelaufhängung mit mehrfachen Pendelstufen und aktiver Schwingungsdämpfung; und Signalrecycling. Mit all diesen Mitteln ist geplant, die Empfindlichkeit der LIGO-Interferometer um einen Faktor von zehn bis fünfzehn zu erhöhen – um dann auch zehn- bis fünfzehnmal tiefer ins Universum hineinhorchen zu können, entsprechend einem tausendmal größeren zugänglichen Rauminhalt.

Ähnliche Verbesserungen sind bei VIRGO geplant. Bis dahin sind hoffentlich auch noch weitere Interferometer in Betrieb. Zum einen das japanische LCGT, das »Large-scale Cryogenic Gravitational Wave Telescope«, bei dem ein Herunterkühlen der Spiegel für deutlich geringeres thermisches Rauschen sorgen soll, zum anderen ein australischer Detektor: In der Nähe von Perth befindet sich nicht nur, wie im letzten Kapitel erwähnt, der Resonanzdetektor NIOBE, sondern auch ein Interferometer-Prototyp mit achtzig Metern Armlänge, dem ein Detektor von LIGO-Ausmaßen folgen soll. Dass die Japaner und Australier eigene Detektoren planen, ist nicht nur wissenschaftlicher Nationalstolz, sondern hat handfeste physikalische Gründe. Generell sind vier geeignet angeordnete Detektoren vonnöten, wenn man aus dem Umstand, dass die Gravitationswelle beispielsweise bei einem Detektor etwas eher, bei zwei anderen etwas später und beim vierten noch ein wenig später ankommt, berechnen will, aus welcher Richtung uns die Welle erreicht – ganz entscheidend, wenn man Zusammenhänge zwischen dem Empfang eines Gravitationswellensignals und einem Ereignis am Himmel belegen will, etwa einem Gammastrahlenausbruch. Außerdem benötigt man vier Detektoren, um zu messen, wie die Gravitationswelle polarisiert ist, sprich: in welche Richtungen sie den Raum streckt und schrumpfen lässt. Ein interferometrischer Detektor spricht auf eine gegebene Gravitationswelle unterschiedlich stark an, je nachdem, wie die Verzerrungsebene der Welle relativ zu dem durch seine Arme gebildeten L ausgerichtet ist; mit vier geeignet ausgerichteten Detektoren lässt sich die Polarisation vollständig bestimmen. Ein Detektor in Australien oder Japan könnte zusammen mit den beiden LIGO-Interferometern und VIRGO gerade so eine Vierer-Detektorkonfiguration bilden, wie sie zur vollständigen Charakterisierung der auf der Erde ankommenden Gravitationswellen nötig ist.

Schon jetzt hat die Forschung an denjenigen verbesserten Techniken begonnen, die Detektoren der dritten Generation noch größere Empfindlichkeit bescheren sollen. Mit GEO 600, der mit Advanced LIGO und seinen Vettern nicht mehr wird mithalten können, stünde, wenn die Ära der Gravitationswellenastronomie angebrochen ist, ein geeignetes Testobjekt zur Verfügung, diese Neuerungen zu einem Detektor-Prototyp zusammenzusetzen. Einige der Neuerungen sind technische Weiterentwicklungen – neue Techniken, um noch schwerere Testmassen sicher aufzuhängen und eine noch größere Laserleistung zu erreichen. An anderer Stelle geht es dagegen um ganz neue physikalische Grundlagen, genauer gesagt: um ein Grundprinzip der Quantentheorie, das herkömmliche Messungen drastisch einschränkt. Ich habe bereits das Schrotrauschen erwähnt, das sich ergibt, weil Licht letztendlich keine kontinuierliche Welle ist, sondern eine Ansammlung von unzähligen Energiepaketen, den Photonen. Um das Schrotrauschen vergleichsweise klein zu halten, war es günstig, die Lichtmenge im Detektor zu erhöhen. Doch von einer bestimmten Laserleistung an tritt dabei ein weiteres Problem auf: Jedes Photon, das an einem der Spiegel reflektiert wird, versetzt diesem dabei einen winzigen Rückstoßkick – ein Rauschen, das mit dem Strahlungsdruck des Lichts auf die Spiegel einhergeht und entsprechend Strahlungsdruckrauschen genannt wird. Das ist bei geringen Laserleistungen nicht schlimm, denn die Spiegel haben eine sehr hohe Masse und reagieren auf das Strahlungsdruckrauschen nur mit noch winzigerer Bewegung. Bei hohen Laserleistungen wird dagegen aus den vielen Photonenkicks eine starke Rauschquelle, denn dann sind die Spiegelbewegungen groß genug, um gravitationswellenbedingte Längenänderungen der Detektorarme vorzutäuschen. Eine Zwickmühle, denn in solcher Situation gilt: Wer die Laserleistung erhöht, mindert zwar den störenden Einfluss des Schrotrauschens, handelt sich aber ein höheres Strahlungsdruckrauschen ein. Bei geringerer Laserleistung sind die Photonenkicks harmloser, aber das Schrotrauschen gewinnt an Einfluss. Man kann nicht beides haben – ein für die Quantentheorie typischer Zusammenhang, nach dem bestimmte Messgrößen nicht gleichzeitig genau bestimmbar sind, die so genannte *Heisenbergsche Unschärferelation*. Sie führt zu einem Empfindlichkeitsmaximum, das herkömmliche Detektoren nicht überschreiten können und das in der Abbildung auf Seite 317 als »Quantengrenze« eingezeichnet ist. Wer doch noch deutlich empfindlichere Detektoren bauen will, muss sich auf Neuland begeben, in dem der Detektor sich eben nicht mehr als Kombination von Photonen und Nicht-Quantenobjekten (Spiegeln und Strahlteiler) beschreiben lässt, sondern ein kombiniertes, makroskopisches Quantensystem darstellt. Dieses Quantensystem könnte sich mit großem Geschick so manipulieren lassen, dass der Gravitationswellennachweis nicht mehr von Heisenbergschen Zwillingsstörungen wie Schrotrauschen und Photonenkicks abhängt, sondern im Idealfall nur noch von einer einzigen Quantengröße. Dann würde die Messgenauigkeit nicht mehr durch ein grundlegendes Quantengesetz begrenzt, sondern nur noch durch die technischen Möglichkeiten.

Solchen Innovationssprüngen zum Trotz – ein Manko von Detektoren wie LIGO und GEO 600 gibt es, das auch ihre hochgezüchteten Nachfolger nicht werden überwinden können, und das sind die schon erwähnten Störfelder: Auch die Schwerewirkung des Wissenschaftlers, der sich im Labor bewegt, oder der am Himmel ziehenden Regenwolke verändert die Spiegelabstände ein wenig . Solche Änderungen lassen sich prinzipiell nicht im Geringsten abschirmen, finden aber glücklicherweise recht langsam statt. Wer vergleichsweise hochfrequente Gravitationswellen beobachten will, die in der Sekunde mehr als ein paar Mal schwingen, kann den Einfluss der Störfelder daher durch das besprochene stetige Nachkorrigieren des Interferometers minimieren. Für niederfrequente Gravitationswellen dagegen besteht die einzige Möglichkeit der Abhilfe darin, den Kreis, der sich zu Anfang dieses Kapitels geöffnet hat, zu schließen: Unser Spaziergang durch die Welt der interferometrischen Detektoren hatte uns vom Weltraum ins Labor geführt. Auf der Flucht vor den Störfeldern geht es, den Plänen der Forscher folgend, wieder zurück in den Weltraum.

LISA

LISA heißt die Lösung des Störfeldproblems, mit vollem Namen: Laser Interferometer Space Antenna, zu Deutsch: Laser-Interferometer-Weltraumantenne, und es handelt sich um ein Gemeinschaftsprojekt der amerikanischen und europäischen Weltraumbehörden NASA und ESA. Die Grundidee ist, tatsächlich Testmassen frei im All schweben zu lassen und ihre gravitationswellenbedingten Abstandsänderungen per Interferometer zu vergleichen. Praktisch ist dazu eine Schutzhülle vonnöten, die die Testmassen etwa vor dem störenden Teilchenwind der Sonne bewahrt und in der außerdem die für die Interferometrie nötigen Laser und Antennen installiert sind – diese Schutzhülle rund um jeweils zwei Testmassen sind die LISA-Satelliten, von denen einer hier schematisch dargestellt ist:

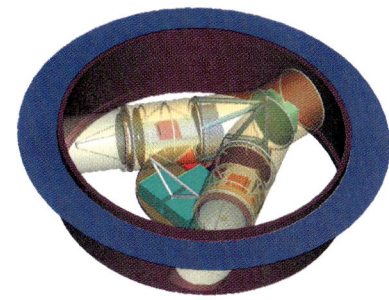

In den beiden Armen des Y-förmigen Wärmeschildes (im Bild die durchsichtigen gelben Röhren) befindet sich je in einem Gehäuse (orange Quader) eine der Testmassen. Im Endeffekt sollen diese Satelliten der Erde in stabilem Formationsflug auf ihrer Bahn nachfolgen, wie hier skizziert:

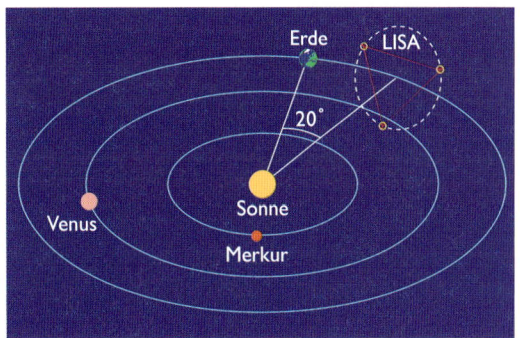

Die Abstände in dieser Abbildung sind im Vergleich mit der Ausdehnung der Planetenbahnen bei weitem nicht maßstabsgetreu. Obwohl die Seiten der Dreiecksformation jeweils stolze fünf Millionen Kilometer lang sind, macht dies nur ein Dreißigstel der Entfernung von der Erde zur Sonne aus und ist hier rund zehnmal zu groß dargestellt. Die Satellitenscheiben mit nur zwei Metern Durchmesser wären in maßstabsgetreuer Darstellung gar nicht zu erkennen. Die Winkel gibt diese Abbildung dagegen richtig wieder – sowohl die zwanzig Grad Winkelabstand, in denen die Formation von der Sonne aus gesehen der Erde hinterherfliegt, als auch die sechzig Grad Neigung des Satellitendreiecks gegenüber der Erdbahnebene. Jede Seite des Dreiecks ist ein Interferometerarm, und an jedem Satelliten treffen zwei Arme aufeinander – summa summarum drei Interferometer, jedes von ihnen mit einem der Satelliten als »Strahlteiler« und den zwei anderen als »Spiegeln«. Eine Gravitationswelle verzerrt die Abstände zum einen zwischen den Testmassen, zum anderen direkt zwischen den Wellenbergen des Laserlichts, das zwischen ihnen unterwegs ist. Das schlägt sich wie bei den erdgebundenen Interferometern in einer Verschiebung des Interferenzmusters nieder.

In einiger Hinsicht hat der Umstand, dass sich LISA im Weltraum befindet, große Vorteile. Zum einen die Abwesenheit der vielen irdischen, zeitlich veränderlichen Störfelder, die bedeutet, dass LISA in Bereiche sehr viel niedrigerer Gravitationswellenfrequenzen vordringen kann – ihr Beobachtungsziel sind Wellenfrequenzen, die Schwingungszeiten zwischen zehn Sekunden und einer Stunde entsprechen. Zum anderen der Umstand, dass die Satelliten und die in ihnen angebrachten Testmassen schwerelos fallen, ohne dass man sie erst aufwändig per Pendel von ihrer Umgebung isolieren müsste. Erst das erlaubt die extrem großen Armlängen, die ein weiterer Grund dafür sind, dass LISA im niederfrequenten Bereich so empfindlich ist. Auch das Vakuum, in dem sich die Laserstrahlung ungestört ausbreiten kann, wird im Weltraum ohne Aufpreis mitgeliefert. Andererseits bedeuten Weltraumumgebung und Armlänge neue technische Herausforderungen. Allein die Satelliten so auszurichten, dass jeder Laserstrahl einen der anderen Satelliten trifft, ist ungeheuer schwierig. Treffen allein ist freilich nicht genug: Über die großen Entfernungen, die hier im Spiel sind, wird der Laserstrahl, anfangs rund dreißig Zentimeter im Durchmesser, auf rund zwanzig Kilometer aufgeweitet und das Laserlicht dabei so verdünnt, dass an Reflexion an Spiegeln nicht zu denken ist. Auch mit den besten Spiegeln würden von den Milliarden Milliarden Photonen, die einer der Satelliten pro Sekunde zum nächsten Satelliten schickt, nur einzelne nach der Reflexion wieder an ihrem Ausgangspunkt landen – viel zu wenig, als dass die von verschiedenen Satelliten kommenden Strahlen sauber, geschweige denn praktisch messbar zur Interferenz gebracht werden könnten. Die Situation entspricht der des Bergsteigers, der so weit von der nächsten Felswand entfernt ist, dass das Echo seiner Rufe kaum wahrnehmbar leise zu ihm zurückkommt, und LISAs Lösung entspricht, stark vereinfacht, dem Vorgehen, an der Felswand ein empfindliches Mikrofon zu installieren, gekoppelt mit einer hochwertigen Verstärkeranlage, dank deren dem Bergsteiger eine laute Wiederholung seiner Rufe entgegenschallt: Das wenige an einem LISA-Satelliten anlangende Laserlicht wird verwendet, um einen starken Laser so zu steuern, dass er ein verstärktes Echo des einfallenden Lichts zurücksendet – und das so präzise, dass sich mit den aktiven Echos, die ein Satellit von seinen zwei Kollegen erhält, hochpräzise Interferenzmessungen vornehmen lassen.

Eine weitere Herausforderung ist die Steuerung der Satelliten, die nach ungleich sanfteren Methoden verlangt, als es bei Raumsonden üblich ist. Zunächst einmal gilt es, die drei Satelliten möglichst exakt zu positionieren, und dann, die Position jedes der Satelliten relativ zu der in seinem Innern frei schwebenden zwei Testmassen bis auf millionstel Millimeter genau beizubehalten. Auf den Satelliten werden im Allgemeinen winzige Störkräfte wirken, etwa der leichte Druck der von der Sonne ausgesandten Teilchenstrahlung, des Sonnenwinds, aber auch der herkömmlichen Sonnenstrahlung, deren Photonen ihn von der Sonne weg nach außen zu drücken versuchen. Diese Störungen müssen durch Düsenaggregate exakt ausgeglichen werden, mit denen sich – auch das eine technische Herausforderung – genau dosierbare winzige Gegenkräfte erzeugen lassen. Nehmen Sie ein Blatt Papier in die Hand – die Gewichtskraft, die Sie spüren, entspricht etwa dem, was die Düsenaggregate an Minimalkräften gezielt einsetzen können müssen.

DAS MUSTER VORGEBEN

Bislang war in diesem Kapitel von verschiedenen Anwendungen des interferometrischen Nachweisprinzips die Rede, von den wichtigsten Störquellen und von den Methoden, das Rauschen so gering wie möglich zu halten. Jetzt soll es um die Frage gehen, die sich nach der erfolgreichen Messung stellt: Was tun mit dem resultierenden Detektorsignal, das sich aus verschiedenen Arten von Rauschen und vielleicht auch den Spuren einer echten Gravitationswelle zusammensetzt?

Der erste Schritt besteht darin, falschen Alarm zu vermeiden und suspekte Signale auszusondern. Dazu dient eine ganze Batterie zusätzlicher Nachweisgeräte – von Erschütterungsmessern bis hin zu Mikrofonen, von Magnetfeldsensoren bis zu Radioantennen für elektromagnetische Felder und Detektoren für kosmische Strahlung, von den Tausenden interner Sensoren ganz zu schweigen, die zeigen, ob das Interferometer so funktioniert, wie es funktionieren soll. Fast jeder dieser Sensoren hat ein klar definiertes Vetorecht. Wenn etwa ein Erschütterungsmesser eine deutliche Erschütterung zeigt, dann werden die zur gleichen Zeit aufgenommenen Daten nach einem vorher festgelegten Protokoll verworfen – lieber nimmt man in Kauf, damit auch eine echte Gravitationswelle zu ignorieren, als dass man sich durch die Erschütterung eine vorgaukeln lässt, wo gar keine ist.

Doch selbst diese aufwändige Kontrolle aller denkbaren Störeinflüsse reicht nicht aus – in einem so komplexen System kann an diversen Stellen unkontrollierbares zusätzliches Rauschen hinzukommen. Wie schon bei Webers Detektoren ist es daher

unumgänglich, die Signale der verschiedenen Interferometer zueinander in Beziehung zu setzen. Mit Hilfe der Zeitsignale des Global Positioning System wird jedem Datensatz, den ein Interferometer liefert, eine genaue Zeitangabe zugeordnet, und die verschiedenen Forschergruppen haben sich auf einen gegenseitigen Datenaustausch geeinigt. Dabei geht es längst um mehr als bloße Koinzidenz. Ich habe bereits erwähnt, dass die L-förmigen Interferometer unterschiedlich empfindlich sind, je nachdem, aus welcher Richtung eine einfache Gravitationswelle auf sie fällt und in welche Richtungen sie dehnt und streckt. Die Reaktion der verschiedenen Detektoren auf eine echte Gravitationswelle wäre zum einen leicht zeitversetzt – je nachdem, wo auf der Erde sich die Detektoren befinden, erreicht die Wellenfront sie früher oder eben etwas später –, zum anderen je nach Polarisation der Welle unterschiedlich stark. Alle Detektoren, die empfindlich genug sind, die Welle nachzuweisen, müssten in solchem Moment entsprechende Signale aufweisen. Als Lehre aus dem Weber-Debakel haben die Wissenschaftler dabei vorab ganz genau festgelegt, nach welchen Kriterien die Daten beurteilt werden und welche Bedingungen erfüllt sein müssen, damit eine Signalkombination der beteiligten Detektoren als Anzeichen für eine Gravitationswelle gewertet wird.

Im Unterschied zur Frühzeit der Suche nach Gravitationswellen geht es allerdings nicht darum, einfach ins Blaue hinein zu horchen. Längst sind charakteristische Gravitationswellensignaturen bekannt – die regelmäßige Abstrahlung von Doppelneutronensternen etwa oder das typische Zirpen verschmelzender Neutronensterne und Schwarzer Löcher, Schnittmuster sozusagen für die zu erwartenden Wellensignale. Für die heutige erste Detektorgeneration sind diese Zusatzinformationen entscheidend. Wer in einem gigantischen Heuhaufen sucht, sollte wenigstens wissen, wie die Nadel aussieht, die er finden will – und wer aus dem Rauschen der Detektoren ein Signal herausfischen und sich dabei nicht von den zufälligen Schwankungen an der Nase herumführen lassen will, sollte ganz genau wissen, wonach er sucht.

Es gibt etliche mathematische Techniken, um

in Messdaten, wie sie die Detektoren produzieren, nach Signalmustern zu suchen. Ich will davon das allereinfachste Beispiel vorstellen – die Suche nach exakt periodischen Signalen. In Kapitel 7 habe ich bereits Jean-Baptiste Joseph Fourier und seine Theoreme erwähnt, die unter anderem besagen, dass sich jedes periodische Signal, wie kompliziert es auch aussehen mag, als Überlagerung von einfachen Sinusschwingungen unterschiedlicher Größe und Frequenz betrachten lässt – Sinusschwingungen, deren Berge und Täler sich so direkt addieren wie die Wellenmuster, deren Interferenz wir betrachtet haben. Zwei Anwendungen, die mit diesem Theorem zusammenhängen, habe ich schon angesprochen, und zwar im vorigen Kapitel, wo ich zum einen erzählt habe, dass sich jede komplexe Schwingung etwa einer Glocke als Summe einfacher Teilschwingungen betrachten lässt, zum anderen, dass man selbst einen Gravitationswellenpuls als Überlagerung einfacher Wellen auffassen kann. Für die Signalanalyse ist es wichtig, dass sich Fouriers Theorem umgekehrt anwenden lässt, um aus einem Signal periodische Teilschwingungen zu extrahieren. Das Grundprinzip ist das folgende: Angenommen, ich habe ein stark verrauschtes Signal vorliegen, etwa die zeitliche Änderung der elektrischen Ausgangsspannung am Photodetektor meines Gravitationswellendetektors. Hier ist ein fiktives Beispiel, die bildliche Darstellung von fünfhundert Sekunden zeitlicher Veränderung der Ausgangsspannung, abgegriffen an einem Detektor:

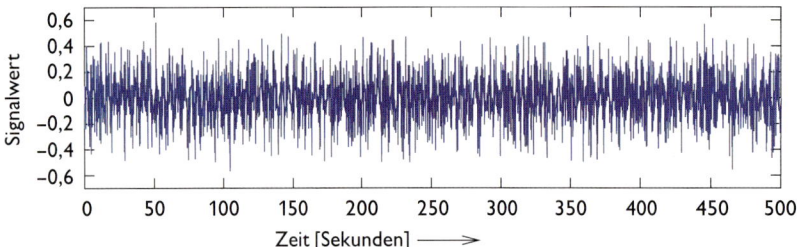

Das Erscheinungsbild ist chaotisch – kann man solch wildem Gerausche überhaupt irgendeine Information entnehmen? Mit Fouriers Methode ja, denn damit kann man beispielsweise prüfen, ob sich unter dem Rauschen eine kleine Sinusschwingung

mit einer Periode von, sagen wir, fünf Sekunden verbirgt. Dazu schneiden wir unsere fünfhundert Sekunden Signaldarstellung in einhundert aufeinander folgende Häppchen, jedes davon fünf Sekunden lang, entsprechend der Periode des gesuchten Signals. Diese Fünf-Sekunden-Häppchen überlagern wir jetzt, als wären es gleichberechtigte, fünf Sekunden lange Wellenzüge, bei denen sich Berge, Täler und Nulldurchgänge genau so aufsummieren wie bei interferierenden Lichtwellen, und teilen dann noch einmal durch die Anzahl der summierten Häppchen, entsprechend einer Art Mittelwert.

Was diese Mittelwertbildung bewirkt, lässt sich am besten sehen, wenn man erst einmal Sinusschwingung und Rauschen getrennt betrachtet. Angenommen, bei unserem Signal handelte es sich nicht um ein von wildem Rauschen überlagertes Grundsignal, sondern *nur* um eine reine Sinusschwingung mit einer Periode von fünf Sekunden:

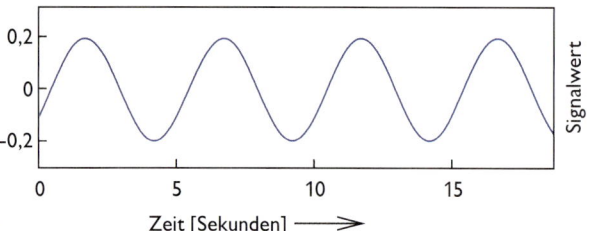

In den ersten beiden und in allen darauf folgenden Fünf-Sekunden-Häppchen ist dann haargenau der gleiche Ausschnitt der Schwingung zu sehen – das bedeutet es schließlich gerade, dass die Sinusschwingung eine »Periode von fünf Sekunden« hat: Nach Fünf Sekunden ist alles so wie vorher. Wenn wir jetzt die ersten zwei Fünf-Sekunden-Häppchen überlagern, dann überlagern wir zwei kleine Wellenzüge, die genau in Phase schwingen – Wellenberg trifft auf Wellenberg, Wellental auf Wellental. Das ist der Idealfall konstruktiver Interferenz: Die beiden überlagerten Teilwellen verstärken sich an jedem Punkt, und das Ergebnis ist ein Wellenmuster mit doppelt so hohen Bergen und doppelt so tiefen Tälern. Das Gleiche gilt, wenn wir alle hundert dieser Fünf-Sekunden-Teilwellen überlagern. Jeweils trifft Wellenberg auf Wellenberg, Wellental auf Wellental, und am Ende haben wir eine einzige Schwingungsperiode mit einhundertfach verstärktem Wellenberg und einhundertfach verstärktem Wellental. Nun teilen wir jeden der resultierenden Signalwerte durch die Gesamtzahl der Häppchen – durch einhundert –, bilden damit eine Art Mittelwert und kommen so exakt wieder zum Ausgangssignal zurück: Hundertfache Verstärkung durch die Überlagerung von hundert phasengleichen Wellen und das Teilen durch hundert gleichen sich gerade aus. Das hat aber nur funktioniert, weil die Periode unseres Sinussignals (Schwingungsdauer fünf Sekunden) genau auf die Häppchengröße (fünf Sekunden) abgestimmt war.

Angenommen nun andererseits, wir hätten es mit purem Zufallsrauschen zu tun. Wieder teilen wir das Signal in Fünf-Sekunden-Häppchen, überlagern die Teilsignale und teilen anschließend durch die Häppchenzahl, um den Mittelwert zu bilden. Das Rauschen ist zufällig – der Wert des Rauschsignals jetzt hat mit dem Wert des Rauschsignals fünf Sekunden später nicht das Geringste zu tun. Wenn wir solche fünf Sekunden entfernten Werte addieren, dann addieren wir bei zufällig um den Nullwert verteiltem Rauschen einmal einen positiven Wert, dann vielleicht einen negativen, das nächste Mal möglicherweise einen anderen positiven Wert, und im Mittel gleichen sich die Signalwerte dabei weitgehend aus. Übrig bleiben allein kleine Zufallsschwankungen, die allerdings umso weniger ins Gewicht fallen, je mehr Rausch-Teilsignale wir aufsummieren.

Wenn wir die Mittelwertbildung auf das eingangs gezeigte verrauschte Signal anwenden, dann bleibt dabei ein etwaiges Signal mit Periode fünf Sekunden, wie wir gerade gesehen haben, unverändert. Das Rauschen dagegen wird bei der Mittelwertbildung stark vermindert – von ihm bleiben lediglich Zufallsschwankungen übrig, umso kleiner, je mehr Häppchen wir in die Mittelwertbildung einbeziehen. Unser Rezept eignet sich damit vorzüglich,

aus dem Gesamtsignal den Anteil mit Fünf-Sekunden-Periode herauszufiltern. Man sieht es dem auf der Vorseite dargestellten überlagerten Signal mit bloßem Auge nicht an, aber das Häppchenrezept bringt es an den Tag – hier ist das Resultat der Mittelwertbildung:

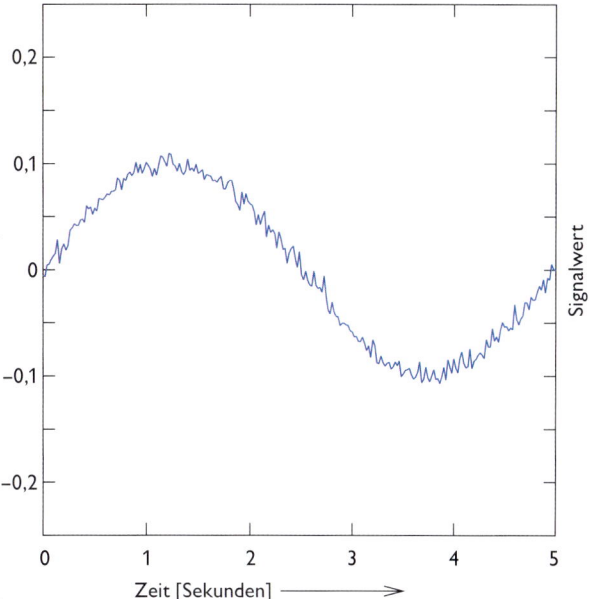

Die Sinuskurve zeigt zwar noch die erwähnten kleinen Zufallsschwankungen. Im Vergleich damit, wie sie vorher im Rauschen unterging, ist sie aber perfekt zu erkennen.

In der Auswertung der Gravitationswellensignale spielen Verfahren wie dieses eine große Rolle – genauer gesagt: anspruchsvollere Verwandte dieser Verfahren, geht es doch darum, nicht nur streng periodische, sondern auch komplizierter veränderliche Signale nachzuweisen und zusätzliche Faktoren einzurechnen wie die Doppler-Verschiebung, die sich ergibt, da sich die Detektoren samt Erde gelegentlich auf die Gravitationswellenquelle zu-, gelegentlich von ihr wegbewegen. Aufwändig wird die Auswertung, weil jedem möglichen Signal, jeder Nadel im Heuhaufen, ein eigener Suchvorgang entspricht – genau wie die Mittelwertbildung in meinem einfachen Beispiel exakt an die Fünf-Sekunden-Periode des gesuchten Sinussignals angepasst war. Glücklicherweise lassen sich die betreffenden Rechnungen auf viele verschiedene Computer verteilen. Während meiner Zeit als Doktorand am Albert-Einstein-Institut in Golm wurde dort beispielsweise gerade der MERLIN-Cluster in Betrieb genommen. MERLIN ist ein Verbund aus 180 handelsüblichen Computern, deren Gehäuse wie die Zinnsoldaten in Reihen über Reihen auf Regalen in einem klimatisierten Raum stehen und die untereinander vernetzt sind. Mit der geballten Rechenkraft ihrer 360 Prozessoren durchsuchen sie die neunzig Gigabyte an Daten, die in Messphasen von GEO 600 jeden Tag anfallen, nach periodischen Gravitationswellensignalen. Außerdem wird der Rechnerverbund zur Auswertung von LIGO-Daten eingesetzt. Im Frühjahr 2005 soll zudem das Projekt »Einstein@Home« starten. Jeder, der einen

Computer und Internetzugang besitzt, kann an diesem Projekt teilnehmen und ein Programm installieren, das seinen Computer auf die Jagd nach Neutronensternen oder Schwarzen Löchern schickt: Mit der Rechenkapazität, die der Nutzer gerade nicht in Anspruch nimmt, sucht der Computer dann automatisch in kleinen Datenhäppchen, die ihm ein Zentralrechner per Internet zugeschickt hat, nach Gravitationswellen.

Auf lange Sicht hoffen die Forscher auf so empfindliche Detektoren, dass sich der Einfluss der Gravitationswellen deutlich von allen Störeinflüssen abhebt. Für die erste Generation bietet dagegen nur die Suche nach bekannten Mustern eine realistische Chance für den Nachweis: Perlentauchen im Datenmeer.

Nun sind wir am Ende der Reise angelangt, die uns von so scheinbar simplen Konzepten wie Zeit- und Längenmessung zu den Verrücktheiten verzerrter Raumzeit, weiter bis in die Tiefen des Alls und, ganz zuletzt, in die Welt der Hochpräzisionsmessungen geführt hat. Zeit, einen letzten Blick auf das Einstein-Panorama zu werfen, auf die kosmische Landschaft, die sich hinter dem neu entdeckten Fenster erstreckt. Jetzt, wo wir einen Überblick über die kosmischen Quellen haben und über die Detektoren, die nach ihnen lauschen, können wir Querverbindungen ziehen, Vergleiche anstellen und auch die Preisfrage beantworten: Was können wir erwarten, in den nächsten Jahren durch das Einstein-Fenster zu sehen?

Die Antwort auf diese letzte Frage hängt von mehreren Faktoren ab. Zum einen haben die verschiedenen Gravitationswellen verschiedene typische Frequenzen. Ins Akustische übertragen: Supermassive Schwarze Löcher, die kurz vor der Verschmelzung aufeinander zuspiralen, »klingen« deutlich tiefer als masseärmere Schwarze Löcher oder gar Neutronensterne. Zum anderen sind die Detektoren in verschiedenen Frequenzbereichen verschieden empfindlich. Hinzu kommt der Unterschied zwischen länger anhaltenden, periodischen Signalen und solchen, die nach kurzer Zeit bereits wieder vorbei sind. Beim Pulsar PSR 1913+16 beispielsweise, dem wir den indirekten Nachweis der Existenz von Gravitationswellen verdanken, wird es noch rund hundert Millionen Jahre dauern, bis die beiden Neutronensterne miteinander verschmelzen. In der Zwischenzeit liefert das System uns ein regelmäßiges Signal mit fast gleich bleibender Frequenz. Der Sternkollaps im Rahmen einer Supernova dagegen wäre von einem kurzen, nur Sekundenbruchteile dauernden Wellenpuls begleitet. Als Letztes kommt insbesondere bei den heutigen De-

tektoren hinzu, was ich am Ende des letzten Kapitels ausgeführt habe: Wer die Nadel im Heuhaufen sucht, sollte wissen, wie eine Nadel überhaupt aussieht. Ein starkes Signal erhebt sich so deutlich über das Rauschen, dass es nicht zu übersehen ist – aus den Tiefen des Rauschens ein Signal herauszufiltern ist dagegen nur möglich, wenn man weiß, wonach man sucht.

Je weiter die Quelle von uns entfernt ist, umso schwächer ist der Teil des Signals, der uns erreicht. Umgekehrt: Je schwächere Signale wir hier auf der Erde messen können, umso weiter können wir ins All hinausschauen. Bei solchen Überlegungen macht sich ein wichtiger Unterschied zwischen Gravitationswellen- und Lichtmessungen bemerkbar. Die Detektoren, die ich in den vorangehenden Kapiteln vorgestellt habe, messen jeweils die Verzerrung des Raums und damit insbesondere so etwas wie die Amplitude der Gravitationswelle (wie hoch sind die Wellenberge, wie tief die Täler?). Die Amplitude von Gravitationswellen, die uns von fernen Quellen erreichen, ist umgekehrt proportional zur Entfernung der Quelle – je weiter entfernt die Quelle, umso schwächer die Amplitude des Signals, das bei uns ankommt. Dasselbe gilt für die Amplitude von Licht- oder, allgemeiner, von elektromagnetischen Wellen, für die Maxima des elektrischen oder magnetischen Feldes. Aber herkömmliche Astronomen messen mit ihren Detektoren keine Wellenamplitude, sondern die Energie des einfallenden Lichts, und die ist, wie in Kapitel 7 angesprochen, proportional zum *Quadrat* der Amplitude. Das heißt: Wenn von zwei gleich starken Quellen die zweite doppelt so weit von uns entfernt ist wie die erste, dann ist die Amplitude der Gravitations- und Lichtwellen, die uns von der zweiten Quelle erreichen, halb so groß wie bei der ersten. Damit wird der Nachweis der Gravitationswellen, salopp gesagt, doppelt so schwierig. Bei halbierter Amplitude hat das Licht aber nur noch ein Viertel der Energie (ein halb ins Quadrat ist ein viertel), und sein Nachweis wird für die Lichtastronomen ganze viermal so schwierig! Fazit ist: Kann man die Gravitationswellen erst einmal nachweisen, dann ist es erheblich einfacher, durch Verbesserung der Gravitationswellendetektorempfindlichkeit immer weiter ins All hinauszuschauen, als für Astronomen, die Empfindlichkeit ihrer Lichtdetektoren zu optimieren. Möglichst tief ins All zu blicken ist sehr wichtig. Die Ereignisse, von denen sich nachweisbare Gravitationswellen erhoffen lassen, sind recht selten. Ich habe erwähnt, dass in unserer Galaxie pro Jahrhundert nur etwa zwei Supernova-Explosionen stattfinden (vielleicht ein paar mehr, vielleicht aber auch weniger). Wer mit seinem Gravitationswellendetektor nicht über den Tellerrand der eigenen Galaxie schauen kann, muss im Mittel entsprechend lange warten, ehe sich eine Supernova ereignet, deren Gravitationswellen er messen kann. Wer dagegen so weit ins All blickt, dass er, sagen wir, zehn Galaxien erfas

sen kann, jede davon mit zwei Supernovae pro Jahrhundert, der sieht insgesamt schon zwanzig Supernovae-Gravitationswellenpulse pro Jahrhundert und muss dementsprechend im Mittel nicht so lange auf den nächsten Puls warten. Dabei sind Supernovae verhältnismäßig häufig, wenn man die Chance, sie zu beobachten, mit jener vergleicht, zwei verschmelzende Schwarze Löcher in flagranti gerade in der Endphase anzutreffen, in der die Gravitationswellen messbar groß werden. In unserer Galaxie geschieht es schätzungsweise nur alle Million Jahre einmal, dass Neutronensterne oder Schwarze Löcher miteinander verschmelzen. Damit zurück zu unserer Frage: Was können wir hoffen, in den nächsten Jahren, nicht Jahrmillionen, durch das Einstein-Fenster zu sehen?

Beginnen wir bei den irdischen Detektoren und dort gleich bei den großen Interferometern. Die folgende Grafik zeigt stellvertretend Empfindlichkeiten der heutigen LIGO-Observatorien, von GEO 600 und vom geplanten Advanced LIGO im Vergleich mit einigen wichtigen Gravitationswellensignalen:

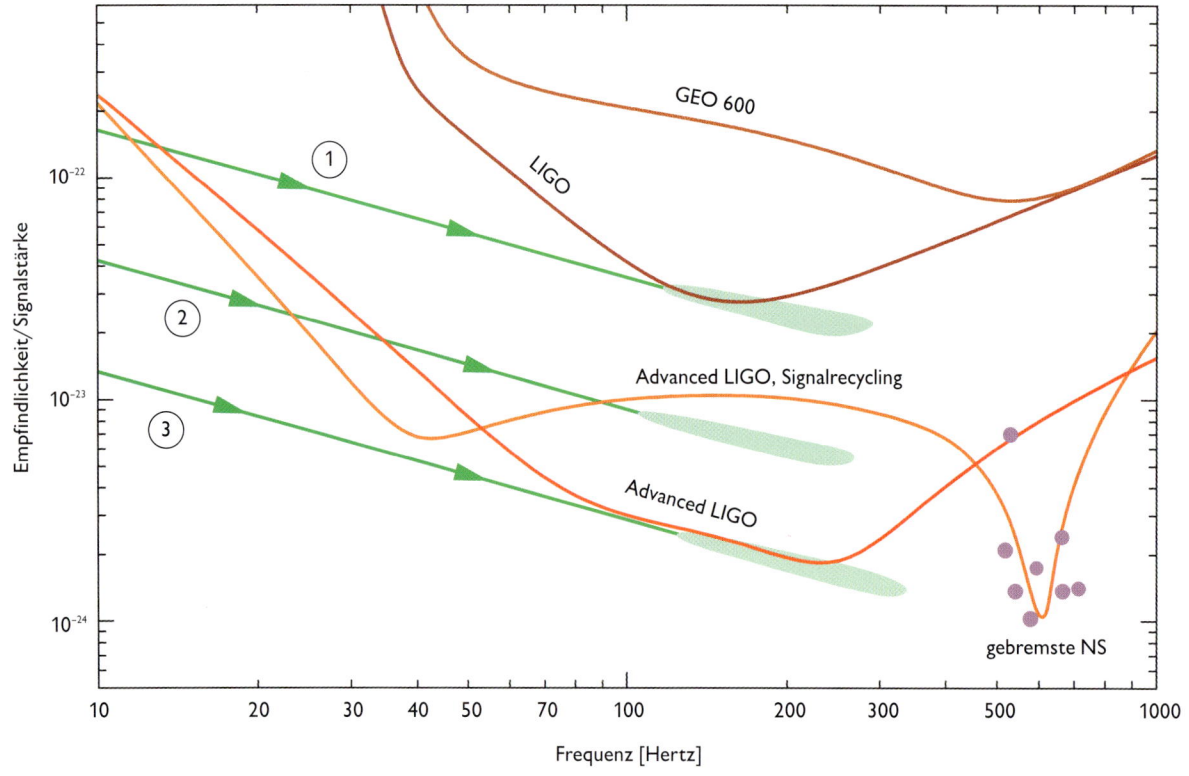

Die Einzelheiten der Darstellung sind ein wenig vertrackt, aber der Teil, der uns interessiert, lässt sich recht einfach lesen. Waagerecht ist der Frequenzbereich aufgetragen, in dem GEO 600 und LIGO nach Gravitationswellen suchen – von zehn bis eintausend Schwingungen pro Sekunde, von zehn bis eintausend Hertz. Die rötlichen Linien sind so etwas wie Empfindlichkeitskurven von Detektoren. Wir haben schon ein Beispiel in der Abbildung auf Seite 317 gesehen, wo aufgetragen war, wie stark das störende Rauschen bei GEO 600 in verschiedenen Frequenzbereichen ist, und dort wie hier gilt: Je niedriger die Linie an einer bestimmten Stelle des Diagramms, umso empfindlicher ist der Detektor in dem entsprechenden Frequenzbereich. Deutlich sichtbar ist etwa die höhere Empfindlichkeit in der Gegend von einigen hundert Hertz, wenn Advanced LIGO im Signalrecycling-Modus betrieben wird – dadurch wird der Detektor, wie erwähnt, für einen bestimmten Frequenzbereich besonders empfindlich, außerhalb des Bereichs dagegen unempfindlicher, und das äußert sich in einer im Bild deutlich sichtbaren Kuhle der Empfindlichkeitskurve. Auch GEO 600 wird mit Signalrecycling betrieben, was dafür sorgt, dass seine Empfindlichkeit bei hohen Frequenzen, ganz rechts im Bild, fast an die von LIGO heranreicht.

Weiterhin enthält das Diagramm grünliche Linien und lila Punkte, die bestimmten Gravitationswellensignalen entsprechen. Dabei gilt: Überall dort, wo die Signallinie oberhalb der Detektorempfindlichkeit liegt, kann der Detektor die betreffende Gravitationswelle nachweisen, und zwar mit umso größerer Sicherheit, je größer der Abstand ist. Dort, wo die Signallinie unterhalb liegt, ist sie nicht mit hinreichender Sicherheit nachweisbar, und je größer der Abstand, desto mehr müssen die Forscher ihre Detektorempfindlichkeit verbessern, um auch dieser Welle noch auf die Spur zu kommen.[1] Die Abbildung zeigt eine Auswahl von Signalen, deren Eigenschaften hinreichend gut verstanden sind, insbesondere das Ineinanderspiralen von kompakten Objekten, das in Form der grünen Linien eingezeichnet ist. Beim Ineinanderspiralen wird die Umlaufzeit der zwei Massen kürzer und kürzer, und

das Gravitationswellensignal wandert auf der Linie entsprechend immer weiter nach rechts, den Pfeilen folgend, zu immer höheren Frequenzen hin, bis es schließlich zur Verschmelzung kommt, entsprechend dem eingezeichneten grünlichen Bereich. Die Neigung der Linie nach rechts unten ist nicht darauf zurückzuführen, dass kurz vor der Verschmelzung weniger Energie abgestrahlt würde – im Gegenteil, der Energieausstoß nimmt bis zur Verschmelzung stetig zu. Allerdings läuft das verschmelzende Paar dabei immer schneller nach rechts zu immer höheren Frequenzen, die Zeit, das Signal bei einer bestimmten Frequenz zu messen, wird immer kürzer, und entsprechend schwieriger wird der Nachweis. Ein und dieselbe Kurve kann verschiedenen Ereignissen entsprechen, denn die Kurve für vergleichsweise nahe verschmelzende Neutronensterne sieht genauso aus wie die für eher ferne verschmelzende Schwarze Löcher. Handelt es sich bei den verschmelzenden Körpern um zwei Schwarze Löcher mit jeweils zehn Sonnenmassen – ein realistischer Wert für Löcher, die aus dem Kollaps von Sternen entstanden sind –, dann ist das Schwarzlochpaar, das der obersten Kurve 1 entspricht, rund dreihundert Millionen Lichtjahre von uns entfernt. LIGO könnte gerade noch die Wellen der eigentlichen Verschmelzungsphase nachweisen – kein Wunder, dass die Simulationsexperten hart daran arbeiten, die komplizierten Signale solcher Verschmelzungen besser zu verstehen. Die Laserohren eines Interferometers, das so weit ins All horchen kann, erfassen einige zehntausend Galaxien, und bei solch großer Auswahl ergibt sich für Interferometer wie LIGO bei optimistischerer Abschätzung im Mittel ein messbares

---

1 Hier die schockierenden Details: Die Darstellung ist doppelt logarithmisch – an der waagerechten Achse dadurch sichtbar, dass 10, 100 und 1000 gleich weit auseinander liegen. Größen auf der senkrechten Achse sind auf die Wurzel der Spektraldichte des Detektorrauschens bezogen; die Einheit ist $1/\sqrt{Hz}$, und die Vorfaktoren sind in Zehnerschreibweise, also beispielsweise 10^{-22} die Zahl 0,000 000 000 000 000 000 000 1 mit 22 Nullen. Die Signalstärken sind so dargestellt, dass für ein Signal, das genau auf der Empfindlichkeitslinie eines Detektors liegt, gilt: Die Wahrscheinlichkeit eines falschen Alarms, sprich: in das Rauschen irrtümlicherweise ein solches Signal hinein zuinterpretieren, ist ein Prozent, die Wahrscheinlichkeit, dass ein solches Signal im Rauschen untergeht, beträgt zehn Prozent.

Ereignis pro Jahr, in pessimistischeren Prognosen allerdings nur alle 250 Jahre. Handelt es sich dagegen um zwei verschmelzende Neutronensterne, so entspricht Kurve 1 einer Entfernung von rund sechzig Millionen Lichtjahren. Selbst die optimistischen Schätzungen gehen davon aus, dass dies im Mittel einem beobacht-baren Ereignis alle drei Jahre entspricht, während die pessimistischen Prognosen bei einem Ereignis alle dreitausend Jahre liegen. All das sind ungefähre Anhaltspunkte für die Wahrscheinlichkeiten, um die es geht. Mit entsprechend viel Glück können den Forschern natürlich auch noch nähere Ereignisse ins Haus stehen, entsprechend Signalkurven, die noch über Kurve 1 liegen. Vielleicht gewinnen wir ja im kosmischen Lotto, und es verschmilzt ausgerechnet in den nächsten Jahren ein Paar Schwarzer Löcher in unserer eigenen Galaxis.

Für die fortgeschritteneren Interferometer ist die Situation weit günstiger. Sie können rund zehnmal kleinere Verzerrungen nachweisen, also zehnmal tiefer ins All hinaussehen und damit ein tausendmal größeres Volumen erkunden. Ihre Grenzen zeigt Kurve 3, die für drei verschiedene Ereignisse stehen kann: Erstens für zwei verschmelzende Neutronensterne in rund einer Milliarde Lichtjahren Entfernung. Zweitens für einen Neutronenstern, der in das Schwarze Loch fällt, das er umkreiste, in rund zwei Milliarden Lichtjahren Entfernung. Drittens für verschmelzende stellare Schwarze Löcher in über vier Milliarden Lichtjahren Entfernung, so weit entfernt, dass man bereits den Einfluss der kosmologischen Rotverschiebung berücksichtigen muss. Verschmelzungen, an denen ein Neutronenstern beteiligt ist, sind bei der genannten Distanz schon recht häufig – die Schätzungen schwanken, aber selbst die pessimistischste geht von mindestens einem beobachtbaren Ereignis pro Jahr aus, optimistische Schätzungen von mehr als tausend. Noch günstiger ist die Lage bei den Schwarzen Löchern, wo selbst die pessimistischsten Schätzungen bei Dutzenden, die positivsten bei knapp zehntausend Ereignissen pro Jahr liegen.

Die genannten Zahlen zeigen bereits, was ganz allgemein gilt: Für die heutigen Interferometer ist es Glücksache, ob ihnen der Nachweis von Gravi-

tationswellen gelingt – sind die pessimistischen Häufigkeitsschätzungen die richtigen, dann ist es durchaus möglich, dass die gewaltigsten Gravitationspulse viel zu selten erzeugt werden, als dass man im Beobachtungszeitraum mit ihnen rechnen könnte. Das wäre zwar weit weniger aufregend als ein Nachweis, aber ihren Hauptzweck hätten diese Detektoren auch in diesem Fall erfüllt: als Sprungbrett für die nächste Generation zu dienen. Ist Advanced LIGO betriebsbereit, dann gibt es keine Entschuldigung mehr. Wenn unser Wissen über Detektoren, Raumzeit und die Häufigkeit kompakter Objekte nicht völlig danebenliegt, wird Advanced LIGO Verschmelzungswellen nachweisen – wenn die optimistischen Schätzungen richtig sind, fast ein Ereignis pro Stunde! Dann ist die Ära der Gravitationswellenastronomie endgültig angebrochen, und die Physiker können auf eine Fülle von Informationen hoffen. Folgt das Nachspiel des Ineinanderspiralens der Vorhersage der Computersimulationen? Stimmen die Häufigkeitsschätzungen, und was sagt uns das über unsere Modelle? Vielleicht gibt es sogar Überraschungen – etwa ungewöhnlich viele Schwarze Löcher mit unerwartet niedriger Masse?

In einer Hinsicht habe ich den heutigen Detektoren allerdings Unrecht getan, und das betrifft die periodischen Signale, etwa von Pulsaren, die noch lange nicht ans Verschmelzen denken. Ich habe am Ende von Kapitel 12 ein Auswertungsverfahren vorgestellt, mit dem man periodische Signale aus dem Rauschen filtern kann, indem man das Signal in viele Periodenstückchen schneidet und dann eine Art Mittelwert bildet. Dabei, das zeigten die Bilder auf Seite 322ff., wird das Rauschen im Vergleich zum Signal deutlich schwächer. Das Verfahren ist umso effektiver, je mehr Periodenstückchen man aufsummieren kann, je länger man also das Signal unter Beobachtung hat. Periodische Signale entsprechen einfachen Gravitationswellen mit fester Frequenz und tauchen in unserem Diagramm als Punkte auf. Diese sind so eingezeichnet, dass gilt: Liegen sie über der Detektorkurve, so kann das Signal nachgewiesen werden, vorausgesetzt, man beobachtet es rund vier Monate lang und benutzt dann das Summierungsverfahren. Für längere Beobachtungszeiten wäre dieses effektiver, und selbst Signale, die deutlich unterhalb der Empfindlichkeitskurve eines Detektors liegen, wären langfristig nachweisbar. Gut möglich, dass der erste Gravitationswellennachweis auf diesem Umweg gelingt. Den eingezeichneten lila Punkten entsprechen übrigens die auf Seite 211f. erwähnten Neutronensterne, die sich zwar aufgrund ständig aufprallender Materie immer schneller drehen, dabei aber offenbar an eine Obergrenze der Rotationsgeschwindigkeit stoßen. Wenn diese Obergrenze darauf zurückgeht, dass die Neutronensterne durch die Abstrahlung von Gravitationswellen gebremst werden, dann kämen dabei Signale mit den als Punkten eingezeichneten Stärken zustande. Wie man sieht, ein guter Grund dafür, LIGO mit Signalrecycling zu betreiben: Mit dem im Bild eingezeichneten Bereich besonders großer Empfindlichkeit lassen sich dann gerade die Frequenzen erkunden, bei denen diese Neutronensternsignale zu finden wären. Bereits die Information, wie sehr Neutronensterne zu Deformationen neigen, die zur Gravitationswellenabstrahlung führen, wäre eine interessante Erkenntnis.

Der sichere Nachweis von Gravitationswellen, Koinzidenzmessungen von Interferometern und Resonanzdetektoren, die auch die größten Skeptiker überzeugen, die Beobachtung von Verschmelzungen und periodischen Signalen – das schon wäre Grund zum Jubeln und sicher den einen oder anderen Nobelpreis wert. Sobald die Datenmenge wächst und Advanced LIGO, wie zu erwarten, Hunderte oder Tausende Wellenmuster von ineinander spiralenden Schwarzen Löchern oder Neutronensternen zu bieten hat, kann man die Häufigkeitsverteilung dieser Objekte im Universum untersuchen und damit Aufschlüsse über die Sternenbevölkerung von Galaxien gewinnen, aber auch, wie in Kapitel 10 angesprochen (Seite 261f.), über die großräumige Struktur des Universums und die Gültigkeit der kosmologischen Modelle. Außerdem bestehen gute Chancen, dass sich das Rätsel der Gammastrahlenausbrüche klärt, dann nämlich, wenn die Beobachtungen der Gammastrahlenteleskope im Verein mit den Gravitationswellendetektoren gezeigt haben, dass den Ausbrüchen tatsächlich die verräterischen Gravitationswellensignale verschmelzender Neutronensterne oder Schwarzer Löcher vorausgehen.

Aber wenn alles klappt, wäre das erst der Anfang. Mit den heutigen Interferometern ist man im Wesentlichen auf Gravitationswellen eingeschränkt, deren Form man kennt. Wenn irgendetwas Überraschendes passiert, dann mit großer Wahrscheinlichkeit zu weit entfernt, als dass man die Signale, die es erzeugt, von Rauschfluktuationen unterscheiden könnte. Advanced LIGO verspricht dagegen Aufschluss über eine ganze Palette interessanter Signale, deren Verlauf nicht genau bekannt ist und bei deren Messung sich entsprechend viel dazulernen ließe: beispielsweise die Gravitationswellen, die entstehen, wenn ein Schwarzes Loch einen Neutronenstern kurz vor dem Verschmelzen auseinander reißt, und die Informationen über die Grundeigenschaften der Neutronenmaterie liefern, außerdem die Wellen, mit denen ein durch Verschmelzung entstandenes Schwarzes Loch seine »Haare«, seine Unregelmäßigkeiten, abstrahlt und die uns verraten, ob Schwarze Löcher langfristig tatsächlich so einfache Objekte sind, wie es Einsteins Theorie voraussagt. Ferner wären da die Signatur des Supernova-Kollapses, des Brodelns hinter der Schockfront oder im neugeborenen Neutronenstern, vielleicht auch typische Signale von Instabilitäten im Neutronensterninneren. Zu diesen Detailinformationen käme Wissen über das Universum als Ganzes – zum einen Abschätzungen, wie groß der Anteil von Gravitationswellen an der Gesamtenergiedichte unseres Alls ist, zum anderen über die Kinderzeit: Die starken, hochfrequenten Gravitationswellen aus dem frühesten Universum, entsprechend einem Weltalter von 10^{-25} oder 0,000 000 000 000 000 000 000 000,1 Sekunden sollten aufgrund der kosmischen Rotverschiebung heutzutage gerade im Frequenzbereich der irdischen Interferometer gelandet sein. Mit ihrer Hilfe könnte man in ein extrem dichtes, hochenergetisches All weit jenseits des Vermögens heutiger Teilchenbeschleuniger blicken. Falls dort Phasenübergänge stattfinden oder fremde Teilchen, vielleicht sogar Strings, exotische Rituale ausführen, wie es einige Quantengravitationsmodelle vorhersagen: Advanced LIGO könnte sie sehen.

Eine praktische Konsequenz eines frühen Gravitationswellennachweises: Wohl niemandem würde es dann noch einfallen, der Weltraummission LISA die Finanzierung zusammenzustreichen. LISAs Ziel ist der Bereich weit tieferer Frequenzen, etwa von einem zehntausendstel bis zu einem zehntel Hertz. Der Frequenzbereich für die Signale verschmelzender Schwarzer Löcher wird entscheidend durch deren Masse bestimmt. Im LIGO-Frequenzbereich liegen stellare Schwarze Löcher mit höchstens einigen Dutzend Sonnenmassen. LISA dagegen hat die kosmischen Massemonster im Visier: die supermassiven Löcher mit Millionen von Sonnenmassen, aber auch mittelschwere Versionen mit zehn- bis hunderttausend Sonnenmassen. Ich habe in Kapitel 9 erwähnt, dass dies zum einen interessant ist, weil massearme kompakte Objekte mit lediglich einer bis tausend Sonnenmassen, die in ein supermassives Loch fallen, die Rolle von Testkörpern spielen können, mit denen sich die Raumzeit um das Schwarze Loch erkunden lässt – ein recht direkter Weg herauszufinden, ob die allgemeine Relativitätstheorie diese Gebiete extremer Raumzeitverzerrung zutreffend beschreibt. Viel wichtiger ist der Blick auf die supermassiven Schwarzen Löcher, weil zwar immer deutlicher wird, dass diese Objekte eine eminente Rolle bei der Galaxienentwicklung spielen, aber unklar ist, wie sie entstanden sind: durch sukzessive Verschmelzung erst massearmer, dann immer massiverer Vorläufer oder durch den Kollaps superschwerer Sterne? Beides würde in den Frequenzbereich von LISA fallen, und wenn alles wie geplant funktioniert, dann sollte der Detektor so empfindlich sein, dass er weit genug in die Vergangenheit blicken und dabei vielleicht belauschen könnte, wie sich Galaxienkerne bilden.

LISA hat allerdings auch weit prosaischere Ziele. Selbst wenn alle unsere Vorstellungen über exotische Objekte wie Schwarze Löcher und Neutronensterne unwahrscheinlicherweise doch falsch

wären – Wellenquellen für LISA gäbe es dennoch, nämlich einige Dutzend ganz herkömmlicher Doppelsterne aus Weißen Zwergen. Das ist durch astronomische Beobachtungen gesichert; wie schnell die Sterne umeinander kreisen, ist bekannt, und es lässt sich berechnen, dass LISA die Gravitationswellen dieser Sternpaare nachweisen können müsste.

Hinzu käme auch für LISA das Lauschen in den frühen Kosmos: Bei noch niedrigeren Frequenzen lassen sich die noch weiter rotverschobenen Signale noch früherer Abschnitte der Geschichte des Universums empfangen – dieselben spekulativen Wellenquellen wie bei den fortgeschrittenen erdbasierten Interferometern könnten beobachtet (oder eben ausgeschlossen) werden, bestimmte exotische Variationen des Inflationsmodells geprüft, Phasenübergänge nachgewiesen, kosmische Strings gesucht werden. Die heutzutage favorisierten Modelle zur Beschreibung der Inflationsphase des frühesten Universums müssten zur Überprüfung freilich auf eine Nachfolgemission warten – die von ihnen vorhergesagten Gravitationswellen sind so schwach, dass ein Formationsflug aus kürzerarmigen Varianten von LISA nötig scheint, um sie nachzuweisen, entsprechend der langfristig geplanten Mission Big Bang Observer mit vier LISAs.

Sie mögen nach all diesem Enthusiasmus skeptisch sein. Das kann ich verstehen. Wer so blühende astrophysikalische Landschaften in den Himmel malt wie ich in den vorangehenden Zeilen, setzt sich automatisch dem Verdacht überschäumenden Optimismus aus. Es fällt mir aber zugegebenermaßen schwer, ein Szenario zu konstruieren, das keine aufregenden neuen Erkenntnisse mit sich bringt. Könnte die Jagd nach den Gravitationswellen an technischen Problemen scheitern, noch bevor sie begonnen hat? Das scheint mir so gut wie unmöglich, denn selbst wenn man das Zukunftsszenario in den schwärzesten Farben malt und annimmt, dass sich bei LISA unerwartete und unüberwindliche Probleme auftun und der Satellitendetektor nie den Weg ins All findet, wären da immer noch die Detektoren vom Typ Advanced LIGO. Deren technisches Scheitern ist überaus unwahrscheinlich – die jetzigen Interferometer, die nach denselben Prinzipien arbeiten, sind schließlich in Betrieb, und dass die technischen Neuerungen, die die LIGO-Detektoren noch empfindlicher machen sollen, funktionieren, zeigt der Vorreiter GEO 600. Gut möglich, dass alles länger dauert als geplant. Aber grundsätzlich sieht es so aus, als sei der Erkenntnisdurchbruch nicht aufzuhalten: Entdeckt man, wie erwartet, die Spuren gigantischer Ereignisse in unvorstellbarer räumlicher und zeitlicher Ferne, schlägt die Geburtsstunde der Gravitationswellenastronomie, und wenn gar nichts gefunden wird, dann ist das bestürzend, aber sogar noch aufregender: Dann hätte der Test gezeigt, dass die Welt ganz anders ist, als es sich die heutige Physik vorstellt. Dies ist allerdings wiederum sehr unwahrscheinlich: Zumindest die bisherigen Tests im Sonnensystem und darüber hinaus hat die allgemeine Relativitätstheorie glänzend bestanden, in ihrem

Rahmen sind Gravitationswellen nun einmal unvermeidbar, und der indirekte Nachweis anhand des Doppelpulsars PSR 1913+16 bestätigt diese Vorhersage. Wenn es aber Gravitationswellen gibt, dann ist der Blick durch das Einstein-Fenster äußerst spannend – dort, wo er astrophysikalische Modelle bestätigt, noch mehr dort, wo er sie ergänzt, und ganz besonders dort, wo der Fall eintritt, den ich bislang noch gar nicht erwähnt habe: dass uns der Blick durch das Einstein-Fenster Phänomene und Objekte zeigt, von deren Existenz selbst die theoretischsten Physiker nicht geträumt haben. Im Ganzen scheint es unvermeidbar, dass für alle Menschen, die sich für die Struktur unseres Universums interessieren und für die exotischen Objekte, die Einsteins Erben darin entdeckt haben, aufregende Zeiten anbrechen. Und vielleicht beginnt dann eine ganz neue Reise in die Raumzeit.

LITERATUR

Von den vielen Möglichkeiten zum Weiterlesen möchte ich an dieser Stelle nur einige wenige herausgreifen. Lesern, die Lust haben, den Einsteinschen Relativitätstheorien noch genauer auf die Spur zu kommen und sich von einfachen Formeln auf Mittelstufenniveau nicht schrecken lassen, möchte ich

Born, Max: *Die Relativitätstheorie Einsteins*. Springer: Berlin 2003

ans Herz legen. Vorausgesetzt werden etwas einfache Geometrie im *x-y*-Koordinatensystem, Geradengleichungen, einige geometrische Beziehungen, die für Dreiecke gelten, sowie generell die Grundkenntnisse darüber, wie man mit den Quadraten und Quadratwurzeln von Größen umgeht. Der Erkenntnisgewinn, den der mathematische Aufwand unter Borns sachkundiger Führung erlaubt, ist gewaltig. Jürgen Ehlers und ich haben Borns Buch vor einigen Jahre neu herausgegeben und um eine Darstellung der moderneren wissenschaftlichen Entwicklungen erweitert.

Wem die Historie in meinem Buch zu kurz kam, dem empfehle ich zum einen

Thorne, Kip: *Gekrümmter Raum und verbogene Zeit. Einsteins Vermächtnis*. Droemer-Knaur: München 1994,

zum anderen, speziell zur Geschichte der Gravitationswellenforschung, aber bislang leider nicht auf Deutsch erschienen,

Bartusiak, Marcia: *Einstein's Unfinished Symphony. Listening to the Sounds of Space-Time.* Joseph Henry Press: Washington 2000.

Weitere Literaturhinweise, Links und allgemein verständliche Texte rund um Einsteins Relativitätstheorien finden Sie im World-Wide Web unter

www.einstein-online.info

Anmerkungen und Quellenangaben zu den einzelnen Kapiteln dieses Buches findet der interessierte Leser auf den Webseiten zu *Das Einstein-Fenster* unter

www.markuspoessel.de/EF

DANK

Die Idee zu diesem Buch entstand während meiner Doktorandenzeit am Albert-Einstein-Institut, dem Max-Planck-Institut für Gravitationsphysik in Potsdam. Obwohl Gravitationswellen in meiner eigenen Forschung keine Rolle spielten, war das, was ich von den Arbeiten der astrophysikalischen Abteilung um Bernard Schutz mitbekam, von den Simulationen Schwarzer Löcher bis zu den Tricks und Kniffen der Datenauswertung für GEO 600 und LIGO, so spannend, dass mir recht bald klar war: Das soll der rote Faden für mein Buch über Einsteins Relativitätstheorien werden. Die freundliche Atmosphäre am AEI hat mir die Arbeit am Manuskript sehr erleichtert. Mein Dank gilt an dieser Stelle denjenigen Kollegen, vom AEI und von anderen Instituten, die mich mit Bildern, Informationen, Daten, oft genug auch geduldigen Schilderungen ihrer Arbeit oder Erklärungen komplexer Sachverhalte unterstützt haben: Werner Benger, Bruno Bertotti, Jiri Bicak, Livia Conti, Karsten Danzmann, Jean-Paul Kneib, Badri Krishnan, James M. Lattimer, Duncan R. Lorimer, Elke Müller, Ben Owen, Robert Perrin, Dennis Pollney, Alessio Rocchi, Thomas D. Rossing, Alicia Sintes, Arlette de Waard und Joel M. Weisberg – und ganz besonders denen, die zusätzlich das Manuskript oder Teile davon auf fachliche Korrektheit hin durchgesehen haben, Peter Aufmuth, Klaus Behrndt, Gerhard Börner, Bernd Brügmann, Curt Cutler, Virginia Dippel, Jürgen Ehlers, Reinhard Genzel, Gerhard Heinzel, Robert Helling, Oliver Henkel, Frank Herrmann, Knud Jahnke, Thomas Klose, Michael Koppitz, Ute Kraus, Christiane Lechner, Jorma Louko, Harald Lück, Ewald Müller, Hermann Nicolai, Reinhard Prix, Dominik Riechers, Albrecht Rüdiger, Roland Schilling, Bernd Schmidt, Robert Schmidt, Sascha Skorupka und Walter Winkler, ebenso meinen nicht fachlichen Testlesern, Silvia Harneit, Christina Pössel und Jens Petersen, sowie Peter Aufmuth und Gabriela Gonzalez für Führungen durch GEO 600 beziehungsweise LIGO-Livingston.

BILDNACHWEIS